Lernsituationen Rechnungswesen

in der Modellunternehmung Heinrich KG

von

Dr. Dieter Benen
Manfred Huesmann

Merkur
Verlag Rinteln

Zu den vorliegenden Handlungssituationen ist beim Merkur Verlag eine CD erhältlich, mit der Lösungsfolien erstellt oder die Lösungen mit Hilfe eines Beamers präsentiert werden können.

Fast alle in diesem Buch erwähnten Hard- und Softwarebezeichnungen sind eingetragene Warenzeichen.

* * * *

5. Auflage 2010

Gesamtherstellung:
Merkur Verlag Rinteln Hutkap GmbH & Co. KG, 31735 Rinteln
E-Mail: info@merkur-verlag.de
lehrer-service@merkur-verlag.de
Internet: www.merkur-verlag.de

ISBN: 978-3-8120-**1013-9**

Vorwort

Das Einzelheft „Lernsituationen Rechnungswesen" gehört zu einer Reihe von Lern- und Arbeitsheften, die sich am Ansatz der Lernfeldkonzeption orientiert und das berufsorientierte, ganzheitliche und selbstbestimmte Lernen von Schülerinnen und Schülern fördern soll. Jedes Einzelheft erschließt ein oder mehrere „Lernfelder" und kann ergänzend zu den jeweils eingeführten Lehrbüchern eingesetzt werden.

Neben dem vorliegenden Lern- und Arbeitsheft existieren bereits zwei weitere Hefte zu den Lernfeldern „Personalwirtschaft" und „Absatz- und Beschaffungswesen".

Die nachfolgenden Lernsituationen sind praktisch erprobte thematische Einheiten, die insbesondere für Ausbildungsberufe im Bürobereich – Lernfeld „Rechnungswesen" – konzipiert sind. Bei der Erarbeitung der Lernsituationen wird die **Modellunternehmung „Heinrich KG"** zu Grunde gelegt, die seit der Winterprüfung 2007/2008 bei den IHK-Abschlussprüfungen im Bürobereich eingesetzt wird. Um allen Facetten der in den Lehrplänen genannten Stoffinhalte gerecht zu werden, war es zum Teil notwendig, den von der ZPA Nord-West zur Verfügung gestellten Datenkranz zu erweitern. Durch die **Orientierung an einem Industrieunternehmen** ist das Material für alle Lerngruppen geeignet, die sich auf der Basis der **Industriebuchführung** wichtige Kenntnisse des Rechnungswesens erarbeiten möchten.

Ausdrücklich möchten wir uns bei der ZPA Nord-West für das Nutzungsrecht des Datenkranzes der Heinrich KG bedanken.

Die Anschaulichkeit und Praxisnähe durch das Modellunternehmen, die Belegorientierung der Lernsituationen und die Vorgabe von Grundbuchauszügen, Konten, Tabellen, Sachinformationen usw. ermöglichen den Lernenden eine aktive, lösungsorientierte Beschäftigung mit dem Lernstoff und einen systematischen Einstieg ins Rechnungswesen.

In dieser Auflage sind Einzelmaßnahmen der **Unternehmensteuerreform 2008,** die am 01. Januar 2008 in Kraft getreten ist, berücksichtigt worden. Außerdem wurden die relevanten Bereiche des **Konjunkturprogramms 2009** der Bundesregierung eingearbeitet. Als Stichpunkt sei hier die Wiedereinführung der degressiven Abschreibung genannt.

Die folgende Darstellung der konzeptionellen Gestaltung und die Informationen zur Modellunternehmung sollen den Lernenden die berufsorientierte Arbeit mit den Lernsituationen „Rechnungswesen" erleichtern.

Bielefeld, im Winter 2009/2010 — Die Verfasser

Inhaltsverzeichnis

Konzeptionelle Gestaltung

Die **Konzeption** der Lern- und Arbeitshefte soll exemplarisch in vier Schritten anhand der Lernsituation 13 aus dem Lernfeld „Rechnungswesen“ näher erläutert werden:

1. Überschrift zu jeder Lernsituation

Eine kurze, einprägsam formulierte Überschrift dient dazu, den Schülerinnen und Schülern eine Vorstellung des behandelten Themas zu geben und ihr Interesse an der Lernsituation zu wecken.

Beispiel: **Situation 13:** **Handelskalkulation**

2. Einstieg

Jede Lernsituation wird mit einem Einstieg eingeleitet, der farblich vom übrigen Text abgehoben ist. Dieser Einstieg beinhaltet eine Situation aus der Erfahrungswelt der Schülerinnen und Schüler und trägt erste Informationen an sie heran. Die in der Regel enthaltene Problemstellung wird in den nachfolgenden Arbeitsaufträgen aufgegriffen und soll von den Schülerinnen und Schülern gelöst werden.

Beispiel:

Herr Fitschen möchte den Auszubildenden Leon Laus in den nächsten betrieblichen Unterweisungen in der Rechnungswesenabteilung mit der Handelskalkulation vertraut machen. Da die Heinrich KG erst kürzlich auf Grund häufiger Kundenanfragen nach Ordnungs- und Aufbewahrungsmitteln aus Pappe ihr Sortiment um die Warengruppe „Ordnungs- und Aufbewahrungsmittel“ erweitert hat, wählt Herr Fitschen die erste Bestellung von 10.000 VE Stehsammler bei der Bürotec GmbH zur Erläuterung der Bezugs- und Verkaufskalkulation aus.

Leon Laus soll zuerst den Bezugs- oder Einstandspreis für eine VE der Stehsammler ermitteln und anschließend den Listenverkaufspreis der Heinrich KG festlegen.

Im Anschluss daran möchte Herr Fitschen Leon Laus noch mit der Rückwärts- und Differenzkalkulation vertraut machen.

3. Arbeitsaufträge

Als erster Arbeitsauftrag erfolgt i. d. R. die Aufforderung zur Informationsbeschaffung über das neue Thema im eingeführten Rechnungswesenbuch. Die Arbeitsaufträge fordern die Schülerinnen und Schüler zu einer Handlung auf („Berechnen Sie“, „Buchen Sie“, „Nehmen Sie die betriebswirtschaftliche Auswertung vor“). Alle Arbeitsaufträge sind so gestellt, dass sie grundsätzlich von den Schülerinnen und Schülern selbstständig gelöst werden können.

Beispiel:

1 Informieren Sie sich in Ihrem Rechnungswesenbuch über die Handelskalkulation!

2 Berechnen Sie den Listenverkaufspreis der Heinrich KG für 10.000 Verpackungseinheiten (VE) der Stehsammler!

Die benötigten Daten zur Ermittlung des Bezugs- oder Einstandspreises entnehmen Sie bitte dem nachfolgenden Angebotsauszug.

Für die Kalkulation des Listenverkaufspreises legen Sie bitte die folgenden Prozentsätze zu Grunde:

HK = 60 %   GEW = 20 %   KS = 2 %   VP = 3 %   KR = 16,3 %

Nutzen Sie für Ihre Berechnung das vorgegebene Kalkulationsschema.

4. Materialien, Vorlagen und Informationstexte

Die Materialien enthalten die benötigten Daten und die vorbereiteten Vorlagen erleichtern den Lernenden die systematische Erarbeitung der Lerninhalte. Infotexte ergänzen an vielen Stellen die Informationen der eingeführten Lehrbücher.

Beispiel: Angebotsauszug:

Bürotec GmbH

.....

Angebot über 10.000 Verpackungseinheiten (VE) Stehsammler
Artikel-Nr. 778536 Stehsammler

Für die Ablage von losem Schriftgut bis Format A4, mit Griffloch, aus stabiler Mikrowellpappe, zusammensteckbar.
Verpackungseinheit: 6 Stehsammler, Preis je 6er-Pack 1,40 €

Bei Abnahme von 5.000 Verpackungseinheiten gewähren wir Ihnen 20 % Mengenrabatt. Die Lieferzeit beträgt 10 Tage nach Auftragserteilung. Für die Anlieferung berechnen wir eine Kostenpauschale von 50,00 €.

.....

Allgemeine Geschäftsbedingungen
I. Zahlung
Die Rechnung ist 30 Tage nach Ausstellungsdatum rein netto fällig; bei Bezahlung innerhalb von 10 Tagen ab Rechnungsdatum gewähren wir 3 % Skonto. Bei Rechnungsregulierung durch Akzepte oder Wechsel ist der Rechnungsbetrag sofort nach Rechnungserhalt ohne Abzug fällig. Akzepte oder Wechsel werden nur erfüllungshalber angenommen. Bei Zielüberschreitungen werden sofort alle Posten fällig. Wir können Verzugszinsen in Höhe des jeweils üblichen Zinssatzes für Dispositionskredite berechnen.

.....

Kalkulationsschema für Handeslwaren

	in %	in €		
Listeneinkaufspreis (LEP)			Bezugskalkulation	Vorwärtskalkulation
- Liefererrabatt (LR)				
= Zieleinkaufspreis (ZEP)				
- Liefererskonto (LS)				
= Bareinkaufspreis (BEP)				
+ Bezugskosten (BK)				
= Bezugs-/Einstandspreis (BP/EP)				
+ Handlungskosten (HK)			Verkaufskalkulation	
= Selbstkosten (SK)				
+ Gewinn (GEW)				
= Barverkaufspreis (BVP)				
+ Kundenskonto (KS)				
+ Vertreterprovision (VP)				
= Zielverkaufspreis (ZVP)				
+ Kundenrabatt (KR)				
= Listenverkaufspreis (LVP)				

Informationen zur Modellunternehmung

Das Modellunternehmen Heinrich KG ist ein fiktives Unternehmen, das den bundeseinheitlichen schriftlichen Abschlussprüfungen im Bürobereich zugrunde gelegt wird. Um mit dem Datenkranz des Unternehmens im schulischen Alltag besser arbeiten zu können, werden quantitative Reduzierungen speziell im Bereich der Belegschaft und des Sortiments vorgenommen.

Wichtig ist aber, dass sowohl die Komplexität als auch die Qualität der betrieblichen Daten der Heinrich KG realistisch sind. Mit den stimmig und ökonomisch glaubwürdig modellierten Daten können alle Qualifikationen und Kompetenzen, die im Rahmen der Ausbildung von kaufmännischen Auszubildenden gefordert werden, fächerübergreifend und handlungsorientiert erarbeitet und erlernt werden.

Relevante unternehmensspezifische Daten der Heinrich KG sind den folgenden Seiten zu entnehmen und sollten bei der Bearbeitung der einzelnen Lernsituationen adäquat berücksichtigt werden.

Heinrich KG 	**Informationen zur Modellunternehmung**		**Informations- und Kommuni-kationsdaten**

Firma Geschäftszweck Geschäftssitz Registergericht	Heinrich KG Herstellung und Vertrieb von Büromöbeln und Bürozubehör Rahlstedter Str. 144, 22143 Hamburg Amtsgericht Hamburg HRA 1101 Steuernummer: 27/430/0027 USt.-Id.-Nummer: DE 686093911 Die Heinrich KG ist Mitglied des Arbeitgeberverbandes. Der gültige Tarifvertrag findet Anwendung.
Gesellschafter	Komplementärin: Gerda Heinrich Kommanditistin: Monika Heinrich Kommanditist: Peter Heinrich
Telefon - Telefax **Homepage** **E-Mail**	☎ 040 6724-0 Fax: 040 6724-587 www.hamburg-heinrich.de info@hamburg-heinrich.de
Bankverbindung	Hamburger Sparkasse Kto-Nr. 1120239908 BLZ 200 505 50 Postbank Hamburg Kto-Nr. 64069-754 BLZ 200 100 20
Mitarbeiter/innen	230 Beschäftigte, davon 10 Auszubildende Ein Betriebsrat und eine Jugend- und Auszubildendenvertretung sind eingerichtet.
Auszug aus dem Absatz-programm	**Produktionsprogramm** ▶ Schreibtische ▶ Rollcontainer ▶ Konferenztische ▶ Aktenschränke, -regale ▶ Bürostühle ▶ Konferenzstühle Produktgruppe 1 Echtholz in den Ausführungen Buche, Ahorn und Eiche Produktgruppe 2 Kunststoffbeschichtung in verschiedenen Farben **Dienstleistungen** ▶ Montage der gelieferten Möbel ▶ Entsorgung von Altmöbeln **Handelswaren** ▶ Aktenvernichter ▶ Schreibtischlampen ▶ Flipcharts ▶ Telefonschwenkarme ▶ Pinnwände ▶ PC-/TV-/Hifi-Möbel
Fertigungsart	Einzel- und Serienfertigung, Reihen- und Werkstättenfertigung
Stoffe/Vorprodukte Rohstoffe Hilfsstoffe Betriebsstoffe Vorprodukte	 Holz, Aluminium, Edelstahlbleche, Kunststoff- und Glasteile Schrauben, Nägel, Kleinteile, Farben, Kitt, Stoffe Strom, Wasser, Heizöl, Gas, Schmierstoffe Türschlösser, Türknöpfe, Griffe aus Holz und Kunststoff
Geschäftsjahr	1. Januar bis 31. Dezember

Heinrich KG 	**Informationen zur Modellunternehmung**		**HR-Eintrag und Gesellschafts-vertrag**

Auszug aus dem Handelsregister

Amtsgericht	7876■4321	787654321I■	787654■210	787654321I■	787654■21	Blatt I **HRA 1101**

Nr. der Ein-tragung	a) Firma b) Ort der Niederlassung (Sitz der Gesellschaft c) Gegenstand des Unternehmens (bei juristischen Personen)	Geschäftsinhaber Persönlich haften-de Gesellschafter Geschäftsführer Abwickler	Prokura	Rechtsverhältnisse	a) Tag der Eintragung und Unterschrift b) Bemerkungen
1	2	3	4	5	6
1	**a) Heinrich KG** **b) Hamburg**	**Gerda Heinrich** **Hamburg**	**Prokura zusam-men mit einem anderen Proku-risten:** **Bärbel Oswald, Hamburg** **Leo Helbig, Hamburg**	**Kommanditgesellschaft Komman-ditistin Monika Heinrich, Berlin, 800.000,00 EUR** **Kommanditist Peter Heinrich, Frankfurt a. M., 600.000,00 EUR**	**2. März 1998** ***Winterhausen***
					Fortsetzung Rückseite

Auszug aus dem Gesellschaftsvertrag

§ 4 Geschäftsführung und Vertretung sind gemäß § 164 HGB geregelt.

§ 6 Die Kapitaleinlagen der Gesellschafter verzinsen sich mit 6 %.

Die Komplementärin Gerda Heinrich erhält für die Geschäftsführungstätigkeit vorab eine monatliche Vergütung von 6.000,00 EUR.

Der nach Abzug der Verzinsung und der Vorabvergütung verbleibende Reingewinn verteilt sich auf die Gesellschafter Gerda Heinrich, Monika Heinrich und Peter Heinrich im Verhältnis 5 : 3 : 2.

Einen Verlust tragen die Gesellschafter je zu einem Drittel.

2 Benen, Huesmann - ISBN 978-3-8120-1013-9

Heinrich KG 	Informationen zur Modellunternehmung		AGB

Allgemeine Geschäftsbedingungen (Auszug)

1.
1. Geltung der Verkaufsbedingungen

1.1 Sämtliche Lieferungen, Leistungen und Angebote der Heinrich KG - nachfolgend *Verkäuferin* genannt - erfolgen ausschließlich auf Grund dieser Allgemeinen Geschäftsbedingungen.
1.2 Alle Vereinbarungen, die zwischen der Verkäuferin und dem Kunden zwecks Ausführung dieses Vertrages getroffen werden, sind schriftlich niederzulegen.

2. Angebot und Vertragsschluss

2.1 In Prospekten, Anzeigen usw. enthaltene Angebote der Verkäuferin sind freibleibend und unverbindlich. An speziell ausgearbeitete Angebote hält sich die Verkäuferin 14 Kalendertage gebunden. Annahmeerklärungen und sämtliche Bestellungen bedürfen zur Rechtswirksamkeit der Bestätigung durch die Verkäuferin in Schriftform. Lehnt die Verkäuferin nicht binnen zwei Wochen nach Auftragseingang die Annahme ab, so gilt die Bestätigung als erteilt.
2.2 Zeichnungen, Abbildungen, Maße, oder sonstige Leistungsdaten sind nur verbindlich, wenn dies ausdrücklich schriftlich vereinbart wird.

3. Preise und Preisänderungen

3.1 Soweit nicht anders angegeben, hält sich die Verkäuferin an die in ihren Angeboten enthaltenen Preise 14 Tage ab Abgabedatum gebunden. Maßgebend sind ansonsten die in der Auftragsbestätigung der Verkäuferin genannten Preise, die die jeweilige gesetzliche Umsatzsteuer enthalten. Zusätzliche Lieferungen und Leistungen, insbesondere eine in Auftrag gegebene Montage, werden gesondert berechnet.
3.2 Alle Preise verstehen sich - falls nicht anders vereinbart - einschließlich normaler Verpackung, als Abholpreise.
3.3 Soweit zwischen Vertragsabschluss und vereinbartem und/oder tatsächlichem Lieferdatum mehr als sechs Monate liegen, gelten die zur Zeit der Lieferung oder Bereitstellung gültigen Preise der Verkäuferin; übersteigen die letztgenannten Preise die zunächst vereinbarten um mehr als 8 %, so ist der Käufer berechtigt, vom Vertrag zurückzutreten.

4. Liefer- und Leistungszeit
4.1 Liefertermine oder -fristen, die verbindlich oder unverbindlich vereinbart werden können, bedürfen der Schriftform.
4.2 Bei Vorliegen von durch die Verkäuferin zu vertretenden Lieferverzögerungen wird die Dauer der vom Käufer gesetzlich zu setzenden Nachfrist auf drei Wochen festgelegt, die mit Eingang der Nachfristsetzung bei der Verkäuferin beginnt.
4.6 Die Verkäufer ist zu Teillieferungen und Teilleistungen berechtigt, es sei denn die Teillieferung oder Teilleistung ist für den Käufer nicht von Interesse.

5. Gefahrübergang
5.1 Die Gefahr geht auf den Käufer über, sobald die Sendung an die den Transport ausführende Person übergeben worden ist oder zwecks Versendung das Lager der Verkäuferin verlassen hat. Wird der Versand auf Wunsch des Käufers verzögert, geht die Gefahr mit der Meldung der Versandbereitschaft auf ihn über.

6. Rechte des Käufers wegen Mängel oder Garantie
6.1 Hat die Kaufsache nicht die vereinbarte Beschaffenheit oder eignet sie sich nicht für die nach dem Vertrag vorausgesetzte oder die Verwendung allgemein, oder hat sie nicht die Eigenschaften, die der Käufer nach den öffentlichen Äußerungen der Verkäuferin erwarten kann, leistet die Verkäuferin grundsätzlich Nacherfüllung durch Nachlieferung einer mangelfreien Sache. Mehrfache Nachlieferung ist zulässig. Schlägt zweifache Nacherfüllung fehl, kann der Käufer nach seiner Wahl den Kaufpreis angemessen herabsetzen oder vom Vertrag zurücktreten. Unwesentliche Abweichungen von Farbe, Abmessungen und/oder anderen Qualitäts- und Leistungsmerkmalen der Kaufsache begründen keinerlei Ansprüche des Käufers, insbesondere nicht auf Haftung für Sach- und Rechtsmängel.
6.6 Die Verjährungsfrist für die vorstehenden Ansprüche beträgt grundsätzlich zwei Jahre ab Ablieferung der Ware. Ist der Käufer Unternehmer, beträgt die Frist ein Jahr. Das gleiche gilt auch für Verbraucher, wenn es sich bei der Ware um eine gebrauchte Sache handelt.

7. Eigentumsvorbehalt
7.1 Die Kaufsache bleibt bis zur Erfüllung aller Forderungen einschließlich Nebenforderungen (z. B. Wechselkosten, Finanzierungskosten, Zinsen usw.), die der Verkäuferin gegen den Käufer zustehen - gleich aus welchem Rechtsgrund -, ihr Eigentum. Verarbeitung oder Umbildung erfolgen stets für die Verkäuferin als Herstellerin, jedoch ohne Verpflichtung für sie. Erlischt das (Mit-)Eigentum der Verkäuferin durch Verbindung, so wird bereits jetzt vereinbart, dass das (Mit-) Eigentum des Käufers an der einheitlichen Sache wertanteilmäßig (Rechnungswert) auf die Verkäuferin übergeht. Der Käufer verwahrt das (Mit-)Eigentum der Verkäuferin unentgeltlich. Ware, an der der Verkäuferin (Mit-)Eigentum zusteht, wird im Folgenden als Vorbehaltsware bezeichnet.

7.2 Der Käufer ist berechtigt, die Vorbehaltsware im ordnungsgemäßen Geschäftsverkehr zu verarbeiten und zu veräußern, solange er nicht in Verzug ist. Verpfändungen oder Sicherungsübereignungen sind unzulässig. Die aus dem Weiterverkauf oder einem sonstigen Rechtsgrund (Versicherung, unerlaubte Handlung) bezüglich der Vorbehaltsware entstehenden Forderungen (einschließlich sämtlicher Saldoforderungen aus Kontokorrent) tritt der Käufer bereits jetzt sicherungs-halber in vollem Umfang an die Verkäuferin ab. Die Verkäuferin ermächtigt den Käufer widerruflich, die an die Verkäuferin abgetretenen Forderungen für dessen Rechnung im eigenen Namen einzuziehen. Diese Einziehungsermächtigung kann nur widerrufen werden, wenn der Käufer seinen Zahlungsverpflichtungen nicht ordnungsgemäß nachkommt.
7.3 Bei Zugriffen Dritter auf die Vorbehaltsware, insbesondere Pfändungen, wird der Käufer auf das Eigentum der Verkäuferin hinweisen und diesen unverzüglich benachrichtigen, damit die Verkäuferin ihre Eigentumsrechte durchsetzen kann. Soweit der Dritte nicht in der Lage ist, der Verkäuferin die in diesem Zusammenhang entstehenden gerichtlichen oder außergerichtlichen Kosten zu erstatten, haftet hierfür der Käufer.

8. Zahlung
8.1 Soweit nicht anders vereinbart, sind die Rechnungen der Verkäuferin sofort und ohne Abzug zahlbar. Die Verkäuferin ist berechtigt, auch bei anders lautenden Bestimmungen des Käufers Zahlungen zunächst auf dessen ältere Schulden anzurechnen. Sie wird den Käufer über die Art der erfolgten Verrechnung informieren. Sind bereits Kosten und Zinsen entstanden, so ist die Verkäuferin auch berechtigt, die Zahlung zunächst auf die Kosten, dann auf die Zinsen und zuletzt auf die Hauptforderung anzurechnen.
8.2 Eine Zahlung gilt erst dann als erfolgt, wenn die Verkäuferin über den Betrag verfügen kann. Im Falle der Annahme von Schecks gilt die Zahlung erst dann als erfolgt, wenn der Scheck eingelöst wird.
8.4 Gerät der Käufer in Verzug, so ist die Verkäuferin berechtigt, von dem betreffenden Zeitpunkt an Zinsen in Höhe von 8 % über dem Basiszinssatz als pauschalen Schadenersatz zu verlangen. Ist der Käufer Unternehmer, erhöht sich der Zinsanspruch auf 12,5 % Zinsen über dem Basiszins.
8.7 Der Käufer ist zur Aufrechnung, Zurückbehaltung oder Minderung, auch wenn Mängelrügen oder Gegenansprüche geltend gemacht werden, nur berechtigt, wenn die Gegenansprüche rechtskräftig festgestellt worden oder unstreitig sind. Zur Zurückbehaltung aus demselben Vertragsverhältnis ist der Käufer wegen Mängelansprüchen jedoch nur dann berechtigt, wenn er offensichtliche Mängel fristgemäß angezeigt hat.

9. Verwendung von Kundendaten
Die Verkäuferin ist berechtigt, die ihr zur Verfügung gestellten personenbezogenen Daten, soweit sie die Geschäftsbeziehung mit dem Käufer betreffen, gemäß den Bestimmungen des Bundesdatenschutzes zu verarbeiten und elektronisch zu speichern. Die Daten werden nicht an Dritte weitergegeben, es sei denn, dass der Kunde ausdrücklich sein Einverständnis erteilt.

10. Haftung
10.1 Schadensersatzansprüche des Käufers sind unabhängig von der Art der Pflichtverletzung, einschließlich unerlaubter Handlungen, ausgeschlossen, soweit nicht vorsätzliches oder grob fahrlässiges Handeln vorliegt. Bei leicht fahrlässiger Pflichtverletzung beschränkt sich die Haftung der Verkäuferin auf den nach der Art der Ware vorhersehbaren, vertragstypischen, unmittelbaren Durchschnittsschaden.

11. Pauschaler Schadenersatz
Ein Anspruch der Verkäuferin auf Schadenersatz gegen den Käufer aus dem Gesichtspunkt der vertraglichen Pflichtverletzung, insbesondere auf entgangenen Gewinn, beträgt mindestens 15 % des Nettokaufpreises. Das Recht des Käufers zum Nachweis des Nichteintritts eines Schadens bzw. eines geringeren Schadens bleibt hiervon unberührt. Der Verkäuferin bleibt ihrerseits das Recht zum Nachweis eines höheren Schadens vorbehalten.

12. Anwendbares Recht, Gerichtsstand, Teilnichtigkeit
12.1 Für diese Geschäftsbedingungen und die gesamten Rechtsbeziehungen zwischen Verkäuferin und Kunde gilt das Recht der Bundesrepublik Deutschland. Die Bestimmungen des UN-Kaufrechts finden keine Anwendung.
12.2 Soweit der Kunde Kaufmann, juristische Person des öffentlichen Rechts oder öffentlich-rechtliches Sondervermögen ist, ist Hamburg ausschließlicher Gerichtsstand für alle sich aus dem Vertragsverhältnis unmittelbar oder mittelbar ergebenden Streitigkeiten.
12.3 Sollte eine Bestimmung in diesen Geschäftsbedingungen oder eine Bestimmung im Rahmen sonstiger Vereinbarungen unwirksam sein oder werden, so wird hiervon die Wirksamkeit aller sonstigen Bestimmungen oder Vereinbarungen nicht berührt.

Heinrich KG	Informationen zur Modellunternehmung		Organigramm

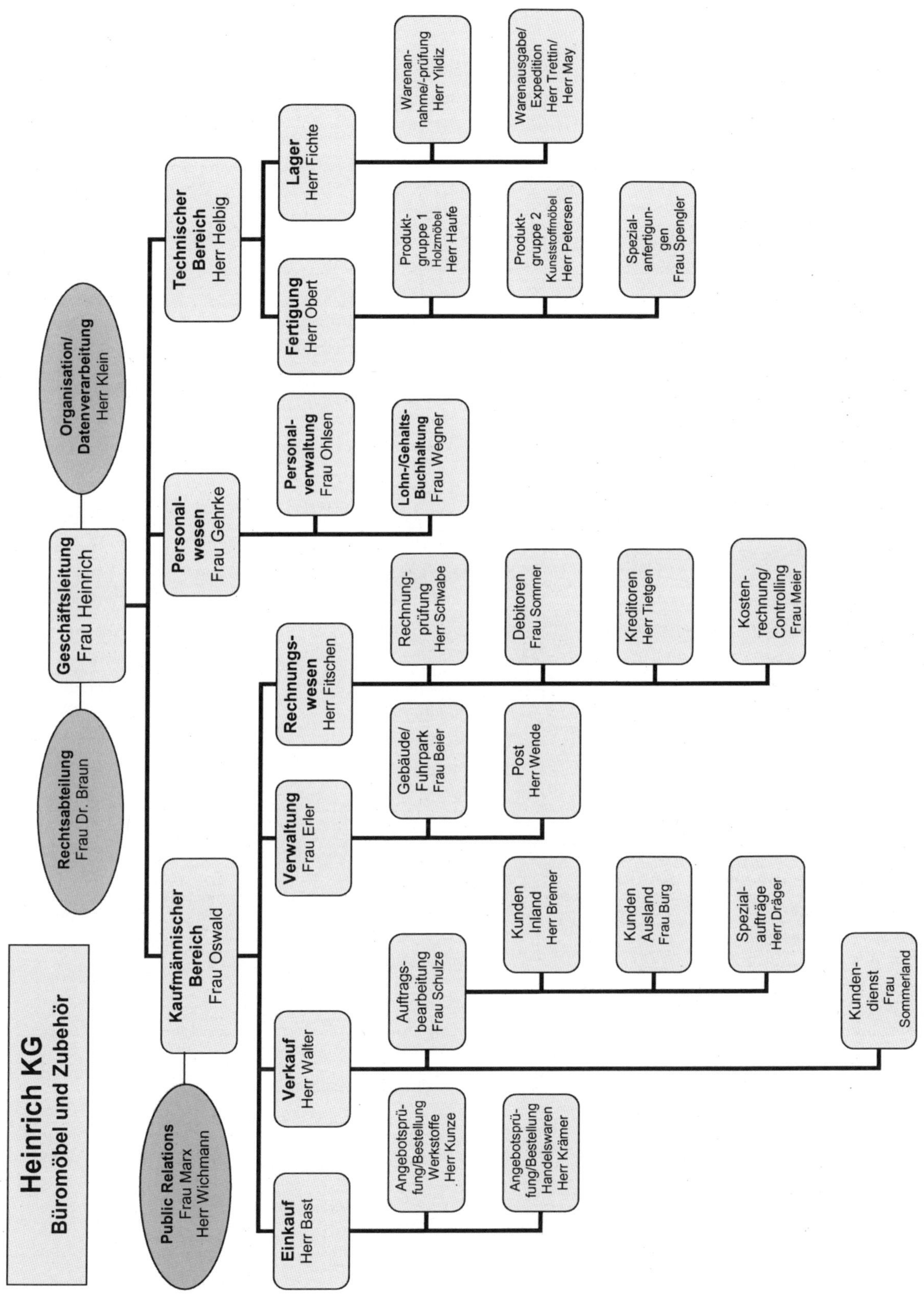

Auszug: Personalbestand

Name	Vorname	beschäftigt seit	zur Zeit beschäftigt als	geboren am
Heinrich	Gerda	01-03-1998	Geschäftsführerin	29-08-1956
Oswald	Tina	15-04-1998	BL Kaufmännischer Bereich	08-03-1965
Gehrke	Kornelia	15-03-1998	BLn Personalwesen	06-05-1960
Helbig	Markus	01-04-1998	BL Technischer Bereich	18-06-1967
Dr. Braun	Brunhilde	01-06-2001	Stabstelle Recht[1]	03-05-1964
Klein	Benno	01-03-1999	Stabstelle Organisation/Datenverarbeitung[2]	10-08-1963
Marx	Carla	01-10-1999	Stabstelle Public Relations[3]	20-06-1962
Wichmann	Ernst	01-07-2000	Stabstelle Public Relations[4]	30-05-1958
Laus	Leon	01-09-2010	Auszubildender zum Bürokaufmann	18-12-1990
Ohlsen	Franziska	15-10-2001	ALn Personalwesen - Personalverwaltung	24-02-1964
Wegener	Olga	01-06-1998	ALn Personalwesen - Lohn-/Gehaltsbuchhaltung	28-10-1967
Bast	Arno	01-10-2003	AL Einkauf	01-03-1948
Walter	Björn	01-05-2002	AL Verkauf	05-09-1972
Kunze	Kurt	01-06-1999	GL Einkauf - Werkstoffe	15-01-1980
Krämer	Theo	01-09-2000	GL Einkauf - Handelswaren	12-06-1979
Schulze	Kornelia	01-01-2001	GLn Verkauf - Auftragsbearbeitung	20-05-1972
Bremer	Lutz	01-04-1998	GL Auftragsbearbeitung - Kunden Inland	10-04-1972
Burg	Lea	01-07-2001	GLn Auftragsbearbeitung - Kunden Ausland	10-08-1975
Dräger	Max	01-07-1998	GL Auftragsbearbeitung - Spezialaufträge	18-10-1962
Sommerland	Manuela	01-02-2001	GLn Verkauf - Kundendienst	17-05-1981
Erler	Wiebke	01-05-2004	ALn Verwaltung	05-06-1985
Beier	Pia	01-09-1999	GLn Verwaltung - Gebäude/Fuhrpark	10-02-1976
Wende	Rolf	01-09-2005	GL Verwaltung - Post	12-04-1984
Fitschen	Karl	01-10-1998	AL Rechnungswesen	18-12-1960
Schwabe	Konstantin	01-04-2001	GL Rechnungswesen - Rechnungsprüfung	03-11-1969
Sommer	Sonja	01-03-2000	GLn Rechnungswesen - Debitoren	12-06-1974
Tietgen	Max	01-10-2001	GL Rechnungswesen - Kreditoren	24-12-1972
Meier	Svenja	01-10-2006	GLn Rechnungswesen - KoRe/Controlling	15-05-1985
Obert	Michael	01-01-2004	AL Fertigung	06-03-1961
Fichte	Ralf	01-06-2000	AL Lager	03-03-1962
Haufe	Heinz	01-03-1998	GL Fertigung - Holzmöbel	20-10-1965
Petersen	Dieter	01-01-2000	GL Fertigung - Kunststoffmöbel	30-08-1966
Spengler	Wilma	01-03-1998	GLn Fertigung - Spezialanfertigungen	06-07-1960
May	Deniz	01-03-2002	GL Lager - Warenausgabe/-versand	05-08-1979
Trettin	Jörg	01-02-2000	GL Lager - Warenausgabe/-versand	13-04-1981
Yildiz	Fahri	01-09-2005	GL Lager - Warenannahme/-prüfung	25-08-1978

Legende:

BL/n = Bereichsleiter/-in
AL/n = Abteilungsleiter/-in
GL/n = Gruppenleiter/-in

[1] Assistentin – Geschäftsleitung
[2] Assistent – Geschäftsleitung
[3] Assistent – Kaufmännische BL
[4] Assistent – Kaufmännische BL

Heinrich KG

Informationen zur Modellunternehmung

Debitoren und Kreditoren

Auszug: Kunden- und Lieferantenkonten

Konto-Nr.	Kunden	Konto-Nr.	Lieferanten
2401	Gertrud Brandt KG *Möbelhaus* *Südstraße 7* *20083 Hamburg*	4401	Bernhard Müller OHG *Kunststoffwerke* *Lindenbergstraße 4* *86807 Buchloe*
2402	Junges Wohnen GmbH *Möbelgroßhandlung* *Katrepeler Str. 45* *28215 Bremen*	4402	Lenz KG *Lampenfabrik* *Industriestraße 19* *90441 Nürnberg*
2403	Möblix GmbH *Im- und Export* *Schönhauser Allee 187* *10437 Berlin*	4403	Naturholz AG *Schäfflerbachstraße 26* *86003 Augsburg*
2404	Westmoor KG *Möbelhaus* *Deichhausweg 28* *32825 Blomberg*	4404	Holz- & Spanplattenfabrik Bresges GmbH *Duvenstraße 98* *41199 Mönchengladbach*
2405	Büroausstatter Winter OHG *Unter den Linden 8* *80637 München*	4405	Schraubenspezialist Müller e. K. *Bahnhofstr. 44 b* *38700 Braunlage*
2406	Brandes GmbH & Co. KG *Möbelgroßhandlung* *Falkenstraße 5* *04229 Leipzig*	4406	Holzschutz-, Lack- und Leimwerke AG *Boxhagener Str. 56* *10245 Berlin*
2407	Innovation AG *Leipziger Str. 120* *01127 Dresden*	4407	Blitz-Spedition GmbH *Alter Wandrahm 17-19* *25462 Rellingen*
2408	Weyermann & Söhne KG *Möbelgroßhandlung* *Falkenseestraße 15* *73252 Lenningen*	4408	Franz Meyer e. K. *Großhandel für Papier- und Bürobedarf* *Hamburger Straße 111* *22083 Hamburg*
2409	Bleibtreu GmbH *Möbelgroßhandlung* *Duvenstraße 88* *41199 Mönchengladbach*	4409	Bürotec GmbH *Büroausstattungen* *An der Industriebahn 15* *13129 Berlin*
2499	Sonstige Kunden	4499	Sonstige Lieferanten und Dienstleister

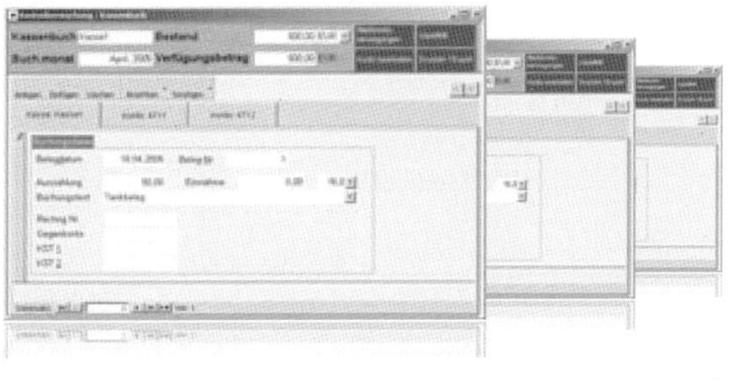

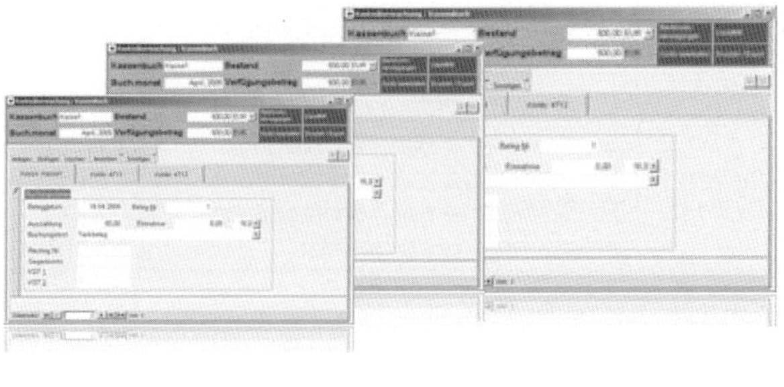

Heinrich KG	Informationen zur Modellunternehmung		Produktions-programm

Auszug: Produktionsprogramm – Produktliste, -beschreibung; LVP

Produkt Art.-Nr.	Produktbeschreibung	Maße in cm	Material	LVP, netto
Denver A-1001000	Schreibtisch; Oberfläche der Tischplatte versiegelt	Standard: 140 x 120 Höhe: nach Wunsch 68-80	Buche, natur	245,00 €
Starlight A-1001100 A-1002100	Solitärschreibtisch in Nierenform aus Massivholz; Oberfläche der Tischplatte versiegelt	Standard: 200 x 100 Höhe: 72 Sondermaße auf Wunsch	Ahorn; Buche, natur	925,00 €
Future A-1004110	Schreibtisch; Rahmen aus Stahlrohr, pulverbeschichtet; Glastischplatte	Standard: 180 x 80 bis 100 Höhe: regulierbar von 68-76	pulverbeschichtetes Stahlrohr; Glasplatte	460,00 €
Tiamo A-1101100 A-1102100	Rollcontainer mit drei Schubladen und Zahlbrettschieber; Holzgriffe; zentrales Sicherheitsschloss; Oberfläche versiegelt	Standard: 43 x 80 Höhe: 58 Sondermaße auf Wunsch	passend zu allen Schreibtischen, aus Ahorn oder Buche	485,00 €
Lilibe A-1101100 A-1102100	Rollcontainer, Schublade und Karteikarteneinsatz; Holzgriffe; zentrales Sicherheitsschloss, Oberfläche versiegelt	Standard: 43 x 60 Höhe: 58 Sondermaße auf Wunsch	passend zu allen Schreibtischen, aus Ahorn oder Buche	420,00 €
Logo A-1205111 A-1205112 A-1205113	Konferenztisch, Rahmen pulverbeschichtet; Spanplatte in blau, lichtgrau oder graphit mit Melamin beschichtet	Standard: 180 x 90 Höhe: regulierbar von 68-76 Sondermaße auf Wunsch	Spanplatten	375,00 €
Basic G A-1201100	Konferenztisch aus Massivholz; versiegelt; erweiterbar zu Arbeitsinseln	Standard: 160 x 80 Höhe: regulierbar von 68-75 Sondermaße auf Wunsch	Buche, natur	480,00 €
Noris A-1202170	Konferenztisch aus Massivholz; geölt	Standard: 180 x 80 Höhe: regulierbar von 68-75 Sondermaße auf Wunsch	Ahorn, natur	600,00 €
Solito A-1302170 A-1301170	Regalsystem aus Massivholz; drei eingebaute Schubladen; Sockelhöhenverstellung; geölt	90 x 30 Höhe: 200	Ahorn oder Buche, natur	1101,00 €
Mixt A-1305121	Regal aus beschichteten Spanplatten; wahlweise in blau, lichtgrau oder graphit	120 x 42 Höhe: 180	beschichtete Spanplatten	280,00 €
Visit A-1406111 A-1406112 A-1406113	Konferenzstuhl; Rahmen pulverbeschichtet; mit Armlehnen; Sitz und Rücken umpolstert; Stoffbezug wahlweise in blau, lichtgrau oder graphit; stapelbar	Breite: 57 Höhe: 83 Tiefe: 59 Lehne: 36	hochwertiger Stoffbezug	48,00 €
Meeting A-1401130	Konferenz- und Seminarstuhl verchromt; ohne Armlehnen; Formschale aus massiver Buche; verkettbar und stapelbar; Gleiter	Breite: 50,5 Höhe: 86,5 Tiefe: 59 Lehne: 45	Formschale aus Buche, natur	80,00 €
Smile A-1507006	Bürostuhl mit Armlehnen; ergonomischer Muldensitz; Kopfstütze und Rückenlehne verstellbar; Synchronmechanik; Sicherheitsrollen; schwarz	Breite: 48 Höhe: 45-60 Tiefe: 46 Lehne: 83	Echtleder	525,00 €
Verdan A-1507155	Bürostuhl mit Ring-Armlehnen; Bandscheibensitz; verstellbare Rückenlehne mit Formschaumpolsterung, grau gefärbt	Breite: 48 Höhe: 45-60 Tiefe: 46 Lehne: 83	Textilleder	78,00 €

Auszug: Handelswaren – Warenliste, -beschreibung; LVP

Ware	Warenbeschreibung	Maße in cm	LVP, netto
Eco B-2009154 B-2009151 B-2009155	Aktenvernichter aus gefärbtem Kunststoff. • Schnittleistung DIN A4 70 g/m^2: 10 Blatt; 1 CD oder 1 Kreditkarte • Auffangvolumen 12 Liter; Streifenschnitt • Farben: Wahlweise in rot, blau oder grau	Breite: 19,4 Tiefe: 33,2 Höhe 31,3	89,00 €
Profi B-2001140	Aktenvernichter mit Holzunterschrank aus lasierter Buche. • Lichtschranke für automatische Start-Stopp-Funktion • Auffangvolumen 38 Liter; Partikelschnitt: 3,8 x 36 mm • Schneidewalzen unempfindlich gegen Büro- und Heftklammern • Schnittleistung DIN A4 70 g/m^2: 15 Blatt	Breite: 41,5 Tiefe: 31,2 Höhe 58,5	699,00 €
Intimus B-2001140	Besonders leiser Aktenvernichter aus lasierter Buche mit Vollstahl-Schneidwellen aus Spezialstahl – unempfindlich gegenüber Büro- und Heftklammern, CDs, DVDs, Kreditkarten, Mikrofilme, Overheadfolien, Karton und Papier. • Start-/Stop-Funktion über Lichtschranke • Leuchtanzeige für Betriebsbereitschaft, Papierstau, Korb voll • Schneidleistung: gleichzeitig 20 Blatt DIN A4 (70 g/m^2) • Auffangvolumen 65 Liter; Partikelschnitt: 0,8 x 15 mm	Breite: 49 Tiefe: 38 Höhe 83	975,00 €
Luna B-2103137	Schreibtischlampe aus Metall, verchromt; Schnurzwischenschalter; Opalglas weiß; ohne Leuchtmittel	Fuß: Ø 20 Armlänge: 40 Breite: 25 Höhe: 35	68,00 €
Optima B-2103138	Schreibtischleuchte aus Metall, verchromt; grüner langer Leuchtenkopf; effiziente Leuchtstofflampe; gleichmäßige Ausleuchtung	Fuß: Ø 20,4 Armlänge: 52,2 Kopf: 69,2	90,00 €
Praktiker B-2103126	Schreibtischlampe aus Metall, beschichtet; Niedervolt-Halogenleuchte; schwarz; Halogenleuchtmittel inklusive	Fuß: Ø 18,2 Ausladung: 52 Höhe: 60	32,00 €
Moflip B-2208160	Flipchart aus Aluminium, poliert; mobile Tafel; funktionales System; geradliniges Design	Höhe: 130,5 Breite: 80 Gewicht: 27 kg	1375,00 €
Feflip B-2208167	Flipchart aus Aluminium, poliert; weiße Rückplatte mit Papierhalter und Stiftablage; höhenverstellbar	Höhe: 130,5 Breite: 84 Gewicht: 21 kg	700,00 €
Biflip B-2203125	Flipchart aus Metall, beschichtet; Dreibeinstativ, höhenverstellbar; Wechselblockhalter für Flipchart-Blocks; magnethaftende Tafeloberfläche; Stiftablage; grau	Höhe: bis 195 Breite: 98 Gewicht: 8 kg	80,00 €
Swing B-2303112	Telefonschwenkarm aus pulverbeschichtetem Metall in lichtgrau; 360° Aktionsradius, Tragplatte mit stufenlos höhenverstellbaren Haftwürfeln zum sicheren Halt; 4 kg Tragkraft	18,2 x 26,8 Tragplatte Armlänge: 30,2	57,00 €
Telearm B-2303127	Telefonschwenkarm aus beschichtetem Metall; für kleine Telefonstationen; Fax; Kombigeräte; Schwenkbereich 360°; Tragkraft 5 kg; Metallklemmfuß für Tischplatte; weiß	22,2 x 25,7 Tragplatte Armlänge: 29,8	43,50 €
Pinma B-2408167	Pinnwand aus Aluminium, poliert; Wandfläche weiß und zusätzlich magnetisch; beschreib- und trocken abwischbar	130 x 92 Wandfläche	72,50 €
Pintex B-2408161	Pinnwand; Filztafel in blau oder grau; Aluminium, poliert; hoch oder quer montierbar; inklusive Befestigungssatz	180 x 120 Filztafelfläche	125,00 €
Rimini B-2502100 B-2501100	TV-Lowboard; zwei Einlegeböden; Softkanten; wahlweise aus Ahorn oder Buche massiv; Oberfläche versiegelt	Höhe 88 Breite: 31 Tiefe: 18	175,00 €
Wolga B-2501170	TV-Lowboard; zwei Schiebetüren; Fach mit verstellbarem Boden; Tragkraft Oberboden maximal 60 kg; Buche, geölt	Höhe 50 Breite: 160 Tiefe: 50	340,00 €

Vorjahresbilanz der Heinrich KG (Zahlen in Euro)

Aktiva	Bilanz zum 31.	Dezember	Passiva
A. Anlagevermögen		**A. Eigenkapital**	
Grundstücke und Gebäude	2.853.500,00	Kapital Gerda Heinrich	4.500.000,00
TA und Maschinen	611.850,00	Kommanditkapital	1.400.000,00
Fuhrpark	435.000,00	Gewinnrücklagen	1.072.000,00
Büromöbel und GA	699.650,00	Jahresüberschuss	1.028.000,00
B. Umlaufvermögen		**B. Fremdkapital**	
Roh-, Hilfs- und Betriebsstoffe	2.633.718,00	Pensionsrückstellungen	1.284.400,00
Unfertige Erzeugnisse	986.000,00	Sonstige Rückstellungen	989.000,00
Fertige Erzeugnisse	2.082.500,00	Darlehensschulden	5.286.000,00
Waren	3.015.330,00	Verbindlichkeiten a. L. u. L.	3.847.446,00
Forderungen	5.420.000,00	Sonstige Verbindlichkeiten	593.154,00
Bank	1.225.882,00		
Kasse	36.570,00		
Summe Aktiva	**20.000.000,00**	**Summe Passiva**	**20.000.000,00**

Vorjahreserfolgsrechnung der Heinrich KG (Zahlen in Euro)

Konto	Aufwand	Ertrag
Umsatzerlöse für eigene Erzeugnisse		51.830.500,00
Umsatzerlöse für Handelswaren		7.900.281,00
Erträge aus Vermietung und Verpachtung		216.000,00
Zinserträge		53.219,00
Aufwendungen für Roh-, Hilfs- und Betriebsstoffe	35.896.250,00	
Aufwendungen für Energie	1.940.625,00	
Aufwendungen für Waren	4.850.500,00	
Fremdinstandhaltung	1.120.000,00	
Löhne	2.890.500,00	
Gehälter	3.613.750,00	
Soziale Abgaben	2.186.223,00	
Abschreibungen	729.127,00	
Leasing	582.000,00	
Kosten des Geldverkehrs	46.900,00	
Büromaterial	696.875,00	
Post, Telefon	240.650,00	
Werbung	1.750.600,00	
Beiträge	24.000,00	
Betriebliche Steuern	1.728.000,00	
Zinsaufwendungen	676.000,00	
Zwischensumme:	58.972.000,00	60.000.000,00
Jahresüberschuss	**1.028.000,00**	
Summe:	60.000.000,00	60.000.000,00

Heinrich KG	Informationen zur Modellunternehmung		Kontenplan (Auszug)

Auszug: Kontenplan der Heinrich KG (wichtige Konten im Überblick)

...

2640	SV-Beitragsvorauszahlung
2650	Forderungen an Mitarbeiter
2690	Sonstige Forderungen
2800	Guthaben bei Kreditinstituten (Bank)
4800	Umsatzsteuer
4830	Verbindlichkeiten gegenüber Finanzbehörden
4840	Verbindlichkeiten gegenüber Sozialversicherungsträgern
4850	Verbindlichkeiten gegenüber Mitarbeitern
4860	Verbindlichkeiten aus vermögenswirksamen Leistungen
5400	Sonstige betriebliche Erträge
6200	Löhne
6220	Sonstige tarifliche oder vertragliche Aufwendungen
6230	Freiwillige Zuwendungen
6250	Sachbezüge
6300	Gehälter
6320	Sonstige tarifliche oder vertragliche Aufwendungen
6330	Freiwillige Zuwendungen
6350	Sachbezüge
6400	Arbeitgeberanteil zur Sozialversicherung (Lohnbereich)
6410	Arbeitgeberanteil zur Sozialversicherung (Gehaltsbereich)
6420	Beiträge zur Berufsgenossenschaft
6440	Aufwendungen für Altersversorgung
6490	Aufwendungen für Unterstützung
6600	Aufwendungen für Personaleinstellung
6610	Aufwendungen für Fahrtkosten
6640	Aufwendungen für Fort- und Weiterbildung
6650	Aufwendungen für Dienstjubiläen
6660	Aufwendungen für Belegschaftsveranstaltungen
6670	Aufwendungen für Werksküche und Sozialeinrichtungen
6690	Sonstige Personalaufwendungen

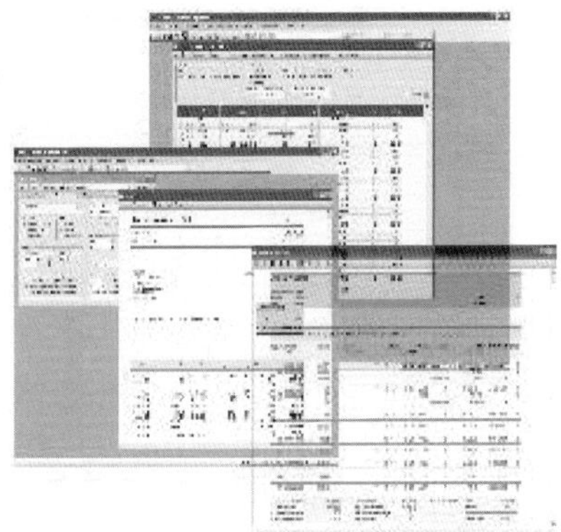

...

3 Benen, Huesmann - ISBN 978-3-8120-1013-9

Kontenrahmen (in Anlehnung an IKR)

Kontenklasse 0
Anlagevermögen Immaterielle Vermögensgegenstände und Sachanl.

00 Ausstehende Einlagen

Immaterielle Vermögensgegenstände
02 Konzessionen, gewerbliche Schutzrechte, Lizenzen
03 Geschäfts- oder Firmenwert

Sachanlagen
05 Grundstücke, grundstücksgleiche Rechte und Bauten einschl. der Bauten auf fremden Grundstücken
0500 Unbebaute Grundstücke
0510 Bebaute Grundstücke
0530 Betriebsgebäude
0540 Verwaltungsgebäude
0550 Andere Bauten
0560 Grundstückseinrichtungen
0570 Gebäudeeinrichtungen
0590 Wohngebäude

07 Technische Anlagen und Maschinen
0700 Technische Anlagen u. Maschinen
0740 Anlagen für Arbeitssicherheit und Umweltschutz
0750 Transportanlagen und ähnliche Betriebsvorrichtungen
0760 Verpackungsanlagen u. -maschinen
0770 Sonstige Anlagen und Maschinen
0790 Geringwertige Anlagen und Maschinen

08 Andere Anlagen, Betriebs- und Geschäftsausstattung
0800 Andere Anlagen
0810 Werkstätteneinrichtung
0820 Werkzeuge, Werksgeräte und Modelle, Prüf- und Messmittel
0830 Lager- und Transporteinrichtungen
0840 Fuhrpark
0860 Büromaschinen, Organisationsmittel und Kommunikationsanlagen
0870 Büromöbel und sonstige Geschäftsausstattung
0890 Geringwertige Vermögensgegenstände der Betriebs- und Geschäftsausstattung

09 Geleistete Anzahlungen und Anlagen im Bau
0900 Geleistete Anzahlungen auf Sachanlagen
0950 Anlagen im Bau

Kontenklasse 1
Anlagevermögen Finanzanlagen

Finanzanlagen
10 Finanzanlagen

11 Anteile an verbundenen Unternehmen

12 Ausleihungen an verbundene Unternehmen

13 Beteiligungen
1300 Beteiligungen

15 Wertpapiere des Anlagevermögens
1500 Stammaktien
1590 Sonstige Wertpapiere

16 Sonstige Finanzanlagen

Kontenklasse 2
Umlaufvermögen u. aktive Rechnungsabgrenzung

Vorräte
20 Roh-, Hilfs- und Betriebsstoffe
2000 Rohstoffe/Fertigungsmaterial
2010 Vorprodukte/Fremdbauteile
2020 Hilfsstoffe
2030 Betriebsstoffe
2040 Verpackungsmaterial
2070 Sonstiges Material

21 Unfert. Erzeugnisse, unfert. Leistungen
2100 Unfertige Erzeugnisse
2190 Unfertige Leistungen

22 Fertige Erzeugnisse und Waren
2200 Fertige Erzeugnisse
2280 Waren (Handelswaren)

23 Geleistete Anzahlungen auf Vorräte
2300 Geleistete Anzahlungen

Forderungen und Sonstige Vermögensgegenstände
24 Forderungen aus Lieferungen und Leistungen
2400 Forderungen aus Lieferungen und Leistungen
2450 Wechselforderungen aus Lieferungen und Leistungen (Besitzwechsel)
2470 Zweifelhafte Forderungen
2480 Protestwechsel

26 Sonstige Vermögensgegenstände
2600 Vorsteuer (voller Steuersatz)
2610 Vorsteuer (ermäßigter Steuersatz)
2630 Sonstige Forderungen an Finanzbehörden
2640 SV-Beitragsvorauszahlung
2650 Forderungen an Mitarbeiter
2690 Sonstige Forderungen (Jahresabgrenzung)

27 Wertpapiere des Umlaufvermögens
2700 Wertpapiere des Umlaufvermögens

28 Flüssige Mittel
2800 Guthaben bei Kreditinstituten (Bank)
2850 Postbank
2860 Schecks
2880 Kasse
2890 Nebenkassen

29 Aktive Rechnungsabgrenzung (ARA)
2900 Aktive Rechnungsabgrenzung

Kontenklasse 3
Eigenkapital und Rückstellungen

Eigenkapital
30 Eigenkapital bei Einzelunternehmen
3000 Eigenkapital
3001 Privat(konto)
30 Eigenkapital bei Personengesellschaften
3000 Kapital Gesellschafter A
3001 Privatkonto Gerda Heinrich
3070 Kommanditkapital Gesellschafter B Peter Heinrich
3080 Kommanditkapital Gesellschafter C Monika Heinrich
30 Eigenkapital bei Kapitalgesellschaften
3000 Gezeichnetes Kapital

31 Kapitalrücklage
32 Gewinnrücklagen
3210 Gesetzliche Rücklagen
3230 Satzungsmäßige Rücklagen
3240 Andere Gewinnrücklagen
33 Ergebnisverwendung
34 Jahresüberschuss/Jahresfehlbetrag
36 Wertberichtigungen

Rückstellungen
37 Rückstellungen für Pensionen und ähnliche Verpflichtungen
3700 Rückstellungen für Pensionen
38 Steuerrückstellungen
3800 Steuerrückstellungen
39 Sonstige Rückstellungen
3910 Rückst. für Gewährleistungen
3920 Rechts- und Beratungskosten
3930 Rückst. für andere ungewisse Verbindlichkeiten
3990 Rückst. für andere Aufwendungen

Kontenklasse 4
Verbindlichkeiten und passive Rechnungsabgrenzung

Verbindlichkeiten
41 Anleihen

42 Verbindlichkeiten gegenüber Kreditinst.
4200 Kurzfristige Bankverbindlichkeiten
4250 Langfristige Bankverbindlichkeiten

43 Erhaltene Anzahlungen a. Bestellungen
4300 Erhaltene Anzahlungen

44 Verbindlichkeiten aus Lieferungen und Leistungen
4400 Verbindlichkeiten aus Lieferungen und Leistungen

45 Wechselverbindlichkeiten
4550 Schuldwechsel

48 Sonstige Verbindlichkeiten
4800 Umsatzsteuer (voller Steuersatz)
4810 Umsatzsteuer (erm. Steuersatz)
4830 Verbindlichkeiten gegenüber Finanzbehörden
4840 Verbindlichkeiten gegenüber Sozialversicherungsträgern
4850 Verbindlichkeiten gegenüber Mitarbeitern
4860 Verbindlichkeiten aus vermögenswirksamen Leistungen
4870 Verbindlichkeiten gegenüber Gesellschaftern
4880 Sonstige Steuerverbindlichkeiten
4890 Sonstige Verbindlichkeiten
4900 Passive Rechnungsabgrenzung

Heinrich KG

Informationen zur Modellunternehmung

Kontenrahmen (nach IKR)

Kontenrahmen (in Anlehnung an IKR)

Kontenklasse 5 – Umsatzerlöse und sonstige Erträge

50 Umsatzerlöse für eigene Erzeugnisse und andere Leistungen
5000 Umsatzerlöse f. eigene Erzeugnisse
5001 Erlösberichtigungen

51 Umsatzerlöse für Handelswaren
5100 Umsatzerlöse für Handelswaren
5101 Erlösberichtigungen

52 Erhöhung oder Verminderung des Bestands an unfertigen/fertigen Erzeugnissen und Handelswaren
5200 Bestandsveränderungen
5201 Bestandsveränderungen an unfertigen Erzeugnissen
5202 Bestandsveränderungen an fertigen Erzeugnissen
5203 Bestandsveränderungen an Handelswaren

53 Andere aktivierte Eigenleistungen

54 Sonstige betriebliche Erträge
5400 Nebenerlöse
5401 - aus Vermietung und Verpachtung
5403 - aus Werksküche und Kantine
5409 Sonstige Nebenerlöse
5410 Sonstige Erlöse
5411 Provisionserlöse
5412 Lizenzerlöse
5420 Entnahme (Eigenverbrauch)
5421 Entnahme von Gegenständen
5422 Entnahme von sonstigen Leistungen
5460 Erträge aus dem Abgang von Vermögensgegenständen (Nettoerlös: Erlös - Buchwert)
5480 Erträge aus der Auflösung von Rückstellungen
5490 Periodenfremde Erträge

55 Erträge aus Beteiligungen

56 Erträge aus anderen Finanzanlagen

57 Sonstige Zinsen und ähnliche Erträge
5710 Zinserträge
5730 Diskonterträge
5780 Erträge aus Wertpapieren des Umlaufvermögens
5790 Sonstige zinsähnliche Erträge

58 Außerordentliche Erträge

Kontenklasse 8 – Ergebnisrechnungen

80 Eröffnung / Abschluss
8000 Eröffnungsbilanzkonto (EBK)
8010 Schlussbilanzkonto (SBK)
8020 Gewinn- und Verlustkonto (GuV)

Kontenklasse 9 – Kosten- und Leistungsrechnung

In der Praxis wird die Kosten- und Leistungsrechnung gewöhnlich tabellarisch durchgeführt.

Kontenklasse 6 – Betriebliche Aufwendungen

Materialaufwand
60 Aufwendungen für Roh-, Hilfs- und Betriebsstoffe und für bezogene Waren
6000 Aufwendungen für Rohstoffe/ Fertigungsmaterial
6001 Bezugskosten
6002 Nachlässe
6010 Aufwendungen für Vorprodukte
6011 Bezugskosten
6012 Nachlässe
6020 Aufwendungen für Hilfsstoffe
6021 Bezugskosten
6022 Nachlässe
6030 Aufwendungen für Betriebsstoffe
6031 Bezugskosten
6032 Nachlässe
6040 Aufwendungen für Verpackungsmaterial
6041 Bezugskosten
6042 Nachlässe
6050 Aufwendungen für Energie
6060 Aufwendungen f. Reparaturmaterial
6070 Aufwendungen f. sonstiges Material
6080 Aufwendungen für Waren (Handelswaren)
6081 Bezugskosten
6082 Nachlässe

61 Aufwendungen für bezogene Leistungen
6100 Fremdleistungen für Erzeugnisse und andere Umsatzleistungen
6140 Ausgangsfrachten und Nebenkosten (Fremdlager)
6150 Vertriebsprovision
6160 Fremdinstandhaltung
6170 Sonstige Aufwendungen für bezogene Leistungen

Personalaufwand
62 Löhne
6200 Löhne
6220 Sonstige tarifl. oder vertragl. Aufw.
6230 Freiwillige Zuwendungen
6250 Sachbezüge

63 Gehälter
6300 Gehälter
6320 Sonstige tarifl. oder vertragl. Aufw.
6330 Freiwillige Zuwendungen
6350 Sachbezüge

64 Soziale Abgaben und Aufwendungen für Altersversorgung und für Unterstützung
6400 Arbeitgeberanteil zur Sozialversicherung (Lohnbereich)
6410 Arbeitgeberanteil zur Sozialversicherung (Gehaltsbereich)
6420 Beiträge zur Berufsgenossenschaft
6440 Aufwendungen für Altersversorgung
6490 Aufwendungen für Unterstützung

Abschreibungen auf Anlagevermögen
65 Abschreibungen
6510 Abschreibungen auf immaterielle Vermögensgegenstände des Anlagevermögens
6520 Abschreibungen auf Sachanlagen
6540 Abschreibungen auf geringwertige Wirtschaftsgüter (GWG)
6550 Außerplanmäßige Abschreibungen

Sonstige betriebliche Aufwendungen
66 Sonstige Personalaufwendungen
6600 Aufwendungen für Personaleinstellung
6610 Aufwendungen für Fahrtkosten
6640 Aufwendungen für Fort- und Weiterbildung
6650 Aufwendungen für Dienstjubiläen
6660 Aufwendungen für Belegschaftsveranstaltungen
6670 Aufwendungen für Werksküche und Sozialeinrichtungen
6690 Sonstige Personalaufwendungen

Kontenklasse 6 – Betriebliche Aufwendungen

67 Aufwendungen für die Inanspruchnahme von Rechten und Diensten
6700 Mieten, Pachten
6710 Leasing
6720 Lizenzen und Konzessionen
6730 Gebühren
6750 Kosten des Geldverkehrs
6760 Provisionsaufwendungen (außer Vertriebsprovision)
6770 Rechts- und Beratungskosten

68 Aufwendungen für Kommunikation (Dokumentation, Information u. Reisen)
6800 Büromaterial
6810 Zeitungen und Fachliteratur
6820 Post, Telefon
6821 Postgebühren
6822 Telefon
6850 Reisekosten
6860 Bewirtung und Präsentation
6870 Werbung
6880 Spenden
6890 Sonstige Aufwendungen für Kommunikation

69 Aufwendungen für Beiträge und Sonstiges sowie Wertkorrekturen und periodenfremde Aufwendungen
6900 Versicherungsbeiträge
6920 Beiträge zu Wirtschaftsverbänden und Berufsvertretungen
6930 Verluste aus Schadensfällen
6950 Abschreibungen auf Forderungen
6951 Abschreibungen auf Ford.
6960 Verluste aus dem Abgang von Vermögensgegenständen
6990 Periodenfremde Aufwendungen

Kontenklasse 7 – Weitere Aufwendungen

70 Betriebliche Steuern
7020 Grundsteuer
7030 Kraftfahrzeugsteuer
7070 Ausfuhrzölle
7080 Verbrauchsteuer
7090 Sonstige betriebliche Steuern

74 Abschreibungen auf Finanzanlagen und auf Wertpapiere des Umlaufverm.
7400 Abschreibungen auf Finanzanlagen
7420 Abschreibungen auf Wertpapiere des Umlaufvermögens
7450 Verluste aus dem Abgang von Finanzanlagen
7460 Verluste aus dem Abgang von Wertpapieren des Umlaufvermögens

75 Zinsen und ähnliche Aufwendungen
7510 Zinsaufwendungen
7530 Diskontaufwendungen
7590 Sonstige zinsähnliche Aufwendungen

76 Außerordentliche Aufwendungen
7600 Außerordentliche Aufwendungen

77 Steuern vom Einkommen und Ertrag
7700 Gewerbeertragsteuer
7710 Körperschaftsteuer (bei Kapitalgesellschaften)
7720 Kapitalertragsteuer (bei Kapitalgesellschaften)

Heinrich KG 	Inventur/Inventar		Rechnungswesen Situation 1

Leon Laus ist im Zuge seiner Ausbildung zum Bürokaufmann bei der Heinrich KG zurzeit in der Abteilung „Allgemeine Verwaltung“ eingesetzt und hat im Rahmen der Inventurarbeiten eine Übersicht über die Fertigen Erzeugnisse und Waren erstellt (s. Anlage 1).

Die Werte der Vermögens- und Schuldenpositionen der Heinrich KG zum 31. Dezember 20.. werden Leon Laus von Herrn Fitschen zur Verfügung gestellt:

1. Grundstück	Rahlstedter Str. 144, 22143 Hamburg	920.600,00 €
2. Gebäude	Lagergebäude	750.000,00 €
	Bürogebäude	1.182.900,00 €
3. TA und Maschinen	Produktionsmaschinen	611.850,00 €
4. Fuhrpark	10 PKW	162.000,00 €
	6 LKW	252.500,00 €
	2 Gabelstapler zu je	10.250,00 €
5. Büromöbel und GA	EDV-Anlage	216.000,00 €
	Büromöbel	398.000,00 €
	Kopierer	47.600,00 €
	Telefonanlage	28.500,00 €
	Faxgeräte	9.550,00 €
6. Roh-, Hilfs- und Betriebsstoffe	Rohstoffe	1.277.118,00 €
	Hilfsstoffe	1.069.900,00 €
	Betriebsstoffe	286.700,00 €
7. Unfertige Erzeugnisse		986.000,00 €
8. Fertige Erzeugnisse (s. Anlage 1)		
9. Waren		3.015.330,00 €
10. Forderungen (s. Anlage 2)		
11. Bankguthaben	Hamburger Sparkasse	725.400,00 €
	Postbank Hamburg	500.482,00 €
12. Kassenbestand		36.570,00 €
13. Pensionsrückstellungen		1.284.400,00 €
14. Sonstige Rückstellungen		989.000,00 €
15. Darlehensschulden bei der Postbank Köln		5.286.000,00 €
16. Verbindlichkeiten (s. Anlage 3)		
17. Sonstige Verbindlichkeiten		593.154,00 €

Heinrich KG 	Inventur/Inventar		Rechnungs-wesen Situation 1

Anlage 1

Heinrich KG

Auszug: Produktliste

31. Dezember 20..
Einkaufspreise jeweils netto

Produkt Art.-Nr.	Produktbeschreibung	HK in Euro	Lagerbestand in Stück	Lagerbestand in Euro
Denver A-1001100	Schreibtisch; Oberfläche der Tischplatte versiegelt	170,00	150	
Starlight A-1001100 A-1002100	Solitärschreibtisch in Nierenform aus Massivholz; Oberfläche der Tischplatte versiegelt	610,00	135	
Future A-1004110	Schreibtisch; Rahmen aus Stahlrohr, pulverbeschichtet; Glastischplatte	330,00	90	
Tiamo A-1101100 A-1102100	Rollcontainer mit drei Schubladen und Zahlbrettschieber; Holzgriffe; zentrales Sicherheitsschloss; Oberfläche versiegelt	335,00	145	
Lilibe A-1101100 A-1102100	Rollcontainer, Schublade und Karteikarteneinsatz; Holzgriffe; zentrales Sicherheitsschloss, Oberfläche versiegelt	294,00	150	
Logo A-1205111 A-1205112 A-1205113	Konferenztisch, Rahmen pulverbeschichtet; Spanplatte in blau, lichtgrau oder graphit mit Melamin beschichtet	262,00	100	
Basic G A-1201100	Konferenztisch aus Massivholz; versiegelt; erweiterbar zu Arbeitsinseln	355,00	120	
Noris A-1202170	Konferenztisch aus Massivholz; geölt	226,00	180	
Solito A-1302170 A-1301170	Regalsystem aus Massivholz; drei eingebaute Schubladen; Sockelhöhenverstellung; geölt	815,00	75	
Mixt A-1305121	Regal aus beschichteten Spanplatten; wahlweise in blau, lichtgrau oder graphit	382,00	93	
Visit A-1406111 A-1406112 A-1406113	Konferenzstuhl; Rahmen pulverbeschichtet; mit Armlehnen; Sitz und Rücken umpolstert; Stoffbezug wahlweise in blau, lichtgrau oder graphit; stapelbar	27,00	350	
Meeting A-1401130	Konferenz- und Seminarstuhl verchromt; ohne Armlehnen; Formschale aus massiver Buche; verkettbar und stapelbar; Gleiter	56,00	400	
Smile A-1507006	Bürostuhl mit Armlehnen; ergonomischer Muldensitz; Kopfstütze und Rückenlehne verstellbar; Synchronmechanik; Sicherheitsrollen; schwarz	361,00	110	
Verdan A-1507155	Bürostuhl mit Ring-Armlehnen; Bandscheibensitz; verstellbare Rückenlehne mit Formschaumpolsterung, grau gefärbt	52,00	150	
Diverse				1.566.784,00

Heinrich KG

Anlage 2

Kundenliste mit offenen Posten zum 31. Dezember 20..				
Kd.-Nr.	**Firma**	**Telefon**	**Offene Posten in €**	**Ansprechpartner**
2401	Gertrud Brandt KG	040 121-0	382.500,00	Frau Haberting
2402	Junges Wohnen GmbH	0421 20555-50	243.620,00	Herr Langemaas
2403	Möblix GmbH	030 301020	545.210,00	Herr Trüün jr.
2404	Westmoor KG	05235 887366	1.887.220,00	Herr Helmers
2405	Büroausstatter Winter OHG	089 48067	95.201,00	Frau Wiggers
2406	Brandes GmbH & Co. KG	0341 147-1633	195.865,00	Herr Sandberg
2407	Innovation AG	0351 2033-0	1.556.502,00	Frau Lamberti
2408	Weyermann & Söhne KG	07026 459163	75.890,00	Herr Baum
2409	Bleibtreu GmbH	02161 219693	366.520,00	Frau Winter
2499	Sonstige Kunden		71.472,00	

Heinrich KG

Anlage 3

Lieferantenliste mit offenen Posten zum 31. Dezember 20..				
Lief.-Nr.	**Firma**	**Telefon**	**Offene Posten in €**	**Ansprechpartner**
4401	Bernhard Möller OHG	08241 141-0	760.400,00	Frau Reiner
4402	Lenz KG	0911 1212-0	163.889,58	Herr Dubny
4403	Naturholz AG	0821 6310-0	723.882,54	Herr Hain
4404	Holz- & Spanplattenfabrik Bresges GmbH	02161 4001-0	289.912,76	Frau Winkelbach
4405	Schraubenspezialist Müller e. K.	05520 555-0	120.051,00	Herr Kunze
4406	Holzschutz-, Lack- und Leimwerke AG	030 65-0	368.524,13	Frau Wachtel
4407	Blitz-Spedition GmbH	04101 4001-0	27.000,00	Frau Müller
4408	Franz Meyer e. K.	040 555-0	452.778,93	Herr Brinkhaus
4409	Bürotec GmbH	030 341-0	390.556,55	Frau Satow
4499	Sonstige Lieferanten und Dienstleister		550.450,21	Frau Meierring

Heinrich KG	**Inventur/Inventar**		**Rechnungs-wesen** **Situation 1**

Arbeitsaufträge:

1 Informieren Sie sich über Inventurverfahren und Inventar in Ihrem Rechnungswesenbuch!

2 Werten Sie die Inventurliste der Produktvorräte aus!

2.1 Berechnen Sie den Bestand in Euro pro Produktgruppe 2 – 7!

2.2 Wie viel Euro beträgt der gesamte Lagerbestand?

2.3 Welche Aussagekraft haben die errechneten Werte?

2.4 Von der Produkt Art.-Nr. A-1101100 kosten 50 Stück 14.700,00 € im Einkauf. Wie viel Euro kosten 110 Stück?

2.5 Der Vorrat des Artikels mit der Produkt Art.-Nr. A-1401130 reicht bei einem täglichen Verbrauch von 50 Stück noch 8 Tage. Wie viele Tage reicht der Vorrat, wenn täglich nur 20 Stück benötigt werden?

2.6 Wie viel Schreibtische sind am 31. Dez. 20.. durchschnittlich von jeder Produkt Art.-Nr. der Produktgruppe 2 vorrätig?

2.7 Wie viel Euro beträgt der Warenwert pro Schreibtisch der Produktgruppe 2 im Durchschnitt im Einkauf?

2.8 Erstellen Sie für die Heinrich KG das Inventar zum 31. Dezember 20..! (s. Anlage 4)

2.9 Welche Inventurverfahren werden in der Praxis unterschieden?

Anlage 4

Inventar zum 31. Dezember 20..		
Heinrich KG, Rahlstedter Str. 144, 22143 Hamburg		
A. Vermögen		
I. Anlagevermögen		
1. Grundstück Rahlstedter Str. 122		920.600,00 €
2. Gebäude		
- Lagergebäude		
-		
3. TA und Maschinen		
4. Fuhrpark		
- 10 PKW		
-		
-		
5. Büromöbel und GA:		
-		
-		
-		
-		
-		
II. Umlaufvermögen		
6. Roh-, Hilfs- und Betriebsstoffe		
-		
-		
-		
7. Unfertige Erzeugnisse		
8. Fertige Erzeugnisse		
9. Waren		
10. Forderungen		
11. Bankguthaben		
-		
-		
12. Kasse		
Summe des Vermögens		
B. Schulden		
I. Langfristige Schulden		
13. Pensionsrückstellungen		
14. Sonstige Rückstellungen		
15. Darlehensschulden		
II. Kurzfristige Schulden		
16. Verbindlichkeiten lt. Verzeichnis		
17. Sonstige Verbindlichkeiten		
Summe der Schulden		
C. Ermittlung des Reinvermögens (Eigenkapitals)		
Summe des Vermögens		
- Summe der Schulden		
= Reinvermögen (Eigenkapital)		

Heinrich KG 	Bilanz		Rechnungs-wesen Situation 2

> Leon Laus, Auszubildender zum Bürokaufmann bei der Heinrich KG, hat mit Unterstützung von Herrn Fitschen das Inventar zum 31. Dezember 20.. erstellt.
>
> Herr Fitschen fordert Leon Laus im Anschluss an die Inventaraufstellung auf, aus den Daten des Inventars eine Bilanz zu erstellen.
>
> Leon Laus geht umgehend an die gestellte Aufgabe heran und informiert sich zunächst über die gesetzlichen Grundlagen zur Bilanz.

Arbeitsaufträge:

1 Informieren Sie sich in Ihrem Rechnungswesenbuch über den Aufbau einer Bilanz!

2 Erstellen Sie für Leon Laus die Bilanz der Heinrich KG zum 31. Dezember 20..!

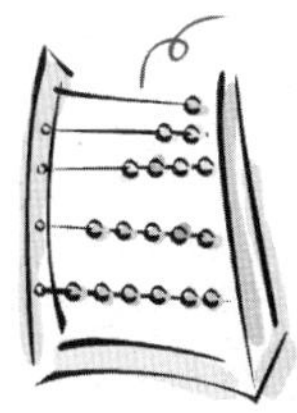

Heinrich KG

Aktiva	Bilanz zum 31. Dezember 20.. in €	Passiva

4 Benen, Huesmann - ISBN 978-3-8120-1013-9

3 Erläutern Sie allgemein den Aufbau einer Bilanz!

4 Wie hoch ist das Gesamtvermögen der Heinrich KG?

5 Über welchen Zeitraum/Zeitpunkt gibt die Bilanz Auskunft?

6 Auswertungsfragen zur Bilanz:

6.1 Wie viel Prozent des Gesamtvermögens ist bei der Heinrich KG langfristig gebunden?

6.2 Wie viel Prozent beträgt der Warenvorrat am Umlaufvermögen?

6.3 Wie ist bei der Heinrich KG das Verhältnis zwischen Eigenkapital und Fremdkapital?

6.4 Ist das Anlagevermögen durch Eigenkapital gedeckt? Berechnen Sie den Anlagendeckungsgrad.

6.5 Wie viel Prozent der kurzfristigen Verbindlichkeiten können mit den vorhandenen flüssigen Mitteln zurückgezahlt werden?

6.6 Wie verändert sich der ermittelte Wert aus Aufgabe 6.5, wenn die flüssigen Mittel noch um die Forderungen erhöht werden?

6.7 Der vergleichbare Büromöbelhersteller Möller KG hat bei einem Gesamtvermögen von 29,75 Mio. € ein Eigenkapital von 10,5 Mio. €. Hat die Heinrich KG oder die Möller KG die bessere Eigenkapitalausstattung?

6.8 Im Jahr 20.. hat die Heinrich KG einen Gewinn von 1.028.000,00 € erzielt. Beurteilen Sie dieses Jahresergebnis.

Heinrich KG 	Bilanzveränderungen		Rechnungswesen Situation 3

> In der Rechnungswesenabteilung der Heinrich KG liegen Anfang des Jahres 20.. die beiliegenden fünf Belege vor.
>
> Herr Fitschen bittet Leon Laus, die Auswirkungen der auf den Belegen dokumentierten Geschäftsvorfälle auf die Bilanz der Heinrich KG ausführlich zu erläutern.

Arbeitsaufträge:

1 Informieren Sie sich in Ihrem Rechnungswesenbuch über die unterschiedlichen Formen der Bilanzveränderungen!

2 Machen Sie für Leon Laus zu jedem Beleg entsprechende Notizen auf dem nachfolgenden Arbeitsblatt!

Beleg	Betroffene Bilanzpositionen	Auswirkungen in € auf		Anmerkungen
		Bilanzposition	Bilanzsumme	
1				
2				
3				
4				
5				

Heinrich KG 	**Bilanzveränderungen**		**Rechnungswesen** Situation 3

Beleg 1

Horst Delling KG

Laptop-Computer

Horst Delling KG – Unterschweinstiege 35 – 60549 Frankfurt

Heinrich KG
Rahlstedter Str. 144
22143 Hamburg

Bei Zahlung bitte angeben:
R-Nr.: 20-R058200
Datum: 02-01-20..

Rechnung

Lieferung am: 02-01-20..
L-Nr.: 20-L058200
Lieferbedingung: Frei Haus

Art.-Nr.	Art.-Bezeichnung	Stück	Einzelpreis	Rabatt	Gesamtpreis
09-E550900	Delling-Abylon-Laptop E550900-DE-XX	10	750,00 €		7.500,00 €
				Rechnungsbetrag (netto)	7.500,00 €
				19 % Umsatzsteuer	1.425,00 €
				Rechnungsbetrag (brutto)	8.925,00 €

Zahlungsziel 30 Tage, innerhalb 10 Tagen 2 % Skonto

Sitz der Gesellschaft: Frankfurt
Geschäftsführung: Horst Delling

RG Frankfurt, HRA 44807
USt-IdNr. DE 113 551 138

Telefon 069-9793-0
Telefax 069-34824-9000

Bank: SEB AG Frankfurt
Konto Nr. 128 77 22 200
Bankleitzahl 500 101 11

Beleg 2

Haspa Hamburger Sparkasse

Hamburger Sparkasse | **Kontoauszug** | Nr. 12 | Blatt 1/1
vom 03.01.20..

Buchungstag	Wert	Vorgang	zu Ihren Lasten (-)	zu Ihren Gunsten
		Alter Kontostand EUR		**199.320,00**
03.01	03.01	Lastschrift Bernhard Müller OHG Rechnungs-Nr. 356	11.900,00	
		Neuer Kontostand EUR		**187.420,00**

Heinrich KG
Rahlstedter Str. 144
22143 Hamburg

Bankleitzahl
200 505 50

Konto-Nr.
1 120 239 908

Heinrich KG	Bilanzveränderungen		Rechnungs-wesen Situation 3

Beleg 3

Haspa Hamburger Sparkasse — **Hamburger Sparkasse** — **Kontoauszug** Nr. 13 Blatt 1/1 vom 05.01.20..

Buchungstag	Wert	Vorgang	zu Ihren Lasten (-)	zu Ihren Gunsten (+)
		Alter Kontostand EUR		**187.420,00**
05.01.	05.01.	Geldautomat Hamburger Sparkasse GA NR00005234 BLZ 20050550 4 SKK-70/4	1.000,00	
05.01.	05.01.	Zahlungseingang Debeka Bausparkasse BS-Darlehen 948335001		15.000,00
		Neuer Kontostand EUR		**201.420,00**

Heinrich KG
Rahlstedter Str. 144
22143 Hamburg

Bankleitzahl 200 505 50 — Konto-Nr. 1 120 239 908

Beleg 4

Haspa Hamburger Sparkasse — **Hamburger Sparkasse** — **Kontoauszug** Nr. 14 Blatt 1/1 vom 06.01.20..

Buchungstag	Wert	Vorgang	zu Ihren Lasten (-)	zu Ihren Gunsten (+)
		Alter Kontostand EUR		**201.420,00**
06.01.	06.01.	Gertrud Brandt KG, RNR 12-979		2.261,00
06.01.	06.01.	Lastschrift Naturholz AG Rechnungs-Nr. 362	25.585,00	
		Neuer Kontostand EUR		**178.096,00**

Heinrich KG
Rahlstedter Str. 144
22143 Hamburg

Bankleitzahl 200 505 50 — Konto-Nr. 1 120 239 908

Beleg 5

Interne Buchungsanweisung		Nr. 1
Datum	Text	Betrag
07.01.20..	Die Verbindlichkeit über 12.733,00 € an Holz- & Spanplattenfabrik Bresges GmbH (Rechnung 4404-22) wird in ein langfristiges Darlehen umgewandelt.	**12.733,00 €**

Heinrich KG

Kassenbuchführung

Rechnungswesen

Situation 4

Der Auszubildende Leon Laus soll heute mit dem Buchhalter Konstantin Schwabe zusammenarbeiten. Herr Schwabe ist bei der Heinrich KG unter anderem für die Kassenbuchführung zuständig.

Leon hält dies für eine sehr einfache Aufgabe, da die Geschäftskasse bei der Heinrich KG keine zentrale Funktion hat, anders als z. B. im Einzelhandel. Die meisten Ein- und Verkäufe erledigt das Unternehmen bargeldlos, so dass pro Tag nur wenige Kassenbewegungen vorkommen. Herr Schwabe widerspricht dem Auszubildenden und erläutert ihm, dass gerade die Kassenbuchführung immer wieder Ausgangspunkt für Betriebsprüfungen der Finanzämter sei. Deshalb hält er hier eine sorgfältige Arbeit für sehr wichtig.

Arbeitsaufträge:

1 Informieren Sie sich in Ihrem Rechnungswesenbuch oder im Internet über eine ordnungsgemäße Kassenbuchführung!

2 Führen Sie anhand der Angaben in der Anlage 1 das Kassenkonto der Heinrich KG für den angegebenen Zeitraum!

Benutzen Sie für diese Aufgabe bitte das Arbeitsblatt 1!

Anlage 1

26.03.	Anfangsbestand	3.500,00 €
26.03.	Barzahlung eines Kunden	500,00 €
26.03.	Zahlung einer Handwerkerleistung	700,00 €
26.03.	Zahlung an den Fensterputzer	350,00 €
26.03.	Reisender gibt Reisespesen zurück	200,00 €
27.03.	Zahlung für Telefongebühren	165,00 €
27.03.	Kauf von Kuchen in der Bäckerei zur Bewirtung	50,00 €
27.03.	Barverkauf an einen Mitarbeiter	120,00 €
27.03.	Spende an das Rote Kreuz	100,00 €
27.03.	Lohnvorschuss	750,00 €
28.03.	Kauf von Büromaterial	60,00 €
28.03.	Aufgabe einer Zeitungsannonce	80,00 €
28.03.	Barzahlung an einen Spediteur	1.000,00 €
29.03.	Einzahlung vom Bankkonto	2.000,00 €
29.03.	Mieteinnahme	400,00 €
29.03.	Zahlung der Gehälter	1.850,00 €
30.03.	Zahlung für Fracht und Rollgeld	250,00 €
30.03.	Spesen für eine Geschäftsreise des Inhabers	600,00 €
30.03.	Kauf einer Schreibtischlampe	180,00 €

Das Kassenkonto ist abzuschließen und der Schlussbestand ist zu ermitteln!

Heinrich KG 	**Kassenbuchführung**		**Rechnungs-wesen** Situation 4

Arbeitsblatt 1

Soll (Einnahmen)			**Kassenkonto**	Haben (Ausgaben)	
Datum	Text	Euro	Datum	Text	Euro
26.03.	Anfangsbestand	3.500,00			

Heinrich KG 	Buchen auf Bestandskonten		Rechnungs-wesen Situation 5

Herr Fitschen hat mit Leon Laus die Auswirkungen der Belege auf die Bilanz der Heinrich KG ausführlich erörtert. In diesem Zusammenhang ist Leon auch klar geworden, dass in der Heinrich KG nicht nach jeder Belegerfassung eine neue Bilanz erstellt werden kann.

Herr Fitschen erklärt ihm, dass die eingehenden Belege außerhalb der Bilanz im so genannten Hauptbuch auf entsprechenden Konten erfasst werden. Am klassischen T-Konto, das Leon bereits in der Berufsschule kennen gelernt hat, erklärt ihm Herr Fitschen den Kontenaufbau.

S(oll)	Kontobezeichnung	H(aben)

In der Mitte über dem T steht die jeweilige Kontobezeichnung, die linke Kontoseite wird als Soll-Seite (S), die rechte Kontoseite als Haben-Seite (H) bezeichnet.

Diese Konten müssen zu Beginn eines jeden Geschäftsjahres mit den entsprechenden Anfangsbeständen versehen werden. Für jede Bilanzposition muss mindestens ein entsprechendes Konto eingerichtet und der Anfangsbestand aus der Bilanz eingetragen werden.

Die Anfangsbestände der Aktivkonten (T-Konten für die Bilanzpositionen der Aktivseite) stehen immer im Soll, die Anfangsbestände der Passivkonten (T-Konten für die Bilanzpositionen der Passivseite) stehen immer im Haben. Auf der Seite, wo der Anfangsbestand steht, nehmen die Konten zu, auf der anderen Seite entsprechend ab. Der Schlussbestand (Kontosaldo) wird auf der wertmäßig kleineren Kontoseite eingetragen. Diese Buchungstechnik führt dazu, dass nach Abschluss eines Kontos die Kontensumme auf beiden Seiten übereinstimmen muss.

S Aktivkonten	H
Anfangsbestand	Abgänge
Zugänge	
	Schlussbestand
Kontosumme	Kontosumme

S Passivkonten	H
Abgänge	Anfangsbestand
	Zugänge
Schlussbestand	
Kontosumme	Kontosumme

Herr Fitschen bittet Leon Laus, für die Bilanz der Heinrich KG die entsprechenden Konten einzurichten und die Anfangsbestände vorzutragen.

Arbeitsaufträge:

1 Informieren Sie sich in Ihrem Rechnungswesenbuch über die Buchung auf den Bestandskonten!

2 Richten Sie für die Bilanz der Heinrich KG die in dieser Situation benötigten Konten ein und tragen Sie die Anfangsbestände ein!

Heinrich KG 	Buchen auf Bestandskonten		Rechnungswesen Situation 5

Aktiva	Bilanz zum 31. Dezember 20.. (Vorjahr) in €		Passiva
A. Anlagevermögen		**A. Eigenkapital**	8.000.000,00
Grundstücke und Gebäude	2.853.500,00	**B. Fremdkapital**	
TA u. Maschinen	611.850,00	**Langfristig**	
Fuhrpark	435.000,00	Pensionsrückstellungen	1.284.400,00
Büromöbel und GA	699.650,00	Sonstige Rückstellungen	989.000,00
B. Umlaufvermögen		Darlehensschulden	5.286.000,00
Roh-, Hilfs- und Betriebsstoffe	2.633.718,00	**Kurzfristig**	
Unfertige Erzeugnisse	986.000,00	Verbindlichkeiten aus L. u. L.	3.847.446,00
Fertige Erzeugnisse	2.082.500,00	Sonstige Verbindlichkeiten	593.154,00
Waren	3.015.330,00		
Forderungen	5.420.000,00		
Bank	1.225.882,00		
Kasse	36.570,00		
Summe Aktiva	**20.000.000,00**	**Summe Passiva**	**20.000.000,00**

S Grundstücke und Gebäude H

S Eigenkapital H

S Fuhrpark H

S Darlehensschulden H

S Büromöbel und GA H

S Verbindlichkeiten H

S Forderungen H

S Bank H

S Kasse H

5 Benen, Huesmann - ISBN 978-3-8120-1013-9

Heinrich KG	Buchen auf Bestandskonten		Rechnungswesen
			Situation 5

Fortsetzung: Nachdem Leon Laus die benötigten Konten für die Heinrich KG mit ihren Anfangsbeständen eingerichtet hat, zeigt ihm Herr Fitschen, wie gebucht wird.

Bevor in der Praxis auf den Konten gebucht wird, werden die Buchungen im so genannten Grundbuch in zeitlicher (chronologischer) Reihenfolge festgehalten.

Jeder Beleg wird mindestens einmal im Soll und einmal im Haben gebucht (doppelte Buchführung). Zuerst wird immer die Sollbuchung genannt. Die benötigten Konten werden durch das Wort „an" verbunden.

Wenn die Heinrich KG z. B. 2.000,00 € vom Bankkonto abheben und in die Kasse legen würde, müsste zuerst auf dem Kassenkonto im Soll gebucht werden (weil das Konto „Kasse" ein Aktivkonto ist und deshalb im Soll zunimmt) und anschließend auf dem Bankkonto im Haben (das Konto „Bank" ist auch ein Aktivkonto und nimmt deshalb im Haben ab). Die Buchung lautet also: Kasse an Bank. Es handelt sich bei dieser Buchung um einen Aktivtausch.

Die Darstellung im Grundbuch sieht dann so aus:

Grundbuch:

Beleg	Konten	Soll	Haben
1	Kasse	2.000,00 €	
	an Bank		2.000,00 €

3 Erfassen Sie die Buchungen für die fünf Belege aus der Situation 3 im nachfolgenden Grundbuch und buchen Sie anschließend auf den Konten im Hauptbuch!

Beleg	Konten	Soll	Haben
1			
2			
3			
4			
5			

4 Schließen Sie das Hauptbuch ab und erstellen Sie eine (Schluss)-Bilanz!

Auswertung:
Wie viel € Gewinn hat die Heinrich KG nach der Buchung der Belege erzielt?

Heinrich KG

(Schluss-)Bilanz in €

Aktiva	Passiva

Heinrich KG 	Buchen auf Erfolgskonten		Rechnungs-wesen Situation 6

Leon Laus hat sich mit der Unterstützung von Herrn Fitschen eine solide Rechnungswesenbasis erarbeitet. Die Bildung einfacher und zusammengesetzter Buchungssätze und die Übernahme dieser Buchungen ins Hauptbuch wickelt Leon bereits sehr routiniert ab. Die Bestandskontenführung einschließlich Eröffnung und Abschluss stellen für ihn kein Problem dar.

In einer weiteren Unterweisung führt Herr Fitschen Leon Laus in die Systematik der Erfolgskonten ein.

Leon Laus soll auf Grund von acht ausgewählten Geschäftsvorfällen aus dem Dezember 20.. den Gewinn oder Verlust der Heinrich KG nach Buchung der acht Geschäftsvorfälle ermitteln.

Geschäftsvorfälle:

1. Wareneinkauf für 350.000,00 € auf Ziel (ER 7777).
2. Diese eingekauften Waren werden für 420.000,00 € an Stammkunden gegen Banküberweisung verkauft.
3. Gehaltszahlung durch Banküberweisung an die Geschäftsführerin Gerda Heinrich in Höhe von 50.000,00 €.
4. Kauf einer neuen EDV-Anlage für 680.000,00 € durch Banküberweisung.
5. Banküberweisung der Strom- und Gasabschläge der Stadtwerke über 65.000,00 €.
6. Versicherungsbeiträge werden in Höhe von 16.300,00 € durch Banküberweisung beglichen.
7. Barkauf von Büromaterial für 1.700,00 €.
8. Überweisung der ER 7777 vom Bankkonto.

Arbeitsaufträge:

1 Informieren Sie sich in Ihrem Rechnungswesenbuch über das Buchen auf Erfolgskonten!

2 Ermitteln Sie den Gewinn oder Verlust für die Heinrich KG, der sich nach der Buchung der acht Geschäftsvorfälle aus dem Dezember 20.. ergibt!

3 Wie wirkt sich das erzielte „Ergebnis“ der Heinrich KG auf das Eigenkapital aus?

4 Führen Sie das Grundbuch für die Geschäftsvorfälle aus dem Dezember 20..!

Heinrich KG 	Buchen auf Erfolgskonten		Rechnungs-wesen Situation 6

Beleg	Konten	Soll	Haben
1			
2			
3			
4			
5			
6			
7			
8			

5 Buchen Sie die Geschäftsvorfälle auf den Konten des Hauptbuches und schließen Sie die Konten ab!

Entnehmen Sie die Anfangsbestände der benötigten Bestandskonten der folgenden Bilanz:

Aktiva	Bilanz in €		Passiva
A. Anlagevermögen		**A. Eigenkapital**	8.000.000,00
Grundstücke und Gebäude	2.853.500,00	**B. Fremdkapital**	
TA und Maschinen	611.850,00	**Langfristig**	
Fuhrpark	435.000,00	Pensionsrückstellungen	1.284.400,00
Büromöbel und GA	707.150,00	Sonstige Rückstellungen	989.000,00
B. Umlaufvermögen		Darlehensschulden	5.313.733,00
Roh-, Hilfs- und Betriebsstoffe	2.633.718,00	**Kurzfristig**	
Unfertige Erzeugnisse	986.000,00	Verbindlichkeiten aus L. u. L.	3.804.728,00
Fertige Erzeugnisse	2.082.500,00	Sonstige Verbindlichkeiten	593.154,00
Waren	3.015.330,00		
Forderungen	5.417.739,00		
Bank	1.204.658,00		
Kasse	37.570,00		
Summe Aktiva	**19.985.015,00**	**Summe Passiva**	**19.985.015,00**

Heinrich KG 	Buchen auf Erfolgskonten		Rechnungswesen Situation 6

Bestandskonten

Aktive Bestandskonten

S Fuhrpark H

S Büromöbel und GA H

S Waren H

S Bank H

S Kasse H

Passive Bestandskonten

S Eigenkapital H

S Verbindlichkeiten H

Erfolgskonten

Aufwandskonten

S H

S H

S H

S H

S H

Ertragskonten

S H

Heinrich KG	Buchen auf Erfolgskonten		Rechnungswesen Situation 6

Soll	Gewinn- und Verlustkonto	Haben

Aktiva	(Abschluss-)Bilanz in €		Passiva
A. Anlagevermögen		**A. Eigenkapital**	
Grundstücke und Gebäude	2.853.500,00	**B. Fremdkapital**	
TA und Maschinen	611.850,00	**Langfristig**	
Fuhrpark		Pensionsrückstellungen	1.284.400,00
Büromöbel und GA		Sonstige Rückstellungen	989.000,00
B. Umlaufvermögen		Darlehensschulden	5.313.733,00
Roh-, Hilfs- und Betriebsstoffe	2.633.718,00	**Kurzfristig**	
Unfertige Erzeugnisse	986.000,00	Verbindlichkeiten aus L. u. L.	
Fertige Erzeugnisse	2.082.500,00	Sonstige Verbindlichkeiten	593.154,00
Waren	3.015.330,00		
Forderungen	5.417.739,00		
Bank			
Kasse			
Summe Aktiva		**Summe Passiva**	

Heinrich KG

Buchen von Werkstoffen nach dem aufwandsrechnerischen Verfahren

Rechnungswesen

Situation 7

Der Auszubildende Leon Laus soll sich mit dem aufwandsrechnerischen Verfahren befassen, das die Heinrich KG u. a. bei den Werkstoffen anwendet. Herr Fitschen gibt ihm dazu einige Unterlagen über bei der Heinrich KG verwendete Roh- und Hilfsstoffe einschließlich der aktuellen Inventurbestände. Er bitte Leon, sich mit den Unterlagen vertraut zu machen und ihm anschließend bei der jeweiligen Ermittlung des Rohgewinns behilflich zu sein.

Arbeitsaufträge:

1 Informieren Sie sich in Ihrem Rechnungswesenbuch über das aufwandsrechnerische Verfahren!

2 Bearbeiten Sie die Aufgaben des Arbeitsblattes 1!

3 Bearbeiten Sie die Aufgaben des Arbeitsblattes 2!

Arbeitsblatt 1:

Zu dem Konto **„Rohstoffe“** liegen folgende Informationen vor:

Anfangsbestand: 486.500,00 €
Einkäufe auf Ziel: 320.000,00 €
Verkauf von Erzeugnissen auf Ziel: 525.000,00 €
Inventurbestand an Rohstoffen: 513.000,00 €

1. Ermitteln Sie den Verbrauch an Rohstoffen!

2. Ermitteln Sie den Rohgewinn!

Heinrich KG 	Buchen von Werkstoffen nach dem aufwandsrechnerischen Verfahren		Rechnungs-wesen Situation 7

3. Bilden Sie die Buchungssätze für die Geschäftsvorfälle und den Kontenabschluss!

Buchungssätze für die Geschäftsfälle:

	Konten	Soll	Haben
1			
2			

Buchungssätze für den Kontenabschluss:

	Konten	Soll	Haben
1			
2			
3			
4			

4. Stellen Sie die Situation auf Konten dar!

S	Rohstoffe	H

S	SBK	H

S	Aufwendungen für Rohstoffe	H

S	Gewinn- und Verlustkonto	H

S	Verbindlichkeiten	H

S	Forderungen	H

S	Umsatzerlöse für eigene Erz.	H

6 Benen, Huesmann - ISBN 978-3-8120-1013-9

Heinrich KG 	Buchen von Werkstoffen nach dem aufwandsrechnerischen Verfahren		Rechnungs-wesen Situation 7

Merke:

Arbeitsblatt 2:

Zu dem Konto **„Hilfsstoffe“** liegen folgende Informationen vor:

Anfangsbestand: 313.200,00 €
Einkäufe auf Ziel: 113.000,00 €
Verkauf von Erzeugnissen auf Ziel: 410.000,00 €
Inventurbestand an Hilfsstoffen: 298.000,00 €

1. Ermitteln Sie den Verbrauch an Hilfsstoffen!

2. Ermitteln Sie den Rohgewinn!

3. Bilden Sie die Buchungssätze für die Geschäftsvorfälle und den Kontenabschluss!

Buchungssätze für die Geschäftsfälle:

	Konten	Soll	Haben
1			
2			

Heinrich KG 	Buchen von Werkstoffen nach dem aufwandsrechnerischen Verfahren		Rechnungs-wesen Situation 7

Buchungssätze für den Kontenabschluss:

	Konten	Soll	Haben
1			
2			
3			
4			

4. Stellen Sie die Situation auf Konten dar!

S Hilfsstoffe H

S SBK H

S Aufwendungen für Hilfsstoffe H

S Gewinn- und Verlustkonto H

S Verbindlichkeiten H

S Forderungen H

S Umsatzerlöse für eigene Erz. H

Merke:

Heinrich KG 	**Umsatzsteuer beim Ein- und Verkauf**		**Rechnungswesen** Situation 8

Leon Laus findet heute Morgen auf dem Schreibtisch von Herrn Fitschen ein Formular „Umsatzsteuervoranmeldung". Da ihm der Begriff der „Umsatzsteuer" unbekannt ist, fragt er Herrn Fitschen nach dessen Bedeutung. Herr Fitschen gibt Leon aus seinem Schreibtisch einen Text (Anlage 1), der grundsätzliche Informationen zur Umsatzsteuer enthält und bittet ihn, sich diese Informationen anzusehen.

Am frühen Nachmittag will Herr Fitschen die monatliche Umsatzsteuervoranmeldung erstellen und fordert Leon auf, ihm dabei zu helfen

Arbeitsaufträge:

1 Informieren Sie sich anhand des Informationsblattes (Anlage 1) über das Wesen der Umsatzsteuer!

2 Ermitteln Sie anhand der Anlage 2 die Umsatzsteuer-Zahllast der Heinrich KG für den Monat April! Benutzen Sie dazu bitte die beiden aufgeführten Konten!

3 Verdeutlichen Sie mit Hilfe der Anlage 3 und des Arbeitsblattes 1, dass die Umsatzsteuer ein durchlaufender Posten für die Heinrich KG ist!

4 Buchen Sie die Geschäftsfälle der Anlage 4 und ermitteln Sie auf Grund dieser Buchungen die Zahllast für die Heinrich KG auf den Konten „Vorsteuer" und „Umsatzsteuer"!

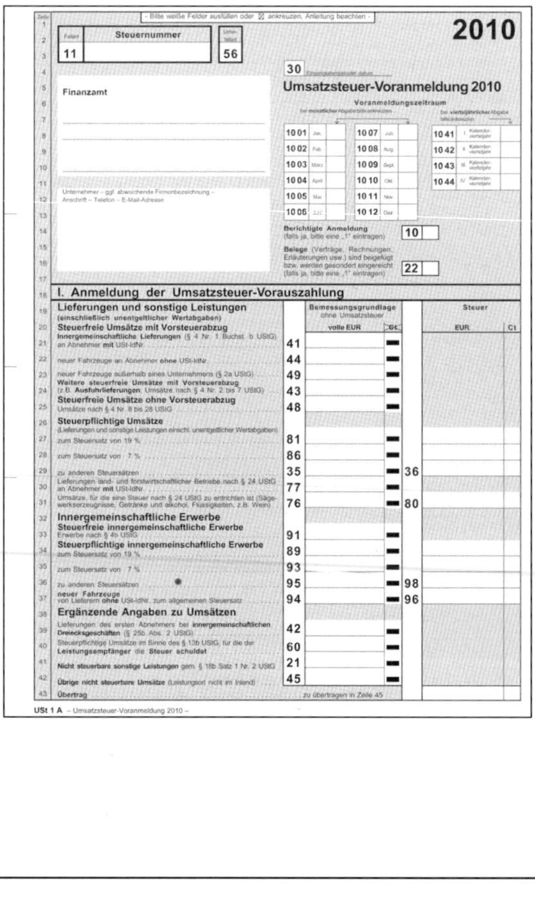

2010

Steuernummer 11 56

Finanzamt

30

Umsatzsteuer-Voranmeldung 2010

Voranmeldungszeitraum

I. Anmeldung der Umsatzsteuer-Vorauszahlung

Lieferungen und sonstige Leistungen

Steuerfreie Umsätze mit Vorsteuerabzug

Steuerfreie Umsätze ohne Vorsteuerabzug

Steuerpflichtige Umsätze

Innergemeinschaftliche Erwerbe

Ergänzende Angaben zu Umsätzen

Übertrag

USt 1 A – Umsatzsteuer-Voranmeldung 2010 –

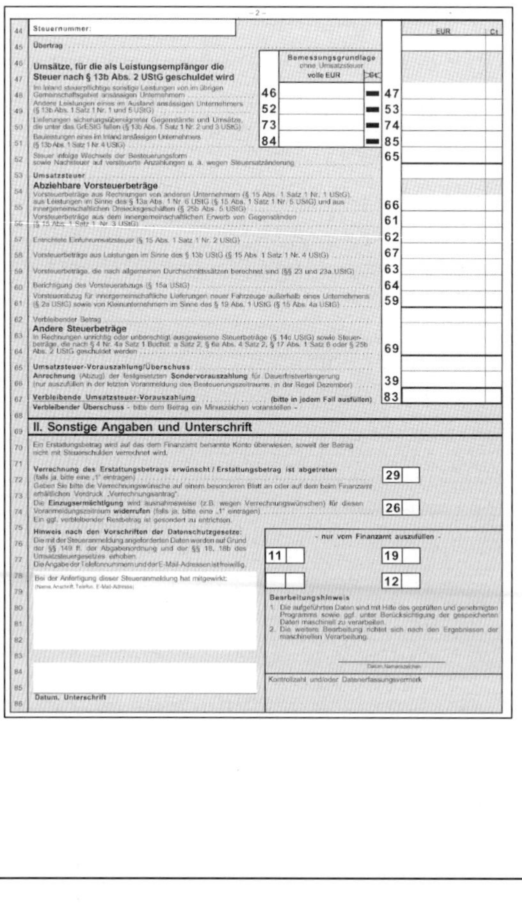

Steuernummer:

Übertrag

Umsätze, für die als Leistungsempfänger die Steuer nach § 13b Abs. 2 UStG geschuldet wird

Umsatzsteuer

Abziehbare Vorsteuerbeträge

Andere Steuerbeträge

Verbleibende Umsatzsteuer-Vorauszahlung

Verbleibender Überschuss

II. Sonstige Angaben und Unterschrift

Datum, Unterschrift

Heinrich KG 	**Umsatzsteuer beim Ein- und Verkauf**		**Rechnungs-wesen** **Situation 8**

Anlage 1

Informationspapier zur Umsatzsteuer

* Viele zum Verkauf angebotene Waren legen einen langen Weg vom Betrieb der Urerzeugung bis zum Endverbraucher zurück. Auf jeder Stufe dieses Warenweges wird ein **Mehrwert** geschaffen, der sich aus der Differenz zwischen Verkaufs- und Einkaufspreis der Ware ergibt und vom Staat mit „Mehrwertsteuer" besteuert wird. Grundlage für die „Mehrwertsteuer" ist das **Umsatzsteuergesetz**, weshalb die Mehrwertsteuer auch offiziell **Umsatzsteuer** heißt.
* Der **allgemeine Umsatzsteuersatz** beträgt in Deutschland **19 %.** Für bestimmte Güter wie z. B. Lebensmittel und Bücher gibt es einen **ermäßigten Steuersatz**, der bei **7 %** liegt.
* Unternehmen haben auf den erwirtschafteten Mehrwert 19 % Umsatzsteuer bei den Ausgangsrechnungen aufzuschlagen und als **Zahllast** an das Finanzamt abzuführen. Allerdings können sie von der erhaltenen Umsatzsteuer die selber gezahlte **Vorsteuer** (Umsatzsteuer auf Eingangsrechnungen) abziehen, da diese eine Forderung gegenüber dem Finanzamt darstellt.
* Die **Umsatzsteuer-Zahllast** ergibt sich also aus der Differenz zwischen den Umsatzsteuerschulden auf Grund der Ausgangsrechnungen und den Vorsteuern auf Grund der Eingangsrechnungen.
* Die Umsatzsteuer-Zahllast ist dem Finanzamt in Form einer **Umsatzsteuervoranmeldung** grundsätzlich vierteljährlich und bei einer Vorjahres-Umsatzsteuer von mehr als 6.136,00 € monatlich mitzuteilen. Beträgt die Vorjahressteuer nicht mehr als 512,00 €, so kann das Finanzamt von der Abgabe von Voranmeldungen generell absehen.

Umsatzsteuerverbindlichkeiten auf Grund der Ausgangsrechnungen	68.300,00 €
- Vorsteuerguthaben auf Grund der Eingangsrechnungen	39.500,00 €
= Umsatzsteuer-Zahllast	**28.800,00 €**

* Durch den Abzug der Vorsteuer erreicht man, dass jeweils nur der Mehrwert besteuert wird.
* Der Umsatzsteuer unterliegen alle Lieferungen und Leistungen, die im Inland gegen Entgelt von einem Unternehmen erbracht werden. Auch (unentgeltliche) Entnahmen von Sachgütern und sonstigen Leistungen des Unternehmens durch den Unternehmer sind umsatzsteuerpflichtig.
* Verwaltungsrechtlich zählt die Umsatzsteuer wie die Grunderwerbsteuer und die Versicherungssteuer zu den **Verkehrsteuern**. Von ihrer Wirkung aus müsste die Umsatzsteuer eigentlich zu den Verbrauchsteuern gehören, weil sie den Verbrauch der privaten Haushalte belastet (wie Mineralölsteuer, Tabaksteuer, Biersteuer...).
* Für Unternehmen und Selbstständige (Handwerker, Notare, Anwälte...) ist die Umsatzsteuer lediglich ein **durchlaufender Posten**, da sie die ihren Kunden in Rechnung gestellte Umsatzsteuer im Namen des Finanzamtes kassieren, sie als Vorsteuer an ihre Vorlieferanten und als Zahllast an das Finanzamt abführen.
* Damit das Finanzamt die korrekte Abrechnung überprüfen kann, muss die Umsatzsteuer auf allen Ausgangsrechnungen offen ausgewiesen werden. Bei Kleinbetragsrechnungen bis zu 150,00 € genügt die Angabe des im Bruttobetrag enthaltenen Steuersatzes.

* Die auf Grund der Umsatzsteuervoranmeldungen abgeführten Zahllasten stellen aber nur Vorauszahlungen an das Finanzamt dar. Für das abgelaufene Geschäftsjahr hat das Unternehmen eine **Umsatzsteuer-Jahreserklärung** zu erstellen, die zusammen mit der Einkommen- bzw. Körperschaftsteuererklärung bis zum 31. Mai des Folgejahres beim Finanzamt einzureichen ist.
* Sind die Vorsteuern eines Monats, Quartals oder Jahres höher als die entsprechende Umsatzsteuer, erstattet das Finanzamt diesen **Vorsteuerüberhang** durch Überweisung.

Buchung der Umsatzsteuer im Ein- und Verkaufsbereich:
Der **Einkauf** von z. B. Rohstoffen oder Handelswaren wird in der Regel auf Grund einer Eingangsrechnung gebucht. Sie weist den Nettowert und die darauf entfallende Umsatzsteuer gesondert aus. Die in der Eingangsrechnung ausgewiesene Umsatzsteuer – die so genannte **Vorsteuer** – stellt eine Forderung gegenüber dem Finanzamt dar und wird zunächst auf dem

Aktivkonto „Vorsteuer“

auf der Sollseite gebucht.

Beispiel: Die Heinrich KG erhält die Eingangsrechnung des Autohauses Meiners über 40.500,00 € netto + 19 % Umsatzsteuer.

Buchungssatz:

Konten	Soll	Haben
Fuhrpark	40.500,00 €	
+ Vorsteuer	7.695,00 €	
an Verbindlichkeiten		48.195,00 €

Buchung auf Konten:

S	Fuhrpark		H
Verb.	40.500,00		

S	Verbindlichkeiten		H
		Fu/VSt	48.195,00

S	Vorsteuer		H
Verb.	7.695,00		

Der **Verkauf** der eigenen Erzeugnisse wird auf Grund von Ausgangsrechnungen gebucht. Sie weisen den Nettopreis der Erzeugnisse und die darauf entfallende **Umsatzsteuer** gesondert aus. Die Umsatzsteuer wird auf dem

Passivkonto „Umsatzsteuer“

auf der Habenseite gebucht.

Beispiel: Die Heinrich KG verkauft eigene Erzeugnisse in Höhe von 64.000,00 € netto auf Ziel.

Buchungssatz:

Konten	Soll	Haben
Forderungen	76.160,00 €	
an Umsatzerlöse für eigene Erzeugnisse		64.000,00 €
an Umsatzsteuer		12.160,00 €

Buchung auf Konten:

S Forderungen H

S		H	
Ums/USt	76.160,00		

S Umsatzerlöse H

S		H	
		Ford.	64.000,00

S Umsatzsteuer H

S		H	
		Ford.	12.160,00

Vorsteuerabzug und Ermittlung der Zahllast:
Mit dem Verkauf der eigenen Erzeugnisse hat die Heinrich KG eine Umsatzsteuerschuld in Höhe von 12.160,00 € an das Finanzamt. Gleichzeitig hat sie aber auch eine Forderung, also ein Guthaben gegenüber dem Finanzamt, resultierend aus dem Einkauf des Pkw in Höhe von 7.695,00 €. Sie muss also nur den Unterschiedsbetrag zwischen der Umsatzsteuer und der Vorsteuer an das Finanzamt zu zahlen **(Zahllast)**.

Zur Ermittlung der Zahllast wird zum Schluss des Umsatzsteuervoranmeldezeitraums der Saldo des Kontos Vorsteuer auf das Konto Umsatzsteuer übertragen (sollte die gezahlte Vorsteuer einmal höher sein als die erhaltene Umsatzsteuer, so ist umgekehrt zu verfahren):

Buchungssatz:

Konten	Soll	Haben
Umsatzsteuer	7.695,00 €	
an Vorsteuer		7.695,00 €

Buchung auf Konten:

S Vorsteuer H

S		H	
Verb.	7.695,00	USt	7.695,00
	7.695,00		7.695,00

S Umsatzsteuer H

S		H	
VSt	7.695,00	Ford.	12.160,00
Zahllast	4.465,00		
	12.160,00		12.160,00

Überweisung bzw. Bilanzierung der Zahllast oder eines Vorsteuerüberhanges:
Die ermittelte Zahllast ist spätestens am 10. des folgenden Monats an das Finanzamt zu überweisen:

Buchungssatz:

Konten	Soll	Haben
Umsatzsteuer	4.465,00 €	
an Bank		4.465,00 €

Zum 31. Dezember ist die Zahllast des Monats Dezember in die Schlussbilanz zu passivieren als „**sonstige Verbindlichkeit**". Eine Banküberweisung unterbleibt dann.

Entsprechend ist ein Vorsteuerüberhang zum 31. Dezember als „**sonstige Forderung**" in der Schlussbilanz zu aktivieren. In diesem Fall ist das Konto Umsatzsteuer über das Konto Vorsteuer abzuschließen (siehe oben).

Anlage 2

Die Heinrich KG hat im Monat April nachfolgende Ausgangsrechnungen für eigene Erzeugnisse vorliegen:

1	Ausgangsrechnung vom 04-04-20.., Rechnungsbetrag	51.765,00 €
2	Ausgangsrechnung vom 08-04-20.., Rechnungsbetrag	85.680,00 €
3	Ausgangsrechnung vom 11-04-20.., Rechnungsbetrag	14.280,00 €
4	Ausgangsrechnung vom 13-04-20.., Rechnungsbetrag	10.710,00 €
5	Ausgangsrechnung vom 24-04-20.., Rechnungsbetrag	40.460,00 €
6	Ausgangsrechnung vom 27-04-20.., Rechnungsbetrag	33.915,00 €

Die Heinrich KG hat im Monat April nachfolgende Eingangsrechnungen für den Einkauf von Handelswaren vorliegen:

1	Eingangsrechnung vom 03-04-20.., Rechnungsbetrag	28.560,00 €
2	Eingangsrechnung vom 06-04-20.., Rechnungsbetrag	46.410,00 €
3	Eingangsrechnung vom 14-04-20.., Rechnungsbetrag	7.735,00 €
4	Eingangsrechnung vom 19-04-20.., Rechnungsbetrag	19.040,00 €
5	Eingangsrechnung vom 20-04-20.., Rechnungsbetrag	24.990,00 €

S	Vorsteuer	H

S	Umsatzsteuer	H

Anlage 3

Ergänzen Sie anhand der folgenden Angaben die Tabelle auf dem Arbeitsblatt 1!

a) Die Bürotec GmbH stellt speziell auch hochwertige Flipcharts her. Im Monat Juni verkauft die Bürotec GmbH Flipcharts im Wert von netto 4.000,00 € an die Heinrich KG.

b) Die Heinrich KG verkauft diese Flipcharts für netto 5.500,00 € an die Möbelgroßhandlung Brandes GmbH & Co. KG.

c) Die Möbelgroßhandlung Brandes GmbH & Co. KG verkauft die Flipcharts an die McPaper Schreib- und Papierwaren GmbH und kassiert hierfür netto 8.000,00 €.

d) Die McPaper Schreib- und Papierwaren GmbH verkauft die Flipcharts an Endverbraucher für insgesamt 10.000,00 € netto.

Nehmen Sie für die Bearbeitung der Aufgabe bitte das Informationspapier zu Hilfe!

7 Benen, Huesmann - ISBN 978-3-8120-1013-9

Heinrich KG 	**Umsatzsteuer beim Ein- und Verkauf**		Rechnungs-wesen Situation 8

Anlage 4

Folgende Geschäftsfälle müssen bei der Heinrich KG vor Erstellung der Umsatzsteuervoranmeldung noch gebucht werden:

1	Es wurden Handelswaren auf Ziel gekauft, netto	13.500,00 €
2	Banküberweisung eines Kunden, Überweisungsbetrag	27.370,00 €
3	Wir verkaufen eigene Erzeugnisse auf Ziel für netto	68.500,00 €
4	Wir zahlen Reparaturarbeiten an unserer Heizung bar, brutto	2.618,00 € €
5	Barkauf von Büromaterial für netto	250,00 €
6	Banküberweisung an einen Lieferer	8.068,20 €

Buchungssätze:

	Konten	Soll	Haben
1			
2			
3			
4			
5			
6			

S	Vorsteuer	H

S	Umsatzsteuer	H

3 Verdeutlichen Sie mit Hilfe der Anlage 3 und des Arbeitsblattes 1, dass die Umsatzsteuer ein durchlaufender Posten für die Heinrich KG ist!

Arbeitsblatt 1:

Betrieb der Umsatzstufe	Ausgangsrechnung des Betriebes	Mehrwert-schöpfung	Umsatzsteuer	- Vorsteuer	= Zahllast
Bürotech GmbH	netto 19 % Ust Rechnungsbetrag				
Heinrich KG	netto 19 % Ust Rechnungsbetrag				
Möbelgroßhandlung Brandes GmbH & Co. KG	netto 19 % Ust Rechnungsbetrag				
McPaper Schreib- und Papierwaren GmbH	netto 19 % Ust Rechnungsbetrag				
Endverbraucher					

Heinrich KG 	Buchen von privaten Einlagen und Entnahmen		Rechnungswesen Situation 9

Die Geschäftsführerin der Heinrich KG, Frau Gerda Heinrich, hat für den Monat März 20.. noch folgende Geschäftsfälle zu buchen:

1. Frau Heinrich entnimmt für private Lebensmitteleinkäufe 500,00 € aus der Geschäftskasse.
2. Aus dem aktuellen Produktionsprogramm schenkt Frau Heinrich ihrem Neffen den Schreibtisch Ren 2000, dessen Herstellkosten bei 650,00 € liegen. Der Verkaufspreis dieses Schreibtisches liegt bei 1.100,75 € einschl. 19 % USt.
3. Frau Heinrich nutzt ihren „Firmenwagen" auch privat. Der Audi A6 hat laut Rechnung 77.350,00 € einschl. 19 % USt gekostet. Frau Heinrich wendet bei dieser privaten Nutzung des Firmenwagens seit Jahren die 1 %-Regelung an.
4. Frau Heinrich nutzt das Geschäftstelefon auch privat. Das Finanzamt hat den privaten Anteil auf 10 % der anfallenden Kosten festgesetzt. Im Monat März betrug die Banklastschrift für die Telefonrechnung 357,00 € einschl. 19 % USt.
5. Frau Heinrich zahlt 600,00 € aus ihrem privaten Vermögen auf das Geschäftskonto ein.

Arbeitsaufträge:

1 Informieren Sie sich in Ihrem Rechnungswesenbuch über die Buchung von privaten Entnahmen und Einlagen!

2 Bilden Sie die Buchungssätze zu den geschilderten Geschäftsvorfällen:

Nr.	Konten	Soll	Haben
1			
2			
3			
4			
5			

Heinrich KG 	Buchen von privaten Einlagen und Entnahmen		Rechnungswesen Situation 9

3 Buchen Sie die Geschäftsvorgänge auf den nachfolgenden Konten und nehmen Sie die betriebswirtschaftliche Auswertung vor.

S	Privat	H

S	Entnahme von Waren	H

S	Entnahme von Leistungen	H

S	Telefongebühren	H

S	Vorsteuer	H

S	Umsatzsteuer	H
	AB	25.000,00

S	Bank	H
AB	463.358,00	

S	Kasse	H
AB	35.870,00	

S	Gewinn- und Verlustkonto	H

S	Eigenkapital	H
	AB	7.937.000,00

Betriebswirtschaftliche Auswertung:

3.1 Wie viel Euro beträgt der Reingewinn/Reinverlust? ____________

3.2 Wie viel Euro beträgt die USt.-Zahllast/der VSt.-Überhang? ____________

3.3 Wie viel Euro beträgt das neue Eigenkapital? ____________

3.4 Wie viel Euro betragen die Aufwendungen? ____________

3.5 Wie viel Euro betragen die Erträge? ____________

3.6 Wie viel Euro betragen die Privatentnahmen/Privateinlagen? ____________

3.7 Welche Auswirkungen haben die Privatentnahmen auf den Unternehmenserfolg?

____

Heinrich KG 	Organisation der Buchführung		Rechnungswesen Situation 10

Herr Fitschen möchte Leon Laus mit dem Kontenplan der Heinrich KG vertraut machen. Aus diesem Grund übergibt Herr Fitschen dem Auszubildenden einen Auszug aus dem Kontenplan.

Auszug aus dem Kontenplan der Heinrich KG:

Nummer	Kontenbezeichnung
4401	Bernhard Müller OHG
2800	Guthaben bei Kreditinstituten (Bank)
0840	Fuhrpark
6800	Büromaterial
4250	Langfristige Bankverbindlichkeiten
2409	Bleibtreu GmbH
3000	Eigenkapital
2400	Forderungen aus Lieferungen und Leistungen
4403	Naturholz AG
6300	Gehälter
0510	Bebaute Grundstücke
2404	Westmoor KG Möbelhaus
2880	Kasse
6820	Post, Telefon
2850	Postbank
5100	Umsatzerlöse für Handelswaren
4800	Umsatzsteuer (voller Steuersatz)
4400	Verbindlichkeiten aus Lieferungen und Leistungen
2600	Vorsteuer (voller Steuersatz)
2280	Waren (Handelswaren)
6000	Aufwendungen für Rohstoffe
1300	Beteiligungen

Arbeitsaufträge:

1 Informieren Sie sich in Ihrem Rechnungswesenbuch über die Organisation der Buchführung (Kontenrahmen/Kontenplan)!

2 Ordnen Sie die Konten der Heinrich KG in die nachfolgende Übersicht ein und ergänzen Sie die Bezeichnungen der Kontenklassen!

3 Unterbreiten Sie Vorschläge für die „Nummerierung“ der nachfolgenden Konten:

- Verbindlichkeiten gegenüber Sozialversicherungsträgern,
- Büromöbel und sonstige Geschäftsausstattung,
- Mieterträge,
- Forderungen an Mitarbeiter,
- Reisekosten,
- Privat und
- Kfz-Steuer!

Heinrich KG 	Organisation der Buchführung		Rechnungswesen Situation 10

Aktiva		
Anlagevermögen		Umlaufvermögen
Kontenklasse 0	Kontenklasse 1	Kontenklasse 2

Passiva	
Kontenklasse 3	Kontenklasse 4

Erträge	Aufwendungen	
Kontenklasse 5	Kontenklasse 6	Kontenklasse 7

Heinrich KG	Kontokorrentbuchhaltung		Rechnungs-wesen Situation 11

Herr Fitschen führt Leon Laus in die Kontokorrentbuchhaltung ein und erläutert ihm in diesem Zusammenhang, dass sich gerade in diesem Bereich die Praxisbuchführung von der Buchführung im Berufsschulunterricht unterscheidet.

In der betrieblichen Praxis wird nicht „Forderungen an Umsatzerlöse und Umsatzsteuer“ bzw. „Aufwendungen für Waren und Vorsteuer an Verbindlichkeiten“ gebucht, sondern für jeden Stammkunden bzw. Stammlieferanten wird ein gesondertes Konto geführt.

Auf die Konten „Forderungen“ und „Verbindlichkeiten“ werden in der Praxis am Monats- oder Jahresende nur noch die Salden der Kunden- und Lieferantenkonten übertragen.

Zur Übung überreicht Herr Fitschen Leon Laus einige Eingangs- und Ausgangsrechnungen der Heinrich KG (HKG) und ein vorbereitetes T-Konten-Blatt.

Arbeitsaufträge:

1 Informieren Sie sich in Ihrem Rechnungswesenbuch über die Kontokorrentbuchhaltung!

2 Nehmen Sie für Leon Laus die Buchung der vorliegenden Rechnungen vor!

S — 2409 Bleibtreu GmbH — H

8000	12.122,15	2800	12.122,15
5100/4800	5.328,14		

S — 4402 Lenz KG — H

2800	2.654,12	8000	7.328,00
		6080/2600	2.654,12

S — 2402 Junges Wohnen GmbH — H

S — 4403 Naturholz AG — H

2800	21.368,30	8000	21.368,30
		6080/2600	2.654,12

S — 2403 Möblix GmbH — H

8000	3.451,15	2800	5.728,00
5100/4800	5.728,00		

S — 4409 Bürotec GmbH — H

		8000	1.215,50

Heinrich KG 	Kontokorrentbuchhaltung		Rechnungswesen Situation 11

Beleg 1

Bürotec GmbH
Büroausstattungen

Bürotec GmbH – An der Industriebahn 15 – 13129 Berlin

Heinrich KG
Rahlstedter Str. 144
22143 Hamburg

Bei Zahlung bitte angeben:
R-Nr.: 20-R04433
R-Datum: 02-02-20..

Rechnung

Lieferung am: 02-02-20..
L-Nr.: 20-L04433
Lieferbedingung: Frei Haus

Art.-Nr.	Art.-Bezeichnung	Stück	Einzelpreis	Rabatt	Gesamtpreis
09-6304070	Schreibpapier DIN A4 500 Blatt	200	4,19 €		838,00 €

Rechnungsbetrag (netto)	838,00 €
19 % Umsatzsteuer	159,22 €
Rechnungsbetrag (brutto)	997,22 €

Zahlungsziel 30 Tage, innerhalb 10 Tagen 3 % Skonto

HRB 112294 B
Amtsgericht Charlottenburg
Steuernummer 37218 / 21265

Telefon 030-916-5820
Telefax 030-916-5930
eMail hotline@bürotec.de

Bank: Berliner Bank
Konto Nr. 358 095 660 7
Bankleitzahl 100 200 00

Heinrich KG
Herstellung und Vertrieb von Büromöbeln und Bürozubehör

Heinrich KG • Rahlstedter Str. 144 • 22143 Hamburg

Rahlstedter Str. 144
22143 Hamburg

Junges Wohnen GmbH
Katrepeler Str. 45
28215 Bremen

Tel.: 040 6724-0
Fax: 040 6724-587
E-Mail: info@hamburg.heinrich.de

Ihr Zeichen Kus
Unser Zeichen Wal

Rechnung

Rechnungs-Nr.	1-1003	Auftrags-Nr.	1-1003
Kunden-Nr.	D 2402	Auftrags-Datum	02-02-20..
Rechnungsdatum	03-02-20..	Lieferdatum	03-02-20..

Artikel-Nr.	Artikelbezeichnung	Menge	Preis pro Stück	Gesamt
B-2408167	Pinma Pinnwand, Rahmen aus Aluminiumprofil, Wandfläche magnetisch, beschreibbar und trocken abwischbar, Befestigungssatz inklusive. **--- Aktionspreis! ---**	4	66,06 €	264,24 €

Warenwert		264,24 €
Frachtkosten		0,00 €
+ MwSt	19%	50,21 €
Rechnungssumme		**314,45 €**

Heinrich KG
Geschäftsführung: Gerda Heinrich
Amtsgericht Hamburg: HRA 1101
St-Nr.: 27/430/0027
USt-Id.-Nummer: DE 686093911

Bankverbindungen:
Hamburger Sparkasse
BLZ 200 505 50
Kto.Nr.: 1 120 239 908

Postbank Hamburg
BLZ 200 100 20
Kto. Nr.: 64 069-754

Beleg 2

8 Benen, Huesmann - ISBN 978-3-8120-1013-9

Beleg 3

Lenz KG
Lampenfabrik

Lenz KG – Industriestraße 12 – 90441 Nürnberg

Heinrich KG
Rahlstedter Str. 144
22143 Hamburg

Rechnung vom: 05-02-20..
Rechnung-Nr.: 001214

Rechnung

Lieferung am: 04-02-20..
Lieferschein-Nr.: 001214

Art.-Nr.	Art.-Bezeichnung	Stück	Einzelpreis	Rabatt	Gesamtpreis
2342-09	Luna Schreibtischlampe in Chrom, Schnurzwischenschalter, Opalglas weiß.	600	47,68 €	22,70 %	22.113,98 €

Warenwert	22.113,98 €
Umsatzsteuer 19 %	4.201,66 €
Rechnungsbetrag	26.315,64 €

Die Lieferung erfolgt auf der Grundlage unserer Allgemeinen Geschäftsbedingungen.
Bei Zahlung innerhalb 10 Tagen 3 % Skonto, Zahlungsziel 60 Tage.

Sitz der Gesellschaft: Nürnberg
Geschäftsführung: Silke Lenz
Amtsgericht Nürnberg
HRA 112294 A
Steuernummer 241/120/60703
Telefon 0911-3307-40
Telefax 0911-3307-60
E-Mail info@lenz-nuernberg.

Heinrich KG
Herstellung und Vertrieb von Büromöbeln und Bürozubehör

Heinrich KG • Rahlstedter Str. 144 • 22143 Hamburg

Rahlstedter Str. 144
22143 Hamburg

Möblix GmbH
Schönhauser Allee 187
10437 Berlin

Tel.: 040 6724-0
Fax: 040 6724-587
E-Mail: info@hamburg.heinrich.de

Ihr Zeichen	Jen
Unser Zeichen	Wal

Rechnung

Rechnungs-Nr.	1-1008	Auftrags-Nr.	1-1008
Kunden-Nr.	D 2403	Auftrags-Datum	03.02.20..
Rechnungsdatum	04.02.20..	Lieferdatum	04.02.20..

Artikel-Nr.	Artikelbezeichnung	Menge	Preis pro Stück	Gesamt
B-2303127	Telearm Schwenkarm für kleine Telefonstationen, Fax und Kombigeräte.	8	43,50 €	348,00 €

Warenwert		348,00 €
Frachtkosten		0,00 €
+ MwSt	19%	66,12 €
Rechnungssumme		**414,12 €**

Heinrich KG
Geschäftsführung: Gerda Heinrich
Amtsgericht Hamburg: HRA 1101
St-Nr.: 27/430/0027
USt-Id.-Nummer: DE 686093911

Bankverbindungen:
Hamburger Sparkasse
BLZ 200 505 50
Kto.Nr.: 1 120 239 908

Postbank Hamburg
BLZ 200 100 20
Kto. Nr.: 64 069-754

Beleg 4

Beleg 5

Naturholz AG

Schäfflerbachstraße 26 ••• 86003 Augsburg

Telefon: 0821 777 - 0
Fax: 0821 777 - 3010
eMail: info@augsburg.naturholz.de

Heinrich KG
Rahlstedter Str. 144
22143 Hamburg

Kundennummer: 440309
Rechnung vom: 07.02.20..
Rechnungs-Nr.: 00-01-021
Sachbearbeiter: Herr Sittig
Bestellnummer: 941505
Bestelldatum: 02.02.20..
Lieferung am: 04.02.20..

Rechnung

Artikel Nr.	Artikelbezeichnung	Anzahl	Preis pro Holzpack	Bestellwert
121520	Holzbretter aus Kiefer im 10-er Pack Länge 30 cm, Breite 23 cm, Stärke 2 cm	10	23,00 €	230,00 €
115510	Holzbretter aus Buche im 10-er Pack Länge 60 cm, Breite 23 cm, Stärke 2,5 cm	10	53,12 €	531,20 €

Warenwert:	761,20 €
+ 19% MwSt:	144,63 €
Rechnungsbetrag:	905,83 €

Zahlungsziel: 09.03.20..
- 3 % Skonto bei Zahlung bis zum: 17.02.20.. | Skonto 27,17 € | Skontozahlungsbetrag 878,66 €

...in Althaus
HR B 6034
...3945

Bankverbindungen:
Kreissparkasse Augsburg, BLZ 720 501 01, Kto.-Nr.: 677 562 44
Sparda Bank Augsburg eG, BLZ 720 905 00, Kto.-Nr.: 767 493 12

Heinrich KG

Herstellung und Vertrieb von Büromöbeln und Bürozubehör

Heinrich KG • Rahlstedter Str. 144 • 22143 Hamburg

Rahlstedter Str. 144
22143 Hamburg

Bleibtreu GmbH
Duvenstraße 88
41199 Mönchengladbach

Tel.: 040 6724-0
Fax: 040 6724-587
E-Mail: info@hamburg.heinrich.de

Ihr Zeichen: Str
Unser Zeichen: Wal

Rechnung

Rechnungs-Nr. 1-1099 | Auftrags-Nr. 1-1099
Kunden-Nr. D 2409 | Auftrags-Datum 16.02.20..
Rechnungsdatum 18.02.20.. | Lieferdatum 18.02.20..

Artikel-Nr.	Artikelbezeichnung	Menge	Preis pro Stück	Gesamt
A-1302170	Solito Regalsystem aus Massivholz, drei eingebaute Schubladen, Sockelhöhenverstellung.	3	1.101,00 €	3.303,00 €

Warenwert		3.303,00 €
Frachtkosten		0,00 €
+ MwSt	19%	627,57 €
Rechnungssumme		**3.930,57 €**

Heinrich KG
Geschäftsführung: Gerda Heinrich
Amtsgericht Hamburg: HRA 1101
St-Nr.: 27/430/0027
USt-Id.-Nummer: DE 686093911

Bankverbindungen:
Hamburger Sparkasse, BLZ 200 505 50, Kto.Nr.: 1 120 239 908
Postbank Hamburg, BLZ 200 100 20, Kto. Nr.: 64 069-754

Beleg 6

Heinrich KG 	**Kontokorrentbuchhaltung**		Rechnungswesen Situation 11

3 Schließen Sie die Kontokorrentkonten ab und übertragen Sie die Salden der Konten auf die entsprechenden „Hauptkonten“!

S	2400 Forderungen	H

S	4400 Verbindlichkeiten	H

4 Nehmen Sie nach dem Kontenabschluss die betriebswirtschaftliche Auswertung vor.

4.1 Wie viel Euro betrug bei der HKG der „offene Posten“ des Kunden D 2409 zu Beginn der betrachteten Buchungsperiode?

____

4.2 Wie viel Euro hat der Kunde D 2403 der HKG in dieser Buchungsperiode gezahlt?

____

4.3 Für wie viel Euro hat der Kunde D 2402 in dieser Buchungsperiode bei der HKG Waren gekauft?

____

4.4 Wie viel Euro betrug bei der HKG der „offene Posten“ gegenüber dem Lieferer K 4409 zu Beginn der betrachteten Buchungsperiode?

____

4.5 Für wie viel Euro hat die HKG beim Lieferer K 4409 in dieser Buchungsperiode Waren gekauft?

____

4.6 Wie viel Euro hat die HKG in der betrachteten Buchungsperiode an den Lieferer K 4402 gezahlt?

____

4.7 Wie viel Euro betragen die Forderungen der HKG am Anfang der Buchungsperiode?

____

4.8 Wie viel Euro betragen die Forderungen der HKG am Ende der Buchungsperiode?

____

Heinrich KG

Beleggeschäftsgang

Rechnungs-wesen

Situation 12

Nach der Übung zur Kontokorrentbuchhaltung hat Herr Fitschen für Leon Laus einen Übungs-Beleggeschäftsgang mit häufig vorkommenden Belegen der Heinrich KG bereitgestellt, den Leon mit den August 20..-Salden manuell auf T-Konten buchen und auswerten soll.

Arbeitsauftrag:

Nehmen Sie für Leon Laus die Buchung der vorliegenden Belege im Grund- und Hauptbuch vor und führen Sie anschließend die betriebswirtschaftliche Auswertung durch!

Beleggeschäftsgang Heinrich KG

Zum 31. August 20.. liegt bei der Heinrich KG folgende Saldenliste vor:

Konto-Nr.	Bezeichnung:	S	H
0510	Bebaute Grundstücke	1.361.912,00 €	
0530	Betriebsgebäude	526.350,00 €	
0700	TA und Maschinen	438.411,00 €	
0840	Fuhrpark	286.439,00 €	
0870	Büromöbel und sonstige Geschäftsausstattung	613.400,00 €	
2100	Unfertige Erzeugnisse	740.000,00 €	
2200	Fertige Erzeugnisse	1.738.674,00 €	
2280	Handelswaren	2.955.312,00 €	
2400	Forderungen aus Lieferungen und Leistungen		
2600	Vorsteuer 19 %	405.549,00 €	
2800	Bank	1.172.182,00 €	
2850	Postbank	37.849,00 €	
2880	Kasse	22.109,00 €	
3000	Eigenkapital		5.300.000,00 €
3001	Privatkonto	34.344,00 €	
4250	Langfristige Bankverbindlichkeiten		4.832.000,00 €
4400	Verbindlichkeiten aus Lieferungen und Leistungen		
4800	Umsatzsteuer 19 %		530.367,00 €
5000	Umsatzerlöse für eigene Erzeugnisse		3.754.650,00 €
5100	Umsatzerlöse für Handelswaren		359.184,00 €
6080	Aufwendungen für Waren	3.659.000,00 €	
6800	Büromaterial	320.686,00 €	
6820	Post, Telefon		
2401	Gertrud Brandt KG		
2407	Innovation AG	36.716,00 €	
2408	Weyermann Söhne KG		
2499	Sonstige Kunden	814.154,00 €	
4402	Lenz KG		19.094,00 €
4403	Naturholz AG		54.675,00 €
4408	Franz Meyer e. K.		313.117,00 €
4499	Sonstige Lieferanten und Dienstleister		

Übernehmen Sie die vorliegenden Salden auf die vorbereiteten T-Konten und buchen Sie die Ausgangs- und Eingangsrechnungen einschließlich der Zahlungen auf den Personenkonten (Kontokorrentkonten) und schließen Sie diese über Forderungen bzw. Verbindlichkeiten ab.

Achtung: Saldovorträge nur auf den Personenkonten!
Schließen Sie die Konten ab und erstellen Sie bitte zum 30. September 20.. eine Gewinn- und Verlustrechnung und eine Bilanz. Der Warenbestand zum 30.September. 20.. stimmt mit dem Anfangsbestand überein.

Heinrich KG 	Beleggeschäftsgang		Rechnungswesen Situation 12

Grundbuch – Blatt 1

Beleg	Konten	S	H
1			
2			
3			
4			
4			
5			
6			
7			
7			
8			
9			
10			
10			

Heinrich KG 	Beleggeschäftsgang		Rechnungs-wesen Situation 12

Grundbuch – Blatt 2

Beleg	Konten	S	H
11			
12			

S 0510 bebaute Grundstücke H

S 0530 Betriebsgebäude H

S 0700 TA und Maschinen H

S 0840 Fuhrpark H

S 0870 Büromöbel und sonst. Geschäfts. H

S 2100 Unfertige Erzeugnisse H

S 2200 Fertige Erzeugnisse H

S 2280 Handelswaren H

S 2400 Forderungen H

S 2600 Vorsteuer H

S 2800 Bank H

S 2850 Postbank H

Heinrich KG 	**Beleggeschäftsgang**		Rechnungs-wesen Situation 12

S 2880 Kasse H

S 3000 Eigenkapital H

S 3001 Privatkonto H

S 4250 langfr. Bankverbindlichkeiten H

S 4400 Verbindlichkeiten H

S 4800 Umsatzsteuer H

S 5000 Umsatzerlöse H

S 5100 Umsatzerlöse f. Waren H

S 6080 Aufwendungen für Waren H

S 6800 Büromaterial H

S 6820 Post, Telefon H

S 2401 Gertrud Brandt KG H

S 2407 Innovation AG H

S 2408 Weyermann & Söhne H

S 2499 Sonstige Kunden H

S 4402 Lenz KG H

S 4403 Naturholz AG H

S 4408 Franz Meyer e. K. H

Heinrich KG 	Beleggeschäftsgang		Rechnungs-wesen Situation 12

S	4499 Sonstige Lieferanten H

S	8020 Gewinn- und Verlust-Konto H

S	8010 Schlussbilanzkonto H

Betriebswirtschaftliche Auswertung:

01 Wie viel Euro beträgt der Wareneinsatz? ________

02 Wie viel Euro beträgt der Rohgewinn? ________

03 Wie viel % beträgt der Kalkulationszuschlag? ________

04 Wie viel Euro beträgt das Anlagevermögen? ________

05 Wie viel € beträgt das Umlaufvermögen? ________

9 Benen, Huesmann - ISBN 978-3-8120-1013-9

Heinrich KG 	**Beleggeschäftsgang**		**Rechnungs-wesen** Situation 12

06 Wie viel Euro beträgt der Vorsteuerüberhang/ die Umsatzsteuerzahllast für September 20..? ________

07 Wie viel Euro beträgt das langfristige Kapital? ________

08 Wie viel Euro beträgt das Fremdkapital? ________

09 Wie viel Euro beträgt das Eigenkapital? ________

10 Wie viel Euro betragen die gebuchten Erträge? ________

11 Wie viel Euro betragen die gebuchten Aufwendungen? ________

12 Wie viel Euro beträgt der Erfolg der Unternehmung? ________

13 Wie viel Euro betragen die Aufwendungen für die Kontengruppe „60"? ________

14 Wie viel Euro beträgt die Bilanzsumme? ________

15 Wie viel Euro haben die sonstigen Kunden 2499 im Sept. 20.. gezahlt? ________

16 Für wie viel Euro hat der Kunde 2407 im Sept. 20.. Ware gekauft? ________

17 Für wie viel Euro haben wir beim Lieferer 4403 im Sept. 20.. Ware gekauft? ________

18 Wie viel Euro haben wir im Sept. 20.. an den Lieferer 4403 gezahlt? ________

19 Wie viel Euro betragen die gesamten Forderungen? ________

20 Wie viel Euro betragen die kurzfristigen Verbindlichkeiten? ________

Heinrich KG 	Beleggeschäftsgang		Rechnungswesen Situation 12

Beleg 1

Lenz KG
Lampenfabrik

Lenz KG – Industriestraße 12 – 90441 Nürnberg

Heinrich KG
Rahlstedter Str. 144
22143 Hamburg

Rechnung vom: 03-09-20..
Rechnung-Nr.: 002216

Rechnung

Lieferung am: 02-09-20..
Lieferschein-Nr.: 002216

Art.-Nr.	Art.-Bezeichnung	Stück	Einzelpreis	Rabatt	Gesamtpreis
2348-09	Optima Schreibtischleuchte, Aluminium	30	65,00 €	0,00 %	1.950,00 €

Warenwert	1.950,00 €
Umsatzsteuer 19 %	370,50 €
Rechnungsbetrag	2.320,50 €

Die Lieferung erfolgt auf der Grundlage unserer Allgemeinen Geschäftsbedingungen.
Bei Zahlung innerhalb 10 Tagen 3 % Skonto, Zahlungsziel 60 Tage.

...rg | Amtsgericht Nürnberg
HRA 112294 A
Steuernummer 241/120/60703 | Telefon 0911-3307-40
Telefax 0911-3307-60
E-Mail info@lenz-nuernberg.de | Bankverbindung:
Sparkasse Nürnberg
Konto Nr. 320 946 09
Bankleitzahl 760 501 01

Heinrich KG
Herstellung und Vertrieb von Büromöbeln und Bürozubehör

Heinrich KG • Rahlstedter Str. 144 • 22143 Hamburg

Rahlstedter Str. 144
22143 Hamburg

Innovation AG
Leipziger Str. 120
01127 Dresden

Tel.: 040 6724-0
Fax: 040 6724-587
E-Mail: info@hamburg.heinrich.de

Ihr Zeichen Wip
Unser Zeichen Wal

Rechnung

Rechnungs-Nr.	1-1003	Auftrags-Nr.	1-1003
Kunden-Nr.	D 2407	Auftrags-Datum	20.08.20..
Rechnungsdatum	04.09.20..	Lieferdatum	03.09.20..

Artikel-Nr.	Artikelbezeichnung	Menge	Preis pro Stück	Gesamt
A-1004110	Future Schreibtisch, Holzplatte, Rahmen aus Stahlrohr pulverbeschichtet	5	460,00 €	2.300,00 €

Warenwert		2.300,00 €
Frachtkosten		0,00 €
+ MwSt	19%	437,00 €
Rechnungssumme		**2.737,00 €**

2% Skonto bei Zahlung bis:	Skontobetrag:	Skonto-Zahlungsbetrag:
14.09.20..	54,74 €	2.682,26 €

Heinrich KG
Geschäftsführung: Gerda Heinrich
Amtsgericht Hamburg: HRA 1101
St-Nr.: 27/430/0027
USt-Id.-Nummer: DE 686093911

Bankverbindungen:
Hamburger Sparkasse
BLZ 200 505 50
Kto.Nr.: 1 120 239 908

Postbank Hamburg
BLZ 200 100 20
Kto. Nr.: 64 069-754

Beleg 2

Beleg 3

Quittung Euro **452** Cent **20**

Nr. 32 inkl. **19** % MwSt MwSt.-Betrag: **72,20** Euro

Vier - Fünf - Zwei -- Cent wie oben

Euro in Worten

von
Heinrich KG
für
Toner für Laserdrucker
dankend erhalten

Ort:	Datum:	Unterschrift Empfänger
Hamburg	**05.09.20..**	*Yildiz*

Beleg 4

Haspa **Hamburger Sparkasse** **Kontoauszug** Nr. 120 Blatt 1/1 vom 06.09.20..

Buchungstag	Wert	Vorgang	zu Ihren Lasten (-)	zu Ihren Gunsten (+)
		Alter Kontostand EUR		**172.182,00**
06.09.	06.09.	Lastschrift Lenz KG Rechnungs-Nr. 002216	7.791,22	
06.09.	06.09.	Lastschrift Finanzamt Hamburg-Mitte-Altstadt Ust.-Zahllast August 20..	24.818,00	
		Neuer Kontostand EUR		**139.572,78**

Heinrich KG
Rahlstedter Str. 144
22143 Hamburg

Bankleitzahl 200 505 50 Konto-Nr. 1 120 239 908

Beleg 5

Heinrich KG

Herstellung und Vertrieb von Büromöbeln und Bürozubehör

Heinrich KG • Rahlstedter Str. 144 • 22143 Hamburg

Rahlstedter Str. 144
22143 Hamburg

Weyermann & Söhne KG
Falkenseestraße 15
73252 Lenningen

Tel.: 040 6724-0
Fax: 040 6724-587
E-Mail: info@hamburg.heinrich.de

Ihr Zeichen Wey
Unser Zeichen Wal

Rechnung

Rechnungs-Nr.	1-1006	Auftrags-Nr.	1-1006
Kunden-Nr.	D 2408	Auftrags-Datum	27.08.20..
Rechnungsdatum	10.09.20..	Lieferdatum	09.09.20..

Artikel-Nr.	Artikelbezeichnung	Menge	Preis pro Stück	Gesamt
A-1205111	Logo Konferenztisch, Spanplatte Melamin blau, Rahmen pulverbeschichtet Stahlrohr	12	375,00 €	4.500,00 €

Warenwert		4.500,00 €
Frachtkosten		0,00 €
+ MwSt	19%	855,00 €
Rechnungssumme		**5.355,00 €**

2% Skonto bei Zahlung bis:	Skontobetrag:	Skonto-Zahlungsbetrag:
20.09.20..	107,10 €	5.247,90 €

Heinrich KG
Geschäftsführung: Gerda Heinrich
Amtsgericht Hamburg: HRA 1101
St-Nr.: 27/430/0027
USt-Id.-Nummer: DE 686093911

Bankverbindungen:
Hamburger Sparkasse
BLZ 200 505 50
Kto.Nr.: 1 120 239 908

Postbank Hamburg
BLZ 200 100 20
Kto. Nr.: 64 069-754

Heinrich KG	Beleggeschäftsgang		Rechnungswesen
			Situation 12

Beleg 6

Postbank Hamburg — **Kontoauszug** Nr. 85 Blatt 1/1 vom 11.09.20..

Datum	Wert	Vorgang	zu Ihren Lasten (-)	zu Ihren Gunsten (+)
		Alter Kontostand EUR		**7.849,00**
11.09.	11.09.	Barauszahlung für Geschäftskasse	3.000,00	
		Neuer Kontostand EUR		**4.849,00**

Heinrich KG
Rahlstedter Str. 144
22143 Hamburg

Bankleitzahl 200 100 20
Konto-Nr. 64 069-754

Beleg 7

Hamburger Sparkasse — **Kontoauszug** Nr. 121 Blatt 1/1 vom 12.09.20..

Buchungstag	Wert	Vorgang	zu Ihren Lasten (-)	zu Ihren Gunsten (+)
		Alter Kontostand EUR		**139.572,78**
12.09.	12.09.	Lastschrift Telekom-Anschluss inkl. 19% Ust. *) 040 6724-0 September 20..	1.469,65	
12.09.	15.09.	Lastschrift Sparda Bank Hamburg Darlehen Nr. 2065633	3.500,00	
		Neuer Kontostand EUR		**134.603,13**

Heinrich KG
Rahlstedter Str. 144
22143 Hamburg

Bankleitzahl 200 505 50
Konto-Nr. 1 120 239 908

*) Rechnung der Telekom liegt vor und wird zeitgleich mit der Kontobelastung gebucht.

Beleg 8

Heinrich KG
Herstellung und Vertrieb von Büromöbeln und Bürozubehör

Heinrich KG • Rahlstedter Str. 144 • 22143 Hamburg

Rahlstedter Str. 144
22143 Hamburg

Gertrud Brandt KG
Südstraße 7
20083 Hamburg

Tel.: 040 6724-0
Fax: 040 6724-587
E-Mail: info@hamburg.heinrich.de

Ihr Zeichen Fre
Unser Zeichen Wal

Rechnung

Rechnungs-Nr.	1-1009	Auftrags-Nr.	1-1009
Kunden-Nr.	D 2401	Auftrags-Datum	12.09.20..
Rechnungsdatum	14.09.20..	Lieferdatum	13.09.20..

Artikel-Nr.	Artikelbezeichnung	Menge	Preis pro Stück	Gesamt
B-2103138	Optima Schreibtischleuchte in Aluminium, mit extrem langem Leuchtenkopf	20	90,00 €	1.800,00 €

Warenwert		1.800,00 €
Frachtkosten		0,00 €
+ MwSt	19%	342,00 €
Rechnungssumme		**2.142,00 €**

2% Skonto bei Zahlung bis:	Skontobetrag:	Skonto-Zahlungsbetrag:
24.09.20..	42,84 €	2.099,16 €

Heinrich KG
Geschäftsführung: Gerda Heinrich
Amtsgericht Hamburg: HRA 1101
St-Nr.: 27/430/0027
USt-Id.-Nummer: DE 686093911

Bankverbindungen:
Hamburger Sparkasse
BLZ 200 505 50
Kto.Nr.: 1 120 239 908

Postbank Hamburg
BLZ 200 100 20
Kto. Nr.: 64 069-754

Beleg 9

Carl Bärenbrink KG

Ihr Büroprofi

Carl-Bärenbrink KG - Brückenstr. 12 - 50667 Köln

Heinrich KG
Rahlstedter Str. 144
22143 Hamburg

Ihr Zeichen / Ihre Nachricht vom	Unser Zeichen / Unsere Nachricht vom	☎	Köln
Sla 14.09.20..	Fra	07026 555-0 Fax 07026 555020	18.09.20..

Rechnung

Rechnungs-Nummer 09-00574
Kunden-Nummer 138413
Lieferung am 17.09.20..

Artikel-Nr.	Artikelbezeichnung	Menge	Einzelpreis	Gesamtpreis
7612	Biflip, Flipchart	25	58,00 €	1.450,00 €

Warenwert	MwSt-Satz	MwSt-Betrag	Rechnungsbetrag
1.450,00 €	**19 %**	**275,50 €**	**1.725,50 €**

Zahlungsziel: 18.10.20.. – 3 % Skonto bei Zahlung innerhalb von 14 Tagen
Die Lieferung erfolgte auf der Grundlage unserer Allgemeinen Geschäftsbedingungen.

Bankverbindungen:

Deutsche Bank AG Köln BLZ 39070020 Konto Nr. 17430637	Stadtsparkasse Köln BLZ 37050198 Konto Nr. 56638869	Sitz der KG: Köln Amtsgericht Köln HRA 75631: Persönlich haftender Gesellschafter Carl Bärenbrink Ust.-IdNr. DE 374224157

Beleg 10

Haspa — **Hamburger Sparkasse** — **Kontoauszug** — Nr. 122 — Blatt 1/1 — vom 20.09.20..

Buchungstag	Wert	Vorgang	zu Ihren Lasten (-)	zu Ihren Gunsten (+)
		Alter Kontostand EUR		**134.603,13**
20.09.	20.09.	Zahlungseingang Mega-Druck GmbH, Rechnungsnummer 1-1107		120.250,36
21.09.	21.09.	Lastschrift Franz Meyer e. K. Rechnungs-Nr. 430 458	17.354,68	
		Neuer Kontostand EUR		**237.498,81**

Heinrich KG
Rahlstedter Str. 144
22143 Hamburg

Bankleitzahl 200 505 50

Konto-Nr. 1 120 239 908

Beleg 11

Quittung Euro **1.428** Cent **00**

Nr. 61 inkl. **19** % MwSt MwSt.-Betrag: **228,00** Euro

Eins - Vier - Zwei - Acht -- Cent wie oben

Euro in Worten

von

Heinrich KG

für

Notebook Acer Extensa 4102 WMLI

dankend erhalten

Ort:	Datum:	Unterschrift Empfänger
Hamburg	**25.09.20..**	*Yildiz*

Beleg 12

Naturholz AG

Schäfflerbachstraße 26 ••• 86003 Augsburg

Telefon: 0821 777 - 0
Fax: 0821 777 - 3010
eMail: info@augsburg.naturholz.de

Heinrich KG
Rahlstedter Str. 144
22143 Hamburg

Kundennummer: 440309
Rechnung vom: 20.09.20..
Rechnungs-Nr.: 00-01-7653
Sachbearbeiter: Herr Sittig
Bestellnummer: 9887532
Bestelldatum: 15.09.20..
Lieferung am: 19.09.20..

Rechnung

Artikel Nr.	Artikelbezeichnung	Anzahl	Preis pro Stück	Bestellwert
156632	Rimini Archiv-Regal, Ahorn	10	135,00 €	1.350,00 €
			Warenwert:	1.350,00 €
			+ 19% MwSt:	256,50 €
			Rechnungsbetrag:	1.606,50 €

Zahlungsziel: 20.10.20..
- 3 % Skonto bei Zahlung bis zum: 30.09.20.. | Skonto 48,20 € | Skontozahlungsbetrag 1.558,31 €

Naturholz AG
Geschäftsführung: Erwin Althaus
Amtsgericht Augsburg: HR B 6034
USt.-Id.-Nr.: DE 127493945
St.-Nr.: 521 8168 473

Bankverbindungen:
Kreissparkasse Augsburg
BLZ 720 501 01
Kto.-Nr.: 677 562 44

Sparda Bank Augsburg eG
BLZ 720 905 00
Kto.-Nr.: 767 493 12

Heinrich KG 	**Handelskalkulation**		**Rechnungs-wesen** **Situation 13**

Herr Fitschen möchte den Auszubildenden Leon Laus in einer betrieblichen Unterweisung in der Abteilung Rechnungswesen mit der Handelskalkulation vertraut machen. Da die Heinrich KG erst kürzlich auf Grund häufiger Kundenanfragen nach Ordnungs- und Aufbewahrungsmitteln aus Pappe ihr Sortiment um die Warengruppe „Ordnungs- und Aufbewahrungsmittel“ erweitert hat, wählt Herr Fitschen die erste Bestellung von 10.000 VE Stehsammler beim ausgewählten Lieferanten, der Bürotec GmbH, zur Erläuterung der Bezugs- und Verkaufskalkulation aus.

Leon Laus soll zuerst den Bezugs- oder Einstandspreis für eine VE der Stehsammler ermitteln und dann den Listenverkaufspreis der Heinrich KG festlegen.

Im Anschluss daran möchte Herr Fitschen Leon Laus noch mit der Rückwärts- und Differenzkalkulation vertraut machen.

Arbeitsaufträge:

1 Informieren Sie sich in Ihrem Rechnungswesenbuch über die Handelskalkulation!

2 Berechnen Sie den Listenverkaufspreis der Heinrich KG für 10.000 Verpackungseinheiten (VE) der Stehsammler!

Die benötigten Daten zur Ermittlung des Bezugs- oder Einstandspreises entnehmen Sie bitte dem nachfolgenden Angebotsauszug.

Für die Kalkulation des Listenverkaufspreises legen Sie bitte die folgenden Prozentsätze zu Grunde:

HK = 60 %	GEW = 20 %	KS = 2 %	VP = 3 %	KR = 16,3 %

Nutzen Sie für Ihre Berechnung das vorgegebene Kalkulationsschema!

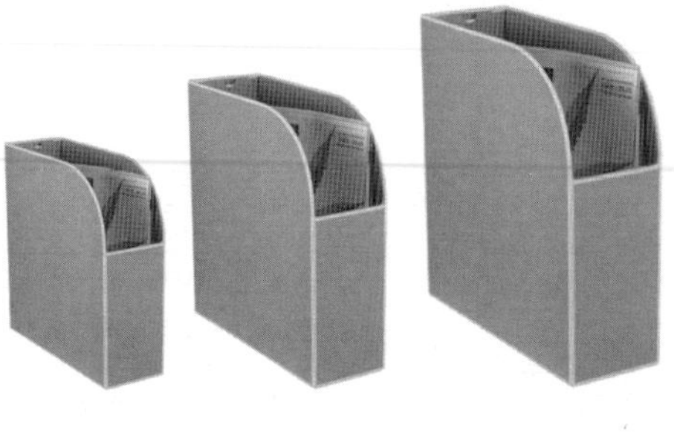

Heinrich KG 	**Handelskalkulation**		**Rechnungswesen** **Situation 13**

Angebotsauszug:

BÜROTEC GMBH

.....

Angebot über 10.000 Verpackungseinheiten (VE) Stehsammler

Artikel-Nr. 778536 Stehsammler

Für die Ablage von losem Schriftgut bis Format A4, mit Griffloch, aus stabiler Mikrowellpappe, zusammensteckbar.
Verpackungseinheit: 6 Stehsammler, Preis je 6er-Pack 1,40 €

Bei Abnahme von 5.000 Verpackungseinheiten gewähren wir Ihnen 20 % Mengenrabatt. Die Lieferzeit beträgt 10 Tage nach Auftragserteilung. Für die Anlieferung berechnen wir eine Kostenpauschale von 50,00 €.

.....

Allgemeine Geschäftsbedingungen
I. Zahlung
Die Rechnung ist 30 Tage nach Ausstellungsdatum rein netto fällig; bei Bezahlung innerhalb von 10 Tagen ab Rechnungsdatum gewähren wir 3 % Skonto. Bei Rechnungsregulierung durch Akzepte oder Wechsel ist der Rechnungsbetrag sofort nach Rechnungserhalt ohne Abzug fällig. Akzepte oder Wechsel werden nur erfüllungshalber angenommen. Bei Zielüberschreitungen werden sofort alle Posten fällig. Wir können Verzugszinsen in Höhe des jeweils üblichen Zinssatzes für Dispositionskredite berechnen.

.....

Kalkulationsschema für Handelswaren

	in %	in €		
Listeneinkaufspreis (LEP)			Bezugskalkulation	Vorwärtskalkulation
– Liefererrabatt (LR)				
= Zieleinkaufspreis (ZEP)				
– Liefererskonto (LS)				
= Bareinkaufspreis (BEP)				
+ Bezugskosten (BK)				
= Bezugs-/Einstandspreis (BP/EP)				
+ Handlungskosten (HK)			Verkaufskalkulation	
= Selbstkosten (SK)				
+ Gewinn (GEW)				
= Barverkaufspreis (BVP)				
+ Kundenskonto (KS)				
+ Vertreterprovision (VP)				
= Zielverkaufspreis (ZVP)				
+ Kundenrabatt (KR)				
= Listenverkaufspreis (LVP)				

10 Benen, Huesmann - ISBN 978-3-8120-1013-9

3 Erläutern Sie den Begriff der Handlungskosten und begründen Sie, warum diese Kosten mit einem Prozentsatz auf den Bezugs- oder Einstandspreis aufgeschlagen werden!

4 Vergleichbare Stehsammler werden von Mitbewerbern der Heinrich KG im Handel zu einem Listenverkaufspreis von 25.000,00 € pro 10.000 VE angeboten.

Berechnen Sie den maximal aufwendbaren Listeneinkaufspreis für die Heinrich KG bei der Bürotec GmbH, wenn die Stehsammler auch für 25.000,00 € pro 10.000 VE den Kunden angeboten werden sollen!

Gehen Sie davon aus, dass die Einkaufskonditionen und die Verkaufskalkulationsdaten beibehalten werden.

Kalkulationsschema für Handelswaren

	in %	in €		
Listeneinkaufspreis (LEP)			Bezugskalkulation	Rückwärtskalkulation
– Liefererrabatt (LR)				
= Zieleinkaufspreis (ZEP)				
– Liefererskonto (LS)				
= Bareinkaufspreis (BEP)				
+ Bezugskosten (BK)				
= Bezugs-/Einstandspreis (BP/EP)				
+ Handlungskosten (HK)			Verkaufskalkulation	
= Selbstkosten (SK)				
+ Gewinn (GEW)				
= Barverkaufspreis (BVP)				
+ Kundenskonto (KS)				
+ Vertreterprovision (VP)				
= Zielverkaufspreis (ZVP)				
+ Kundenrabatt (KR)				
= Listenverkaufspreis (LVP)				

5 Die Bürotec GmbH sieht sich nicht in der Lage, der Heinrich KG bei den Stehsammler-Konditionen noch weiter entgegen zu kommen.

Prüfen Sie für die Heinrich KG den verbleibenden Gewinn pro 10.000 VE der Stehsammler in € und Prozent, wenn der Listenverkaufspreis auf 25.000,00 € pro 10.000 VE festgesetzt wird!

Die Einkaufskonditionen und die Verkaufskalkulationsdaten sollen bis auf den Gewinnzuschlag beibehalten werden.

Kalkulationsschema für Handelswaren

	in %	in €		
Listeneinkaufspreis (LEP)			Bezugskalkulation	Differenz-kalkulation
– Liefererrabatt (LR)				
= Zieleinkaufspreis (ZEP)				
– Liefererskonto (LS)				
= Bareinkaufspreis (BEP)				
+ Bezugskosten (BK)				
= Bezugs-/Einstandspreis (BP/EP)				
+ Handlungskosten (HK)			Verkaufskalkulation	
= Selbstkosten (SK)				
+ Gewinn (GEW)				
= Barverkaufspreis (BVP)				
+ Kundenskonto (KS)				
+ Vertreterprovision (VP)				
= Zielverkaufspreis (ZVP)				
+ Kundenrabatt (KR)				
= Listenverkaufspreis (LVP)				

6 Stellen Sie für die unterschiedlichen Ausprägungen der Handelskalkulation den jeweiligen Anwendungsbereich allgemeinverständlich dar!

Heinrich KG 	**Vereinfachte Handelskalkulation**		**Rechnungswesen** Situation 14

Leon Laus ist nach einigen Übungsaufgaben zur Kalkulation von Preisen schon relativ sicher in der Anwendung des Kalkulationsschemas geworden.

Herr Fitschen erklärt ihm deshalb, dass bei der Heinrich KG nicht immer mit diesem komplexen Kalkulationsschema gearbeitet wird, sondern häufig in einer vereinfachten Form der Verkaufspreis ermittelt wird.

Heute möchte Herr Fitschen die betrieblichen Unterweisungen zur Handelskalkulation mit der Darstellung der Kalkulationsvereinfachung durch die Ermittlung des Kalkulationszuschlagssatzes, des Kalkulationsfaktors und der Handelsspanne abschließen.

Arbeitsaufträge:

1 Informieren Sie sich in Ihrem Rechnungswesenbuch über die Vereinfachungsverfahren zur Handelskalkulation!

2 Berechnen Sie den **Kalkulationszuschlagssatz** für die Kalkulation des Listenverkaufspreises der Heinrich KG für 10.000 Verpackungseinheiten (VE) der Stehsammler!

Legen Sie den in der Situation 13 berechneten Bezugspreis von 10.914,00 € pro 10.000 VE zu Grunde.

Die Warengruppe „Ordnungs- und Aufbewahrungsmittel“ soll generell mit den folgenden Prozentsätzen kalkuliert werden:

HK = 60 %	GEW = 20 %	KS = 2 %	VP = 3 %	KR = 16,3 %

Berechnungsmöglichkeit 1: **Anwendung des Dreisatzes**

Frage: Wie viel Prozent muss die Heinrich KG auf den Bezugs-/Einstandspreis „aufschlagen“, um zum „gewünschten“ Listenverkaufspreis zu gelangen?

Bedingungssatz: Bezugs-/Einstandspreis = 100 %

Fragesatz: Differenz zum Listenverkaufspreis = X %

Lösungssatz:

$$X = \frac{100 * \text{Differenz zum Listenverkaufspreis}}{\text{Bezugs-/Einstandspreis}}$$

Berechnungsmöglichkeit 2: **Anwendung der folgenden Formel**

$$\text{Kalkulationszuschlag} = \frac{(\text{Listenverkaufspreis} - \text{Bezugs-/Einstandspreis}) * 100}{\text{Bezugs-/Einstandspreis}}$$

Berechnungsmöglichkeit 3: **Fiktive Vorwärtskalkulation mit einem Bezugs-/Einstandspreis von 100,00 €**

Kalkulationsschema für Handelswaren	in %	in €		
Listeneinkaufspreis (LEP)			Bezugskalkulation	Vorwärtskalkulation
– Liefererrabatt (LR)				
= Zieleinkaufspreis (ZEP)				
– Liefererskonto (LS)				
= Bareinkaufspreis (BEP)				
+ Bezugskosten (BK)				
= Bezugs-/Einstandspreis (BP/EP)		100,00		
+ Handlungskosten (HK)			Verkaufskalkulation	
= Selbstkosten (SK)				
+ Gewinn (GEW)				
= Barverkaufspreis (BVP)				
+ Kundenskonto (KS)				
+ Vertreterprovision (VP)				
= Zielverkaufspreis (ZVP)				
+ Kundenrabatt (KR)				
= Listenverkaufspreis (LVP)				

Kalkulationszuschlag = Listenverkaufspreis – Bezugs-/Einstandspreis

3 Berechnen Sie den **Kalkulationsfaktor** für die Kalkulation des Listenverkaufspreises der Heinrich KG für 10.000 Verpackungseinheiten (VE) der Stehsammler!

Legen Sie den in der Situation 11 berechneten Bezugspreis von 10.914,00 € pro 10.000 VE zu Grunde.

Die Warengruppe „Ordnungs- und Aufbewahrungsmittel" soll generell mit den folgenden Prozentsätzen kalkuliert werden:

HK = 60 %	GEW = 20 %	KS = 2 %	VP = 3 %	KR = 16,3 %

Berechnungsmöglichkeit 1: **Anwendung des Dreisatzes**

Frage: Mit welchem Faktor muss die Heinrich KG den Bezugs-/Einstandspreis multiplizieren, um den „gewünschten“ Listenverkaufspreis zu erhalten?

Bedingungssatz:	Bezugs-/Einstandspreis	=	1
Fragesatz:	Listenverkaufspreis	=	X

Lösungssatz:

$$X = \frac{1 * \text{Listenverkaufspreis}}{\text{Bezugs-/Einstandspreis}}$$

Berechnungsmöglichkeit 2: **Anwendung der folgenden Formel**

$$\text{Kalkulationsfaktor} = \frac{\text{Listenverkaufspreis}}{\text{Bezugs-/Einstandspreis}}$$

Berechnungsmöglichkeit 3: **Ableitung aus dem Kalkulationszuschlagssatz**

Versetzt man das Komma beim Kalkulationszuschlagssatz um 2 Stellen nach links und addiert eine 1 hinzu, so erhält man aus dem Kalkulationszuschlagssatz den Kalkulationsfaktor.

Geht man umgekehrt vor, so erhält man aus dem Kalkulationsfaktor den Kalkulationszuschlagssatz.

4 Formulieren Sie die Voraussetzungen für die Anwendung des Kalkulationszuschlagssatzes oder des Kalkulationsfaktors in der betrieblichen Praxis!

5 Berechnen Sie die **Handelsspanne** der Heinrich KG für 10.000 VE der Stehsammler!

Legen Sie den in der Situation 13 berechneten Bezugspreis von 10.914,00 € pro 10.000 VE zu Grunde.

Die Warengruppe „Ordnungs- und Aufbewahrungsmittel“ soll generell mit den folgenden Prozentsätzen kalkuliert werden:

HK = 60 %	GEW = 20 %	KS = 2 %	VP = 3 %	KR = 16,3 %

Vereinfachte Handelskalkulation

Berechnungsmöglichkeit 1: **Anwendung des Dreisatzes**

Frage: Wie viel Prozent muss die Heinrich KG vom Listenverkaufspreis abziehen, um zum Bezugs-/Einstandspreis zu gelangen?

Bedingungssatz: Listenverkaufspreis = 100 %

Fragesatz: Differenz zum Bezugs-/Einstandspreis = X %

Lösungssatz: $$X = \frac{100 \cdot \text{Differenz zum Bezugs-/Einstandspreis}}{\text{Listenverkaufspreis}}$$

Berechnungsmöglichkeit 2: **Anwendung der nachfolgenden Formel**

$$\text{Handelsspanne} = \frac{(\text{Listenverkaufspreis} - \text{Bezugs-/Einstandspreis}) \cdot 100}{\text{Listenverkaufspreis}}$$

Berechnungsmöglichkeit 3: **Fiktive Rückwärtskalkulation mit einem Verkaufspreis von 100,00 €**

Kalkulationsschema für Handelswaren

	in %	in €	
Listeneinkaufspreis (LEP)			Bezugskalkulation
– Liefererrabatt (LR)			
= Zieleinkaufspreis (ZEP)			
– Liefererskonto (LS)			
= Bareinkaufspreis (BEP)			
+ Bezugskosten (BK)			
= Bezugs-/Einstandspreis (BP/EP)			
+ Handlungskosten (HK)			Verkaufskalkulation
= Selbstkosten (SK)			
+ Gewinn (GEW)			
= Barverkaufspreis (BVP)			
+ Kundenskonto (KS)			
+ Vertreterprovision (VP)			
= Zielverkaufspreis (ZVP)			
+ Kundenrabatt (KR)			
= Listenverkaufspreis (LVP)		100,00	

Rückwärtskalkulation

Handelsspanne = Listenverkaufspreis – Bezugs-/Einstandspreis

6 Formulieren Sie die Voraussetzungen für die Anwendung der Handelsspanne in der betrieblichen Praxis!

Heinrich KG	Bestandsveränderungen bei den Warenvorräten		Rechnungswesen Situation 15

Leon Laus war in der letzten Woche krank und hat aus diesem Grund in der Berufsschule die Einführung in das neue Unterrichtsthema „Buchhalterische Behandlung der Bestandsveränderungen bei den Warenvorräten“ nicht mitbekommen.

Herr Fitschen weiß aus eigener Erfahrung, wie wichtig gerade im Rechnungswesenunterricht eine strukturierte Einführung in ein neues Thema ist. Er erklärt sich deshalb sofort bereit, Leon Laus an einem Beispiel der Heinrich KG mit der Thematik „Bestandsveränderungen“ vertraut zu machen.

Herr Fitschen beginnt seine Unterweisung mit dem Hinweis auf die bisherige Behandlung der Einkaufs- und Verkaufsbuchungen im Berufsschulunterricht. In der Schule wurde bisher immer der praxisfremde Fall unterstellt, dass die eingekaufte Warenmenge auch in der betrachteten Geschäftsperiode verkauft wurde. Lagerbestandserhöhungen bzw. -minderungen ergaben sich somit nicht. In der Praxis stimmen der Lageranfangsbestand und -endbestand einer Geschäftsperiode jedoch selten überein.

Am Beispiel der Einkaufs- und Verkaufsentwicklung des neuen Artikels „Stehsammler“ in den Monaten August und September 20.. erläutert Herr Fitschen die Behandlung der Bestandsmehrung und Bestandsminderung in der Buchhaltung.

Arbeitsaufträge:

1 Informieren Sie sich in Ihrem Rechnungswesenbuch über die buchhalterische Behandlung der Bestandsveränderungen bei den Warenvorräten!

2 Erfassen Sie die nachfolgenden Angaben zum neuen Artikel „Stehsammler“ für den Monat August 20.. im vorbereiteten Hauptbuch!

Datum	Vorgang	Menge/VE	Wert in €
05-08-20..	Eröffnung Warenbestandskonto „Stehsammler“	0	0,00
12-08-20..	Wareneinkauf	10.000	11.200,00
15-08-20..	Warenverkauf	4.000	10.600,00
31-08-20..	Lagerendbestand		

Schließen Sie die Konten zum 31.08.20.. ab und nehmen Sie die betriebswirtschaftliche Auswertung vor!

Heinrich KG 	Bestandsveränderungen bei den Warenvorräten		Rechnungswesen Situation 15

Hauptbuch:

Bestandskonto

S	2280 Handelswaren	H

Erfolgskonten

S	6080 Aufwendungen für Waren	H

S	5100 Umsatzerlöse für Handelswaren	H

Abschlusskonten

S	8020 Gewinn- und Verlustkonto	H

S	8010 Schlussbilanzkonto	H

Betriebswirtschaftliche Auswertung:

2.1 Wie viel Euro beträgt der Wareneinsatz? ____________

2.2 Wie viel Euro betragen die Umsatzerlöse? ____________

2.3 Wie viel Euro beträgt der Rohgewinn? ____________

2.4 Wie viel Euro beträgt der Warenendbestand? ____________

2.5 Wie viel Euro beträgt der Warenanfangsbestand? ____________

2.6 Wie viel Euro beträgt die Warenbestandsmehrung? ____________

11 Benen, Huesmann - ISBN 978-3-8120-1013-9

Bestandsveränderungen bei den Warenvorräten

3 Erfassen Sie die nachfolgenden Angaben zum neuen Artikel „Stehsammler" für den Monat September 20.. im vorbereiteten Hauptbuch!

Datum	Vorgang	Menge/VE	Wert in €
01-09-20..	Lageranfangsbestand	6.000	6.720,00
04-09-20..	Wareneinkauf	12.000	13.440,00
16-09-20..	Warenverkauf	15.000	39.750,00
30-09-20..	Lagerendbestand		

Schließen Sie die Konten zum 30.09.20.. ab und nehmen Sie die betriebswirtschaftliche Auswertung vor!

Hauptbuch:

Bestandskonto

S 2280 Warenbestand H

Erfolgskonten

S 6080 Aufwendungen für Waren H

S 5100 Umsatzerlöse für Handelswaren H

Abschlusskonten

S 8020 Gewinn- und Verlustkonto H

S 8010 Schlussbilanzkonto H

Betriebswirtschaftliche Auswertung:

3.1 Wie viel Euro beträgt der Wareneinsatz? ____________

3.2 Wie viel Euro betragen die Umsatzerlöse? ____________

3.3 Wie viel Euro beträgt der Rohgewinn? ____________

3.4 Wie viel Euro beträgt der Warenendbestand? ____________

3.5 Wie viel Euro beträgt der Warenanfangsbestand? ____________

3.6 Wie viel Euro beträgt die Warenbestandsminderung? ____________

4 Begründen Sie, warum Warenbestandsmehrungen auf die Habenseite des Wareneingangskontos und Warenbestandsminderungen auf die Sollseite des Wareneingangskontos umgebucht werden.

Begründung: ____

Heinrich KG	Bestandsveränderungen bei fertigen und unfertigen Erzeugnissen im Industriebetrieb		Rechnungs-wesen Situation 16

Nachdem Leon Laus nun die Buchung der Bestandsveränderungen bei den Warenvorräten im Großhandel verstanden hat, eröffnet ihm Herr Fitschen, dass man auch in Industriebetrieben Bestandsveränderungen bucht. Hier geht es allerdings um die Bestandsveränderungen bei den fertigen und unfertigen Erzeugnissen.

Die Heinrich KG stellt seit einiger Zeit auch Schreibtische der gehobenen Preisklasse her. Einen dieser Schreibtische der Marke „Chef" benutzt Herr Fitschen in seinem Büro. Anhand der nachfolgenden Werte erläutert Herr Fitschen Leon Laus die Buchungen bei der Heinrich KG:

Die Herstellungskosten für einen Schreibtisch „Chef" betragen 1.300,00 €, wobei 600,00 € auf die Rohstoffe, 150,00 € auf die Hilfsstoffe und 550,00 € auf die Fertigungslöhne entfallen. Der Nettoverkaufspreis liegt bei 1.999,00 €.

Arbeitsaufträge:

1 Informieren Sie sich in Ihrem Rechnungswesenbuch über die Erfolgsermittlung in Industriebetrieben unter Berücksichtigung von Bestandsveränderungen bei fertigen und unfertigen Erzeugnissen!

2 Buchen Sie die Geschäftsfälle der Anlage 1 im Grundbuch und ermitteln Sie das buchhalterische Ergebnis der Geschäftsperiode zum einen mit Hilfe der Kontenbuchungen und zum anderen durch eine gesonderte Berechnung! Gehen Sie davon aus, dass die Heinrich KG 80 Schreibtische innerhalb der Geschäftsperiode hergestellt und auch verkauft hat!

Heinrich KG	Bestandsveränderungen bei fertigen und unfertigen Erzeugnissen im Industriebetrieb		Rechnungswesen Situation 16

Anlage 1

1	Kauf von Rohstoffen gegen Bankscheck, netto	48.000,00 €
2	Kauf von Hilfsstoffen gegen Bankscheck für brutto	14.280,00 €
3	Banküberweisung der Fertigungslöhne	44.000,00 €
4	Verkauf von 80 Schreibtischen gegen Bankscheck, netto	159.920,00 €

Buchungssätze:

	Konten	Soll	Haben
1			
2			
3			
4			

Hauptbuch:

Bestandskonten

S	2600 Vorsteuer	H

S	4800 Umsatzsteuer	H

S	3000 Eigenkapital	H
	AB	7.936.553,23

S	2800 Bank	H
AB	463.601,00	

Erfolgskonten

S	6000 Aufwendungen für Rohstoffe	H

S	6020 Aufwendungen für Hilfsstoffe	H

S	6200 Fertigungslöhne	H

S	5000 Umsatzerlöse für eigene Erzeugnisse	H

Abschlusskonto

S	8020 Gewinn- und Verlustkonto	H

Berechnung des Gesamtgewinns:

Verkaufserlöse je Stück	
- Herstellkosten je Stück	
= Stückgewinn	
Gesamtgewinn	

3 Buchen Sie die Geschäftsfälle der Anlage 2 im Grundbuch und ermitteln Sie das buchhalterische Ergebnis der Geschäftsperiode zum einen mit Hilfe der Kontenbuchungen und zum anderen durch eine gesonderte Berechnung! Gehen Sie davon aus, dass die Heinrich KG 80 Schreibtische in der Geschäftsperiode hergestellt, aber nur 70 Schreibtische verkauft hat!

Anlage 2

1	Kauf von Rohstoffen gegen Bankscheck, netto	48.000,00 €
2	Kauf von Hilfsstoffen gegen Bankscheck für brutto	14.280,00 €
3	Banküberweisung der Fertigungslöhne	44.000,00 €
4	Verkauf von 70 Schreibtischen gegen Bankscheck, netto	139.930,00 €

Buchungssätze:

	Konten	Soll	Haben
1			
2			
3			
4			

Hauptbuch:

Bestandskonten

S	2600 Vorsteuer	H

S	4800 Umsatzsteuer	H

Heinrich KG 	Bestandsveränderungen bei fertigen und unfertigen Erzeugnissen im Industriebetrieb		Rechnungs-wesen Situation 16

3000 Eigenkapitel

S	H

2200 Fertige Erzeugnisse

S	H

2800 Bank

S	H

Erfolgskonten

6000 Aufwendungen für Rohstoffe

S	H

6020 Aufwendungen für Hilfsstoffe

S	H

6200 Fertigungslöhne

S	H

5000 Umsatzerlöse für eigene Erzeugnisse

S	H

5202 Bestandsveränderungen FE

S	H

Abschlusskonto

8020 Gewinn- und Verlustkonto

S	H

Heinrich KG 	**Bestandsveränderungen bei fertigen und unfertigen Erzeugnissen im Industriebetrieb**		**Rechnungs-wesen** **Situation 16**

Berechnung des Gesamtgewinns:

Verkaufserlöse gesamt	
+ Bestandsmehrung	
= Leistung des Betriebes	
- Kosten gesamt für 80 Schreibtische	
= Gesamtgewinn	

4 Buchen Sie die Geschäftsfälle der Anlage 3 im Grundbuch und ermitteln Sie das buchhalterische Ergebnis der Geschäftsperiode zum einen mit Hilfe der Kontenbuchungen und zum anderen durch eine gesonderte Berechnung! Gehen Sie davon aus, dass die Heinrich KG 80 Schreibtische in der Geschäftsperiode hergestellt, aber 85 Schreibtische verkauft hat!

Anlage 3

1	Kauf von Rohstoffen gegen Bankscheck, netto	48.000,00 €
2	Kauf von Hilfsstoffen gegen Bankscheck für brutto	14.280,00 €
3	Banküberweisung der Fertigungslöhne	44.000,00 €
4	Verkauf von 85 Schreibtischen gegen Bankscheck, netto	169.915,00 €

Buchungssätze:

	Konten	Soll	Haben
1			
2			
3			
4			

12 Benen, Huesmann - ISBN 978-3-8120-1013-9

Heinrich KG 	Bestandsveränderungen bei fertigen und unfertigen Erzeugnissen im Industriebetrieb		Rechnungs-wesen Situation 16

Hauptbuch:

Bestandskonten

S	2600 Vorsteuer H

S	4800 Umsatzsteuer H

S	3000 Eigenkapitel H

S	2200 Fertige Erzeugnisse H

S	2800 Bank H

Heinrich KG 	Bestandsveränderungen bei fertigen und unfertigen Erzeugnissen im Industriebetrieb		Rechnungs-wesen Situation 16

Erfolgskonten

S	6000 Aufwendungen für Rohstoffe	H

S	6020 Aufwendungen für Hilfsstoffe	H

S	6200 Fertigungslöhne	H

S	5000 Umsatzerlöse für eigene Erzeugnisse	H

S	5202 Bestandsveränderungen FE	H

Abschlusskonto

S	8020 Gewinn- und Verlustkonto	H

Berechnung des Gesamtgewinns:

Verkaufserlöse gesamt	
- Bestandsminderung	
= Leistung des Betriebes	
- Kosten gesamt für 80 Schreibtische	
= Gesamtgewinn	

Heinrich KG 	**Bestandsveränderungen bei fertigen und unfertigen Erzeugnissen im Industriebetrieb**		**Rechnungs-wesen** **Situation 16**

5 Zu Beginn der aktuellen Geschäftsperiode gibt es keine Bestände an fertigen und unfertigen Erzeugnissen. Die Heinrich KG stellt in der Geschäftsperiode wieder 80 Schreibtische her und verkauft diese. Zusätzlich befinden sich 10 Schreibtische noch im Produktionsprozess und werden in einem Zwischenlager als unfertige Erzeugnisse gelagert. Diese unfertigen Erzeugnisse haben in der Herstellung bisher pro Stück 100,00 € an Rohstoffen, 50,00 € an Hilfsstoffen und 200,00 € an Fertigungslöhnen verursacht.

Der Schlussbestand der unfertigen Erzeugnisse beträgt somit 3.500,00 €. Stellen Sie die Bestanderhöhung bei den unfertigen Erzeugnissen auf den nachfolgenden Konten dar!

Hauptbuch:

Bestandskonto

S	2100 Unfertige Erzeugnisse	H

Erfolgskonten

S	6000 Aufwendungen für Rohstoffe	H

S	6020 Aufwendungen für Hilfsstoffe	H

S	6200 Fertigungslöhne	H

S	5201 Bestandsveränderungen UE	H

Abschlusskonto

S	8020 Gewinn- und Verlustkonto	H

Heinrich KG 	Rücksendungen beim Ein- und Verkauf von Waren		Rechnungswesen Situation 17

Leon Laus bearbeitet gerade die eingegangene Post, als Herr Fitschen das Büro betritt. In der Hand hält er einen Ordner mit der Aufschrift „Rücksendungen“ und eine Rechnung der Bürotec GmbH. Auf seine Nachfrage erklärt ihm Herr Fitschen, dass bei der letzten Lieferung der Bürotec GmbH ein Artikel geliefert worden war, den die Heinrich KG nicht bestellt und deshalb umgehend an den Lieferanten zurückgeschickt hatte. Inzwischen ist vom Lieferanten eine Gutschrift eingegangen. Der gesamte Vorgang war bisher zur Seite gelegt worden und muss nun gebucht werden.

Außerdem muss sich Herr Fitschen noch mit einer sehr unangenehmen Angelegenheit befassen: Der Möblix GmbH waren mit der letzten Lieferung 20 Schreibtische der Marke „Starlight“ geliefert worden, von denen leider 10 große Mängel aufweisen. Diese 10 Schreibtische hat die Möblix GmbH zurückgeschickt und darüber von der Heinrich KG eine Gutschrift erhalten.

Arbeitsaufträge:

1 Informieren Sie sich in Ihrem Rechnungswesenbuch über die buchhalterische Behandlung von Rücksendungen beim Einkauf und Verkauf von Waren!

Die Buchung von Rücksendungen im Einkaufsbereich

2 Erfassen Sie die Eingangsrechnung (Beleg 1) der Bürotec GmbH im nachfolgenden Grundbuchauszug!

Beleg	Konto Soll	Konto Haben	Soll (€)	Haben (€)
1				

3 Erfassen Sie die Gutschrift der Bürotec GmbH (Beleg 2) und überweisen Sie den restlichen Betrag per Bank!

Beleg	Konto Soll	Konto Haben	Soll (€)	Haben (€)
2				

	Konto Soll	Konto Haben	Soll (€)	Haben (€)
Restzahlung				

Heinrich KG	Rücksendungen beim Ein- und Verkauf von Waren		Rechnungswesen Situation 17

Die Buchung von Rücksendungen im Verkaufsbereich

4 Erfassen Sie die Ausgangsrechnung der Heinrich KG an die Möblix GmbH (Beleg 3) im nachfolgenden Grundbuchauszug!

Beleg	Konto Soll	Konto Haben	Soll (€)	Haben (€)
3				

5 Erfassen Sie die Gutschrift an die Möblix GmbH (Beleg 4) und die Überweisung des Restbetrages durch die Möblix GmbH!

Beleg	Konto Soll	Konto Haben	Soll (€)	Haben (€)
4				

	Konto Soll	Konto Haben	Soll (€)	Haben (€)
Überweisung				

Buchung im Hauptbuch und Abschluss der Konten

6 Buchen Sie die Belege 1 bis 4 auf den folgenden Konten!

S 5100 Umsatzerlöse	H

S 6080 Wareneingang	H

S 4800 Umsatzsteuer	H

S 2600 Vorsteuer	H

S 2400 Forderungen	H

S 4400 Verbindlichkeiten	H

Heinrich KG 	**Rücksendungen beim Ein- und Verkauf von Waren**		**Rechnungswesen** Situation 17

Beleg 1

Bürotec GmbH
Büroausstattungen

Bürotec GmbH – An der Industriebahn 15 – 13129 Berlin

Heinrich KG
Rahlstedter Str. 144
22143 Hamburg

Bei Zahlung bitte angeben:
R-Nr.: 20-R04781
R-Datum: 18-12-20..

Rechnung

Lieferung am: 15-12-20..
L-Nr.: 20-L04781
Lieferbedingung: Frei Haus

Art.-Nr.	Art.-Bezeichnung	Stück	Einzelpreis	Rabatt	Gesamtpreis
9103	Aktenvernichter PS 33	50	18,00 €		900,00 €
9705	Papierkorb Pirat	100	7,95 €		795,00 €

Rechnungsbetrag (netto)	1.695,00 €
19 % Umsatzsteuer	322,05 €
Rechnungsbetrag (brutto)	2.017,05 €

Zahlungsziel 30 Tage,
innerhalb 10 Tagen 3 % Skonto

Sitz der Gesellschaft: Berlin | HRB 112294 B ...tsgericht Charlottenburg ...euernummer 37218 / 21265 | Telefon 030-916-5820 Telefax 030-916-5930 eMail hotline@bürotec.de | Bank: Berliner Bank Konto Nr. 358 095 660 7 Bankleitzahl 100 200 00

Bürotec GmbH
Büroausstattungen

Bürotec GmbH – An der Industriebahn 15 – 13129 Berlin

Heinrich KG
Rahlstedter Str. 144
22143 Hamburg

Datum: 19-12-20..

Gutschrift-Nr.: 10-G00143
Rechnung vom: 18-12-20..
R-Nr.: 20-R04781

Gutschrift

Warenrücksendung: 18-12-20..

Art.-Nr.	Art.-Bezeichnung	Stück	Einzelpreis	Rabatt	Gesamtpreis
9705	Papierkorb Pirat	100	7,95 €		795,00 €

Warenwert	795,00 €
19 % Umsatzsteuer	151,05 €
Gutschriftsbetrag	946,05 €

Bitte entschuldigen Sie unsere Falschlieferung und kürzen Sie Ihren Überweisungsbetrag entsprechend!

Sitz der Gesellschaft: Berlin Geschäftsführung: Jana Becker | HRB 112294 B Amtsgericht Charlottenburg Steuernummer 37218 / 21265 | Telefon 030-916-5820 Telefax 030-916-5930 eMail hotline@bürotec.de | Bank: Berliner Bank Konto Nr. 358 095 660 7 Bankleitzahl 100 200 00

Beleg 2

Heinrich KG	Rücksendungen beim Ein- und Verkauf von Waren		Rechnungs-wesen Situation 17

Beleg 3

Heinrich KG
Herstellung und Vertrieb von Büromöbeln und Bürozubehör

Heinrich KG • Rahlstedter Str. 144 • 22143 Hamburg

Rahlstedter Str. 144
22143 Hamburg

Möblix GmbH
Schönhauser Allee 187
10437 Berlin

Tel.: 040 6724-0
Fax: 040 6724-587
E-Mail: info@hamburg.heinrich.de

Ihr Zeichen Bre
Unser Zeichen Wal

Rechnung

Rechnungs-Nr.	1-1846	Auftrags-Nr.	1-1846
Kunden-Nr.	D 2403	Auftrags-Datum	10.12.20..
Rechnungsdatum	13.12.20..	Lieferdatum	12.12.20..

Artikel-Nr.	Artikelbezeichnung	Menge	Preis pro Stück	Gesamt
A-1001100	Starlight Solitärschreibtisch in Nierenform, Esche-Massivholz, Oberfläche versiegelt.	20	925,00 €	18.500,00 €

Warenwert		18.500,00 €
Frachtkosten		0,00 €
+ MwSt	19%	3.515,00 €
Rechnungssumme		**22.015,00 €**

2% Skonto bei Zahlung bis:	Skontobetrag:	Skonto-Zahlungsbetrag:
20.12.20..	440,30 €	21.574,70 €

Heinrich KG
Geschäftsführung: Gerda Heinrich
Amtsgericht Hamburg: HRA 1101
St-Nr.: 27/430/0027
USt-Id.-Nummer: DE 686093911

Bankverbindungen:
Hamburger Sparkasse
BLZ 200 505 50
Kto.Nr.: 1 120 239 908

Postbank Ha
BLZ 200 100
Kto. Nr.: 64 0

Heinrich KG
Herstellung und Vertrieb von Büromöbeln und Bürozubehör

Heinrich KG • Rahlstedter Str. 144 • 22143 Hamburg

Rahlstedter Str. 144
22143 Hamburg

Möblix GmbH
Schönhauser Allee 187
10437 Berlin

Tel.: 040 6724-0
Fax: 040 6724-587
E-Mail: info@hamburg.heinrich.de

Ihr Zeichen Bre
Unser Zeichen Wal

Gutschrift

Gutschrift-Nr.	2-0766	Rechnungs-Nr.	1-1846
Kunden-Nr.	D 2403	Rechnung vom	13.12.20..
Datum	20.12.20..		

Artikel-Nr.	Artikelbezeichnung	Menge	Preis pro Stück	Gesamt
A-1001100	Starlight Solitärschreibtisch in Nierenform, Esche-Massivholz, Oberfläche versiegelt. Auf Grund unserer fehlerhaften Lieferung schreiben wir Ihnen den untenstehenden Betrag gut!	10	925,00 €	9.250,00 €

Warenwert		9.250,00 €
Frachtkosten		0,00 €
+ MwSt	19%	1.757,50 €
Gutschriftsbetrag		**11.007,50 €**

Heinrich KG
Geschäftsführung: Gerda Heinrich
Amtsgericht Hamburg: HRA 1101
St-Nr.: 27/430/0027
USt-Id.-Nummer: DE 686093911

Bankverbindungen:
Hamburger Sparkasse
BLZ 200 505 50
Kto.Nr.: 1 120 239 908

Postbank Hamburg
BLZ 200 100 20
Kto. Nr.: 64 069-754

Beleg 4

Heinrich KG

Rabatte und Nebenkosten beim Ein- und Verkauf von Waren

Rechnungswesen

Situation 18

Herr Fitschen möchte dem Auszubildenden Leon Laus die buchhalterischen Besonderheiten beim Einkauf und Verkauf von Waren bei der Heinrich KG in den nachfolgenden drei Unterweisungen systematisch aufzeigen und Leon anhand von Originalbelegen mit den notwendigen Buchungen im Grund- und Hauptbuch vertraut machen.

Die Buchungen soll Leon Laus manuell durchführen, damit er die notwendigen Vorsteuer- und Umsatzsteuerkorrekturen kennen lernt. Herr Fitschen hat in den vorbereiteten Unterlagen darüber hinaus auch Platz für wichtige Merksätze gelassen. Mit den betriebswirtschaftlichen Auswertungsfragen möchte Herr Fitschen überprüfen, ob Leon die Thematik verstanden hat.

Die erste Unterweisung thematisiert die Behandlung von Rabatten und Nebenkosten.

Arbeitsaufträge:

1 Informieren Sie sich in Ihrem Rechnungswesenbuch über die buchhalterische Behandlung von Rabatten und Nebenkosten beim Einkauf und Verkauf von Waren!

Die Buchung von Rabatten im Einkaufsbereich

2 Erfassen Sie die Eingangsrechnung (Beleg 1) der Naturholz AG im nachfolgenden Grundbuchauszug!

Beleg	Konto Soll	Konto Haben	Soll (€)	Haben (€)
1				

Die Buchung von Rabatten im Verkaufsbereich

3 Erfassen Sie die Ausgangsrechnung (Beleg 2) der Heinrich KG im nachfolgenden Grundbuchauszug!

Beleg	Konto Soll	Konto Haben	Soll (€)	Haben (€)
2				

Merke:

____

____

____

____

13 Benen, Huesmann - ISBN 978-3-8120-1013-9

Nebenkosten beim Einkauf von Waren

4 Erfassen Sie die Eingangsrechnung der Bürotec GmbH (Beleg 3) im nachfolgenden Grundbuchauszug!

Beleg	Konto Soll	Konto Haben	Soll (€)	Haben (€)
3				

5 Erfassen Sie die Eingangsrechnung von Franz Meyer e. K. (Beleg 4) und die Barzahlung an die Blitz-Spedition GmbH (Beleg 5) im nachfolgenden Grundbuchauszug!

Beleg	Konto Soll	Konto Haben	Soll (€)	Haben (€)
4				
5				

Merke:

Nebenkosten beim Verkauf von Waren

6 Erfassen Sie die Ausgangsrechnung der Heinrich KG an die Gertrud Brandt KG (Beleg 6) im nachfolgenden Grundbuchauszug!

Für diese Lieferung hat die Heinrich KG Lieferung frei Haus vereinbart. Da der eigene LKW nicht zur Verfügung steht, beauftragt die Heinrich KG die Blitz-Spedition GmbH und begleicht die Rechnung bar (Beleg 7).

Beleg	Konto Soll	Konto Haben	Soll (€)	Haben (€)
6				
7				

7 Erfassen Sie die Ausgangsrechnung an die Weyermann & Söhne KG (Beleg 8) im nachfolgenden Grundbuchauszug!

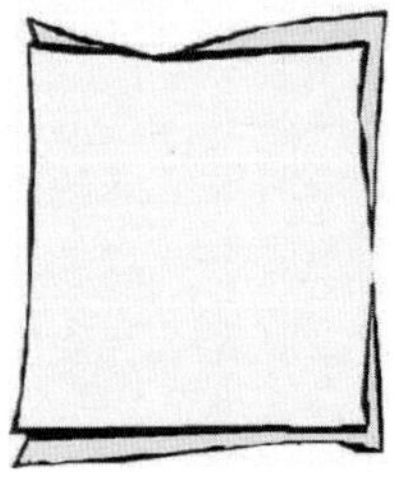

Beleg	Konto Soll	Konto Haben	Soll (€)	Haben (€)
8				

Merke:

Heinrich KG 	Rabatte und Nebenkosten beim Ein- und Verkauf von Waren		Rechnungswesen Situation 18

Beleg 1

Naturholz AG

Schäfflerbachstraße 26 ••• 86003 Augsburg

Telefon: 0821 777 - 0
Fax: 0821 777 - 3010
eMail: info@augsburg.naturholz.de

Heinrich KG
Rahlstedter Str. 144
22143 Hamburg

Kundennummer: 440309
Rechnung vom: 12.01.20..
Rechnungs-Nr.: 00-00-034
Sachbearbeiter: Herr Sittig
Bestellnummer: 941104
Bestelldatum: 09.01.20..
Lieferung am: 12.01.20..

Rechnung

Artikel Nr.	Artikelbezeichnung	Anzahl	Einzelpreis	Bestellwert
706304	Archiv-Regal, 5 Einlegebögen, Softkanten, Ahorn massiv	15	130,00 €	1.950,00 €
	abzüglich 12,5 % Rabatt			- 243,75 €

Warenwert:	1.706,25 €
+ 19% MwSt:	324,19 €
Rechnungsbetrag:	2.030,44 €

Zahlungsziel: 12.02.20..
- 3 % Skonto bei Zahlung bis zum: 22.01.20..

Skonto 60,91 €

Skontozahlungsbetrag 1.969,53 €

Geschäftsführung: Erwin Althaus
Amtsgericht Augsburg: HR B 6034
USt.-Id.-Nr.: DE 127493945
St.-Nr.: 521 8168 473

Bankverbindungen:
Kreissparkasse Augsburg
BLZ 720 501 01
Kto.-Nr.: 677 562 44

Sparda Bank Augs
BLZ 720 905 00
Kto.-Nr.: 767 493

Heinrich KG

Artikelbezeichnung

Herstellung und Vertrieb von Büromöbeln und Bürozubehör

Heinrich KG • Rahlstedter Str. 144 • 22143 Hamburg

Rahlstedter Str. 144
22143 Hamburg

Innovations AG
Leipziger Str. 120
01127 Dresden

Tel.: 040 6724-0
Fax: 040 6724-587
E-Mail: info@hamburg.heinrich.de

Ihr Zeichen Wip
Unser Zeichen Wal

Rechnung

Rechnungs-Nr.	1-1949	Auftrags-Nr.	1-1946
Kunden-Nr.	D 2407	Auftrags-Datum	12.01.20..
Rechnungsdatum	20.01.20..	Lieferdatum	20.01.20..

Artikel-Nr.	Artikelbezeichnung	Menge	Preis pro Stück	Gesamt
B-2501170	Wolga TV-Lowboard, zwei Schiebetüren, Fach mit verstellbarem Boden, Buche massiv	20	340,00 €	6.800,00 €
	abzüglich 10 % Rabatt			-680,00 €

Warenwert		6.120,00 €
Frachtkosten		0,00 €
+ MwSt	19%	1.162,80 €
Rechnungssumme		**7.282,80 €**

2% Skonto bei Zahlung bis:	Skontobetrag:	Skonto-Zahlungsbetrag:
30.01.20..	145,66 €	7.137,14 €

Heinrich KG
Geschäftsführung: Gerda Heinrich
Amtsgericht Hamburg: HRA 1101
St-Nr.: 27/430/0027
USt-Id.-Nummer: DE 686093911

Bankverbindungen:
Hamburger Sparkasse
BLZ 200 505 50
Kto.Nr.: 1 120 239 908

Postbank Hamburg
BLZ 200 100 20
Kto. Nr.: 64 069-754

Beleg 2

Rabatte und Nebenkosten beim Ein- und Verkauf von Waren

Beleg 3

Bürotec GmbH

Büroausstattungen

Bürotec GmbH – An der Industriebahn 15 – 13129 Berlin

Heinrich KG
Rahlstedter Str. 144
22143 Hamburg

Bei Zahlung bitte angeben:
R-Nr.: 20-R00901
R-Datum: 20-01-20..

Rechnung

Lieferung am: 14-01-20..
L-Nr.: 20-L00901

Art.-Nr.	Art.-Bezeichnung	Stück	Einzelpreis	Rabatt	Gesamtpreis
1020	Pinnwand Pintex abzüglich 12 % Rabatt	100	80,00 €		8.000,00 € - 960,00 €
9991	Fracht				125,00 €

Rechnungsbetrag (netto)	7.165,00 €
19 % Umsatzsteuer	1.361,35 €
Rechnungsbetrag (brutto)	8.526,35 €

Zahlungsziel 30 Tage,
3 % Skontoabzug bei Zahlung bis zum 28.01.20..

…ker HRB 112294 B, Amtsgericht Charlottenburg, Steuernummer 37218 / 21265
Telefon 030-916-5820, Telefax 030-916-5930, eMail hotline@bürotec.de
Bank: Berliner Bank, Konto Nr. 358 095 660 7, Bankleitzahl 100 200 00

Franz Meyer e. K.

► **Großhandel für Papier- und Bürobedarf** ◄

Franz Meyer e. K. • Hamburger Straße 111 • 22083 Hamburg

Hamburger Straße 111
22083 Hamburg

Heinrich KG
Rahlstedter Str. 144
22143 Hamburg

Tel.: 040 7642-0
Fax: 040 7642-9
E-Mail: franz.meyer@t-online.de

Ihr Zeichen: Mey
Unser Zeichen: Bas

R e c h n u n g

Rechnungs-Nr.	430-12	Auftrags-Nr.	430-12
Kunden-Nr.	24430	Auftrags-Datum	09-01-20..
Rechnungsdatum	15-01-20..	Lieferdatum	10-01-20..

Artikel-Nr.	Artikelbezeichnung	Menge	Preis pro 1.000 Bogen	Gesamt
200-9249045	Papierbogen DIN A4 80g/m², weiß mit Logo Mengenrabatt: 22,70 %	600.000	24,37 €	14.622,00 € -3.319,19 €

Warenwert		**11.302,81 €**
+ MwSt	19%	2.147,53 €
Bruttobetrag		**13.450,34 €**
+ Frachtkosten		0,00 €
Rechnungssumme		**13.450,34 €**

Bei Zahlung bis zum 25.01.20.. 3 % Skonto, Zahlungsziel 60 Tage.

Skontobetrag:
269,01 €

Skonto-Zahlungsbetrag:
13.181,33 €

Franz Meyer e. K.
Amtsgericht Hamburg
HRA 95317
St-Nr. 22/134/02342

Bankverbindungen:
Hamburger Volksbank eG, BLZ 201 900 03, Kto.Nr. 1293 123 038
Postbank Hamburg, BLZ 200 100 20, Kto. Nr. 474982205

Beleg 4

Beleg 5

Quittung

Euro	226
Cent	10
Nr.	27
inkl.	19 % MwSt
MwSt.-Betrag:	36,10 Euro

Zwei-Zwei-Sechs ------------------------- | Cent wie oben

Euro in Worten

von
Heinrich KG
für
Warenlieferung von Franz Meyer e. K.
dankend erhalten

Ort:	Datum:	Unterschrift Empfänger
Hamburg	15.01.20..	*Donner, Paul* Blitz-Spedition GmbH

Beleg 6

Heinrich KG

Herstellung und Vertrieb von Büromöbeln und Bürozubehör

Heinrich KG • Rahlstedter Str. 144 • 22143 Hamburg

Rahlstedter Str. 144
22143 Hamburg

Gertrud Brandt KG
Südstraße 7
20083 Hamburg

Tel.: 040 6724-0
Fax: 040 6724-587
E-Mail: info@hamburg.heinrich.de

Ihr Zeichen Zur
Unser Zeichen Wal

Rechnung

Rechnungs-Nr.	1-1978	Auftrags-Nr.	1-1978
Kunden-Nr.	D 2401	Auftrags-Datum	17.01.20..
Rechnungsdatum	21.01.20..	Lieferdatum	21.01.20..

Artikel-Nr.	Artikelbezeichnung	Menge	Preis pro Stück	Gesamt
B-2103138	Optima Schreibtischleuchte in Aluminium, extrem langer Leuchtenkopf	30	90,00 €	2.700,00 €

Warenwert		2.700,00 €
Frachtkosten		0,00 €
+ MwSt	19%	513,00 €
Rechnungssumme		**3.213,00 €**

2% Skonto bei Zahlung bis:	Skontobetrag:	Skonto-Zahlungsbetrag:
31.01.20..	64,26 €	3.148,74 €

Heinrich KG
Geschäftsführung: Gerda Heinrich
Amtsgericht Hamburg: HRA 1101
St-Nr.: 27/430/0027
USt-Id.-Nummer: DE 686093911

Bankverbindungen:
Hamburger Sparkasse
BLZ 200 505 50
Kto.Nr.: 1 120 239 908

Postbank Hamburg
BLZ 200 100 20
Kto. Nr.: 64 069-754

Beleg 7

Quittung

Euro	95	Cent	20
Nr. 43	inkl. 19 % MwSt	MwSt.-Betrag: 15,20	Euro

Neun-Fünf ------------------------------ Cent wie oben

Euro in Worten

von
Heinrich KG
für
Warenlieferung von Gertrud Brandt KG
dankend erhalten

Ort:	Datum:	Unterschrift Empfänger
Hamburg	15.01.20..	*Donner, Paul* Blitz-Spedition GmbH

Beleg 8

Heinrich KG

Herstellung und Vertrieb von Büromöbeln und Bürozubehör

Heinrich KG • Rahlstedter Str. 144 • 22143 Hamburg

Rahlstedter Str. 144
22143 Hamburg

Weyermann & Söhne KG
Falkenseestraße 15
73252 Lenningen

Tel.: 040 6724-0
Fax: 040 6724-587
E-Mail: info@hamburg.heinrich.de

Ihr Zeichen Wey
Unser Zeichen Wal

Rechnung

Rechnungs-Nr.	1-1003	Auftrags-Nr.	1-1003
Kunden-Nr.	D 2408	Auftrags-Datum	17.01.20..
Rechnungsdatum	22.01.20..	Lieferdatum	22.01.20..

Artikel-Nr.	Artikelbezeichnung	Menge	Preis pro Stück	Gesamt
B-20011140	Intimus Besonders leiser Aktenvernichter mit Vollstahl-Schneidwellen aus Spezialstahl!	25	975,00 €	24.375,00 €

Warenwert		24.375,00 €
Frachtkosten		15,00 €
+ MwSt	19%	4.634,10 €
Rechnungssumme		**29.024,10 €**

2% Skonto bei Zahlung bis:	Skontobetrag:	Skonto-Zahlungsbetrag:
01.02.20..	580,48 €	28.443,62 €

Heinrich KG
Geschäftsführung: Gerda Heinrich
Amtsgericht Hamburg: HRA 1101
St-Nr.: 27/430/0027
USt-Id.-Nummer: DE 686093911

Bankverbindungen:
Hamburger Sparkasse
BLZ 200 505 50
Kto.Nr.: 1 120 239 908

Postbank Hamburg
BLZ 200 100 20
Kto. Nr.: 64 069-754

Heinrich KG 	**Rabatte und Nebenkosten beim Ein- und Verkauf von Waren**		**Rechnungswesen** Situation 18

Buchung im Hauptbuch und Abschluss der Konten

8 Buchen Sie die Belege 3 bis 8 auf den folgenden Konten und nehmen Sie die betriebswirtschaftliche Auswertung vor:

S	2280 Handelswaren		H
AB	70.000,00	SB	68.000,00

S	6080 Aufwendungen für Waren	H

S	5100 Umsatzerlöse	H

S	6140 Ausgangsfrachten	H

S	6081 Bezugskosten	H

S	2600 Vorsteuer	H

S	4800 Umsatzsteuer	H

S	8020 Gewinn- und Verl.-Konto	H

Betriebswirtschaftliche Auswertung:

8.1 Wie viel Euro beträgt der Warenaufwand/Wareneinsatz? ____________

8.2 Wie hoch ist die Umsatzsteuerzahllast bzw. der Vorsteuerüberhang? ____________

8.3 Wie viel Euro beträgt der Rohgewinn? ____________

8.4 Wie viel Euro betragen die Bezugskosten? ____________

8.5 Wie viel Euro beträgt der Reingewinn? ____________

Heinrich KG 	Nachlässe wegen Schlechtleistung beim Ein- und Verkauf von Waren		Rechnungs-wesen Situation 19

In der zweiten Unterweisung zu den Besonderheiten beim Ein- und Verkauf von Waren bei der Heinrich KG thematisiert Herr Fitschen die Behandlung von Nachlässen wegen mangelhafter Lieferung (Schlechtleistung) im Rechnungswesen.

Arbeitsaufträge:

1 Informieren Sie sich in Ihrem Rechnungswesenbuch über die buchhalterische Behandlung von Nachlässen wegen mangelhafter Lieferung beim Ein- und Verkauf von Waren!

Nachlässe von Lieferern wegen Schlechtleistung

____

____

____

2 Erfassen Sie die Eingangsrechnung (Beleg 1) und die Gutschrift (Beleg 2) der Lenz KG und die Überweisung des Restbetrages der Heinrich KG (Beleg 3) im nachfolgenden Grundbuchauszug!

Beleg	Konto Soll	Konto Haben	Soll (€)	Haben (€)
1				
2				
3a				

14 Benen, Huesmann - ISBN 978-3-8120-1013-9

Heinrich KG 	Nachlässe wegen Schlechtleistung beim Ein- und Verkauf von Waren		Rechnungs-wesen Situation 19

Nachlässe an Kunden wegen Schlechtleistung

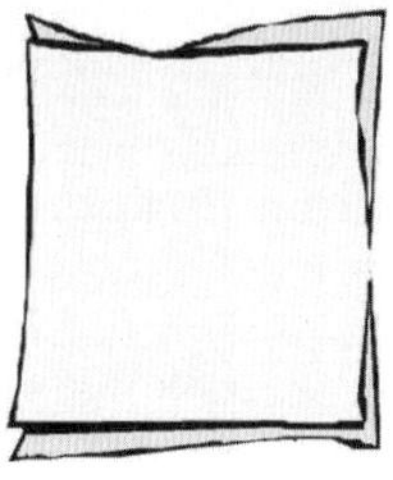

3 Erfassen Sie die Ausgangsrechnung (Beleg 4) und die Gutschrift (Beleg 5) der Heinrich KG an die Möblix GmbH und die Überweisung des Restbetrages (Beleg 3) im nachfolgenden Grundbuchauszug!

Beleg	Konto Soll	Konto Haben	Soll (€)	Haben (€)
4				
5				
3b				

Merke:

Heinrich KG	Nachlässe wegen Schlechtleistung beim Ein- und Verkauf von Waren		Rechnungswesen
			Situation 19

Nachlässe wegen Schlechtleistung beim Ein- und Verkauf von Waren

Beleg 1

Lenz KG
Lampenfabrik

Lenz KG – Industriestraße 12 – 90441 Nürnberg

Heinrich KG
Rahlstedter Str. 144
22143 Hamburg

Rechnung vom: 20-01-20..
Rechnung-Nr.: 001198

Rechnung

Lieferung am: 19-01-20..
Lieferschein-Nr.: 001198

Art.-Nr.	Art.-Bezeichnung	Stück	Einzelpreis	Rabatt	Gesamtpreis
2342-09	Luna Schreibtischlampe in Chrom, Schnurzwischenschalter, Opalglas weiß.	500	45,00 €	12,00 %	19.800,00 €
9999-00	Fracht				70,00 €

Warenwert	19.870,00 €
Umsatzsteuer 19 %	3.775,30 €
Rechnungsbetrag	23.645,30 €

Grundlage unserer Allgemeinen Geschäftsbedingungen.
gen 3 % Skonto, Zahlungsziel 60 Tage.

sgericht Nürnberg
112294 A
uernummer 241/120/60703

Telefon 0911-3307-40
Telefax 0911-3307-60
E-Mail info@lenz-nuernberg.de

Bankverbindung:
Sparkasse Nürnberg
Konto Nr. 320 946 09
Bankleitzahl 760 501 01

Beleg 2

Lenz KG
Lampenfabrik

Lenz KG – Industriestraße 12 – 90441 Nürnberg

Heinrich KG
Rahlstedter Str. 144
22143 Hamburg

Datum: 25-01-20..
Gutschrift-Nr.: 000167

Rechnung vom: 20-01-20..
Rechnung-Nr.: 001198

Gutschrift

Art.-Nr.	Art.-Bezeichnung	Stück	Einzelpreis	Rabatt	Gesamtpreis
2342-09	Luna Schreibtischlampe in Chrom, Schnurzwischenschalter, Opalglas weiß.	500	45,00 €	12,00 %	
	Auf Grund Ihrer Reklamation schreiben wir Ihnen 5 % von 19.800,00 € gut:				990,00 €

Gutschriftsbetrag	990,00 €
Umsatzsteuer 19 %	188,10 €
Gutschriftsbetrag gesamt	1.178,10 €

Vielen Dank für Ihren Auftrag!

Sitz der Gesellschaft: Nürnberg
Geschäftsführung: Silke Lenz

Amtsgericht Nürnberg
HRA 112294 A
Steuernummer 241/120/60703

Telefon 0911-3307-40
Telefax 0911-3307-60
E-Mail info@lenz-nuernberg.de

Bankverbindung:
Sparkasse Nürnberg
Konto Nr. 320 946 09
Bankleitzahl 760 501 01

Beleg 3

Haspa – **Hamburger Sparkasse** – **Kontoauszug** – Nr. 34 – Blatt 1/1 – vom 13.02. . .

Buchungstag	Wert	Vorgang	zu Ihren Lasten (-)	zu Ihren Gunsten (+)
		Alter Kontostand EUR		**172.182,00**
13.02.	13.02.	Lastschrift Lenz KG Rechnungs-Nr. 001198 abzüglich Gutschrift vom 25.01.20..	22.467,20	
13.02.	13.02.	Zahlungseingang Möblix GmbH Rechnungs-Nr. 1-1789		5.622,75
		Neuer Kontostand EUR		**155.337,55**

Heinrich KG
Rahlstedter Str. 144
22143 Hamburg

Bankleitzahl 200 505 50 – Konto-Nr. 1 120 239 908

Beleg 4

Heinrich KG

Herstellung und Vertrieb von Büromöbeln und Bürozubehör

Heinrich KG • Rahlstedter Str. 144 • 22143 Hamburg

Rahlstedter Str. 144
22143 Hamburg

Tel.: 040 6724-0
Fax: 040 6724-587
E-Mail: info@hamburg.heinrich.de

Möblix GmbH
Schönhauser Allee 187
10437 Berlin

Ihr Zeichen: Jen
Unser Zeichen: Wal

Rechnung

Rechnungs-Nr.	1-1019	Auftrags-Nr.	1-1019
Kunden-Nr.	D 2403	Auftrags-Datum	07.02.20..
Rechnungsdatum	08.02.20..	Lieferdatum	08.02.20..

Artikel-Nr.	Artikelbezeichnung	Menge	Preis pro Stück	Gesamt
B-2502100	Rimini Archiv-Regal für CDs, 5 Einlegebögen, Softkanten, aus Ahorn massiv	30	175,00 €	5.250,00 €

Warenwert		5.250,00 €
Frachtkosten		0,00 €
+ MwSt	19%	997,50 €
Rechnungssumme		**6.247,50 €**

2% Skonto bei Zahlung bis:	Skontobetrag:	Skonto-Zahlungsbetrag:
18.02.20..	124,95 €	6.122,55 €

Heinrich KG
Geschäftsführung: Gerda Heinrich
Amtsgericht Hamburg: HRA 1101
St-Nr.: 27/430/0027
USt-Id.-Nummer: DE 686093911

Bankverbindungen:
Hamburger Sparkasse
BLZ 200 505 50
Kto.Nr.: 1 120 239 908

Postbank Hamburg
BLZ 200 100 20
Kto. Nr.: 64 069-754

Heinrich KG	Nachlässe wegen Schlechtleistung beim Ein- und Verkauf von Waren		Rechnungswesen Situation 19

Beleg 5

Heinrich KG

Herstellung und Vertrieb von Büromöbeln und Bürozubehör

Heinrich KG • Rahlstedter Str. 144 • 22143 Hamburg

Rahlstedter Str. 144
22143 Hamburg

Möblix GmbH
Schönhauser Allee 187
10437 Berlin

Tel.: 040 6724-0
Fax: 040 6724-587
E-Mail: info@hamburg.heinrich.de

Ihr Zeichen Bre
Unser Zeichen Wal

Gutschrift

Gutschrift-Nr.	2-0777	Rechnungs-Nr.	1-1019
Kunden-Nr.	D 2403	Rechnung vom	08.02.20..

Artikel-Nr.	Artikelbezeichnung	Menge	Preis pro Stück	Gesamt
B-2502100	Rimini Archiv-Regal für CDs, 5 Einlegebögen, Softkanten, aus Ahorn massiv Auf Grund Ihrer telefonischen Reklamation wegen der Verschmutzung der Rückwände schreiben wir Ihnen 10 % des Warenwertes gut:	30	175,00 €	525,00 €

Warenwert		525,00 €
Frachtkosten		0,00 €
+ MwSt	19%	99,75 €
Gutschriftsbetrag		**624,75 €**

Heinrich KG
Geschäftsführung: Gerda Heinrich
Amtsgericht Hamburg: HRA 1101
St-Nr.: 27/430/0027
USt-Id.-Nummer: DE 686093911

Bankverbindungen:
Hamburger Sparkasse
BLZ 200 505 50
Kto.Nr.: 1 120 239 908

Postbank Hamburg
BLZ 200 100 20
Kto. Nr.: 64 069-754

Heinrich KG 	**Skonti beim Ein- und Verkauf von Waren**		**Rechnungs-wesen** Situation 20

In der dritten Unterweisung zu den Besonderheiten beim Einkauf und Verkauf von Waren bei der Heinrich KG thematisiert Herr Fitschen die Behandlung von Lieferer- und Kundenskonti im Rechnungswesen.

Arbeitsaufträge:

1 Informieren Sie sich in Ihrem Rechnungswesenbuch über die buchhalterische Behandlung von Lieferer- und Kundenskonti beim Einkauf und Verkauf von Waren!

Liefererskonti wegen vorzeitiger Zahlung

Am 14. Feb. 20.. überweist Max Tietgen, Sachbearbeiter im Rechnungswesen der Heinrich KG, zwei Lieferantenrechnungen unter Abzug von Skonto.

Beleg 1

Haspa Hamburger Sparkasse — **Hamburger Sparkasse** — **Kontoauszug** — Nr. 35 — Blatt 1/1 — vom 14.02...

Buchungstag	Wert	Vorgang	zu Ihren Lasten (-)	zu Ihren Gunsten (+)
		Alter Kontostand EUR		**155.337,55**
14.02.	14.02.	Lastschrift Lenz KG Rechnung-Nr. 001215 abzüglich 3 % Skonto	23.086,00	
14.02.	14.02.	Lastschrift Bürotec GmbH Rechnung-Nr. 20-R04437 abzüglich 2 % Skonto	8.746,50	
		Neuer Kontostand EUR		**123.505,05**

Heinrich KG
Rahlstedter Str. 144
22143 Hamburg

Bankleitzahl 200 505 50

Konto-Nr. 1 120 239 908

2 Ermitteln Sie für beide Rechnungen den ursprünglich in Rechnung gestellten Warenwert und die in den Rechnungen enthaltene Vorsteuer!

Rechnung Lenz KG **Rechnung Bürotec GmbH**

Heinrich KG 	**Skonti beim Ein- und Verkauf von Waren**		**Rechnungswesen** Situation 20

3 Schlüsseln Sie mit Hilfe der beiden nachstehenden Tabellen die Rechnungs-, Skonti- und Zahlungsbeträge auf:

Rechnung Lenz KG

	Rechnung	abzüglich 3 % Skonto	= Zahlungsbetrag
Warenwert:			
Vorsteuer:			
Rechnungsbetrag:			

Rechnung Bürotec GmbH

	Rechnung	abzüglich 2 % Skonto	= Zahlungsbetrag
Warenwert:			
Vorsteuer:			
Rechnungsbetrag:			

4 Erfassen Sie die Zahlungsausgänge (Beleg 1) der Heinrich KG im nachfolgenden Grundbuchauszug!

Beleg	Konto Soll	Konto Haben	Soll (€)	Haben (€)
1a				
1b				

Merke:

Heinrich KG 	**Skonti beim Ein- und Verkauf von Waren**		**Rechnungs-wesen** Situation 20

Kundenskonti wegen vorzeitiger Zahlung

Am 15. Feb. 20.. erhält die Heinrich KG zwei Kundenüberweisungen unter Abzug von Skonto.

Beleg 2

Haspa Hamburger Sparkasse	**Hamburger Sparkasse**	**Kontoauszug**	Nr. 36 vom 15.02...	Blatt 1/1

Buchungstag	Wert	Vorgang	zu Ihren Lasten (-)	zu Ihren Gunsten (+)
		Alter Kontostand EUR		**123.505,05**
15.02.	15.02.	Zahlungseingang Westmoor KG RNR 24-02134 abzüglich 2 % Skonto		14.344,26
15.02.	15.02.	Zahlungseingang Junges Wohnen GmbH Rechnung-Nr. 240102 abzüglich 2 % Skonto		4.023,39
		Neuer Kontostand EUR		**141.872,70**

Heinrich KG Rahlstedter Str. 144 22143 Hamburg	Bankleitzahl 200 505 50	Konto-Nr. 1 120 239 908

5 Ermitteln Sie für beide Rechnungen den ursprünglich in Rechnung gestellten Warenwert und die in den Rechnungen enthaltene Umsatzsteuer!

Rechnung Westmoor KG

Rechnung Junges Wohnen GmbH

Skonti beim Ein- und Verkauf von Waren

6 Schlüsseln Sie mit Hilfe folgender Tabellen die Rechnungs-, Skonti- und Zahlungsbeträge auf:

Rechnung **Westmoor KG**

	Rechnung	abzüglich 2 % Skonto	= Zahlungsbetrag
Warenwert:			
Umsatzsteuer:			
Rechnungsbetrag:			

Rechnung **Junges Wohnen GmbH**

	Rechnung	abzüglich 2 % Skonto	= Zahlungsbetrag
Warenwert:			
Umsatzsteuer:			
Rechnungsbetrag:			

7 Erfassen Sie die Zahlungseingänge (Beleg 2) der Heinrich KG im nachfolgenden Grundbuchauszug!

Beleg	Konto Soll	Konto Haben	Soll (€)	Haben (€)
2a				
2b				

Merke:

15 Benen, Huesmann - ISBN 978-3-8120-1013-9

Heinrich KG 	**Boni beim Ein- und Verkauf von Waren**		**Rechnungswesen** **Situation 21**

In der abschließenden vierten Unterweisung zu den Besonderheiten beim Einkauf und Verkauf von Waren bei der Heinrich KG thematisiert Herr Fitschen die Behandlung von Lieferer- und Kundenboni im Rechnungswesen.

Arbeitsaufträge:

1 Informieren Sie sich in Ihrem Rechnungswesenbuch über die buchhalterische Behandlung von Lieferer- und Kundenboni beim Einkauf und Verkauf von Waren!

Liefererboni

2 Erfassen Sie die Bonusgutschrift unseres Lieferanten Lenz KG (Beleg 1) im nachfolgenden Grundbuchauszug!

Beleg	Konto Soll	Konto Haben	Soll (€)	Haben (€)
1				

Kundenboni

3 Erfassen Sie die Bonusgutschrift an den Kunden Weyermann & Söhne KG (Beleg 2) im nachfolgenden Grundbuchauszug!

Beleg	Konto Soll	Konto Haben	Soll (€)	Haben (€)
2				

Heinrich KG	Boni beim Ein- und Verkauf von Waren		Rechnungswesen Situation 21

Beleg 1

Lenz KG
Lampenfabrik

Lenz KG – Industriestraße 12 – 90441 Nürnberg

Heinrich KG
Rahlstedter Str. 144
22143 Hamburg

Datum: 03-10-20..
Gutschrift-Nr.: 000300

Gutschrift

Art.-Nr.	Art.-Bezeichnung	Stück	Einzelpreis	Rabatt	Gesamtpreis
	Bonus für den getätigten Warenumsatz im III. Quartal 20..!				548,00 €

Gutschriftsbetrag	548,00 €
Umsatzsteuer 19 %	104,12 €
Gutschriftsbetrag gesamt	652,12 €

Bitte verrechnen Sie diese Gutschrift mit Ihrer nächsten Zahlung!

Amtsgericht Nürnberg
HRA 112294 A
Steuernummer 241/120/60703

Telefon 0911-3307-40
Telefax 0911-3307-60
E-Mail info@lenz-nuernberg.de

Bankverbindung:
Sparkasse Nürnberg
Konto Nr. 320 946 09
Bankleitzahl 760 501 01

Beleg 2

Heinrich KG
Herstellung und Vertrieb von Büromöbeln und Bürozubehör

Heinrich KG • Rahlstedter Str. 144 • 22143 Hamburg

Rahlstedter Str. 144
22143 Hamburg

Weyermann & Söhne KG
Falkenseestraße 15
73252 Lenningen

Tel.: 040 6724-0
Fax: 040 6724-587
E-Mail: info@hamburg.heinrich.de

Ihr Zeichen Bre
Unser Zeichen Som

Gutschrift

Gutschrift-Nr. 2-0812
Kunden-Nr. D 2408

Artikel-Nr.	Artikelbezeichnung	Menge	Preis pro Stück	Gesamt
9999	Bonus für getätigte Warenumsätze im dritten Jahresquartal!			230,00 €

Gutschriftsbetrag		230,00 €
+ MwSt	19%	43,70 €
Gutschriftsbetrag insgesamt		**273,70 €**

Heinrich KG
Geschäftsführung: Gerda Heinrich
Amtsgericht Hamburg: HRA 1101
St-Nr.: 27/430/0027
USt-Id.-Nummer: DE 686093911

Bankverbindungen:
Hamburger Sparkasse
BLZ 200 505 50
Kto.Nr.: 1 120 239 908

Postbank Hamburg
BLZ 200 100 20
Kto. Nr.: 64 069-754

Heinrich KG 	**Boni beim Ein- und Verkauf von Waren**		**Rechnungswesen** Situation 21

Abschluss der Konten

4 Buchen Sie die beiden Belege auf den nachfolgenden Konten, schließen Sie die Konten ab und nehmen Sie die betriebswirtschaftliche Auswertung vor!

S 2280 Handelswaren H

AB	70.000,00	SB	68.000,00

S 6080 Aufwendungen für Waren H

4400	24.955,92		

S 6081 Bezugskosten H

4400	250,00		

S 6082 Nachlässe H

		4400	1.247,97
		2800	446,12
		4400	720,61

S 5100 Umsatzerlöse H

		2400	5.529,00

S 5101 Erlösberichtigungen H

2400	500,00		
2400	5.400,00		
2400	39,81		
2400	1.658,70		

S 4800 Umsatzsteuer H

2400	80,00	2400	884,64
2400	6,37		
2400	265,39		
2400	864,00		

S 2600 Vorsteuer H

4400	4.032,95	4400	199,68
		4400	7,04
		4400	80,66
		2800	71,38
		4400	27,60

Betriebswirtschaftliche Auswertung:

5 Wie viel Euro beträgt der Warenaufwand/Wareneinsatz? ____________

6 Wie hoch ist die Umsatzsteuerzahllast bzw. der Vorsteuerüberhang? ____________

7 Wie viel Euro beträgt das Rohergebnis? ____________

Heinrich KG 	Skontoabzug oder Zielausnutzung beim Einkauf von Waren		Rechnungswesen Situation 22

Herr Fitschen legt Leon Laus am 12. Oktober 20.. eine Rechnung des Lieferanten Bernhard Müller OHG vom 10. Oktober 20.. über 77.350,00 € vor und bittet Leon um einen begründeten Vorschlag zum Zahlungszeitpunkt.

Auf der Rechnung ist „Zahlbar innerhalb von 10 Tagen mit 3 % Skonto oder 30 Tage netto“ vermerkt. Herr Fitschen weist Leon darauf hin, dass die Geschäftskonten der Heinrich KG zurzeit kein Guthaben ausweisen und der Zinssatz für kurzfristige Kontoüberziehungen 14 % beträgt.

Arbeitsaufträge:

1 Informieren Sie sich in Ihrem Rechnungswesenbuch über das Thema „Skontoabzug oder Zielausnutzung“!

2 An welchem Tag muss die Heinrich KG die Rechnung der Bernhard Müller OHG spätestens überweisen, um den Skonto von 3 % in Anspruch nehmen zu können? Der Kaufvertrag enthält keine Angaben zum Erfüllungsort.

3 Rechnen Sie den Skontosatz von 3 % mit dem Dreisatz in einen Zinssatz um und erläutern Sie Ihr Ergebnis!

4 Überprüfen Sie Ihr Ergebnis aus Aufgabe 3 mit der Zinssatz-Formel

$$\text{Zinssatz} = \frac{\text{Zinsen} \cdot 100 \cdot 360}{\text{Kapital} \cdot \text{Tage}}$$

5 Berechnen Sie den konkreten Vorteil in Euro für die Heinrich KG, wenn die Rechnung innerhalb der Skontofrist gezahlt wird und der Kontokorrentkredit für 14 % Zinsen in Anspruch genommen wird!

6 Erfassen Sie die Überweisung der Rechnung der Bernhard Müller OHG über 77.350,00 € unter Abzug von 3 % Skonto vom Bankkonto im nachfolgenden Grundbuchauszug!

Beleg	Konto Soll	Konto Haben	Soll (€)	Haben (€)
Kontoauszug				

Heinrich KG 	**Rechnungsausgleich durch Wechsel**		**Rechnungswesen** Situation 23

Herr Fitschen erläutert Leon Laus die Behandlung von Wechselzahlungen im Rechnungswesen der Heinrich KG am nachfolgenden Praxisfall:

Die Heinrich KG, Rahlstedter Str. 144, 22143 Hamburg, hat am 10. Juni 20.. Konferenztische für 20.000,00 € Warenwert + 19 % MwSt. an die Brandes GmbH & Co. KG, Falkenstraße 5, 04229 Leipzig geliefert. Die ausgestellte Rechnung vom 10. Juni 20.. ist innerhalb von 10 Tagen unter Abzug von 2 % Skonto oder nach 30 Tagen netto zu bezahlen.

Am 03. Juli 20.. informierte die Geschäftsleitung der Brandes GmbH & Co. KG die Heinrich KG, dass sie wegen einer Großauftragsverzögerung momentan in Liquiditätsschwierigkeiten geraten sei. Der Kunde wünscht aus diesem Grund für die Rechnung über 23.800,00 € die Ausstellung eines Wechsels.

Die Heinrich KG ist zu einem „Hausdiskontsatz" von 12 % einverstanden. Die Brandes GmbH & Co. KG gibt für die Einlösung des Wechsels nachfolgende Bankverbindung an: Stadtsparkasse Leipzig, Bankleitzahl 860 555 92, Konto-Nr. 23 564 773.

Arbeitsaufträge:

1 Informieren Sie sich in Ihrem Rechnungswesenbuch oder im Internet über das Thema „Rechnungsausgleich durch Wechsel"!

2 Stellen Sie einen 3-Monats-Wechsel für die Heinrich KG aus!

Angenommen

Ort und Tag der Ausstellung (Monat in Buchstaben) | Nr. d. Zahl-Ortes | Zahlungsort | Verfalltag

Gegen diesen **WECHSEL** - erste Ausfertigung - zahlen Sie am ____________

an ______________________________ **EUR** __________

Betrag in Ziffern

EURO ______________________________ Cent wie Oben

Bezogener

in

Ort und Straße (genaue Anschrift)

Zahlbar in

Zahlungsort

bei

Name des Kreditinstitutes z. L. Konto-Nr.

Genaue Anschrift des Ausstellers.
Unmittelbar unter der Anschrift: Unterschrift des Ausstellers.

Heinrich KG 	Rechnungsausgleich durch Wechsel		Rechnungs-wesen Situation 23

3 Nehmen Sie die Diskontberechnung vor!

Da die Diskontrechnung eine Sonderform der Zinsrechnung darstellt, sind auch die Begriffe aus der kaufmännischen Zinsrechnung auf die Diskontrechnung übertragbar:

	Diskontrechnung
Kapital	**Wechselbetrag** (Wechselsumme)
Zinssatz	**Diskontsatz**
 **Zeit**	**Zeit** (vom Tag der Diskontierung bis zum Verfalltag) **Besonderheit:** Seit 1994 erfolgt die Berechnung der Diskonttage taggenau, d. h. z. B. April 30, Mai 31 Tage usw. Das Jahr wird allerdings mit 360 Tagen angesetzt.
Zinszahl (#)	**Diskontzahl (#) =** 1 % vom Wechselbetrag * Tage
Zinsteiler (Zinsdivisor)	Diskontteiler = 360/Diskontsatz
Zinsen	Diskont = Diskontzahl / Diskontteiler
	Barwert = Wechselsumme – Diskont (Wert des Wechsels am Ankauftag)

Berechnung:

....

....

....

....

....

4 Erfassen Sie die Wechsel-Vorgänge bei der Heinrich KG im unten stehenden Grundbuchauszug!

4.1 Zeitgleich mit der Wechselbuchung wird auch der Diskont in Rechnung gestellt.
(Nach herrschender Rechtsauffassung sind in Rechnung gestellte Diskontbeträge als nachträgliche Erlöserhöhung anzusehen und damit umsatzsteuerpflichtig.)

Beleg	Konto Soll	Konto Haben	Soll (€)	Haben (€)
Wechsel				
Diskont-berechnung				

4.2 Überweisung des Diskonts durch die Brandes GmbH & Co. KG auf das Bankkonto.

Beleg	Konto Soll	Konto Haben	Soll (€)	Haben (€)
Konto-auszug				

4.3 Die Heinrich KG gibt den Wechsel am 10. August 20.. zum teilweisen Ausgleich einer Lieferantenrechnung (Fälligkeit 10. August 20..) von Franz Meyer e. K. weiter.

Beleg	Konto Soll	Konto Haben	Soll (€)	Haben (€)
Wechsel				

4.4 Die Firma Franz Meyer e. K. rechnet mit 10 % „Hausdiskont" und stellt den Diskont der Heinrich KG (zuzüglich Umsatzsteuer) in Rechnung.

Berechnung:

....

....

....

....

....

....

....

Beleg	Konto Soll	Konto Haben	Soll (€)	Haben (€)
Diskont-berechnung				

4.5 Die Heinrich KG überweist den fälligen Diskont an die Firma Franz Meyer e. K.

Beleg	Konto Soll	Konto Haben	Soll (€)	Haben (€)
Konto-auszug				

Heinrich KG 	**Forderungsausfälle berechnen und buchen**		**Rechnungswesen** **Situation 24**

Herr Fitschen bearbeitet heute zusammen mit Leon Laus die Debitorenkonten. Beide wissen auf Grund von Informationen aus dem Verkauf bereits, dass bei einigen Kunden Schwierigkeiten beim Rechnungsausgleich aufgetreten sind. Anhand der konkreten Kontenübersichten möchte Herr Fitschen seinem Auszubildenden erläutern, wie mit drohenden oder bereits feststehenden Forderungsausfällen umgegangen werden muss.

Arbeitsaufträge:

1 Informieren Sie sich in Ihrem Rechnungswesenbuch über die Berechnung und Buchung von Forderungsausfällen!

2 Ermitteln Sie für die Heinrich KG den Wert der Pauschalabschreibung der Forderungen für das vergangene Geschäftsjahr, wenn folgende Daten vorliegen: Gesamtbestand der Forderungen (brutto): 5.380.000,00 €; Forderungsausfall auf Grund der Erfahrungen vergangener Geschäftsjahre: 3,5 %.

3 Buchen Sie unter Berücksichtigung der Anlage 1 die Forderungsausfälle für die Kunden „Innovation AG" und „Bleibtreu GmbH" auf den entsprechenden Konten und bilden Sie die erforderlichen Buchungssätze für beide Kunden!

4 Bilden Sie unter Berücksichtigung der Anlage 2 alle erforderlichen Buchungssätze für den Kunden „Möblix GmbH" im alten und im neuen Jahr!

5 Bilden Sie unter Berücksichtigung der Anlage 3 alle erforderlichen Buchungssätze für die Kunden „Gertrud Brandt KG", „Junges Wohnen GmbH", „Weyermann & Söhne KG" und "Büroausstatter Winter OHG" **im alten Jahr**!

6 Bilden Sie unter Berücksichtigung der Anlage 4 alle erforderlichen Buchungssätze für die Kunden „Gertrud Brandt KG", „Junges Wohnen GmbH", „Weyermann & Söhne KG" und "Büroausstatter Winter OHG" **im neuen Jahr**! Führen Sie für die vier Kunden jeweils getrennt das Konto „zweifelhafte Forderungen"!

16 Benen, Huesmann - ISBN 978-3-8120-1013-9

Heinrich KG	Forderungsausfälle berechnen und buchen		Rechnungswesen Situation 24

Beleg 1

Heinrich KG

Herstellung und Vertrieb von Büromöbeln und Bürozubehör

Heinrich KG • Rahlstedter Str. 144 • 22143 Hamburg

Rahlstedter Str. 144
22143 Hamburg

Innovation AG
Leipziger Str. 120
01127 Dresden

Tel.: 040 6724-0
Fax: 040 6724-587
E-Mail: info@hamburg.heinrich.de

Ihr Zeichen	Wip
Unser Zeichen	Wal

Rechnung

Rechnungs-Nr.	1-1535	Auftrags-Nr.	1-1535
Kunden-Nr.	D 2407	Auftrags-Datum	12.09.20..
Rechnungsdatum	17.09.20..	Lieferdatum	16.09.20..

Artikel-Nr.	Artikelbezeichnung	Menge	Preis pro Stück	Gesamt
A-1005210	Titan Schreibtisch, Esche massiv, zwei verschließbare Schubläden	8	560,00 €	4.480,00 €

Warenwert		4.480,00 €
Frachtkosten		0,00 €
+ MwSt	19%	851,20 €
Rechnungssumme		**5.331,20 €**

2% Skonto bei Zahlung bis:	Skontobetrag:	Skonto-Zahlungsbetrag:
27.09.20..	106,62 €	5.224,58 €

Heinrich KG
Geschäftsführung: Gerda Heinrich
Amtsgericht Hamburg: HRA 1101
St-Nr.: 27/430/0027
USt-Id.-Nummer: DE 686093911

Bankverbindungen:
Hamburger Sparkasse
BLZ 200 505 50
Kto.Nr.: 1 120 239 908

Postbank H
BLZ 200 1
Kto. Nr.: 6

Heinrich KG

Herstellung und Vertrieb von Büromöbeln und Bürozubehör

Heinrich KG • Rahlstedter Str. 144 • 22143 Hamburg

Rahlstedter Str. 144
22143 Hamburg

Bleibtreu GmbH
Duvenstraße 88
41199 Mönchengladbach

Tel.: 040 6724-0
Fax: 040 6724-587
E-Mail: info@hamburg.heinrich.de

Ihr Zeichen	Str
Unser Zeichen	Klu

Rechnung

Rechnungs-Nr.	1-1539	Auftrags-Nr.	1-1539
Kunden-Nr.	D 2409	Auftrags-Datum	04.09.20..
Rechnungsdatum	10.09.20..	Lieferdatum	09.09.20..

Artikel-Nr.	Artikelbezeichnung	Menge	Preis pro Stück	Gesamt
A-1507155	Verdan Bürostuhl mit Ring-Armlehnen, Bandscheibensitz, verstellbarer Rückenlehne mit Formschaumpolsterung, Permanentkontaktmechanik, Aluminiumfußkreuz, Sicherheitsrollen	50	78,00 €	3.900,00 €

Warenwert		3.900,00 €
Frachtkosten		0,00 €
+ MwSt	19%	741,00 €
Rechnungssumme		**4.641,00 €**

2% Skonto bei Zahlung bis:	Skontobetrag:	Skonto-Zahlungsbetrag:
17.10.20..	92,82 €	4.548,18 €

Heinrich KG
Geschäftsführung: Gerda Heinrich
Amtsgericht Hamburg: HRA 1101
St-Nr.: 27/430/0027
USt-Id.-Nummer: DE 686093911

Bankverbindungen:
Hamburger Sparkasse
BLZ 200 505 50
Kto.Nr.: 1 120 239 908

Postbank Hamburg
BLZ 200 100 20
Kto. Nr.: 64 069-754

Beleg 2

Heinrich KG	Forderungsausfälle berechnen und buchen		Rechnungswesen Situation 24

Beleg 3

Heinrich KG

Herstellung und Vertrieb von Büromöbeln und Bürozubehör

Heinrich KG • Rahlstedter Str. 144 • 22143 Hamburg

Rahlstedter Str. 144
22143 Hamburg

Möblix GmbH
Schönhauser Allee 187
10437 Berlin

Tel.: 040 6724-0
Fax: 040 6724-587
E-Mail: info@hamburg.heinrich.de

Ihr Zeichen	Ost
Unser Zeichen	Wal

Rechnung

Rechnungs-Nr.	1-1540	Auftrags-Nr.	1-1540
Kunden-Nr.	D 2403	Auftrags-Datum	12.09.20..
Rechnungsdatum	18.09.20..	Lieferdatum	16.09.20..

Artikel-Nr.	Artikelbezeichnung	Menge	Preis pro Stück	Gesamt
A-1101100	Lilibe Rollcontainer, Schublade und Karteikarteneinsatz, Holzgriffe, zentrales Sicherheitsschloss	12	420,00 €	5.040,00 €

Warenwert		5.040,00 €
Frachtkosten		0,00 €
+ MwSt	19%	957,60 €
Rechnungssumme		**5.997,60 €**

2% Skonto bei Zahlung bis:	Skontobetrag:	Skonto-Zahlungsbetrag:
28.09.20..	119,95 €	5.877,65 €

...a Heinrich
HRA 1101
...86093911

Bankverbindungen:
Hamburger Sparkasse
BLZ 200 505 50
Kto.Nr.: 1 120 239 908

Postbank Hamburg
BLZ 200 100 20
Kto. Nr.: 64 069-754

Heinrich KG

Herstellung und Vertrieb von Büromöbeln und Bürozubehör

Heinrich KG • Rahlstedter Str. 144 • 22143 Hamburg

Rahlstedter Str. 144
22143 Hamburg

Gertrud Brandt KG
Südstraße 7
20083 Hamburg

Tel.: 040 6724-0
Fax: 040 6724-587
E-Mail: info@hamburg.heinrich.de

Ihr Zeichen	Fre
Unser Zeichen	Wal

Rechnung

Rechnungs-Nr.	1-1544	Auftrags-Nr.	1-1544
Kunden-Nr.	D 2401	Auftrags-Datum	16.09.20..
Rechnungsdatum	19.09.20..	Lieferdatum	18.09.20..

Artikel-Nr.	Artikelbezeichnung	Menge	Preis pro Stück	Gesamt
A-1302170	Solito Regalsystem aus Massivholz, drei eingebaute Schubladen, Sockelhöhenverstellung	2	1.200,00 €	2.400,00 €

Warenwert		2.400,00 €
Frachtkosten		0,00 €
+ MwSt	19%	456,00 €
Rechnungssumme		**2.856,00 €**

2% Skonto bei Zahlung bis:	Skontobetrag:	Skonto-Zahlungsbetrag:
29.09.20..	57,12 €	2.798,88 €

Heinrich KG
Geschäftsführung: Gerda Heinrich
Amtsgericht Hamburg: HRA 1101
St-Nr.: 27/430/0027
USt-Id.-Nummer: DE 686093911

Bankverbindungen:
Hamburger Sparkasse
BLZ 200 505 50
Kto.Nr.: 1 120 239 908

Postbank Hamburg
BLZ 200 100 20
Kto. Nr.: 64 069-754

Beleg 4

Heinrich KG	Forderungsausfälle berechnen und buchen		Rechnungs-wesen Situation 24

Beleg 5

Heinrich KG
Herstellung und Vertrieb von Büromöbeln und Bürozubehör

Heinrich KG • Rahlstedter Str. 144 • 22143 Hamburg

Rahlstedter Str. 144
22143 Hamburg

Junges Wohnen GmbH
Katrepeler Str. 45
28215 Bremen

Tel.: 040 6724-0
Fax: 040 6724-587
E-Mail: info@hamburg.heinrich.de

Ihr Zeichen Kus
Unser Zeichen Wal

Rechnung

Rechnungs-Nr.	1-1547	Auftrags-Nr.	1-1547
Kunden-Nr.	D 2402	Auftrags-Datum	10.09.20..
Rechnungsdatum	19.09.20..	Lieferdatum	17.09.20..

Artikel-Nr.	Artikelbezeichnung	Menge	Preis pro Stück	Gesamt
A-1406111	Visit Konferenzstuhl mit Armlehnen, beschichtetes Stahlrohrgestell, Sitz und Rücken umpolstert, Stoffbezug in blau, stapelbar	20	48,00 €	960,00 €

Warenwert		960,00 €
Frachtkosten		0,00 €
+ MwSt	19%	182,40 €
Rechnungssumme		**1.142,40 €**

2% Skonto bei Zahlung bis:	Skontobetrag:	Skonto
29.09.20..	22,85 €	

Heinrich KG
Geschäftsführung: Gerda Heinrich
Amtsgericht Hamburg: HRA 1101
St-Nr.: 27/430/0027
USt-Id.-Nummer: DE 686093911

Bankverbindungen:
Hamburger Sparkasse
BLZ 200 505 50
Kto.Nr.: 1 120 239 908

Postbank Ha
BLZ 200 10
Kto. Nr.: 64

Heinrich KG
Herstellung und Vertrieb von Büromöbeln und Bürozubehör

Heinrich KG • Rahlstedter Str. 144 • 22143 Hamburg

Rahlstedter Str. 144
22143 Hamburg

Weyermann & Söhne KG
Falkenseestraße 15
73252 Lenningen

Tel.: 040 6724-0
Fax: 040 6724-587
E-Mail: info@hamburg.heinrich.de

Ihr Zeichen Wey
Unser Zeichen Wal

Rechnung

Rechnungs-Nr.	1-1550	Auftrags-Nr.	1-1550
Kunden-Nr.	D 2408	Auftrags-Datum	17.09.20..
Rechnungsdatum	20.09.20..	Lieferdatum	19.09.20..

Artikel-Nr.	Artikelbezeichnung	Menge	Preis pro Stück	Gesamt
A-1003400	Ergo Schreibtisch, Buche massiv, Glasplatte	5	650,00 €	3.250,00 €

Warenwert		3.250,00 €
Frachtkosten		0,00 €
+ MwSt	19%	617,50 €
Rechnungssumme		**3.867,50 €**

2% Skonto bei Zahlung bis:	Skontobetrag:	Skonto-Zahlungsbetrag:
30.09.20..	77,35 €	3.790,15 €

Heinrich KG
Geschäftsführung: Gerda Heinrich
Amtsgericht Hamburg: HRA 1101
St-Nr.: 27/430/0027
USt-Id.-Nummer: DE 686093911

Bankverbindungen:
Hamburger Sparkasse
BLZ 200 505 50
Kto.Nr.: 1 120 239 908

Postbank Hamburg
BLZ 200 100 20
Kto. Nr.: 64 069-754

Beleg 6

Beleg 7

Heinrich KG

Herstellung und Vertrieb von Büromöbeln und Bürozubehör

Heinrich KG • Rahlstedter Str. 144 • 22143 Hamburg

Rahlstedter Str. 144
22143 Hamburg

Büroausstatter
Winter OHG
Unter den Linden 8
80637 München

Tel.: 040 6724-0
Fax: 040 6724-587
E-Mail: info@hamburg.heinrich.de

Ihr Zeichen Win
Unser Zeichen Wal

Rechnung

Rechnungs-Nr.	1-1551	Auftrags-Nr.	1-1551
Kunden-Nr.	D 2408	Auftrags-Datum	18.09.20..
Rechnungsdatum	20.09.20..	Lieferdatum	19.09.20..

Artikel-Nr.	Artikelbezeichnung	Menge	Preis pro Stück	Gesamt
A-1001100	Starlight Solitärschreibtisch, Nierenform, Massivholz, Oberfläche versiegelt	3	925,00 €	2.775,00 €

Warenwert		2.775,00 €
Frachtkosten		0,00 €
+ MwSt	19%	527,25 €
Rechnungssumme		**3.302,25 €**

2% Skonto bei Zahlung bis:	Skontobetrag:	Skonto-Zahlungsbetrag:
30.09.20..	66,05 €	3.236,20 €

Heinrich KG
Geschäftsführung: Gerda Heinrich
Amtsgericht Hamburg: HRA 1101
St-Nr.: 27/430/0027
USt-Id.-Nummer: DE 686093911

Bankverbindungen:
Hamburger Sparkasse
BLZ 200 505 50
Kto.Nr.: 1 120 239 908

Postbank Hamburg
BLZ 200 100 20
Kto. Nr.: 64 069-754

Heinrich KG 	Forderungsausfälle berechnen und buchen		Rechnungs-wesen Situation 24

Anlage 1

Über das Vermögen der Firma „Innovation AG“ wurde am 11. Oktober das Insolvenzverfahren eröffnet. Am 20. November erhalten wir die Mitteilung, dass das Insolvenzverfahren mangels Masse eingestellt worden ist.

Der Kunde „Bleibtreu GmbH“ ist in Zahlungsschwierigkeiten geraten. Gemeinsam mit anderen Gläubigern stimmen wir am 12. Oktober einem außergerichtlichen Vergleich zu. Entsprechend der Vereinbarung überweist der Kunde am 15. November eine Vergleichsquote von 70 % auf unser Bankkonto.

Buchungen – Innovation AG

Geschäftsvorfälle	Konten	Soll (€)	Haben (€)
Umbuchung der Forderungen bei Eintritt des Risikos am 11. Oktober			
Buchung des Forderungsausfalls am 20. November			

S	2400 Forderungen	H
AB	101.150,00	

S	2470 Zweifelhafte Forderungen	H

S	6950 Abschreibungen auf Ford.	H

S	4800 Umsatzsteuer	H

Heinrich KG 	**Forderungsausfälle berechnen und buchen**		**Rechnungswesen** Situation 24

Buchungen – Bleibtreu GmbH

Geschäftsvorfälle	Konten	Soll (€)	Haben (€)
Umbuchung der Forderungen bei Eintritt des Risikos am 12. Oktober			
Eingang der Vergleichsquote am 15. November			
Buchung des Forderungsausfalls am 15. November, Korrektur der Umsatzsteuer			

S	2400 Forderungen	H
AB	104.720,00	

S	2470 Zweifelhafte Forderungen	H

S	6950 Abschreibungen auf Ford.	H

S	2800 Bank	H

S	4800 Umsatzsteuer	H

Anlage 2

Trotz mehrfacher Mahnung hat der Kunde „Möblix GmbH“ bis Mitte November seine offene Rechnung vom 18. September noch nicht bezahlt. Am 20. November erreicht die Heinrich KG die Nachricht, dass über das Vermögen des Kunden das Insolvenzverfahren eröffnet worden ist. Am 10. Dezember wird das Insolvenzverfahren mangels Masse eingestellt.

Völlig unerwartet geht im kommenden Jahr – am 14. Januar – für die bereits abgeschriebene Forderung der Möblix GmbH doch noch ein Betrag in Höhe von 802,06 € auf unserem Bankkonto ein.

Buchungen – Möblix GmbH

Geschäftsvorfälle	Konten	Soll (€)	Haben (€)
Umbuchung der Forderungen bei Eintritt des Risikos am 20. November			
Buchung des Forderungsausfalls am 10. Dezember			
Eingang der Zahlung auf dem Bankkonto am 14. Januar			

Anlage 3

Folgende Informationen liegen der Heinrich KG im alten Jahr vor:

Über das Vermögen der „Gertrud Brandt KG“ wurde am 10. Dezember das Insolvenzverfahren eröffnet. Zum 31. Dezember wird der Verlust auf 80 % geschätzt.

Die „Junges Wohnen GmbH“ beantragt am 30. November einen außergerichtlichen Vergleich. Die Heinrich KG schätzt den Forderungsausfall am Jahresende auf 40 %.

Über das Vermögen der Firma „Weyermann & Söhne KG“ wird am 01. Dezember der Antrag auf Eröffnung eines Insolvenzverfahrens gestellt. Vor Erstellung der Bilanz erfährt die Heinrich KG, dass mit einem Forderungsausfall von 70 % gerechnet werden muss.

Die Firma „Büroausstatter Winter OHG" beantragt am 05. Dezember einen außergerichtlichen Vergleich. Am Jahresende muss mit einem Forderungsausfall von 35 % gerechnet werden.

Heinrich KG 	Forderungsausfälle berechnen und buchen		Rechnungswesen Situation 24

Buchungen – Gertrud Brandt KG im alten Jahr

Geschäftsvorfälle	Konten	Soll (€)	Haben (€)
Umbuchung der Forderungen bei Eintritt des Risikos am 10. Dezember			
Buchung des geschätzten Ausfalls am 31. Dezember			

Buchungen – Junges Wohnen GmbH im alten Jahr

Geschäftsvorfälle	Konten	Soll (€)	Haben (€)
Umbuchung der Forderungen bei Eintritt des Risikos am 30. November			
Buchung des geschätzten Ausfalls am 31. Dezember			

Buchungen – Weyermann & Söhne KG im alten Jahr

Geschäftsvorfälle	Konten	Soll (€)	Haben (€)
Umbuchung der Forderungen bei Eintritt des Risikos am 01. Dezember			
Buchung des geschätzten Ausfalls am 31. Dezember			

Buchungen – Büroausstatter Winter OHG im alten Jahr

Geschäftsvorfälle	Konten	Soll (€)	Haben (€)
Umbuchung der Forderungen bei Eintritt des Risikos am 05. Dezember			
Buchung des geschätzten Ausfalls am 31. Dezember			

17 Benen, Huesmann - ISBN 978-3-8120-1013-9

Forderungsausfälle berechnen und buchen

Anlage 4

Von den bestehenden zweifelhaften Forderungen (Anlage 3) gehen folgende Zahlungen im neuen Geschäftsjahr auf dem Bankkonto bei der Heinrich KG ein:

Gertrud Brandt KG	856,80 €
Junges Wohnen GmbH	628,32 €
Weyermann & Söhne KG	464,10 €
Büroausstatter Winter OHG	2.542,73 €

Buchungen – Gertrud Brandt KG im neuen Jahr

Geschäftsvorfälle	Konten	Soll (€)	Haben (€)
Eingang von 856,80 € der ursprünglichen Forderung auf unserem Bankkonto			
Korrektur der Umsatzsteuer			

S	2470 Zweifelhafte Forderungen H

Buchungen – Junges Wohnen GmbH im neuen Jahr

Geschäftsvorfälle	Konten	Soll (€)	Haben (€)
Eingang von 628,32 € der ursprünglichen Forderung auf unserem Bankkonto			
Nachholung des Forderungsausfalls			
Korrektur der Umsatzsteuer für den Anteil des Forderungsausfalls			

Forderungsausfälle berechnen und buchen

S	2470 Zweifelhafte Forderungen	H

Buchungen – Weyermann & Söhne KG im neuen Jahr

Geschäftsvorfälle	Konten	Soll (€)	Haben (€)
Eingang von 464,10 € der ursprünglichen Forderung auf unserem Bankkonto			
Nachholung des Forderungs-ausfalls			
Korrektur der Umsatzsteuer für den Anteil des Forderungsausfalls			

S	2470 Zweifelhafte Forderungen	H

Buchungen – Büroausstatter Winter OHG im neuen Jahr

Geschäftsvorfälle	Konten	Soll (€)	Haben (€)
Eingang von 2.542,73 € der ursprünglichen Forderung auf unserem Bankkonto			
Korrektur der Umsatzsteuer			

S	2470 Zweifelhafte Forderungen	H

Heinrich KG 	**Entgeltabrechnungen erstellen und buchen**		**Rechnungswesen** Situation 25

Die Sachbearbeiterin Olga Wegener erläutert dem Auszubildenden Leon Laus die Durchführung kompletter Entgeltabrechnungen. Leon Laus, der bereits seit acht Wochen im Personalwesen ausgebildet wird, soll vor den finalen Buchungen zur Wiederholung manuell für Frau Pia Beier die Gehaltsabrechnung für den Monat Juli erstellen.

Arbeitsaufträge:

1 Informieren Sie sich in Ihrem Rechnungswesenbuch über die „Erstellung und Buchung von Entgeltabrechnungen!"

2 Erstellen Sie für Frau Pia Beier die gewünschte Gehaltsabrechnung!

Heinrich KG – Personalstammblatt –

Personalnummer	**669928**
Name, Vorname	Beier, Pia
Geburtsdatum	30-03-1975
Familienstand	verheiratet
Straße	Wendenstraße 27
PLZ/Ort	20097 Hamburg
Telefon	040 6542420
Fax	040 6542423
E-Mail	piabeier@t-online.de
Eintrittsdatum	01-07-2009
Abteilung	Verwaltung
Funktion	Sachbearbeiterin
BG - Gefahrenklasse	0,7
Lohn-/Gehalt lt. Arbeitsvertrag	2448,00 €
Finanzamt - Finanzamt Nr.	Hamburg-Mitte-Altstadt - 2217
Steuerklasse	vier
Kinderfreibetrag:	eins
Steuerfreibetrag/Jahr	1.200,00 €
Religion AN/Ehegatte	ev / rk
Krankenkasse Beitragssatz	Hamburg Münchener Elterneigenschaft nachgewiesen! 14,90 % (AN-Anteil: 7,90 %; AG-Anteil: 7,00 %)
SV-Schlüssel	1-1-1-1
SV-Nummer	59 300375 B 751
Tätigkeit / Beschäftigungsschlüssel	681 / 45
Wochenarbeitszeit	38,5 Stunden
Urlaubsanspruch	30 Tage
Bankverbindung	Hamburger Sparkasse
BLZ / Kontonummer	200 505 50 / 1 226 123 357
AG-Anteil vL	30,00 €
AN-Sparbetrag vL	40,00 €
Vertragsnummer vL	80 160 005
Zahlungsempfänger	LBS Bausparkasse Schleswig-Holstein-Hamburg AG
Bankverbindung vL	Hamburger Sparkasse
BLZ / Kontonummer vL	200 505 50 / 80 160 005

Auszüge aus den Stotax.PC-Steuertabellen:

Lohnsteuer

Lohn/Gehalt: 2348,00 | KiSt: 9 % | Monat | A-Tarif | Eintragung auf LSt-Karte

Abzüge an Lohnsteuer, Solidaritätszuschlag und Kirchensteuer in den Steuerklassen

Lohn/ Gehalt bei €	I – VI				I, II, III, IV					
			ohne Kinderfreibeträge				mit Zahl der Kinderfreibeträge . . . 0,5		1	
		LSt	SolZ	KiSt		LSt	SolZ	KiSt	SolZ	KiSt
2 348,—	I,IV	340,50	18,72	30,64	I	340,50	14,78	24,19	11,02	18,04
	II	308,91	16,99	27,80	II	308,91	13,13	21,48	9,46	15,48
	III	93,16	—	8,38	III	93,16	—	4,15	—	0,55
	V	690,58	37,98	62,15	IV	340,50	16,73	27,38	14,78	24,19
	VI	722,83	39,75	65,05						
2 348,01	I,IV	340,50	18,72	30,64	I	340,50	14,78	24,19	11,02	18,04
	II	308,91	16,99	27,80	II	308,91	13,13	21,48	9,46	15,48
	III	93,16	—	8,38	III	93,16	—	4,15	—	0,55
	V	690,58	37,98	62,15	IV	340,50	16,73	27,38	14,78	24,19
	VI	722,83	39,75	65,05						
2 348,02	I,IV	340,50	18,72	30,64	I	340,50	14,78	24,19	11,02	18,04
	II	308,91	16,99	27,80	II	308,91	13,13	21,48	9,46	15,48
	III	93,16	—	8,38	III	93,16	—	4,15	—	0,55
	V	690,58	37,98	62,15	IV	340,50	16,73	27,38	14,78	24,19
	VI	722,83	39,75	65,05						

Lohnsteuer

Lohn/Gehalt: 2378,00 | KiSt: 9 % | Monat | A-Tarif | Eintragung auf LSt-Karte

Abzüge an Lohnsteuer, Solidaritätszuschlag und Kirchensteuer in den Steuerklassen

Lohn/ Gehalt bei €	I – VI				I, II, III, IV					
			ohne Kinderfreibeträge				mit Zahl der Kinderfreibeträge . . . 0,5		1	
		LSt	SolZ	KiSt		LSt	SolZ	KiSt	SolZ	KiSt
2 378,—	I,IV	349,—	19,19	31,41	I	349,—	15,23	24,92	11,45	18,74
	II	317,25	17,44	28,55	II	317,25	13,56	22,19	9,87	16,15
	III	99,16	—	8,92	III	99,16	—	4,61	—	0,94
	V	703,16	38,67	63,28	IV	349,—	17,18	28,12	15,23	24,92
	VI	735,41	40,44	66,18						
2 378,01	I,IV	349,—	19,19	31,41	I	349,—	15,23	24,92	11,45	18,74
	II	317,25	17,44	28,55	II	317,25	13,56	22,19	9,87	16,15
	III	99,16	—	8,92	III	99,16	—	4,61	—	0,94
	V	703,16	38,67	63,28	IV	349,—	17,18	28,12	15,23	24,92
	VI	735,41	40,44	66,18						
2 378,02	I,IV	349,—	19,19	31,41	I	349,—	15,23	24,92	11,45	18,74
	II	317,25	17,44	28,55	II	317,25	13,56	22,19	9,87	16,15
	III	99,16	—	8,92	III	99,16	—	4,61	—	0,94
	V	703,16	38,67	63,28	IV	349,—	17,18	28,12	15,23	24,92
	VI	735,41	40,44	66,18						

Heinrich KG 	Entgeltabrechnungen erstellen und buchen		Rechnungswesen Situation 25

Lohn- / Gehaltsabrechnung

Personal-Nr.:

Name: | Steuerklasse:
Vorname: | Kinderfreibetrag:
Zeitraum: | Konfession:

Gesamtstunden: | Normalstunden: | Überstunden:
Stundenlohn: | Ü.-Zuschlag 25 %: | Ü.-Zuschlag 50 %:

Bruttolohn/Bruttogehalt:
Überstunden:
Überstundenzuschlag (25 %):
Überstundenzuschlag (50 %):
Sonderzahlungen:
Geldwerter Vorteil:
Lohnfortzahlung:
Zuschuss vL (Arbeitgeber):

Gesamt Brutto:

Steuerfreibetrag (monatlich):
Steuerpflichtiges Entgelt:
Sozialversicherungspflichtiges Entgelt:

KV und PV | RV und AV

Lohnsteuer:
Kirchensteuer:
Solidaritätszuschlag:

Abzüge Finanzbehörde

Krankenversicherung:
Pflegeversicherung:
Rentenversicherung:
Arbeitslosenversicherung:

AN-Anteil SV

Abzüge Sozialversicherung

Abzüge Gesamt:

Nettoentgelt:

- vL Sparbetrag:
- Vorschuss/Abschlagszahlung:
- Geldwerter Vorteil:

Auszahlungsbetrag:

Auszug aus dem Kontenplan der Heinrich KG:

...

2640 SV-Beitragsvorauszahlung
2650 Forderungen an Mitarbeiter
2690 Sonstige Forderungen
2800 Guthaben bei Kreditinstituten (Bank)
4800 Umsatzsteuer
4830 Sonstige Verbindlichkeiten gegenüber Finanzbehörden
4840 Verbindlichkeiten gegenüber Sozialversicherungsträgern
4850 Verbindlichkeiten gegenüber Mitarbeitern
4860 Verbindlichkeiten aus vermögenswirksamen Leistungen
5430 Andere sonstige betriebliche Erträge
6200 Löhne
6300 Gehälter
6400 Arbeitgeberanteil zur Sozialversicherung
6600 Sonstige Personalaufwendungen

...

Da bei der Firma Heinrich KG die Auszahlung des Arbeitsentgelts an die Beschäftigten erst nach Überweisung der SV-Beiträge und der Umlagen U1 (Krankheit), U2 (Mutterschutz) und U3 (Insolvenzgeldumlage) erfolgt, wird der Gesamtbetrag der SV-Beiträge vorab auf dem Konto 2640 SV-Beitragsvorauszahlungen gebucht und erst bei Fälligkeit des Entgelts verrechnet.

Heinrich KG	**Entgeltabrechnungen erstellen und buchen**		**Rechnungs-wesen** Situation 25

Chronologie der Gehaltsbuchungen für Frau Pia Beier

Mo. 27-07-20..
Vorauszahlung der SV-Beiträge per Banküberweisung an die zuständige Krankenkasse.
SV-Beiträge: [AG-Anteil: €] + [AN-Anteil: €]

Konten	Soll	Haben

Fr. 31-07-20..
Gehaltsabrechnung mit Banküberweisung des Auszahlungsbetrags an Frau Pia Beier.

Konten	Soll	Haben

SV-Beitrag des Arbeitgebers für Frau Pia Beier.

Konten	Soll	Haben

Fr. 07-08-20..
Überweisung des Solidaritätszuschlags sowie der Lohn- und Kirchensteuer an das zuständige Finanzamt. Zeitgleich überweist der Arbeitgeber die Sparrate an die Bausparkasse.

Konten	Soll	Haben

Wie hoch sind im Juli eigentlich die Personalkosten der Heinrich KG für Frau Pia Beier?

....

....

....

Heinrich KG	Wesen der Abschreibung, lineares und degressives Verfahren		Rechnungs-wesen Situation 26

Heute ist ein großer Tag für den Fahrer Arno Jansen, sein bereits heiß erwarteter neuer PKW soll geliefert werden. Dann hätten die ewigen Abstimmungen mit seinem Fahrerkollegen Lutz Laumann endlich ein Ende und jeder hätte seinen eigenen PKW zur Verfügung. Am Nachmittag ist es dann soweit, Arno Jansen kommt freudestrahlend ins Büro und berichtet seinem Freund Leon Laus von seinem neuen Wagen. Nach einer ausführlichen Besichtigung und einer kleinen Probefahrt auf dem Firmengelände widmet sich Leon wieder seiner Arbeit. Als er Herrn Fitschen ein paar Schriftstücke zur Unterschrift auf den Schreibtisch legt, findet er dort einen Zettel mit dem Vermerk „Abschreibungsverfahren für neuen PKW überdenken".

Als Herr Fitschen kurz darauf das Büro betritt, spricht Leon ihn auf die Notiz an. Herr Fitschen gibt Leon einige Unterlagen und bittet ihn, sich zunächst selber einen Überblick über dieses Thema zu verschaffen. Für den folgenden Arbeitstag vereinbaren die beiden ein ausführliches Gespräch.

Arbeitsaufträge:

1 Informieren Sie sich grundlegend über die Berechnung der Anschaffungskosten in Ihrem Rechnungswesenbuch!

2 Buchen Sie die Anschaffung des neuen PKW (siehe Beleg 1) und den Rechnungsausgleich (siehe Beleg 2) im Grundbuchauszug hinter Beleg 2! Ermitteln Sie anschließend die Anschaffungskosten des PKW!

3 Informieren Sie sich über Ursachen der Wertminderung und über das lineare und das degressive Abschreibungsverfahren in Ihrem Rechnungswesenbuch!

3.1 Führen Sie rechnerisch unter Zuhilfenahme der Anlage 1 und des Arbeitsblattes 1 die Abschreibung für den neuen PKW nach der linearen Methode bis zum Ende der Nutzungsdauer durch!

3.2 Führen Sie rechnerisch unter Zuhilfenahme der Anlage 1 und des Arbeitsblattes 2 die Abschreibung für den neuen PKW nach der degressiven Methode bis zum Ende der Nutzungsdauer durch!

3.3 Führen Sie rechnerisch unter Zuhilfenahme der Anlage 1 und des Arbeitsblattes 3 die Abschreibung für den neuen PKW zuerst nach der degressiven Methode durch. Wechseln Sie zur linearen Abschreibungsmethode, wenn die Abschreibungsbeträge für die Restlaufzeit höher sind als bei der degressiven Abschreibung!

3.4 Beurteilen Sie abschließend die beiden Verfahren und arbeiten Sie heraus, wann ein Unternehmen am Jahresende die lineare und wann die degressive Abschreibung wählen sollte!

4 Buchen Sie exemplarisch am Ende des ersten Jahres die lineare Abschreibung des PKW!

18 Benen, Huesmann - ISBN 978-3-8120-1013-9

Beleg 1

Hansen & Schulte GmbH + Co. KG

... ...

Hansen & Schulte GmbH + Co. KG, Brinkstr. 14-18, 51065 Köln

Heinrich KG
Gerda Heinrich
Rahlstedter Str. 144
22143 Hamburg

Ihre Zeichen, Ihre Nachricht vom	Unser Zeichen, unsere Nachricht vom	Telefon, Name	Datum
BM 22-11-20..	BS/SCHR 25-11-20..	0221 4783-00	05-04-20..

Rechnung Nr. 1055

Sehr geehrte Frau Heinrich,

gemäß unseren Lieferbedingungen erhielten Sie heute von uns folgendes Fahrzeug:

1 PKW, geschlossen, TDI, 103 KW, 6-Gang

einschließlich Überführungskosten und Zulassungsgebühren berechnen wir Ihnen dafür:

	Gesamtpreis
1 PKW	30.781,84 €
Überführungskosten und Zulassungsgebühren	261,49 €
Rechnungsbetrag, netto	31.043,33 €
Umsatzsteuer	5.898,23 €
Rechnungsbetrag, brutto	36.941,56 €

Wir erbitten die Zahlung innerhalb von 10 Tagen abzüglich 2 % Skonto oder innerhalb von 30 Tagen netto.

Bitte beachten Sie unsere Allgemeinen Geschäftsbedingungen.

Wir danken Ihnen für Ihren Auftrag und wünschen gute Fahrt. Bei Rückfragen wenden Sie sich bitte an Herrn Benschneider.

Geschäftsführung	Hanna Hansen Peter Schulte	Sparkasse Köln BLZ 380 500 00	UST-ID-Nr. 813114007
Amtsgericht Köln	HRA 15377	Kto.-Nr. 10 044	

Beleg 2

Haspa Hamburger Sparkasse	**Hamburger Sparkasse**	**Kontoauszug**	Nr. 73 Blatt 1/1 vom 15.04. . .

Buchungstag	Wert	Vorgang	zu Ihren Lasten (-)	zu Ihren Gunsten (+)
		Alter Kontostand EUR		**192.987,60**
15.04.	15.04.	Online-Auftrag 15.04.20.., 13:05 Uhr, 1. TAN 374497 Hansen & Schulte GmbH + Co. KG Rechnung Nr. 1055 abzüglich 2 % Skonto	36.202,73	
		Neuer Kontostand EUR		**156.784,87**

Heinrich KG
Rahlstedter Str. 144
22143 Hamburg

Bankleitzahl
200 505 50

Konto-Nr.
1 120 239 908

Anschaffungsbuchung für den neuen PKW (Beleg 1):

Konten	Soll (€)	Haben (€)

Rechnungsausgleich für den neuen PKW (Beleg 2):

Konten	Soll (€)	Haben (€)

Berechnung der Anschaffungskosten:

....

....

....

Heinrich KG

Wesen der Abschreibung, lineares und degressives Verfahren

Rechnungswesen

Situation 26

Anlage 1

Abschreibungstabellen (AfA)
Fahrzeuge (Auszug)

Fundstelle	Fahrzeuge	Nutzungsdauer (in Jahren)
4.1	Schienenfahrzeuge	25
4.2	Straßenfahrzeuge	
4.2.1	Personenkraftwagen und Kombiwagen	6
4.2.2	Motorräder, Motorroller, Fahrräder u. ä.	7
4.2.3	Lastkraftwagen, Sattelschlepper, Kipper	9
4.2.4	Traktoren und Schlepper	12
4.2.5	Kleintraktoren	8
4.2.6	Anhänger, Auflieger, Wechselaufbauten	11
4.2.7	Omnibusse	9
4.2.8	Sonderfahrzeuge	
4.2.8.1	Feuerwehrfahrzeuge	10
4.2.8.2	Rettungsfahrzeuge und Krankentransportfahrzeuge	6
4.2.9	Wohnmobile, Wohnwagen	8
4.2.10	Bauwagen	12
4.3	Luftfahrzeuge	
4.3.1	Flugzeuge unter 20 t höchstzulässigem Fluggewicht	21
4.3.2	Drehflügler (Hubschrauber)	19
4.3.3	Heißluftballone	5
4.3.4	Luftschiffe	8

Quelle: Bundesfinanzministerium
Für weitere Abschreibungstabellen wird die folgende Internet-Adresse empfohlen:
www.focus-money.de/PM3D/PM3DD/PM3DD18

Heinrich KG

Wesen der Abschreibung, lineares und degressives Verfahren

Rechnungs-wesen

Situation 26

Arbeitsblatt 1

Berechnung der Abschreibung nach der linearen Methode:

Vorgang	Abschreibungsbetrag (€)	Buchwert (€)
Anschaffungskosten		
– Abschreibung 1. Jahr		
= Buchwert am Ende des 1. Jahres		
– Abschreibung 2. Jahr		
= Buchwert am Ende des 2. Jahres		
– Abschreibung 3. Jahr		
= Buchwert am Ende des 3. Jahres		
– Abschreibung 4. Jahr		
= Buchwert am Ende des 4. Jahres		
– Abschreibung 5. Jahr		
= Buchwert am Ende des 5. Jahres		
– Abschreibung 6. Jahr		
= Buchwert am Ende des 6. Jahres*		
– Abschreibung 7. Jahr		
= Buchwert am Ende des 7. Jahres*		

* Gehen Sie davon aus, dass der PKW auch über das 6. bzw. 7. Jahr hinaus in der Heinrich KG genutzt wird!

Arbeitsblatt 2

Berechnung der Abschreibung nach der degressiven Methode:

Vorgang	Abschreibungsbetrag (€)	Buchwert (€)
Anschaffungskosten		
– Abschreibung 1. Jahr		
= Buchwert am Ende des 1. Jahres		
– Abschreibung 2. Jahr		
= Buchwert am Ende des 2. Jahres		
– Abschreibung 3. Jahr		
= Buchwert am Ende des 3. Jahres		
– Abschreibung 4. Jahr		
= Buchwert am Ende des 4. Jahres		
– Abschreibung 5. Jahr		
= Buchwert am Ende des 5. Jahres		
– Abschreibung 6. Jahr		
= Buchwert am Ende des 6. Jahres*		
– Abschreibung 7. Jahr		
= Buchwert am Ende des 7. Jahres*		

* Gehen Sie davon aus, dass der PKW auch über das 6. bzw. 7. Jahr hinaus in der Heinrich KG genutzt wird!

Heinrich KG

Wesen der Abschreibung, lineares und degressives Verfahren

Rechnungswesen

Situation 26

Arbeitsblatt 2

Übergang von der degressiven Abschreibung zur linearen Methode:

Vorgang	Degressive Abschreibung	Lineare Abschreibung
Anschaffungskosten		
– Abschreibung 1. Jahr		
= Buchwert am Ende des 1. Jahres		
– Abschreibung 2. Jahr		
= Buchwert am Ende des 2. Jahres		
– Abschreibung 3. Jahr		
= Buchwert am Ende des 3. Jahres		
– Abschreibung 4. Jahr		
= Buchwert am Ende des 4. Jahres		
– Abschreibung 5. Jahr		
= Buchwert am Ende des 5. Jahres		
– Abschreibung 6. Jahr		
= Buchwert am Ende des 6. Jahres*		
– Abschreibung 7. Jahr		
= Buchwert am Ende des 7. Jahres*		

* Gehen Sie davon aus, dass der PKW auch über das 6. bzw. 7. Jahr hinaus in der Heinrich KG genutzt wird!

Buchung der Abschreibung am Jahresende:

Konten	Soll (€)	Haben (€)

Heinrich KG 	**Abschreibung nach Leistungseinheiten, geringwertige Wirtschaftsgüter**		**Rechnungswesen** Situation 27

Herr Fitschen ist mit seinem Auszubildenden hoch zufrieden. Der Vortrag, den Leon ihm über das lineare und degressive Abschreibungsverfahren gehalten hat, hat ihm gezeigt, dass Leon nicht nur die reine Technik verstanden, sondern auch noch betriebswirtschaftliche Bedeutungen erkannt hat.

Deshalb hält Herr Fitschen nun die Zeit für gekommen, Leon einige weitere Vertiefungen zum Thema „Abschreibungen" zu geben. Herr Fitschen erklärt Leon, dass in der Heinrich KG nicht nur das lineare und degressive Verfahren Anwendung finden, sondern dass bestimmte Wirtschaftsgüter nach einer anderen Methode, der sogenannten Abschreibung „nach erbrachten Leistungseinheiten" abgeschrieben werden. Als Beispiel dafür nennt Herr Fitschen die große Kopieranlage, die im ersten Stock der Allgemeinen Verwaltung untergebracht ist. Außerdem erwähnt Herr Fitschen noch den Begriff der „geringwertigen Wirtschaftsgüter", die einer besonderen Bewertungsmöglichkeit und -vorschrift unterliegen. Zu guter Letzt bittet Herr Fitschen Leon, sich über den Beginn der Abschreibung Gedanken zu machen und die zulässigen Regelungen nachzulesen.

Arbeitsaufträge:

1 Informieren Sie sich über die Abschreibung nach erbrachten Leistungseinheiten in Ihrem Rechnungswesenbuch!

2 Führen Sie rechnerisch unter Zuhilfenahme der Anlage 1 die Abschreibung nach erbrachten Leistungseinheiten für die Kopieranlage durch!

3 Informieren Sie sich über das Bewertungswahlrecht für geringwertige Anlagegüter in Ihrem Rechnungswesenbuch!

4 Informieren Sie sich über den Beginn der Abschreibung!

5 Buchen Sie die Anlagegüter in der Anlage 2 jeweils am Tag der Anschaffung und ggf. am Jahresende. Anlagegüter, die die Voraussetzung für geringwertige Wirtschaftsgüter erfüllen, sollen entweder sofort als Betriebsausgabe gebucht oder in den Sammelposten übernommen werden. Für alle anderen Anlagegüter gilt die lineare Abschreibung!

Benutzen Sie für diese Aufgabe bitte das Arbeitsblatt 1!

6 Buchen Sie am Jahresende die Abschreibung für die Anlagegüter der Anlage 3 nach der linearen Methode!

Benutzen Sie für diese Aufgabe bitte das Arbeitsblatt 2!

Heinrich KG

Abschreibung nach Leistungseinheiten, geringwertige Wirtschaftsgüter

Rechnungswesen

Situation 27

Anlage 1

Für die Allgemeine Verwaltung hat die Heinrich KG vor einigen Jahren eine Kopieranlage angeschafft. Da die Anzahl der erstellten Kopien in den einzelnen Jahren erheblichen Schwankungen unterworfen ist, hat sich die Geschäftsleitung entschieden, diese Anlage nach erbrachten Leistungseinheiten abzuschreiben. Für die Kopieranlage gelten folgende Daten:

Anschaffungskosten: 30.000,00 €
laut Hersteller maximale Leistung: 3.000.000 Kopien

Aus den vergangenen Jahren liegen folgende Zahlen vor:

Jahr	Anzahl der Kopien	AfA-Betrag/Kopie	AfA-Betrag/Jahr
Anschaffungsjahr	380.000		
2. Jahr der Nutzung	425.000		
3. Jahr der Nutzung	610.000		
4. Jahr der Nutzung	296.000		
5. Jahr der Nutzung	1.230.000		
6. Jahr der Nutzung	580.000		

Anlage 2

Im vergangenen Jahr hat die Heinrich KG unter anderem die folgenden Anlagegüter angeschafft (die Anschaffung ist ausschließlich gegen Barzahlung erfolgt):

Datum der Anschaffung	Anlagegegenstand	Kaufpreis		Nutzungsdauer in Jahren
10-01-20..	Bürolocher	26,50 €	netto	10
24-01-20..	Heftmaschine	52,15 €	brutto	8
14-03-20..	Flachbildschirm	433,26 €	brutto	5
02-04-20..	elektrischer Brieföffner	70,21 €	brutto	10
12-06-20..	Bürokaffeemaschine	40,00 €	netto	7
12-08-20..	Büroschrank	450,00 €	brutto	12
12-08-20..	Schreibtischlampe	70,00 €	netto	8
24-10-20..	Tischrechner	25,35 €	netto	6
11-11-20..	Schreibtisch	499,99 €	brutto	12
18-12-20..	Telefon	255,00 €	netto	6

19 Benen, Huesmann - ISBN 978-3-8120-1013-9

Heinrich KG 	**Abschreibung nach Leistungseinheiten, geringwertige Wirtschaftsgüter**		**Rechnungswesen** **Situation 27**

Arbeitsblatt 1

Bürolocher:

Begründete Entscheidung, ob ein GWG vorliegt	
Aufnahme in den Sammelposten mit folgendem Wert:	
Lineare Abschreibung mit folgendem Wert:	

Konten	Soll	Haben

Heftmaschine:

Begründete Entscheidung, ob ein GWG vorliegt	
Aufnahme in den Sammelposten mit folgendem Wert:	
Lineare Abschreibung mit folgendem Wert:	

Konten	Soll	Haben

Heinrich KG 	**Abschreibung nach Leistungseinheiten, geringwertige Wirtschaftsgüter**		**Rechnungswesen** **Situation 27**

Flachbildschirm:

Begründete Entscheidung, ob ein GWG vorliegt	
Aufnahme in den Sammelposten mit folgendem Wert:	
Lineare Abschreibung mit folgendem Wert:	

Konten	Soll	Haben

elektrischer Brieföffner:

Begründete Entscheidung, ob ein GWG vorliegt	
Aufnahme in den Sammelposten mit folgendem Wert:	
Lineare Abschreibung mit folgendem Wert:	

Konten	Soll	Haben

Heinrich KG 	**Abschreibung nach Leistungseinheiten, geringwertige Wirtschaftsgüter**		Rechnungs-wesen Situation 27

Bürokaffeemaschine:

Begründete Entscheidung, ob ein GWG vorliegt	
Aufnahme in den Sammelposten mit folgendem Wert:	
Lineare Abschreibung mit folgendem Wert:	

Konten	Soll	Haben

Büroschrank:

Begründete Entscheidung, ob ein GWG vorliegt	
Aufnahme in den Sammelposten mit folgendem Wert:	
Lineare Abschreibung mit folgendem Wert:	

Konten	Soll	Haben

Heinrich KG 	**Abschreibung nach Leistungseinheiten, geringwertige Wirtschaftsgüter**		**Rechnungswesen** **Situation 27**

Schreibtischlampe:

Begründete Entscheidung, ob ein GWG vorliegt	
Aufnahme in den Sammelposten mit folgendem Wert:	
Lineare Abschreibung mit folgendem Wert:	

Konten	Soll	Haben

Tischrechner:

Begründete Entscheidung, ob ein GWG vorliegt	
Aufnahme in den Sammelposten mit folgendem Wert:	
Lineare Abschreibung mit folgendem Wert:	

Konten	Soll	Haben

Heinrich KG 	**Abschreibung nach Leistungseinheiten, geringwertige Wirtschaftsgüter**		Rechnungswesen Situation 27

Schreibtisch:

Begründete Entscheidung, ob ein GWG vorliegt	
Aufnahme in den Sammelposten mit folgendem Wert:	
Lineare Abschreibung mit folgendem Wert:	

Konten	Soll	Haben

Telefon:

Begründete Entscheidung, ob ein GWG vorliegt	
Aufnahme in den Sammelposten mit folgendem Wert:	
Lineare Abschreibung mit folgendem Wert:	

Konten	Soll	Haben

Sammelposten:

Abschreibung des Sammelpostens am Jahresende:

Konten	Soll	Haben

Heinrich KG

Abschreibung nach Leistungseinheiten, geringwertige Wirtschaftsgüter

Rechnungswesen

Situation 27

Anlage 3

Im vergangenen Jahr hat die Heinrich KG u. a. die folgenden Anlagegüter angeschafft:

Datum der Anschaffung	Anlagegegenstand	Kaufpreis (netto)	Nutzungsdauer in Jahren
28-01-20..	LKW	360.000,00 €	9
20-03-20..	Produktionsmaschine	240.000,00 €	15
24-03-20..	Schreibtisch	1.200,00 €	12
12-05-20..	Gabelstapler	3.800,00 €	8
12-05-20..	Verpackungsmaschine	4.250,00 €	10
18-09-20..	Regalsystem	1.315,00 €	20
30-09-20..	Bürostellwände	1.320,00 €	15
01-10-20..	elektronische Waage	1.400,00 €	6
15-11-20..	Chefsessel	1.800,00 €	5
08-12-20..	Kopierer	4.500,00 €	7

Arbeitsblatt 2

LKW:
Abschreibungssatz in Prozent:

Konten	Soll	Haben

Produktionsmaschine:
Abschreibungssatz in Prozent:

Konten	Soll	Haben

Schreibtisch:
Abschreibungssatz in Prozent:

Konten	Soll	Haben

Gabelstapler:
Abschreibungssatz in Prozent:

Konten	Soll	Haben

Heinrich KG

Abschreibung nach Leistungseinheiten, geringwertige Wirtschaftsgüter

Rechnungs-wesen

Situation 27

Verpackungsmaschine:
Abschreibungssatz in Prozent:

Konten	Soll	Haben

Regalsystem:
Abschreibungssatz in Prozent:

Konten	Soll	Haben

Bürostellwände:
Abschreibungssatz in Prozent:

Konten	Soll	Haben

elektronische Waage:
Abschreibungssatz in Prozent:

Konten	Soll	Haben

Chefsessel:
Abschreibungssatz in Prozent:

Konten	Soll	Haben

Kopierer:
Abschreibungssatz in Prozent:

Konten	Soll	Haben

Heinrich KG 	**Verkauf gebrauchter Anlagegüter**		**Rechnungs-wesen** **Situation 28**

Am heutigen Tage (17-09-20..) erscheint der Abteilungsleiter Verkauf, Herr Walter, besonders gutgelaunt im Büro. Schließlich werden er und seine Mitarbeiterinnen und Mitarbeiter nun endlich die lang ersehnte neue Büroeinrichtung erhalten. Gestern hat der Spediteur die Lieferung für heute Morgen 10:00 Uhr zugesagt. Neben neuen Schreibtischen und Stühlen wird die Verkaufsabteilung auch neue Aktenregale, zwei Ordnerdrehsäulen und ein hochmodernes Kopiergerät bekommen. Das alte Mobiliar soll zum Teil innerhalb der Firmenbelegschaft verkauft werden, lediglich einige Aktenregale werden in der Registratur weiter Verwendung für die Altablage finden. Der Verkauf der nicht mehr benötigten Sachen ist der Belegschaft bereits seit Tagen angekündigt und kann nun durchgeführt werden. Im Einzelnen stehen folgende Gegenstände für den Verkauf bereit:

- sechs Schreibtische
- sechs Schreibtischstühle mit Rollen
- zwei Ordnerdrehsäulen
- ein Aktenregal
- ein Kopiergerät

Zur Vorbereitung des Verkaufs bittet Herr Fitschen Leon Laus in sein Büro, schließlich muss die Heinrich KG den Verkauf buchhalterisch erfassen.

Arbeitsaufträge:

1 Informieren Sie sich in Ihrem Rechnungswesenbuch über die Berechnung des Buchwertes beim Verkauf gebrauchter Anlagegüter und berechnen Sie unter Berücksichtigung der Anlage 1 den Buchwert am Verkaufstag für die zum Verkauf angebotenen Gegenstände! Bilden Sie anschließend die erforderlichen Buchungssätze für die zeitanteilige Abschreibung!

2 Informieren Sie sich in Ihrem Rechnungswesenbuch über die Vorgehensweise beim Verkauf. Bilden Sie anschließend unter Berücksichtigung der Anlage 2 für jeden Verkaufsgegenstand die erforderlichen Buchungssätze!

3 Erfassen Sie die zeitanteilige Abschreibung und den Verkauf der Schreibtische „Ergo“ im Hauptbuch (Anlage 3)!

20 Benen, Huesmann - ISBN 978-3-8120-1013-9

Heinrich KG 	Verkauf gebrauchter Anlagegüter		Rechnungs-wesen Situation 28

Anlage 1

Schreibtisch „Ergo"	
Buchwert am 01.01. des laufenden Geschäftsjahres (je Stück):	189,50 €
jährliche Abschreibung:	37,90 €

Bürodrehstuhl „Verdan"	
Buchwert am 01.01. des laufenden Geschäftsjahres (je Stück):	49,50 €
jährliche Abschreibung:	16,50 €

Aktenregal „Solito"	
Buchwert am 01.01. des laufenden Geschäftsjahres (je Stück):	159,60 €
jährliche Abschreibung:	19,95 €

Ordnerdrehsäule 4 Etagen „Standard"	
Buchwert am 01.01. des laufenden Geschäftsjahres (je Stück):	141,66 €
jährliche Abschreibung:	28,33 €

Kopiergerät „Canon PC 68"	
Buchwert am 01.01. des laufenden Geschäftsjahres (je Stück):	303,60 €
jährliche Abschreibung:	151,80 €

Berechnung der jeweiligen Buchwerte am Verkaufstag und Erfassung der zeitanteiligen Abschreibung:

6 Schreibtische „Ergo“

Buchung der zeitanteiligen Abschreibung:

Konten	Soll	Haben

6 Bürodrehstühle „Verdan“

Heinrich KG 	Verkauf gebrauchter Anlagegüter		Rechnungs-wesen Situation 28

Buchung der zeitanteiligen Abschreibung:

Konten	Soll	Haben

Aktenregal „Solito“

Buchung der zeitanteiligen Abschreibung:

Konten	Soll	Haben

2 Ordnerdrehsäulen 4 Etagen „Standard“

Buchung der zeitanteiligen Abschreibung:

Konten	Soll	Haben

Kopiergerät „Canon PC 68“

Buchung der zeitanteiligen Abschreibung:

Konten	Soll	Haben

Heinrich KG

Verkauf gebrauchter Anlagegüter

Rechnungswesen

Situation 28

Anlage 2

Am 17-09-20.. können sämtliche Gegenstände gegen Barzahlung verkauft werden.
Die Verkaufserlöse betragen:

- pro Schreibtisch „Ergo“ 145,00 € + 19 % Ust
- pro Bürodrehstuhl „Verdan“ 38,50 € + 19 % Ust
- für das Aktenregal „Solito“ 160,00 € + 19 % Ust
- pro Ordnerdrehsäule 4 Etagen „Standard“ 110,00 € + 19 % Ust
- für das Kopiergerät „Canon PC 68“ 225,00 € + 19 % Ust

Buchungssätze für den Verkauf der Schreibtische „Ergo“:

Geschäftsvorfälle	Konten	Soll	Haben
Buchung des Anlageverkaufs			
Ausbuchung des Buchwertes (evtl. Erfassung der Erträge oder des Verlustes)			

Buchungssätze für den Verkauf der Bürodrehstühle „Verdan“:

Geschäftsvorfälle	Konten	Soll	Haben
Buchung des Anlageverkaufs			
Ausbuchung des Buchwertes (evtl. Erfassung der Erträge oder des Verlustes)			

Heinrich KG 	**Verkauf gebrauchter Anlagegüter**		**Rechnungswesen** Situation 28

Buchungssätze für den Verkauf des Aktenregals „Solito“:

Geschäftsvorfälle	Konten	Soll	Haben
Buchung des Anlageverkaufs			
Ausbuchung des Buchwertes (evtl. Erfassung der Erträge oder des Verlustes)			

Buchungssätze für den Verkauf der Ordnerdrehsäulen 4 Etagen „Standard“:

Geschäftsvorfälle	Konten	Soll	Haben
Buchung des Anlageverkaufs			
Ausbuchung des Buchwertes (evtl. Erfassung der Erträge oder des Verlustes)			

Buchungssätze für den Verkauf des Kopiergeräts „Canon PC 68“:

Geschäftsvorfälle	Konten	Soll	Haben
Buchung des Anlageverkaufs			
Ausbuchung des Buchwertes (evtl. Erfassung der Erträge oder des Verlustes)			

Anlage 3

S 0860 Betriebs- und Geschäftsausstattung	H
Saldo 1.137,00	

S 5460 Erträge aus dem Abgang…	H

S 6960 Verluste aus d. Abg. von G. d. AV	H

S 2880 Kasse	H

S 4800 Umsatzsteuer	H

Heinrich KG 	**Zeitliche Abgrenzungen**		**Rechnungs-wesen** **Situation 29**

Zur Vorbereitung des Jahresabschlusses hat sich Herr Fitschen heute mit Leon Laus verabredet, um ihm die Grundsätze der periodengerechten Erfolgsermittlung zu erläutern. Leon ist sehr gespannt auf die Erläuterungen, da er mit dem Begriff „periodengerecht" nicht wirklich etwas anfangen kann. Bislang dachte Leon immer, die Ermittlung des Erfolges sei am Jahresende eine unproblematische Angelegenheit, schließlich könne man doch die gebuchten Aufwendungen und Erträge miteinander vergleichen und erhalte so ganz schnell den Erfolg des Geschäftsjahres.

Arbeitsaufträge:

1 Erläutern Sie mit Hilfe Ihres Rechnungswesenbuches den Begriff „periodengerecht“ und gehen Sie kurz auf die vier Fälle ein!

2 Vervollständigen Sie die Tabelle in der Anlage 1!

3 Bilden Sie zu den Geschäftsfällen der Anlage 2 jeweils die Buchungssätze im alten und im neuen Geschäftsjahr einschließlich der Abschluss- und Eröffnungsbuchungen!

Anlage 1

Bitte tragen Sie die Begriffe **„Ertrag“**, **„Aufwand“**, **„Einnahme“** und **„Ausgabe“** in die richtigen freien Felder ein und bilden Sie anschließend die notwendige Buchung zum 31. Dezember!

Geschäftsfall	**Vorgang**		**Buchung zum 31.12.**
	im alten Jahr	im neuen Jahr	
von uns noch zu zahlender Aufwand			
noch zu vereinnahmender Ertrag			
von uns im Voraus bezahlter Aufwand			
im Voraus vereinnahmter Ertrag			

Heinrich KG	Zeitliche Abgrenzungen		Rechnungswesen Situation 29

Anlage 2

Folgende Geschäftsfälle müssen am Jahresende noch gebucht werden:

1	Unser Mieter überweist die Dezember-Miete für die gemietete Lagerhalle in Höhe von 250,00 € erst im Januar.
2	Die Zinsgutschrift der Hamburger Sparkasse für unsere Geldanlage vom 01.10. – 31.01. in Höhe von 600,00 € erfolgt erst am 01.02. des Folgejahres.
3	Wir haben ein Darlehen bei der Hamburger Sparkasse über 30.000,00 € zu 8,5 % Zinsen aufgenommen. Vertragsgemäß sind die halbjährlich zu zahlenden Zinsen nachträglich fällig zum 01.03. und 01.09. eines jeden Jahres.
4	Die Heinrich KG hat wesentliche Teile der EDV-Anlage geleast. Die Leasingrate für den Monat Dezember in Höhe von 560,00 € wird erst im Januar überwiesen.
5	Am 01.08. zahlen wir Kfz-Steuer in Höhe von 1.022,40 € für ein Jahr im Voraus per Banküberweisung.
6	Den Industrie- und Handwerkskammerbeitrag in Höhe von 850,00 € für das Quartal vom 01.01. – 31.03. zahlen wir bereits im Dezember per Banküberweisung.
7	Mit einer Reinigungsfirma hat die Heinrich KG einen festen Vertrag über die Reinigung der Glasflächen. Vereinbarungsgemäß zahlen wir die Beträge vierteljährlich mit jeweils 240,00 € + 19 % Ust. am 01.02., 01.05., 01.08. und 01.11. im Voraus. Die Rechnung liegt jeweils vor.
8	Der Mieter unserer Lagerhalle überweist die Miete jeweils halbjährlich mit 660,00 € im Voraus am 01.06. und 01.12.

Heinrich KG 	**Zeitliche Abgrenzungen**		Rechnungs-wesen Situation 29

Geschäftsfall 1:

Vorgänge	Konten	Soll	Haben
Buchung im alten Jahr			
Abschlussbuchungen			
Buchungen im neuen Jahr			

Geschäftsfall 2:

Vorgänge	Konten	Soll	Haben
Buchung im alten Jahr			
Abschlussbuchungen			
Buchungen im neuen Jahr			

21 Benen, Huesmann - ISBN 978-3-8120-1013-9

Heinrich KG 	Zeitliche Abgrenzungen		Rechnungswesen Situation 29

Geschäftsfall 3:

Vorgänge	Konten	Soll	Haben
Buchung im alten Jahr			
Abschlussbuchungen			
Buchungen im neuen Jahr			

Geschäftsfall 4:

Vorgänge	Konten	Soll	Haben
Buchung im alten Jahr			
Abschlussbuchungen			
Buchungen im neuen Jahr			

Geschäftsfall 5:

Vorgänge	Konten	Soll	Haben
Buchung im alten Jahr			
Abschlussbuchungen			
Buchungen im neuen Jahr			

Geschäftsfall 6:

Vorgänge	Konten	Soll	Haben
Buchung im alten Jahr			
Abschlussbuchungen			
Buchungen im neuen Jahr			

Geschäftsfall 7:

Vorgänge	Konten	Soll	Haben
Buchung im alten Jahr			
Abschlussbuchungen			
Buchungen im neuen Jahr			

Geschäftsfall 8:

Vorgänge	Konten	Soll	Haben
Buchung im alten Jahr			
Abschlussbuchungen			
Buchungen im neuen Jahr			

Heinrich KG 	**Rückstellungen**		**Rechnungs-wesen** **Situation 30**

Herr Fitschen und Leon Laus kontrollieren kurz vor dem Jahresabschluss noch die letzten Kreditorenkonten, als Björn Walter, Abteilungsleiter im Verkauf, den Raum betritt. In der Hand hält er ein Schreiben, mit dem er aufgeregt wedelt. „Wir haben ein riesiges Problem mit einem guten Kunden. Der Firma Gertrud Brandt KG in Hamburg haben wir vor vier Wochen 30 Schreibtische Starlight geliefert, die an verschiedene Kunden verkauft worden sind. Nun hat die Firma festgestellt, dass die Schreibtischoberflächen offensichtlich nicht korrekt versiegelt waren und nach mehrmaliger Reinigung unansehnlich geworden sind. Die Gertrud Brandt KG möchte von uns nun Schadenersatz haben. In diversen Gesprächen ist es uns gelungen, die Gertrud Brandt KG so lange zu vertrösten, bis ich mir ein detailliertes Bild von dem Schaden machen kann. Hierfür haben wir gleich zu Beginn des neuen Jahres einen Termin bei der Gertrud Brandt KG vereinbart. So wie ich die Sachlage einschätze, gibt es aber wohl kaum einen Zweifel daran, dass wir gewisse Garantieverpflichtungen werden leisten müssen."

Herr Fitschen bittet Herrn Walter um eine Kopie des Schreibens von der Gertrud Brandt KG und darum, auf dem Laufenden gehalten zu werden.

Als Herr Walter das Büro verlassen hat, holt sich Herr Fitschen einen Ordner mit der Aufschrift „Rückstellungen" und erklärt Leon, dass er auf Grund dieses aktuellen Falles nun zunächst die geplanten Rückstellungen vornehmen möchte. Leon, der nicht so genau weiß, was sich hinter dem Begriff verbirgt, soll ihm dabei behilflich sein.

Arbeitsaufträge:

1 Erläutern Sie den Begriff „Rückstellungen" und arbeiten Sie heraus, wann die Heinrich KG eine Rückstellungen bilden **muss**!

2 Bilden Sie für die Sachverhalte in Anlage 1 die Buchungssätze (inklusive der Abschlussbuchungen) zum Jahresende!

3 Erläutern Sie die Auswirkung der Rückstellungen auf das Unternehmensergebnis der Heinrich KG und geben Sie den konkreten Betrag an!

4 Lösen Sie unter Berücksichtigung der Anlage 2 die Rückstellungen im neuen Jahr auf!

5 Stellen Sie die Situation 1 aus Anlage 1 und Anlage 2 auf den Konten der Anlage 3 dar!

Heinrich KG	Rückstellungen		Rechnungswesen Situation 30

Anlage 1

Am Jahresende hat die Heinrich KG noch die folgenden Sachverhalte zu berücksichtigen:

1	Das Schreiben der Gertrud Brandt KG, die von der Heinrich KG 30 Schreibtische Starlight geliefert bekommen hat (Rechnung auf der nachfolgenden Seite). Für die drohenden Garantieverpflichtungen soll eine Rückstellung über 20.000,00 € gebildet werden.
2	Im ablaufenden Geschäftsjahr ist eine Reparatur an der Außenfassade des Bürogebäudes nicht mehr durchgeführt worden. Die mit der Reparatur beauftragte Firma hat die Erledigung für die zweite Woche des neuen Jahres zugesagt. Der Reparaturauftrag hat ein Volumen von ca. 4.500,00 €.
3	Der Bau der neuen Lagerhalle stand von Anfang an unter keinem guten Stern. So verwundert es nicht, dass sich nach Fertigstellung etliche Mängel zeigten. Eine gütliche Einigung mit der Herstellerfirma ist nicht gelungen, so dass die Heinrich KG Anfang Dezember Klage erhoben hat. Der erste Verhandlungstag ist noch ohne konkretes Ergebnis geblieben, der Abschluss des Prozesses wird für den Februar erwartet. Die Heinrich KG wird vor Gericht von der Rechtsanwaltskanzlei Meiners & Söhne vertreten. Für den schwebenden Prozess soll eine Rückstellung in Höhe von 5.000,00 € gebildet werden.
4	Der Kunde Westmoor KG war mit unserer letzten Bürostuhllieferung nicht einverstanden und bemängelte die Qualität der Stühle. Eine zugesandte Probe hat allerdings keine Mängel ergeben, so dass eine Garantieverpflichtung nicht vorliegt. Der Kunde hatte sich bei seiner Bestellung selber versehen und ein falsches Produkt bestellt. Da es sich bei der Westmoor KG aber um einen sehr umsatzstarken langjährigen Kunden handelt, hat Frau Heinrich angedeutet, dass sie nach ihrem Urlaub zusammen mit Herrn Walter Anfang Januar den Kunden besuchen wird und dann eine Lösung auf dem Kulanzwege anstrebt. Herr Fitschen möchte in diesem Fall eine Rückstellungen über 2.000,00 € bilden.

Heinrich KG

Herstellung und Vertrieb von Büromöbeln und Bürozubehör

Heinrich KG • Rahlstedter Str. 144 • 22143 Hamburg

Rahlstedter Str. 144
22143 Hamburg

Gertrud Brandt KG
Südstraße 7
20083 Hamburg

Tel.: 040 6724-0
Fax: 040 6724-587
E-Mail: info@hamburg.heinrich.de

Ihr Zeichen Fre
Unser Zeichen Wal

Rechnung

Rechnungs-Nr.	1-1666	Auftrags-Nr.	1-1666
Kunden-Nr.	D 2401	Auftrags-Datum	15.11.20..
Rechnungsdatum	20.11.20..	Lieferdatum	19.11.20..

Artikel-Nr.	Artikelbezeichnung	Menge	Preis pro Stück	Gesamt
A-1001100	Starlight Solitärschreibtisch in Nierenform, Esche-Massivholz, Oberfläche versiegelt.	30	925,00 €	27.750,00 €

Warenwert		27.750,00 €
Frachtkosten		0,00 €
+ MwSt	19%	5.272,50 €
Rechnungssumme		**33.022,50 €**

2% Skonto bei Zahlung bis:	Skontobetrag:	Skonto-Zahlungsbetrag:
30.11.20..	660,45 €	32.362,05 €

Heinrich KG
Geschäftsführung: Gerda Heinrich
Amtsgericht Hamburg: HRA 1101
St-Nr.: 27/430/0027
USt-Id.-Nummer: DE 686093911

Bankverbindungen:
Hamburger Sparkasse
BLZ 200 505 50
Kto.Nr.: 1 120 239 908

Postbank Hamburg
BLZ 200 100 20
Kto. Nr.: 64 069-754

Anlage 2

Im neuen Geschäftsjahr werden in der Buchhaltung folgende Sachverhalte registriert:

1	Herr Walter hat sich bei einem Besuch bei der Gertrud Brandt KG davon überzeugt, dass der Kunde tatsächlich fehlerhafte Schreibtische geliefert bekommen hat. Zusammen mit der Geschäftsleitung des Kunden hat Herr Walter eine Gewährleistung der Heinrich KG in Höhe von 25.000,00 € ausgehandelt, die per Banküberweisung gezahlt wird.
2	Die Reparatur an der Außenfassade ist vertragsgemäß Mitte Januar durchgeführt worden. Der mit der Reparatur beauftragte Handwerksmeister schickt uns eine Rechnung über 4.150,00 € netto + 19 % Ust. Der Betrag wird von uns per Banküberweisung beglichen.
3	Der Prozess vor Gericht bezüglich der Schäden an der Lagerhalle geht zu Gunsten der Heinrich KG aus. Die Gegenseite muss neben einer Pauschalzahlung auch die Gerichts- und Anwaltskosten übernehmen.
4	Frau Heinrich konnte die Westmoor KG davon überzeugen, dass von Seiten der Heinrich KG kein Fehler vorliegt. Auf Grund der langjährigen guten Geschäftsbeziehung hat sie dem Kunden aber als Kulanzzahlung 1.500,00 € angeboten. Das Geld soll per Banküberweisung gezahlt werden.

Aufgabe 2:

Sachverhalt 1: Rückstellung aus Garantieverpflichtungen gegenüber der Gertrud Brandt KG:

Vorgänge	Konten	Soll	Haben
Bildung der Rückstellung			
Abschlussbuchungen			

Sachverhalt 2: Rückstellung wegen der unterlassenen Reparatur der Außenfassade:

Vorgänge	Konten	Soll	Haben
Bildung der Rückstellung			
Abschlussbuchungen			

22 Benen, Huesmann - ISBN 978-3-8120-1013-9

Heinrich KG 	**Rückstellungen**		**Rechnungs-wesen** **Situation 30**

Sachverhalt 3: Rückstellung zur Deckung der Rechtsanwaltskosten:

Vorgänge	Konten	Soll	Haben
Bildung der Rückstellung			
Abschluss-buchungen			

Sachverhalt 4: Rückstellung aus Kulanzgründen gegenüber der Westmoor KG:

Vorgänge	Konten	Soll	Haben
Bildung der Rückstellungen			
Abschluss-buchungen			

Heinrich KG 	**Rückstellungen**		**Rechnungs-wesen** **Situation 30**

Aufgabe 4:

Sachverhalt 1: Zahlung einer Gewährleistung in Höhe von 25.000,00 € an unseren Kunden Gertrud Brandt KG.

Vorgang	Konten	Soll	Haben
Auflösung der Rückstellung			

Sachverhalt 2: Die Rechnung für die Reparatur der Außenfassade über 4.150,00 € plus 19 % Ust wird per Banküberweisung beglichen.

Vorgang	Konten	Soll	Haben
Auflösung der Rückstellung			

Sachverhalt 3: Unsere Anwaltskosten übernimmt komplett die Gegenseite.

Vorgang	Konten	Soll	Haben
Auflösung der Rückstellung			

Sachverhalt 4: Kulanzzahlung in Höhe von 1.500,00 € an unseren Kunden Westmoor KG per Banküberweisung.

Vorgang	Konten	Soll	Haben
Auflösung der Rückstellung			

Aufgabe 5:

Anlage 3

Buchungen im alten Jahr:

S	3910 Rückstellungen f. Gewähr.	H

S	6930 Verluste aus Schadensfällen	H

S	8010 SBK	H

S	8020 GuV-Konto	H

Buchungen im neuen Jahr:

S	3910 Rückstellungen f. Gewähr.	H
	AB	2.000,00

S	2800 Bank	H

S	6990 Periodenfremde Aufwendungen	H

S	8020 GuV-Konto	H

Heinrich KG 	**Bewertung von Vermögen und Schulden**		**Rechnungs-wesen** Situation 31

Für diese Woche steht im Terminkalender von Herrn Fitschen „Bewertungsfragen" klären. Auf Nachfrage erfährt Leon Laus, dass die Heinrich KG jeweils zum Jahresende eine Bewertung der Vermögens- und Schuldenposten vorzunehmen hat. Da Leon reges Interesse an diesem Thema zeigt, lädt Herr Fitschen ihn für den kommenden Tag zu einer Teambesprechung ein, bei der die offenen Fragen für diese Thematik geklärt werden sollen.

Arbeitsaufträge:

1 Informieren Sie sich in Ihrem Rechnungswesen-Buch oder im HGB über die Problematik der Wertansätze in der Handels- und Steuerbilanz und die Maßgeblichkeit der handelsrechtlichen Bewertung!

2 Erstellen Sie eine Übersicht über die Allgemeinen Bewertungsvorschriften des HGB gemäß § 252 sowie weitere Grundsätze des Wertansatzes nach den §§ 253 und 255!

3 Informieren Sie sich in Ihrem Rechnungswesen-Buch über die Bewertung des Anlagevermögens!

4 Bearbeiten Sie bitte das Arbeitsblatt 1 und ermitteln Sie die korrekten Wertansätze für die Postbearbeitungsmaschine!

5 Informieren Sie sich in Ihrem Rechnungswesen-Buch über die Bewertung des Umlaufvermögens sowie die verschiedenen Bewertungsmöglichkeiten von Vorräten!

6 Bearbeiten Sie bitte die Aufgaben des Arbeitsblattes 2!

7 Informieren Sie sich in Ihrem Rechnungswesen-Buch über die Bewertung der Schulden!

Heinrich KG

Bewertung von Vermögen und Schulden

Rechnungs-
wesen

Situation 31

Arbeitsblatt 1

Die Heinrich KG hat zur schnelleren Bearbeitung der Eingangs- und Ausgangspost eine Postbearbeitungsmaschine im Einsatz, die 21.420,00 € brutto gekostet hat. Mittlerweile ist die Maschine seit zwei Jahren im Einsatz, die betriebsgewöhnliche Nutzungsdauer wird mit sechs Jahren angegeben. Die Abschreibung wurde in den beiden Jahren linear durchgeführt.

Aufgaben:

1. Ermitteln Sie den Wertansatz der Postbearbeitungsmaschine am Ende des dritten Nutzungsjahres, wenn sich inzwischen aufgrund technischer Verbesserungen ein Marktpreis von 5.000,00 € für die drei Jahre alte Maschine ergeben hat!

2. Ermitteln Sie den Wertansatz der Postbearbeitungsmaschine am Ende des dritten Nutzungsjahres bei der Heinrich KG und alternativ für Kapitalgesellschaften, wenn sich zurzeit aufgrund einer allgemeinen Nachfrageflaute ein Marktpreis von 5.000,00 € für die drei Jahre alte Maschine ergeben hat!

Zu 1:

Anschaffungskosten	
– planmäßige Abschreibung im 1. Jahr	
= fortgeführte Anschaffungskosten nach dem 1. Jahr	

Begründung:

Zu 2:

Wertansatz bei der Heinrich KG:

Anschaffungskosten	
– planmäßige Abschreibung im 1. Jahr	
= fortgeführte Anschaffungskosten nach dem 1. Jahr	

Begründung:

Alternativer Wertansatz bei Kapitalgesellschaften:

Anschaffungskosten	
– planmäßige Abschreibung im 1. Jahr	
= fortgeführte Anschaffungskosten nach dem 1. Jahr	

Begründung:

Heinrich KG

Bewertung von Vermögen und Schulden

Rechnungs-
wesen

Situation 31

Arbeitsblatt 2

Aufgaben:

1. Informieren Sie sich in Ihrem Rechnungswesenbuch über die summarische und permanente Durchschnittsbewertung sowie die Möglichkeiten der Verbrauchsfolgebewertungen!

2. Bewerten Sie den Warenvorrat an Druckerpatronen nach den fünf vorgegebenen Methoden!

Die Heinrich KG hat im abgelaufenen Geschäftsjahr die folgenden Warenbewegungen bei dem Artikel „Druckerpatronen" festgestellt:

Datum	Vorgang	Menge	EK-Preis/Stück
01.01.	AB	100 Stück	30,00 €
15.02.	Zugang	70 Stück	40,00 €
13.03.	Abgang	30 Stück	
16.07.	Zugang	80 Stück	20,00 €
19.09.	Abgang	60 Stück	

1. Summarische Durchschnittsbewertung

Datum	Vorgang	Berechnung	Wert

Heinrich KG

Bewertung von Vermögen und Schulden

Rechnungswesen

Situation 31

2. Permanente Durchschnittsbewertung

Datum	Vorgang	Berechnung	Wert

3. Lifo-Methode (last in – first out)

Datum	Vorgang	Berechnung	Wert

4. Fifo-Methode (first in – first out)

Datum	Vorgang	Berechnung	Wert

23 Benen, Huesmann - ISBN 978-3-8120-1013-9

5. Hifo-Methode (highest in – first out)

Datum	Vorgang	Berechnung	Wert

3. Nennen Sie die nach Handels- und Steuerrecht zulässigen Verfahren!

Heinrich KG 	**Aufbereitung und Auswertung des Jahresabschlusses**		**Rechnungs-wesen** **Situation 32**

Leon Laus ist zufrieden! Die Bewertung des Vermögens und der Schulden ist erledigt, der Jahresabschluss für die Heinrich KG erstellt. Für sie scheint es ein sehr erfolgreiches Jahr gewesen zu sein, schließlich hat die KG doch einen guten Jahresüberschuss erwirtschaftet.

Herr Fitschen bremst Leon und erklärt ihm, dass man erst nach der Auswertung des aktuellen Jahresabschlusses zu einer fundierten Meinung gelangen könne. Und eben diese Auswertung stehe noch aus.

Für den kommenden Arbeitstag bittet Herr Fitschen Leon Laus daher um Mitarbeit bei der Aufbereitung des Jahresabschlusses und der Ermittlung der für die Heinrich KG wichtigen Kennzahlen.

Arbeitsaufträge:

1 Informieren Sie sich in Ihrem Rechnungswesenbuch über den Bilanzzeit- und Bilanzbetriebsvergleich sowie die Voraussetzungen für die Durchführung einer Bilanzanalyse!

2 Bereiten Sie unter Zuhilfenahme der Anlage 1 und des Arbeitsblattes 1 die vorliegende Bilanz der Heinrich KG zur Analyse auf!

3 Erläutern Sie, was man unter vertikalen bzw. horizontalen Bilanzkennzahlen versteht!

4 Ermitteln Sie unter Zuhilfenahme der Anlage 2 und des Arbeitsblattes 2 die einseitigen (vertikalen) Bilanzkennzahlen der Heinrich KG!

5 Ermitteln Sie unter Zuhilfenahme der Anlage 3 und des Arbeitsblattes 3 die zweiseitigen (horizontalen) Bilanzkennzahlen der Heinrich KG!

6 Ermitteln Sie unter Zuhilfenahme der Anlage 4 und des Arbeitsblattes 4 die Rentabilitätskennziffern der Heinrich KG!

7 Werten Sie unter Berücksichtigung der Anlage 5 die Bilanzkennziffern der Heinrich KG aus und erläutern Sie die „goldene Bilanzregel“!

Anlage 1

Am 31. Dezember 20.. weist die Heinrich KG folgende Bilanz und Erfolgsrechnung aus:

Aktiva	**Bilanz zum 31. Dezember 20.. in €**		**Passiva**
A. Anlagevermögen		**A. Eigenkapital***	
Grundstücke u. Gebäude	2.853.500,00	Kapital Gerda Heinrich	4.500.000,00
TA u. Maschinen	611.850,00	Kommanditkapital	1.400.000,00
Fuhrpark	435.000,00	Gewinnrücklagen	1.072.000,00
Büromöbel u. Geschäftsausst.	1.387.150,00	Jahresüberschuss	965.000,00
B. Umlaufvermögen		**B. Fremdkapital**	
Roh-, Hilfs- und Betriebsstoffe	2.633.718,00	Pensionsrückstellungen	1.284.400,00
Unfertige Erzeugnisse	986.000,00	Sonstige Rückstellungen	989.000,00
Fertige Erzeugnisse	2.082.500,00	Darlehensschulden	5.313.733,00
Waren	3.015.330,00	Verbindlichkeiten a. L. u. L.	3.804.728,00
Forderungen	5.417.739,00	Sonstige Verbindlichkeiten	593.154,00
Bank	463.358,00		
Kasse	35.870,00		
Summe Aktiva	**19.922.015,00**	**Summe Passiva****	**19.922.015,00**

* Das Eigenkapital betrug zu Beginn des Geschäftsjahres 6.972.000,00 €!
** Das Gesamtkapital betrug zu Beginn des Geschäftsjahres 19.315.000,00 €!

Anmerkungen:
- Die Pensionsrückstellungen gelten als langfristig.
- Die sonstigen Rückstellungen sind je zur Hälfte lang- und kurzfristig.
- Die sonstigen Verbindlichkeiten sind kurzfristig.

Aufwand	**Erfolgsrechnung zum 31. Dezember 20.. in €**		**Ertrag**
Aufw. für Roh-, Hilfs-, Betriebs.	34.940.400,00	UE f. eigene Erzeugnisse	51.940.450,00
Aufwendungen für Energie	1.870.400,00	UE für Handelswaren	7.450.320,00
Aufwendungen für Waren	4.570.870,00	Erträge aus Vermietung...	225.000,00
Fremdinstandhaltung	1.350.000,00	Zinserträge	56.414,00
Löhne	3.010.000,00		
Gehälter	3.714.019,00		
Soziale Abgaben	2.360.450,00		
Abschreibungen	698.440,00		
Leasing	610.000,00		
Kosten des Geldverkehrs	41.550,00		
Büromaterial	724.330,00		
Post, Telefon	233.880,00		
Werbung	2.010.145,00		
Beiträge	20.000,00		
Betriebliche Steuern	1.912.660,00		
Zinsaufwendungen	640.000,00		
Jahresüberschuss	965.000,00		
Summe	**59.672.184,00**	**Summe**	**59.672.184,00**

Arbeitsblatt 1

Aktiva	Struktur der aufbereiteten Bilanz	Passiva

Anlage 2

Einseitige (vertikale) Bilanzkennzahlen

Kennzahlen zur Vermögensstruktur (Konstitution):

❶	Anteil des Anlagevermögens =	$\frac{\text{Anlagevermögen} \cdot 100}{\text{Gesamtvermögen}}$
❷	Anteil des Umlaufvermögens =	$\frac{\text{Umlaufvermögen} \cdot 100}{\text{Gesamtvermögen}}$
❸	Anteil der Vorräte =	$\frac{\text{Vorräte} \cdot 100}{\text{Gesamtvermögen}}$
❹	Anteil der Forderungen =	$\frac{\text{Forderungen} \cdot 100}{\text{Gesamtvermögen}}$
❺	Anteil der flüssigen Mittel =	$\frac{\text{flüssige Mittel} \cdot 100}{\text{Gesamtvermögen}}$

Heinrich KG 	**Aufbereitung und Auswertung des Jahresabschlusses**		**Rechnungswesen** **Situation 32**

Kennzahlen zur Kapitalstruktur (Finanzierung):

❶	Grad der finanziellen Unabhängigkeit = $\frac{\text{Eigenkapital} \cdot 100}{\text{Gesamtkapital}}$
❷	Grad der Verschuldung = $\frac{\text{Fremdkapital} \cdot 100}{\text{Eigenkapital}}$
❸	Anteil des langfristigen Fremdkapitals = $\frac{\text{langfristiges Fremdkapital} \cdot 100}{\text{Gesamtkapital}}$
❹	Anteil des kurzfristigen Fremdkapitals = $\frac{\text{kurzfristiges Fremdkapital} \cdot 100}{\text{Gesamtkapital}}$

Arbeitsblatt 2

Einseitige (vertikale) Bilanzkennzahlen

Kennzahlen zur Vermögensstruktur (Konstitution):

❶	Anteil des Anlagevermögens =
❷	Anteil des Umlaufvermögens =
❸	Anteil der Vorräte =
❹	Anteil der Forderungen =
❺	Anteil der flüssigen Mittel =

Kennzahlen zur Kapitalstruktur (Finanzierung):

❶	Grad der finanziellen Unabhängigkeit =
❷	Grad der Verschuldung =
❸	Anteil des langfristigen Fremdkapitals =
❹	Anteil des kurzfristigen Fremdkapitals =

Anlage 3

Zweiseitige (horizontale) Bilanzkennzahlen

Finanzierungsverhältnisse (Investierung)

❶	Anlagendeckungsgrad A (I) =	$\frac{\text{Eigenkapital} \cdot 100}{\text{Anlagevermögen}}$
❷	Anlagendeckungsgrad B (II) =	$\frac{\text{Langfristiges Kapital} \cdot 100}{\text{Anlagevermögen}}$

Kennzahlen zur Liquidität:

❶	Liquidität 1. Grades = (Barliquidität)	$\frac{\text{Sofort flüssige Mittel} \cdot 100}{\text{Kurzfristiges Fremdkapital}}$
❷	Liquidität 2. Grades = (einzugsbedingte Liquidität)	$\frac{\text{Kurzfr. Forderungen + sofort flüssige Mittel} \cdot 100}{\text{Kurzfristiges Fremdkapital}}$
❸	Liquidität 3. Grades =	$\frac{\text{Umlaufvermögen} \cdot 100}{\text{Kurzfristiges Fremdkapital}}$

Heinrich KG	**Aufbereitung und Auswertung des Jahresabschlusses**		**Rechnungs-wesen** Situation 32

Arbeitsblatt 3

Zweiseitige (horizontale) Bilanzkennzahlen

Finanzierungsverhältnisse (Investierung)

❶	Anlagendeckungsgrad A (I) =
❷	Anlagendeckungsgrad B (II) =

Kennzahlen zur Liquidität:

❶	Liquidität 1. Grades = (Barliquidität)
❷	Liquidität 2. Grades = (einzugsbedingte Liquidität)
❸	Liquidität 3. Grades =

Anlage 4

Rentabilitätskennziffern

Kapitalrentabilität

❶	Eigenkapitalrentabilität = (Unternehmerrentabilität)	$\frac{\text{Gewinn} \cdot 100}{\text{Ø Eigenkapital}}$
❷	Gesamtkapitalrentabilität = (Unternehmensrentabilität)	$\frac{(\text{Gewinn} + \text{Zinsen}) \cdot 100}{\text{Ø Gesamtkapital}}$

Umsatzrentabilität

❶	$\text{Umsatzrentabilität} = \dfrac{\text{Gewinn} \cdot 100}{\text{Umsatz}}$

Wirtschaftlichkeit

❶	$\text{Wirtschaftlichkeit} = \dfrac{\text{Leistungen}}{\text{Kosten}}$

Leistungen laut Angaben aus der Kosten- und Leistungsrechnung: 63.233.440,00 €
Kosten laut Angaben aus der Kosten- und Leistungsrechnung: 50.586.400,00 €

Cashflow und Cashflow-Umsatzrate

❶	Cashflow = Jahresgewinn + Abschreibungen
❷	$\text{Cashflow-Umsatzrate} = \dfrac{\text{Cashflow} \cdot 100}{\text{Umsatz}}$

Arbeitsblatt 4

Rentabilitätskennziffern

Kapitalrentabilität

❶	Eigenkapitalrentabilität = (Unternehmerrentabilität)
❷	Gesamtkapitalrentabilität = (Unternehmensrentabilität)

Umsatzrentabilität

❶	Umsatzrentabilität =

24 Benen, Huesmann - ISBN 978-3-8120-1013-9

Heinrich KG 	**Aufbereitung und Auswertung des Jahresabschlusses**		**Rechnungs-wesen** **Situation 32**

Wirtschaftlichkeit

❶	Wirtschaftlichkeit =

Leistungen laut Angaben aus der Kosten- und Leistungsrechnung: 63.233.440,00 €
Kosten laut Angaben aus der Kosten- und Leistungsrechnung: 50.586.400,00 €

Cashflow und Cashflow-Umsatzrate

❶	Cashflow =
❷	Cashflow-Umsatzrate =

Zu Aufgabe 7:

Anlage 5

Aus dem vergangenen Geschäftsjahr liegen die folgenden Bilanzkennzahlen für die Heinrich KG vor:

Einseitige (vertikale) Bilanzkennzahlen

Kennzahlen zur Vermögensstruktur (Konstitution):

Anteil des Anlagevermögens	= 24,45 %
Anteil des Umlaufvermögens	= 75,55 %
Anteil der Vorräte	= 47,45 %
Anteil der Forderungen	= 22,18 %
Anteil der flüssigen Mittel	= 2,23 %

Kennzahlen zur Kapitalstruktur (Finanzierung):

Grad der finanziellen Unabhängigkeit	= 34,24 %
Grad der Verschuldung	= 166,99 %
Anteil des langfristigen Fremdkapitals	= 31,44 %
Anteil des kurzfristigen Fremdkapitals	= 29,47 %

Zweiseitige (horizontale) Bilanzkennzahlen

Finanzierungsverhältnisse (Investierung):

Anlagendeckungsgrad A (I)	= 132,88 %
Anlagendeckungsgrad B (II)	= 246,31 %

Kennzahlen zur Liquidität:

Liquidität 1. Grades (Barliquidität)	= 9,30 %
Liquidität 2. Grades (einzugsbedingte Liquidität)	= 112,25 %
Liquidität 3. Grades	= 249,67 %

Rentabilitätskennziffern

Kapitalrentabilität:

Eigenkapitalrentabilität (Unternehmerrentabilität)	= 9,40 %
Gesamtkapitalrentabilität (Unternehmensrentabilität)	= 7,28 %

Umsatzrentabilität:

Umsatzrentabilität	= 1,41 %

Wirtschaftlichkeit:

Wirtschaftlichkeit	= 1,05

Cashflow und Cashflow-Umsatzrate:

Cashflow	= 1.123.450,00 €
Cashflow-Umsatzrate	= 1,82 %

Heinrich KG 	Grundbegriffe der Kosten- und Leistungsrechnung		Rechnungswesen Situation 33

Leon Laus darf heute Nachmittag an einer Besprechung zwischen Frau Meier und Herrn Fitschen teilnehmen. Dabei soll nach Aussage von Frau Meier das diesjährige Betriebsergebnis diskutiert werden. Da Leon den Unterschied zwischen dem Gesamtergebnis der Heinrich KG und dem Betriebsergebnis nicht kennt, bittet Frau Meier ihn, sich am Vormittag anhand einiger Unterlagen auf die Besprechung vorzubereiten.

Arbeitsaufträge:

1 Informieren Sie sich in Ihrem Rechnungswesen-Buch über Zweck und Aufgaben der Kosten- und Leistungsrechnung!

2 Erarbeiten Sie mit Hilfe Ihres Rechnungswesen-Buches die verschiedenen Systeme und Teilbereiche der Kosten- und Leistungsrechnung!

3 Informieren Sie sich anhand des Informationsblattes 1 über wichtige Grundbegriffe und deren Abgrenzung voneinander!

4 Entscheiden Sie bei den einzelnen Vorgängen des Arbeitsblattes 1, um welchen Begriff es sich jeweils handelt!

5 Prüfen Sie, ob die Aussagen des Arbeitsblattes 2 richtig oder falsch sind!

6 Ordnen Sie die Begriffe des Arbeitsblattes 3 richtig zu!

Heinrich KG

Grundbegriffe der Kosten- und Leistungsrechnung

Rechnungswesen

Situation 33

Informationsblatt 1

Im täglichen Sprachgebrauch werden viele Begriffe synonym verwandt, was betriebswirtschaftlich nicht korrekt ist. Hier ist eine klare Trennung notwendig.

A. Auszahlungen und Einzahlungen (Elemente der Liquiditätsrechnung)

Auszahlungen sind der tatsächliche Zahlungsmittelabfluss, der in Form von Bargeld oder von Banküberweisungen erfolgen kann.

Einzahlungen sind sämtliche Zuflüsse an Zahlungsmitteln (Kasse, Bank).

B. Ausgaben und Einnahmen

Sie unterscheiden sich von den Auszahlungen und Einzahlungen dadurch, dass die tatsächlichen Abflüsse oder Zuflüsse von Zahlungsmitteln um Forderungen bzw. Schulden berichtigt sind. Ausgaben und Einnahmen verändern das Geldvermögen des Unternehmens. Das Geldvermögen besteht aus dem Zahlungsmittelbestand sowie den kurzfristigen Forderungen und Verbindlichkeiten.

	Zahlungsmittelbestand
+	kurzfristige Forderungen
–	kurzfristige Verbindlichkeiten
=	Geldvermögen

Ausgaben vermindern das Geldvermögen, **Einnahmen** erhöhen das Geldvermögen.

C. Aufwendungen und Erträge (Elemente der Erfolgsrechnung)

Alle Geschäftsfälle, die das Eigenkapital verändern, führen zu Aufwendungen oder Erträgen. In der Finanzbuchhaltung sind sie in der GuV-Rechnung des Jahresabschlusses zu finden.

	Anlagevermögen
+	Vorräte
+	Geldvermögen
+	langfristige Forderungen
–	langfristige Schulden
=	Eigenkapital (Reinvermögen)

Aufwendungen sind der Werteverzehr für Güter und Dienstleistungen innerhalb einer bestimmten Rechnungsperiode, der nicht nur der Erfüllung des Betriebszweckes, also der Leistungserstellung und Leistungsverwertung dient. Aufwendungen und Ausgaben müssen wertmäßig nicht übereinstimmen (z. B. die Abschreibung ist zwar ein Aufwand, aber keine Ausgabe).

Erträge sind der Wertezuwachs durch erstellte Güter und Dienstleistungen innerhalb einer bestimmten Rechnungsperiode, der nicht nur auf der Erfüllung des Betriebszweckes, also der Leistungserstellung und -verwertung, beruht. Erträge und Einnahmen müssen wertmäßig nicht übereinstimmen (z. B. eine Wertzuschreibung auf ein zuvor außerplanmäßig abgeschriebenes Grundstück erhöht das EK, stellt aber keine Einnahme dar).

Heinrich KG

Grundbegriffe der Kosten- und Leistungsrechnung

Rechnungswesen

Situation 33

D. Kosten und Leistungen (Elemente der Kosten- und Leistungsrechnung [KLR])

Kosten sind alle betrieblichen Aufwendungen, die in unmittelbarem Zusammenhang mit dem eigentlichen Betriebszweck stehen.

Sie erfassen den Verzehr an Gütern, Diensten und Abgaben, der im Rahmen der geplanten betrieblichen Leistungserstellung (= Beschaffung + Produktion) und Leistungsverwertung (= Absatz) anfällt. Außer den Kosten gibt es aber auch Aufwendungen, die in keinem Zusammenhang mit der Beschaffung, Produktion und dem Absatz stehen oder unregelmäßig und/oder in außergewöhnlicher Höhe anfallen. Diese werden als neutrale Aufwendungen bezeichnet.

***Zu den neutralen Aufwendungen zählen*:**

- Betriebsfremde Aufwendungen (Verluste aus Wertpapiergeschäften)
- Aufwendungen, die im Zusammenhang mit einer Umstrukturierung des Vermögens entstehen (Verluste aus dem Abgang von Vermögensgegenständen)
- Periodenfremde Vorgänge (Nachzahlung von Löhnen oder Steuern)
- Außerordentliche Aufwendungen. Es handelt sich um Aufwendungen, die ungewöhnlich hoch und/oder äußerst selten sind (Verluste aus Enteignungen oder der Verkauf von Betriebsteilen).

Zu den Leistungen**, die immer das Ergebnis einer geplanten betrieblichen Leistungserstellung und -verwertung sind, **zählen:

- Absatzleistungen = Umsatzerlöse
- Lagerleistungen (Mehr- und Minderbestände)
- Aktivierte Eigenleistungen (selbsterstellte Anlagen)
- Eigenverbrauch

***Zu den neutralen Erträgen zählen*:**

- Betriebsfremde Erträge (Mieterträge, Zinserträge, Erträge aus Wertpapierverkäufen)
- Erträge, die im Zusammenhang mit einer Umstrukturierung des Vermögens entstehen (Erträge aus dem Abgang von Vermögensgegenständen)
- Zwar betriebliche, aber periodenfremde Vorgänge (Steuerrückerstattung)
- Außerordentliche Erträge aufgrund ungewöhnlich hoher und/oder selten vorkommender Geschäftsfälle (Steuererlass, Gläubigerverzicht).

Heinrich KG	Grundbegriffe der Kosten- und Leistungsrechnung		Rechnungswesen Situation 33

Arbeitsblatt 1

Entscheiden Sie bei den folgenden Vorgängen, ob es sich um

a) Auszahlungen
b) Einzahlungen
c) Ausgaben
d) Einnahmen
e) Aufwendungen
f) Erträge

handelt und begründen Sie kurz Ihre Entscheidung!

1	Die Heinrich KG zahlt für einen aufgenommenen Kredit 5.000,00 € Zinsen.
2	Die Heinrich KG kauft für 250,00 € Büromaterial und zahlt mit Bargeld.
3	Die Heinrich KG kauft Handelswaren auf Ziel für 2.400,00 €.
4	Die Heinrich KG zahlt eine fällige Rechnung an einen Lieferanten über 5.000,00 € per Banküberweisung.
5	Die Heinrich KG verkauft an einen Einzelhändler Bürostühle im Wert von 1.360,00 € bar.
6	Die Heinrich KG nimmt bei der Hausbank einen kurzfristigen Kredit über 15.000,00 € auf.

Heinrich KG

Grundbegriffe der Kosten- und Leistungsrechnung

Rechnungswesen

Situation 33

Arbeitsblatt 2

Prüfen Sie, ob die folgenden Aussagen richtig oder falsch sind!

Nr.	Aussagen	Entscheidung
1	Aufwendungen und Erträge sind Begriffe der Erfolgsrechnung der Finanzbuchhaltung.	
2	Aufwendungen sind zugleich auch immer Ausgaben des Unternehmens.	
3	Einnahmen sind zugleich auch immer Erträge des Unternehmens.	
4	Neutrale Aufwendungen entstehen bei der Verfolgung betriebsfremder Ziele.	
5	Unter Aufwendungen versteht man den Werteverzehr im Unternehmen für betriebliche Zwecke.	
6	Das Betriebsergebnis wird aus der Gegenüberstellung der neutralen Aufwendungen und der Leistungen ermittelt.	
7	Das ermittelte Gesamtergebnis der Unternehmung im Rechnungskreis I enthält sowohl das Betriebsergebnis als auch das neutrale Ergebnis.	
8	Ein Betriebsgewinn wird dann erwirtschaftet, wenn die Leistungen höher sind als die Kosten.	

Arbeitsblatt 3

Ordnen Sie die folgenden Aufwands- und Ertragsarten korrekt zu!

(1) neutrale Aufwendungen (2) neutrale Erträge
(3) betriebliche Aufwendungen (4) betriebliche Erträge

Nr.	Aufwands- und Ertragsarten	Entscheidung
1	Zinsaufwendungen	
2	Mieterträge	
3	Rückerstattung zu viel entrichteter Betriebssteuern für vergangene Geschäftsjahre	
4	Brandschaden im Rohstofflager	
5	Lohnzahlungen	
6	Ertrag aus dem Abgang einer Verpackungsmaschine	
7	Umsatzerlöse für eigene Erzeugnisse	
8	Abschreibungen auf ein vermietetes Gebäude	
9	Soziale Abgaben	
10	Verluste aus Wertpapiergeschäften	
11	Entnahme von Fertigerzeugnissen für private Zwecke	
12	Hoher Forderungsausfall eines Kunden	
13	Mietzahlung für ein Lagergebäude	
14	Instandhaltungsaufwand für Maschinen	
15	Gewerbesteuernachzahlung für vergangene Geschäftsjahre	

Heinrich KG 	**Abgrenzungsrechnung I Unternehmensbezogene Abgrenzungen**		**Rechnungswesen** Situation 34

Zusammen mit Herrn Fitschen soll Leon Laus die Abgrenzungsrechnung der Heinrich KG für die vergangene Abrechnungsperiode vornehmen. Dazu haben sich die beiden von der Buchhalterin Svenja Meier die Aufwendungen und Erträge der Geschäftsbuchführung geben lassen. Bevor nun die eigentliche Arbeit beginnt, bittet Herr Fitschen Leon, sich kurz über den technischen Ablauf und das Ziel der Abgrenzungsrechnung zu informieren. Für den Nachmittag verabreden sich beide, um dann die Abgrenzungsrechnung durchzuführen.

Arbeitsaufträge:

1 Informieren Sie sich in Ihrem Rechnungswesen-Buch über den rechnungstechnischen Ablauf und das Ziel der Abgrenzungsrechnung (Hinweis: Bei dieser Situation wird zunächst nur die 1. Stufe der Abgrenzungsrechnung durchgeführt, die kostenrechnerischen Korrekturen finden erst in der nächsten Situation Anwendung!)!

2 Führen Sie aufgrund der Angaben im Informationsblatt 1 die Abgrenzungsrechnung für die Heinrich KG durch! Benutzen Sie für die Bearbeitung bitte das Arbeitsblatt 1!

Informationsblatt 1

Frau Meier hat die Aufwendungen und Erträge der Heinrich KG für die vergangene Abrechnungsperiode (Oktober 20..) zusammengestellt. Danach ergibt sich folgendes Bild:

		Aufwendungen	Erträge
5000	Umsatzerlöse für eigene Erzeugnisse		4.320.122,00 €
5100	Umsatzerlöse für Handelswaren		620.860,00 €
5401	Mieterträge		18.750,00 €
5710	Zinserträge		5.710,00 €
6000	Aufwendungen für Rohstoffe	1.350.000,00 €	
6020	Aufwendungen für Hilfsstoffe	432.500,00 €	
6200	Löhne	230.000,00 €	
6300	Gehälter	270.000,00 €	
6520	Abschreibungen auf Sachanlagen	56.430,00 €	
6700	Mietaufwendungen	24.000,00 €	
6730	Gebühren	8.000,00 €	
6800	Büromaterial	53.000,00 €	
6880	Spenden	1.500,00 €	
6900	Versicherungsbeiträge	35.000,00 €	
6990	periodenfremde Aufwendungen	6.500,00 €	
7510	Zinsaufwendungen	53.333,00 €	

25 Benen, Huesmann - ISBN 978-3-8120-1013-9

Heinrich KG 	Abgrenzungsrechnung I Unternehmensbezogene Abgrenzungen		Rechnungs- wesen Situation 34

Arbeitsblatt 1

Rechnungskreis I				Rechnungskreis II					
Erfolgsbereich				**Abgrenzungsbereich**				**Kosten- und Leistungsrechnung**	
Geschäftsbuchführung Konten der Klasse 5, 6, 7				unternehmens-bezogene Abgrenzungen		kosten- und leistungsrechnerische Korrekturen			
Kto.-Nr.	Konto	Aufw.	Erträge	Aufw.	Erträge	Aufw.	Erträge	Kosten	Leistungen
Summen:									
Salden (Ergebnisse)									
		Unternehmens-ergebnis:		Ergebnis aus unternehmens-bezogener Abgrenzung:		Ergebnis aus kosten- und leistungsrech-nerischen Korrekturen:		Betriebsergebnis:	

Abstimmung der Ergebnisse:

Unternehmensergebnis (RK I)		
Ergebnis aus unternehmensbezogener Abgrenzung Betriebsergebnis		
Gesamtergebnis (RK II)		

Heinrich KG 	Abgrenzungsrechnung II Kostenrechnerische Korrekturen		Rechnungs-wesen Situation 35

Leon Laus freut sich darüber, dass er die Technik der Abgrenzungsrechnung so schnell verstanden hat. Andererseits ist er auch verwundert, hatte ihm doch Frau Meier prophezeit, dass er nun in ein enorm schwieriges Gebiet der Kosten- und Leistungsrechnung eindringt. Nach einem Gespräch mit Herrn Fitschen kehrt allerdings Ernüchterung bei Leon ein, da er in ihm erfahren hat, dass es sich bei der durchgeführten Abgrenzungsrechnung nur um eine vereinfachte Form handelt.

Kalkulatorische Kosten, die in jeder Abgrenzungsrechnung vorkämen, hätten bisher komplett gefehlt, erklärt ihm Herr Fitschen. Dies soll sich nun ändern. Nachdem auch die kalkulatorischen Daten vorliegen, ist für den nächsten Vormittag erneut eine Abgrenzungsrechnung geplant. Grundlage dieser Arbeit werden dann die Daten aus dem Dezember sein. Leon beschließt, sich bis zum nächsten Tag intensiv auf die anstehende Arbeit vorzubereiten.

Arbeitsaufträge:

1 Informieren Sie sich in Ihrem Rechnungswesen-Buch über den Zweck und den Umfang der kalkulatorischen Kosten und klären Sie die Begriffe „Grundkosten“, „Anderskosten“ und „Zusatzkosten“!

2 Informieren Sie sich anhand des Informationsblattes 1 über kalkulatorischen Kosten!

3 Bearbeiten Sie das Arbeitsblatt 1!

4 Bearbeiten Sie das Arbeitsblatt 2!

5 Bearbeiten Sie das Arbeitsblatt 3!

6 Informieren Sie sich in Ihrem Rechnungswesen-Buch darüber, wie kalkulatorische Kosten in die Abgrenzungsrechnung übertragen werden!

7 Führen Sie aufgrund der Angaben im Informationsblatt 2 die Abgrenzungsrechnung für die Heinrich KG durch! Benutzen Sie für die Bearbeitung bitte das Arbeitsblatt 4!

Heinrich KG

Abgrenzungsrechnung II Kostenrechnerische Korrekturen

Rechnungswesen

Situation 35

Informationsblatt 1

Kalkulatorische Kosten im Überblick:
Die kalkulatorischen Kosten sorgen dafür, dass nur der leistungsbedingte Werteverzehr in die Kosten- und Leistungsrechnung eingebracht wird. Dies gilt selbst dann, wenn er im Gesamtergebnis der Geschäftsbuchhaltung nicht oder mit anderen Werten angesetzt ist. Kalkulatorische Kosten werden in der Kostenspalte beim Betriebsergebnis erfasst und bilden zusammen mit den Grundkosten die Grundlage der Angebotskalkulation. Beim Verkauf der Waren fließen sie über die Umsatzerlöse in das Unternehmen zurück, wenn die Umsatzerlöse die gesamten Selbstkosten (einschließlich der kalkulatorischen Kosten) decken.

Insgesamt unterscheidet man bei den kalkulatorischen Kosten zwischen Anderskosten und Zusatzkosten.

1 Anderskosten (aufwandsungleiche Kosten)

1.1 Kalkulatorische Abschreibung

In der Geschäftsbuchführung werden die bilanzmäßigen Abschreibungen in der Regel nach handels- und steuerrechtlichen Gesichtspunkten oder gewinnpolitischen Zweckmäßigkeiten vorgenommen. Damit eignen sie sich nicht unbedingt für die Kosten- und Leistungsrechnung, in der die Berücksichtigung des tatsächlichen Werteverzehrs sowie eine gleichmäßige Belastung jeder Abrechnungsperiode mit Kosten angestrebt werden. Die folgende Gegenüberstellung der bilanzmäßigen und der kalkulatorischen Abschreibung macht deutlich, warum beide Beträge in der Regel unterschiedlich sind:

bilanzmäßige Abschreibungen	**kalkulatorische Abschreibungen**
▪ Abgeschrieben werden alle Wirtschaftsgüter.	▪ Abgeschrieben werden nur die Anlagegüter, die betriebsnotwendig sind.
▪ Die Abschreibung wird aufgrund der Anschaffungs- oder Herstellungskosten ermittelt.	▪ Die Abschreibung wird von den gestiegenen Wiederbeschaffungskosten (ausgedrückt durch einen Preisindex) ermittelt.
▪ Abgeschrieben wird bis zur Höhe der Anschaffungs- oder Herstellungskosten.	▪ Die Abschreibung wird solange fortgesetzt, wie das Anlagegut im Betrieb noch eingesetzt wird, unabhängig davon, ob es bilanziell bereits abgeschrieben ist oder nicht.
▪ Es gibt verschiedene Abschreibungsmethoden, die nach steuerlichen Gesichtspunkten gewählt werden.	▪ Es wird grundsätzlich die lineare Abschreibungsmethode gewählt, um gleichbleibende Beträge zu erhalten.

1.2 Kalkulatorische Zinsen:

In der Geschäftsbuchführung werden die gezahlten Fremdkapitalzinsen als Aufwand erfasst und beeinflussen in voller Höhe das Unternehmensergebnis. In der Kosten- und Leistungsrechnung berücksichtigt man dagegen auch eine angemessene Verzinsung des eingesetzten Eigenkapitals. In die Preiskalkulation (und damit in den Verkaufspreis) müssen deshalb Zinsen für das gesamte betriebsbedingte Kapital angesetzt werden.

Heinrich KG 	**Abgrenzungsrechnung II Kostenrechnerische Korrekturen**		**Rechnungswesen** Situation 35

Auf der Grundlage des betriebsbedingten Kapitals werden in der Kosten- und Leistungsrechnung kalkulatorische Zinsen angesetzt. Der kalkulatorische Zinssatz richtet sich dabei nach dem üblichen Zinssatz für eine langfristige Kapitalanlage. Durch die Berücksichtigung des betriebsbedingten Kapitals als Grundlage für die Berechnung der kalkulatorischen Zinsen erreicht man, dass alle Betriebe die gleiche Bezugsgröße verwenden und ein Betriebsvergleich möglich wird.

Das betriebsbedingte Kapital kann wie folgt ermittelt werden:

	betriebsbedingtes Anlagevermögen
+	betriebsbedingtes Umlaufvermögen
=	betriebsbedingtes Vermögen
–	Abzugskapital
=	betriebsbedingtes Kapital

Betriebsbedingtes Anlagevermögen:
Hierzu zählen nur Anlagegüter, die dauernd dem eigentlichen Betriebszweck dienen (Ansatz: Anschaffungskosten – kalkulatorische Abschreibungen). Nicht betriebsbedingte Anlagen wie vermietete Gebäude oder stillgelegte Anlagen bleiben außer Ansatz.

Betriebsbedingtes Umlaufvermögen:
Nach Ausgliederung der nicht betriebsbedingten Posten (z. B. Wertpapiere) ist es mit den Beträgen anzusetzen, die während des Abrechnungszeitraumes durchschnittlich im Umlaufvermögen gebunden sind.

Abzugskapital:
Kapitalposten, die dem Unternehmen zinslos zur Verfügung stehen, wie z. B. Anzahlungen von Kunden, Rückstellungen oder Lieferantenkredite.

1.3 Kalkulatorische Wagnisse:

Gemeint sind an dieser Stelle nur Einzelwagnisse, die im unmittelbaren Zusammenhang mit der betrieblichen Tätigkeit stehen. Das allgemeine Unternehmerwagnis (Beschäftigungsrückgang, Nachfrageverschiebungen, Fehlentscheidungen der Unternehmensleitung ...) ist nicht kalkulierbar und daher kein Kostenbestandteil, es wird durch den Gewinn abgegolten.

Zu den Einzelwagnissen zählen:

⇨ **Anlagewagnis:**
Verluste an Anlagegütern durch besondere Schadensfälle wie etwa Brand, technischer Fortschritt, vorzeitiger Ausfall ...

⇨ **Beständewagnis:**
Verluste an Vorräten durch Schwund, Verderb, Diebstahl, Veralten oder Preissenkungen.

⇨ **Gewährleistungswagnis:**
Garantieleistungen, Preisnachlässe ...

⇨ **Vertriebswagnis:**
Ausfälle und Währungsverluste bei Kundenforderungen.

⇨ **Fertigungswagnis:**
Mehrkosten aufgrund von fehlerhafter Produktion, Ausschuss ...

⇨ **Entwicklungswagnis:**
Verluste aus fehlgeschlagenen Entwicklungsarbeiten.

Die tatsächlichen Wagnisverluste fallen zeitlich unregelmäßig und in unterschiedlicher Höhe an. Sie werden als Aufwand in der Geschäftsbuchführung gebucht und beeinflussen das Unternehmensergebnis. An ihre Stelle treten in der Kosten- und Leistungsrechnung die kalkulatorischen Wagnisse, die zu einer gleichmäßigen und anteiligen Belastung der Abrechnungsperioden führen.

Sind einzelne Wagnisse durch Versicherungen gedeckt, so werden anstelle der Wagnisse die Versicherungsprämien als Kosten gebucht. Kalkulatorische Wagnisse sind also nur Kosten für nicht versicherte Einzelwagnisse.

Die Höhe der kalkulatorischen Wagniszuschläge richtet sich nach entsprechenden Erfahrungswerten. Zum Beispiel wird aus den Wagnisverlusten der letzten 5 Jahre ein Durchschnittswert in Prozent gebildet.

2 Zusatzkosten (aufwandslose Kosten)

2.1 Kalkulatorische Miete:

An Stelle der tatsächlich anfallenden Gebäude- und Grundstücksaufwendungen könnte eine kalkulatorische Miete für die eigengenutzten betriebsnotwendigen Räume ermittelt werden. Da wesentliche Teile der Gebäude- und Grundstücksaufwendungen aber bereits berücksichtigt sind bei den kalkulatorischen Abschreibungen und Zinsen, entfällt meist die Verrechnung einer kalkulatorischen Miete für betriebseigene Gebäude.

Stellt ein Unternehmer aber Privaträume für betriebliche Zwecke zur Verfügung, so ist eine kalkulatorische Miete, die sich am ortsüblichen Mietspiegel orientieren sollte, anzusetzen. Bei dieser kalkulatorischen Miete handelt es sich um Zusatzkosten, da ein entsprechender Aufwandsposten in der Geschäftsbuchführung fehlt.

2.2 Kalkulatorischer Unternehmerlohn:

Bei Kapitalgesellschaften beziehen die Vorstände oder Geschäftsführer Gehälter, die in die Kosten einfließen. Bei Personengesellschaften oder Einzelunternehmen ist es üblich, dass die mitarbeitenden Gesellschafter oder Inhaber keine Gehälter erhalten. Ihre Arbeitsleistung wird durch den Gewinn abgegolten, in der Geschäftsbuchführung fehlt deshalb der entsprechende Aufwand. Kosten im kalkulatorischen Sinne sind aber nicht nur die gezahlten Löhne und Gehälter, sondern auch die erbrachte Arbeitsleistung der Gesellschafter oder Inhaber, auch wenn keine Auszahlungen vorliegen.

Die Berücksichtigung eines kalkulatorischen Unternehmerlohns ist aus Gründen einer exakten Kostenerfassung und unter dem Gesichtspunkt der Vergleichbarkeit der Kostenstruktur unterschiedlicher Unternehmen zwingend notwendig. Die Höhe des kalkulatorischen Unternehmerlohns richtet sich dabei nach dem Gehalt eines leitenden Angestellten in vergleichbarer Position.

Heinrich KG 	**Abgrenzungsrechnung II Kostenrechnerische Korrekturen**		**Rechnungs-wesen** Situation 35

Arbeitsblatt 1

Der Summenbilanz der Heinrich KG sind folgende Buchwerte entnommen:

0700	Maschinen und maschinelle Anlagen	660.000,00 €
0870	Büromöbel und Geschäftsausstattung	1.350.000,00 €

Abschlussangaben:

1.	Bilanzmäßige Abschreibungen 20 % auf 0700 von den Anschaffungskosten 15 % auf 0870 von den Anschaffungskosten	 1.100.000,00 € 2.300.000,00 €
2.	Kalkulatorische Abschreibungen 20 % auf 0700 von den Wiederbeschaffungskosten 10 % auf 0870 von den Wiederbeschaffungskosten	 Preisindex 1,20 Preisindex 1,08

Aufgabe:
Ermitteln Sie die Beträge für die bilanzmäßigen und die kalkulatorischen Abschreibungen!

	bilanzmäßige Abschreibung	kalkulatorische Abschreibung
0700		
0870		
Gesamt		

Heinrich KG

Abgrenzungsrechnung II Kostenrechnerische Korrekturen

Rechnungswesen

Situation 35

Arbeitsblatt 2

Die Heinrich KG verfügt über folgende Vermögenswerte:

Anlagevermögen:	Gebäude	1.800.000,00 €
	TA und Maschinen	660.000,00 €
	Fuhrpark	430.000,00 €
	Büromöbel- und Geschäftsausstattung	1.300.000,00 €
Umlaufvermögen:	Fertige und Unfertige Erzeugnisse	2.900.000,00 €
	Kundenforderungen	5.400.000,00 €
	Zahlungsmittel	485.000,00 €

Unter den Gebäuden befindet sich eine Lagerhalle (350.000,00 €), die dauerhaft vermietet ist. Die Verpackungsmaschine (38.000,00 €) ist vor einem halben Jahr durch eine vollautomatische Anlage ersetzt worden und seit diesem Termin außer Betrieb. Das Abzugskapital besteht aus Lieferantenkrediten in Höhe von 355.000,00 €.

Der kalkulatorische Zinssatz wird mit 8,00 % angesetzt. Die tatsächlich gezahlten Fremdkapitalzinsen betragen 655.000,00 €.

Aufgabe:
Berechnen Sie das betriebsbedingte Kapital und stellen Sie die kalkulatorischen den bilanziellen Zinsen gegenüber!

Betriebsbedingtes Anlagevermögen:

Gebäude

maschinelle Anlagen

Fuhrpark

Büromöbel und Geschäftsausstattung

Gesamt:

Betriebsbedingtes Umlaufvermögen:

Fertige und Unfertige Erzeugnisse

Kundenforderungen

Zahlungsmittel

Gesamt:

Abzugskapital:

Lieferantenkredite

Gesamt:

Heinrich KG 	Abgrenzungsrechnung II Kostenrechnerische Korrekturen		Rechnungswesen Situation 35

Betriebsbedingtes Kapital:

betriebsbedingtes Anlagevermögen	
+ betriebsbedingtes Umlaufvermögen	
= betriebsbedingtes Vermögen	
– Abzugskapital	
= betriebsbedingtes Kapital	

bilanzielle Zinsen

kalkulatorische Zinsen

Arbeitsblatt 3

Die Heinrich KG hat in den vergangenen Jahren nachfolgende Daten ermittelt:

	eingetretene Risiken	Umsatz zu Selbstkosten
1. Jahr	518.000,00 €	51.400.000,00 €
2. Jahr	414.500,00 €	51.030.000,00 €
3. Jahr	512.850,00 €	49.150.000,00 €
4. Jahr	523.000,00 €	50.020.000,00 €
5. Jahr	482.400,00 €	52.240.000,00 €
6. Jahr	516.500,00 €	51.031.250,00 €

Aufgaben:

a) Berechnen Sie das jährliche Wagnis in Prozent!
b) Wie hoch wäre der Wagniszuschlag für das 7. Jahr aufgrund der eingetretenen Wagnisse der letzten sechs Jahre?

Zu a)

	Wagnis in Prozent
1. Jahr	
2. Jahr	
3. Jahr	
4. Jahr	
5. Jahr	
6. Jahr	

26 Benen, Huesmann - ISBN 978-3-8120-1013-9

Zu b)

durchschnittliches Risiko der letzten sechs Jahre in Euro ____________________

durchschnittlicher Umsatz der letzten sechs Jahre in Euro ____________________

Wagnis für das 7. Jahr (in Prozent) ____________________

Informationsblatt 2

Frau Meier hat die Aufwendungen und Erträge der Heinrich KG für die vergangene Abrechnungsperiode (Dezember 20..) zusammengestellt. Danach ergibt sich folgendes Bild:

		Aufwendungen	Erträge
5000	Umsatzerlöse für eigene Erzeugnisse		4.430.172,00 €
5100	Umsatzerlöse für Handelswaren		590.860,00 €
5401	Mieterträge		19.750,00 €
5710	Zinserträge		6.110,00 €
6000	Aufwendungen für Rohstoffe	1.280.000,00 €	
6020	Aufwendungen für Hilfsstoffe	428.300,00 €	
6200	Löhne	278.000,00 €	
6300	Gehälter	314.000,00 €	
6520	Abschreibungen auf Sachanlagen	53.740,00 €	
6700	Mietaufwendungen	26.500,00 €	
6730	Gebühren	11.000,00 €	
6800	Büromaterial	49.400,00 €	
6880	Spenden	8.500,00 €	
6900	Versicherungsbeiträge	63.000,00 €	
6930	Schadensfälle (nicht abgedeckt)	135.000,00 €	
6990	periodenfremde Aufwendungen	7.350,00 €	
7510	Zinsaufwendungen	57.930,00 €	
7700	Gewerbeertragssteuern	34.475,00 €	

Angaben aus der Kosten- und Leistungsrechnung:

1. Die kalkulatorischen Abschreibungen auf Sachanlagen betragen 50.000,00 €
2. Das betriebsbedingte Kapital beträgt 12.300.000,00 €, der Zinsfuß 8,0 %
3. Die kalkulatorischen Wagnisse werden mit 93.500,00 € angesetzt.
4. Unter den Gewerbeertragssteuern sind u. a. 11.000,00 € Steuernachzahlung aus dem vergangenen Geschäftsjahr.
5. Der kalkulatorische Unternehmerlohn wird mit 16.500,00 € angesetzt.

Heinrich KG 	Abgrenzungsrechnung II Kostenrechnerische Korrekturen		Rechnungswesen Situation 35

Arbeitsblatt 4

Rechnungskreis I				Rechnungskreis II					
Erfolgsbereich				Abgrenzungsbereich				Kosten- und Leistungsrechnung	
Geschäftsbuchführung Konten der Klasse 5, 6, 7				unternehmensbezogene Abgrenzungen		kosten- und leistungsrechnerische Korrekturen			
Kto.-Nr.	Konto	Aufw.	Erträge	Aufw.	Erträge	Aufw.	Erträge	Kosten	Leistungen
Summen:									
Salden (Ergebnisse)									
		Unternehmensergebnis:		Ergebnis aus unternehmensbezogener Abgrenzung:		Ergebnis aus kosten- und leistungsrechnerischen Korrekturen:		Betriebsergebnis:	

Heinrich KG 	Abgrenzungsrechnung II Kostenrechnerische Korrekturen		Rechnungs- wesen Situation 35

Abstimmung der Ergebnisse:

Unternehmensergebnis (RK I)		
Ergebnis aus unternehmensbezogener Abgrenzung Ergebnis aus kosten- und leistungsrechnerischen Korrekturen Betriebsergebnis		
Gesamtergebnis (RK II)		

Heinrich KG 	Kostenstellenrechnung		Rechnungs-wesen Situation 36

Nachdem Leon auch den Umgang mit kalkulatorischen Kosten gelernt hat und in der Lage ist, das Betriebsergebnis im Rahmen der Abgrenzungsrechnung zu ermitteln, hält Herr Fitschen die Zeit für gekommen, Leon nun in die Geheimnisse der Kostenstellenrechnung einzuweihen.

Zusammen mit Frau Meier muss Herr Fitschen die bisherige Kostenstellenbildung überprüfen. Bei dieser Arbeit soll ihnen Leon zur Hand gehen. Die Heinrich KG unterscheidet bei der Kostenstellenbildung strikt zwischen dem Bereich der Handelswaren und dem Bereich der eigenen Erzeugnisse. Im Bereich der Handelswaren arbeitet die Heinrich KG in Anlehnung an einen Großhandelsbetrieb, im Bereich der eigenen Erzeugnisse natürlich wie ein Industriebetrieb.

Heute geht es im Handelswarenbereich um die von der Heinrich KG angebotenen fünf Papiersorten „Schreibmaschinen-Papiere, Schreibpapiere, Umdruckpapiere, Offset-Papiere und Zeitungsdrucke“.

Arbeitsaufträge:

1 Informieren Sie sich in Ihrem Rechnungswesen-Buch über den Zweck der Kostenstellenrechnung sowie Gesichtspunkte für die Bildung von Kostenstellen!

2 Informieren Sie sich, nach welchen Gesichtspunkten in Ihrem Ausbildungsbetrieb die Kostenstellen gebildet worden sind!

3 Erarbeiten Sie mit Hilfe Ihres Rechnungswesen-Buches, wie die Erfassung der Kosten vorgenommen werden kann!

4 Führen Sie aufgrund der Angaben im Informationsblatt 1 die Kostenstellenrechnung für die Heinrich KG durch!

Benutzen Sie für die Bearbeitung bitte das Arbeitsblatt 1!

Hinweise zur Durchführung der Kostenstellenrechnung mit Hilfe des Betriebsabrechnungsbogens (BAB) im Industriebereich finden Sie in Ihrem Rechnungswesen-Buch.

5 Führen Sie aufgrund der Angaben im Informationsblatt 2 die Kostenstellenrechnung für den Handelswarenbereich „Papier“ durch!

Benutzen Sie für die Bearbeitung bitte das Arbeitsblatt 2!

Hinweise zur Durchführung der Kostenstellenrechnung mit Hilfe des Betriebsabrechnungsbogens (BAB) im Handlesbereich finden Sie in Ihrem Rechnungswesen-Buch.

Informationsblatt 1

Die Kostenartenrechnung der Heinrich KG weist für den Monat Februar 20.. folgende Kosten im Bereich der eigenen Erzeugnisse aus, die nach den angegebenen Verteilungsschlüsseln auf die einzelnen Kostenstellen zu verteilen sind:

Aufwendungen für Rohstoffe	1.285.000,00 €
Fertigungslöhne	217.000,00 €

Gemeinkostenarten	Beträge in €	Verteilungsschlüssel			
		Material	Fertigung	Verwaltung	Vertrieb
Auf. für Hilfsstoffe	403.000,00	3	8	-	2
Gehälter	255.000,00	2	1	9	3
Kalk. Abschreibungen	53.880,00	2	11	4	3
Mietaufwendungen	33.600,00	1	1	5	-
Energiekosten	39.280,00	1	9	4	2
Instandhaltung	40.788,00	4	9	2	3
Werbung	12.880,00	1	4	5	4

Informationsblatt 2

Die Kostenartenrechnung der Heinrich KG weist für den Monat Februar 20.. folgende Kosten im Bereich der Handelsware „Papier" aus, die nach den angegebenen Verteilungsschlüsseln auf die einzelnen Kostenstellen zu verteilen sind:

Handlungskostenarten	Beträge in €	Verteilungsschlüssel				
		SM-Papiere	Schreib-Papiere	Umdruck-Papiere	Offset-Papiere	Zeitungsdrucke
Personalkosten	75.823,00	4	1	1	3	2
Mieten	6.430,00	1	2	3	3	1
Werbung	4.200,00	1	2	2	5	2
Reisekosten	1.596,00	2	3	3	2	2
Büromaterial	980,00	2	2	1	1	2
Versicherungen	1.310,00	1	3	3	2	1
kalkulatorische Kosten	11.472,00	3	3	2	2	2

Für die einzelnen Warengruppen ergeben sich folgende Einstandspreise:

SM-Papiere:	49.350,00 €
Schreib-Papiere:	63.920,00 €
Umdruck-Papiere:	75.000,00 €
Offset-Papiere:	80.000,00 €
Zeitungsdrucke:	68.500,00 €

Heinrich KG	Kostenstellenrechnung		Rechnungswesen Situation 36

Arbeitsblatt 1

Aufgaben:

1. Verteilen Sie die Gemeinkosten entsprechend der Verteilungsschlüssel auf die vier Kostenstellen!

2. Berechnen Sie die vier Gemeinkostenzuschlagssätze sowie die Selbstkosten für den Februar 20..!

Gemeinkostenarten	Beträge in €	Verteilungsschlüssel			
		Material	Fertigung	Verwaltung	Vertrieb
Aufwendungen für Hilfsstoffe					
Gehälter					
Kalk. Abschreibungen					
Mietaufwendungen					
Energiekosten					
Instandhaltung					
Werbung					
Summe der Gemeinkosten					
Zuschlagsgrundlagen					
Aufwendungen für Rohstoffe					
Fertigungslöhne					
HK der Rechnungsperiode					
Zuschlagssätze					

Kalkulation der Selbstkosten:

Kalkulationsschema	Beträge in €

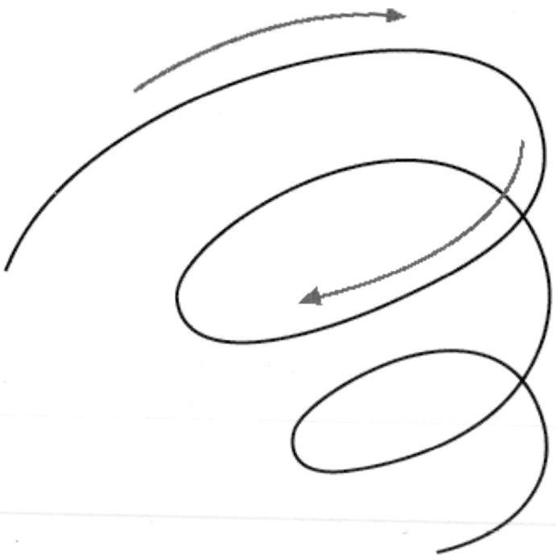

Heinrich KG 	**Kostenstellenrechnung**		**Rechnungswesen** Situation 36

Arbeitsblatt 2

Aufgaben:

1. Verteilen Sie die Gemeinkosten entsprechend der Verteilungsschlüssel auf die fünf Kostenstellen!

2. Berechnen Sie die fünf Gemeinkostenzuschlagssätze sowie die Selbstkosten für den Februar 20..!

Handlungskostenarten	Beträge in €	Kostenstellen				
		SM-Papiere	Schreib-Papiere	Umdruck-Papiere	Offset-Papiere	Zeitungsdrucke
Personalkosten						
Mieten						
Werbung						
Reisekosten						
Büromaterial						
Versicherungen						
kalkulatorische Kosten						
Summe der Gemeinkosten						
Zuschlagsgrundlagen						
Zuschlagssätze						

27 Benen, Huesmann - ISBN 978-3-8120-1013-9

Heinrich KG 	Kostenstellenrechnung		Rechnungswesen Situation 36

Kalkulation der Selbstkosten:

Kalkulationsschema	Beträge in €

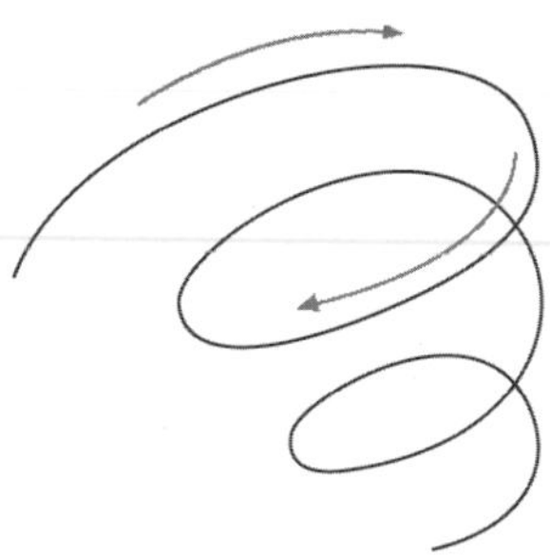

Heinrich KG 	**Kostenträgerstückrechnung**		**Rechnungs-wesen** **Situation 37**

Nachdem Leon verstanden hat, nach welchen Grundsätzen bei der Heinrich KG die Kostenstellen gebildet werden, steht heute ein weiteres spannendes Gebiet aus der Kosten- und Leistungsrechnung auf dem Programm, die Kostenträgerstückrechnung. Hier werden die ermittelten und verteilten Kosten nun auf die einzelnen Kostenträger verrechnet.

Herr Fitschen erläutert Leon, dass im Rahmen der Kostenträgerstückrechnung die Kalkulation der Angebotspreise eine entscheidende Rolle spielt.

Arbeitsaufträge:

1 Informieren Sie sich in Ihrem Rechnungswesen-Buch über die Aufgaben der Kostenträgerstückrechnung!

2 Führen Sie aufgrund der Angaben im Informationsblatt 1 die Kostenträgerstückrechnung für die Handelsware „Schreibtischlampe Maxima“ durch! Benutzen Sie für die Bearbeitung bitte das Arbeitsblatt 1!

3 Informieren Sie sich in Ihrem Rechnungswesen-Buch über die verschiedenen Arten der Kostenträgerstückrechnung in Industriebetrieben!

4 Führen Sie aufgrund der Angaben im Informationsblatt 2 die Angebotskalkulation für die Heinrich KG durch! Benutzen Sie für die Bearbeitung bitte das Arbeitsblatt 2!

5 Informieren Sie sich in Ihrem Rechnungswesen-Buch über die Berechnung des Maschinenstundensatzes und bearbeiten Sie unter Berücksichtigung des Informationsblattes 3 das Arbeitsblatt 3!

6 Überprüfen Sie im Rahmen einer Nachkalkulation anhand der Daten im Informationsblatt 4 die in der Aufgabe 4 durchgeführte Vorkalkulation! Benutzen Sie dazu das Arbeitsblatt 4!

7 Informieren Sie sich in Ihrem Rechnungswesen-Buch über die einfache und mehrstufige Divisionskalkulation!

8 Informieren Sie sich in Ihrem Rechnungswesen-Buch über die Äquivalenzziffernkalkulation und bearbeiten Sie anhand der Daten aus dem Informationsblatt 5 das Arbeitsblatt 5!

Heinrich KG	Kostenträgerstückrechnung		Rechnungswesen Situation 37

Informationsblatt 1

Die Heinrich KG plant die Erweiterung des Warensortiments um die Schreibtischlampe „Maxima". Nach intensivem Vergleich der in Frage kommenden Lieferanten hat man sich für die Wocken KG entschieden und plant zunächst den Einkauf von 200 Schreibtischlampen. Von der Wocken KG liegen folgende Daten vor:

Netto-Listeneinkaufspreis: 65,00 €
Rabatt: 15 % ab 100 Stück, Skonto: 3 %, Die Lieferung erfolgt frei Haus

Die Heinrich KG selber rechnet mit folgenden Zuschlägen:
Handlungskosten: 25 %, Gewinn: 18 %, Skonto: 2 %, Provision 4 %, Rabatt: 8 %

Ermitteln Sie den Listenverkaufspreis für eine Schreibtischlampe „Maxima"!

Arbeitsblatt 1

Listeneinkaufspreis für 200 Schreibtischlampen	
- Rabatt 15 %	
= Zieleinkaufspreis	
- Skonto 3 %	
= Bareinkaufspreis	
+ Bezugskosten	
= Einstandspreis	
+ Handlungskosten 25 %	
= Selbstkosten	
+ Gewinn 18 %	
= Barverkaufspreis	
+ Skonto 2 %	
+ Vertreterprovision 4 %	
= Zielverkaufspreis	
+ Rabatt 8 %	
= Listenverkaufspreis für 200 Schreibtischlampen	
= Listenverkaufspreis für 1 Schreibtischlampe	

Heinrich KG

Kostenträgerstückrechnung

Rechnungs-wesen

Situation 37

Informationsblatt 2

Die Heinrich KG erhält von einem großen Kunden den Auftrag, ein Regalsystem für deren Verkaufsfläche zu fertigen. Nach Abnahme des Konstruktionsvorschlages durch den Kunden ermittelt die Heinrich KG auf Basis der Normalkosten folgende Kalkulationsdaten:

Fertigungsmaterial: 7.200,00 €
Fertigungslöhne: 196 Stunden zu je 56,00 €
Zuschlagssätze laut BAB: MGK: 12 %, FGK: 123 %, VwGK: 17 %, VtGK: 5,5 %

Ferner sind zu berücksichtigen:
Skonto: 3 %, Provision 7 %, Sonderrabatt: 10 %

Ermitteln Sie den Angebotspreis für das Regalsystem, wenn 15 % Gewinn erzielt werden sollen!

Arbeitsblatt 2

Fertigungsmaterial	
+ MKG 12 %	
= Materialkosten	
Fertigungslöhne	
+ FGK 123 %	
= Fertigungskosten	
Herstellkosten des Umsatzes	
+ VwGK 17 %	
+ VtGK 5,5 %	
= Selbstkosten	
+ Gewinn 15 %	
= Barverkaufspreis	
+ Skonto 3 %	
+ Vertreterprovision 7 %	
= Zielverkaufspreis	
+ Rabatt 10 %	
= Listenverkaufspreis	

Kostenträgerstückrechnung

Informationsblatt 3

Die Heinrich KG kalkuliert den Preis für eine neue Schreibtischkombination. Für die Fertigung wird unter anderem eine Drehbank eingesetzt, die in der Heinrich KG als eigenständige Kostenstelle angesehen wird. Für diese Maschine liegen folgende Daten vor:

Anschaffungskosten der Maschine 120.000,00 €, Wiederbeschaffungskosten 144.000,00 €; betriebsgewöhnliche Nutzungsdauer 12 Jahre. Kalkulatorische Zinsen 8 % von den halben Anschaffungskosten. Für Instandhaltung und Wartung werden jährlich 6.000,00 € veranschlagt. Die monatlichen Platzkosten betragen 90,00 € je m² bei einer beanspruchten Fläche von 15 m². Energiekosten: 50,00 € Grundgebühr pro Monat, Stromverbrauch 20 kWh zu je 0,12 €; Werkzeugkosten monatlich 300,00 €.

Berechnen Sie zunächst den Maschinenstundensatz bei einer geplanten Beschäftigung von 50 Stunden pro Monat! Kalkulieren Sie anschließend den Selbstkostenpreis für die neue Schreibtischkombination unter Berücksichtigung der folgenden Daten:

Fertigungsmaterial: 1.200,00 €
Fertigungslöhne: 750,00 €
Drehbank: 4 Stunden
Zuschlagssätze laut BAB: MGK: 16 %, Rest-FGK: 63 %, VwGK: 14 %, VtGK: 7 %

Arbeitsblatt 3

Ermittlung des Maschinenstundensatzes:

maschinenabhängige FGK	monatliche Beträge
kalk. Abschreibungen	
kalk. Zinsen	
Energie	
Platzkosten	
Wartungskosten	
Werkzeugkosten	
Gesamt	

Maschinenstundensatz = ____________________

Fertigungsmaterial	
+ MKG 16 %	
= Materialkosten	
Fertigungslöhne	
+ Rest-FGK 63 %	
+ maschinenabhängige FGK	
= Fertigungskosten	
Herstellkosten des Umsatzes	
+ VwGK 14 %	
+ VtGK 7 %	
= Selbstkosten	

Informationsblatt 4

Die Heinrich KG hat inzwischen die Istkosten für das Regalsystem (siehe Informationsblatt 2) ermittelt. Diese sehen wie folgt aus:

Fertigungsmaterial: 7.305,00 €
Fertigungslöhne: 187 Stunden zu je 56,00 €
Zuschlagssätze laut BAB: MGK: 10,8 %, FGK: 126 %, VwGK: 14,7 %, VtGK: 9 %

Es gilt der im Arbeitsblatt 2 ermittelte Angebotspreis!

Welchen Erfolg hat die Heinrich KG dann mit dem verkauften Regalsystem erwirtschaftet?

Arbeitsblatt 4

Fertigungsmaterial	
+ MKG 10,8 %	
= Materialkosten	
Fertigungslöhne	
+ FGK 126 %	
= Fertigungskosten	
Herstellkosten des Umsatzes	
+ VwGK 14,7 %	
+ VtGK 9 %	
= Selbstkosten	
+ Gewinn %	
= Barverkaufspreis	

Heinrich KG

Kostenträgerstückrechnung

Rechnungswesen

Situation 37

Informationsblatt 4

Die Heinrich KG produziert vier verschiedene Bürostühle, die auf den gleichen Produktionsanlagen gefertigt werden und identische Rohmaterialien benötigen. Für die vier Bürostühle liegen folgende Daten vor:

Produzierte Menge Bürostuhl A: 500 Stück
Produzierte Menge Bürostuhl B: 300 Stück
Produzierte Menge Bürostuhl C: 420 Stück
Produzierte Menge Bürostuhl D: 630 Stück

Das Kostenverhältnis zwischen den Bürostühlen lautet: 0,9 : 1,0 : 1,6 : 0,7

Die Selbstkosten der Abrechnungsperiode betragen 130.223,00 €.

Berechnen Sie die Selbstkosten für einen Bürostuhl jeder Sorte und je Sorte!

Arbeitsblatt 5

Sorte	Produktionsmenge	Äquivalenzziffer	Umrechnungszahlen	Selbstkosten je Stuhl	Selbstkosten je Sorte
A					
B					
C					
D					

Heinrich KG	Kostenträgerzeitrechnung		Rechnungswesen
			Situation 38

Leon entdeckt heute in den Unterlagen von Herrn Fitschen die Begriffe „Kostenüberdeckung" und „Kostenunterdeckung", die er zuvor nie gehört hatte. Auf Nachfrage bei Herrn Fitschen antwortet dieser, dass es sich dabei um Begriffe aus dem Bereich der Kostenträgerzeitrechnung handle. Hier werde am Ende einer Abrechnungsperiode das Betriebsergebnis ermittelt und eine Aufteilung auf einzelne Kostenträger vorgenommen.

Zum besseren Verständnis bittet Herr Fitschen Leon am Nachmittag in sein Büro, um mit ihm exemplarisch die Kostenträgerzeitrechnung durchzuführen.

Arbeitsaufträge:

1 Informieren Sie sich in Ihrem Rechnungswesen-Buch über den Aufbau und den Zweck der Kostenträgerzeitrechnung sowie den Zusammenhang zwischen dem Umsatz- und Betriebsergebnis!

2 Führen Sie aufgrund der Angaben im Informationsblatt 1 die Kostenträgerzeitrechnung (Kostenträgerblatt) für die Heinrich KG durch! Ermitteln Sie anschließend das Umsatzergebnis, die Kostenüberdeckungen und -unterdeckungen sowie das Betriebsergebnis! Benutzen Sie für die Bearbeitung bitte die Arbeitsblätter 1 und 2!

3 Ermitteln Sie anhand der Angaben im Informationsblatt 2 die Selbstkosten für die dort aufgeführten Warengruppen sowie die Selbstkosten der Heinrich KG gesamt! Benutzen Sie für die Bearbeitung bitte das Arbeitsblatt 3!

4 Bearbeiten Sie anhand der Angaben im Informationsblatt 3 die verschiedenen Aufgaben! Benutzen Sie für die Bearbeitung bitte die Arbeitsblätter 4 – 8!

28 Benen, Huesmann - ISBN 978-3-8120-1013-9

Heinrich KG 	Kostenträgerzeitrechnung		Rechnungs-wesen Situation 38

Informationsblatt 1

Die Ergebnistabelle der Heinrich KG
liefert bei drei Produkten (A – C) aus dem Bereich der „Bürostühle" folgende Zahlen:

	Gesamt	A	B	C
Fertigungsmaterial	200.000,00 €	60.000,00 €	35.000,00 €	105.000,00 €
Fertigungslöhne	75.000,00 €	20.000,00 €	31.000,00 €	24.000,00 €
Gemeinkostensumme	193.850,00 €			
Unfertige Erzeugnisse				
Anfangsbestand	14.000,00 €	3.000,00 €	5.000,00 €	6.000,00 €
Endbestand	9.000,00 €	1.000,00 €	4.000,00 €	4.000,00 €
Fertige Erzeugnisse				
Anfangsbestand	14.000,00 €	6.000,00 €	8.000,00 €	
Endbestand	20.000,00 €	7.000,00 €	10.000,00 €	3.000,00 €
Netto-Umsatzerlöse	510.000,00 €	125.800,00 €	113.700,00 €	270.500,00 €

Die Istgemeinkosten laut BAB betragen:

MGK:	28.200,00 €
FGK:	117.500,00 €
VwGK:	32.900,00 €
VtGK:	15.250,00 €

Die Heinrich KG rechnet mit folgenden Normalgemeinkostenzuschlägen:

MGK:	10%
FGK:	160%
VwGK:	8%
VtGK:	5%

Aufgaben:

1 Erstellen Sie das Kostenträgerblatt auf Normalkostenbasis und ermitteln Sie das Umsatzergebnis der Heinrich KG (siehe Arbeitsblatt 1)!

2 Weisen Sie die einzelnen Über- und Unterdeckungen aus, arbeiten Sie den Saldo in das Kostenträgerblatt ein und ermitteln Sie dort das Betriebsergebnis der Heinrich KG (siehe Arbeitsblatt 2)!

Heinrich KG 	**Kostenträgerzeitrechnung**		Rechnungs-wesen Situation 38

Arbeitsblatt 1

	Gesamt	A	B	C
Fertigungsmaterial				
+ MGK				
= Materialkosten				
+ Fertigungslöhne				
+ FGK				
= Fertigungskosten				
= HK der Erzeugung				
+ Minderbestand				
- Mehrbestand				
= HK des Umsatzes				
+ VWGK				
+ VTGK				
= Selbstkosten				
Verkaufserlöse				
= Umsatzergebnis				
+ Über-/Unterdeckung				
= Betriebsergebnis				

Arbeitsblatt 2

	Material	Fertigung	Verwaltung	Vertrieb
Ist-Zuschläge				
Ist-Zuschlagssätze				
Normal-Zuschläge				
Normal-Zuschlagssätze				
Überdeckung				
Unterdeckung				

Als Saldo ergibt sich eine Überdeckung/Unterdeckung in Höhe von ______________

Heinrich KG	Kostenträgerzeitrechnung		Rechnungs-wesen Situation 38

Informationsblatt 2

Die Heinrich KG ermittelt für April 20.. im Bereich der Handelswaren folgende Zahlen:

Warengruppen	Wareneinsatz	HK-Zuschlag
SM-Papiere	47.250,00 €	62,90 %
Schreib-Papiere	58.970,00 €	18,40 %
Umdruck-Papiere	76.000,00 €	15,75 %
Offset-Papiere	79.770,00 €	36,52 %
Zeitungsdrucke	68.108,00 €	24,94 %

Arbeitsblatt 3

Ermitteln Sie die Selbstkosten für jede Warengruppe und die Selbstkosten der Heinrich KG für den Monat April!

Wareneinsatz SM-Papiere		
+ Handlungskosten 62,90 %		
= Selbstkosten SM-Papiere		
Wareneinsatz Schreib-Papiere		
+ Handlungskosten 18,40 %		
= Selbstkosten Schreib-Papiere		
Wareneinsatz Umdruck-Papiere		
+ Handlungskosten 15,75 %		
= Selbstkosten Umdruck-Papiere		
Wareneinsatz Offset-Papiere		
+ Handlungskosten 36,52 %		
= Selbstkosten Offset-Papiere		
Wareneinsatz Zeitungsdrucke		
+ Handlungskosten 24,94 %		
= Selbstkosten Zeitungsdrucke		
Selbstkosten gesamt		

Informationsblatt 3

Die Heinrich KG hat für den Monat September 20.. folgende Zahlen ermittelt:

Handlungs-kostenarten	Beträge in €	Verteilungsschlüssel				
		SM-Papiere	Schreib-Papiere	Umdruck-Papiere	Offset-Papiere	Zeitungs-drucke
Personalkosten	75.416,00	4	1	1	3	2
Mieten	5.940,00	1	2	3	3	1
Werbung	3.000,00	1	2	2	5	2
Reisekosten	1.692,00	2	3	3	2	2
Büromaterial	1.036,00	2	2	1	1	2
Versicherungen	1.245,00	1	3	3	2	1
kalkulatorische Kosten	11.340,00	3	3	2	2	2

Warengruppen	Einstandspreise	Nettoumsatzerlöse	Normalzuschlagssätze
SM-Papiere	49.250,00 €	96.400,40 €	62,00 %
Schreib-Papiere	66.400,00 €	81.300,00 €	20,00 %
Umdruck-Papiere	74.300,00 €	92.475,20 €	17,00 %
Offset-Papiere	82.400,00 €	125.431,50 €	30,00 %
Zeitungsdrucke	66.950,00 €	85.490,90 €	20,00 %

Aufgaben:

1 Stellen Sie einen Betriebsabrechnungsbogen auf und ermitteln Sie für die oben genannten Warengruppen die Zuschlagssätze für die Handlungskosten (siehe Arbeitsblatt 4)!

2 Ermitteln Sie mit Hilfe des Kostenträgerblattes das Betriebsergebnis und die Anteile, die auf die fünf Warengruppen entfallen (siehe Arbeitsblatt 5)!

3 Ermitteln Sie die Kostenüber- beziehungsweise Kostenunterdeckung für jede Warengruppe (siehe Arbeitsblatt 6)!

4 Ermitteln Sie auf Grund der Angaben und der ermittelten Normalkosten in einer Gesamtrechnung die Selbstkosten des Umsatzes und das Umsatzergebnis (siehe Arbeitsblatt 7)!

5 Stellen Sie den Zusammenhang zwischen dem Umsatzergebnis und dem Betriebsergebnis dar (siehe Arbeitsblatt 8)!

6 Unterbreiten Sie Vorschläge, ob und in welcher Form die Heinrich KG die Normalzuschlagssätze anpassen sollte!

Heinrich KG 	Kostenträgerzeitrechnung		Rechnungswesen Situation 38

Arbeitsblatt 4

Handlungs-kostenarten	Beträge in €	Kostenstellen				
		SM-Papiere	Schreib-Papiere	Umdruck-Papiere	Offset-Papiere	Zeitungs-drucke
Personalkosten						
Mieten						
Werbung						
Reisekosten						
Büromaterial						
Versicherungen						
kalkulatorische Kosten						
Summen:						
Zuschlagsgrund-lagen:						
Zuschlagssätze:						

Arbeitsblatt 5

Kostenarten	SM-Papiere	Schreib-Papiere	Umdruck-Papiere	Offset-Papiere	Zeitungs-drucke
Wareneinsatz					
+ Handlungskosten					
= Selbstkosten					
Verkaufserlöse					
– Selbstkosten					
= Einzelergebnisse					
Betriebsergebnis					

Kostenträgerzeitrechnung

Arbeitsblatt 6

	SM-Papiere		Schreib-Papiere		Umdruck-Papiere		Offset-Papiere		Zeitungs-drucke	
	€	%	€	%	€	%	€	%	€	%
Waren-einsatz										
Normal-GK										
Ist-GK										
Kosten-über-deckung										
Kosten-unter-deckung										

Arbeitsblatt 7

Kostenarten	SM-Papiere	Schreib-Papiere	Umdruck-Papiere	Offset-Papiere	Zeitungs-drucke
Wareneinsatz					
+ Normal-GK					
= Selbstkosten des Umsatzes					
Verkaufserlöse					
– Selbstkosten des Umsatzes					
= Einzelergebnisse					
Umsatzergebnis					

Arbeitsblatt 8

Umsatzergebnis		
– Kostenunterdeckung SM-Papiere Offset-Papiere Zeitungsdrucke		
= Zwischensumme		
+ Kostenüberdeckung Schreib-Papiere Umdruck-Papiere		
= Betriebsergebnis		

Anlage zu Aufgabe 6

Heinrich KG 	Grundlagen der Deckungsbeitragsrechnung		Rechnungs-wesen Situation 39

Leon hat bei der letzten Besprechung einige Begriffe von Herrn Fitschen „aufgeschnappt", die er nicht verstanden hat. Auf seine Nachfrage hin erklärt ihm Herr Fitschen, dass es sich um Begriffe aus der Deckungsbeitragsrechnung gehandelt habe.

Diese Rechnung wird in jedem Unternehmen durchgeführt, um die Schwächen der Vollkostenrechnung auszugleichen. Gerade die Betrachtung der Kosten bei Beschäftigungsänderungen wird bei der Vollkostenrechnung nur unzureichend betrachtet, spielt aber bei Preis- und Sortimentsentscheidungen eine zentrale Rolle.

Herr Fitschen gibt Leon einen Artikel, der sich mit den Grundlagen der Deckungsbeitragsrechnung befasst und verabredet sich für den kommenden Tag mit ihm, um ihm an Hand einiger Beispiele die konkrete Umsetzung der Deckungsbeitragsrechnung in der Heinrich KG zu zeigen und Fragen zu klären, die beim Studium des Artikels aufgetreten sind.

Arbeitsaufträge:

1 Informieren Sie sich in Ihrem Rechnungswesen-Buch über den Beschäftigungsbegriff und bearbeiten Sie die Aufgabe des Arbeitsblattes 1!

2 Stellen Sie anschaulich die Abhängigkeit der Kosten von der Beschäftigung dar!

3 Bearbeiten Sie die Aufgaben des Arbeitsblattes 2!

4 Arbeiten Sie die Unterschiede der Vollkosten- und der Teilkostenrechnung heraus und zeigen Sie anhand der Daten des Arbeitsblattes 3 die Schwächen der Vollkostenrechnung auf!

5 Erläutern Sie, was man unter einem Deckungsbeitrag und einer Gewinnschwelle versteht!

6 Bearbeiten Sie die Aufgaben des Arbeitsblattes 4!

7 Informieren Sie sich in Ihrem Rechnungswesen-Buch über Zusatzaufträge und arbeiten Sie heraus, wann die Heinrich KG Zusatzaufträge annehmen oder ablehnen sollte!

29 Benen, Huesmann - ISBN 978-3-8120-1013-9

Heinrich KG

Grundlagen der Deckungsbeitragsrechnung

Rechnungswesen

Situation 39

Arbeitsblatt 1

Die Heinrich KG ermittelt für den Monat April 20.. folgende Zahlen:

Warengruppen	**mögliche Leistungsmenge**	**erbrachte Leistungsmenge**
SM-Papiere	2.500.000 Blatt	2.150.000 Blatt
Schreib-Papiere	3.000.000 Blatt	2.875.000 Blatt
Umdruck-Papiere	16.250.000 Blatt	14.700.000 Blatt
Offset-Papiere	1.940.000 Blatt	1.720.000 Blatt
Zeitungsdrucke	3.700.000 Blatt	2.835.000 Blatt

Aufgabe:

Ermitteln Sie für den Monat April den Beschäftigungsgrad für die fünf Warengruppen und für die Heinrich KG gesamt!

Warengruppen	**Beschäftigungsgrad**
SM-Papiere	
Schreib-Papiere	
Umdruck-Papiere	
Offset-Papiere	
Zeitungsdrucke	
Heinrich KG gesamt	

Heinrich KG 	Grundlagen der Deckungsbeitragsrechnung		Rechnungswesen Situation 39

Arbeitsblatt 2

In der Heinrich KG sind für das vierte Quartal des vergangenen Geschäftsjahres folgende Kostenarten und Kostenhöhen bei der Warengruppe „Schreib-Papiere“ ermittelt worden:

Kostenart	Betrag in €	fix/variabel
Gehälter	143.790,00	
Abschreibungen auf Sachanlagen	34.236,00	
Frachtkosten	10.500,00	
Mietaufwendungen	8.700,00	
Gebühren	3.300,00	
Zinsaufwendungen	40.260,00	
Verpackungskosten	5.550,00	

Der Listenverkaufspreis beträgt 28,11 € pro 1.000 Blatt in der Warengruppe Schreib-Papiere. Der Verlauf der variablen Kosten kann als proportional angenommen werden.

Absatzmengen der Warengruppe „Schreib-Papiere“ im vergangenen Geschäftsjahr:

Zeitraum	Absatzmengen in Stück
1. Quartal	7.670.000
2. Quartal	9.220.000
3. Quartal	9.645.000
4. Quartal	8.500.000

Aufgaben:

1. Entscheiden Sie bei den oben aufgeführten Kostenarten, ob es sich um variable oder fixe Kosten handelt! – Bitte in die Tabelle eintragen!

2. Ermitteln Sie den Betriebsgewinn bzw. den Betriebsverlust der Heinrich KG für die vier Quartale des vergangenen Geschäftsjahres!

3. Geben Sie die Stückkosten für die vier Quartale des vergangenen Geschäftsjahres an!

Heinrich KG 	Grundlagen der Deckungsbeitragsrechnung		Rechnungswesen Situation 39

zu Aufgabe 2

	1. Quartal	2. Quartal	3. Quartal	4. Quartal
Verkaufserlöse				
– variable Kosten				
Zwischensumme				
– fixe Kosten				
= Gewinn/Verlust				

zu Aufgabe 3

	1. Quartal	2. Quartal	3. Quartal	4. Quartal
variable Kosten/1.000 Blatt				
fixe Kosten/1.000 Blatt				
Kosten/1.000 Blatt gesamt				

Arbeitsblatt 3

In der Heinrich KG sind für den Monat August 20.. für die Warengruppe „Zeitungsdrucke“ folgende Zahlen ermittelt worden:

abgesetzte Menge	2.650.000 Blatt
Nettoverkaufspreis (Listenverkaufspreis) je 1.000 Blatt	40,15 €
variable Kosten gesamt	19.875,00 €
Kosten gesamt	100.037,50 €

Aufgabe:

Ermitteln Sie den Gewinn bzw. Verlust sowie die Stückkosten der Heinrich KG im Monat August 20.. im Bereich der Warengruppe „Zeitungsdrucke“!

Nettoverkaufserlöse	
– Kosten gesamt	
= Gewinn	
Kosten/1.000 Blatt	

Heinrich KG 	Grundlagen der Deckungsbeitragsrechnung		Rechnungs-wesen Situation 39

In den beiden Folgemonaten verändert sich der Absatz in der Warengruppe „Zeitungsdrucke" wie folgt:

	September 20..	**Oktober 20..**
abgesetzte Menge	2.480.000 Blatt	2.775.000 Blatt

Aufgaben:

1 Berechnen Sie den Gewinn bzw. Verlust der Heinrich KG sowie die Kosten je 1.000 Blatt für die Monate September 20.. und Oktober 20..

a) ohne Aufteilung der Kosten und unter Beibehaltung der im August 20.. ermittelten Kosten je 1.000 Blatt!

b) mit Aufteilung der Gesamtkosten in fixe und variable Kosten und unter Berücksichtigung der Kostenveränderungen bei Beschäftigungsänderungen!

2 Erläutern Sie die Ergebnisse der Aufgabe 1!

zu Aufgabe 1a)

	Berechnung ohne Aufteilung der Kosten	
	September 20..	Oktober 20..
Nettoverkaufserlöse		
– Kosten gesamt		
= Gewinn/Verlust		
Kosten/1.000 Blatt		

zu Aufgabe 1b)

	Berechnung mit Aufteilung der Kosten	
	September 20..	Oktober 20..
Nettoverkaufserlöse		
– fixe Kosten gesamt		
– variable Kosten		
= Gewinn/Verlust		
Kosten/1.000 Blatt		

zu Aufgabe 2

Arbeitsblatt 4

Die Heinrich KG hat für den letzten Monat folgende Zahlen ermittelt:

	SM-Papiere	Schreib-Papiere	Umdruck-Papiere	Offset-Papiere
variable Kosten je 1.000 Blatt	4,20 €	6,40 €	2,70 €	13,30 €
Fixkosten*	224.000,00 €			
Verkaufspreis je 1.000 Blatt	31,11 €	27,90 €	7,52 €	42,70 €
abgesetzte Mengen	2.150.000	2.875.000	14.700.000	1.720.000

* Die Fixkosten verteilen sich gleichermaßen auf die vier Warengruppen!

Aufgaben:

1. Ermitteln Sie die Gewinnschwelle für die vier Warengruppen!

2. Ermitteln Sie den Gewinn der Heinrich KG für den vergangenen Monat!

Heinrich KG

Grundlagen der Deckungsbeitragsrechnung

Rechnungswesen

Situation 39

zu Aufgabe 1

	SM-Papiere	Schreib-Papiere	Umdruck-Papiere	Offset-Papiere
Fixkosten				
Deckungsbeitrag je 1.000 Blatt				
Gewinnschwelle in Blatt				

zu Aufgabe 2

	SM-Papiere	Schreib-Papiere	Umdruck-Papiere	Offset-Papiere
Nettoverkaufserlöse				
– variable Kosten				
= Deckungsbeiträge				
Σ der Deckungsbeiträge				
– Fixkosten				
= Betriebsgewinn				

Heinrich KG 	**Deckungsbeitragsrechnung als Instrument der Preis- und Sortimentsgestaltung**		**Rechnungs-wesen** **Situation 40**

Leon Laus kontrolliert gerade zusammen mit Herrn Fitschen die letzten Abrechnungsperioden als Herr Pollmeier ganz aufgeregt das Büro betritt. Leon weiß, dass dieser als Handlungsreisender tätig ist und zusammen mit seiner Kollegin Frau Brand die Kunden über Neuerungen informiert und Verkaufsgespräche vor Ort führt.

Herr Pollmeier wendet sich sofort an Herrn Fitschen mit den Worten: „Also nun muss endlich etwas passieren. Im Absatzgebiet 3, das ich seit geraumer Zeit betreue, gibt es zunehmend Probleme damit, dass unsere Großkunden die angebotenen Preise nicht mehr akzeptieren. Erst Montag hat mir die Westmoor KG unmissverständlich mitgeteilt, dass sie sich einen anderen Anbieter suchen wird, falls wir bei den Angebotspreisen nicht mehr Entgegenkommen zeigen. Ich brauche deshalb unbedingt mehr Handlungsspielraum, um gerade solchen Kunden bessere Preise anbieten zu können."

Herr Fitschen beruhigt den sichtlich aufgebrachten Herrn Pollmeier und sichert ihm zu, dass er bis Ende der Woche neue Vorgaben der Geschäftsleitung erhalte. Mit dieser Auskunft gibt sich Herr Pollmeier zunächst zufrieden und verabschiedet sich zu einem weiteren Kundengespräch. Herr Fitschen bittet Leon, ihm die Unterlagen über das Absatzgebiet 3 und die beiden Hauptwarengruppen von Herrn Pollmeier zu besorgen. Mit den Worten: „Na, da müssen wir ja wohl mal die Preisuntergrenzen berechnen und Herrn Pollmeier Vorgaben im Hinblick auf ein Deckungssoll machen", verabredet sich Herr Fitschen mit Leon für den Nachmittag, um genau diese Arbeiten zu erledigen.

Am Nachmittag informiert Herr Fitschen Leon außerdem darüber, dass die Zusammensetzung des Sortiments überprüft werden soll. Bereits seit längerer Zeit stellt sich die Frage, ob die drei Warengruppen „Schreib-Papiere", „Umdruck-Papiere" und „Offset-Papiere" weiterhin angeboten werden sollen, oder ob sich die Heinrich KG nicht von einer dieser drei Warengruppen trennen sollte. Diese Frage will Herr Fitschen mit Hilfe der absoluten und relativen Deckungsbeiträge klären.

Arbeitsaufträge:

1 Informieren Sie sich in Ihrem Rechnungswesen-Buch über die Berechnung und die Bedeutung von Preisuntergrenzen!

2 Bearbeiten Sie die Aufgaben des Arbeitsblattes 1!

3 Informieren Sie sich in Ihrem Rechnungswesenbuch über die Bedeutung der Deckungsbeitragsrechnung als Instrument der Sortimentspolitik und arbeiten Sie den Unterschied zwischen absoluten und relativen Deckungsbeiträgen heraus!

4 Bearbeiten Sie die Aufgaben des Arbeitsblattes 2!

Heinrich KG

Deckungsbeitragsrechnung als Instrument der Preis- und Sortimentsgestaltung

Rechnungswesen

Situation 40

Arbeitsblatt 1

Die umsatzmäßig mit Abstand stärksten Warengruppen des Absatzgebiets 3 sind „Schreib-Papiere“ und „Umdruck-Papiere“. Für die letzte Abrechnungsperiode liegen hier folgende Zahlen vor:

	Schreib-Papiere	Umdruck-Papiere
Listenverkaufspreis je 1.000 Blatt	27,90 €	7,52 €
Kundenrabatt für den Großhandel	22,0 %	22,0 %
Kundenskonto für den Großhandel	3,0 %	3,0 %
Vertreterprovision vom Zielverkaufspreis	9,0 %	7,5 %
variable Kosten einschl. Wareneinsatzkosten je 1.000 Blatt	6,40 €	2,70 €

Aufgaben:

1 Berechnen Sie die Deckungsbeiträge der beiden Warengruppen!

2 Berechnen Sie jeweils den Preis (je 1.000 Blatt) der absoluten Preisuntergrenze! Wie hoch ist bei diesem Preis jeweils der Deckungsbeitrag?

	Schreib-Papiere	Umdruck-Papiere
Listenverkaufspreis je 1.000 Blatt		
– 22,0 % Kundenrabatt		
= Zielverkaufspreis		
– 3,0 % Kundenskonto – 9,0 % (7,5 %) Vertreterprovision		
= Barverkaufspreis je 1.000 Blatt		
– variable Kosten je 1.000 Blatt		
= Deckungsbeitrag je 1.000 Blatt		
absolute Preisuntergrenze		

30 Benen, Huesmann - ISBN 978-3-8120-1013-9

Heinrich KG

Deckungsbeitragsrechnung als Instrument der Preis- und Sortimentsgestaltung

Rechnungswesen

Situation 40

Arbeitsblatt 2

Die Heinrich KG hat aus der Vollkostenrechnung für das vergangene Geschäftsjahr folgende Zahlen ermittelt:

	Warengruppen			
	Schreib-Papiere	**Umdruck-Papiere**	**Offset-Papiere**	**Gesamt**
Erlöse aus dem Warenverkauf netto	948.550,00 €	1.320.000,00 €	881.328,00 €	3.149.878,00 €
– gesamte Kosten	978.420,00 €	1.114.000,00 €	824.000,00 €	2.916,420,00 €
= Betriebsergebnis	**- 29.870,00 €**	**206.000,00 €**	**57.328,00 €**	**233.458,00 €**

Frau Svenja Meier, die im Auftrag von Herrn Fitschen die Zahlen ermittelt hat, ist daraufhin der Meinung, dass die Heinrich KG die Warengruppe „Schreib-Papiere“ so schnell wie möglich aus dem Sortiment entfernen solle, um durch diese Maßnahme den Betriebsgewinn zu steigern. Herr Fitschen ist skeptisch und fordert weiteres Zahlenmaterial an.

Die Aufteilung der Kosten in fixe und variable Kosten ergibt folgendes Ergebnis:

	Warengruppen			
	Schreib-Papiere	**Umdruck-Papiere**	**Offset-Papiere**	**Gesamt**
Wareneinsatzkosten	210.600,00 €	304.000,00 €	386.400,00 €	901.000,00 €
variable Handlungskosten	220.800,00 €	476.280,00 €	274.512,00 €	971.592,00 €
fixe Handlungskosten				1.043.828,00 €

Aufgaben:

1 Erstellen Sie mit Hilfe der Anlage 1 eine Deckungsbeitragsrechnung für die oben genannten Warengruppen!

2 Ermitteln Sie das Betriebsergebnis nach einem möglichen Ausscheiden der Warengruppe „Schreib-Papiere“ mit Hilfe der Anlage 2 und geben Sie eine begründete Stellungnahme zu Ihrer Sortimentsentscheidung ab!

3 Ermitteln Sie mit Hilfe der Anlage 3 die relativen Deckungsbeiträge für die oben genannten Warengruppen!

Heinrich KG	Deckungsbeitragsrechnung als Instrument der Preis- und Sortimentsgestaltung		Rechnungswesen Situation 40

Anlage 1

	Warengruppen			
	Schreib-Papiere	Umdruck-Papiere	Offset-Papiere	Gesamt
Erlöse aus dem Warenverkauf netto				
– Wareneinsatzkosten				
= Warenrohgewinn				
– variable Handlungskosten				
= Deckungsbeitrag				
– fixe Handlungskosten				
= Betriebsergebnis				

Anlage 2

Ergebnis bei Ausscheiden der Warengruppe „Schreib-Papiere“:

	Warengruppen			
	Schreib-Papiere	Umdruck-Papiere	Offset-Papiere	Gesamt
Deckungsbeitrag				
– fixe Handlungskosten				
= Betriebsergebnis				

Sortimentsentscheidung:

Anlage 3

	Warengruppen		
	Schreib-Papiere	Umdruck-Papiere	Offset-Papiere
Deckungsbeitrag			
Erlöse aus dem Warenverkauf netto			
relativer Deckungsbeitrag			

Reihenfolge der Warengruppen:

(1)

(2)

(3)

Notizen

Quadratische Gleichungen und Funktionen

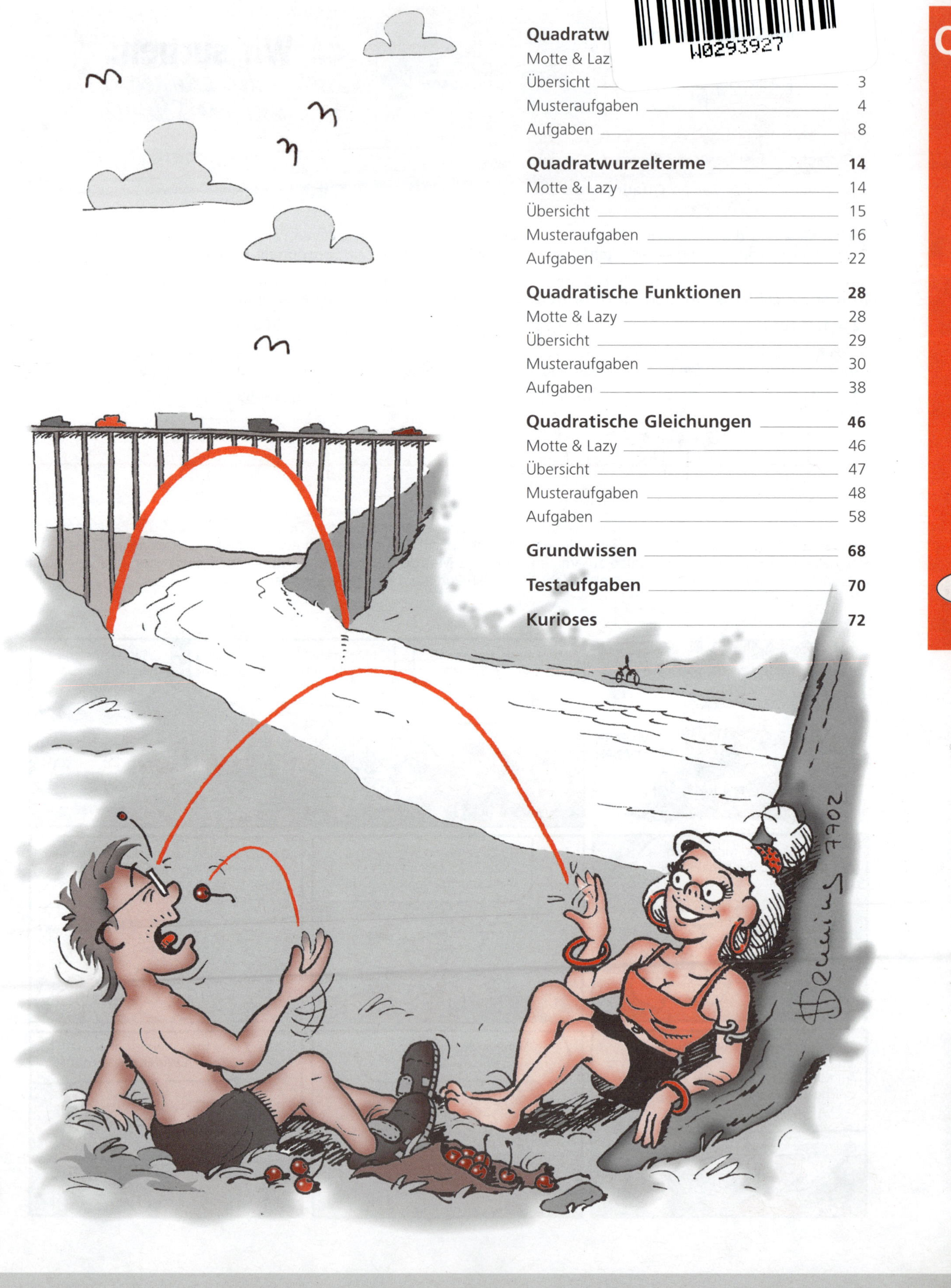

QUADRATISCHE GLEICHUNGEN UND FUNKTIONEN

Quadratwurzeln und reelle Zahlen

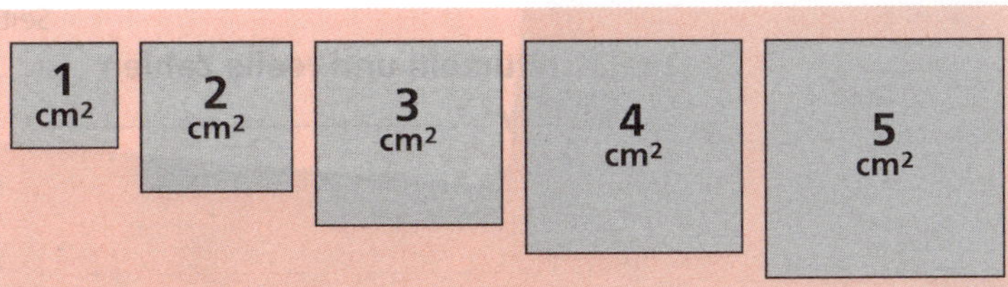

Wir suchen: *die Längen unserer Seiten*

Gefragt sind hier positive Zahlen a, b, c, d und e, für die gilt:	$a^2 = 1$	$b^2 = 2$	$c^2 = 3$	$d^2 = 4$	$e^2 = 5$
Man nennt solche Zahlen **Quadratwurzeln** und schreibt:	$a = \sqrt{1}$	$b = \sqrt{2}$	$c = \sqrt{3}$	$d = \sqrt{4}$	$e = \sqrt{5}$

Zahlen für a und d sind schnell zu finden: $a = 1$ und $d = 2$. In den drei anderen Fällen ist die Sache komplizierter. Die Quadratwurzeln aus 2, 3 und 5 sind **keine** rationalen Zahlen. Man nennt sie **„irrationale Zahlen"**.

Rationale Zahlen lassen sich als Brüche, d. h. als abbrechende oder periodische Dezimalzahlen darstellen. Irrationale Zahlen kann man durch nicht abbrechende, nicht periodische Dezimalzahlen beschreiben.

$\sqrt{2} = 1{,}4142135\ldots$ $\sqrt{3} = 1{,}7320508\ldots$ $\sqrt{5} = 2{,}2360679\ldots$

Die Punkte hinter den letzten Ziffern drücken aus, dass noch unendlich viele weitere Ziffern folgen. Wenngleich irrationale Zahlen keine abbrechenden Dezimalzahlen sind, lassen sie sich aber durch solche beliebig gut annähern:

$\sqrt{2} \approx 1{,}414214$ $\sqrt{3} \approx 1{,}732051$ $\sqrt{5} \approx 2{,}236068$

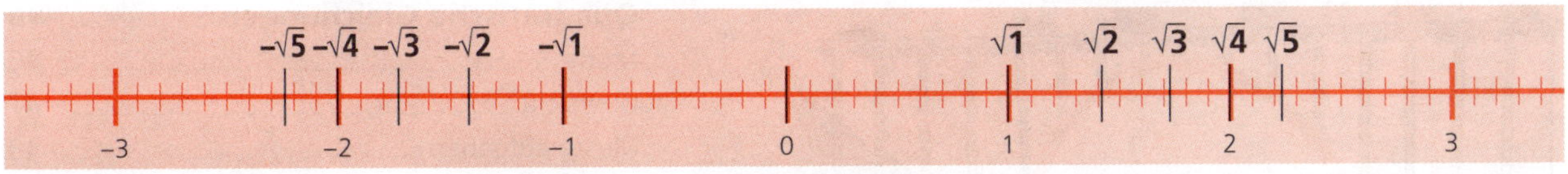

Zwischen zwei rationalen Zahlen liegen unendlich viele weitere rationale Zahlen. Dennoch gibt es auf der Zahlengeraden noch sehr viel mehr Punkte, denen keine rationale Zahl entspricht. Diesen Punkten entsprechen die irrationalen Zahlen. Die rationalen und die irrationalen Zahlen zusammen bilden die **Menge der reellen Zahlen**. Jedem Punkt der Zahlengeraden entspricht eine reelle Zahl. Zu jeder reellen Zahl gehört ein Punkt auf der Zahlengeraden.

Quadratwurzeln und reelle Zahlen

Kennt man die Seitenlänge a eines Quadrates, so berechnet man seinen Flächeninhalt A durch Quadrieren: $A = a^2$. Umgekehrt stellt sich die Frage, wie man die Seitenlänge a eines Quadrates erhält, wenn man seinen Flächeninhalt A kennt. Gesucht ist also eine Größe a, für die gilt: $a^2 = A$. Die gesuchte Größe a nennt man die „Quadratwurzel aus A" und schreibt $a = \sqrt{A}$.

Beispiel: Für ein Quadrat mit $A = 169\ cm^2$ ist $a = \sqrt{169\ cm^2} = 13\ cm$, denn $a^2 = (13\ cm)^2 = 169\ cm^2$.

Quadratwurzel
Wurzel
Radikand

Mit $\sqrt{a}$ bezeichnet man diejenige nicht negative Zahl, deren Quadrat a ist: $(\sqrt{a})^2 = a$. $\sqrt{a}$ heißt „Quadratwurzel aus a" oder kurz „Wurzel a". Die Zahl a heißt „Radikand".

Eine negative Zahl kann kein Quadrat einer anderen Zahl sein. Die Quadratwurzel aus einer negativen Zahl ist also nicht definiert. Für jede Zahl, also auch für jede negative Zahl, gilt aber: $\sqrt{a^2} = |a|$.

Beispiele: $\sqrt{9} = 3$; $\sqrt{-9}$ ist nicht definiert; $\sqrt{3^2} = |3| = 3$; $\sqrt{(-3)^2} = |-3| = 3$.

Zahlen wie 6; –2,47; $\sqrt{169}$; $0,\overline{5}$... lassen sich als Brüche schreiben: $6 = \frac{6}{1}$; $-2,47 = -\frac{247}{100}$; $\sqrt{169} = 13 = \frac{13}{1}$; $0,\overline{5} = \frac{5}{9}$. Solche Zahlen heißen rationale Zahlen.
Dagegen lässt sich die Zahl $\sqrt{2}$ nicht als Bruch schreiben. Man kann sie aber durch eine nicht abbrechende, nicht periodische Dezimalzahl darstellen: $\sqrt{2} = 1,414213562...$. Die Punkte hinter der letzten Ziffer drücken aus, dass noch unendlich viele weitere Ziffern folgen.

Rationale Zahlen
Irrationale Zahlen

Zahlen, die sich als Bruch schreiben lassen, heißen „Rationale Zahlen". Zahlen, die sich nicht als Bruch schreiben lassen, heißen „Irrationale Zahlen". Sie lassen sich als nicht abbrechende, nicht periodische Dezimalzahlen darstellen.

Reelle Zahlen

Rationale Zahlen und irrationale Zahlen bilden zusammen die Menge $\mathbb{R}$ der reellen Zahlen. Zwischen zwei rationalen Zahlen liegen unendlich viele irrationale Zahlen. Die Menge $\mathbb{Q}$ der rationalen Zahlen ist eine echte Teilmenge der reellen Zahlen: $\mathbb{Q} \subset \mathbb{R}$. Für reelle Zahlen gelten die gleichen Rechengesetze wie für rationale Zahlen.

Irrationale Zahlen lassen sich durch Intervalle beliebig genau „einschachteln".

Beispiel: Die Zahl $\sqrt{2}$ liegt zwischen 1 und 2, denn es gilt: $1^2 \leq (\sqrt{2})^2 \leq 2^2$. Man sagt, „$\sqrt{2}$ liegt im Intervall von 1 bis 2" und schreibt „$\sqrt{2} \in [1; 2]$". Durch Quadrieren der Intervallgrenzen erkennt man, dass $\sqrt{2}$ auch in den Intervallen [1,4; 1,5], [1,41; 1,42], und [1,414; 1,415] liegt. Die Einschachtelung von $\sqrt{2}$ durch solche Intervalle lässt sich noch beliebig verfeinern. Man spricht von einer „Intervallschachtelung für $\sqrt{2}$".

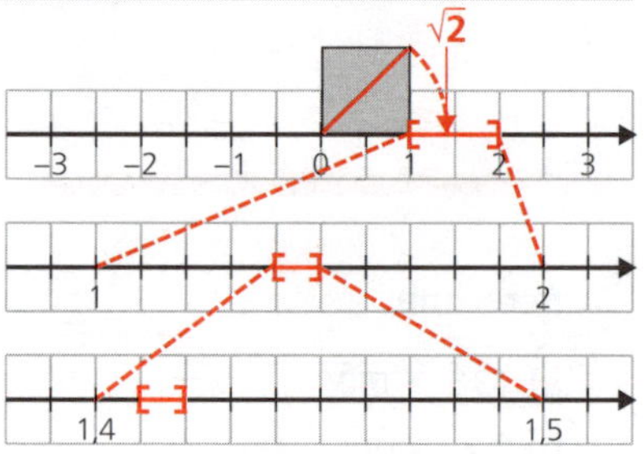

Intervallschachtelung

Eine Folge von Intervallen heißt „Intervallschachtelung für eine Zahl x", wenn:
❶ die Zahl x zu jedem der Intervalle gehört;
❷ ein nachfolgendes Intervall im vorhergehenden liegt;
❸ die Längen der Intervalle immer kleiner und schließlich beliebig klein werden.

Jede Intervallschachtelung für x bestimmt eindeutig die Zahl x.

Für das Rechnen mit irrationalen Zahlen benötigt man häufig Näherungswerte. Das Ergebnis ist dann wieder ein Näherungswert. Näherungswerte erhält man durch Runden.

Runden von reellen Zahlen

Beim Runden auf n Dezimalstellen wird die (n+1)-te Dezimalstelle betrachtet und die vorhergehende Ziffer ab- bzw. aufgerundet.
Beim Runden auf n geltende Ziffern wird die (n+1)-te geltende Ziffer betrachtet und die vorhergehende Ziffer ab- bzw. aufgerundet. Die erste geltende Ziffer einer Zahl ist (von vorne gezählt) die erste von 0 verschiedene Ziffer.

Beispiele: **a)** 0,03635801... gerundet auf 3 Dezimalen: 0,036 3 geltende Ziffern: 0,0364
b) 0,03671094... gerundet auf 3 Dezimalen: 0,037 3 geltende Ziffern: 0,0367

Beim Rechnen mit Näherungswerten übertragen sich Rundungsfehler natürlich auf die Ergebnisse. Deshalb wendet man in der Praxis folgende Regeln an:

Rechnen mit Näherungswerten

Eine Summe oder Differenz von Näherungswerten wird auf so viele Dezimalstellen gerundet, wie der ungenaueste Näherungswert hat.
Ein Produkt oder ein Quotient von Näherungswerten wird auf so viele geltende Ziffern gerundet wie der Näherungswert mit der kleinsten Anzahl geltender Ziffern.

Beispiele: $a \approx 11,8$ $b \approx 0,072$ $c \approx 2,64$
a) $a + b + c = 11,8 + 0,072 + 2,64 = 14,512 \approx 14,5$ (denn: der ungenaueste Näherungswert ist 11,8)
b) $a \cdot b = 11,8 \cdot 0,072 = 0,8496 \approx 0,85$ (denn: 11,8 hat drei geltende Ziffern und 0,072 nur 2)

QUA 3
ÜBERSICHT

AUFGABE

1. **Ziehe die Wurzel.**

a) $\sqrt{6^2}$ b) $\sqrt{0^2}$
c) $\sqrt{0{,}2^2}$ d) $\sqrt{(\frac{2}{3})^2}$
e) $\sqrt{(-8)^2}$ f) $\sqrt{(-\frac{1}{6})^2}$

LÖSUNG

a) $\sqrt{6^2} = \mathbf{6}$
b) $\sqrt{0^2} = \mathbf{0}$
c) $\sqrt{0{,}2^2} = \mathbf{0{,}2}$
d) $\sqrt{(\frac{2}{3})^2} = \mathbf{\frac{2}{3}}$
e) $\sqrt{(-8)^2} = |-8| = \mathbf{8}$
f) $\sqrt{(-\frac{1}{6})^2} = |-\frac{1}{6}| = \mathbf{\frac{1}{6}}$

ERLÄUTERUNG

Wurzeln aus Quadraten

Sollst du die Wurzel aus einem Quadrat ziehen, dann beachte:

Der Wert einer Wurzel ist nie negativ. Es gilt:

$\sqrt{a^2} = a$, falls a nicht negativ ist.

$\sqrt{a^2} = |a|$, falls a negativ ist.

---

2. **Ziehe die Wurzel, falls das möglich ist.**

a) $\sqrt{36}$ b) $\sqrt{-36}$
c) $\sqrt{0{,}04}$ d) $\sqrt{\frac{4}{9}}$
e) $\sqrt{2500}$ f) $\sqrt{0{,}0001}$
g) $\sqrt{2\frac{1}{4}}$ h) $\sqrt{-\frac{1}{16}}$

a) $\sqrt{36} = \sqrt{6^2} = \mathbf{6}$
b) $\sqrt{-36}$ ist nicht definiert.
c) $\sqrt{0{,}04} = \sqrt{0{,}2^2} = \mathbf{0{,}2}$
d) $\sqrt{\frac{4}{9}} = \sqrt{(\frac{2}{3})^2} = \mathbf{\frac{2}{3}}$
e) $\sqrt{2500} = \sqrt{50^2} = \mathbf{50}$
f) $\sqrt{0{,}0001} = \sqrt{0{,}01^2} = \mathbf{0{,}01}$
g) $\sqrt{2\frac{1}{4}} = \sqrt{\frac{9}{4}} = \sqrt{(\frac{3}{2})^2} = \mathbf{\frac{3}{2}}$
h) $\sqrt{-\frac{1}{16}}$ ist nicht definiert.

Wurzeln aus Quadratzahlen

Ist der Radikand eine Quadratzahl, dann geht das Wurzelziehen leicht:

1. Schreibe den Radikanden als Quadrat.
2. Verfahre dann weiter wie in Aufgabe 1.

Merke:

Wurzeln aus negativen Zahlen sind nicht definiert!

---

3. **Berechne.**

a) $\sqrt{36} \cdot \sqrt{0{,}04}$
b) $0{,}2 \cdot \sqrt{144} \cdot \sqrt{\frac{25}{9}}$
c) $\sqrt{16} : \sqrt{\frac{1}{4}} + 10 \cdot \sqrt{0{,}16}$
d) $\frac{1}{2} \cdot \sqrt{100} + 6 \cdot \sqrt{5}$
e) $\sqrt{14} - \sqrt{0{,}01} : \sqrt{\frac{1}{169}} \cdot \sqrt{7}$

a) $\sqrt{36} \cdot \sqrt{0{,}04} = 6 \cdot 0{,}2 = \mathbf{1{,}2}$
b) $0{,}2 \cdot \sqrt{144} \cdot \sqrt{\frac{25}{9}}$
$= 0{,}2 \cdot 12 \cdot \frac{5}{3} = \mathbf{4}$
c) $\sqrt{16} : \sqrt{\frac{1}{4}} + 10 \cdot \sqrt{0{,}16}$
$= 4 : \frac{1}{2} + 10 \cdot 0{,}4 = 8 + 4 = \mathbf{12}$
d) $\frac{1}{2} \cdot \sqrt{100} + 6 \cdot \sqrt{5}$
$= \frac{1}{2} \cdot 10 + 6 \cdot \sqrt{5} = \mathbf{5 + 6 \cdot \sqrt{5}}$
e) $\sqrt{14} - \sqrt{0{,}01} : \sqrt{\frac{1}{169}} \cdot \sqrt{7}$
$= \sqrt{14} - 0{,}1 : \frac{1}{13} \cdot \sqrt{7}$
$= \mathbf{\sqrt{14} - 1{,}3 \cdot \sqrt{7}}$

Rechnen mit Wurzeln

Sollst du Zahlenterme mit Wurzeln berechnen, dann gehe so vor:

1. Sind die Radikanden Quadratzahlen, dann ziehe die Wurzeln, sonst lasse sie stehen.
2. Rechne weiter nach den üblichen Rechenregeln.

Merke:

Wurzelziehen vor Punktrechnung vor Strichrechnung!

---

4. **Ziehe die Wurzel mit dem Taschenrechner und runde auf 5 Dezimalstellen.**

a) $\sqrt{3}$
b) $\sqrt{10}$
c) $\sqrt{40}$
d) $\sqrt{1{,}5}$

a) $\sqrt{3} = 1{,}732050... \approx \mathbf{1{,}73205}$
b) $\sqrt{10} = 3{,}162277... \approx \mathbf{3{,}16228}$
c) $\sqrt{40} = 6{,}324555... \approx \mathbf{6{,}32456}$
d) $\sqrt{1{,}5} = 1{,}224744... \approx \mathbf{1{,}22474}$

Wurzeln näherungsweise mit dem TR bestimmen

Sollst du Wurzeln näherungsweise mit dem Taschenrechner bestimmen, gehe so vor:

1. Gib den Radikanden ein und drücke die Taste [$\sqrt{x}$]. (Die Reihenfolge hängt von deinem Taschenrechner ab.) Du erhältst einen Näherungswert.
2. Runde diesen auf die gefragte Stellenzahl.

AUFGABE

5. Gib die ersten 5 Intervalle einer Intervallschachtelung an für:

a) $\sqrt{3}$

b) $\sqrt{10}$

LÖSUNG

a) Näherungswert:

$\sqrt{3} \approx 1{,}732050$

[1; 2] ; denn:
$1^2 \leq 3 \leq 2^2$

[1,7; 1,8] ; denn:
$1{,}7^2 \leq 3 \leq 1{,}8^2$

[1,73; 1,74] ; denn:
$1{,}73^2 \leq 3 \leq 1{,}74^2$

[1,732; 1,733] ; denn:
$1{,}732^2 \leq 3 \leq 1{,}733^2$

[1,7320; 1,7321] ; denn:
$1{,}7320^2 \leq 3 \leq 1{,}7321^2$

b) Näherungswert:

$\sqrt{10} \approx 3{,}162277$

[3; 4] ; denn:
$3^2 \leq 10 \leq 4^2$

[3,1; 3,2] ; denn:
$3{,}1^2 \leq 10 \leq 3{,}2^2$

[3,16; 3,17] ; denn:
$3{,}16^2 \leq 10 \leq 3{,}17^2$

[3,162; 3,163] ; denn:
$3{,}162^2 \leq 10 \leq 3{,}163^2$

[3,1622; 3,1623] ; denn:
$3{,}1622^2 \leq 10 \leq 3{,}1623^2$

ERLÄUTERUNG

Intervallschachtelungen für Wurzeln

Um eine Intervallschachtelung für eine Wurzel anzugeben, kannst du so vorgehen:

1. Bestimme mit dem Taschenrechner einen Näherungswert.
2. Wähle als linke Grenze des ersten Intervalls die Zahl vor dem Komma, als rechte Grenze die um 1 größere Zahl.
3. Wähle als linke Grenze des zweiten (dritten, usw.) Intervalls die nach der ersten (zweiten, usw.) Dezimale „abgeschnittene" Zahl. Wähle als rechte Grenze die um 0,1 (0,01; usw.) größere Zahl.
4. Fahre so fort, bis du die angegebene Anzahl von Intervallen ermittelt hast.

AUFGABE

6. Bilden die Intervallfolgen eine Intervallschachtelung, wenn man sie sinngemäß fortsetzt? Begründe deine Antwort. Falls eine Intervallschachtelung vorliegt: Welche Zahl wird vermutlich dargestellt?

**a) [0; 1],
[0,1; 0,2],
[0,11; 0,12],
[0,111; 0,112], ...**

**b) [1,29; 1,31],
[1,329; 1,331],
[1,3329; 1,3331],
[1,33329; 1,33331], ...**

**c) [3,6; 4,1],
[3,66; 4,01],
[3,666; 4,001],
[3,6666; 4,0001], ...**

LÖSUNG

a) Intervalllängen:

1; 0,1; 0,01; 0,001; ...
Die Intervalllängen werden immer kleiner. Sie werden beliebig klein.

Jedes Intervall liegt vollständig im vorherigen.

Es könnte sich um eine Intervallschachtelung für die Zahl $0{,}\overline{1} = \frac{1}{9}$ handeln.

b) Intervalllängen:

0,02; 0,002; 0,0002; 0,00002; ...
Die Intervalllängen werden immer kleiner. Sie werden beliebig klein.

Kein Intervall liegt vollständig im vorherigen, da die rechten Grenzen größer werden.

Es handelt sich nicht um eine Intervallschachtelung.

c) Intervalllängen:

0,5; 0,35; 0,335; 0,3335; ...
Die Intervalllängen werden zwar immer kleiner, bleiben aber größer als 0,3.

Es handelt sich nicht um eine Intervallschachtelung.

ERLÄUTERUNG

Intervallschachtelung: ja oder nein?

So kannst du prüfen, ob eine Intervallschachtelung vorliegt:

1. Bestimme die Intervalllängen. Die Intervalllänge ist die Differenz zwischen rechter und linker Intervallgrenze. Überprüfe, ob sie immer kleiner werden und ob sie beliebig klein werden.
2. Prüfe, ob jedes Intervall vollständig im vorherigen liegt.
3. Bestimme gegebenenfalls die Zahl, die vermutlich dargestellt wird.

Merke:

Eine Folge von Intervallen ist eine Intervallschachtelung, wenn

❶ **die Intervalllängen immer kleiner werden,**

❷ **die Intervalllängen beliebig klein werden,**

❸ **jedes Intervall vollständig im vorherigen liegt.**

AUFGABE

7. Welche Zahlen sind rational, welche irrational?

a) $\sqrt{36}$ **b)** $\frac{4}{3}$
c) $-\sqrt{19}$ **d) 0,247**
e) $-3{,}5\overline{08}$ **f)** $\sqrt{\frac{16}{21}}$

LÖSUNG

a) rational, da 36 Quadratzahl ist.

b) rational, da Bruch

c) irrational, da 19 keine Quadratzahl ist.

d) rational, da $0{,}247 = \frac{247}{1000}$

e) rational, da $-3{,}5\overline{08} = -\frac{3473}{990}$

f) irrational, da 21 keine Quadratzahl ist.

---

8. Welche Zahlen sind rational, welche irrational, wenn man sie sinngemäß fortsetzt?

a) –1,4444...

b) 0,1010010001...

c) 0,123232323...

d) – 3,45678910...

a) Fortsetzung: 4444...
rational, da $-1{,}\overline{4} = -\frac{13}{9}$

b) Fortsetzung: 00001000001...
irrational

c) Fortsetzung: 2323...
rational, da $0{,}1\overline{23} = \frac{122}{990} = \frac{61}{495}$

d) Fortsetzung: 11121314...
irrational

---

9. Setze so fort, dass die Zahl
❶ rational,
❷ irrational wird.

a) 0,101001...

b) – 0,1234...

c) 0,141414...

a) ❶ mögliche Fortsetzung: **1111...**; ergibt $0{,}10100\overline{1}$
❷ mögliche Fortsetzung: **000100001000001...**

b) ❶ mögliche Fortsetzung: **4444...**; ergibt $-0{,}123\overline{4}$
❷ mögliche Fortsetzung: **5678910111213...**

c) ❶ mögliche Fortsetzung: **1414...**; ergibt $0{,}\overline{14}$
❷ mögliche Fortsetzung: **15161718192021...**

ERLÄUTERUNG

Rationale und irrationale Zahlen

Sollst du entscheiden, ob eine Zahl rational oder irrational ist, dann merke dir:

❶ Eine Zahl, die sich als Bruch schreiben lässt, ist **rational**. Dazu gehören die ganzen Zahlen sowie die abbrechenden und periodischen Dezimalzahlen.

❷ Eine Zahl, die sich **nicht** als Bruch schreiben lässt, ist **irrational**. Sie kann als nicht abbrechende, nicht periodische Dezimalzahl dargestellt werden.

❸ Die Quadratwurzel aus einer **natürlichen Zahl** ist entweder eine natürliche oder eine irrationale Zahl. Ist sie eine natürliche Zahl, dann ist der Radikand eine Quadratzahl.

❹ Die Quadratwurzel aus einem gekürzten **Bruch** ist rational, wenn Zähler und Nenner Quadratzahlen sind. Sonst ist sie irrational.

Zur Erinnerung:

Eine natürliche Zahl heißt **Quadratzahl**, wenn sie das Quadrat einer natürlichen Zahl ist.

Die Quadratzahlen bis 100 sind:

0; 1; 4; 9; 16; 25;
36; 49; 64; 81; 100

---

10. Runde
❶ auf 2, 3, 4 Dezimalstellen,
❷ auf 2, 3, 4 geltende Ziffern.

a) 0,1732050...

b) 1,732050...

c) 17,32050...

a) ❶ ≈ 0,17; ≈ 0,173; ≈ 0,1732
❷ ≈ 0,17; ≈ 0,173; ≈ 0,1732

b) ❶ ≈ 1,73; ≈ 1,732; ≈ 1,7321
❷ ≈ 1,7; ≈ 1,73; ≈ 1,732

c) ❶ ≈ 17,32; ≈ 17,321; ≈ 17,3205
❷ ≈ 17; ≈ 17,3; ≈ 17,32

Runden von reellen Zahlen

Beim Runden auf 2, 3, 4, ..., n Dezimalstellen wird die 3., 4., 5. (n+1)-te **Dezimalstelle** betrachtet und die vorhergehende Ziffer ab- bzw. aufgerundet.

Beim Runden auf 2, 3, 4, ..., n geltende Ziffern wird die 3., 4., 5. (n+1)-te **geltende Ziffer** betrachtet und die vorhergehende Ziffer ab- bzw. aufgerundet. **Die erste geltende Ziffer einer Zahl ist** (von links gezählt) **die erste von 0 verschiedene Ziffer der Zahl**.

AUFGABE | LÖSUNG | ERLÄUTERUNG

11. Berechne x + y und x − y.

a) $x = 3{,}14$ $y = 6{,}705$
b) $x \approx 3{,}14$ $y = 6{,}705$
c) $x = 3{,}14$ $y \approx 6{,}705$
d) $x \approx 3{,}14$ $y \approx 6{,}705$

Lösung:

a) $x + y = \mathbf{9{,}845}$ $x - y = \mathbf{-3{,}565}$
b) $x + y \approx \mathbf{9{,}85}$ $x - y \approx \mathbf{-3{,}57}$
c) $x + y \approx \mathbf{9{,}845}$ $x - y \approx \mathbf{-3{,}565}$
d) $x + y \approx \mathbf{9{,}85}$ $x - y \approx \mathbf{-3{,}57}$

Addieren und Subtrahieren von Näherungswerten

Sollst du Näherungswerte reeller Zahlen addieren oder subtrahieren, gehe so vor:

1. Addiere oder subtrahiere die Näherungswerte.
2. Runde das Ergebnis auf so viele Dezimalstellen, wie der ungenaueste Näherungswert hat.
3. Ist eine Zahl „genau", d. h. nicht genähert, so bleibt ihre Stellenzahl unberücksichtigt.

12. Runde das Taschenrechner-Ergebnis von $\sqrt{5}$ auf zwei Dezimalstellen und berechne $x + \sqrt{5}$ sowie $x - \sqrt{5}$.

a) $x = 2{,}7$
b) $x \approx 2{,}7$

Lösung:

Näherungswert:
$\sqrt{5} = 2{,}23606... \approx \mathbf{2{,}24}$
$2{,}7 + 2{,}24 = 4{,}94$
$2{,}7 - 2{,}24 = 0{,}46$

a) $x + \sqrt{5} \approx \mathbf{4{,}94}$ $x - \sqrt{5} \approx \mathbf{0{,}46}$
b) $x + \sqrt{5} \approx \mathbf{4{,}9}$ $x - \sqrt{5} \approx \mathbf{0{,}5}$

13. Berechne x · y und x : y.

a) $x = 0{,}9$ $y = 7{,}2$
b) $x \approx 0{,}9$ $y = 7{,}2$
c) $x = 0{,}9$ $y \approx 7{,}2$
d) $x \approx 0{,}9$ $y \approx 7{,}2$

Lösung:

a) $x \cdot y = \mathbf{6{,}48}$ $x : y = \mathbf{0{,}125}$
b) $x \cdot y \approx \mathbf{6}$ $x : y \approx \mathbf{0{,}1}$
c) $x \cdot y \approx \mathbf{6{,}5}$ $x : y \approx \mathbf{0{,}13}$
d) $x \cdot y \approx \mathbf{6}$ $x : y \approx \mathbf{0{,}1}$

Multiplizieren und Dividieren von Näherungswerten

Sollst du Näherungswerte reeller Zahlen multiplizieren oder dividieren, gehe so vor:

1. Multipliziere oder dividiere die Näherungswerte.
2. Runde das Ergebnis auf so viele geltende Ziffern, wie der Näherungswert mit der kleinsten Anzahl geltender Ziffern hat.
3. Ist eine Zahl „genau", d. h. nicht genähert, so bleibt sie unberücksichtigt.

14. Runde das Taschenrechner-Ergebnis von $\sqrt{5}$ auf drei geltende Ziffern und berechne $x \cdot \sqrt{5}$ sowie $x : \sqrt{5}$.

a) $x = 0{,}14$
b) $x \approx 0{,}14$

Lösung:

Näherungswert:
$\sqrt{5} = 2{,}23606... \approx \mathbf{2{,}24}$
$0{,}14 \cdot 2{,}24 = 0{,}3136$
$0{,}14 : 2{,}24 = 0{,}0625$

a) $x \cdot \sqrt{5} \approx \mathbf{0{,}314}$ $x : \sqrt{5} \approx \mathbf{0{,}0625}$
b) $x \cdot \sqrt{5} \approx \mathbf{0{,}31}$ $x : \sqrt{5} \approx \mathbf{0{,}063}$

15. Runde die Taschenrechner-Ergebnisse der Wurzeln auf drei geltende Ziffern und berechne. Auch die anderen Zahlen sind Näherungswerte.

a) $12{,}3 + \sqrt{2}$
b) $\sqrt{15} - \sqrt{0{,}8}$
c) $1{,}25 \cdot \sqrt{6}$
d) $\sqrt{138} : 0{,}025$

Lösung:

a) $\sqrt{2} = 1{,}4142... \approx \mathbf{1{,}41}$
Ergebnis ist zu runden auf: eine Dezimalstelle
$12{,}3 + 1{,}41 = 13{,}71 \approx \mathbf{13{,}7}$

b) $\sqrt{15} = 3{,}8729... \approx \mathbf{3{,}87}$
$\sqrt{0{,}8} = 0{,}8944... \approx \mathbf{0{,}894}$
Ergebnis ist zu runden auf: zwei Dezimalstellen
$3{,}87 - 0{,}894 = 2{,}976 \approx \mathbf{2{,}98}$

c) $\sqrt{6} = 2{,}4494... \approx \mathbf{2{,}45}$
Ergebnis ist zu runden auf: drei geltende Ziffern
$1{,}25 \cdot 2{,}45 = 3{,}0625 \approx \mathbf{3{,}06}$

d) $\sqrt{138} = 11{,}7473... \approx \mathbf{11{,}7}$
Ergebnis ist zu runden auf: zwei geltende Ziffern
$11{,}7 : 0{,}025 = 468 \approx \mathbf{470}$

Rechnen mit reellen Zahlen

Beim Rechnen mit reellen Zahlen benötigt man meistens Näherungswerte. Das Ergebnis ist wieder ein Näherungswert.

- **Summen und Differenzen:**

Das Ergebnis wird auf so viele Dezimalstellen gerundet, wie der ungenaueste Näherungswert hat.

- **Produkte und Quotienten:**

Das Ergebnis wird auf so viele geltende Ziffern gerundet, wie der Näherungswert mit der kleinsten Anzahl geltender Ziffern hat.

AUFGABEN NACH MUSTER

1. Ziehe die Wurzel.

a) $\sqrt{8^2}$ **b)** $\sqrt{17^2}$ **c)** $\sqrt{0{,}3^2}$
d) $\sqrt{\left(\frac{3}{5}\right)^2}$ **e)** $\sqrt{(-6)^2}$ **f)** $\sqrt{\left(-\frac{1}{8}\right)^2}$

2. Ziehe die Wurzel, falls das möglich ist.

a) $\sqrt{64}$ **b)** $-\sqrt{64}$ **c)** $\sqrt{0{,}09}$ **d)** $\sqrt{\frac{9}{25}}$
e) $\sqrt{4900}$ **f)** $\sqrt{0{,}0004}$ **g)** $\sqrt{2\frac{7}{9}}$ **h)** $\sqrt{-\frac{1}{36}}$

3. Berechne.

a) $\sqrt{49} \cdot \sqrt{0{,}09}$ **b)** $0{,}1 \cdot \sqrt{289} \cdot \sqrt{\frac{9}{25}}$
c) $\sqrt{36} : \sqrt{\frac{1}{9}} + 8 \cdot \sqrt{0{,}25}$ **d)** $\frac{1}{2} \cdot \sqrt{64} + 4 \cdot \sqrt{7}$
e) $\sqrt{10} - \sqrt{0{,}01} : \sqrt{\frac{1}{361}} \cdot \sqrt{11}$

4. Ziehe die Wurzel mit dem Taschenrechner und runde auf 5 Dezimalstellen.

a) $\sqrt{2}$ **b)** $\sqrt{14}$ **c)** $\sqrt{45}$ **d)** $\sqrt{1{,}8}$

5. Gib die ersten 5 Intervalle einer Intervallschachtelung an für: **a)** $\sqrt{2}$ **b)** $\sqrt{14}$

6. Bilden die Intervallfolgen eine Intervallschachtelung, wenn man sie sinngemäß fortsetzt? Begründe deine Antwort. Falls eine Intervallschachtelung vorliegt: Welche Zahl wird vermutlich dargestellt?

a) [0; 1]; [0,2; 0,3]; [0,22; 0,23]; [0,222; 0,223]; ...
b) [1,38; 1,42]; [1,438; 1,442]; [1,4438; 1,4442]; [1,44438; 1,44442]; ...
c) [3; 5]; [3,5; 4,1]; [3,55; 4,01]; [3,555; 4,001]; ...

7. Welche Zahlen sind rational, welche irrational?

a) $\sqrt{81}$ **b)** $\frac{9}{7}$ **c)** $-\sqrt{13}$
d) 0,498 **e)** $0{,}5\overline{04}$ **f)** $\sqrt{\frac{23}{36}}$

8. Welche Zahlen sind rational, welche irrational, wenn man sie sinngemäß fortsetzt?

a) – 1,8888... **b)** 0,2020020002...
c) 0,234343434... **d)** – 1,2345678910...

9. Setze so fort, dass die Zahl ❶. rational, ❷. irrational wird.

a) 0,202002... **b)** – 1,2345... **c)** 0,151515...

10. Runde ❶. auf 2, 3, 4 Dezimalstellen, ❷. auf 2, 3, 4 geltende Ziffern.

a) 0,2813060... **b)** 2,813060... **c)** 28,13060...

11. Berechne $x + y$ und $x - y$.

a) $x = 2{,}13$ $y = 7{,}715$ **b)** $x \approx 2{,}13$ $y = 7{,}715$
c) $x = 2{,}13$ $y \approx 7{,}715$ **d)** $x \approx 2{,}13$ $y \approx 7{,}715$

12. Runde das Taschenrechner-Ergebnis von $\sqrt{6}$ auf zwei Dezimalstellen und berechne $x + \sqrt{6}$ sowie $x - \sqrt{6}$. **a)** $x = 1{,}3$ **b)** $x \approx 1{,}3$

13. Berechne $x \cdot y$ und $x : y$.

a) $x = 0{,}3$ $y = 9{,}6$ **b)** $x \approx 0{,}3$ $y = 9{,}6$
c) $x = 0{,}3$ $y \approx 9{,}6$ **d)** $x \approx 0{,}3$ $y \approx 9{,}6$

14. Runde das Taschenrechner-Ergebnis von $\sqrt{6}$ auf drei geltende Ziffern und berechne $x \cdot \sqrt{6}$ sowie $x : \sqrt{6}$. **a)** $x = 0{,}49$ **b)** $x \approx 0{,}49$

15. Runde die Taschenrechner-Ergebnisse der Wurzeln auf drei geltende Ziffern und berechne. Auch die anderen Zahlen sind Näherungswerte.

a) $14{,}8 + \sqrt{7}$ **b)** $\sqrt{18} - \sqrt{0{,}6}$
c) $6{,}25 \cdot \sqrt{8}$ **d)** $\sqrt{152} : 0{,}075$

QUADRATE & WURZELN

16. Es wird sich lohnen, ...

... wenn du die Tabelle nicht nur ausfüllst, sondern die Quadratzahlen auch auswendig lernst.

a	1	2	3	4	5	6	7	8
a^2								

a	9	10	11	12	13	14	15	16
a^2								

a	17	18	19	20	21	22	23	24
a^2								

a	25	26	27	28	29	30	31	32
a^2								

17. Nur einmal wissen und viermal denken.

a) $\sqrt{81}$; $\sqrt{0{,}81}$; $\sqrt{8100}$; $\sqrt{\frac{1}{81}}$; $\sqrt{\frac{1}{810\,000}}$
b) $\sqrt{\frac{1}{256}}$; $\sqrt{2{,}56}$; $\sqrt{256}$; $\sqrt{0{,}0256}$; $\sqrt{25\,600}$
c) $\sqrt{0{,}0001}$; $\sqrt{\frac{1}{100}}$; $\sqrt{10\,000}$; $\sqrt{1}$; $\sqrt{\frac{1}{1\,000\,000}}$

18. WANTED! Seitenlänge eines Quadrates mit dem Flächeninhalt A.
Zweckdienliche Hinweise bitte nur in Zentimetern!

a) $A = 400\ mm^2$ **b)** $A = 1{,}21\ dm^2$
c) $A = 0{,}09\ m^2$

Quadratwurzeln und reelle Zahlen

19. Super! Die Ergebnisse stehen schon da!

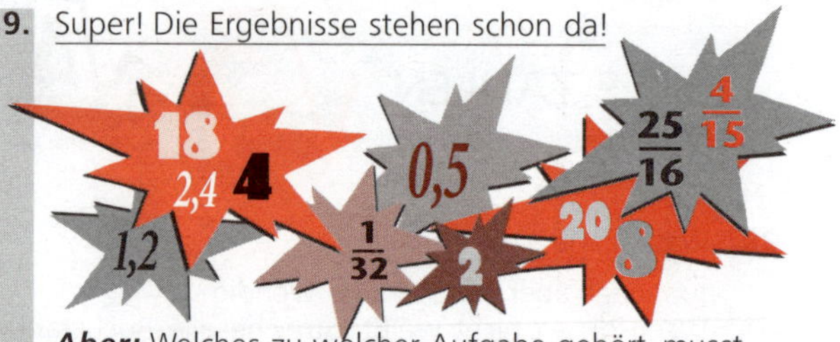

Aber: Welches zu welcher Aufgabe gehört, musst du schon selbst herausfinden.

a) $\sqrt{64}$ **b)** $\sqrt{2^2}$ **c)** $\sqrt{0{,}25}$ **d)** $\sqrt{(-\frac{4}{15})^2}$
e) $\sqrt{400}$ **f)** $\sqrt{\frac{625}{256}}$ **g)** $\sqrt{(-2)^2}$ **h)** $\sqrt{1{,}44}$
i) $\sqrt{\frac{1}{1024}}$ **j)** $\sqrt{(-4)^2}$ **k)** $\sqrt{324}$ **l)** $\sqrt{(-0{,}5)^2}$
m) $\sqrt{18^2}$ **n)** $\sqrt{5{,}76}$ **o)** $\sqrt{\frac{16}{225}}$ **p)** $\sqrt{(-20)^2}$

20. Hier verwandelt sich ein Rechteck ...

mit den Seitenlängen x und y und dem Flächeninhalt A in ein flächengleiches Quadrat mit der Seitenlänge z. Fülle die Tabelle aus.

x	12 dm	6,8 cm	$\frac{3}{4}$ cm	$1\frac{1}{8}$ mm	10 m
y	27 dm	1,7 cm	$\frac{75}{49}$ cm	2 mm	0,001 m
A					
z					

21. Cool bleiben!

Nicht jede Wurzel ist definiert.

a) $(-\sqrt{-1{,}69})^2$ **b)** $-\sqrt{(-0{,}01)^2}$ **c)** $(\sqrt{-2^2})^2$
d) $-\sqrt{(-\sqrt{16})^2}$ **e)** $-(-\sqrt{-0{,}81})^2$ **f)** $\sqrt{-(\sqrt{0{,}2^2})^2}$
g) $-((-\sqrt{3^2})^2)^2$ **h)** $(-\sqrt{\sqrt{6^2}})^2$ **i)** $(\sqrt{-(-1)^2})^2$

22. Total verwischt ...

... sind diese Zahlen. Nur noch die letzte Ziffer ist zu sehen. Vier der 10 Zahlen sind mit Sicherheit keine Quadratzahlen. Welche?

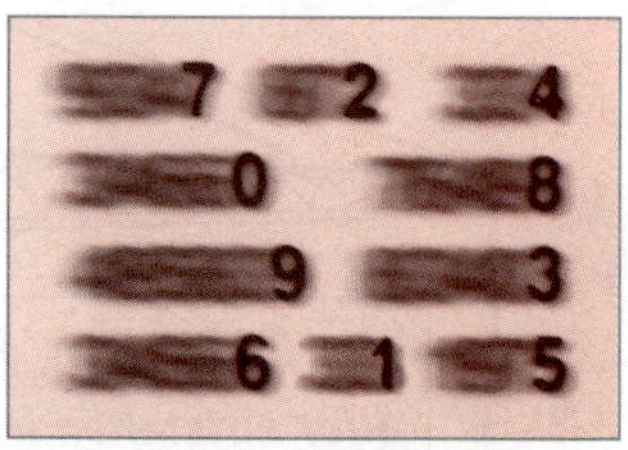

23. Hier kommen die Ergebnisse ohne Wurzeln aus.

a) $\sqrt{8{,}41} \cdot \sqrt{(-10)^2}$ **b)** $\sqrt{784} : \sqrt{1{,}96}$
c) $0{,}5 \cdot \sqrt{7\frac{1}{9}} + \sqrt{6^2}$ **d)** $(-\sqrt{4} + \sqrt{1{,}44}) : 2$
e) $-\frac{1}{2} : \frac{1}{\sqrt{4}} - (-\sqrt{529})^2$ **f)** $3\frac{1}{8} \cdot \frac{1}{\sqrt{625}} - \sqrt{0{,}0625}$

24. Und hier bleiben Wurzeln im Ergebnis übrig.

a) $\sqrt{100} + \sqrt{10} - \sqrt{1}$ **b)** $(-\sqrt{2})^2 + \frac{1}{2} \cdot \sqrt{2}$
c) $6 : \sqrt{4} \cdot \sqrt{3} + 3 \cdot \sqrt{0{,}09}$ **d)** $\sqrt{14\frac{1}{16}} : \sqrt{6\frac{1}{4}} \cdot \sqrt{6}$

25. Endspurt!

a) $-\sqrt{14\frac{1}{16}}$ **b)** $(-\sqrt{-20\frac{1}{4}})^2$ **c)** $\sqrt{(-0{,}0016)^2}$
d) $(\sqrt{2{,}89} - \sqrt{4}) \cdot \sqrt{0{,}01}$ **e)** $-\sqrt{64} - (-\sqrt{8})^2$
f) $\frac{1}{2} \cdot \sqrt{\frac{1}{4}} + 2 \cdot \sqrt{(-\frac{1}{4})^2}$ **g)** $1{,}5 : \sqrt{2\frac{1}{4}} + \sqrt{2}$
h) $3 \cdot (-\sqrt{2500} - \sqrt{-81})$ **i)** $-(-\sqrt{(-\sqrt{256})^2})^2$

INTERVALL-SCHACHTELUNGEN

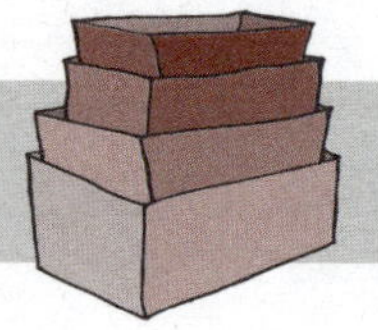

26. Gesucht: Benachbarte ganze Zahlen, ...

zwischen denen x liegt. Trage sie ein.

	x	
	$< 3{,}2 <$	
	$< -12{,}8 <$	
	$< \frac{23}{4} <$	
	$< \sqrt{162} <$	

	x	
	$< -\sqrt{56} <$	
	$< -2\frac{1}{6} <$	
	$< \sqrt{0{,}5} <$	
	$< -\frac{64}{81} <$	

27. Hier ist nach der Länge der Intervalle gefragt.

a) [7; 8]; [7,5; 7,6]; [7,43; 7,44]
b) [– 0,8; – 0,5]; [– 0,76; – 0,73]; [– 0,751; – 0,748]
c) [5,34; 5,39]; [5,345; 5,38]; [5,3456; 5,37]
d) [– 1; – 0,1]; [– 0,1; – 0,01]; [– 0,01; – 0,001]

28. Und hier darfst du ...

die Wurzel mit dem Taschenrechner ziehen. Gib je ein Intervall der Länge 0,01 an, in dem

a) $\sqrt{56}$ **b)** $-\sqrt{56}$ liegt.

29. Baue sinnvoll an!

Und zwar um drei weitere Intervalle. Welche Zahl ist wohl gemeint?

a) [0; 1]; [0,6; 0,7]; [0,66; 0,67]; [0,666; 0,667]; [0,6666; 0,6667]; ...
b) [– 3; – 2]; [– 2,5; – 2,4]; [– 2,46; – 2,45]; [– 2,455; – 2,454]; [– 2,4546; – 2,4545]; ...

30. Ganz schön lang, ...

was der PC als Näherungswerte ausspuckt. Bestimme damit für jede der vier Zahlen die ersten sechs Intervalle einer Intervallschachtelung.

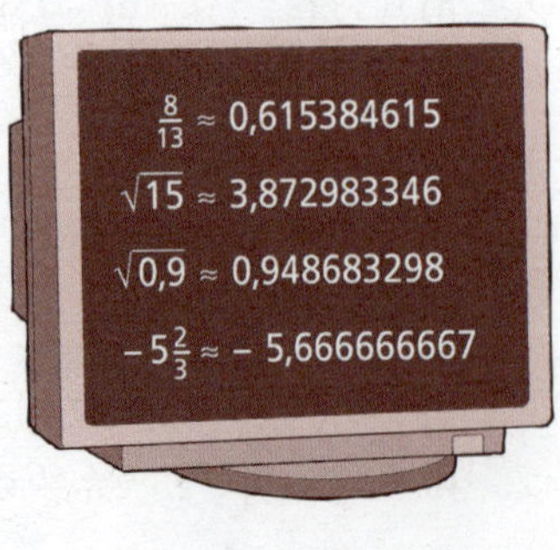

RATIONALE ZAHLEN $2\frac{3}{8}$ -5

31. Gewusst wie – oder schon vergessen?

Schreibe die Brüche als Dezimalzahlen.

a) $\frac{7}{8}$ **b)** $2\frac{1}{20}$ **c)** $\frac{91}{64}$ **d)** $-\frac{8}{125}$ **e)** $127\frac{3}{80}$
f) $\frac{1}{3}$ **g)** $-\frac{5}{6}$ **h)** $1\frac{9}{30}$ **i)** $130\frac{7}{90}$ **j)** $-2\frac{8}{17}$

32. Und hier geht's anders herum:

Schreibe die Dezimalzahlen als gekürzte Brüche.

a) $0{,}7$ $\quad 0{,}\overline{7}$ $\quad 0{,}\overline{07}$ $\quad 0{,}0\overline{7}$
b) $2{,}6$ $\quad 2{,}\overline{6}$ $\quad 2{,}\overline{26}$ $\quad 2{,}2\overline{6}$
c) $4{,}18$ $\quad 4{,}\overline{18}$ $\quad 4{,}\overline{318}$ $\quad 4{,}3\overline{18}$

Merke: Ein gekürzter Bruch lässt sich genau dann in eine abbrechende Dezimalzahl umwandeln, wenn sein Nenner nur die Primfaktoren 2 und/oder 5 enthält.

33. Hier darfst du Zahlen streichen!

Aber bitte nur solche, die eine nicht abbrechende Dezimalzahl darstellen.

$\frac{19}{125}$; -8 ; $3\frac{7}{8}$; $0{,}3\overline{4}$; $-\frac{15}{12}$; $\sqrt{4}$
$\frac{8}{17}$; $10{,}\overline{89}$; $-2\frac{25}{84}$; $1{,}111$; $-\sqrt{\frac{49}{36}}$; $-\frac{6}{96}$
$10{,}\overline{10}$; $\frac{121}{88}$; $-\frac{35}{126}$; $\sqrt{\frac{36}{144}}$; $\frac{150}{25}$; $2{,}345$

34. Hier sind rationale Zahlen gemeint!

Welche? Schreibe sie als gekürzte Brüche.

a) 6,3333... **b)** −0,1010... **c)** 2,34545...
d) 0,245252... **e)** −9,8765765...

35. Ordnung muss sein!

Ordne von der kleinsten zur größten Zahl.

a) $0{,}01$; $\sqrt{0{,}01}$; $0{,}\overline{1}$; $0{,}\overline{01}$; $0{,}\overline{10}$
b) $-2{,}3$; $-2{,}\overline{35}$; $-\sqrt{\frac{576}{100}}$; $-2{,}3\overline{5}$; $-2{,}35$
c) $\frac{15}{8}$; $\sqrt{4\frac{29}{49}}$; $1{,}8\overline{7}$; $2{,}142$; $1{,}87\overline{5}$
d) $6{,}81\overline{5}$; $6{,}815$; $6\frac{9}{11}$; $6{,}8\overline{15}$; $\sqrt{46{,}9225}$

REELLE ZAHLEN $\sqrt{3}$ $-\sqrt{4}$

36. Was ist wie viele Wurzeln:

Irrational, aber trotzdem notwendig?
Wenn du es nicht weißt: Streiche alle Buchstaben, die über einer irrationalen Zahl stehen. Die übrig gebliebenen ergeben das Lösungswort.

A	V	E	I	R	O
$\sqrt{0{,}1}$	$\sqrt{3^2}$	$1{,}2\overline{3}$	$-\sqrt{8}$	$-\sqrt{\frac{4}{81}}$	$\sqrt{6}$
L	**M**	**N**	**I**	**E**	**S**
$\frac{36}{23}$	$\sqrt{\frac{10}{169}}$	$\sqrt{1000}$	$1{,}111$	$\sqrt{0{,}01}$	$\sqrt{\frac{64}{2}}$
B	**C**	**H**	**T**	**E**	**S**
$3{,}\overline{02}$	$\sqrt{\sqrt{4}}$	$\sqrt{0{,}025}$	$(\sqrt{\frac{1}{2}})^2$	$-\sqrt{\frac{1}{40}}$	0
E	**F**	**E**	**I**	**R**	**N**
$\sqrt{(-5)^2}$	$\sqrt{\sqrt{\frac{16}{36}}}$	$\sqrt{2560}$	$\sqrt{\sqrt{81}}$	$\sqrt{12{,}1}$	$\sqrt{\frac{4}{16}}$

37. Vorsicht Stolpersteine!

Ist $\sqrt{x}$ rational oder irrational?

a) $x = 5$ **b)** $x = 2\frac{1}{4}$ **c)** $x = 256$ **d)** $x = \sqrt{16}$
e) $x = (\frac{2}{9})^2$ **f)** $x = \sqrt{27}$ **g)** $x = (\frac{15}{29})^2$ **h)** $x = \sqrt{4}$

38. Auch wenn du keine Lupe hast:

Trage die folgenden Zahlen auf der Zahlengeraden ein. Beschrifte zunächst die beiden markierten Teilstriche sinnvoll.

$2\frac{1}{3}$; $2{,}2\overline{3}$; $\sqrt{5}$; $2{,}246$; $2\frac{3}{11}$

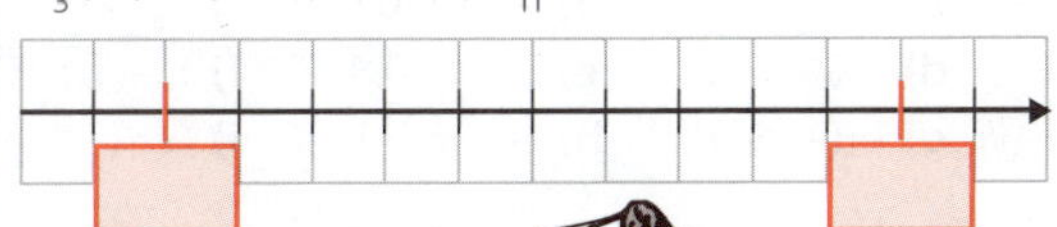

39.

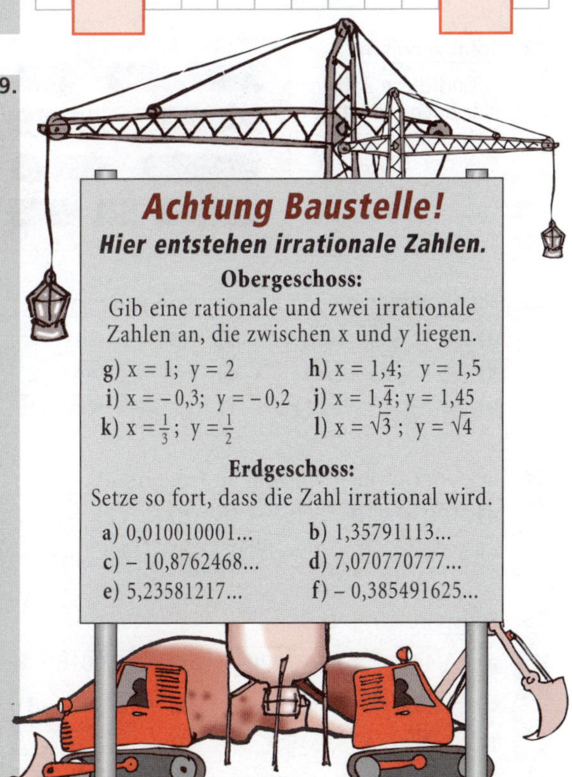

40. Was du hier siehst ...

sind die ersten drei Intervalle einer Intervallschachtelung. Ergänze die Beschriftungen und gib jeweils eine rationale und eine irrationale Zahl an, die gemeint sein könnten.

a)

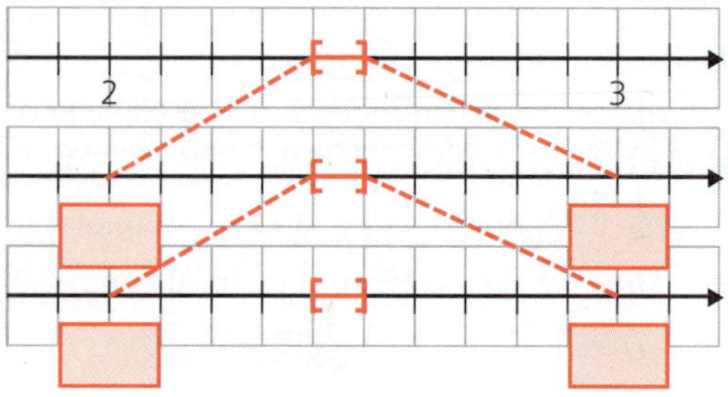

b)

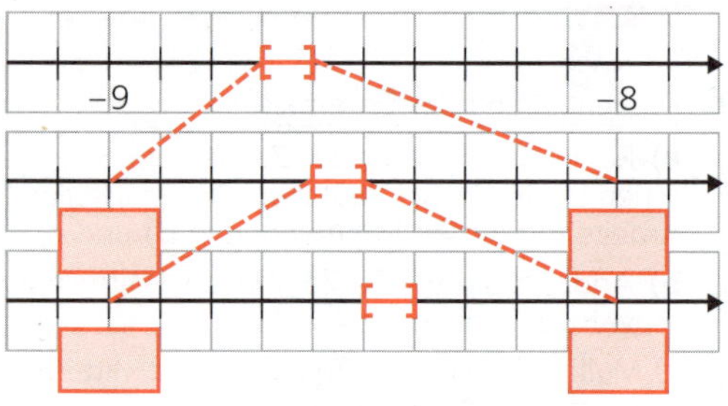

c)

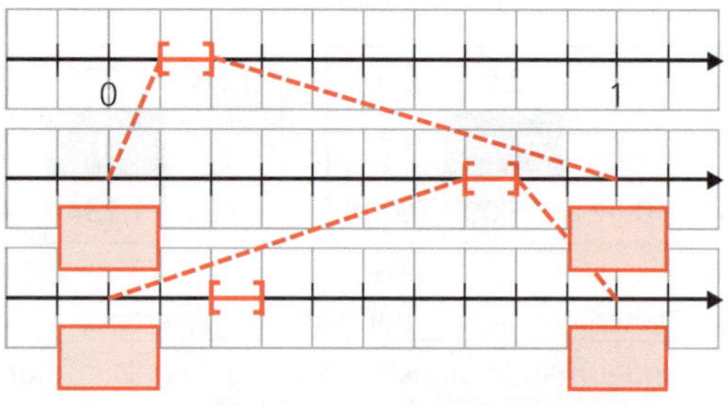

41. Kennst du die Seitenlänge a ...

eines Quadrates, dann kannst du daraus die Länge d seiner Diagonalen berechnen.

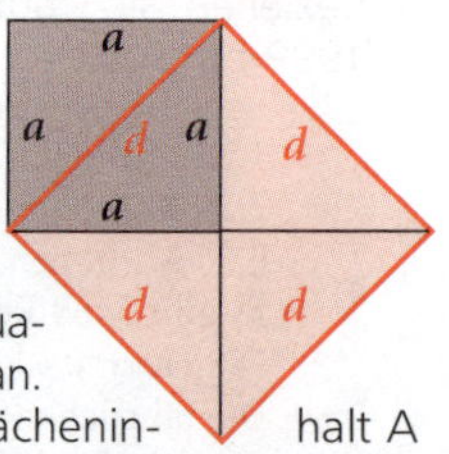

a) Gib eine Formel für den Flächeninhalt A des großen Quadrates in Abhängigkeit von d an.
b) Gib eine Formel für den Flächeninhalt A des großen Quadrates in Abhängigkeit von a an.
c) Welche Beziehung besteht zwischen den beiden Flächeninhaltsformeln von a) und b)?
d) Welche Beziehung besteht zwischen der Diagonalen d eines Quadrates und seiner Seite a?
e) Wie lang ist etwa die Diagonale eines Quadrates mit der Seitenlänge 5 cm?

42. ***Heißer Tipp!***

Wenn du bei dieser Aufgabe vergeblich auf dein Aha-Erlebnis wartest: Beschäftige dich zuerst einmal mit Aufgabe 41.

a) Wie groß ist der Flächeninhalt der ganzen Figur?
b) Wie lang ist etwa die Strecke $\overline{AB}$?

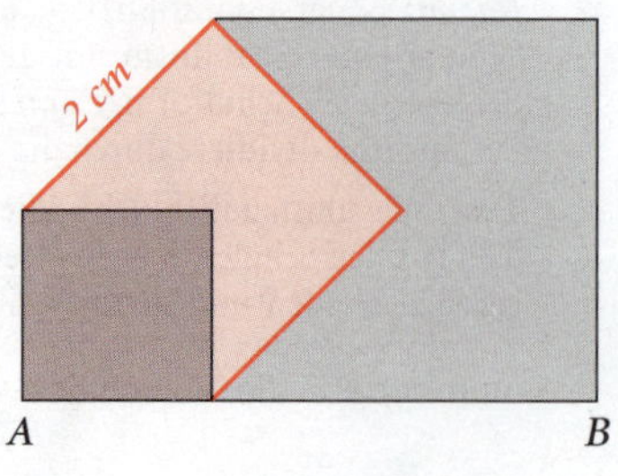

HERON-VERFAHREN $1 \le \sqrt{2} \le 2$

43. Stell dir vor, dein Taschenrechner ist kaputt ...

und du sollst Wurzeln berechnen. Keine Panik, es gibt ja das Heron-Verfahren. Bestimme damit eine auf 4 Dezimalstellen genaue Näherung für $\sqrt{21}$. Beginne mit

a) dem Startwert $x_0 = 3$ **b)** dem Startwert $x_0 = 4$

44. **Wanted:** Heron und 4 Dezimalstellen von ...

a) $\sqrt{5}$ **b)** $\sqrt{17}$ **c)** $\sqrt{48}$ **d)** $\sqrt{150}$

Tipp: Wähle als Startwert eine natürliche Zahl, deren Quadrat möglichst nahe am Radikanden liegt.

Was ist das Heron-Verfahren?

Ein Verfahren zur Berechnung von Näherungswerten für Wurzeln. Und so funktioniert die Sache:

Gesucht: $\sqrt{a}$	**Gesucht: $\sqrt{6}$**
❶ Wähle irgendeinen Startwert $x_0 > 0$.	❶ Startwert: $x_0 = 3$
❷ Bestimme $y_0 = \frac{a}{x_0}$. Es gilt: $x_0 \le \sqrt{a} \le y_0$ oder $y_0 \le \sqrt{a} \le x_0$.	❷ $y_0 = \frac{6}{3} = 2$ $2 \le \sqrt{6} \le 3$
❸ Bestimme $x_1 = \frac{1}{2}(x_0 + y_0)$	❸ $x_1 = \frac{1}{2}(3 + 2) = 2{,}5$
❹ Bestimme $y_1 = \frac{a}{x_1}$. Es gilt: $x_1 \le \sqrt{a} \le y_1$ oder $y_1 \le \sqrt{a} \le x_1$.	❹ $y_1 = \frac{6}{2{,}5} = 2{,}4$ $2{,}4 \le \sqrt{6} \le 2{,}5$
❺ Bestimme $x_2 = \frac{1}{2}(x_1 + y_1)$	❺ $x_2 = \frac{1}{2}(2{,}4 + 2{,}5) = 2{,}45$
❻ Bestimme $y_2 = \frac{a}{x_2}$. Es gilt: $x_2 \le \sqrt{a} \le y_2$ oder $y_2 \le \sqrt{a} \le x_2$.	❻ $y_2 = \frac{6}{2{,}45} = 2{,}4489...$ $2{,}4489... \le \sqrt{6} \le 2{,}45$

❼ Setze das Verfahren so lange fort, bis du die geforderte Genauigkeit erreicht hast.

Was steckt hinter dem Heron-Verfahren?

Geometrisch betrachtet werden Rechtecke mit dem Flächeninhalt A Schritt für Schritt in flächengleiche Rechtecke umgewandelt, deren Seitenlängen sich immer mehr angleichen. Die Rechtecke ähneln also immer mehr einem Quadrat, ihre Seitenlängen nähern sich immer mehr $\sqrt{A}$ an.

Beispiel: Gesucht: $\sqrt{6}$

Die Umwandlung startet mit einem Rechteck mit den Seitenlängen $x_0 = 3$ cm und $y_0 = 2$ cm.

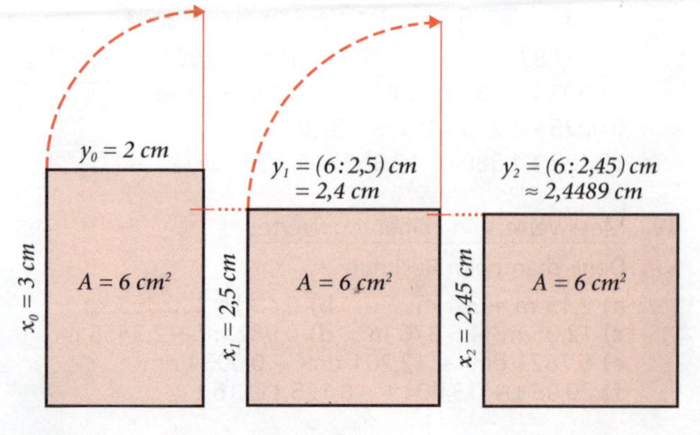

RECHNEN MIT NÄHERUNGSWERTEN

45. Diese Aufgabe hast du richtig gelöst, ...

wenn du links neben die Zahl die Anzahl ihrer Dezimalstellen und rechts die Anzahl ihrer geltenden Ziffern eingetragen hast.

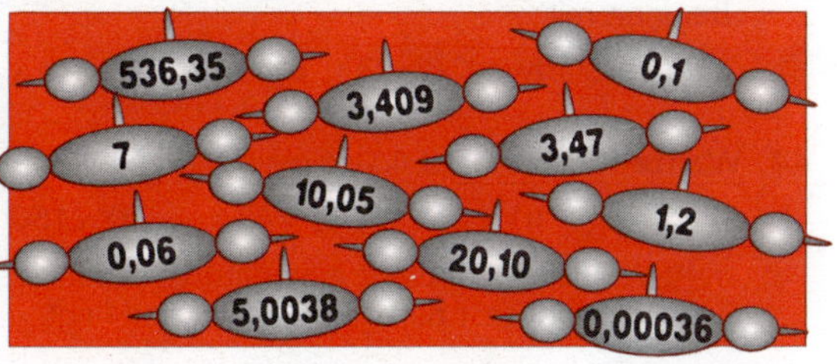

46. Und jetzt darf gerundet werden!

Hier auf die angegebene Anzahl von Dezimalstellen.

Dezimalstellen ▷	1	2	3	4
2,345068				
0,670246				
0,098173				
28,05018				
12,39954				

Und hier auf die genannte Anzahl geltender Ziffern.

geltende Ziffern ▷	1	2	3	4
2,345068				
0,670246				
0,098173				
28,05018				
12,39954				

47. Wenn alle Zahlen schon gerundet sind:

Auf wie viele Stellen ist das Ergebnis dann zu runden?

3,5 + 7,82 ☐ 0,48 – 0,001 ☐
1,0603 – 52,374 ☐ 120,75 + 156 ☐
0,0025 + 1,275 – 0,508 + 57,0 – 0,061 ☐
69,123 – 1,3804 + 12,85674 – 128,456 ☐

48. Auch hier geht's rund – aber anders:

Auf wie viele geltende Ziffern ist zu runden?

3,5 · 7,82 ☐ 0,48 : 0,001 ☐
1,0603 : 52,374 ☐ 120,75 · 156 ☐
0,0025 · 1,275 : 0,508 · 57,0 : 0,061 ☐
69,123 : 1,3804 · 12,85674 : 128,456 ☐

49. Messwerte sind Näherungswerte!

Denk dran beim Rechnen.

a) 2,15 m + 3,4 m **b)** 0,48 kg + 0,065 kg
c) 12,05 m^2 – 6,376 m^2 **d)** 0,982 m^3 + 2,3456 m^3
e) 6,7821 dm^3 + 12,201 dm^3 – 0,0034 dm^3
f) 20,06 t + 13,904 t – 8,125 t – 16 t

50. Alle Größen sind hier Näherungswerte, ...

die Zahlen aber nicht. Berechne.

a) 1,5 m · 0,2 **b)** 2,04 t : 1,5
c) 36,75 m^2 : 3,5 m^2 **d)** 2,250 m · 0,03 m
e) 8 m · 2,5 m · 1,6 m **f)** 12,8 kg : 3,2 : 0,02

51. Zuerst gemessen und dann gerundet ...

wurden die Seitenlängen a und b eines Rechtecks. Berechne seinen Flächeninhalt und Umfang.

a	1,2 dm	12,3 m	0,72 m	6 mm	10 cm
b	0,4 dm	4,25 m	1,50 m	0,4 mm	0,010 cm
U					
A					

52. Rechentraining der Extraklasse!

a) Runde die irrationalen Zahlen und die periodischen Dezimalzahlen auf zwei Dezimalstellen. Arbeite mit diesen Näherungen in **b)** und **c)**.

b) Addiere die weiße Zahl in der Mitte mit jeder schwarzen Zahl am Rande.

c) Multipliziere die weiße Zahl in der Mitte mit jeder schwarzen Zahl am Rande.

0	3,5	6,14
$\sqrt{15}$	$\sqrt{7}$	7
$0,\overline{52}$	25,09	0,008

12,8	0,005	45
$\sqrt{\frac{1}{1000}}$	$2,1\overline{6}$	$\sqrt{22}$
$3\frac{1}{3}$	1,234	7,50

53. Näherungswerte über Näherungswerte ...

findet man in statistischen Angaben. Die folgenden beziehen sich auf Deutschland im Zeitraum von 1999 bis 2001. *(Quelle: Statistisches Bundesamt)*

- ➜ 1,26 Millionen Schüler besuchen die Realschule, 2,26 Millionen das Gymnasium und 0,55 Millionen die Gesamtschule.
- ➜ Es gibt 3469 Realschulen, 3166 Gymnasien und 788 Gesamtschulen.
- ➜ Die jährlichen Ausgaben pro Schüler betragen: Realschüler 4300 €, Gymnasiast 5100 € und Gesamtschüler 5300 €.

a) Welche Angaben sind exakt, welche gerundet?

b) Wie viele Schüler hatte im Schnitt eine Realschule, ein Gymnasium und eine Gesamtschule?

c) Wie viel Geld wurde jeweils in den drei Schulformen im Schnitt pro Schule ausgegeben?

d) Die durchschnittlichen Ausgaben pro Schüler an den Realschulen und Gymnasien insgesamt sind zu berechnen. Vorschläge dazu von Naomi und Tim:

Naomi: „Zuerst multipliziere ich die Ausgaben pro Schüler einer Schulform mit der Anzahl der Schüler der jeweiligen Schulform. Dann addiere ich die beiden Beträge und dividiere durch die Anzahl aller Schüler."

Tim: „Wie umständlich! Ich addiere die beiden Beträge, die für jeden Schüler in den einzelnen Schulformen ausgegeben werden und dividiere ihre Summe durch 2."

Kommentiere die Vorschläge von Naomi und Tim.

KNOBELN & ANWENDEN

54. Gemunkelt wird über diesen Streifen, ...
dass er in Wirklichkeit 56 cm^2 groß ist.

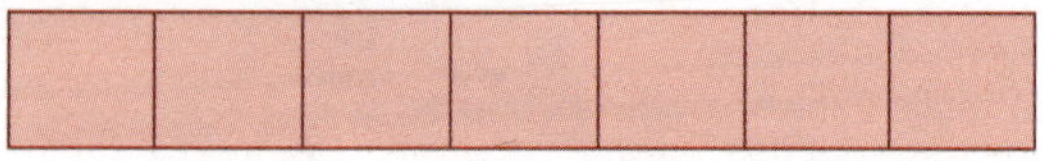

Wie lang und wie breit ist er dann?

55. Es war einmal ein Rechteck, ...
das den gleichen Umfang wie ein 1,21 dm^2 großes Quadrat hatte. Die eine Rechteckseite war 4 cm kürzer als die andere. Und wer den Flächeninhalt des Rechtecks findet, darf König oder Königin werden.

56. Soll das moderne Kunst sein?
Natürlich nicht. Es ist eine Matheaufgabe.

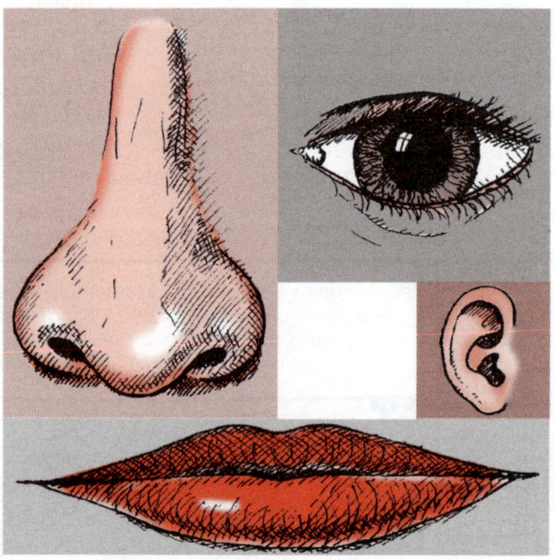

Die Leinwand ist in Wirklichkeit ein 2 m^2 großes Quadrat. Kreuze an, wenn der Satz richtig ist.

❶ Die Nase ist breiter als $\frac{3}{4}$ m. ☐
❷ Die Nase ist kürzer als 110 cm. ☐
❸ Die Fläche des Ohres ist kleiner als 12,5 dm^2. ☐
❹ Das Auge ist breiter als 80 cm. ☐
❺ Der Mund ist breiter als 1,5 m. ☐

57.

■ ■ ■ *Tauschquadrate* ■ ■ ■ ■ ■ ■ ■ ■
Biete: Rechteck, das kein Quadrat ist.
Suche: Quadrat mit gleichem Flächeninhalt, dessen Seitenlänge eine natürliche Maßzahl hat.
Bieter: Motte – *Kontakt:* motte@studienkreis.de
■ ■ ■ ■ ■ ■ ■ ■ ■ ■ ■ ■ ■ ■ ■ ■ ■ ■ ■ ■

Wie lang könnte Mottes Rechteck sein, wenn es a cm breit ist und sie fündig werden kann?

a) a = 2 cm, b = ___ cm **b)** a = 3 cm, b = ___ cm
c) a = 4 cm, b = ___ cm **d)** a = 5 cm, b = ___ cm

58. Quadratzahlsummen
Das Quadrat jeder natürlichen Zahl n lässt sich als Summe von n Summanden darstellen. Die Zeichnungen legen nahe, wie das geht.

1^2 2^2 3^2 4^2

a) Schreibe die Quadrate aller einstelligen Zahlen als Summe.

b) Markiere den richtigen Term:

Ist n eine natürliche Zahl, dann ist n^2 die Summe aller ungeraden Zahlen, die kleiner oder gleich sind wie

n	$2n$	$2n - 1$	n^2	$n^2 - 1$

59. Viele Möglichkeiten gibt es, ein Problem zu lösen.
An welche hat Mathemüller wohl gedacht?
Knack die Nuss! Viel Spaß!

Quadratwurzelterme

Nicht nur Zahlen, sondern auch Terme kannst du unter die Wurzel bringen:

$\sqrt{2x}$	$\sqrt{x+1}$	$\sqrt{1-x^2}$	$\sqrt{\frac{1}{x-1}}$
Term ❶	Term ❷	Term ❸	Term ❹

Quadratwurzeln mit Variablen im Radikanden heißen „Quadratwurzelterme".

Setzt du in die Terme ❶, ❷ und ❹ für x die Zahl 2 ein, so erhältst du reelle Zahlen:

$\sqrt{2 \cdot 2} = \sqrt{4} = 2;\quad \sqrt{2+1} = \sqrt{3};\quad \sqrt{\frac{1}{2-1}} = \sqrt{1} = 1$

Und was ist, wenn du in Term ❸ für x die Zahl 2 einsetzt?????

Warum darf der Radikand nicht negativ sein?
Angenommen, a ist eine negative Zahl und es wäre $\sqrt{a} = b$. Durch Quadrieren ergäbe sich dann $(\sqrt{a})^2 = a = b^2$. Das Quadrat einer reellen Zahl kann aber nicht negativ sein. Schade eigentlich. Oder?

Die Quadratwurzel ist für negative Radikanden nicht definiert. In die Variablen eines Quadratwurzelterms dürfen deswegen nur solche Zahlen eingesetzt werden, für die der Radikand positiv oder null wird. Alle diese Zahlen zusammen bilden die **Definitionsmenge** des Quadratwurzelterms.

Quadratwurzelterme

Bei Termen wie $\sqrt{2x}$, $\sqrt{x+1}$, $\sqrt{1-x^2}$ und $\sqrt{\frac{1}{x-1}}$ stehen Variablen unter der Wurzel.

Quadratwurzelterme

Quadratwurzeln mit Variablen im Radikanden heißen Quadratwurzelterme.

Beim Einsetzen in die Variablen eines Quadratwurzelterms kann es passieren, dass der Radikand negativ wird. Da eine Quadratwurzel aber für negative Radikanden nicht definiert ist, muss dieses ausgeschlossen werden.

Definitionsmenge

Die Definitionsmenge eines Quadratwurzelterms ist die Menge aller reellen Zahlen, für die der Radikand positiv oder null wird.

Beispiele: $\sqrt{1+x}$; $D = \{x \in \mathbb{R} \mid x \geq -1\}$; $\sqrt{\frac{1}{x-1}}$; $D = \{x \in \mathbb{R} \mid x > 1\}$

Wegen $4x^2 = (2x)^2$ und $\sqrt{(2x)^2} = 2\,|x|$ gilt: $\sqrt{4x^2} = 2\,|x|$. Hier wurde ein Wurzelterm (nämlich $\sqrt{4x^2}$) in einen wurzelfreien Term (nämlich $2\,|x|$) umgeformt.

Wurzelziehen Radizieren

Das Umformen eines Quadratwurzelterms in einen Term ohne Wurzeln nennt man „Wurzelziehen", „Ziehen der Wurzel" oder „Radizieren".

Zwischen Wurzelziehen und Quadrieren besteht folgender Zusammenhang:

❶ $(\sqrt{a})^2 = a$ (für $a \geq 0$) ❷ $\sqrt{a^2} = |a|$

Beispiele: ❶ $(\sqrt{3y})^2 = 3y$; $(\sqrt{mn})^2 = mn$; ❷ $\sqrt{9y^2} = 3\,|y|$; $\sqrt{m^2n^2} = |mn|$

Beim Vergleich einer Zahl a mit ihrem Quadrat und ihrer Wurzel sind drei Fälle zu unterscheiden:

❶ $a^2 < a < \sqrt{a}$ (für $0 < a < 1$) ❷ $\sqrt{a} < a < a^2$ (für $a > 1$) ❸ $\sqrt{a} = a = a^2$ (für $a = 0$ und $a = 1$)

Beispiele: ❶ $\left(\frac{1}{4}\right)^2 < \frac{1}{4} < \sqrt{\frac{1}{4}}$ ❷ $\sqrt{4} < 4 < 4^2$ ❸ $\sqrt{0} = 0 = 0^2$ und $\sqrt{1} = 1 = 1^2$

Für reelle Zahlen gelten die gleichen Rechengesetze wie für rationale Zahlen, also auch das Distributivgesetz. Mit seiner Hilfe lassen sich Terme mit Wurzeln manchmal vereinfachen:

Zusammenfassen von Wurzeln mit gleichen Radikanden

In Summen (Differenzen) kann man Wurzeln mit gleichen Radikanden zusammenfassen:

$a\sqrt{c} + b\sqrt{c} = (a+b)\sqrt{c}$ $a\sqrt{c} - b\sqrt{c} = (a-b)\sqrt{c}$

Beispiele: $-3\sqrt{x} + 7\sqrt{x} = 4\sqrt{x}$; $2y\sqrt{2} - y\sqrt{2} = y\sqrt{2}$

Es ist $\sqrt{4} \cdot \sqrt{9} = \sqrt{4 \cdot 9}$ und $\sqrt{4} : \sqrt{9} = \sqrt{4 : 9}$. Diese Beziehung gilt allgemein:

Multiplikationsregel Divisionsregel

Quadratwurzeln werden multipliziert oder dividiert, indem man die Radikanden multipliziert oder dividiert:

$\sqrt{a} \cdot \sqrt{b} = \sqrt{ab}$ für $a \geq 0$; $b \geq 0$ $\sqrt{a} : \sqrt{b} = \sqrt{a : b}$ für $a \geq 0$; $b > 0$

Beispiele: $\sqrt{2x} \cdot \sqrt{3} = \sqrt{6x}$ für $x \geq 0$ $\sqrt{3a^2b} : \sqrt{ab} = \sqrt{3a}$ für $a > 0$; $b > 0$

Achtung! Für Summen und Differenzen gelten vergleichbare Regeln nicht. Von Ausnahmen abgesehen gilt:

$\sqrt{a} + \sqrt{b} \neq \sqrt{a+b}$ und $\sqrt{a} - \sqrt{b} \neq \sqrt{a-b}$

Beispiel: $\sqrt{16} + \sqrt{9} = 4 + 3 = 7$; aber: $\sqrt{16+9} = \sqrt{25} = 5$

Nicht immer gelingt es, einen Wurzelterm „wurzelfrei" zu machen. Ist aber ein Faktor des Radikanden ein Quadrat, dann lässt sich der Term mithilfe der Multiplikationsregel einfacher schreiben:

Teilweises Wurzelziehen

Das Umformen einer Wurzel nach der Regel $\sqrt{a^2b} = |a|\sqrt{b}$ heißt „teilweises Wurzelziehen" oder „partielles Radizieren".

Beispiele: $\sqrt{4y} = 2\sqrt{y}$; $\sqrt{5x^2} = |x|\sqrt{5}$; $\sqrt{2a^2 + 4ab + 2b^2} = \sqrt{2(a+b)^2} = |a+b|\sqrt{2}$

Vorfaktoren von Wurzeln

Beim partiellen Radizieren bringt man Faktoren vor die Wurzel. Umgekehrt lassen sich auch Vorfaktoren einer Wurzel unter die Wurzel bringen. Dabei sind zwei Fälle zu unterscheiden:

❶ $a\sqrt{x} = \sqrt{a^2x}$ (für $a \geq 0$) ❷ $a\sqrt{x} = -\sqrt{a^2x}$ (für $a < 0$)

Beispiele: ❶ $3\sqrt{x} = \sqrt{3^2x} = \sqrt{9x}$ ❷ $-3\sqrt{x} = -\sqrt{(-3)^2x} = -\sqrt{9x}$

Bei Gleichungen wie $\sqrt{x} + 5 = 7$ oder $\sqrt{3x+2} = \sqrt{4-x}$ treten Quadratwurzelterme auf.

Quadratwurzelgleichungen

Gleichungen mit Quadratwurzeltermen heißen „Quadratwurzelgleichungen".

Die Zahlen, die man in eine Quadratwurzelgleichung einsetzen darf, bilden ihre **Definitionsmenge** D. Die Zahlen, die eine Quadratwurzelgleichung lösen, bilden ihre **Lösungsmenge** L.

Beispiel: $\sqrt{x} + 5 = 7$; $D = \{x \in \mathbb{R} \mid x \geq 0\}$; $L = \{4\}$

Wie man Wurzelgleichungen löst und was dabei zu beachten ist, erfährst du auf den Seiten 21 und 54.

AUFGABE

1. Bestimme die Definitionsmenge.

a) $\sqrt{x}$

b) $\sqrt{x^2}$

c) $(\sqrt{x})^2$

d) $(\sqrt{x^2})^2$

e) $\sqrt{-x}$

f) $\sqrt{(-x)^2}$

g) $\sqrt{x-2}$

h) $\sqrt{3-x}$

i) $\sqrt{(1-x)^3}$

j) $\sqrt{\frac{x+3}{2-x}}$

k) $\sqrt{2x+5} + \sqrt{8-x}$

LÖSUNG

a) $x \geq 0$; $\mathbf{D = \{x \in \mathbb{R} \mid x \geq 0\}}$

b) $x^2 \geq 0$; allgemein gültig; $\mathbf{D = \mathbb{R}}$

c) $x \geq 0$; $\mathbf{D = \{x \in \mathbb{R} \mid x \geq 0\}}$

d) $x^2 \geq 0$; allgemein gültig; $\mathbf{D = \mathbb{R}}$

e) $-x \geq 0 \Leftrightarrow x \leq 0$
$\mathbf{D = \{x \in \mathbb{R} \mid x \leq 0\}}$

f) $(-x)^2 \geq 0$; allgemein gültig;
$\mathbf{D = \mathbb{R}}$

g) $x - 2 \geq 0 \Leftrightarrow x \geq 2$
$\mathbf{D = \{x \in \mathbb{R} \mid x \geq 2\}}$

h) $3 - x \geq 0 \Leftrightarrow x \leq 3$
$\mathbf{D = \{x \in \mathbb{R} \mid x \leq 3\}}$

i) $(1-x)^3 \geq 0 \Leftrightarrow 1 - x \geq 0 \Leftrightarrow x \leq 1$
$\mathbf{D = \{x \in \mathbb{R} \mid x \leq 1\}}$

j) $\frac{x+3}{2-x} \geq 0$
$\Leftrightarrow (x + 3 \geq 0 \wedge 2 - x > 0)$
oder $(x + 3 \leq 0 \wedge 2 - x < 0)$
$\Leftrightarrow -3 \leq x < 2$
$\mathbf{D = \{x \in \mathbb{R} \mid -3 \leq x < 2\}}$

k) $2x + 5 \geq 0 \Leftrightarrow x \geq -\frac{5}{2}$
$8 - x \geq 0 \Leftrightarrow x \leq 8$
$\mathbf{D = \{x \in \mathbb{R} \mid -\frac{5}{2} \leq x \leq 8\}}$

ERLÄUTERUNG

Definitionsmenge bestimmen

Sollst du die Definitionsmenge eines Wurzelterms bestimmen, dann gehe so vor:

- Ermittle alle Zahlen, für die der Radikand positiv oder 0 wird und fasse sie zu einer Menge zusammen.

Beachte:

1. Ein Quadrat ist nie negativ. Eine Ungleichung der Form $a^2 \geq 0$ ist also allgemein gültig [Aufgaben b), d) und f)].
2. Bei Termen mit mehreren Wurzeln ist die Schnittmenge der einzelnen Definitionsmengen zu bilden [Aufgabe k)].

Merke:

Zur Definitionsmenge eines Wurzelterms gehören alle Zahlen, für die der Radikand positiv oder 0 wird.

---

2. Gib die einschränkenden Bedingungen an.

a) $\sqrt{x+y}$

b) $\sqrt{x^2-2y}$

c) $\sqrt{xy}$

d) $\sqrt{2xy^2}$

e) $\sqrt{\frac{x}{y}}$

f) $\sqrt{\frac{x^2}{y}}$

a) $x + y \geq 0 \Leftrightarrow \mathbf{x \geq -y}$

b) $x^2 - 2y \geq 0 \Leftrightarrow x^2 \geq 2y \Leftrightarrow \mathbf{y \leq \frac{1}{2}x^2}$

c) $xy \geq 0 \Leftrightarrow$
$\mathbf{x \geq 0 \wedge y \geq 0 \vee x \leq 0 \wedge y \leq 0}$

d) $2xy^2 \geq 0 \Leftrightarrow \mathbf{x \geq 0}$

e) $\frac{x}{y} \geq 0 \Leftrightarrow$
$\mathbf{x \geq 0 \wedge y > 0 \vee x \leq 0 \wedge y < 0}$

f) $\frac{x^2}{y} \geq 0 \Leftrightarrow \mathbf{y > 0}$

$\wedge$: Abkürzung für „und"
$\vee$: Abkürzung für „oder"

Einschränkende Bedingungen angeben:

Bei Termen mit mehreren Variablen gibt man meist anstatt der Definitionsmenge die einschränkenden Bedingungen für die Variablen an. Gehe so vor:

1. Setze den Radikanden ≥ 0 und löse die Ungleichung nach einer der Variablen auf, wenn das möglich ist.
2. Achte auf evtl. nötige Fallunterscheidungen.

---

3. Schreibe ohne Wurzelzeichen.

a) $(\sqrt{2x})^2$

b) $(\sqrt{-x})^2$

c) $\sqrt{(5x)^2}$

d) $\sqrt{\left(\frac{x^2}{12}\right)^2}$

a) $(\sqrt{2x})^2 = \mathbf{2x}$ für $x \geq 0$

b) $(\sqrt{-x})^2 = \mathbf{-x}$ für $x \leq 0$

c) $\sqrt{(5x)^2} = |5x| = \mathbf{5\,|x|}$

d) $\sqrt{\left(\frac{x^2}{12}\right)^2} = \left|\frac{x^2}{12}\right| = \mathbf{\frac{x^2}{12}}$

Wurzeln quadrieren
Quadrate radizieren

Soll eine Wurzel quadriert werden [Aufgaben a) und b)], dann

- forme um nach der Regel

  $\mathbf{(\sqrt{a})^2 = a}$ **für** $\mathbf{a \geq 0}$

Soll ein Quadrat radiziert werden [Aufgaben c) und d)], dann

- forme um nach der Regel

  $\mathbf{\sqrt{a^2} = |a|}$

AUFGABE

4. Ziehe die Wurzel.

a) $\sqrt{64 \cdot 225}$

b) $\sqrt{0{,}01 \cdot 324}$

c) $\sqrt{25x^2}$

d) $\sqrt{169 : 0{,}01}$

e) $\sqrt{\frac{64}{81}}$

f) $\sqrt{\frac{x^4}{144}}$

LÖSUNG

1. Lösung:

a) $\sqrt{64 \cdot 225} = \sqrt{14400} = \sqrt{120^2} = \mathbf{120}$

b) $\sqrt{0{,}01 \cdot 324} = \sqrt{3{,}24} = \sqrt{1{,}8^2} = \mathbf{1{,}8}$

c) $\sqrt{25x^2} = \sqrt{(5x)^2} = \mathbf{5\,|x|}$

d) $\sqrt{169 : 0{,}01} = \sqrt{16900} = \sqrt{130^2} = \mathbf{130}$

e) $\sqrt{\frac{64}{81}} = \sqrt{\left(\frac{8}{9}\right)^2} = \mathbf{\frac{8}{9}}$

f) $\sqrt{\frac{x^4}{144}} = \sqrt{\left(\frac{x^2}{12}\right)^2} = \mathbf{\frac{x^2}{12}}$

2. Lösung:

a) $\sqrt{64 \cdot 225} = \sqrt{64} \cdot \sqrt{225} = 8 \cdot 15 = \mathbf{120}$

b) $\sqrt{0{,}01 \cdot 324} = \sqrt{0{,}01} \cdot \sqrt{324} = 0{,}1 \cdot 18 = \mathbf{1{,}8}$

c) $\sqrt{25x^2} = \sqrt{25} \cdot \sqrt{x^2} = \mathbf{5\,|x|}$

d) $\sqrt{169 : 0{,}01} = \sqrt{169} : \sqrt{0{,}01} = 13 : 0{,}1 = \mathbf{130}$

e) $\sqrt{\frac{64}{81}} = \frac{\sqrt{64}}{\sqrt{81}} = \mathbf{\frac{8}{9}}$

f) $\sqrt{\frac{x^4}{144}} = \frac{\sqrt{x^4}}{\sqrt{144}} = \mathbf{\frac{x^2}{12}}$

ERLÄUTERUNG

Wurzelziehen

Ist der Radikand das Produkt oder der Quotient von Quadraten, kann in einen wurzelfreien Term umgeformt werden. Wir zeigen dir zwei Möglichkeiten:

1. Lösung:

Schreibe den Radikanden als Quadrat und forme um nach der Regel

$\sqrt{a^2} = |a|$

2. Lösung:

Forme um nach der Multiplikations- oder Divisionsregel und ziehe dann die Wurzeln.

Multiplikationsregel:

$\sqrt{a \cdot b} = \sqrt{a} \cdot \sqrt{b}$ $(a \geq 0;\ b \geq 0)$

Divisionsregel:

$\sqrt{a : b} = \sqrt{a} : \sqrt{b}$ $(a \geq 0;\ b > 0)$

AUFGABE

5. Schreibe ohne Wurzelzeichen.

a) $\sqrt{3} \cdot \sqrt{12}$

b) $\sqrt{\frac{5}{18}} \cdot \sqrt{10}$

c) $\sqrt{0{,}4x} \cdot \sqrt{0{,}9x^3}$

d) $\sqrt{225x} \cdot \sqrt{\frac{1}{x^3}}$

e) $\sqrt{\frac{x}{y}} \cdot \sqrt{xy^3}$

f) $\sqrt{1000} : \sqrt{250}$

g) $\frac{\sqrt{48}}{\sqrt{108}}$

h) $\sqrt{1{,}6x^7} : \sqrt{0{,}1x^3}$

i) $\sqrt{xy^3} : \sqrt{xy}$

j) $\sqrt{8(x^2 + 2xy + y^2)} : \sqrt{2}$

LÖSUNG

a) $= \sqrt{3 \cdot 12} = \sqrt{36} = \mathbf{6}$

b) $= \sqrt{\frac{5}{18} \cdot 10} = \sqrt{\frac{25}{9}} = \mathbf{\frac{5}{3}}$

c) $= \sqrt{0{,}4x \cdot 0{,}9x^3} = \sqrt{0{,}36x^4} = \mathbf{0{,}6x^2}$ für $x \geq 0$

d) $= \sqrt{225x \cdot \frac{1}{x^3}} = \sqrt{\frac{225}{x^2}} = \mathbf{\frac{15}{x}}$ für $x > 0$

e) $= \sqrt{\frac{x}{y} \cdot xy^3} = \sqrt{x^2y^2} = \mathbf{xy}$ für $x \geq 0 \wedge y > 0 \vee x \leq 0 \wedge y < 0$

f) $= \sqrt{1000 : 250} = \sqrt{4} = \mathbf{2}$

g) $= \sqrt{\frac{48}{108}} = \sqrt{\frac{4}{9}} = \mathbf{\frac{2}{3}}$

h) $= \sqrt{1{,}6x^7 : 0{,}1x^3} = \sqrt{16x^4} = \mathbf{4x^2}$ für $x > 0$

i) $= \frac{\sqrt{xy^3}}{\sqrt{xy}} = \sqrt{\frac{xy^3}{xy}} = \sqrt{y^2} = \mathbf{|y|}$ für $x > 0 \wedge y > 0 \vee x < 0 \wedge y < 0$

j) $= \sqrt{8(x+y)^2} : \sqrt{2} = \frac{\sqrt{8(x+y)^2}}{\sqrt{2}} = \sqrt{\frac{8(x+y)^2}{2}} = \sqrt{4(x+y)^2} = \mathbf{2\,|x + y|}$

ERLÄUTERUNG

Eliminieren der Wurzelzeichen

Bei einigen Produkten (Quotienten) erhält man durch Zusammenfassen eine Wurzel, deren Radikand ein Quadrat ist. Diese lässt sich dann in einen wurzelfreien Term umformen. Gehe so vor:

1. Schreibe das Produkt bzw. den Quotienten der Radikanden unter ein Wurzelzeichen.
2. Vereinfache und verfahre weiter wie in Aufgabe 4.

Wurzelregeln:

❶ ***Quadrate aus Wurzeln:***

$(\sqrt{a})^2 = a$ **für** $a \geq 0$

❷ ***Wurzeln aus Quadraten:***

$\sqrt{a^2} = |a|$

❸ ***Multiplikationsregel:***

$\sqrt{a} \cdot \sqrt{b} = \sqrt{a \cdot b}$ $(a \geq 0;\ b \geq 0)$

❹ ***Divisionsregel:***

$\sqrt{a} : \sqrt{b} = \sqrt{a : b}$ $(a \geq 0;\ b > 0)$

AUFGABE

6. Vereinfache durch teilweises Wurzelziehen.

a) $\sqrt{18}$

b) $\sqrt{125}$

c) $\sqrt{1000}$

d) $\sqrt{\frac{5}{9}}$

e) $\sqrt{\frac{10}{49}}$

f) $\sqrt{\frac{48}{225}}$

g) $\sqrt{x^3}$

h) $\sqrt{x^2y^3}$

i) $\sqrt{x^4y^3}$

j) $\sqrt{\frac{x}{y^2}}$

7. Fasse zusammen und ziehe so weit wie möglich die Wurzel.

a) $\sqrt{\frac{21}{5}} \cdot \sqrt{\frac{125}{343}}$

b) $\sqrt{3x} \cdot \sqrt{6x^2}$

c) $\sqrt{xy^2} \cdot \sqrt{32{,}4x^2y}$

d) $\sqrt{\frac{2}{3}x} \cdot \sqrt{\frac{12x}{y^3}}$

e) $\sqrt{45(x-y)^3} : \sqrt{5x(x-y)}$

8. Bringe den Vorfaktor unter die Wurzel, wenn das möglich ist.

a) $2\sqrt{3}$

b) $-2\sqrt{3}$

c) $x\sqrt{3}$ $(x \geq 0)$

d) $-x\sqrt{3}$ $(x \geq 0)$

e) $x\sqrt{x}$ $(x \geq 0)$

f) $-x\sqrt{x}$ $(x \geq 0)$

g) $4y\sqrt{\frac{1}{xy}}$ $(x > 0;\ y > 0)$

LÖSUNG

6.

a) $\sqrt{18} = \sqrt{2 \cdot 9} = \mathbf{3\sqrt{2}}$

b) $\sqrt{125} = \sqrt{5 \cdot 25} = \mathbf{5\sqrt{5}}$

c) $\sqrt{1000} = \sqrt{10 \cdot 100} = \mathbf{10\sqrt{10}}$

d) $\sqrt{\frac{5}{9}} = \sqrt{5 \cdot \frac{1}{9}} = \mathbf{\frac{1}{3}\sqrt{5}}$

e) $\sqrt{\frac{10}{49}} = \sqrt{10 \cdot \frac{1}{49}} = \mathbf{\frac{1}{7}\sqrt{10}}$

f) $\sqrt{\frac{48}{225}} = \sqrt{3 \cdot \frac{16}{225}} = \mathbf{\frac{4}{15}\sqrt{3}}$

g) $\sqrt{x^3} = \sqrt{x^2 \cdot x} = \mathbf{x\sqrt{x}}$

h) $\sqrt{x^2y^3} = \sqrt{x^2y^2 \cdot y} = \mathbf{|x|\,y\sqrt{y}}$

i) $\sqrt{x^4y^3} = \sqrt{x^4y^2 \cdot y} = \mathbf{x^2y\sqrt{y}}$

j) $\sqrt{\frac{x}{y^2}} = \sqrt{x \cdot \frac{1}{y^2}} = \mathbf{\left|\frac{1}{y}\right|\sqrt{x}}$

7.

a) $= \sqrt{\frac{21}{5} \cdot \frac{125}{343}} = \sqrt{3 \cdot \frac{25}{49}} = \mathbf{\frac{5}{7}\sqrt{3}}$

b) $= \sqrt{3x \cdot 6x^2} = \sqrt{18x^3}$
$= \sqrt{9x^2 \cdot 2x} = \mathbf{3x\sqrt{2x}}$

c) $= \sqrt{xy^2 \cdot 32{,}4x^2y}$
$= \sqrt{32{,}4x^3y^3} = \sqrt{3{,}24x^2y^2 \cdot 10xy}$
$= \mathbf{1{,}8xy\sqrt{10xy}}$

d) $= \sqrt{\frac{2}{3}x \cdot \frac{12x}{y^3}} = \sqrt{\frac{8x^2}{y^3}}$
$= \sqrt{\frac{4x^2}{y^2} \cdot \frac{2}{y}} = \mathbf{\frac{2x}{y}\sqrt{\frac{2}{y}}}$

e) $= \sqrt{\frac{45(x-y)^3}{5x(x-y)}} = \sqrt{\frac{9(x-y)^2}{x}}$
$= \sqrt{9(x-y)^2 \cdot \frac{1}{x}}$
$= \mathbf{3(x-y)\sqrt{\frac{1}{x}}}$

8.

a) $2\sqrt{3} = \sqrt{2^2 \cdot 3} = \mathbf{\sqrt{12}}$

b) $-2\sqrt{3} = -\sqrt{2^2 \cdot 3} = \mathbf{-\sqrt{12}}$

c) $x\sqrt{3} = \sqrt{x^2 \cdot 3} = \mathbf{\sqrt{3x^2}}$

d) $-x\sqrt{3} = -\sqrt{x^2 \cdot 3} = \mathbf{-\sqrt{3x^2}}$

e) $x\sqrt{x} = \sqrt{x^2 \cdot x} = \mathbf{\sqrt{x^3}}$

f) $-x\sqrt{x} = -\sqrt{x^2 \cdot x} = \mathbf{-\sqrt{x^3}}$

g) $4y\sqrt{\frac{1}{xy}} = \sqrt{(4y)^2 \cdot \frac{1}{xy}} = \mathbf{\sqrt{\frac{16y}{x}}}$

ERLÄUTERUNG

Teilweises Wurzelziehen
Partielles Radizieren

Um eine Wurzel teilweise zu ziehen, gehe so vor:

1. Schreibe den Radikanden als Produkt. Wähle als einen Faktor ein geeignetes Quadrat.
2. Forme um nach der Regel
   $\mathbf{\sqrt{a^2b} = |a|\sqrt{b}}$

Merke:

Ist der Radikand eine Potenz, dann gilt:

$\mathbf{\sqrt{a^{2n}} = |a|^n}$

$\mathbf{\sqrt{a^{2n+1}} = a^n \cdot \sqrt{a}}$; $a \geq 0$

Zusammenfassen von Produkten und Quotienten

Um Produkte und Quotienten so weit wie möglich zu vereinfachen, kannst du so vorgehen:

1. Schreibe das Produkt bzw. den Quotienten der Radikanden unter ein Wurzelzeichen.
2. Vereinfache und verfahre weiter wie in Aufgabe 6.

Merke:

Nicht alle Wurzelterme kann man in wurzelfreie Terme umformen. Durch teilweises Wurzelziehen lassen sich aber viele Wurzelterme mit einfacheren Wurzeln schreiben.

Vorfaktor unter die Wurzel

Soll ein Vorfaktor unter die Wurzel kommen, gehe so vor:

1. Schreibe das Quadrat des Vorfaktors unter die Wurzel und multipliziere es mit dem Radikanden.
2. Ist der Vorfaktor negativ, dann kannst du nur den Betrag unter die Wurzel bringen. Das Minuszeichen bleibt vor der Wurzel stehen. (Aufgaben b), d) und f))
3. Enthält der Vorfaktor Variablen, so achte auf evtl. einschränkende Bedingungen. (Aufgaben c) bis f))

AUFGABE

9. Fasse zusammen.

a) $3\sqrt{5} + 4\sqrt{5}$
b) $2\sqrt{15} - 8\sqrt{15}$
c) $3\sqrt{x} - 0{,}5\sqrt{x}$
d) $\sqrt{7} - x\sqrt{7}$
e) $-2x\sqrt{yz} + 3x\sqrt{yz}$
f) $\sqrt{2} + \sqrt{128}$
g) $\sqrt{16x} - \sqrt{x^3}$

10. Fasse so weit wie möglich zusammen.

a) $4\sqrt{5} - 8\sqrt{6} + \sqrt{6} - 6\sqrt{5}$
b) $9\sqrt{x} + 2\sqrt{y} - 3\sqrt{x} + 6\sqrt{y}$
c) $x\sqrt{2} + 2y\sqrt{3} - 4\sqrt{2} + y\sqrt{3}$
d) $x\sqrt{y} - y\sqrt{z} - x\sqrt{z} + z\sqrt{y}$

11. Schreibe als Summe.

a) $(x + \sqrt{3})^2$
b) $(2\sqrt{x} - z\sqrt{y})^2$
c) $(\sqrt{x} + y)(\sqrt{x} - y)$

12. Schreibe als Produkt.

a) $x + 2\sqrt{xy} + y$
b) $9x^2 - 6x\sqrt{y} + y$
c) $x^2 - 3$

13. Ergänze zu einem vollständigen Quadrat.

a) $x^2 + 6x$
b) $x^2 - 3x$
c) $x^2 + \frac{1}{2}x$

LÖSUNG

9.

a) $3\sqrt{5} + 4\sqrt{5} = (3 + 4)\sqrt{5}$
$= \mathbf{7\sqrt{5}}$

b) $2\sqrt{15} - 8\sqrt{15} = (2 - 8)\sqrt{15}$
$= \mathbf{-6\sqrt{15}}$

c) $3\sqrt{x} - 0{,}5\sqrt{x} = (3 - 0{,}5)\sqrt{x}$
$= \mathbf{2{,}5\sqrt{x}}$

d) $\sqrt{7} - x\sqrt{7} = \mathbf{(1 - x)\sqrt{7}}$

e) $-2x\sqrt{yz} + 3x\sqrt{yz}$
$= (-2x + 3x)\sqrt{yz} = \mathbf{x\sqrt{yz}}$

f) $= \sqrt{2} + 8\sqrt{2} = (1 + 8)\sqrt{2} = \mathbf{9\sqrt{2}}$

g) $= 4\sqrt{x} - x\sqrt{x} = \mathbf{(4 - x)\sqrt{x}}$

10.

a) $= 4\sqrt{5} - 6\sqrt{5} - 8\sqrt{6} + \sqrt{6}$
$= \mathbf{-2\sqrt{5} - 7\sqrt{6}}$

b) $= 9\sqrt{x} - 3\sqrt{x} + 2\sqrt{y} + 6\sqrt{y}$
$= \mathbf{6\sqrt{x} + 8\sqrt{y}}$

c) $= x\sqrt{2} - 4\sqrt{2} + 2y\sqrt{3} + y\sqrt{3}$
$= \mathbf{(x - 4)\sqrt{2} + 3y\sqrt{3}}$

d) $= x\sqrt{y} + z\sqrt{y} - y\sqrt{z} - x\sqrt{z}$
$= \mathbf{(x + z)\sqrt{y} - (x + y)\sqrt{z}}$

11.

a) $= x^2 + 2x\sqrt{3} + (\sqrt{3})^2$
$= \mathbf{x^2 + 2x\sqrt{3} + 3}$

b) $= (2\sqrt{x})^2 - 2 \cdot 2\sqrt{x} \cdot z\sqrt{y} + (z\sqrt{y})^2$
$= \mathbf{4x - 4z\sqrt{xy} + yz^2}$

c) $= (\sqrt{x})^2 - y^2 = \mathbf{x - y^2}$

12.

a) $= (\sqrt{x})^2 + 2\sqrt{x} \cdot \sqrt{y} + (\sqrt{y})^2$
$= \mathbf{(\sqrt{x} + \sqrt{y})^2}$

b) $= (3x)^2 - 2 \cdot 3x \cdot \sqrt{y} + (\sqrt{y})^2$
$= \mathbf{(3x - \sqrt{y})^2}$

c) $= x^2 - (\sqrt{3})^2 = \mathbf{(x + \sqrt{3})(x - \sqrt{3})}$

13.

a) $p = 6;\ \frac{p}{2} = 3;\ (\frac{p}{2})^2 = 3^2 = 9$
$x^2 + 6x + 9 = \mathbf{(x + 3)^2}$

b) $p = -3;\ \frac{p}{2} = -\frac{3}{2};$
$(\frac{p}{2})^2 = (-\frac{3}{2})^2 = \frac{9}{4}$
$x^2 - 3x + \frac{9}{4} = \mathbf{(x - \frac{3}{2})^2}$

c) $p = \frac{1}{2};\ \frac{p}{2} = \frac{1}{4};\ (\frac{p}{2})^2 = (\frac{1}{4})^2 = \frac{1}{16}$
$x^2 + \frac{1}{2}x + \frac{1}{16} = \mathbf{(x + \frac{1}{4})^2}$

ERLÄUTERUNG

Wurzeln ausklammern

Treten in Summen oder Differenzen Wurzeln mit gleichen Radikanden auf, kannst du diese zusammenfassen. Gehe so vor:

1. Klammere die Wurzel aus.

2. Berechne und vereinfache.

Oft kannst du durch teilweises Wurzelziehen (siehe Aufgabe 6.) erreichen, dass du gleiche Radikanden erhältst [Aufg. 9 f); g)].

Merke:

Für reelle Zahlen gelten die gleichen Gesetze wie für rationale Zahlen, also auch das Distributivgesetz. Mit seiner Hilfe kannst du in Summen oder Differenzen Wurzeln mit gleichen Radikanden ausklammern:

$$a\sqrt{c} + b\sqrt{c} = (a + b)\sqrt{c}$$
$$a\sqrt{c} - b\sqrt{c} = (a - b)\sqrt{c}$$

Binomische Formeln

Für reelle Zahlen gelten die gleichen Gesetze wie für rationale Zahlen, also auch die binomischen Formeln. Du kannst sie „vorwärts" (Aufgabe 11) oder „rückwärts" (Aufgabe 12) anwenden.

Zur Erinnerung:

❶ $(a + b)^2 = a^2 + 2ab + b^2$
❷ $(a - b)^2 = a^2 - 2ab + b^2$
❸ $(a + b)(a - b) = a^2 - b^2$

Quadratische Ergänzung:

Sollst du einen Term der Form $x^2 + px$ zu einem vollständigen Quadrat ergänzen, gehe so vor:

1. Berechne zuerst die quadratische Ergänzung $(\frac{p}{2})^2$.

2. Addiere die quadratische Ergänzung und wende die erste oder zweite binomische Formel an.

AUFGABE

14. Kürze vollständig.

a) $\frac{x\sqrt{3} + y\sqrt{3}}{2\sqrt{3}}$

b) $\frac{x\sqrt{3} + y\sqrt{3}}{x + y}$

c) $\frac{\sqrt{6} + \sqrt{10}}{\sqrt{3} + \sqrt{5}}$

d) $\frac{2\sqrt{x} - 4\sqrt{y}}{z\sqrt{x} - 2z\sqrt{y}}$

e) $\frac{4x^2 - 3}{4x^2 + 4x\sqrt{3} + 3}$

LÖSUNG

a) $= \frac{(x + y)\sqrt{3}}{2\sqrt{3}} = \frac{x + y}{2}$

b) $= \frac{(x + y)\sqrt{3}}{x + y} = \sqrt{3}\ ;\ x \neq -y$

c) $= \frac{(\sqrt{3} + \sqrt{5})\sqrt{2}}{\sqrt{3} + \sqrt{5}} = \sqrt{2}$

d) $= \frac{2(\sqrt{x} - 2\sqrt{y})}{z(\sqrt{x} - 2\sqrt{y})} = \frac{2}{z}\ ;\ \sqrt{x} \neq 2\sqrt{y}$

e) $= \frac{(2x + \sqrt{3})(2x - \sqrt{3})}{(2x + \sqrt{3})^2} = \frac{2x - \sqrt{3}}{2x + \sqrt{3}}$

ERLÄUTERUNG

Kürzen

Gehe beim Kürzen von Bruchtermen mit Wurzeln genauso vor wie beim Kürzen wurzelfreier Bruchterme:

1. Klammere in Zähler und/oder Nenner gemeinsame Faktoren aus.
2. Kürze mit den gemeinsamen Faktoren.
3. Gib eventuell einschränkende Bedingungen an.

---

15. Erweitere.

a) $\frac{3}{2}$ mit $\sqrt{2}$

b) $x + y$ mit $\sqrt{7}$

c) $\frac{1}{4}$ mit $\sqrt{x}$

d) $\frac{x}{\sqrt{y}}$ mit $\sqrt{y}$

e) $\frac{3}{1 + \sqrt{x}}$ mit $1 - \sqrt{x}$

Lösung:

a) $= \frac{3 \cdot \sqrt{2}}{2 \cdot \sqrt{2}} = \frac{3\sqrt{2}}{2\sqrt{2}}$

b) $= \frac{(x + y) \cdot \sqrt{7}}{1 \cdot \sqrt{7}} = \frac{x\sqrt{7} + y\sqrt{7}}{\sqrt{7}}$

c) $= \frac{1 \cdot \sqrt{x}}{4 \cdot \sqrt{x}} = \frac{\sqrt{x}}{4\sqrt{x}}\ ;\ x > 0$

d) $= \frac{x \cdot \sqrt{y}}{\sqrt{y} \cdot \sqrt{y}} = \frac{x\sqrt{y}}{y}$

e) $= \frac{3 \cdot (1 - \sqrt{x})}{(1 + \sqrt{x}) \cdot (1 - \sqrt{x})} = \frac{3 - 3\sqrt{x}}{1 - x}\ ;\ x \neq 1$

Erweitern

Gehe beim Erweitern von Bruchtermen mit Wurzeln genauso vor wie beim Erweitern wurzelfreier Bruchterme:

1. Multipliziere Zähler und Nenner mit dem Erweiterungsfaktor und vereinfache.
2. Gib eventuell einschränkende Bedingungen an.

---

16. Rationalisiere den Nenner.

a) $\frac{1}{\sqrt{5}}$

b) $\frac{3}{\sqrt{3}}$

c) $\frac{x}{\sqrt{y^3}}$

d) $\frac{x - y}{\sqrt{x + y}}$

Lösung:

a) $= \frac{1 \cdot \sqrt{5}}{\sqrt{5} \cdot \sqrt{5}} = \frac{\sqrt{5}}{5} = \frac{1}{5}\sqrt{5}$

b) $= \frac{3 \cdot \sqrt{3}}{\sqrt{3} \cdot \sqrt{3}} = \frac{3\sqrt{3}}{3} = \sqrt{3}$

c) $= \frac{x \cdot \sqrt{y}}{\sqrt{y^3} \cdot \sqrt{y}} = \frac{x\sqrt{y}}{y^2} = \frac{x}{y^2}\sqrt{y}$

d) $= \frac{(x - y) \cdot \sqrt{x + y}}{\sqrt{x + y} \cdot \sqrt{x + y}} = \frac{(x - y)\sqrt{x + y}}{x + y}$

Nenner rationalisieren

Wurzeln im Nenner eines Bruchterms lassen sich häufig durch Erweitern beseitigen. Da der neue Nenner dann wurzelfrei ist, spricht man vom "Rationalisieren" des Nenners. Dabei sind zwei wichtige Fälle zu unterscheiden:

1. Fall:

Der Nenner ist eine Wurzel.

- Erweitere mit dieser oder einer anderen geeigneten Wurzel (Aufgabe 16).

---

17. Rationalisiere den Nenner.

a) $\frac{1}{1 - \sqrt{3}}$

b) $\frac{6}{\sqrt{5} + \sqrt{2}}$

c) $\frac{3}{1 + \sqrt{x}}$

d) $\frac{x - y}{\sqrt{x} - \sqrt{y}}$

Lösung:

a) $= \frac{1 \cdot (1 + \sqrt{3})}{(1 - \sqrt{3}) \cdot (1 + \sqrt{3})} = \frac{1 + \sqrt{3}}{1 - 3}$

$= \frac{1 + \sqrt{3}}{-2} = -\frac{1 + \sqrt{3}}{2}$

b) $= \frac{6 \cdot (\sqrt{5} - \sqrt{2})}{(\sqrt{5} + \sqrt{2}) \cdot (\sqrt{5} - \sqrt{2})}$

$= \frac{6(\sqrt{5} - \sqrt{2})}{5 - 2} = \frac{6(\sqrt{5} - \sqrt{2})}{3}$

$= 2(\sqrt{5} - \sqrt{2}) = 2\sqrt{5} - 2\sqrt{2}$

c) $= \frac{3 \cdot (1 - \sqrt{x})}{(1 + \sqrt{x}) \cdot (1 - \sqrt{x})} = \frac{3(1 - \sqrt{x})}{1 - x}$

$= \frac{3 - 3\sqrt{x}}{1 - x}\ ;\ x \neq 1$

d) $= \frac{(x - y) \cdot (\sqrt{x} + \sqrt{y})}{(\sqrt{x} - \sqrt{y}) \cdot (\sqrt{x} + \sqrt{y})}$

$= \frac{(x - y)(\sqrt{x} + \sqrt{y})}{x - y} = \sqrt{x} + \sqrt{y}$

2. Fall:

Der Nenner ist eine Summe oder Differenz mit einer oder zwei Wurzeln.

- Erweitere mithilfe der dritten binomischen Formel, d. h.:

  Hat der Nenner die Form

  $a + b \quad | \quad a - b$

  dann erweitere mit

  $a - b \quad | \quad a + b$

  (Aufgabe 17).

AUFGABE

18. Bestimme die Definitionsmenge der Gleichung.

a) $\sqrt{x} + 5 = 7$

b) $1 - \sqrt{x + 3} = 2$

c) $\sqrt{6 + x^2} = x - 3$

d) $\sqrt{3x + 2} - \sqrt{4 - x} = 0$

e) $\sqrt{x^2 + 9} = 5 - x$

f) $\sqrt{x + 8} = 2 + \sqrt{x}$

LÖSUNG

a) $x \geq 0$; $\mathbf{D = \{x \in \mathbb{R} \mid x \geq 0\}}$

b) $x + 3 \geq 0 \Leftrightarrow x \geq -3$
$\mathbf{D = \{x \in \mathbb{R} \mid x \geq -3\}}$

c) $6 + x^2 \geq 0 \Leftrightarrow x^2 \geq -6$
allgemein gültig; $\mathbf{D = \mathbb{R}}$

d) $3x + 2 \geq 0$ **und** $4 - x \geq 0$
$\Leftrightarrow x \geq -\frac{2}{3}$ **und** $x \leq 4$
$\mathbf{D = \{x \in \mathbb{R} \mid -\frac{2}{3} \leq x \leq 4\}}$

e) $x^2 + 9 \geq 0 \Leftrightarrow x^2 \geq -9$
allgemein gültig; $\mathbf{D = \mathbb{R}}$

f) $x + 8 \geq 0$ **und** $x \geq 0 \Leftrightarrow x \geq 0$
$\mathbf{D = \{x \in \mathbb{R} \mid x \geq 0\}}$

ERLÄUTERUNG

Definitionsmenge von Wurzelgleichungen bestimmen

Sollst du die Definitionsmenge einer Wurzelgleichung bestimmen, gehe so vor:

- Bestimme die Definitionsmengen der auftretenden Wurzelterme. (Vgl. Seite 16, Aufg. 1.)

Merke:

Zur Definitionsmenge einer Wurzelgleichung gehören alle Zahlen, für die alle auftretenden Wurzelterme definiert sind.

AUFGABE

19. Bestimme die Lösungsmenge der Gleichung.

a) $\sqrt{x} + 5 = 7$

b) $1 - \sqrt{x + 3} = 2$

c) $\sqrt{6 + x^2} = x - 3$

d) $\sqrt{3x + 2} = \sqrt{4 - x} = 0$

e) $\sqrt{x^2 + 9} = 5 - x$

f) $\sqrt{x + 8} = 2 + \sqrt{x}$

LÖSUNG

Definitionsmengen der Gleichungen siehe Aufgabe 18.

a) $\sqrt{x} + 5 = 7 \quad | -5$
$\Leftrightarrow \sqrt{x} = 2 \quad | (\ )^2$
$\Rightarrow x = 4 \in D$
Probe: $\sqrt{4} + 5 = 7$; $2 + 5 = 7$
$7 = 7$ (w); also $\mathbf{L = \{4\}}$

b) $1 - \sqrt{x + 3} = 2 \quad | -1$
$\Leftrightarrow -\sqrt{x + 3} = 1$
$\Leftrightarrow \sqrt{x + 3} = -1$
keine Lösung, da
$\sqrt{x + 3} \geq 0$

c) $\sqrt{6 + x^2} = x - 3 \quad | (\ )^2$
$\Rightarrow 6 + x^2 = x^2 - 6x + 9$
$\Leftrightarrow x = 0{,}5 \in D$
Probe: $\sqrt{6 + 0{,}5^2} = 0{,}5 - 3$;
$\sqrt{6{,}25} = -2{,}5$
$2{,}5 = -2{,}5$ (f); also $\mathbf{L = \{\ \}}$

d) $\sqrt{3x + 2} = \sqrt{4 - x} \quad | (\ )^2$
$\Rightarrow 3x + 2 = 4 - x$
$\Leftrightarrow x = 0{,}5 \in D$
Probe: $= \sqrt{1{,}5 + 2} = \sqrt{4 - 0{,}5}$;
$\sqrt{3{,}5} = \sqrt{3{,}5}$ (w); also $\mathbf{L = \{0{,}5\}}$

e) $\sqrt{x^2 + 9} = 5 - x \quad | (\ )^2$
$\Rightarrow x^2 + 9 = 25 - 10x + x^2$
$\Leftrightarrow x = 1{,}6 \in D$
Probe: $\sqrt{1{,}6^2 + 9} = 5 - 1{,}6$;
$\sqrt{11{,}56} = 3{,}4$;
$3{,}4 = 3{,}4$ (w); also $\mathbf{L = \{1{,}6\}}$

f) $\sqrt{x + 8} = 2 + \sqrt{x} \quad | (\ )^2$
$\Rightarrow x + 8 = 4 + 4\sqrt{x} + x$
$\Leftrightarrow 1 = \sqrt{x} \quad | (\ )^2$
$\Rightarrow x = 1 \in D$
Probe: $\sqrt{1 + 8} = 2 + \sqrt{1}$;

ERLÄUTERUNG

Wurzelgleichungen lösen

Sollst du eine Wurzelgleichung lösen, gehe so vor:

1. Bestimme die Definitionsmenge. Wie das geht, erfährst du in Aufgabe 18.
2. Isoliere die Wurzel.
3. Quadriere beide Seiten der Gleichung.
4. Wiederhole gegebenenfalls die Schritte **2.** und **3.** (Aufg. f.))
5. Löse die nun wurzelfreie Gleichung.
6. Prüfe, ob das Ergebnis zur Definitionsmenge gehört ($\in D$).
Hinweis: Diese Aufgaben sind so gewählt, dass dies immer zutrifft. Auf Seite 54 findest du ein Beispiel (Aufg. 15 d)), bei dem das nicht der Fall ist.
7. Mache die Probe, indem du das Ergebnis in die Ausgangsgleichung einsetzt.

Achtung! Wichtig! Merken!

Beim Quadrieren können Ergebnisse hinzukommen, die zwar zur Definitionsmenge gehören, aber keine Lösungen der ursprünglichen Gleichung sind.

Das Quadrieren ist keine Äquivalenzumformung, sondern nur eine Folgerungsumformung.

Die Probe am Ende des Lösungsverfahrens dient also nicht nur der Kontrolle der Rechnung, sondern vor allem dem Ausschluss eventuell hinzugekommener Ergebnisse.

AUFGABEN NACH MUSTER

1. Bestimme die Definitionsmenge.

a) $\sqrt{a}$ **b)** $\sqrt{a^2}$ **c)** $(\sqrt{a})^2$
d) $(\sqrt{a^2})^2$ **e)** $\sqrt{-a}$ **f)** $\sqrt{(-a)^2}$
g) $\sqrt{a-3}$ **h)** $\sqrt{5-a}$ **i)** $\sqrt{(2-a)^3}$
j) $\sqrt{\frac{a+5}{3-a}}$ **k)** $\sqrt{1+a} + \sqrt{4-3a}$

2. Gib die einschränkenden Bedingungen an.

a) $\sqrt{a+b}$ **b)** $\sqrt{a^2-3b}$ **c)** $\sqrt{ab}$
d) $\sqrt{3ab^2}$ **e)** $\sqrt{\frac{a}{b}}$ **f)** $\sqrt{\frac{a}{b^2}}$

3. Schreibe ohne Wurzelzeichen.

a) $(\sqrt{3a})^2$ **b)** $(\sqrt{-a})^2$
c) $\sqrt{(a-3)^2}$ **d)** $\sqrt{\left(\frac{a^2}{15}\right)^2}$

4. Ziehe die Wurzel.

a) $\sqrt{36 \cdot 121}$ **b)** $\sqrt{0{,}01 \cdot 144}$
c) $\sqrt{9a^2}$ **d)** $\sqrt{196 : 0{,}01}$
e) $\sqrt{\frac{25}{64}}$ **f)** $\sqrt{\frac{a^4}{225}}$

5. Schreibe ohne Wurzelzeichen.

a) $\sqrt{5} \cdot \sqrt{20}$ **b)** $\sqrt{\frac{5}{12}} \cdot \sqrt{15}$ **c)** $\sqrt{0{,}2a} \cdot \sqrt{0{,}8a^3}$
d) $\sqrt{\frac{1}{a^3}} \cdot \sqrt{289a}$ **e)** $\sqrt{\frac{a}{b}} \cdot \sqrt{ab^3}$
f) $\sqrt{2000} : \sqrt{500}$ **g)** $\frac{\sqrt{72}}{\sqrt{128}}$ **h)** $\sqrt{2{,}5a^5} : \sqrt{0{,}1a}$
i) $\sqrt{a^3b} : \sqrt{ab}$ **j)** $\sqrt{27(a^2-2ab+b^2)} : \sqrt{3}$

6. Vereinfache durch teilweises Wurzelziehen.

a) $\sqrt{12}$ **b)** $\sqrt{343}$ **c)** $\sqrt{500}$ **d)** $\sqrt{\frac{7}{16}}$
e) $\sqrt{\frac{15}{64}}$ **f)** $\sqrt{\frac{75}{196}}$ **g)** $\sqrt{(a-1)^3}$ **h)** $\sqrt{(a-b)^2b^3}$
i) $\sqrt{a^3b^4}$ **j)** $\sqrt{\frac{a^2}{b}}$

7. Fasse zusammen und ziehe so weit wie möglich die Wurzel.

a) $\sqrt{\frac{35}{32}} \cdot \sqrt{\frac{162}{7}}$ **b)** $\sqrt{5a^2} \cdot \sqrt{15a}$
c) $\sqrt{25{,}6a^2b} \cdot \sqrt{ab^2}$ **d)** $\sqrt{\frac{3}{5}a} \cdot \sqrt{\frac{20a}{b^3}}$
e) $\sqrt{48(a+b)^3} : \sqrt{3b(a+b)}$

8. Bringe den Vorfaktor unter die Wurzel.

a) $3\sqrt{5}$ **b)** $-3\sqrt{5}$ **c)** $a\sqrt{5}$; $a \geq 0$
d) $-a\sqrt{5}$; $a \geq 0$ **e)** $a\sqrt{a}$; $a \geq 0$
f) $-a\sqrt{a}$; $a \geq 0$ **g)** $8b\sqrt{\frac{1}{ab}}$; $a > 0$; $b > 0$

9. Fasse zusammen.

a) $2\sqrt{6} + 7\sqrt{6}$ **b)** $3\sqrt{21} - 9\sqrt{21}$
c) $5\sqrt{a} - 1{,}5\sqrt{a}$ **d)** $\sqrt{5} - a\sqrt{5}$
e) $-4a\sqrt{bc} + 5a\sqrt{bc}$ **f)** $\sqrt{3} + \sqrt{243}$
g) $\sqrt{64a} + \sqrt{a^3}$

10. Fasse so weit wie möglich zusammen.

a) $2\sqrt{3} - 6\sqrt{10} + \sqrt{10} - 5\sqrt{3}$
b) $8\sqrt{x} + 4\sqrt{y} - 6\sqrt{x} + 7\sqrt{y}$
c) $a\sqrt{6} + 2b\sqrt{15} - 6\sqrt{6} + b\sqrt{15}$
d) $a\sqrt{b} + b\sqrt{c} + a\sqrt{c} - c\sqrt{b}$

11. Schreibe als Summe.

a) $(\sqrt{2} + x)^2$ **b)** $(z\sqrt{x} + 2\sqrt{y})^2$ **c)** $(x + \sqrt{y})(x - \sqrt{y})$

12. Schreibe als Produkt.

a) $a - 2\sqrt{ab} + b$ **b)** $16a^2 + 8a\sqrt{b} + b$ **c)** $a^2 - 5$

13. Ergänze zu einem vollständigen Quadrat.

a) $x^2 + 10x$ **b)** $x^2 - 5x$ **c)** $x^2 + \frac{1}{3}x$

14. Kürze vollständig.

a) $\frac{a\sqrt{5} + b\sqrt{5}}{3\sqrt{5}}$ **b)** $\frac{a\sqrt{6} - b\sqrt{6}}{a-b}$ **c)** $\frac{\sqrt{10} + \sqrt{15}}{\sqrt{2} + \sqrt{3}}$
d) $\frac{3\sqrt{a} + 6\sqrt{b}}{c\sqrt{a} + 2c\sqrt{b}}$ **e)** $\frac{4a^2 - 7}{4a^2 + 4a\sqrt{7} + 7}$

15. Erweitere

a) $\frac{5}{3}$ mit $\sqrt{3}$ **b)** $a + b$ mit $\sqrt{11}$ **c)** $\frac{1}{8}$ mit $\sqrt{a}$
d) $\frac{a}{\sqrt{b}}$ mit $\sqrt{b}$ **e)** $\frac{4}{1-\sqrt{a}}$ mit $1 + \sqrt{a}$

16. Rationalisiere den Nenner.

a) $\frac{1}{\sqrt{3}}$ **b)** $\frac{7}{\sqrt{7}}$ **c)** $\frac{a}{\sqrt{b^3}}$ **d)** $\frac{a+b}{\sqrt{a-b}}$

17. Rationalisiere den Nenner.

a) $\frac{1}{1-\sqrt{2}}$ **b)** $\frac{8}{\sqrt{6}+\sqrt{2}}$ **c)** $\frac{4}{1+\sqrt{a}}$ **d)** $\frac{a-b}{\sqrt{a}-\sqrt{b}}$

18. Bestimme die Definitionsmenge der Gleichung.

a) $\sqrt{x} + 3 = 8$ **b)** $2 - \sqrt{x+4} = 3$
c) $\sqrt{5 + x^2} = x - 2$ **d)** $\sqrt{5x+2} - \sqrt{3-x} = 0$
e) $\sqrt{x^2+4} = 4 - x$ **f)** $\sqrt{x-7} = \sqrt{x} - 1$

19. Bestimme die Lösungsmengen der Gleichungen aus Aufgabe 18.

DEFINITIONSMENGE D =

20. Siegertyp gesucht!

Gewonnen hat der Term, in den sich alle sieben Zahlen auf den Siegerschleifen einsetzen lassen.

$T_1 = \sqrt{x - 5}$ $\quad T_2 = \sqrt{x + 8}$ $\quad T_3 = \sqrt{1{,}5 + x}$

$T_4 = \sqrt{15 - x}$ $\quad T_5 = \sqrt{-7 - 14x}$ $\quad T_6 = \sqrt{(3 - x)^2}$

21. Definitionsmengen gesucht für:

a) alle sechs Terme von Aufgabe 20.

b) $T_1 + T_2$ **c)** $T_1 - T_2$ **d)** $T_1 + T_4$

22. Hat Lazy Recht?

Gib einen Quadratwurzelterm an mit einer Definitionsmenge aus **a)** unendlich vielen Zahlen, **b)** einer Zahl, **c)** keiner Zahl.

23. Hier haben sich 30 Aufgaben versteckt!

Wähle zwei verschiedene Terme a und b und bestimme dann die Definitionsmengen für $\sqrt{a \cdot b}$, $\sqrt{\frac{a}{b}}$ und $\sqrt{\frac{b}{a}}$.

24. Was du hier siehst, sind Radikanden.

Bestimme die Definitionsmengen der Wurzeln aus

a) $(5 - 2x)(x - 1)$ **b)** $(5x + 7)(3x - 4)$

c) $x^2 - 25$ **d)** $0{,}25 - x^2$ **e)** $4x^2 - 9$

f) $\frac{x + 9}{-x - 1}$ **g)** $\frac{4x - 3}{3 - 2x}$ **h)** $\frac{x^2 + 4x + 4}{2 - x}$

25. Einschränkende Bedingungen schon gefunden!

Aber welche gehört zu welchem Term?

$a > 0 \wedge b \geq 0 \vee a < 0 \wedge b \leq 0$ | $a < 0 \wedge b \neq 0$

$a^2 \geq 4b^2$ | $a \geq 2b$ | $2a \geq -b^2$ | $b > 0$

$b < 0$ | $a \geq 0 \wedge b \geq 0 \vee a \leq 0 \wedge b \leq 0$ | $a \geq b$

a) $\sqrt{a - b}$ **b)** $\sqrt{a - 2b}$ **c)** $\sqrt{a^2 - 4b^2}$ **d)** $\sqrt{2a + b^2}$

e) $\sqrt{ab^3}$ **f)** $\sqrt{-\frac{a^2}{b}}$ **g)** $\sqrt{-\frac{1}{ab^2}}$ **h)** $\sqrt{\frac{b^3}{a}}$ **i)** $\sqrt{\frac{a^2}{b^3}}$

WURZELZIEHEN

26. Hier fehlen Betragstriche.

Trage sie aber nur da ein, wo man sie braucht.

a) $\sqrt{(x + 7)^2} = \| \; x + 7 \; \|$ **b)** $\sqrt{\frac{1}{x^4}} = \| \; \frac{1}{x^2} \; \|$

c) $\sqrt{(-3x)^8} = \| \; (-3x)^4 \; \|$ **d)** $\sqrt{(-x)^6} = \| \; (-x)^3 \; \|$

27. Hier kannst du auf Wurzeln verzichten!

a) $\sqrt{25a^2}$ **b)** $\sqrt{16b^2c^2}$ **c)** $\sqrt{0{,}01x^2y^4}$

d) $\sqrt{9(x - y)^2}$ **e)** $\sqrt{(-4a^4b^2)^2}$ **f)** $\sqrt{(k^2p^2m)^2}$

g) $\sqrt{\frac{256}{729}x^6}$ **h)** $\sqrt{(-8r - s)^4}$ **i)** $\sqrt{\frac{4x^2}{81y^4}}$

j) $\sqrt{\frac{1}{(3a - 4b)^2}}$ **k)** $\sqrt{\frac{196}{(r^2 + s^2)^2}}$ **l)** $\sqrt{\frac{(x - y)^8}{(x^2 - y^2)^6}}$

28. Sieger ist der Term, ...

den du ohne Wurzeln schreiben kannst.

$\sqrt{\sqrt{16(x - 3)^4}}$ $\quad \sqrt{\sqrt{64x^8}}$ $\quad \sqrt{\sqrt{36(1 - x^2)^{12}}}$ $\quad \sqrt{\sqrt{81(1 - x)^{10}}}$

29.

Hier geht's ohne Wurzeln, ...

wenn du vorher den Radikanden faktorisierst.

a) $\sqrt{9x^2 + 6xy + y^2}$

b) $\sqrt{16a^2 - 32a + 16}$ **c)** $\sqrt{k^2 - 2 + \frac{1}{k^2}}$

d) $\sqrt{\frac{4}{9}x^2 + 3x + \frac{81}{16}}$ **e)** $\sqrt{\frac{1}{36}a^2 + \frac{1}{5}ab + \frac{9}{25}b^2}$

f) $\sqrt{4p^4 - 4p^2q^2 + q^4}$ **g)** $\sqrt{r^2s^4 - 2r^2s^5 + r^2s^6}$

30. Hier geht's ohne Wurzeln, ...

wenn du vorher den Radikanden vereinfachst.

a) $\sqrt{3x^3y \cdot 27xy}$ **b)** $\sqrt{\frac{5}{2}ab^2 \cdot 10a^3}$

c) $\sqrt{\frac{1}{8}k^2 \cdot \frac{9}{8}k^4}$ **d)** $\sqrt{7(a - b) \cdot 28(a - b)^3}$

e) $\sqrt{75r^3s : 3rs}$ **f)** $\sqrt{26(x + y)^3 : 104(x + y)}$

31. Und hier geht's ohne Wurzeln, ...

wenn du vorher den Radikanden kürzt.

a) $\sqrt{\frac{24x^3}{96xy^2}}$ **b)** $\sqrt{\frac{a^2b - ab^2}{4ab(a - b)^3}}$ **c)** $\sqrt{\frac{25r - 25s}{4r^3s^2 - 4r^2s^3}}$

d) $\sqrt{\frac{c^4d^4 - 2c^4d^5 + c^4d^6}{121c^2d^2 - 242c^2d + 121c^2}}$ **e)** $\sqrt{\frac{(k^2 - n^2)^2}{k^4 + 2k^2n^2 + n^4}}$

32.

... aber nur für solche Wurzeln, die du in wurzelfreie Terme umformen kannst. Wer muss Eintritt zahlen?

$\sqrt{9x^3}$

$\sqrt{0{,}1x^6}$

$\sqrt{8x \cdot 2x^2}$

$\sqrt{12x^3 \cdot 3x^5}$

$\sqrt{(0{,}5x^2y^3)^3 \cdot 2y}$

$\sqrt{(-3x^3y^3)^2}$

$\sqrt{\frac{8x^4}{2x}}$

$\sqrt{(-x)^2\sqrt{x^4}}$

$\sqrt{\frac{x^2 + 2x + 1}{25}}$

Quadratwurzelterme

MULTIPLIZIEREN UND DIVIDIEREN

33. Umgeformt wurde hier richtig.

Fragt sich nur, ob man auf der linken und der rechten Seite die gleichen Zahlen einsetzen darf.

$\sqrt{x}\cdot\sqrt{x}=\sqrt{x^2}$	*ja* ☐	*nein* ☐
$\sqrt{x^2}\cdot\sqrt{y^2}=\sqrt{x^2y^2}$	*ja* ☐	*nein* ☐
$\sqrt{x^2y}\cdot\sqrt{x^2y^3}=\sqrt{x^4y^4}$	*ja* ☐	*nein* ☐
$\sqrt{x^2}\cdot\sqrt{\frac{1}{y^2}}=\sqrt{\frac{x^2}{y^2}}$	*ja* ☐	*nein* ☐

34. Hier sind Löcher zu stopfen!

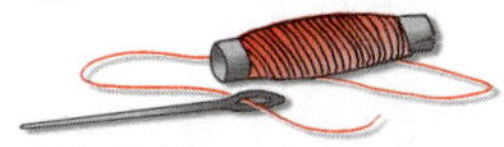

Trage die fehlenden Zahlen und Variablen ein.

$4=\sqrt{16}\cdot\sqrt{\square}=\sqrt{4}\cdot\sqrt{\square}=\sqrt{2}\cdot\sqrt{\square}$

$\frac{5}{6}=\sqrt{5}\cdot\sqrt{\square}=\sqrt{\frac{5}{12}}\cdot\sqrt{\square}=\frac{5}{3}\cdot\sqrt{\square}$

$3x=\sqrt{9x}\cdot\sqrt{\square}=\sqrt{3x^2}\cdot\sqrt{\square}=\sqrt{3}\cdot\sqrt{\square}$

$12x^2=\sqrt{24x^2}\cdot\sqrt{\square}=\sqrt{2x^4}\cdot\sqrt{\square}=3\sqrt{x}\cdot\sqrt{\square}$

35. Gesucht: $\sqrt{a}\cdot\sqrt{b}$

Das Ergebnis aber bitte nicht als Wurzel schreiben.

$a=\frac{2}{5}$, $b=\frac{8}{125}$	$a=2x$, $b=18x$	$a=12$, $b=27$
$a=0{,}6$, $b=2{,}4s^2$	$a=\frac{2}{3}xy$, $b=\frac{6}{25}x^3y$	$a=30m^2$, $b=\frac{2}{15}m^2$
$a=2r+2s$, $b=8r+8s$	$a=0{,}4m^2n$, $b=0{,}036n$	$a=\frac{9}{14}c^3$, $b=\frac{56}{81}c$

36. Auch hier kannst du auf Wurzeln verzichten.

a) $\sqrt{72}:\sqrt{2}$ **b)** $\sqrt{27a}:\sqrt{3a}$ **c)** $\sqrt{2a^2}:\sqrt{8}$

d) $\sqrt{0{,}1}:\sqrt{0{,}001d^2}$ **e)** $\sqrt{6m+6n}:\sqrt{24(m+n)^3}$

f) $\sqrt{\frac{2}{3}}:\sqrt{\frac{3}{2}r^2}$ **g)** $\sqrt{x^2y}:\sqrt{y}$ **h)** $\sqrt{s^3}:\sqrt{r^2s}$

i) $\sqrt{\frac{x}{y}}:\sqrt{\frac{y^3}{x}}$ **j)** $\sqrt{\frac{54}{k^2-2kp+p^2}}:\sqrt{\frac{24k^2}{p^2}}$

37. Achtung Bandwürmer!

Zu Risiken und Nebenwirkungen befrage deinen Kopf oder Mathelehrer.

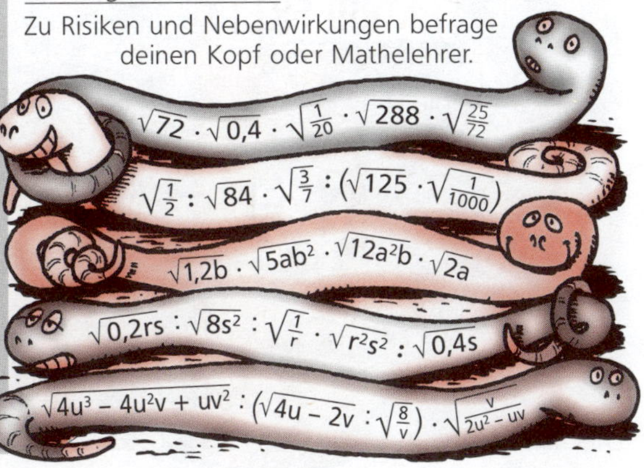

TEILWEISES WURZELZIEHEN

38. Knüpfe kreuz und quer Beziehungen.

Und zwar zwischen gleichwertigen Termen.

432	$10b\cdot(10a)^2$	343	224
$0{,}2\cdot8^2$	a^3b	$3\cdot12^2$	$4a^3b^3$
$2a\cdot a^2$	12,8	$ab\cdot a^2$	$12a^5$
$ab\cdot(2ab)^2$	$3a\cdot(2a^2)^2$	$14\cdot4^2$	$7\cdot7^2$
$2a^3$	140	$1000a^2b$	$35\cdot2^2$

39. Hier darf in Produkte zerlegt werden!

Aber bitte so, dass ein Faktor ein Quadrat ist.

a) 128 **b)** $27x^2$ **c)** $96a^3$ **d)** $48r^3s^3$

e) $\frac{27}{16}c^2d$ **f)** $\frac{u}{v^3}$ **g)** $\frac{10}{147}i^3jk^5$ **h)** $\frac{a^3bc^2}{d^4e^5f^3}$

i) $27u^3-54u^2v$ **j)** $125x^2-250x+125$

k) $343(m+n)^3$ **l)** $9a^3b+6a^2b^2+ab^3$

40. Diese Aufgabe ist leicht, …

wenn du die vorherige bearbeitet hast. Ziehe aus deinen Ergebnissen so weit wie möglich die Wurzel.

41. Zwischenspurt!

Vereinfache so weit wie möglich.

a) $\sqrt{2x}\cdot\sqrt{12xy}$ **b)** $\sqrt{r^3s}:\sqrt{0{,}75rs^3}$

c) $\sqrt{\frac{6}{a^3}}\cdot\sqrt{\frac{ab}{24}}$ **d)** $\sqrt{a-b}\cdot\sqrt{a^2-b^2}$

e) $\sqrt{8m^3+16m^2n}\cdot\sqrt{27m^2-108n^2}$

f) $\sqrt{\frac{3u}{v}}\cdot\sqrt{\frac{18v}{u^3}}:\sqrt{\frac{v^2}{u}}$ **g)** $\sqrt{\frac{72}{p^3+2p^2q+pq^2}}:\sqrt{\frac{3p}{p^4-q^4}}$

Aufgepasst: Negative Vorfaktoren kannst du nicht unter die Wurzel bringen, nur deren Beträge. Das Minuszeichen bleibt dann vor der Wurzel stehen.

42. Vorsicht Stolpersteine!

Bringe den Vorfaktor unter die Wurzel und achte dabei auf einschränkende Bedingungen.

a) $6\sqrt{3}$ **b)** $\frac{2}{3}\sqrt{3}$ **c)** $4\sqrt{2r}$ **d)** $2a\sqrt{2a}$

e) $b\sqrt{\frac{1}{b}}$ **f)** $\frac{5}{y}\sqrt{xy}$ **g)** $\frac{cd}{7}\sqrt{\frac{14}{cd}}$ **h)** $(r-s)\sqrt{s}$

ZUSAMMENFASSEN VON WURZELN

43. Betätige dich als Lückenfüller.

a) $a\sqrt{2} + 2a\sqrt{2} =$ ▭ $\sqrt{2}$

b) $-r\sqrt{p} - 0{,}5r\sqrt{p} =$ ▭ $\sqrt{p}$

c) $3m\sqrt{21} + n\sqrt{21} =$ ▭ $\sqrt{21}$

d) $-2c\sqrt{st} + 4d\sqrt{st} =$ ▭ $\sqrt{st}$

Tatsache: Für positive Zahlen gilt: $\sqrt{a+b} \neq \sqrt{a} + \sqrt{b}$. Was Mathemüller da wohl einfallen wird? Aufgaben zu stellen, bei denen man durch teilweises Wurzelziehen gleiche Radikanden erhält. Vgl. Aufgaben 44 bis 48.

44. Hier kommt das Ergebnis mit einer Wurzel aus.

Aber nur dann, wenn du bei einem oder beiden Summanden teilweise die Wurzel ziehst.

a) $\sqrt{3} - \sqrt{27}$ **b)** $-\sqrt{8} + 3\sqrt{32}$ **c)** $\sqrt{12} + 2\sqrt{75}$

d) $-\sqrt{a} - \sqrt{4a}$ **e)** $x^2\sqrt{x} - 3x\sqrt{x^3}$ **f)** $s\sqrt{2r} - t\sqrt{8r}$

45. Hier kommt die Summe mit einer Wurzel aus.

Aber nur dann, wenn du einen weißen Term mit einem geeigneten schwarzen Term addierst und dann geschickt zusammenfasst.

$2y\sqrt{x}$	$-0{,}7y\sqrt{y}$	$0{,}5x\sqrt{98}$	$-3x\sqrt{28}$
$-x\sqrt{7}$	$-2y\sqrt{50}$	$-5\sqrt{y^3}$	$3\sqrt{x^5}$

46. Hier lässt sich so einiges zusammenfassen.

a) $2\sqrt{3} + 3\sqrt{6} - 0{,}5\sqrt{3}$ **b)** $-\sqrt{8} - \sqrt{2} - 2\sqrt{15}$

c) $-7\sqrt{s} + 2r\sqrt{2t} - 0{,}25\sqrt{s} + 4r\sqrt{2t}$

d) $a\sqrt{3b} - c\sqrt{45d} - 3a\sqrt{12b} - 2{,}5c\sqrt{20d}$

e) $2\sqrt{u^3} + 3u\sqrt{0{,}09u} + 6w\sqrt{1000v} - w\sqrt{0{,}1v}$

47. Rechentraining der Extraklasse!

a $\sqrt{6}$ **b** $1+\sqrt{2}$ **c** $2-\sqrt{2}$ **d** $2\sqrt{3}-\sqrt{6}$

a) $a \cdot b$ **b)** $a \cdot c$ **c)** $a \cdot d$ **d)** $b \cdot c$ **e)** $b \cdot d$ **f)** $c \cdot d$ **g)** $a \cdot b \cdot d$ **h)** $b \cdot c \cdot d$

i) $a \cdot (b - c)$ **j)** $b \cdot (c + d)$ **k)** $(d - a) \cdot (c - b)$

48. Endspurt!

a) $\sqrt{a^3b^3} - 3\sqrt{ab}$ **b)** $\sqrt{15}\,(2\sqrt{3} - 8\sqrt{5})$

c) $x\sqrt{y} + z\sqrt{y^3} - y\sqrt{y}$ **d)** $(4 - \sqrt{m})(2\sqrt{m} + 1)$

e) $(\sqrt{r} + 2\sqrt{s})(3\sqrt{r} + \sqrt{s})$ **f)** $(\sqrt{d^3} + 2c\sqrt{d}) : \sqrt{d}$

BINOMISCHE FORMELN $a^2 - b^2$

49. Warm up: *Round* 1

Multipliziere aus.

a) $(2x + 7)^2$ **b)** $(9 - 8a)^2$

c) $(\frac{1}{3}r - 6s)^2$ **d)** $(4m^2 + 0{,}5n^2)^2$ **e)** $(\frac{7}{v} - 14v^2)^2$

f) $(4b - 1)(4b + 1)$ **g)** $(2k + \frac{1}{2}n)(2k - \frac{1}{2}n)$

h) $(\frac{1}{r} - \frac{r}{s})(\frac{1}{r} + \frac{r}{s})$ **i)** $(1 - 0{,}1d)^2(1 + 0{,}1d)^2$

50. Warm up: *Round* 2

Multipliziere aus.

a) $(a + b)^2$

b) $(2a - e)^2$

c) $(d - c)^2$

d) $(g + \frac{1}{2}c)^2$

e) $(2c - h)^2$

f) $(3e - 0{,}5a)(3e + 0{,}5a)$

g) $(c + 4h)(c - 4h)$

h) $(f - 3g)(f + 3g)$

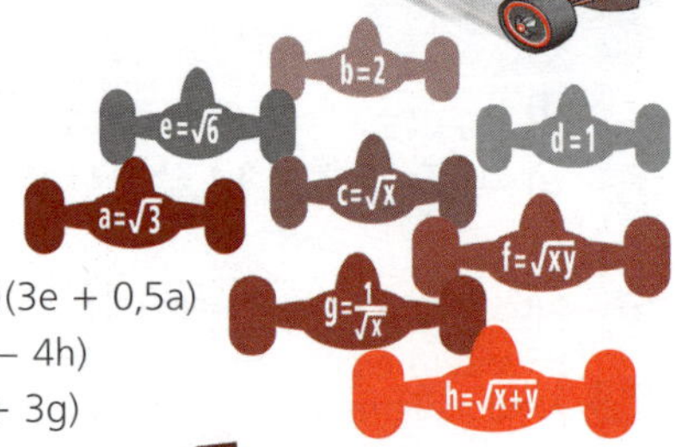

51. Boxenstopp: ...

Fülle die Lücken aus.

a) $9x^2 + 6x\sqrt{y} + y =$ ▭$^2 + 2 \cdot$ ▭ $\cdot$ ▭ $+$ ▭^{2}

b) $x - 8\sqrt{x} + 16 =$ ▭$^2 - 2 \cdot$ ▭ $\cdot$ ▭ $+$ ▭^{2}

c) $x + \sqrt{xy} + \frac{1}{4}y =$ ▭$^2 + 2 \cdot$ ▭ $\cdot$ ▭ $+$ ▭^{2}

d) $x^2 - 7 =$ ▭$^2 -$ ▭^{2} **e)** $5 - x^2 =$ ▭$^2 -$ ▭^{2}

52. Warm up: *Round* 3

Faktorisiere.

a) $2 + 6a\sqrt{2} + 9a^2$ **b)** $y - 10\sqrt{y} + 25$

c) $m^2 + 4m\sqrt{n} + 4n$ **d)** $2r - 2s\sqrt{2r} + s^2$

e) $4r^2 - 6$ **f)** $3m^2 - 5$ **g)** $7 - 2b^2$

53. Gesucht: die quadratische Ergänzung.

Was das ist? Siehe Aufgabe 13 auf Seite 19.

	$x^2 + 6x$	$x^2 + 5x$	$x^2 - 9x$	$x^2 + \frac{4}{3}x$	$x^2 - \frac{5}{7}x$
$\frac{p}{2}$					
$(\frac{p}{2})^2$					

54. *Wir wollen zu einem Quadrat ergänzt werden!*

a) $x^2 + 6x$ **b)** $x^2 + 5x$

c) $x^2 - 9x$ **d)** $x^2 + \frac{4}{3}x$

e) $x^2 - \frac{5}{7}x$ **f)** $x^2 - 36x$ **g)** $x^2 - 15x$

h) $x^2 + \frac{11}{8}x$ **i)** $x^2 - \frac{14}{9}x$ **j)** $x^2 - 4\sqrt{3}\,x$

k) $x^2 - 3\sqrt{5}\,x$ **l)** $x^2 + \sqrt{10}\,x$ **m)** $x^2 + 2ax$

n) $x^2 + \frac{4}{a}x$ **o)** $x^2 + \frac{3}{2a}x$ **p)** $x^2 - 3\sqrt{a}\,x$

Wie das geht? Siehe Aufgabe 13 auf Seite 19.

BRUCHTERME MIT WURZELN

55. Hier geht's blitzschnell.
Kürze vollständig.

a) $\frac{\sqrt{6}\,(\sqrt{2}+\sqrt{3})}{\sqrt{6}}$ **b)** $\frac{\sqrt{3}\,(\sqrt{10}-\sqrt{2})}{4\sqrt{3}}$ **c)** $\frac{12\sqrt{a}}{8\sqrt{a}\,(a+\sqrt{b})}$

d) $\frac{(\sqrt{a}-\sqrt{b})^2}{\sqrt{a}\,(\sqrt{a}-\sqrt{b})}$ **e)** $\frac{\sqrt{15}}{\sqrt{3}}$ **f)** $\frac{3\sqrt{21}}{9\sqrt{7}}$ **g)** $\frac{4\sqrt{6a}}{24\sqrt{3a}}$

h) $\frac{\sqrt{8}}{\sqrt{2}}$ **i)** $\frac{6\sqrt{3}}{\sqrt{27}}$ **j)** $\frac{2\sqrt{a}}{36\sqrt{a^3}}$ **k)** $\frac{18\sqrt{a^3}}{2a\sqrt{a}}$

56. Und hier geht's etwas langsamer.
Faktorisiere geschickt und kürze dann.

a) $\frac{\sqrt{15}-\sqrt{105}}{3\sqrt{5}}$ **b)** $\frac{3\sqrt{12}+6\sqrt{6}}{9\sqrt{6}}$ **c)** $\frac{\sqrt{6}-\sqrt{21}}{\sqrt{24}-\sqrt{84}}$

d) $\frac{a\sqrt{b}}{a\sqrt{b}+\sqrt{b}}$ **e)** $\frac{6\sqrt{ab}-\sqrt{b}}{18\sqrt{a}-3}$ **f)** $\frac{\sqrt{a^3}-\sqrt{ab}}{2a-\sqrt{4b}}$

g) $\frac{9a^2+6a\sqrt{5}+5}{9a^2-5}$ **h)** $\frac{4+4\sqrt{a}+a}{4-a}$ **i)** $\frac{a^2-b}{a^2+2a\sqrt{b}+b}$

57. Jetzt geht's ums Erweitern.
Erweitere einen schwarzen Term mit dem weißen Term in derselben Spalte.

$\frac{6}{\sqrt{2}-\sqrt{8}}$	$\frac{a}{3}$	$\frac{2}{1-\sqrt{5}}$	$\frac{1-a}{a}$	$\frac{b-a}{\sqrt{a}-\sqrt{b}}$
$\frac{1}{4}$	$\frac{a}{\sqrt{a}+\sqrt{a^3}}$	$\frac{7}{5}$	$\frac{a}{1+\sqrt{a}}$	$\frac{a^2}{b}$
$\sqrt{2}$	$\sqrt{a}$	$1+\sqrt{5}$	$\sqrt{a}-1$	$\sqrt{a}+\sqrt{b}$
$\frac{8}{\sqrt{2}}$	$1+\sqrt{a}$	$\frac{\sqrt{5}}{6}$	$3-\sqrt{a}$	$\frac{\sqrt{b}}{a}$
$1-\sqrt{2}$	$\frac{3}{\sqrt{a}}$	$5-\sqrt{5}$	$\frac{\sqrt{a}}{4a}$	$\sqrt{a}+\sqrt{b}$

58.

Rationale Nenner bevorzugt!

Warum? Terme mit wurzelfreien Nennern lassen sich einfacher handhaben.
Wie? Rationale Nenner lassen sich durch geschicktes Erweitern erzeugen.
Was? Das Endprodukt mit rationalem Nenner sollte vollständig gekürzt sein.

a)	b)	c)	d)	e)
$\frac{2}{\sqrt{7}}$	$\frac{3}{\sqrt{8}}$	$\frac{5}{\sqrt{a}}$	$\frac{6}{5+\sqrt{2}}$	$\frac{3}{2-\sqrt{x}}$
$\frac{1}{\sqrt{11}}$	$-\frac{1}{\sqrt{12}}$	$\frac{1}{\sqrt{x-y}}$	$-\frac{1}{\sqrt{10}-3}$	$\frac{1}{\sqrt{ab}+\sqrt{3}}$
$-\frac{18}{\sqrt{15}}$	$\frac{10}{\sqrt{45}}$	$\frac{rs}{\sqrt{st}}$	$\frac{30}{\sqrt{5}+5}$	$-\frac{r}{\sqrt{r}+s}$
$\frac{42}{\sqrt{21}}$	$\frac{80}{\sqrt{32}}$	$-\frac{4mn}{\sqrt{mn}}$	$-\frac{6}{\sqrt{6}-\sqrt{3}}$	$\frac{(u-v)^2}{\sqrt{u}-\sqrt{v}}$
$\frac{6}{\sqrt{6}}$	$-\frac{9}{\sqrt{27}}$	$\frac{b+1}{\sqrt{b+1}}$	$\frac{27}{\sqrt{3}-\sqrt{30}}$	$\frac{4x-3y}{\sqrt{3y}-2\sqrt{x}}$
$-\frac{2}{3\sqrt{2}}$	$\frac{15}{2\sqrt{75}}$	$\frac{v}{u\sqrt{v}}$	$\frac{\sqrt{7}+1}{1-\sqrt{7}}$	$\frac{m^2+2m}{1-\sqrt{m-1}}$
$\frac{3\sqrt{5}}{2\sqrt{3}}$	$\frac{10\sqrt{3}}{7\sqrt{20}}$	$-\frac{d\sqrt{e}}{e\sqrt{d}}$	$\frac{3\sqrt{5}-6\sqrt{2}}{\sqrt{3}+\sqrt{5}}$	$\frac{b\sqrt{a}-a\sqrt{b}}{a\sqrt{b}+b\sqrt{a}}$

WURZELGLEICHUNGEN

59. Look on the bright side!
Für welche x wird der Term positiv oder 0?

	$6x$	$x+1$	$x-3$	$2-x$	$\frac{1}{2}x+2$
≥ 0					
	$4x-9$	$\frac{2}{3}x+1$	$8-\frac{1}{4}x$	$1+x^2$	$4x^2+1$
≥ 0					

60. Gesucht: Definitionsmenge der Gleichungen!
Tipp: Aufgabe 59 kann hier helfen.

a) $\sqrt{6x}=12$ **b)** $2\sqrt{x+1}=4$ **c)** $\sqrt{x-3}+2=1$

d) $-3\sqrt{2-x}=6$ **e)** $9-2\sqrt{\frac{1}{2}x+2}=0$

f) $\sqrt{1+x^2}=x-2$ **g)** $2x+\sqrt{4x^2+1}=3$

h) $\sqrt{\frac{2}{3}x+1}=\sqrt{6x}$ **i)** $\sqrt{4x-9}-\sqrt{8-\frac{1}{4}x}=0$

61. Gesucht:
Die Lösungsmengen der Gleichungen aus Aufgabe 60.

62.

Blind Date

Wie heißen die drei Unbekannten?

- Wenn du SIE um 5 verminderst und dann die Wurzel ziehst, brauchst du nur noch 3 zu addieren, um die kleinste zweistellige Zahl zu erhalten.
- Das Dreifache der Wurzel aus der Summe von IHR und 1 ist halb so groß wie 24.
- Die Wurzel aus IHREM um 12 vermehrten Quadrat ist um 3 größer als SIE selbst.

63. Warum hat die Schule keinen Fehler?
Willst du's wissen? Dann löse die Gleichungen und streiche alle Buchstaben, die über oder neben einer Lösungszahl stehen. Die übrig gebliebenen ergeben von links unten nach rechts unten gelesen die Antwort.

	T	P	D	R	E	I	S	R	U	F	
S	1,5	$-\frac{1}{6}$	−3	1	60	$5\frac{1}{4}$	$\frac{1}{2}$	$\frac{1}{20}$	2	$-\frac{6}{7}$	E
A	$\frac{2}{5}$	$\sqrt{0{,}5x}=1$			$\sqrt{1-x}=5$			$\sqrt{-x}=3$		$\frac{1}{8}$	C
T	13	$\sqrt{2-x}+\sqrt{2x-1}=0$					$\sqrt{x+3}=4$			5	H
I	$\frac{1}{5}$	$\sqrt{7+x}-6=2$				$\sqrt{9x^2}=3x+1$				57	A
N	−24	$1-\sqrt{3x+7}=-2$				$2\sqrt{1-\frac{1}{7}x}=1$				−4	L
E	−7	$-\sqrt{\frac{5x}{8}+3}+\frac{1}{2}=2$				$\sqrt{5-4x}=\sqrt{x}$				$-\frac{3}{4}$	B
O	$\frac{2}{3}$	$\sqrt{x}-\sqrt{1-x}=0$				$-\sqrt{x}=\sqrt{\frac{1}{2}-x}$				16	E
I	0	$3x+\sqrt{9x^2+2{,}5}=2$					$3=\sqrt{3-8x}$			−9	N
S	6	$4-\sqrt{2-\frac{1}{4}x}=6$				$5\sqrt{\frac{3}{5}+\frac{1}{10}x}=4$				32	R

KNOBELN & ANWENDEN

64. Süchtig auf Wurzelziehen?

Dann ziehe aus einer positiven Zahl die Wurzel, dann daraus die Wurzel, dann daraus, usw.

a) Welcher Zahl kommst du immer näher?

b) Womit musst du starten, um diese Zahl genau zu erreichen?

65. Spielst du gerne Schule?

Dann darfst du jetzt der Lehrer sein. Prüfe, ob richtig gerechnet wurde.

$\sqrt{48} = \sqrt{27} + \sqrt{3}$	$\sqrt{125} = \sqrt{20} + \sqrt{45}$
$\sqrt{50} = \sqrt{18} + \sqrt{8}$	$\sqrt{63} = \sqrt{28} + \sqrt{7}$

66. Auch Wurzeln brauchen Typberater!

Entwirf neue Outfits für $\sqrt{72}$. Anregungen dafür bekommst du bei Aufgabe 65.

67. Bekannt sind die Flächeninhalte a und b...

der beiden kleinen Quadrate. Gesucht wird:

a) der Flächeninhalt eines weißen Rechtecks;

b) die Seitenlänge des großen Quadrates;

c) die Diagonalenlänge des großen Quadrates.

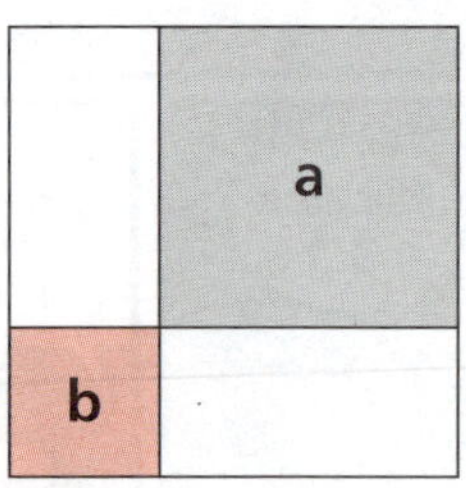

Wenn du Hilfe brauchst:

Überlege dir erst die Antworten für den Fall, dass gilt:

❶ $a = 16\text{ cm}^2$ und $b = 9\text{ cm}^2$

❷ $a = 18\text{ cm}^2$ und $b = 8\text{ cm}^2$

68. Stimmt das?

1. Für jede positive Zahl a gilt: $a \leq a^2$

2. Für jede positive Zahl a gilt: $\sqrt{a} \leq a$

Begründe deine Antwort.

69. Zauberwurzeln – Wurzelzauber

$\sqrt{3 \cdot 5 + 1} = 4$
$\sqrt{4 \cdot 6 + 1} = 5$
$\sqrt{5 \cdot 7 + 1} = 6$

$\sqrt{5 + 2^2} = 5 - 2$
$\sqrt{7 + 3^2} = 7 - 3$
$\sqrt{9 + 4^2} = 9 - 4$

$\sqrt{2 \cdot 3 + \frac{1}{4}} = 2 + \frac{1}{2}$
$\sqrt{3 \cdot 4 + \frac{1}{4}} = 3 + \frac{1}{2}$
$\sqrt{4 \cdot 5 + \frac{1}{4}} = 4 + \frac{1}{2}$

$3\sqrt{\frac{3}{8}} = \sqrt{3\frac{3}{8}}$
$4\sqrt{\frac{4}{15}} = \sqrt{4\frac{4}{15}}$
$5\sqrt{\frac{5}{24}} = \sqrt{5\frac{5}{24}}$

a) Wurde richtig gerechnet?

b) Baue die Reihen nach oben und unten an.

c) Welche Gleichung passt zu welcher Reihe?

① $\sqrt{(2n + 1) + n^2} \quad = (2n + 1) - n$

② $n\sqrt{n : (n^2 - 1)} \quad = \sqrt{n + n : (n^2 - 1)}$

③ $\sqrt{(n - 1)(n + 1) + 1} \quad = n$

④ $\sqrt{n(n + 1) + \frac{1}{4}} \quad = n + \frac{1}{2}$

d) Begründe deine Antworten zu c).

70. Der Physiker Arthur Holly Compton ...

war einer von vielen Nobelpreisträgern des 20. Jahrhunderts. Wenn du wissen willst, in welchem Jahr er den Preis bekam und wie alt er da war: Lies dir das Interview durch, das S&F am Tag der Preisverleihung mit dem Glücklichen geführt hat. Knack' die Nuss!

SCIENCE & FICTION

GALAKTISCH • BOMBASTISCH • PREISWERT

Freie Elektronen als Energiediebe enttarnt:

Crash mit fatalen Folgen

S&F: Nice to see you, Mr Compton. Bitte erzählen Sie unseren Lesern in zwei, drei Sätzen, wofür Sie den Nobelpreis bekommen haben.
Mr C: Haben Sie 'ne Erklärung dafür, warum sich die Frequenz von Strahlen ändert, die an freien Elektronen gestreut werden?
S&F: Neeh!
Mr C: Ich aber. Und wenn Sie glauben, dass Ihnen dabei die Wellentheorie des Lichtes weiterhilft, sehen Sie alt aus.
S&F: Apropos alt aussehen. Für 'nen Nobelpreisträger sehen Sie verdammt jung aus. Können Sie in zwei, drei Sätzen erklären, wie alt Sie sind?
Mr C: Wenn Sie eine kurze Antwort wollen, müssen Sie mich noch einmal in 9 Jahren fragen.
S&F: Den Witz verstehe ich nicht.
Mr C: In 9 Jahren leben wir im Jahre x. Und dann bin ich Wurzel aus x Jahre alt. Aber zurück zu Ihrer ersten Frage: Bei der Streuung stoßen die Lichtteilchen mit den freien Elektronen zusammen und geben dabei einen Teil ihrer Energie an diese ab. Können Sie sich die fatalen Folgen für die Frequenz der Strahlen vorstellen?
S&F: Neeh. Aber Sie können mich noch mal in 9 Jahren danach fragen. Danke für das Gespräch.

Quadratische Funktionen

Viele Kurven in Natur und Technik haben die Form von Parabeln: Bögen von Brücken, Flugbahnen von Körpern, Wasserstrahlen u. v. m. Parabeln haben eine Symmetrieachse mit einem Fixpunkt, den man „Scheitelpunkt" nennt.

Legt man ein Koordinatensystem so in eine Parabel, dass die y-Achse parallel zur Symmetrieachse verläuft, kann man die Parabel als Graphen einer quadratischen Funktion auffassen:

Eine Funktion f mit $f(x) = ax^2 + bx + c$ und $a \neq 0$ heißt „quadratische Funktion". Ihr Graph ist eine „Parabel".

Mit $d = -\frac{b}{2a}$ und $e = c - \frac{b^2}{4a}$ kann man die Parabelgleichung auch anders darstellen:

Die Form $f(x) = a(x - d)^2 + e$ heißt „Scheitelpunktform" der quadratischen Funktion f. Der Punkt S(d|e) ist der „Scheitelpunkt" der zugehörigen Parabel.

$f_1(x) = -\frac{1}{4}x^2$

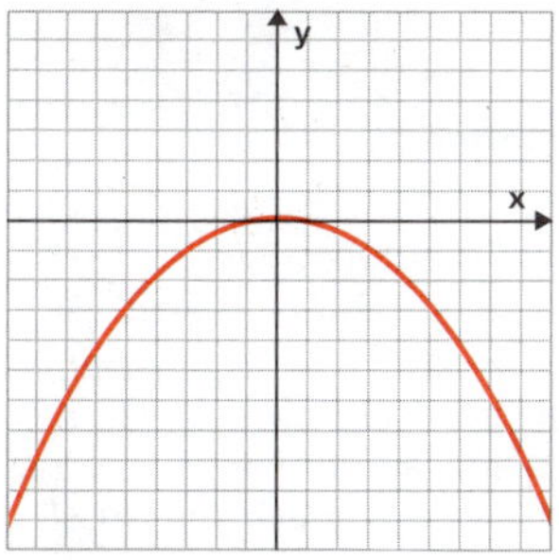

$f_2(x) = -\frac{1}{4}x^2 + 2$

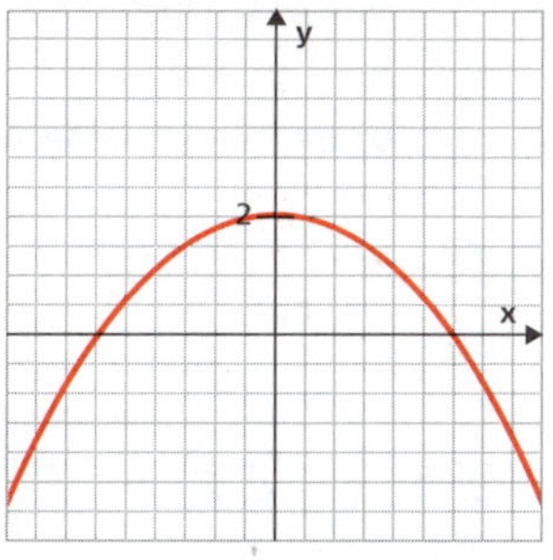

$f_3(x) = -\frac{1}{4}(x + 3)^2$

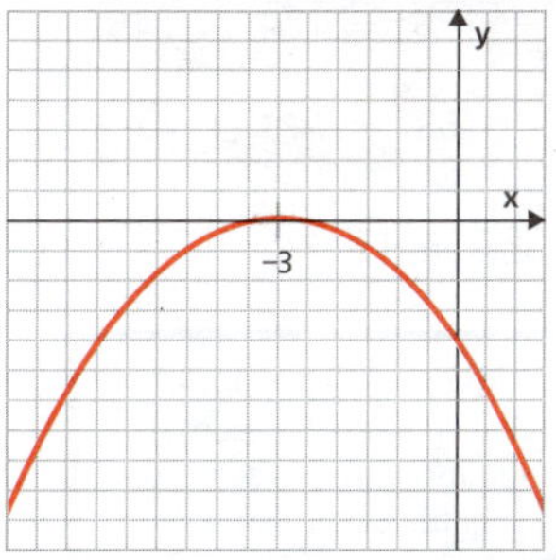

$f_4(x) = -\frac{1}{4}(x + 3)^2 + 2$

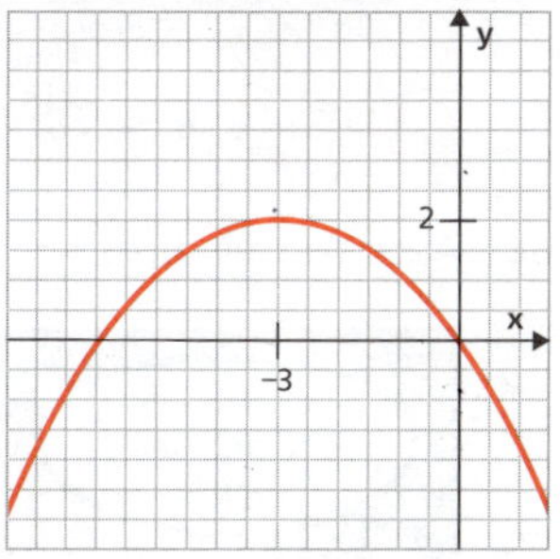

Die **Form** einer Parabel wird ausschließlich durch den Vorfaktor a des quadratischen Gliedes bestimmt.
Die **Lage** der Parabel im Koordinatensystem ergibt sich eindeutig über ihren Scheitelpunkt S(d|e).

Quadratische Funktionen

Funktionen wie $f(x) = x^2$ oder $f(x) = 0{,}5x^2 + 2x - 2{,}5$ haben die Form: $f(x) = ax^2 + bx + c$.

Quadratische Funktion

Eine Funktion f mit $f(x) = ax^2 + bx + c$ und $a \neq 0$ heißt „quadratische Funktion".

Als **Definitionsmenge** wählt man meistens IR, die Menge der reellen Zahlen. Jeder Term der Form $ax^2 + bx + c$ lässt sich auf die Form $a(x - d)^2 + e$ bringen. Dabei ist $d = -\frac{b}{2a}$ und $e = c - \frac{b^2}{4a}$.

Scheitelpunktform
Allgemeine Form

Die Form $f(x) = a(x - d)^2 + e$ heißt „Scheitelpunktform", die Form $f(x) = ax^2 + bx + c$ heißt „allgemeine Form" der quadratischen Funktion f.

Beispiel: Die Scheitelpunktform für $f(x) = 0{,}5x^2 + 2x - 2{,}5$ lautet: $f(x) = 0{,}5(x + 2)^2 - 4{,}5$.

Parabel

Den Graphen einer quadratischen Funktion nennt man „Parabel".

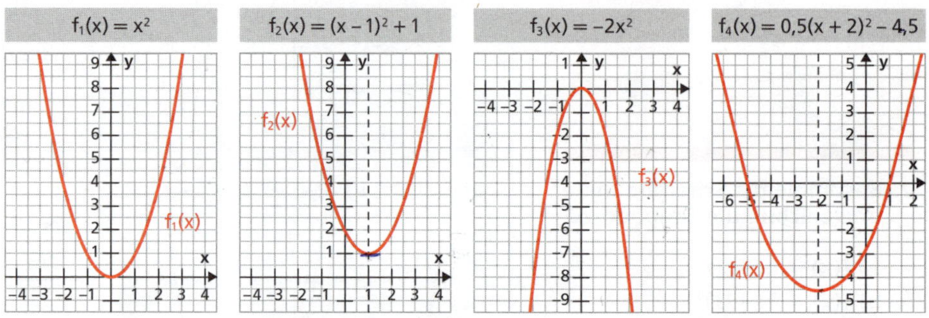

Die Parabel einer Funktion f mit $f(x) = a(x - d)^2 + e$ hat folgende Eigenschaften:

Scheitelpunkt/Scheitel
kleinster Wert
Tiefpunkt
größter Wert
Hochpunkt

❶ Sie besitzt einen tiefsten oder höchsten Punkt, den **„Scheitelpunkt"** oder **„Scheitel"**. Seine Koordinaten lassen sich aus der Scheitelpunktform direkt ablesen: **S(d|e)**.
Für **a > 0** ist der Scheitel **Tiefpunkt** und die Parabel nach **oben** geöffnet. Der y-Wert des Tiefpunkts ist der **kleinste Wert** der Funktion.
Für **a < 0** ist der Scheitel **Hochpunkt** und die Parabel nach **unten** geöffnet. Der y-Wert des Hochpunkts ist der **größte Wert** der Funktion.

Symmetrieachse

❷ Sie ist **symmetrisch** zu der Parallelen zur y-Achse, die durch den Scheitel geht. Die Symmetrieachse teilt die Parabel in zwei Äste. Der eine Ast ist monoton steigend, der andere monoton fallend.

Nullstellen

❸ Sie besitzt keine, einen oder zwei Schnittpunkte mit der x-Achse. Die x-Werte dieser Schnittpunkte heißen **„Nullstellen"**. Für eine Nullstelle x_0 der Funktion f gilt: $f(x_0) = 0$.

Bei der Funktion $f_2(x) = (x - 1)^2 + 1$ bzw. $f_2(x) = x^2 - 2x + 2$ gilt für den Vorfaktor: **a = 1.**

Normalparabel
Normalform

Die Parabel zu $f(x) = x^2$ heißt „Normalparabel". Alle Parabeln zu $f(x) = (x - d)^2 + e$ sind verschobene Normalparabeln. Die Darstellung ihrer Funktionsterme in der Form $f(x) = x^2 + px + q$ heißt „Normalform".

Die Parabel einer Funktion f mit $f(x) = (x - d)^2 + e$ hat folgende Eigenschaften:

❶ Sie hat die gleiche Form wie die Normalparabel.

Verschiebung

❷ Sie geht aus der Normalparabel hervor durch Verschieben um |d| Einheiten in Richtung x-Achse und um |e| Einheiten in Richtung y-Achse, und zwar:
d > 0: Verschiebung nach **rechts**; **d < 0:** Verschiebung nach **links**;
e > 0: Verschiebung nach **oben**; **e < 0:** Verschiebung nach **unten**.

Bei der Funktion $f_4(x) = 0{,}5(x + 2)^2 - 4{,}5$ bzw. $f_4(x) = -0{,}5x^2 + 2x - 2{,}5$ gilt für den Vorfaktor: **a ≠ 1**.

Streckung/Stauchung
Spiegelung

Parabeln zu $f(x) = a(x - d)^2 + e$ und $|a| \neq 1$ sind gegenüber der Normalparabel gestreckt oder gestaucht, und zwar: $a > 1$: gestreckt; $0 < a < 1$: gestaucht.
Parabeln mit $a < 0$ ergeben sich aus der mit |a| durch Spiegeln an der Parallelen zur x-Achse, die durch den Scheitelpunkt verläuft.

Beispiele:

Funktion	Graph	Scheitel	Nullstellen
$f_1(x) = x^2$	Normalparabel	S(0|0); Tiefpunkt	$x_0 = 0$
$f_2(x) = (x - 1)^2 + 1$	verschobene Normalparabel	S(1|1); Tiefpunkt	keine
$f_3(x) = -2x^2$	gestreckt und gespiegelt gegenüber der Normalparabel	S(0|0); Hochpunkt	$x_0 = 0$
$f_4(x) = 0{,}5(x + 2)^2 - 4{,}5$	gestaucht und verschoben gegenüber der Normalparabel	S(–2 | –4,5); Tiefpunkt	$x_0 = 1$ und $x_0 = -5$

AUFGABE

1. Bestimme die Scheitelpunkte und zeichne die Graphen zu

a) $f(x) = x^2$
b) $f(x) = 0{,}25x^2$
c) $f(x) = -2x^2$

2. Bestimme die Scheitelpunkte und zeichne die Graphen zu

a) $f(x) = (x - 2)^2$
b) $f(x) = (x + 3)^2$
c) $f(x) = 2(x + 3)^2$

3. Bestimme die Scheitelpunkte und zeichne die Graphen zu

a) $f(x) = x^2 - 1$
b) $f(x) = x^2 + 3$
c) $f(x) = -0{,}25x^2 + 6$

4. Bestimme die Scheitelpunkte und zeichne die Graphen zu

a) $f(x) = (x + 3)^2 - 1$
b) $f(x) = 2(x + 3)^2 + 2{,}5$
c) $f(x) = (x - 3{,}5)^2 + 3$
d) $f(x) = -0{,}25(x - 2)^2 + 6$

LÖSUNG

alle Scheitelpunkte: **S(0|0)**

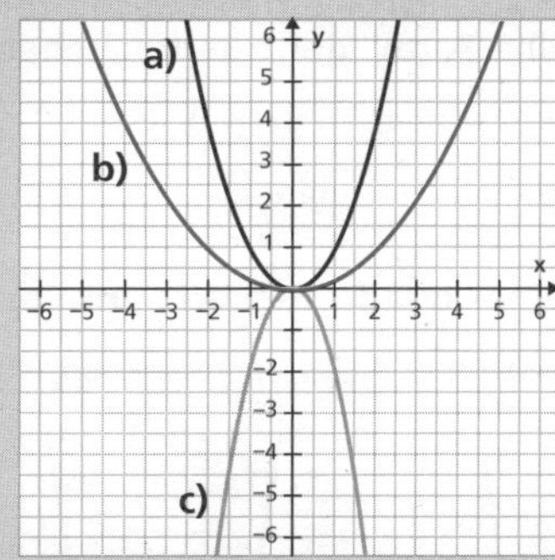

a) S(2|0) **b)** S(−3|0) **c)** S(−3|0)

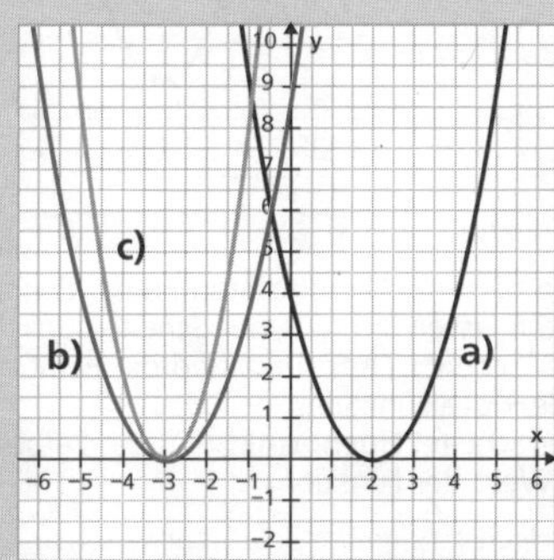

a) S(0|−1) **b)** S(0|3) **c)** S(0|6)

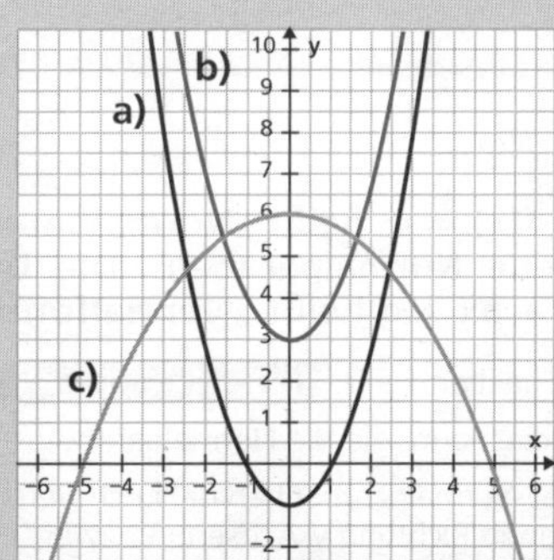

a) S(−3|−1) **b)** S(−3|2,5)
c) S(3,5|3) **d)** S(2|6)

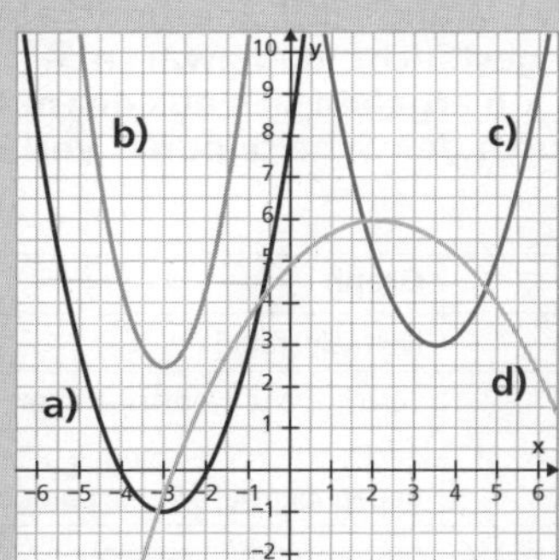

ERLÄUTERUNG

Scheitelpunkte bestimmen

Ist die Funktion in Scheitelpunktform gegeben, dann lässt sich der Scheitelpunkt ihrer Parabel direkt ablesen:

> Die Form $\mathbf{f(x) = a(x-d)^2 + e}$ heißt **„Scheitelpunktform"**. Der Scheitelpunkt der Parabel ist der Punkt **S(d|e)**.

Wie du den Scheitelpunkt bestimmen kannst, wenn die Funktion in Normalform oder allgemeiner Form gegeben ist, erfährst du in den Aufgaben 8 und 9.

Zeichnen von Parabeln

Wie jeden anderen Funktionsgraphen kannst du auch eine Parabel mithilfe einer Wertetabelle zeichnen. Einfacher ist es jedoch, eine **Parabelschablone** zu benutzen.

Aufgabe 1: $f(x) = ax^2$

1. Lege die Schablone im Nullpunkt an, und zwar:
a > 0: nach oben geöffnet;
a < 0: nach unten geöffnet.
Zeichne die Parabel. Für a = 1 und a = − 1 bist du fertig.

2. Wähle einige geeignete Parabelpunkte, multipliziere deren y-Werte mit |a| und behalte die x-Werte bei. Verbinde die Punkte zu einer Parabel.

Aufgabe 2: $f(x) = a(x - d)^2$

1. Lege die Schablone im Scheitelpunkt S(d|0) an.

2. Verfahre weiter wie in Aufgabe 1.

Aufgabe 3: $f(x) = ax^2 + e$

1. Verfahre zuerst wie in Aufgabe 1.

2. Verschiebe die Parabel dann um |e| Einheiten nach:
oben, falls **e > 0** ist;
unten, falls **e < 0** ist.

Aufgabe 4: $f(x) = a(x - d)^2 + e$

1. Verfahre zuerst wie in Aufgabe 2.

2. Verfahre dann weiter wie in Aufgabe 3, Punkt 2.

Wie du die Parabeln zeichnen kannst, wenn die Funktionen in allgemeiner Form gegeben sind, erfährst du in Aufgabe 5.

AUFGABE

5. Zeichne die Graphen zu

a) $f(x) = x^2 - 4x + 4$

b) $f(x) = x^2 + 6x + 8$

c) $f(x) = -\frac{1}{4}x^2 + x + 5$

LÖSUNG

a) Scheitelpunktform:
$\mathbf{f(x) = (x - 2)^2}$ s. Aufg. 8a)
Graph: s. Aufg. 2a)

b) Scheitelpunktform:
$\mathbf{f(x) = (x + 3)^2 - 1}$ s. Aufg. 8b)
Graph: s. Aufg. 4a)

c) Scheitelpunktform:
$\mathbf{f(x) = -\frac{1}{4}(x - 2)^2 + 6}$ s. Aufg. 9b)
Graph: s. Aufg. 4d)

ERLÄUTERUNG

Parabeln zeichnen

Ist die Funktion in allgemeiner Form gegeben und sollst du die Parabel zeichnen, gehe so vor:

1. Schreibe die Funktion in Scheitelpunktform. Wie das geht, erfährst du in den Aufgaben 8 und 9.
2. Zeichne die Parabel. Wie das geht, erfährst du auf Seite 30.

---

6. Stauche die Normalparabel mit dem Faktor 0,5 und spiegele sie an der x-Achse. Verschiebe sie anschließend um 3 Einheiten nach links und um 2 Einheiten nach oben. Gib nach jedem Schritt die Funktionsgleichung an.

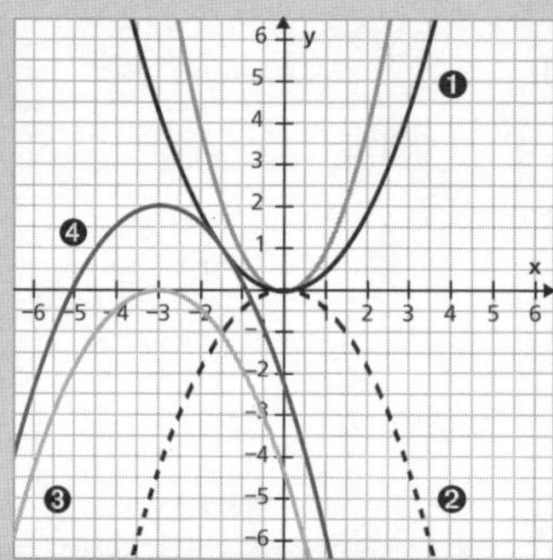

❶ $f_1(x) = 0{,}5x^2$
❷ $f_2(x) = -0{,}5x^2$
❸ $f_3(x) = -0{,}5(x + 3)^2$
❹ $f_4(x) = -0{,}5(x + 3)^2 + 2$

Parabeln abbilden

Sollst du Parabeln verschieben, spiegeln, strecken oder stauchen und die Funktionsgleichungen der Bildparabeln ermitteln, dann merke dir:

❶ ***Strecken/Stauchen mit a > 0:***
Die Normalparabel geht über in die Parabel zu $\mathbf{f(x) = ax^2}$.
Die Normalparabel wird
gestaucht: für $\mathbf{a < 1}$;
gestreckt: für $\mathbf{a > 1}$.

❷ ***Spiegeln an der x-Achse:***
Die Parabel zu $f(x) = ax^2$ geht über in die Parabel zu $\mathbf{f(x) = -ax^2}$.

❸ ***Nach links/rechts verschieben:***
Die Parabel zu $f(x) = ax^2$ geht über in die Parabel zu $f(x) =$
$\mathbf{a(x + d)^2}$ | $\mathbf{a(x - d)^2}$
falls um d Einheiten nach
links | **rechts**
verschoben wird.

❹ ***Nach oben/unten verschieben:***
Die Parabel zu $f(x) = a(x - d)^2$ geht über in die Parabel zu $f(x) =$
$\mathbf{a(x - d)^2 + e}$ | $\mathbf{a(x - d)^2 - e}$
falls um e Einheiten nach
oben | **unten**
verschoben wird.

---

7. Wie heißt die Gleichung der Parabel?

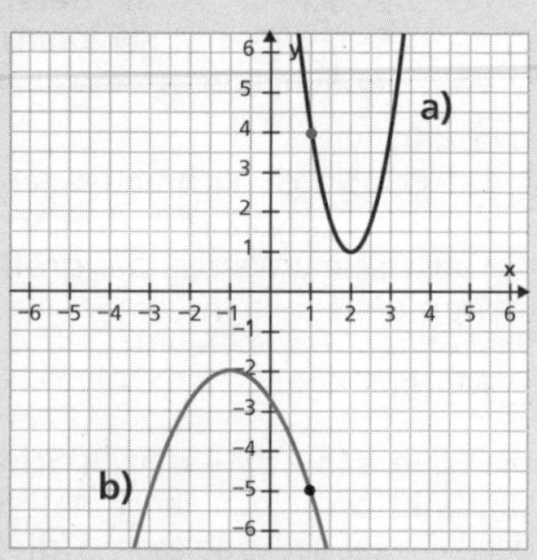

a) Scheitel: S(2|1)
$f(x) = a(x - 2)^2 + 1$
Parabelpunkt: P(1|4)
$4 = a(1 - 2)^2 + 1$
$3 = a$
$\mathbf{f(x) = 3(x - 2)^2 + 1}$

b) Scheitel: S(−1|−2)
$f(x) = a(x + 1)^2 - 2$
Parabelpunkt: P(1|−5)
$-5 = a(1 + 1)^2 - 2$
$-\frac{3}{4} = a$
$\mathbf{f(x) = -\frac{3}{4}(x + 1)^2 - 2}$

Parabelgleichung ermitteln

Wenn du den Graphen kennst und die Parabelgleichung ermitteln sollst, gehe so vor:

1. Lies den Scheitel S(d|e) ab.
2. Wähle einen geeigneten Punkt $P(x_1|y_1)$ der Parabel.
   Setze d, e, x_1 und y_1 ein in die Gleichung $\mathbf{y = a(x - d)^2 + e}$. Löse nach a auf.
3. Setze a, d und e in die Gleichung $f(x) = a(x - d)^2 + e$ ein. Du erhältst die Scheitelpunktform der quadratischen Funktion.

AUFGABE

8. Bringe auf Scheitelpunktform, bestimme den Scheitel und den kleinsten Funktionswert.

a) $f(x) = x^2 - 4x + 4$

b) $f(x) = x^2 + 6x + 8$

LÖSUNG

a) $f(x) = x^2 - 4x + 4$
$\quad = \mathbf{(x - 2)^2}$

S(2|0)
kleinster Wert: 0

b) $f(x) = x^2 + 6x + 8$
$\quad = x^2 + 6x + 3^2 - 3^2 + 8$
$\quad = \mathbf{(x + 3)^2 - 1}$

S(−3|−1)
kleinster Wert: −1

ERLÄUTERUNG

Auf Scheitelpunktform bringen
Scheitelpunkt bestimmen
Kleinsten Wert ermitteln

Sollst du eine in ***Normalform*** gegebene quadratische Funktion auf Scheitelpunktform bringen, den Scheitelpunkt und den kleinsten Wert bestimmen, gehe so vor:

1. Schreibe den Funktionsterm als Quadrat, wenn das möglich ist [Aufgabe a)], sonst:
2. Ergänze den Term $x^2 \pm px$ zu einem vollständigen Quadrat. Wie das geht, erfährst du auf Seite 19 in Aufgabe 13.
3. Subtrahiere die quadratische Ergänzung.
4. Wende die 1. oder 2. binomische Formel an und schreibe in der Form $(x - d)^2 + e$.
5. Lies den Scheitel ab. Sein y-Wert ist der kleinste Funktionswert.

AUFGABE

9. Bringe auf Scheitelpunktform, bestimme den Scheitel und den kleinsten oder größten Funktionswert.

a) $f(x) = 2x^2 + 6x$

b) $f(x) = -\frac{1}{4}x^2 + x + 5$

LÖSUNG

a) $f(x) = 2x^2 + 6x$
$\quad = 2\,(x^2 + 3x)$
$\quad = 2\,[x^2 + 3x + (\frac{3}{2})^2 - (\frac{3}{2})^2]$
$\quad = 2\,[(x + \frac{3}{2})^2 - \frac{9}{4}]$
$\quad = \mathbf{2(x + \frac{3}{2})^2 - \frac{9}{2}}$

S($-\frac{3}{2}$|$-\frac{9}{2}$)
a = 2 > 0; kleinster Wert: $-\frac{9}{2}$

b) $f(x) = -\frac{1}{4}x^2 + x + 5$
$\quad = -\frac{1}{4}(x^2 - 4x - 20)$
$\quad = -\frac{1}{4}(x^2 - 4x + 2^2 - 2^2 - 20)$
$\quad = -\frac{1}{4}[(x - 2)^2 - 24]$
$\quad = \mathbf{-\frac{1}{4}(x - 2)^2 + 6}$

S(2|6)
a = $-\frac{1}{4}$ < 0; größter Wert: 6

ERLÄUTERUNG

Auf Scheitelpunktform bringen
Scheitelpunkt bestimmen
Kleinsten oder größten Wert ermitteln

Sollst du eine in ***allgemeiner Form*** gegebene quadratische Funktion auf Scheitelpunktform bringen, den Scheitelpunkt und den kleinsten oder größten Funktionswert bestimmen, gehe so vor:

1. Ist $a \neq 1$, dann klammere a aus.
2. Verfahre **in der Klammer** wie unter 1. bis 4. in Aufgabe 8.
3. Multipliziere a aus. Schreibe also in der Form $a(x - d)^2 + e$.
4. Lies den Scheitel ab und betrachte a.

   a > 0:
   Die Parabel ist nach oben geöffnet. Der Scheitel ist ihr **tiefster** Punkt. Sein y-Wert ist der **kleinste** Wert der Funktion.

   a < 0:
   Die Parabel ist nach unten geöffnet. Der Scheitel ist ihr **höchster** Punkt. Sein y-Wert ist der **größte** Wert der Funktion.

Merke:

Die Form $\mathbf{a\,(x - d)^2 + e}$ heißt **Scheitelpunktform**. Aus ihr kannst du den Scheitel direkt ablesen: **S(d|e)**

AUFGABE | LÖSUNG | ERLÄUTERUNG

10. Wie heißen die Nullstellen der Funktionen?

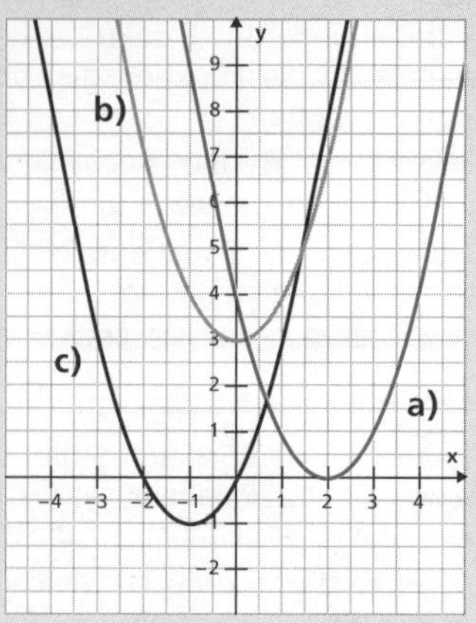

Lösung:

a) $x_0 \approx 2$

b) keine Nullstellen

c) $x_0 \approx -2$ und $x_0 \approx 0$

Nullstellen ablesen

Dem Graphen einer quadratischen Funktion kannst du entnehmen, ob sie Nullstellen hat oder nicht.

Besitzt sie Nullstellen, so kannst du Näherungswerte dafür ablesen.

Wie man Nullstellen rechnerisch ermitteln kann, erfährst du auf den Seiten 49 bis 51.

Merke:

❶ **Schneidet eine Parabel die x-Achse, so hat die zugehörige Funktion Nullstellen.**

❷ **Die Nullstellen einer quadratischen Funktion sind die x-Werte der Schnittpunkte ihrer Parabel mit der x-Achse.**

❸ **Für eine Nullstelle x_0 der Funktion f gilt: $f(x_0) = 0$.**

---

11. Wie viele Nullstellen hat die Funktion?

a) $f(x) = (x + 1)^2 - 1$

b) $f(x) = (x - 2)^2$

c) $f(x) = -(x - 3)^2 - 2$

d) $f(x) = -2(x + 5)^2$

e) $f(x) = 3(x - 10)^2 + 0{,}1$

f) $f(x) = -(x - 3)^2 + 2$

Lösung:

a) $a = 1$ und $e = -1$
f hat zwei Nullstellen.

b) $e = 0$
f hat genau eine Nullstelle.

c) $a = -1$ und $e = -2$
f hat keine Nullstelle.

d) $e = 0$
f hat genau eine Nullstelle.

e) $a = 3$ und $e = 0{,}1$
f hat keine Nullstelle.

f) $a = -1$ und $e = 2$
f hat zwei Nullstellen.

Anzahl von Nullstellen feststellen

Einer in Scheitelpunktform gegebenen quadratischen Funktion f mit $f(x) = a(x - d)^2 + e$ kannst du direkt entnehmen, ob sie Nullstellen hat und wenn ja, wie viele.

Merke:

❶ **Eine quadratische Funktion f hat keine, eine oder zwei Nullstellen.**

❷ **f hat keine Nullstelle, falls:**
$a > 0$ und $e > 0$
oder $a < 0$ und $e < 0$.

❸ **f hat zwei Nullstellen, falls:**
$a > 0$ und $e < 0$
oder $a < 0$ und $e > 0$.

❹ **f hat genau eine Nullstelle, falls: $e = 0$.**

---

12. Die quadratische Funktion f mit $f(x) = a(x - d)^2 + e$ hat

a) die beiden Nullstellen $x_1 = 0$ und $x_2 = 4$;

b) an den Stellen $x_1 = -12$ und $x_2 = 7$ den Funktionswert 3.

Wo liegt der Scheitel?

Lösung:

a) $d = \frac{1}{2}(0 + 4) = 2$

Der Scheitel liegt bei $x = 2$.

b) $d = \frac{1}{2}(-12 + 7) = -2{,}5$

Der Scheitel liegt bei $x = -2{,}5$.

Lage des Scheitels bestimmen

Ist f eine quadratische Funktion und kennst du zwei x-Werte mit gleichem Funktionswert, dann kannst du den x-Wert des Scheitels berechnen:

- Ist $x_1 \neq x_2$ und $f(x_1) = f(x_2)$, dann gilt für den x-Wert d des Scheitels:
  $d = \frac{1}{2}(x_1 + x_2)$

Merke:

Der Scheitel liegt auf der Symmetrieachse der Parabel, also in der Mitte zweier Stellen mit gleichem Funktionswert.

AUFGABE | LÖSUNG | ERLÄUTERUNG

13. Bestimme die Gleichung

a) der verschobenen Normalparabel mit dem Scheitel S(2|–1);

b) der Parabel mit dem Scheitel S(1|1) und dem Stauchungsfaktor $a = -\frac{1}{90}$.

Lösung:

a) $a = 1;\ d = 2;\ e = -1$

$\mathbf{y = (x - 2)^2 - 1}$

b) $a = -\frac{1}{90};\ d = 1;\ e = 1$

$\mathbf{y = -\frac{1}{90}(x - 1)^2 + 1}$

Funktionsgleichung aufstellen

Kennst du den Scheitel S(d|e) einer Parabel und den Vorfaktor a, dann kannst du die Funktionsgleichung direkt angeben:

- Setze a, d und e ein in die Gleichung $y = a(x - d)^2 + e$.

Du erhältst die Funktionsgleichung in der Scheitelpunktform.

---

14. Bestimme die Funktionsgleichung der Parabel

a) mit dem Scheitel S(1|3) und dem Punkt P(2|2).

b) mit dem Scheitel S(–5|1) und dem Punkt P(1|10).

Lösung:

a) $y = a(x - 1)^2 + 3$
Einsetzen: $x_1 = 2;\ y_1 = 2$

$2 = a(2 - 1)^2 + 3 \Leftrightarrow a = -1$

$\mathbf{y = -(x - 1)^2 + 3}$

b) $y = a(x + 5)^2 + 1$
Einsetzen: $x_1 = 1;\ y_1 = 10$

$10 = a(1 + 5)^2 + 1 \Leftrightarrow a = \frac{1}{4};$

$\mathbf{y = \frac{1}{4}(x + 5)^2 + 1}$

Funktionsgleichung aufstellen

Kennst du den Scheitel S(d|e) und einen zweiten Parabelpunkt $P(x_1|y_1)$, kannst du die Gleichung so ermitteln:

1. Setze d und e in die Gleichung $y = a(x - d)^2 + e$ ein.
2. Setze x_1 und y_1 in die Gleichung von 1. ein und löse nach a auf.
3. Setze a, d und e in die Gleichung $y = a(x - d)^2 + e$ ein.

Du erhältst die Funktionsgleichung in Scheitelpunktform.

---

15. Auf der Parabel zu $f(x) = ax^2$ liegt der Punkt P. Bestimme die Funktionsgleichung.

a) P(3|–9)

b) P(4|1)

Lösung:

a) $x_1 = 3;\ y_1 = -9$
$-9 = a \cdot 3^2 \Leftrightarrow a = -1;$

$\mathbf{y = -x^2}$

b) $x_1 = 4;\ y_1 = 1$
$1 = a \cdot 4^2 \Leftrightarrow a = \frac{1}{16};$

$\mathbf{y = \frac{1}{16}x^2}$

Funktionsgleichung aufstellen

Kennst du einen Punkt $P(x_1|y_1)$ einer Parabel mit $f(x) = ax^2$, dann kannst du die Funktionsgleichung so ermitteln:

1. Setze x_1 und y_1 ein in die Gleichung: $y = ax^2$.
2. Löse die Gleichung nach a auf.

---

16. Bestimme die Funktionsgleichung

a) einer verschobenen Normalparabel mit den Punkten $P_1(3|1)$ und $P_2(4|-2)$.

b) einer Parabel mit den Punkten $P_1(-2|5)$, $P_2(-1|4)$ und $P_3(1|8)$.

Lösung:

a) $x_1 = 3;\ y_1 = 1;\ x_2 = 4;\ y_2 = -2$
Einsetzen in $y = x^2 + bx + c$:

$1 = 3^2 + b \cdot 3 + c$
$-2 = 4^2 + b \cdot 4 + c$; also:

$3b + c = -8$
$4b + c = -18$

$b = -10;\ c = 22$; also:

$\mathbf{y = x^2 - 10x + 22}$

b) $x_1 = -2;\ y_1 = 5;\ x_2 = -1;$
$y_2 = 4;\ x_3 = 1;\ y_3 = 8$
Einsetzen in $y = ax^2 + bx + c$:

$5 = a \cdot (-2)^2 + b \cdot (-2) + c$
$4 = a \cdot (-1)^2 + b \cdot (-1) + c$
$8 = a \cdot 1^2 + b \cdot 1 + c$; also:

$5 = 4a - 2b + c$
$4 = a - b + c$
$8 = a + b + c$

$a = 1;\ b = 2;\ c = 5$; also:

$\mathbf{y = x^2 + 2x + 5}$

Funktionsgleichung aufstellen

Kennst du drei Punkte $P_1(x_1|y_1)$, $P_2(x_2|y_2)$ und $P_3(x_3|y_3)$ einer Parabel, dann kannst du die Funktionsgleichung so ermitteln:

1. Setze die Koordinaten von P_1, P_2 und P_3 ein in die Gleichung $y = ax^2 + bx + c$.
   Du erhältst drei Gleichungen mit den Variablen a, b und c.
2. Löse das Gleichungssystem nach a, b und c auf.
3. Setze a, b und c ein in die Gleichung: $y = ax^2 + bx + c$.

Du erhältst die Funktionsgleichung in allgemeiner Form.

Zu Aufgabe a):
Hier ist der Streckungsfaktor bereits bekannt (a = 1). Um b und c zu ermitteln, werden die Koordinaten von P_1 und P_2 in die Gleichung $y = x^2 + bx + c$ eingesetzt.

AUFGABE

17. Viele Brücken haben Bögen in Form von Parabeln.

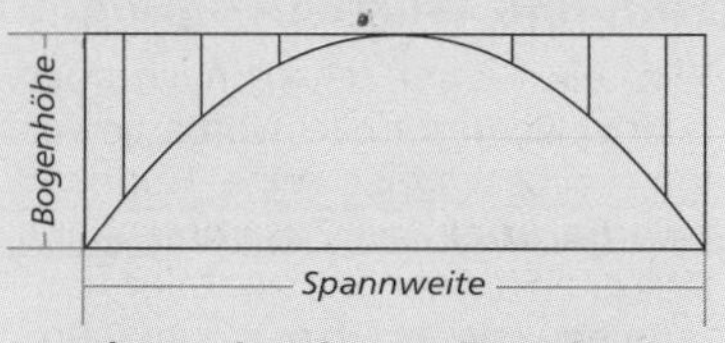

a) Wo ist der Nullpunkt des Koordinatensystems anzutragen, wenn der Bogen durch die Funktion $f(x) = ax^2$ beschrieben wird?

b) Der Bogen der Gähnstätter Lahmbrücke hat eine Spannweite von 108 m und lässt sich durch die Funktion $f(x) = -\frac{1}{96}x^2$ beschreiben. Wie hoch ist er?

c) Der Bogen der Prassdorfer Angeberbrücke hat eine Höhe von 49,5 m und lässt sich durch die Funktion $f(x) = -\frac{1}{88}x^2$ beschreiben. Welche Spannweite hat er?

d) Der Bogen der Süßholzer Raspelbrücke ist 20 m hoch und hat eine Spannweite von 100 m. Beschreibe ihn durch eine Funktion der Form $f(x) = ax^2$.

18. In einem Dreieck liegt ein Rechteck wie skizziert.

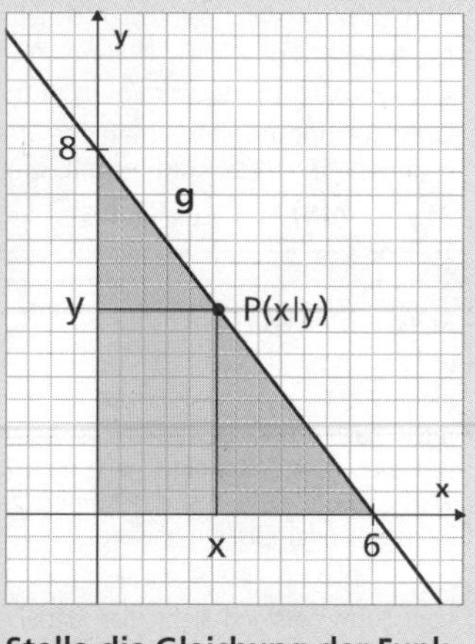

Stelle die Gleichung der Funktion f(x) auf, die jedem x mit $0 \le x \le 6$ den Flächeninhalt A des Rechtecks mit den Eckpunkten P(0|0), P(x|0), P(x|y) und P(0|y) zuordnet.

LÖSUNG

a) Der Scheitel von Funktionen der Form $f(x) = ax^2$ ist S(0|0).

Der Nullpunkt des Koordinatensystems ist im Scheitelpunkt anzutragen.

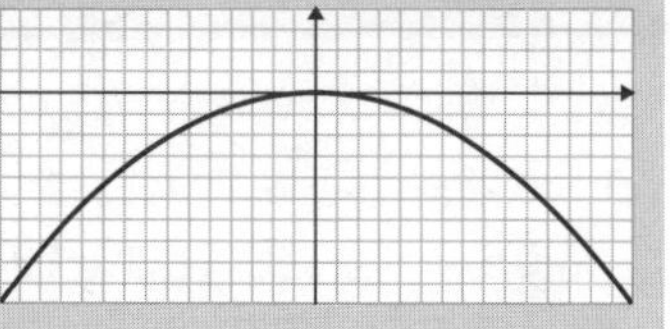

b) $f(x) = -\frac{1}{96}x^2$

$f(54) = -\frac{1}{96} \cdot 54^2 = -30{,}375$

Der Bogen ist etwa 30 m hoch.

c) $f(x) = -\frac{1}{88}x^2$

$-49{,}5 = -\frac{1}{88}x^2$

$4356 = x^2$

$|x| = 66$

$2 \cdot |x| = 132$

Die Spannweite beträgt 132 m.

d) $f(x) = ax^2$

$f(50) = -20$

$f(50) = a \cdot 50^2$

$-20 = a \cdot 50^2$

$a = -\frac{1}{125}$

Der Bogen lässt sich durch die Funktion $f(x) = -\frac{1}{125}x^2$ beschreiben.

A: Flächeninhalt des Rechtecks mit den Seiten x und y.

$A = x \cdot y$

P(x|y) liegt auf der Geraden g.

Geradengleichung: $y = -\frac{4}{3}x + 8$

$A = x \cdot y = x \cdot (-\frac{4}{3}x + 8)$

$\mathbf{f(x) = -\frac{4}{3}x^2 + 8x}$

ERLÄUTERUNG

Anwenden

Viele Kurven in Natur und Technik haben die Form von Parabeln, z. B. Brückenbögen, Wasserstrahlen oder auch Wurfkurven. Hier lässt sich der Zusammenhang zwischen den Ortskoordinaten (x-Richtung; y-Richtung) eines Parabelpunktes durch eine quadratische Funktion beschreiben.

Es gibt aber auch Beziehungen zwischen Größen, die zwar auf den ersten Blick nicht als Parabeln erscheinen, sich aber dennoch durch quadratische Funktionen beschreiben lassen, z. B. der Zusammenhang zwischen Seitenlänge und Flächeninhalt eines Quadrats oder der Zusammenhang zwischen Zeitpunkt und Höhe beim freien Fall oder senkrechten Wurf.

Bei Anwendungsaufgaben geht es meist darum, aus gegebenen oder bereits bekannten Informationen Gleichungen von quadratischen Funktionen aufzustellen, Funktionswerte, Nullstellen oder Scheitelpunkte zu ermitteln.

Zu Aufgabe 17:

Der Nullpunkt des Koordinatensystems liegt im Scheitel, also in der Mitte. Hat der Bogen eine Spannweite von z. B. 108 m, dann ist er $h = |f(-54)|$ m $= |f(54)|$ m hoch.

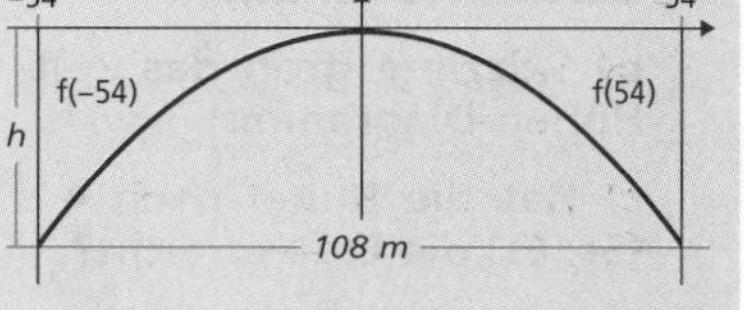

Zu Aufgabe 18:

In Abhängigkeit von den Variablen x **und** y lässt sich die Gleichung für den Flächeninhalt A des Rechtecks direkt aufstellen:

$A = x \cdot y.$

Gefragt ist hier aber eine Darstellung nur mit der Variablen x.

Da der Punkt P(x|y) auf der Geraden g mit der Gleichung $y = -\frac{4}{3}x + 8$ liegt, kann man y durch den Term $-\frac{4}{3}x + 8$ ersetzen.

AUFGABE

19. Eine Kugel wird waagerecht nach vorne geworfen. Die Anfangsgeschwindigkeit beträgt 15 m/s, die Abwurfhöhe 3 m.

a) Welche Höhe über der Erde erreicht die Kugel nach welcher Flugweite? Beschreibe den Zusammenhang zwischen der horizontalen Entfernung x der Kugel vom Abwurfpunkt und ihrer Höhe an dieser Stelle durch eine Funktion.

b) Skizziere die Wurfbahn.

c) Welche Höhe hat die Kugel, wenn sie vom Abwurfpunkt in horizontaler Richtung 6,7 m (9,5 m) entfernt ist?

d) Wie weit fliegt die Kugel?

Infos zum waagerechten Wurf findest du in der rechten Spalte.

20. Eine Kugel wird senkrecht nach oben geworfen. Die Anfangsgeschwindigkeit beträgt 25 m/s, die Abwurfhöhe 2 m.

a) Welche Höhe über der Erde erreicht die Kugel nach welcher Zeit? Beschreibe den Zusammenhang zwischen dem Zeitpunkt t nach dem Abwurf und der Höhe h(t) der Kugel zum Zeitpunkt t durch eine Funktion.

b) Skizziere grob das Zeit-Höhen-Diagramm.

c) Hat die Kugel nach 4 s (5s; 6s) die Erde erreicht?

d) Wann errreicht die Kugel ihre größte Höhe über der Erde? Wie hoch ist sie da?

e) Eine Kugel wird aus 1,6 m Höhe senkrecht nach oben geworfen und trifft genau 4 s nach dem Abwurf auf die Erde. Wie groß war die Anfangsgeschwindigkeit?

Infos zum senkrechten Wurf findest du in der rechten Spalte.

LÖSUNG

a) $v_0 = 15$ m/s ; $h_0 = 3$ m

$\mathbf{h(x) = -\frac{1}{45}x^2 + 3}$

b)

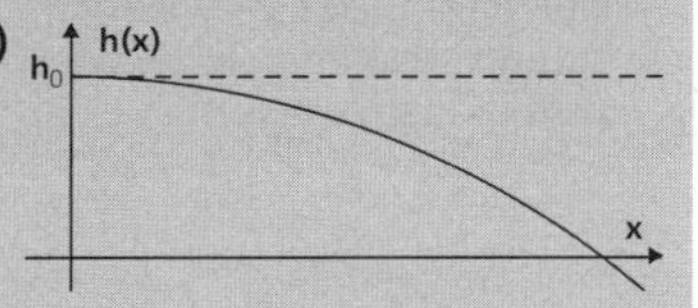

c) $h(6{,}7) = -\frac{1}{45} \cdot 6{,}7^2 + 3 \approx \mathbf{2}$

$h(9{,}5) = -\frac{1}{45} \cdot 9{,}5^2 + 3 \approx \mathbf{1}$

6,7 m in horizontaler Richtung hinter dem Abwurfpunkt ist die Kugel etwa 2 m über der Erde. Bei 9,5 m Entfernung beträgt ihre Höhe etwa 1 m.

d) *Gesucht: Nullstelle von h*

$0 = -\frac{1}{45}x^2 + 3 \Leftrightarrow x^2 = 135$

$\Leftrightarrow |x| = \sqrt{135}$

Die Kugel fliegt ca. 11,6 m weit.

---

a) $v_0 = 25$ m/s; $h_0 = 2$ m

$\mathbf{h(t) = -5t^2 + 25t + 2}$

b)

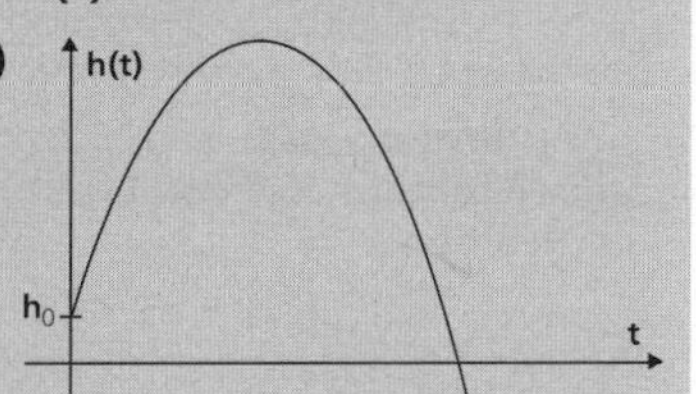

c) $h(4) = -5 \cdot 4^2 + 25 \cdot 4 + 2 = \mathbf{22}$

$h(5) = -5 \cdot 5^2 + 25 \cdot 5 + 2 = \mathbf{2}$

$h(6) = -5 \cdot 6^2 + 25 \cdot 6 + 2 = \mathbf{-28}$

Nach 4 s befindet sich die Kugel noch 22 m, nach 5 s noch 2 m über der Erde und nach 6 s liegt sie bereits unten.

d) Ihre größte Höhe erreicht die Kugel im Scheitelpunkt.

$h(t) = -5t^2 + 25\,t + 2$

$= -5(t^2 - 5t - 0{,}4)$

$= -5[(t - 2{,}5)^2 - 6{,}65]$

$= -5(t - 2{,}5)^2 + 33{,}25$

$S(2{,}5 \mid 33{,}25)$

2,5 s nach dem Abwurf erreicht die Kugel ihre größte Höhe von 33,25 m.

e) $h(t) = -5t^2 + v_0t + 1{,}6$

$h(4) = -5 \cdot 4^2 + v_0 \cdot 4 + 1{,}6$

$h(4) = 0$:

$0 = -80 + 4v_0 + 1{,}6$

$v_0 = 19{,}6$

Die Anfangsgeschwindigkeit betrug 19,6 m/s.

ERLÄUTERUNG

Anwenden

Fall- und Wurfbewegungen

Wird ein Körper schräg nach oben oder waagerecht nach vorne geworfen, so beschreibt seine Flugbahn eine **Parabel**. Der Zusammenhang zwischen seiner horizontalen Entfernung x vom Abwurfpunkt und seiner Höhe h(x) an dieser Stelle lässt sich also durch eine **quadratische Funktion** beschreiben.

Beim senkrechten Wurf nach oben oder nach unten ist die Flugbahn keine Parabel, sondern eine Strecke. Aber auch hier spielen die **quadratischen Funktionen** eine Rolle: Sie beschreiben den Zusammenhang zwischen dem Zeitpunkt t nach dem Abwurf und der Höhe h(t) des Körpers zum Zeitpunkt t.

Fallbeschleunigung: g = 9,81 m/s²

Körper werden von der Erde durch eine Kraft angezogen. In nicht allzu großer Entfernung von der Erdoberfläche erfahren sie dadurch eine **konstante** Beschleunigung: **g = 9,81 m/s²**. Ihre Geschwindigkeit nimmt deswegen beim Fallen zu, sieht man vom Luftwiderstand ab.

Waagerechter Wurf nach vorne

Wird ein Körper aus einer Höhe h_0 mit einer Anfangsgeschwindigkeit v_0 waagerecht nach vorne geworfen, so besteht zwischen seiner horizontalen Entfernung x vom Abwurfpunkt und seiner Höhe h(x) an dieser Stelle der Zusammenhang:

$$h(x) = -\frac{g}{2{v_0}^2}x^2 + h_0.$$

Vom Luftwiderstand sieht man dabei ab.

Einheiten:

x in m; h_0 in m; v_0 in m/s; g in m/s²

Beim Rechnen ersetzt man meistens g durch 10 m/s² und erhält dann:

$$\mathbf{h(x) = -\frac{5}{{v_0}^2}x^2 + h_0.}$$

Senkrechter Wurf nach oben

Wird ein Körper aus einer Höhe h_0 mit einer Anfangsgeschwindigkeit v_0 senkrecht nach oben geworfen, so besteht zwischen dem Zeitpunkt t nach dem Abwurf und der Höhe h(t) des Körpers zum Zeitpunkt t der Zusammenhang:

$$h(t) = -\frac{g}{2}t^2 + v_0t + h_0.$$

Vom Luftwiderstand sieht man dabei ab.

Einheiten:

t in s; h_0 in m; v_0 in m/s; g in m/s²

Beim Rechnen ersetzt man meistens g durch 10 m/s² und erhält dann:

$$\mathbf{h(t) = -5t^2 + v_0t + h_0.}$$

AUFGABE

21. Welche Zahl bildet mit der um 6 kleineren Zahl das kleinste Produkt?

LÖSUNG

1. gesucht: *kleinstes Produkt*
   $P = x \cdot y$
2. $y = x - 6$
3. $P = x \cdot y = x \cdot (x - 6) = x^2 - 6x$
4. $f(x) = x^2 - 6x = (x - 3)^2 - 9$;
   S(3 | –9)
   $x = 3,\ y = -3;\ x \cdot y = -9$
   Die Parabel ist nach oben geöffnet.

Für x = 3 wird das Produkt am kleinsten, nämlich –9.

AUFGABE

22. Entlang einer Mauer soll mit 14 m Maschendraht ein Rechteck abgezäunt werden. Welches der möglichen Rechtecke hat den größten Flächeninhalt?

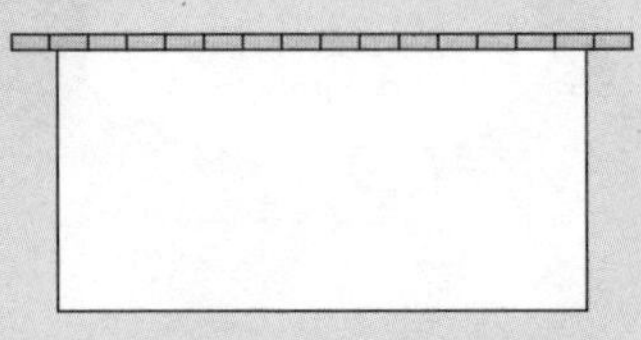

LÖSUNG

1. gesucht: *größter Flächeninhalt*
   $A = x \cdot y$

2. $2y + x = 14$
   $y = 7 - \frac{1}{2}x$
3. $A = x \cdot y = x \cdot (7 - \frac{1}{2}x)$
   $= -\frac{1}{2}x^2 + 7x$
4. $f(x) = -\frac{1}{2}x^2 + 7x$
   $= -\frac{1}{2}(x - 7)^2 + 24{,}5$
   S(7 | 24,5)
   $x = 7$ m; $y = 3{,}5$ m; $A = 24{,}5\ m^2$
   Die Parabel ist nach unten geöffnet.

Für x = 7 m ist der Flächeninhalt am größten, nämlich 24,5 m².

AUFGABE

23. In einem Dreieck liegt ein Rechteck wie skizziert.

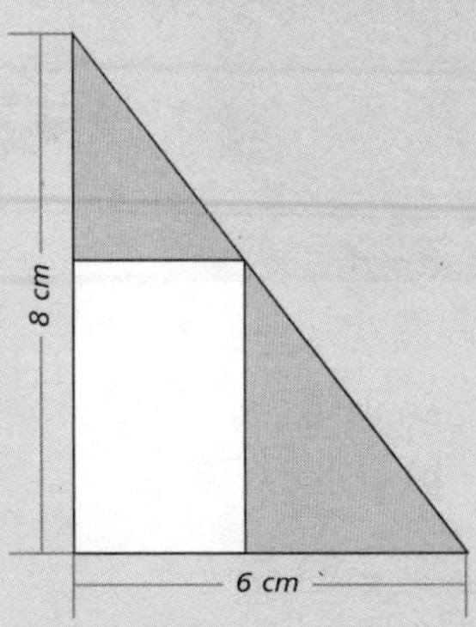

Welches der möglichen Rechtecke hat den größten Flächeninhalt?

LÖSUNG

Skizze sowie Erläuterungen zu 1. bis 3. siehe Seite 35, Aufgabe 18.

1. gesucht: *größter Flächeninhalt*
   $A = x \cdot y$
2. $y = -\frac{4}{3}x + 8$
3. $A = x \cdot y = x \cdot (-\frac{4}{3}x + 8)$
   $= -\frac{4}{3}x^2 + 8x$
4. $f(x) = -\frac{4}{3}x^2 + 8x$
   $= -\frac{4}{3}(x - 3)^2 + 12$
   S(3 | 12)
   $x = 3$ cm; $y = 4$ cm; $A = 12\ cm^2$
   Die Parabel ist nach unten geöffnet.

Für x = 3 cm wird der Flächeninhalt am größten, nämlich 12 cm².

ERLÄUTERUNG

Anwenden

Kleinste und größte Werte

Sind kleinste oder größte Werte (Extremwerte) gesucht, so kann die Fragestellung auf das Aufstellen einer quadratischen Funktion führen. Die gesuchten Extremwerte ergeben sich dann aus dem Scheitelpunkt ihrer Parabel.

Bei vielen Aufgaben kann das folgende Vorgehen zum Ziel führen:

1. Notiere, **was** klein oder groß werden soll. Meistens handelt es sich dabei um das **Produkt** zweier Zahlen oder Größen. Oft wird nach dem Flächeninhalt eines Rechtecks gefragt. Auch dieser ist ein **Produkt**, nämlich das aus den Längen der Rechteckseiten.

   Schreibe also auf, welches **Produkt** klein oder groß werden soll. Bezeichne den einen Faktor mit x, den anderen mit y.

   Fertige ggf. eine Skizze an.

2. Überlege, wie x mit y zusammenhängt. Stelle dazu eine Gleichung auf und löse diese nach y auf.

3. Setze in x · y für y den Term mit x ein, der sich aus der Gleichung von 2. ergibt. Das Produkt enthält jetzt nur noch eine Variable. Multipliziere aus. Die Summe enthält ein quadratisches Glied.

4. Schreibe die Gleichung der zugehörigen quadratischen Funktion auf und bestimme den Scheitelpunkt S(d | e).

   An der Stelle x = d wird das Produkt am

   - **kleinsten,** wenn die Parabel nach **oben** geöffnet ist. e ist dann der **kleinste Wert**, den das Produkt annehmen kann.
   - **größten**, wenn die Parabel nach **unten** geöffnet ist. e ist dann der **größte Wert**, den das Produkt annehmen kann.

Tipp: Wie du den Scheitelpunkt bestimmen kannst, erfährst du auf Seite 32 in den Aufgaben 8 und 9.

AUFGABEN NACH MUSTER ?

1. Bestimme die Scheitelpunkte und zeichne die Graphen zu
a) $f(x) = -x^2$ **b)** $f(x) = 0{,}5x^2$ **c)** $f(x) = -3x^2$

2. Bestimme die Scheitelpunkte und zeichne die Graphen zu
a) $f(x) = (x - 1)^2$ **b)** $f(x) = (x + 2)^2$ **c)** $f(x) = 2(x + 2)^2$

3. Bestimme die Scheitelpunkte und zeichne die Graphen zu
a) $f(x) = x^2 - 2$ **b)** $f(x) = x^2 + 1$ **c)** $f(x) = -0{,}5x^2 + 4$

4. Bestimme die Scheitelpunkte und zeichne die Graphen zu
a) $f(x) = (x + 1)^2 - 3$ **b)** $f(x) = 3(x + 1)^2 + 1{,}5$
c) $f(x) = (x - 2{,}5)^2 + 1$ **d)** $f(x) = -\frac{1}{2}(x - 3)^2 + 1$

5. Zeichne die Graphen zu
a) $f(x) = x^2 - 2x + 1$ **b)** $f(x) = x^2 + 2x - 2$
c) $f(x) = -0{,}5x^2 + 3x - 3{,}5$

6. Stauche die Normalparabel mit dem Faktor 0,25 und spiegele sie an der x-Achse. Verschiebe sie anschließend um 2 Einheiten nach links und um 3 Einheiten nach oben. Gib nach jedem Schritt die Funktionsgleichung an.

7. Wie heißt die Gleichung der Parabel?

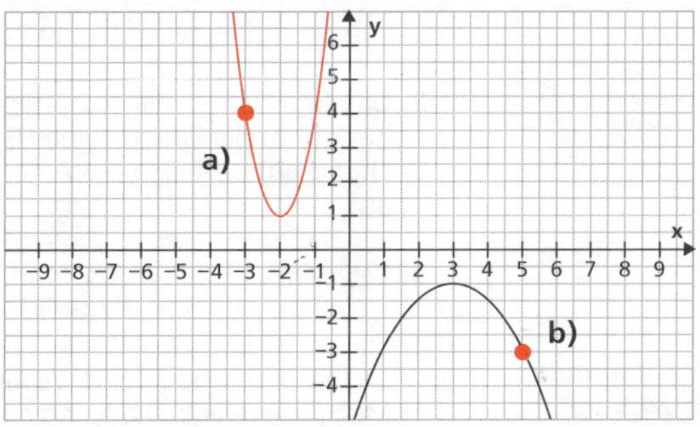

8. Bringe auf Scheitelpunktform, bestimme den Scheitel und den kleinsten Funktionswert.
a) $f(x) = x^2 - 2x + 1$ **b)** $f(x) = x^2 + 2x - 2$

9. Bringe auf Scheitelpunktform, bestimme den Scheitel und den kleinsten oder größten Funktionswert.
a) $f(x) = 3x^2 + 15x$ **b)** $f(x) = -\frac{1}{2}x^2 + 3x - \frac{7}{2}$

10. Wie heißen die Nullstellen der Funktionen?

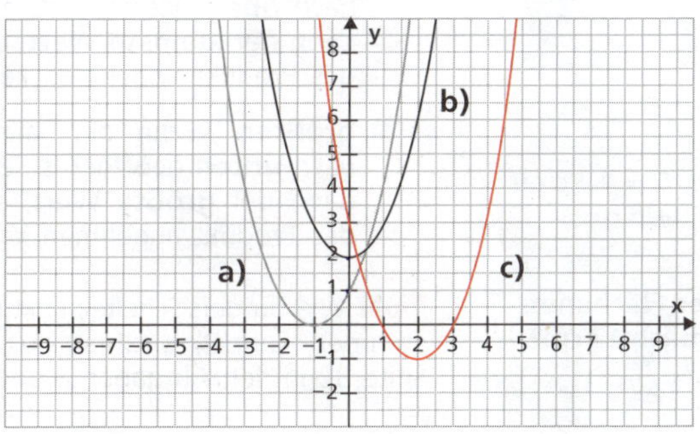

11. Wie viele Nullstellen hat die Funktion?
a) $f(x) = (x + 2)^2 - 4$ **b)** $f(x) = (x - 3)^2$
c) $f(x) = -(x - 1)^2 - 3$ **d)** $f(x) = -3(x + 6)^2$
e) $f(x) = 2(x - 7)^2 + 0{,}2$ **f)** $f(x) = -(x + 8)^2 + 5$

12. Die Funktion f mit $f(x) = a(x - d)^2 + e$ hat
a) die beiden Nullstellen $x_1 = 0$ und $x_2 = 6$.
b) an den Stellen $x_1 = -8$ und $x_2 = 5$ den Funktionswert 4.
Wo liegt der Scheitel?

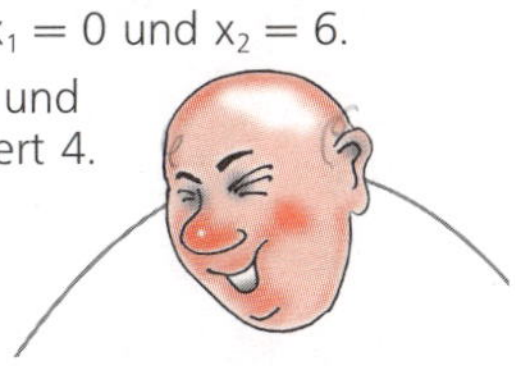

13. Bestimme die Gleichung
a) der verschobenen Normalparabel mit dem Scheitel S(3 | −2).
b) der Parabel mit dem Scheitel S(2 | 2) und dem Stauchungsfaktor $a = -\frac{1}{50}$.

14. Bestimme die Funktionsgleichung der Parabel
a) mit dem Scheitel S(4 | 1) und dem Punkt P(2 | −3).
b) mit dem Scheitel S(−3 | 2) und dem Punkt P(−6 | 8).

15. Auf der Parabel zu $f(x) = ax^2$ liegt der Punkt P. Bestimme die Funktionsgleichung.
a) P(4 | −16) **b)** P(3 | 1)

16. Bestimme die Funktionsgleichung
a) einer verschobenen Normalparabel mit den Punkten $P_1(2 | -1)$ und $P_2(4 | 3)$.
b) einer Parabel mit den Punkten $P_1(-1 | 4)$, $P_2(1 | 2)$ und $P_3(3 | 16)$.

17. Viele Brücken haben Bögen in Form von Parabeln.

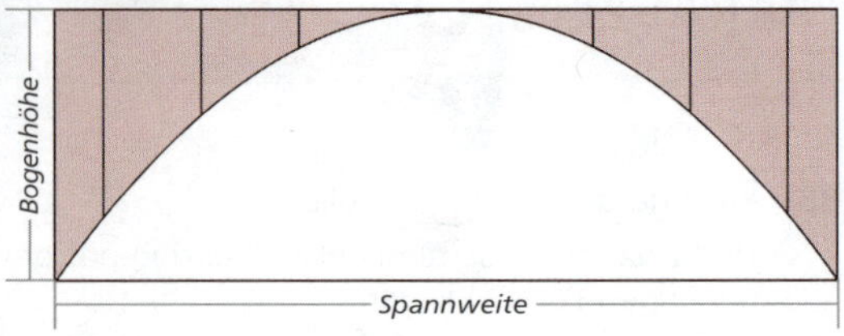

a) Wo ist der Nullpunkt des Koordinatensystems anzutragen, wenn der Bogen durch die Funktion $f(x) = ax^2$ beschrieben wird?

b) Der Bogen der Landrater Stolzbrücke hat eine Spannweite von 120 m und lässt sich durch die Funktion $f(x) = -\frac{1}{108}x^2$ beschreiben. Wie hoch ist er?

c) Der Bogen der Schmaler Kämmereibrücke hat eine Höhe von 36 m und lässt sich durch die Funktion $f(x) = -\frac{1}{64}x^2$ beschreiben. Welche Spannweite hat er?

d) Der Bogen der Großstätter Wahnbrücke hat eine Spannweite von 144 m und ist 54 m hoch. Beschreibe ihn durch eine Funktion der Form $f(x) = ax^2$.

18. In einem Dreieck liegt ein Rechteck wie im Bild skizziert.

Stelle die Gleichung der Funktion f(x) auf, die jedem x mit $0 \le x \le 4$ den Flächeninhalt A des Rechtecks mit den Eckpunkten P(0 | 0), P(x | 0), P(x | y) und P(0 | y) zuordnet.

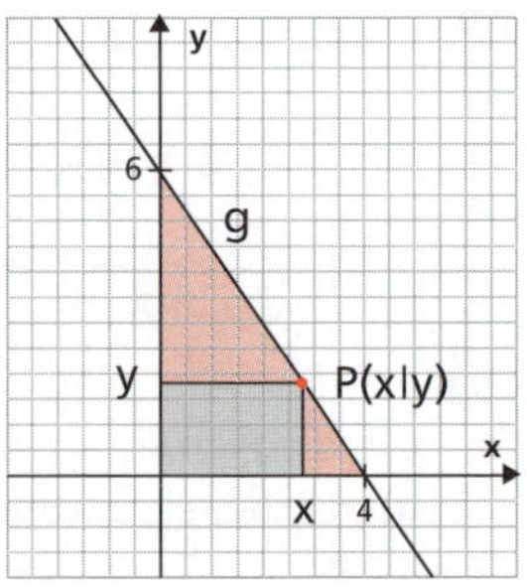

19. Die Fallbeschleunigung auf dem Mond beträgt ungefähr 1,6 m/s². Beantworte die Fragen aus Aufgabe 19 auf Seite 36 für den Fall, dass die Kugel auf dem Mond geworfen wird.

20. Die Fallbeschleunigung auf dem Jupiter beträgt ungefähr 23,1 m/s². Beantworte die Fragen aus Aufgabe 20 auf Seite 36 für den Fall, dass die Kugel auf dem Jupiter geworfen wird.

21. Welche Zahl bildet mit der um 8 kleineren Zahl das kleinste Produkt?

22. Entlang einer Mauer soll mit 20 Metern Maschendraht ein Rechteck abgezäunt werden. Welches der möglichen Rechtecke hat den größten Flächeninhalt?

23. In einem Dreieck liegt ein Rechteck wie skizziert.

Welches der möglichen Rechtecke hat den größten Flächeninhalt?

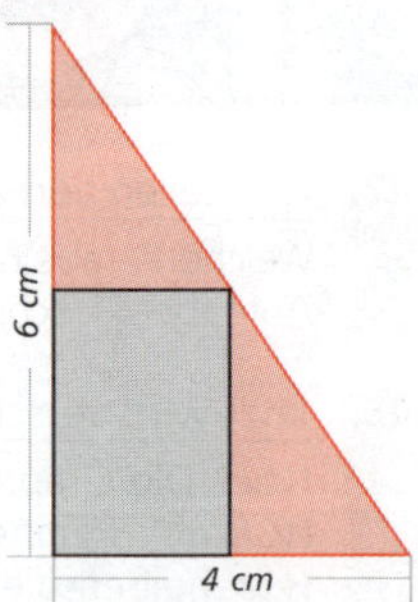

PARABELN $x^2 + e$

24. Hier entstehen vier Parabeln!

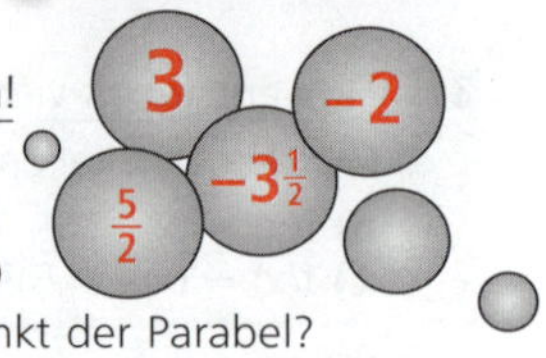

a) Wähle eine rote Zahl und setze sie für e ein in $f(x) = x^2 + e$.

b) Wie heißt der Scheitelpunkt der Parabel?

c) Zeichne die Parabel. Erkläre, wie du vorgegangen bist.

d) Wie heißt die Parabel für e = 0?

25. Hier sind die Parabeln schon vorhanden!

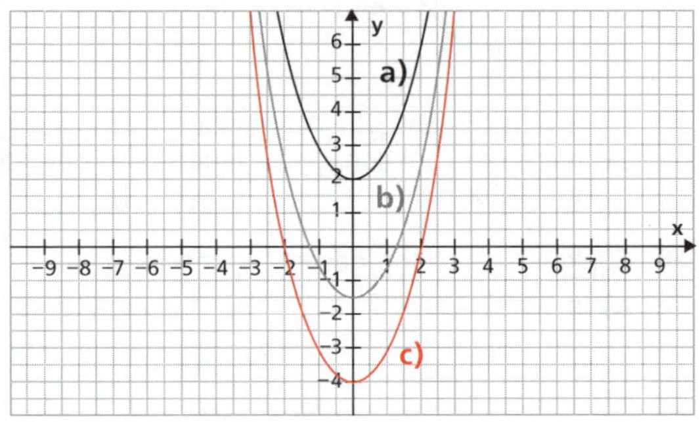

Lies ihren Tiefpunkt ab und gib ihre Funktionsgleichung an.

26. Parabelpunkte gesucht!

Liegt der Punkt P auf der um eine Einheit nach unten verschobenen Normalparabel?

a) P(1 | 0) **b)** P(3 | −2) **c)** P(−2 | 3)
d) $P(\frac{1}{2} | -\frac{1}{4})$ **e)** P(−0,4 | −0,16) **f)** $P(\sqrt{3} | 2)$

27. Hier fehlen Koordinaten!

Findet man welche, sodass der Punkt P auf der Normalparabel liegt? Falls ja: Gib sie an.

$P_1(4 | y_1)$ $P_2(-\frac{3}{2} | y_2)$ $P_3(x_3 | 81)$
$P_4(x_4 | -1)$ $P_5(x_5 | 7)$ $P_6(x_6 | -\sqrt{2})$

28. Entscheide blitzschnell, ...

ob y ein Funktionswert von f sein kann.

a) y = 0; $f(x) = x^2 - 4$ ja ☐ nein ☐
b) y = −8; $f(x) = x^2 + 1$ ja ☐ nein ☐
c) y = 4; $f(x) = x^2 + 4$ ja ☐ nein ☐
d) $y = \frac{3}{2}$; $f(x) = x^2 - \frac{1}{2}$ ja ☐ nein ☐
e) y = −2,8; $f(x) = x^2 - 2{,}7$ ja ☐ nein ☐

29. Gesucht: Alle x-Werte ...

zu den Funktionswerten y von Aufgabe 28.

30. Gesucht: Drei Funktionen der Form $f(x) = x^2 + e$

a) Auf der Parabel von f_1 liegt der Punkt P(3 | −4).

b) Der kleinste Funktionswert von f_2 ist 3,6.

c) Die Parabel von f_3 hat eine Nullstelle bei $x_0 = -\sqrt{2}$.

PARABELN $(x-d)^2$

31. Hier entstehen vier Parabeln!

Gib den Scheitel an und zeichne den Graphen.

a) $f(x) = (x - 3)^2$ **b)** $f(x) = (x + 2)^2$
c) $f(x) = (x + 4{,}5)^2$ **d)** $f(x) = (x - 1{,}5)^2$

32. Drei Fragen zur Funktionf f mit $f(x) = (x - 1)^2$

❶ Liegt der Punkt P(–3 | 4) auf ihrem Graphen?
❷ Liegt die Symmetrieachse der Parabel rechts oder links von der y-Achse?
❸ Welcher Punkt P auf dem Graphen hat die x-Koordinate 2?

Beantworte alle drei Fragen für die Funktion f mit $f(x) = (x + 5)^2$.

33. Gesucht: Normalform.

Schreibe die Funktionsgleichungen aus Aufgabe 31 in Normalform.

34. Funktionsgleichung gesucht – und zwar ...

a) in Scheitelpunktform. **b)** in Normalform.

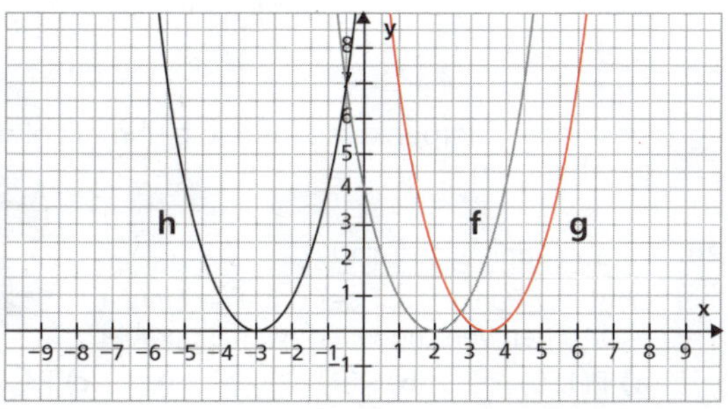

c) Wo schneiden die Parabeln die y-Achse?
d) Wo liegen die Nullstellen?

35. Hier sind Funktionsterme gegeben.

Schreibe sie als Quadrat.

$x^2 + x + \frac{1}{4}$ | $x^2 + 6x + 9$ | $x^2 - 12x + 36$ | $x^2 - 7x + 12{,}25$ | $x^2 - \frac{3}{2}x + \frac{9}{16}$ | $x^2 + 2x + 1$ | $x^2 - 2dx + d^2$

36. Gesucht: Besondere Werte und Punkte

a) An welcher Stelle haben die Funktionen mit den Termen aus Aufgabe 35 ihren kleinsten Funktionswert? Wie groß ist er?
b) Wo schneiden ihre Parabeln die y-Achse?

37. Fünf Funktionen gesucht!

Was schon bekannt ist: Ihre Parabeln sind verschobene Normalparabeln, deren Scheitelpunkte auf der x-Achse liegen.

1 f_1 hat den Scheitel S(0,4 | 0).
2 f_2 hat eine Nullstelle bei x = 5.
3 Die Parabel zu f_3 erhältst du, wenn du die Normalparabel um 2 Einheiten nach links verschiebst.
4 Der kleinste Funktionswert von f_4 liegt bei x = –4,5.
5 Der Graph von f_5 ist gegenüber dem zu $f(x) = x^2 - 2x + 1$ um drei Einheiten nach rechts verschoben.

PARABELN $(x-d)^2+e$

38. Betätige dich als Lückenfüller.

Und zwar so, dass die Punkte P und Q auf der zu f gehörigen Parabel liegen.

a) P(–1 | ▒); Q(0 | ▒); $f(x) = (x - 2)^2 + 2$
b) P(–3 | ▒); Q(4 | ▒); $f(x) = (x + 4)^2 + 1$
c) P($\frac{3}{4}$ | ▒); Q(0,6 | ▒); $f(x) = (x - 3)^2 - 1$
d) P(5 | ▒); Q(7 | ▒); $f(x) = (x + \frac{3}{2})^2 - 3$

39. Hier entstehen vier Parabeln!

Bestimme die Scheitelpunkte und zeichne die Graphen der Funktionen aus Aufgabe 38.

40. Hier sind die Parabeln schon vorhanden.

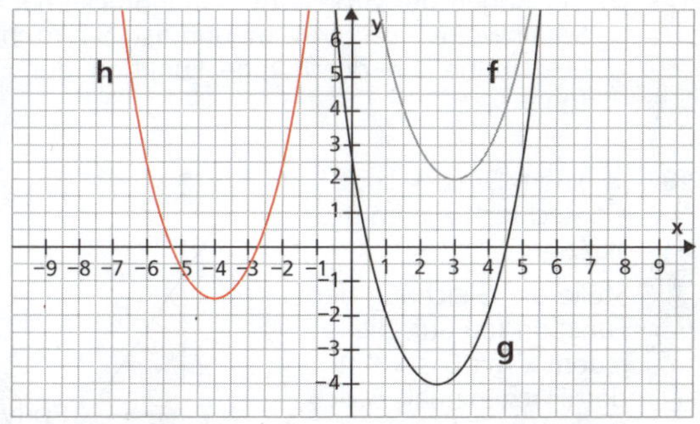

Gib die Funktionsgleichungen an, und zwar:

a) in Scheitelpunktform; **b)** in Normalform.

41. Entscheide blitzschnell, ...

ob y ein Funktionswert von f sein kann.

a) y = 0; $f(x) = (x - 2)^2 + 1$ *ja* ▒ *nein* ▒
b) y = –2; $f(x) = (x + 1)^2 - 3$ *ja* ▒ *nein* ▒
c) y = 1; $f(x) = (x + 2)^2 - 1$ *ja* ▒ *nein* ▒
d) $y = -\frac{3}{2}$; $f(x) = (x - 1)^2 - \frac{1}{2}$ *ja* ▒ *nein* ▒
e) y = 0,2; $f(x) = (x + 0{,}2)^2 + 0{,}4$ *ja* ▒ *nein* ▒

42. Nullstellen vorhanden?

Welche Parabeln der Funktionen aus Aufgabe 41 schneiden die x-Achse?

43. Jetzt wird verschoben!

Wer? Die Graphen der Funktionen aus Aufgabe 41.
Wohin? 3 Einheiten nach links und 2 nach oben.
Wie heißen die neuen Funktionsgleichungen?

44. Was hier fehlt?

Ein Rechenzeichen und eine Zahl.

$x^2 + 8x + 12 \quad = (x + 4)^2$ ▭ ▭

$x^2 - 12x - 6 \quad = (x - 6)^2$ ▭ ▭

$x^2 + 5x + 6 \quad = (x + 2{,}5)^2$ ▭ ▭

$x^2 - x \quad = (x - \frac{1}{2})^2$ ▭ ▭

45. Was mit diesen Funktionstermen geschehen soll?

Bringe sie auf die Form $f(x) = (x - d)^2 + e$.

46. Gesucht: Kleinster Wert

Wo haben die Funktionen aus Aufgabe 45 ihren kleinsten Funktionswert? Wie groß ist er?

47. Nullstellen vorhanden?

Entscheide ohne zu zeichnen.

a) $f(x) = x^2 + 16x + 15$ **b)** $f(x) = x^2 - 12x$
c) $f(x) = x^2 - 15x + 60$ **d)** $f(x) = x^2 + 1{,}8x + 0{,}9$

48. Vier Funktionen gesucht!

Was schon über jede der vier bekannt ist:

❶ Sie lässt sich darstellen in der Form: $f(x) = x^2 + px + q$

❷ Der Punkt P liegt auf ihrer Parabel.

a) $P(3|4)$; $q = -2$ **b)** $P(5|-8)$; $p = 3$
c) $P(-2{,}5|1)$; $p = -1$ **d)** $P(-1|-3)$; $q = 0{,}5$

49. Hier haben sich sechs Funktionen versteckt!

Was schon über jede der sechs bekannt ist:

❶ Ihr Graph ist eine verschobene Normalparabel.

❷ Genau zwei der vier Punkte A, B, C und D liegen auf ihrer Parabel.

A $(2|1)$
B $(-4|1)$
C $(1|0)$
D $(0|-1)$

50. Sechs Funktionen gesucht!

Was schon über jede der sechs bekannt ist:
Ihr Graph ist eine verschobene Normalparabel.

•W•A•N•T•E•D•

1 f_1 hat den Scheitel $S(-0{,}8|-1{,}5)$.

2 f_2 hat zwei Nullstellen. Und zwar bei $x = -1$ und bei $x = 5$.

3 Der Graph von f_3 ist gegenüber der Normalparabel um 3 Einheiten nach links und um eine Einheit nach unten verschoben.

4 Der kleinste Funktionswert von f_4 liegt bei $x = 3$ und beträgt 1,5.

5 Der Graph von f_5 schneidet die y-Achse bei $y = 4$ und geht durch den Punkt $P(-3|16)$.

6 Der Graph von f_6 ist gegenüber dem von $f(x) = x^2 + 4x$ um 5 Einheiten nach rechts und um 2 nach unten verschoben.

PARABELN

51. Rund um die Uhr geöffnet!

Fragt sich nur, in welche Richtung. Kreise alle Funktionen ein, deren Parabeln nach unten geöffnet sind.

52. Jetzt darfst du streichen.

Und zwar alle Funktionen in Aufgabe 51, deren Parabeln gegenüber der Normalparabel gestaucht sind.

53. Viermal gestreckt, viermal gestaucht …

viermal nach oben, viermal nach unten geöffnet. Acht Funktionen, acht Parabeln. Wer gehört zu wem?

a) $f(x) = -\frac{3}{4}x^2$ **b)** $f(x) = -\frac{3}{2}x^2$ **c)** $f(x) = \frac{5}{4}x^2$
d) $f(x) = \frac{1}{2}x^2$ **e)** $f(x) = \frac{3}{2}x^2$ **f)** $f(x) = -\frac{5}{4}x^2$
g) $f(x) = -\frac{1}{2}x^2$ **h)** $f(x) = \frac{3}{4}x^2$

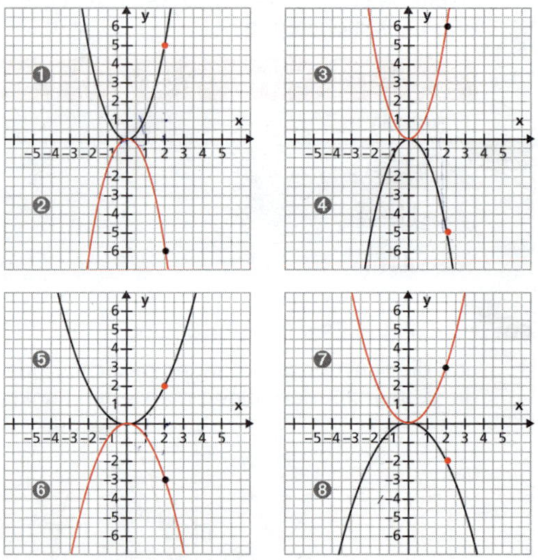

54. Und jetzt darfst du zeichnen.

Und zwar die Parabeln derjenigen Funktionen aus Aufgabe 51, die

a) gestaucht und nach unten geöffnet sind,
b) gestreckt und nach oben geöffnet sind.

55. Hier entstehen vier Funktionen!

Was über jede der vier schon bekannt ist:

❶ Sie haben die Form $f(x) = ax^2$.

❷ Genau einer der vier Punkte A, B, C oder D liegt auf ihrer Parabel.

A $(2|18)$
B $(-9|9)$
C $(-1|-3)$
D $(15|-81)$

56. Hier fehlen Koordinaten!

Findet man welche, sodass der Punkt P auf der Parabel von f liegt? Falls ja, gib sie alle an.

$P_1(3|y)$ $P_2(-2|y)$ $P_3(x|5)$ $P_4(x|0)$ $P_5(x|-4)$

a) $f(x) = 0{,}2x^2$
b) $f(x) = -4x^2$
c) $f(x) = 16x^2$
d) $f(x) = -2\frac{1}{4}x^2$

QUA 41

AUFGABEN

PARABELN $a(x-d)^2+e$

57. Funktionen … in Serie.

$f(x) = \frac{1}{2}x^2$ | $f(x) = -\frac{1}{2}x^2$ | $f(x) = \frac{1}{2}x^2 + 1$

$f(x) = -\frac{1}{2}x^2 + 1$ | $f(x) = \frac{1}{2}(x-3)^2$ | $f(x) = -\frac{1}{2}(x-3)^2$

$f(x) = \frac{1}{2}(x-3)^2 + 1$ | $f(x) = -\frac{1}{2}(x-3)^2 + 1$

Gib die Scheitel der Parabeln an und zeichne sie.

58. Was der Funktion hier fehlt?

Der Vorfaktor a. Du findest ihn mithilfe des Punktes P, der auf ihrer Parabel liegt.

a) $P(1|3)$; $f(x) = ax^2 - 1$
b) $P(-2|2)$; $f(x) = a(x+4)^2$
c) $P(6|-4)$; $f(x) = a(x-2)^2 - 2$
d) $P(0|-10)$; $f(x) = a(x+3)^2 + 8$

59. Hier entstehen zwölf quadratische Funktionen!

Bekannt ist der Scheitelpunkt S ihrer Parabel und ein zweiter Parabelpunkt P, Q oder R. Bestimme die zwölf Funktionsterme.

	P(1 | 0)	Q(−2 | 1)	R(4 | −2)
S(3 | 4)			
S(0 | −1)			
S(−1 | −4)			
S(−3 | 6)			

60. Hier sind die Parabeln bekannt …

und die Funktionsgleichungen gesucht. Finden kannst du sie mithilfe der beiden markierten Punkte.

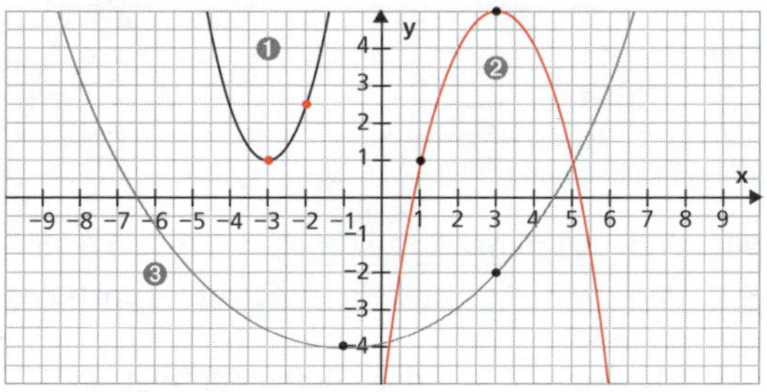

61. Gesucht: Allgemeine Form

Schreibe die Funktionsgleichungen aus Aufgabe 57 in allgemeiner Form. In welchen Fällen stimmt sie mit der Scheitelpunktform überein?

62. Entscheide blitzschnell …

und streiche die falsche Aussage durch.
Im Scheitel der Parabel von f liegt der

$f(x) = 4x^2 + x + 5$	*größte Wert.*	*kleinste Wert.*
$f(x) = x^2 - 0{,}8x$	*größte Wert.*	*kleinste Wert.*
$f(x) = -x^2 - 2x + 3$	*größte Wert.*	*kleinste Wert.*
$f(x) = -3x^2 + 9x + 4$	*größte Wert.*	*kleinste Wert.*

63. Hier fehlt ein Rechenzeichen und eine Zahl.

Trage sie ein und löse die eckigen Klammern auf.

a) $3x^2 + 24x + 36 = 3[(x+4)^2$ ▭ ▭ $]$
b) $\frac{1}{2}x^2 - 6x - 3 = \frac{1}{2}[(x-6)^2$ ▭ ▭ $]$
c) $-2x^2 - 10x - 12 = -2[(x+2{,}5)^2$ ▭ ▭ $]$
d) $-\frac{1}{2}x^2 + \frac{1}{3}x = -\frac{1}{2}[(x-\frac{1}{3})^2$ ▭ ▭ $]$

64. Was mit diesen Funktionstermen geschehen soll?

Bringe sie auf die Form: $f(x) = a(x-d)^2 + e$

$3x^2 - 6x - 9$ | $-x^2 - 10x - 6$ | $\frac{1}{2}x^2 - \frac{3}{2}x + \frac{5}{2}$

$-\frac{1}{3}x^2 - 3x$ | $-2x^2 + 2x - \frac{3}{2}$ | $5x^2 + 4x - \frac{1}{5}$

65. Gefragt ist hier der Scheitelpunkt.

Und zwar der Parabeln, die zu den Funktionen aus Aufgabe 64 gehören.

66. Gesucht: Gleichung einer quadratischen Funktion.

$P_1(-1|-5)$ $Q_1(1|3)$ $R_1(4|0)$ | $P_3(-1|3)$ $Q_3(0|5)$ $R_3(1|7)$

$P_2(1|-6)$ $Q_2(2|-4)$ $R_2(3|2)$ | Pause

Bedingung: Auf ihrer Parabel liegen die drei Punkte
a) P_1, Q_1 und R_1 **b)** P_2, Q_2 und R_2 **c)** P_3, Q_3 und R_3

Tipp: Nur in zwei der drei Fälle wirst du fündig.

67.

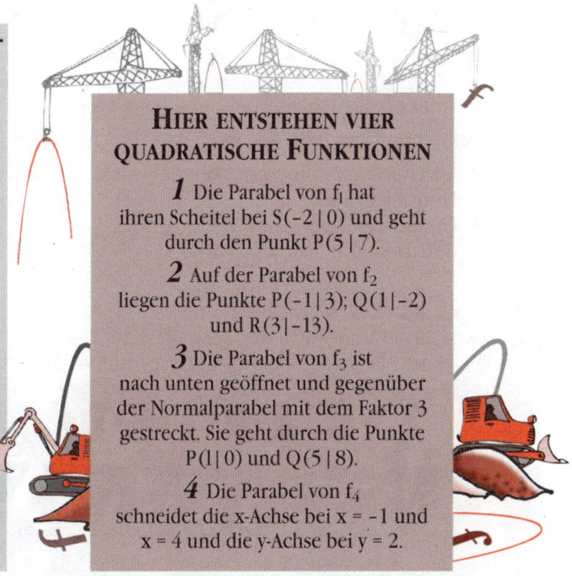

HIER ENTSTEHEN VIER QUADRATISCHE FUNKTIONEN

1 Die Parabel von f_1 hat ihren Scheitel bei $S(-2|0)$ und geht durch den Punkt $P(5|7)$.

2 Auf der Parabel von f_2 liegen die Punkte $P(-1|3)$; $Q(1|-2)$ und $R(3|-13)$.

3 Die Parabel von f_3 ist nach unten geöffnet und gegenüber der Normalparabel mit dem Faktor 3 gestreckt. Sie geht durch die Punkte $P(1|0)$ und $Q(5|8)$.

4 Die Parabel von f_4 schneidet die x-Achse bei $x = -1$ und $x = 4$ und die y-Achse bei $y = 2$.

68. Nullstellen vorhanden? Wenn ja: Wie viele?

Die Parabel hat den Scheitel	Die Parabel ist nach	Anzahl der Nullstellen von f
S(1 | 3)	*unten geöffnet*	
	oben geöffnet	
S(−2 | 4)	*unten geöffnet*	
	oben geöffnet	
S(0 | −1,5)	*unten geöffnet*	
	oben geöffnet	
S(−1 | 0)	*unten geöffnet*	
	oben geöffnet	

ANWENDEN: *Geometrie*

69. Was diese Rechtecke gemeinsam haben?

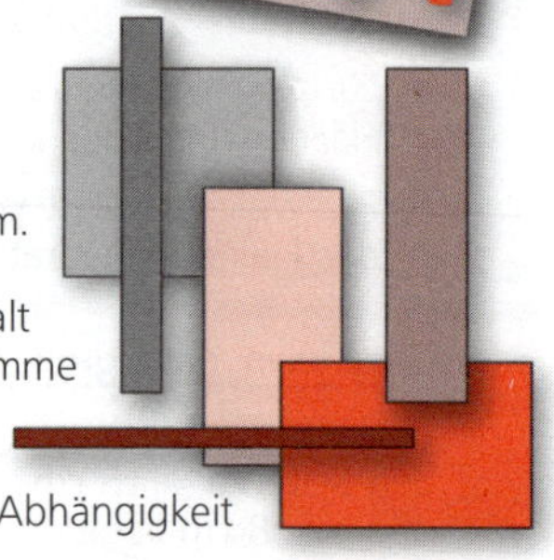

Einen Umfang von 6 cm. Ordne einer Rechteckseite x den Flächeninhalt des Rechtecks zu. Bestimme also den Funktionsterm, der den Flächeninhalt des Rechtecks in Abhängigkeit von x beschreibt.

70.

Quadrate in einem Quadrat

Das rote Quadrat ist dem grauen so einbeschrieben, dass seine Eckpunkte auf den Seiten des grauen Quadrats wandern.

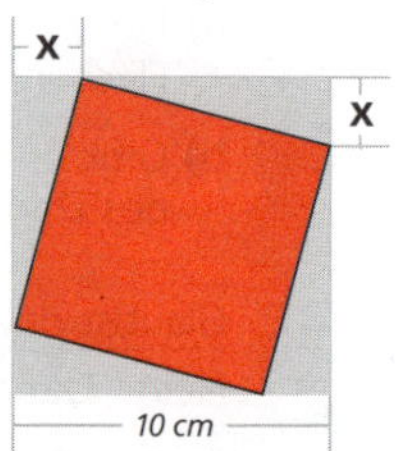

a) Berechne den Flächeninhalt des roten Quadrats für x = 1 cm (3 cm; 8 cm).

b) Bestimme den Funktionsterm A(x), der den Flächeninhalt des roten Quadrats in Abhängigkeit von x beschreibt.

c) Welche Definitionsmenge ist für die Funktion $x \rightarrow A(x)$ sinnvoll?

71. Parallelogramme in einem Rechteck

Ein Parallelogramm liegt in einem Rechteck wie skizziert.

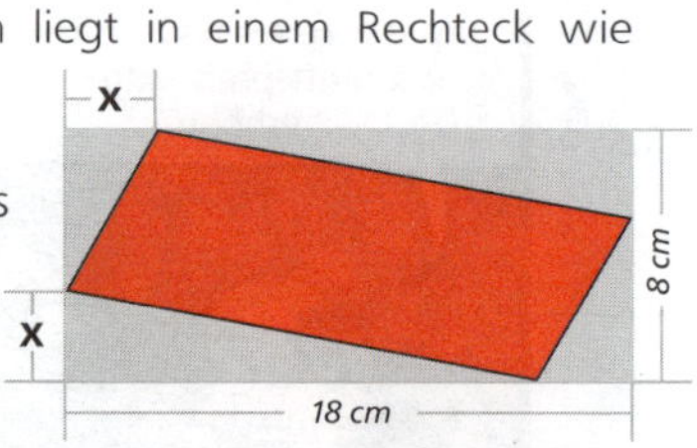

a) Berechne den Flächeninhalt des Parallelogramms für x = 1 cm (3 cm; 7 cm).

b) Bestimme den Funktionsterm A(x), der den Flächeninhalt des Parallelogramms in Abhängigkeit von x beschreibt.

c) Welche Definitionsmenge ist für die Funktion $x \rightarrow A(x)$ sinnvoll?

72. Dreiecke in einem Rechteck

Ein Dreieck liegt in einem Rechteck wie skizziert.

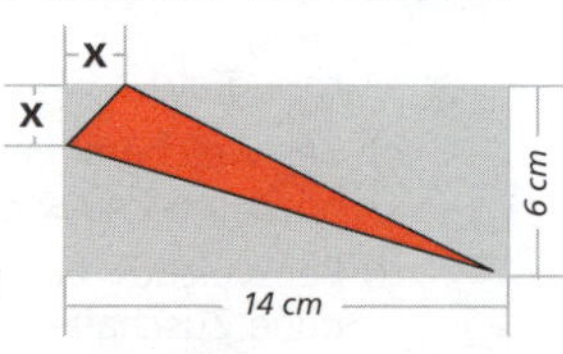

a) Berechne den Flächeninhalt des Dreiecks für x = 1 cm (2 cm; 3 cm).

b) Bestimme den Funktionsterm A(x), der den Flächeninhalt des Dreiecks in Abhängigkeit von x beschreibt.

c) Welche Definitionsmenge ist für die Funktion $x \rightarrow A(x)$ sinnvoll?

ANWENDEN: *Physik*

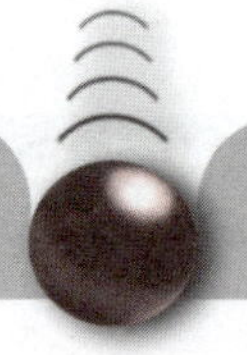

Fallgesetze

Fällt ein Körper, so besteht zwischen der Fallzeit t, dem Fallweg s(t) und der Geschwindigkeit v(t) der folgende Zusammenhang:

$s(t) = \frac{1}{2} \cdot g \cdot t^2$ *(Zeit-Weg-Gesetz)*

$v(t) = g \cdot t$ *(Zeit-Geschwindigkeits-Gesetz)*

Vom Luftwiderstand wird dabei abgesehen.

Einheiten: t in s; s(t) in m; v in m/s; g in m/s^2

Beim Rechnen ersetzt man oft g durch 10 m/s^2 und erhält dann:

$s(t) = 5\,t^2$ und $v(t) = 10\,t$

Infos zur Fallbeschleunigung g: siehe Seite 36.

73. Umkehrung der Fallgesetze

a) Wie kannst du die Fallzeit berechnen, wenn du die Geschwindigkeit kennst? Stelle eine Formel auf.

b) Wie kannst du die Fallzeit berechnen, wenn du den Fallweg kennst? Stelle eine Formel auf.

Galileo Galilei *(1564–1642)* fand heraus, dass alle Körper ungeachtet ihres Gewichtes aus gleicher Höhe in gleicher Zeit herunterfallen. Aber nur dann, wenn man den Luftwiderstand vernachlässigt. Denn je nachdem, in welcher Form der fallende Körper der ihn umgebenden Luft begegnet, fällt er schneller oder langsamer. Ein fest zusammengeknülltes Blatt Papier fällt erheblich schneller als ein glattes.

74. Platsch!

Da ist der Stein im Meer, nachdem er von einem 180 m hohen Felsen losgelassen wurde. Streiche die falschen Sätze.

1. *3 s nach dem Loslassen war der Stein 45 m über dem Wasser.*
2. *5 s nach dem Loslassen war der Stein schon nass.*
3. *3 s nach dem Loslassen war der Stein 135 m über dem Wasser.*
4. *Für die erste Hälfte seiner Fallstrecke hat der Stein weniger als die Hälfte seiner Fallzeit gebraucht.*
5. *Für die erste Hälfte seiner Fallstrecke hat der Stein genau die Hälfte seiner Fallzeit gebraucht.*
6. *100 m über dem Wasser erreichte der Stein eine Geschwindigkeit von 144 km/h.*
7. *4 s nach dem Loslassen war der Stein noch trocken.*
8. *Für die erste Hälfte seiner Fallstrecke hat der Stein mehr als die Hälfte seiner Fallzeit gebraucht.*
9. *100 m über dem Wasser erreichte der Stein eine Geschwindigkeit von 40 km/h.*
10. *100 m über dem Wasser erreichte der Stein eine Geschwindigkeit von 40 m/s.*

ANWENDEN: *Kleinste und größte Werte*

75. Wer sind die Nieten, wer die Glückspilze?

DU bist eine Niete!

Aber nur dann, wenn DU die Zahl bist, für die das Produkt am **kleinsten** ist.

❶ DU wirst mit der Zahl multipliziert, die um 10 kleiner ist als DU.

❷ Die Zahl, die um 2 größer ist als DU wird mit der Zahl multipliziert, die um 3 kleiner ist als DU.

❸ DEIN Vierfaches wird mit der Zahl multipliziert, die um 6 kleiner ist als DU.

DU bist ein Glückspilz!

Aber nur dann, wenn DU die Zahl bist, für die das Produkt am **größten** ist.

❶ DEINE Gegenzahl wird mit der Zahl multipliziert, die um 5 größer ist als DU.

❷ DU wirst von 5 subtrahiert und eure Differenz mit der Zahl multipliziert, die um 4 größer ist als DU.

❸ Das Dreifache DEINER Gegenzahl wird mit der Zahl multipliziert, die um 1 kleiner ist als DU.

76. Da lachen ja die Hühner!

Warum? Sie bekommen einen neuen Auslauf, für den Bauer Biolek 60 m Maschendraht verwenden will. Ein Spleen des Bauern: Er mag nur rechteckige Ausläufe. Für den Auslauf gibt es drei mögliche Stellen:

Im ersten Fall wird der Maschendraht für alle vier Seiten gebraucht, im zweiten Fall nur für drei Seiten und im dritten Fall nur für zwei Seiten.

Bauer Biolek erwägt die erste Möglichkeit.

a) Welchen Flächeninhalt wird der Auslauf haben, wenn eine Seite 12 m lang wird?

b) Welcher der möglichen Ausläufe hat den größten Flächeninhalt?

c) Beantworte die Fragen von a) und b) für die zweite Möglichkeit.

d) Beantworte die Fragen von a) und b) für die dritte Möglichkeit.

e) Stell dir vor, du bist ein Huhn. Welchen Auslauf hättest du am liebsten?

77. „Mein Flächeninhalt ist größer als eurer!",

sagt stolz ein Rechteck mit einem Umfang von 6 cm zu seinen Verwandten aus Aufgabe 69. Wer ist das stolze Rechteck?

Heißer Tipp: Hilfe findest du auf Seite 43.

78. Ganz klein, ganz groß: **Quadrate**

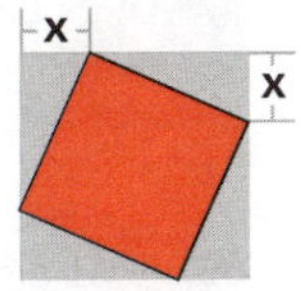

In einem 100 cm² großen Quadrat liegt ein kleineres Quadrat wie skizziert.

a) Für welchen Wert von x wird der Flächeninhalt des kleinen Quadrats am *größten*?

b) Für welchen Wert von x wird der Flächeninhalt des kleinen Quadrats am *kleinsten*?

79. Ganz klein, ganz groß: **Parallelogramme**

In einem Rechteck mit den Seiten a = 18 cm und b = 8 cm liegt ein Parallelogramm wie skizziert.

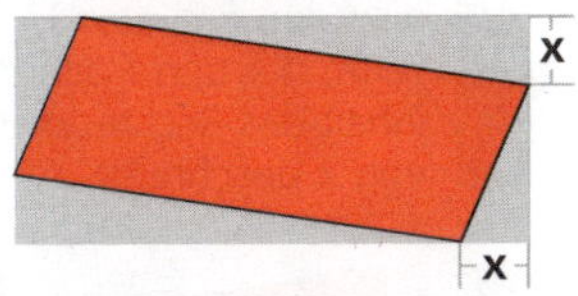

a) Für welchen Wert von x wird der Flächeninhalt des Parallelogramms am *größten*?

b) Für welchen Wert von x wird der Flächeninhalt des Parallelogramms am *kleinsten*?

80. Ganz klein, ganz groß: **Dreiecke**

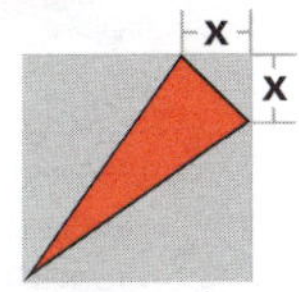

In einem 36 cm² großen Quadrat liegt ein Dreieck wie skizziert.

a) Für welchen Wert von x wird der Flächeninhalt des Dreiecks am *größten*?

b) Gibt es einen x-Wert, für den der Flächeninhalt des Dreiecks am *kleinsten* wird? Begründe.

81. Glaubst du an Wahrsagerei?

Nein? Dann darfst du diese Aufgabe nicht lösen.

a) Welche Einnahmen wird man bei einer Preiserhöhung um 1 € (2 €; 10 €; 20 €) erzielen?

b) Welche Einnahmen wird man bei einer Preiserhöhung um x € erzielen? Stelle eine Funktionsgleichung auf.

c) Bei welchem Eintrittspreis wird der Zirkus die höchsten Einnahmen pro Vorstellung haben?

d) Bei welchen Eintrittspreisen wird die Vorstellung ohne Zuschauer stattfinden?

e) Die Ausgaben betragen 14 500 € pro Vorstellung. Wird man mit einem Eintrittspreis von 15 € (16 €; 22 €; 26 €) die Pleite verhindern können?

KNOBELN & ANWENDEN

82. Quadrat – Parabeln

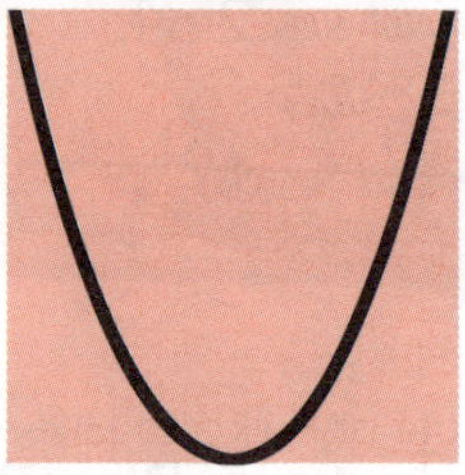

Ein Parabelausschnitt um den Scheitelpunkt lässt sich so in ein Quadrat legen:

- Der Scheitelpunkt liegt in der Mitte einer Seite des Quadrats.
- Die Parabel geht durch die Eckpunkte, die dieser Seite gegenüber liegen.

a) Wo ist der Nullpunkt des Koordinatensystems anzutragen, wenn die Parabel durch eine Funktion der Form $f(x) = ax^2$ beschrieben werden soll?

b) Stelle die Funktionsgleichung auf für das Quadrat mit der Seitenlänge von:

❶ 1 LE; ❷ 4 LE; ❸ 5 LE; ❹ 8 LE.

LE: Länge einer Einheit des Koordinatensystems

c) Stelle die Funktionsgleichung auf für das Quadrat mit der Seitenlänge von n LE.

d) Bei welchem Quadrat erhält man die Normalparabel? Für welche Quadrate sind die Parabeln gegenüber der Normalparabel gestreckt, für welche gestaucht?

83. Platsch! Platsch! Platsch!

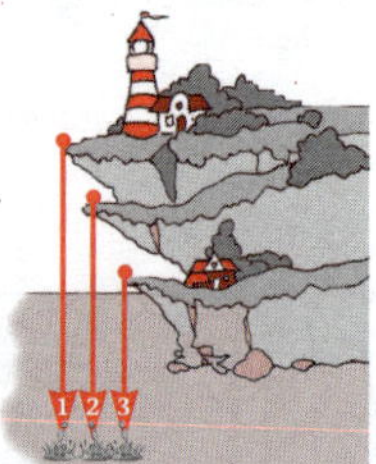

Da sind drei Steine im Meer, nachdem sie von drei unterschiedlich hohen Felsen (Rocky ①, Rocky ②, Rocky ③) losgelassen wurden. Rocky ① ist 125 m hoch.

a) Die Steine von Rocky ① und Rocky ② werden gleichzeitig losgelassen. Der Stein von Rocky ② wird eine Sekunde später nass als der von Rocky ①. Wie hoch ist Rocky ②?

b) Die maximale Geschwindigkeit, die der Stein von Rocky ③ erreicht, liegt um 36 km/h über der maximalen Geschwindigkeit des Steins von Rocky ②. Wie hoch ist Rocky ③?

Infos zu dieser Aufgabe findest du auf Seite 43.

84.

Aus uralten Mathebüchern

Eine gegebene Strecke von a Centimeter Länge soll so geteilt werden, daß das Rechteck aus den Abschnitten eine möglichst große Fläche habe.

Einem Quadrate sei ein gleichschenkliges Dreieck so einbeschrieben, daß die Schenkel von einem Eckpunkt ausgehen. Welches von allen Dreiecken hat den größten Flächeninhalt?

Auf jeder Seite eines Quadrates soll eine Strecke von derselben Länge so abgetragen werden, daß keine zwei der entstehenden Abschnitte an demselben Eckpunkt oder auf derselben Seite liegen. Welches auf diese Weise konstruierte Quadrat ist das kleinste?

Infos zu dieser Aufgabe findest du auf Seite 44.

85. Bremsweg für Anfänger!

Anfänger lernen in der Fahrschule als Faustregel:

Anhalteweg = Reaktionsweg + Bremsweg

Reaktionsweg = 3 mal $\frac{\text{Geschwindigkeit}}{10}$

Bremsweg = $\left(\frac{\text{Geschwindigkeit}}{10}\right)^2$

alle Wege in m; Geschwindigkeit in km/h

Berechne gemäß der obigen Faustregeln den Anhalteweg für Geschwindigkeiten von

❶ 30 km/h ❷ 60 km/h ❸ 90 km/h ❹ 120 km/h.

86. Bremsweg für Fortgeschrittene!

In vielen Schulbüchern wird für den Bremsweg die folgende Formel angegeben: $\mathbf{y = ax^2}$

x: *Geschwindigkeit in km/h*
y: *Bremsweg in m*
a: *abhängig vom Straßenbelag und -zustand*

a) Welchen Wert hat a in der Bremsweg-Faustregel von Aufgabe 85?

b) Ein Fahrlehrer gibt für den Anhalteweg eines leichten PKWs auf trockener Fahrbahn mit Blaubasaltbelag die folgende Tabelle an:

Geschwindigkeit in km/h	30	60	90	120
Anhalteweg in m	13,5	36	67,5	108

Welcher Wert für a ist hier in die Bremsweg-Formel $y = ax^2$ einzusetzen? Vergleiche die Tabelle mit deinen Ergebnissen aus Aufgabe 85.

c) Der Landesverband Bayern und Sachsen der gewerblichen Berufsgenossenschaften gibt für den Anhalteweg für Geschwindigkeiten von 80 km/h die folgenden Werte an:

Straßenbelag und -zustand		Anhalteweg
Asphalt/Beton	trocken	50 m
Asphalt/Beton	nass	60 m
Kopfstein/Blaubasalt	trocken	56 m
Kopfstein/Blaubasalt	nass	80 m
Schnee		120 m
Eis		190 m

Stelle für jeden Fall eine Bremsweg-Formel auf.

87. Bremsen statt rechnen!

Kannst du Lazys Frage beantworten für den Fall, dass das Stoppschild 100 m entfernt ist und der PKW mit einer Geschwindigkeit von 100 km/h fährt? Knack' die Nuss! Viel Spaß!

Quadratische Gleichungen

Gefragt ist nach dem Alter von Silly. Bezeichne dieses mit x.
Vor 3 Jahren war Silly $(x - 3)$ Jahre und Rock $3(x - 3)$ Jahre alt. Heute ist Rock also $[3(x - 3) + 3]$ Jahre alt.
Das Produkt aus dem heutigen Alter der beiden ist 2184. Also muss gelten: $\mathbf{x \cdot [3(x - 3) + 3] = 2184}$.
Durch Umformen ergibt sich die Gleichung: $3x^2 - 6x - 2184 = 0$.

Eine Gleichung, die sich auf die Form $ax^2 + bx + c = 0$ $(a \neq 0)$ bringen lässt, heißt „quadratische Gleichung".

Quadratische Gleichungen kannst du zeichnerisch und rechnerisch lösen. In beiden Fällen bringt man sie dazu zunächst auf die so genannte „Normalform":

Die Form $x^2 + px + q = 0$ heißt „Normalform", die Form $ax^2 + bx + c = 0$ heißt „allgemeine Form".

Die Normalform der Gleichung $3x^2 - 6x - 2184 = 0$ lautet: $\mathbf{x^2 - 2x - 728 = 0}$.

Auf den folgenden Seiten erfährst du,

❶ wie du quadratische Gleichungen zeichnerisch und rechnerisch lösen kannst;

❷ was quadratische Gleichungen mit quadratischen Funktionen und Quadratwurzeln zu tun haben;

❸ wann eine quadratische Gleichung wie viele Lösungen besitzt;

❹ welche Fragen du mithilfe von quadratischen Gleichungen beantworten und welche Probleme du damit lösen kannst.

Quadratische Gleichungen

Gleichungen wie die vier folgenden lassen sich auf die Form $ax^2 + bx + c = 0$ bringen.

$-\frac{1}{2}x^2 = 2x$	$x^2 + \frac{1}{4} = x$	$4x^2 + 8 = 12x$	$x^2 = -2$
Gleichung ❶	Gleichung ❷	Gleichung ❸	Gleichung ❹

Quadratische Gleichung

Eine Gleichung, die sich auf die Form $ax^2 + bx + c = 0$ $(a \neq 0)$ bringen lässt, heißt „quadratische Gleichung".

Rein und gemischt quadratische Gleichung

Dabei bezeichnet man ax^2 als **quadratisches Glied**, bx als **lineares Glied** und c als **Absolutglied**. Fehlt das lineare Glied (also $b = 0$), so spricht man von einer **rein quadratischen Gleichung**, ansonsten von einer **gemischt quadratischen Gleichung**.

Jede quadratische Gleichung $ax^2 + bx + c = 0$ lässt sich auf die Form $x^2 + px + q = 0$ bringen: Man dividiert beide Seiten der Gleichung durch a.

Normalform
Allgemeine Form

Die Form $x^2 + px + q = 0$ heißt „Normalform", die Form $ax^2 + bx + c = 0$ heißt „allgemeine Form" der quadratischen Gleichung.

Beispiele:

	Gleichung	Allgemeine Form	Normalform
❶	$-0{,}5x^2 = 2x$	$-0{,}5x^2 - 2x = 0$	$x^2 + 4x = 0$
❷	$x^2 + 0{,}25 = x$	$x^2 - x + 0{,}25 = 0$	$x^2 - x + 0{,}25 = 0$
❸	$4x^2 + 8 = 12x$	$4x^2 - 12x + 8 = 0$	$x^2 - 3x + 2 = 0$
❹	$x^2 = -2$	$x^2 + 2 = 0$	$x^2 + 2 = 0$

Zeichnerisches Lösen

Nullstellen

Beim **graphischen** Lösen bringt man die Gleichung zunächst auf Normalform: $x^2 + px + q = 0$.
Dann zeichnet man die Parabel der zugehörigen quadratischen Funktion und liest die Nullstellen ab.

Die Lösungen der quadratischen Gleichung $x^2 + px + q = 0$ sind die Nullstellen der zugehörigen quadratischen Funktion $f(x) = x^2 + px + q$.

$f(x) = x^2 + 4x$

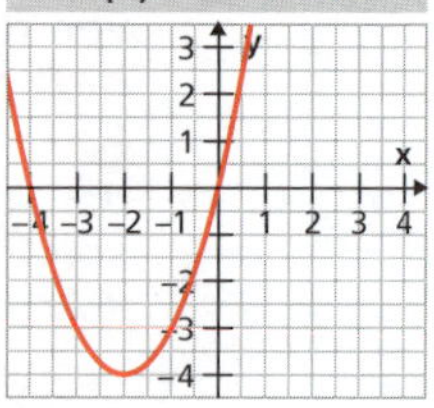

Lösungen: –4 und 0

$f(x) = x^2 - x + \frac{1}{4}$

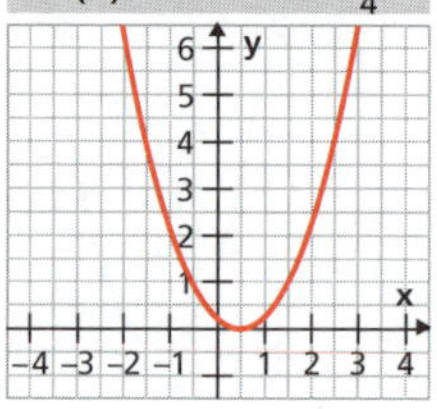

Lösung: 0,5

$f(x) = x^2 - 3x + 2$

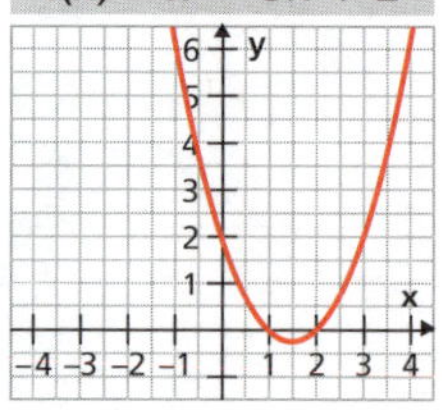

Lösungen: 1 und 2

$f(x) = x^2 + 2$

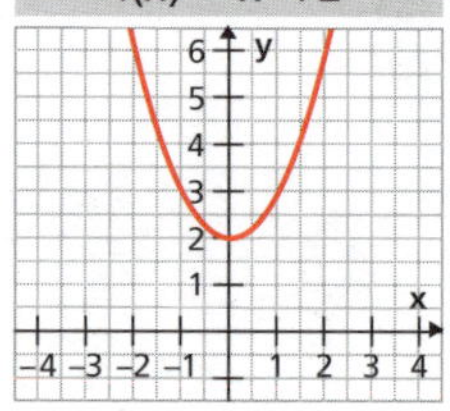

keine Lösungen

Rechnerisches Lösen

Lösungsformel
Diskriminante

Beim **rechnerischen** Lösen bringt man die Gleichung zunächst auf Normalform: $x^2 + px + q = 0$. Mithilfe der quadratischen Ergänzung ergibt sich dann: $(x + \frac{p}{2})^2 = (\frac{p}{2})^2 - q$.

Die Gleichung $x^2 + px + q = 0$ hat die Lösungen: $x_1 = -\frac{p}{2} + \sqrt{(\frac{p}{2})^2 - q}$ und $x_2 = -\frac{p}{2} - \sqrt{(\frac{p}{2})^2 - q}$.

Der Term unter der Wurzel heißt **Diskriminante**: $D = (\frac{p}{2})^2 - q$. Die Gleichung hat genau:

- zwei Lösungen, falls $D > 0$ ist;
- eine Lösung, falls $D = 0$ ist;
- keine Lösung, falls $D < 0$ ist.

Beispiele:

❶	$x^2 + 4x = 0$;	$p = 4$; $q = 0$; $D = 4 > 0$;	zwei Lösungen: $x_1 = 0$ und $x_2 = -4$
❷	$x^2 - x + 0{,}25 = 0$;	$p = -1$; $q = 0{,}25$; $D = 0$	eine Lösung: $x_1 = 0{,}5$
❸	$x^2 - 3x + 2 = 0$;	$p = -3$; $q = 2$; $D = 0{,}25 > 0$;	zwei Lösungen: $x_1 = 1$ und $x_2 = 2$
❹	$x^2 + 2 = 0$;	$p = 0$; $q = 2$; $D = -2$;	keine Lösung

Aus $x_1 = -\frac{p}{2} + \sqrt{(\frac{p}{2})^2 - q}$ und $x_2 = -\frac{p}{2} - \sqrt{(\frac{p}{2})^2 - q}$ erhält man durch Umformen und Zusammenfassen: $x_1 + x_2 = -p$ und $x_1 \cdot x_2 = q$. Hieraus ergibt sich der Satz von Vieta:

Satz von Vieta

Lösen x_1 und x_2 die Gleichung $x^2 + px + q = 0$, dann gilt: $x_1 + x_2 = -p$ und $x_1 \cdot x_2 = q$.

Ersetzt man in der Gleichung $x^2 + px + q = 0$ den Faktor p durch $-(x_1 + x_2)$ und den Summanden q durch $x_1 \cdot x_2$, dann erhält man durch Ausmultiplizieren und Zusammenfassen: $x^2 + px + q = (x - x_1)(x - x_2)$.

Linearfaktorzerlegung

Lösen x_1 und x_2 die Gleichung $x^2 + px + q = 0$, dann gilt: $x^2 + px + q = (x - x_1)(x - x_2)$.

Mithilfe ihrer Lösungen lässt sich also der Term der Gleichung $x^2 + px + q = 0$ als Produkt schreiben, in dem nur lineare Faktoren auftreten. Man hat den Term in **„Linearfaktoren"** zerlegt.

Beispiele:

❶	$x^2 + 4x = 0$;	Lösungen: $x_1 = 0$ und $x_2 = -4$;	$x^2 + 4x = x(x + 4)$
❷	$x^2 - x + 0{,}25 = 0$;	Lösungen: $x_1 = x_2 = 0{,}5$;	$x^2 - x + 0{,}25 = (x - 0{,}5)(x - 0{,}5)$
❸	$x^2 - 3x + 2 = 0$;	Lösungen: $x_1 = 1$ und $x_2 = 2$;	$x^2 - 3x + 2 = (x - 1)(x - 2)$

AUFGABE

1. Löse zeichnerisch.

a) $x^2 - 4 = 0$

b) $\frac{1}{4}x^2 - x + 1 = 0$

c) $x^2 + 4x + 6 = 0$

LÖSUNG

Erstes Verfahren:

a) $f(x) = x^2 - 4$ $\quad$ S(0|–4)

L = {–2; 2}

b) $\frac{1}{4}x^2 - x + 1 = 0$ $\quad | \cdot 4$

$\Leftrightarrow x^2 - 4x + 4 = 0$

$f(x) = x^2 - 4x + 4$

$= (x - 2)^2$ $\quad$ S(2|0)

L = {2}

c) $f(x) = x^2 + 4x + 6$

$= (x + 2)^2 + 2$ $\quad$ S(–2|2)

L = { }

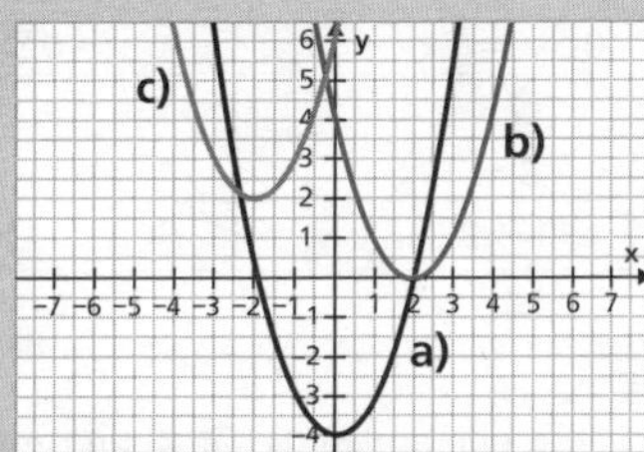

Zweites Verfahren:

a) $x^2 - 4 = 0 \Leftrightarrow x^2 = 4$

$f(x) = x^2$; $\quad g(x) = 4$

L = {–2; 2}

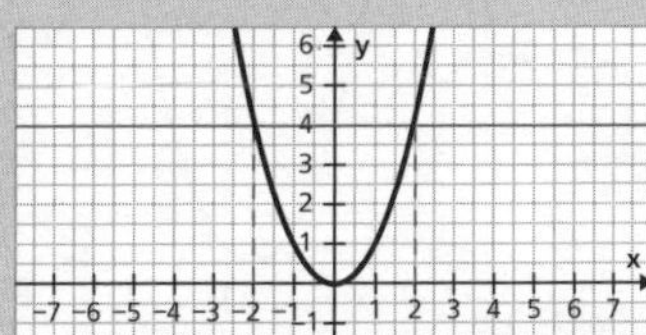

b) $\frac{1}{4}x^2 - x + 1 = 0$ $\quad | \cdot 4$

$\Leftrightarrow x^2 - 4x + 4 = 0 \Leftrightarrow x^2 = 4x - 4$

$f(x) = x^2$; $\quad g(x) = 4x - 4$

L = {2}

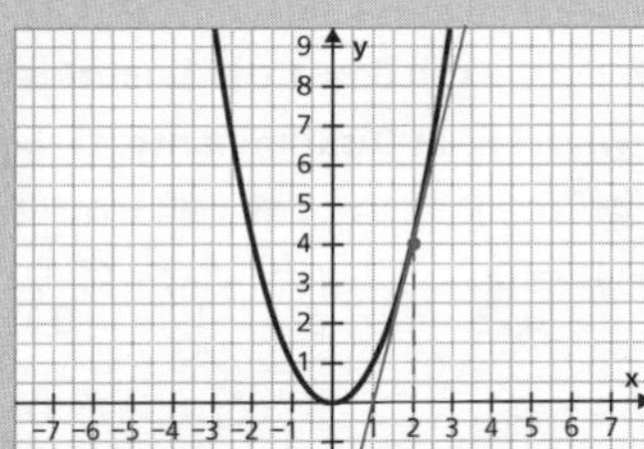

c) $x^2 + 4x + 6 = 0 \Leftrightarrow x^2 = -4x - 6$

$f(x) = x^2$; $\quad g(x) = -4x - 6$

L = { }

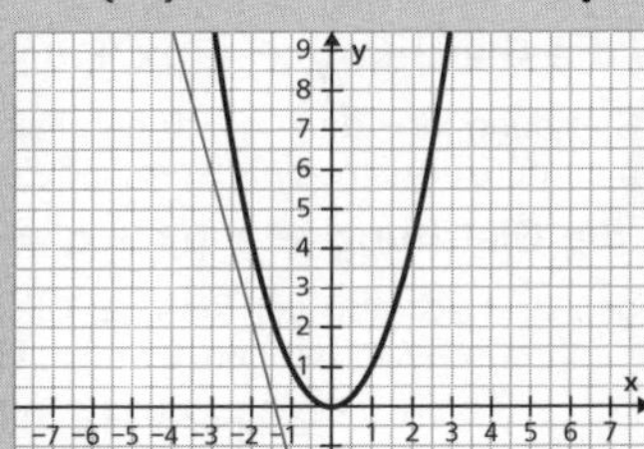

ERLÄUTERUNG

Quadratische Gleichungen zeichnerisch lösen

Um quadratische Gleichungen zeichnerisch zu lösen, zeigen wir dir zwei Möglichkeiten.

Erstes Verfahren

1. Bringe die Gleichung auf Normalform, falls sie in anderer Form gegeben ist (Aufgabe b).

2. Stelle die zugehörige quadratische Funktion in Scheitelpunktform dar und zeichne die Parabel.

3. Lies die Nullstellen ab. (Siehe hierzu Aufgabe 10, Seite 33).
Sie sind die Lösungen der quadratischen Gleichung.

Merke:

Eine quadratische Gleichung der Form $x^2 + px + q = 0$ hat:

- **genau zwei Lösungen, wenn der Scheitelpunkt der Parabel von $f(x) = x^2 + px + q$ unterhalb der x-Achse liegt;**
- **genau eine Lösung, wenn der Scheitelpunkt der Parabel von $f(x) = x^2 + px + q$ auf der x-Achse liegt;**
- **keine Lösung, wenn der Scheitelpunkt der Parabel von $f(x) = x^2 + px + q$ oberhalb der x-Achse liegt.**

Zweites Verfahren

1. Bringe die Gleichung auf Normalform, falls sie in anderer Form gegeben ist (Aufgabe b).

2. Isoliere das quadratische Glied: $x^2 = -px - q$.

3. Zeichne die Normalparabel $f(x) = x^2$ und die Gerade zu $g(x) = -px - q$.

4. Lies die x-Koordinaten der Schnittpunkte von Parabel und Gerade ab. Sie sind die Lösungen der quadratischen Gleichung.

Achtung! Wichtiger Hinweis!

Streng genommen kannst du beim zeichnerischen Lösen nur Näherungswerte ablesen.

AUFGABE

2. Löse die Gleichungen.

a) $x^2 + 5x = 0$

b) $6x = 2x^2$

c) $\frac{1}{2}x = \frac{1}{4}x^2$

LÖSUNG

a) $x^2 + 5x = 0$
$\Leftrightarrow x(x + 5) = 0$
$\Leftrightarrow x = 0$ oder $x = -5$
$\mathbf{L = \{-5;\ 0\}}$

b) $6x = 2x^2$
$\Leftrightarrow 6x - 2x^2 = 0$
$\Leftrightarrow x(6 - 2x) = 0$
$\Leftrightarrow x = 0$ oder $x = 3$
$\mathbf{L = \{0;\ 3\}}$

c) $\frac{1}{2}x = \frac{1}{4}x^2$
$\Leftrightarrow \frac{1}{2}x - \frac{1}{4}x^2 = 0$
$\Leftrightarrow x\left(\frac{1}{2} - \frac{1}{4}x\right) = 0$
$\Leftrightarrow x = 0$ oder $x = 2$
$\mathbf{L = \{0;\ 2\}}$

ERLÄUTERUNG

Quadratische Gleichungen lösen
Form: $ax^2 + bx = 0$

Quadratische Gleichungen **ohne Absolutglied** kannst du so lösen:

1. Bringe das quadratische und das lineare Glied auf dieselbe Seite der Gleichung.

2. Klammere die Variable aus. Du erhältst ein Produkt.

3. Setze jeden der beiden Faktoren einzeln gleich null und löse die Gleichungen.

Die Gleichung hat zwei Lösungen, eine davon ist null.

Zur Erinnerung:

Ein Produkt ist Null, wenn mindestens ein Faktor Null ist.

AUFGABE

3. Löse die Gleichungen.

a) $x^2 - 4 = 0$

b) $-\frac{1}{4}x^2 = 2\frac{1}{4}$

c) $2x^2 = 6$

LÖSUNG

Erstes Verfahren

a) $x^2 - 4 = 0$
$\Leftrightarrow x^2 = 4$
$\Leftrightarrow |x| = \sqrt{4}$
$\Leftrightarrow x = 2$ oder $x = -2$
$\mathbf{L = \{-2;\ 2\}}$

b) $-\frac{1}{4}x^2 = 2\frac{1}{4}$
$\Leftrightarrow x^2 = -9$
$\mathbf{L = \{\ \}}$

c) $2x^2 = 6$
$\Leftrightarrow x^2 = 3$
$\Leftrightarrow |x| = \sqrt{3}$
$\Leftrightarrow x = \sqrt{3}$ oder $x = -\sqrt{3}$
$\mathbf{L = \{-\sqrt{3};\ \sqrt{3}\}}$

Zweites Verfahren

a) $x^2 - 4 = 0$
$\Leftrightarrow x^2 - 2^2 = 0$
$\Leftrightarrow (x + 2)(x - 2) = 0$
$\Leftrightarrow x = -2$ oder $x = 2$
$\mathbf{L = \{-2;\ 2\}}$

b) $-\frac{1}{4}x^2 = 2\frac{1}{4}$
$\Leftrightarrow x^2 - (-9) = 0$
$\mathbf{L = \{\ \}}$

c) $2x^2 = 6$
$\Leftrightarrow x^2 - 3 = 0$
$\Leftrightarrow x^2 - (\sqrt{3})^2 = 0$
$\Leftrightarrow (x + \sqrt{3})(x - \sqrt{3}) = 0$
$\Leftrightarrow x = -\sqrt{3}$ oder $x = \sqrt{3}$
$\mathbf{L = \{-\sqrt{3};\ \sqrt{3}\}}$

ERLÄUTERUNG

Quadratische Gleichungen lösen
Form: $ax^2 + c = 0$

Für das Lösen von **rein quadratischen** Gleichungen zeigen wir dir zwei Möglichkeiten.

Erstes Verfahren

1. Bringe die Gleichung auf die Form $x^2 = d$. Ist $d < 0$, gibt es keine Lösung (Aufgabe b).

2. Ist $d \geq 0$, ziehe auf beiden Seiten der Gleichung die Wurzel. Beachte dabei: $\sqrt{\mathbf{x^2}} = |\mathbf{x}|$

3. Löse den Betrag auf:
$|\mathbf{x}| = \sqrt{\mathbf{d}} \Leftrightarrow \mathbf{x} = \sqrt{\mathbf{d}}$ **oder** $\mathbf{x} = -\sqrt{\mathbf{d}}$

Zweites Verfahren

1. Bringe die Gleichung auf die Form $x^2 - d = 0$. Ist $d < 0$, gibt es keine Lösung (Aufgabe b).

2. Ist $d \geq 0$, dann schreibe den Subtrahenden als Quadrat und faktorisiere mithilfe der 3. binomischen Formel:

$$\mathbf{x^2 - (\sqrt{d})^2 = (x + \sqrt{d})(x - \sqrt{d})}$$

3. Setze jeden der beiden Faktoren einzeln gleich null und löse die Gleichungen.
Die Gleichung hat die Lösungen $x = -\sqrt{d}$ und $x = \sqrt{d}$.

AUFGABE

4. Löse mit der quadratischen Ergänzung.

a) $x^2 - 8x + 7 = 0$

b) $x^2 + 4x - 3 = 0$

c) $x^2 - \frac{4}{3}x + \frac{4}{9} = 0$

d) $x^2 - 10x + 26 = 0$

LÖSUNG

a) $x^2 - 8x + 7 = 0$

$\Leftrightarrow (x - 4)^2 - 9 = 0$

$\Leftrightarrow (x - 4)^2 = 9$

$\Leftrightarrow |x - 4| = \sqrt{9}$

$\Leftrightarrow x - 4 = 3$ oder $x - 4 = -3$

$\Leftrightarrow x = 7$ oder $x = 1$

$\mathbf{L = \{1;\ 7\}}$

b) $x^2 + 4x - 3 = 0$

$\Leftrightarrow (x + 2)^2 - 7 = 0$

$\Leftrightarrow (x + 2)^2 = 7$

$\Leftrightarrow |x + 2| = \sqrt{7}$

$\Leftrightarrow x + 2 = \sqrt{7}$ oder $x + 2 = -\sqrt{7}$

$\Leftrightarrow x = -2 + \sqrt{7}$ oder $x = -2 - \sqrt{7}$

$\mathbf{L = \{-2 - \sqrt{7}\ ;\ -2 + \sqrt{7}\}}$

c) $x^2 - \frac{4}{3}x + \frac{4}{9} = 0$

$\Leftrightarrow (x - \frac{2}{3})^2 = 0$

$\Leftrightarrow |x - \frac{2}{3}| = 0$

$\Leftrightarrow x = \frac{2}{3}$

$\mathbf{L = \{\frac{2}{3}\}}$

d) $x^2 - 10x + 26 = 0$

$\Leftrightarrow (x - 5)^2 + 1 = 0$

$\Leftrightarrow (x - 5)^2 = -1$

$\mathbf{L = \{\ \}}$

ERLÄUTERUNG

Quadratische Gleichungen lösen
Form: $x^2 + px + q = 0$

Für das Lösen von **gemischt quadratischen Gleichungen** in Normalform zeigen wir dir zwei Möglichkeiten.

Erstes Verfahren: Lösen mit der quadratischen Ergänzung

1. Bringe die Gleichung mithilfe der quadratischen Ergänzung auf die Form $(x + \frac{p}{2})^2 = d$.
- Ist $d < 0$, gibt es keine Lösung (Aufgabe d).
- Ist $d = 0$, gibt es genau eine Lösung, nämlich $x = -\frac{p}{2}$ (Aufgabe c).

2. Ist $d > 0$, dann ziehe auf beiden Seiten der Gleichung die Wurzel. Beachte dabei:
$\sqrt{(x + \frac{p}{2})^2} = |x + \frac{p}{2}|$.

3. Löse den Betrag auf:
$|x + \frac{p}{2}| = \sqrt{d}$
$\Leftrightarrow x + \frac{p}{2} = \sqrt{d}$ oder $x + \frac{p}{2} = -\sqrt{d}$
Die Gleichung hat die Lösungen:
$x = -\frac{p}{2} + \sqrt{d}$ und $x = -\frac{p}{2} - \sqrt{d}$
(Aufgaben a und b).

Tipp:

Infos zur quadratischen Ergänzung findest du auf Seite 19 in Aufgabe 13.

AUFGABE

5. Löse mit der Lösungsformel.

a) $x^2 - 8x + 7 = 0$

b) $x^2 + 4x - 3 = 0$

c) $x^2 - \frac{4}{3}x + \frac{4}{9} = 0$

d) $x^2 - 10x + 26 = 0$

LÖSUNG

a) $p = -8;\ q = 7$

$x_{1/2} = -(-4) \pm \sqrt{(-4)^2 - 7}$

$x_{1/2} = 4 \pm \sqrt{9}$

$x_{1/2} = 4 \pm 3$

$x_1 = 7; \quad x_2 = 1$

$\mathbf{L = \{1;\ 7\}}$

b) $p = 4;\ q = -3$

$x_{1/2} = -2 \pm \sqrt{2^2 - (-3)}$

$x_{1/2} = -2 \pm \sqrt{7}$

$x_1 = -2 + \sqrt{7}; \quad x_2 = -2 - \sqrt{7}$

$\mathbf{L = \{-2 - \sqrt{7};\ -2 + \sqrt{7}\}}$

c) $p = -\frac{4}{3};\ q = \frac{4}{9}$

$x_{1/2} = -(-\frac{2}{3}) \pm \sqrt{(-\frac{2}{3})^2 - \frac{4}{9}}$

$x_{1/2} = \frac{2}{3} \pm \sqrt{0}$

$x_1 = x_2 = \frac{2}{3}$

$\mathbf{L = \{\frac{2}{3}\}}$

d) $p = -10;\ q = 26$

$x_{1/2} = -(-5) \pm \sqrt{(-5)^2 - 26}$

$x_{1/2} = 5 \pm \sqrt{-1}$

$\mathbf{L = \{\ \}}$

ERLÄUTERUNG

Zweites Verfahren: Lösen mit der Lösungsformel

1. Setze die Werte für p und q ein in die Formel:
$\mathbf{x_{1/2} = -\frac{p}{2} \pm \sqrt{(\frac{p}{2})^2 - q}}$

2. Rechne so weit wie möglich aus:
- Ist der Radikand negativ, gibt es keine Lösung (Aufgabe d).
- Ist der Radikand 0, gibt es genau eine Lösung (Aufgabe c).
- Ist der Radikand positiv, gibt es zwei Lösungen (Aufgaben a und b).

AUFGABE | LÖSUNG | ERLÄUTERUNG

6. Löse die Gleichung.

a) $(x + 2)(x - 2) + 4 = -5x$

b) $5x(x + 1) + 2x = x^2 + 7x + 12$

c) $2(x + 1)^2 - 3(x - 1)^2 = 25$

Lösung

a) $(x + 2)(x - 2) + 4 = -5x$
$\Leftrightarrow x^2 - 4 + 4 = -5x$
$\Leftrightarrow x^2 + 5x = 0$
weiter: siehe Aufgabe 2 a).

b) $5x(x + 1) + 2x = x^2 + 7x + 12$
$\Leftrightarrow 5x^2 + 5x + 2x = x^2 + 7x + 12$
$\Leftrightarrow 4x^2 - 12 = 0$
$\Leftrightarrow x^2 - 3 = 0$
weiter: siehe Aufgabe 3 c).

c) $2(x + 1)^2 - 3(x - 1)^2 = 25$
$\Leftrightarrow 2(x^2 + 2x + 1) - 3(x^2 - 2x + 1) = 25$
$\Leftrightarrow -x^2 + 10x - 1 = 25$
$\Leftrightarrow -x^2 + 10x - 26 = 0$
$\Leftrightarrow x^2 - 10x + 26 = 0$
weiter: siehe Aufgabe 4 d).

Erläuterung

Quadratische Gleichungen lösen

Um quadratische Gleichungen zu lösen, gehe so vor:

1. Löse alle Klammern auf und bringe die Gleichung auf Normalform: $x^2 + px + q = 0$.
2. Löse mit einem der Verfahren von Aufgabe 2, 3, 4 oder 5 auf den Seiten 49/50.

---

7. Wie viele Lösungen hat die Gleichung? Entscheide mithilfe der Diskriminante.

a) $3(x + 1) = 1 - x^2$

b) $\frac{1}{3}x^2 + 5 = 2(1 - x)$

c) $(x + 1)(x - 1) = 10(x - 3)$

Lösung

a) $3(x + 1) = 1 - x^2$
$\Leftrightarrow 3x + 3 = 1 - x^2$
$\Leftrightarrow x^2 + 3x + 2 = 0$
$D = (\frac{3}{2})^2 - 2 = \frac{1}{4} > 0$
Die Gleichung hat 2 Lösungen.

b) $\frac{1}{3}x^2 + 5 = 2(1 - x)$
$\Leftrightarrow \frac{1}{3}x^2 + 5 = 2 - 2x$
$\Leftrightarrow \frac{1}{3}x^2 + 2x + 3 = 0$
$\Leftrightarrow x^2 + 6x + 9 = 0$
$D = 3^2 - 9 = 0$
Die Gleichung hat genau eine Lösung.

c) $(x + 1)(x - 1) = 10(x - 3)$
$\Leftrightarrow x^2 - 1 = 10x - 30$
$\Leftrightarrow x^2 - 10x + 29 = 0$
$D = 5^2 - 29 = -4 < 0$
Die Gleichung hat keine Lösung.

Erläuterung

Diskriminante berechnen
Anzahl der Lösungen bestimmen

Sollst du mithilfe der **Diskriminante** die Anzahl der Lösungen einer quadratischen Gleichung ermitteln, gehe so vor:

1. Bringe die Gleichung auf Normalform: $x^2 + px + q = 0$.
2. Berechne die Diskriminante D: **$D = (\frac{p}{2})^2 - q$.**
3. Betrachte D:
   - **$D > 0$:** Die Gleichung hat 2 Lösungen.
   - **$D = 0$:** Die Gleichung hat genau eine Lösung.
   - **$D < 0$:** Die Gleichung hat keine Lösung.

---

8. Für welche Werte von k hat die Gleichung

❶ keine Lösung;
❷ genau eine Lösung;
❸ zwei Lösungen?

a) $x^2 + 8x + k = 0$

b) $x^2 - 2kx + 4 = 0$

Lösung

a) $D = (\frac{8}{2})^2 - k = 16 - k$
❶ $16 - k < 0 \Leftrightarrow k > 16$
❷ $16 - k = 0 \Leftrightarrow k = 16$
❸ $16 - k > 0 \Leftrightarrow k < 16$

Die Gleichung hat für
- **$k > 16$ keine Lösung;**
- **$k = 16$ genau eine Lösung;**
- **$k < 16$ zwei Lösungen.**

b) $D = (-\frac{2k}{2})^2 - 4 = k^2 - 4$
❶ $k^2 - 4 < 0 \Leftrightarrow -2 < k < 2$
❷ $k^2 - 4 = 0 \Leftrightarrow k = -2$ oder $k = 2$
❸ $k^2 - 4 > 0 \Leftrightarrow k < -2$ oder $k > 2$

Die Gleichung hat für
- **$-2 < k < 2$ keine Lösung;**
- **$k = -2$ oder $k = 2$ genau eine Lösung;**
- **$k < -2$ oder $k > 2$ zwei Lösungen.**

Erläuterung

Parameteraufgaben lösen

In vielen Parameteraufgaben wird danach gefragt, für welche Werte des Parameters eine gegebene quadratische Gleichung keine, eine oder zwei Lösungen besitzt. Gehe so vor:

1. Berechne die Diskriminante. Du erhältst einen Term, der den Parameter als Variable enthält.
2. Setze den Term kleiner, gleich oder größer 0, je nachdem, ob die Ausgangsgleichung keine, genau eine oder zwei Lösungen haben soll.
3. Löse die Gleichung bzw. Ungleichung nach dem Parameter auf.

AUFGABE

9. Bestimme mithilfe des Satzes von Vieta die quadratische Gleichung in Normalform, die die angegebene Lösungsmenge besitzt.

a) $L = \{-4; 3\}$

b) $L = \{-2\}$

c) $L = \{1 - \sqrt{2}\,;\ 1 + \sqrt{2}\}$

LÖSUNG

a) $x_1 = -4;\ x_2 = 3$
$p = -(-4 + 3) = \mathbf{1}$
$q = (-4) \cdot 3 = \mathbf{-12}$
Gleichung: $\mathbf{x^2 + x - 12 = 0}$

b) $x_1 = x_2 = -2$
$p = -(-2 - 2) = \mathbf{4}$
$q = (-2) \cdot (-2) = \mathbf{4}$
Gleichung: $\mathbf{x^2 + 4x + 4 = 0}$

c) $x_1 = 1 - \sqrt{2};\ x_2 = 1 + \sqrt{2}$
$p = -(1 - \sqrt{2} + 1 + \sqrt{2}) = \mathbf{-2}$
$q = (1 - \sqrt{2}) \cdot (1 + \sqrt{2}) = \mathbf{-1}$
Gleichung: $\mathbf{x^2 - 2x - 1 = 0}$

ERLÄUTERUNG

Satz von Vieta: Gleichungen aufstellen

Kennst du die Lösungen x_1 und x_2 einer quadratischen Gleichung der Form $x^2 + px + q = 0$, dann kannst du mithilfe des Satzes von Vieta die Koeffizienten p und q berechnen und somit die Gleichung bestimmen. Gehe so vor:

1. Berechne p: $\mathbf{p = -(x_1 + x_2)}$
2. Berechne q: $\mathbf{q = x_1 \cdot x_2}$
3. Setze die für p und q berechneten Werte in die Gleichung $x^2 + px + q = 0$ ein.

AUFGABE

10. Bestimme durch systematisches Probieren die ganzzahligen Lösungen mit dem Satz von Vieta.

a) $x^2 - x - 6 = 0$

b) $x^2 - 8x + 14 = 0$

LÖSUNG

Lösungen: x_1 und x_2

a) $q = -6 = x_1 \cdot x_2$
Zerlegungen von -6:
$-6 = -1 \cdot 6;\quad -6 = -6 \cdot 1$
$-6 = -2 \cdot 3;\quad -6 = -3 \cdot 2$
$p = -1 = -(x_1 + x_2)$
Gilt für: $x_1 = -2$ und $x_2 = 3$
$\mathbf{L = \{-2; 3\}}$

b) $q = 14 = x_1 \cdot x_2$
Zerlegungen von 14:
$14 = 1 \cdot 14;\quad 14 = -1 \cdot (-14)$
$14 = 2 \cdot 7;\quad 14 = -2 \cdot (-7)$
$p = -8 = -(x_1 + x_2)$
Gilt für keine der Zerlegungen.
Die Gleichung hat keine ganzzahligen Lösungen.

ERLÄUTERUNG

Satz von Vieta: Ganzzahlige Lösungen ermitteln

Sind p und q ganzzahlig, kannst du durch systematisches Probieren mithilfe des Satzes von Vieta die ganzzahligen Lösungen einer Gleichung der Form $x^2 + px + q = 0$ ermitteln. Gehe so vor:

1. Zerlege q in alle möglichen Produkte mit ganzzahligen Faktoren: $\mathbf{q = x_1 \cdot x_2}$
2. Prüfe, ob für zwei der Faktoren x_1 und x_2 gilt: $\mathbf{p = -(x_1 + x_2)}$. Falls ja, sind x_1 und x_2 Lösungen der Gleichung. Falls nein, besitzt die Gleichung keine **ganzzahligen(!)** Lösungen.

AUFGABE

11. Zerlege den Term in lineare Faktoren, falls möglich.

a) $x^2 - 8x + 7$

b) $x^2 + 4x - 3$

c) $x^2 - \frac{4}{3}x + \frac{4}{9}$

d) $x^2 - 10x + 26$

LÖSUNG

a) $x^2 - 8x + 7 = 0$
Lösungen: $x_1 = 1$ und $x_2 = 7$ (siehe Aufgabe 4 a)
$x^2 - 8x + 7$
$\mathbf{= (x - 1)(x - 7)}$

b) $x^2 + 4x - 3 = 0$
Lösungen: $x_1 = -2 + \sqrt{7}$ und $x_2 = -2 - \sqrt{7}$ (siehe Aufg. 4 b)
$x^2 + 4x - 3$
$\mathbf{= (x + 2 - \sqrt{7})(x + 2 + \sqrt{7})}$

c) $x^2 - \frac{4}{3}x + \frac{4}{9} = 0$
Lösung: $x_0 = \frac{2}{3}$ (siehe Aufg. 4 c)
$x^2 - \frac{4}{3}x + \frac{4}{9}$
$\mathbf{= (x - \frac{2}{3})^2}$

d) $x^2 - 10x + 26 = 0$
keine Lösung (siehe Aufg. 4 d)
Der Term lässt sich nicht in lineare Faktoren zerlegen.

ERLÄUTERUNG

Satz von Vieta: In lineare Faktoren zerlegen

Besitzt eine Gleichung der Form $x^2 + px + q = 0$ Lösungen, dann kannst du ihren Term $x^2 + px + q$ als Produkt mit linearen Faktoren darstellen. Gehe so vor:

1. Bestimme die Lösungen der Gleichung $x^2 + px + q = 0$. Wie das geht, erfährst du in den Aufgaben 2 bis 5.
2. Hat die Gleichung zwei Lösungen x_1 und x_2, dann setze sie ein in: $(x - x_1)(x - x_2)$. Hier gilt:
   $\mathbf{x^2 + px + q = (x - x_1)(x - x_2)}$.
   Hat die Gleichung nur eine Lösung x_0, dann setze sie ein: $(x - x_0)^2$. In diesem Fall gilt:
   $\mathbf{x^2 + px + q = (x - x_0)^2}$.
   Hat die Gleichung keine Lösung, dann lässt sich ihr Term nicht in lineare Faktoren zerlegen.

AUFGABE

12. Löse die Gleichung.

a) $\frac{x}{x-1} + \frac{4}{x^2-1} = 2$

b) $\frac{x-1}{x-2} - \frac{2}{x^2-2x} = 0$

LÖSUNG

a) $D = \mathbb{R} \setminus \{-1; 1\}$

HN: $x^2 - 1 = (x+1)(x-1)$

$\frac{x}{x-1} + \frac{4}{x^2-1} = 2 \qquad | \cdot HN$

$\Leftrightarrow \frac{x(x+1)(x-1)}{x-1} + \frac{4(x+1)(x-1)}{(x+1)(x-1)} = 2(x+1)(x-1)$

$\Rightarrow x(x+1) + 4 = 2(x+1)(x-1)$

$\Leftrightarrow x^2 - x - 6 = 0$

$x_1 = -2 \in D;\ x_2 = 3 \in D$

$\mathbf{L = \{-2; 3\}}$

b) $D = \mathbb{R} \setminus \{0; 2\}$

HN: $x^2 - 2x = x(x-2)$

$\frac{x-1}{x-2} + \frac{2}{x^2-2x} = 0 \qquad | \cdot HN$

$\Leftrightarrow \frac{x(x-2)(x-1)}{x-2} - \frac{2x(x-2)}{x(x-2)} = 0$

$\Rightarrow x(x-1) - 2 = 0$

$\Leftrightarrow x^2 - x - 2 = 0$

$x_1 = -1 \in D;\ x_2 = 2 \notin D$

$\mathbf{L = \{-1\}}$

ERLÄUTERUNG

Bruchgleichungen

Viele Bruchgleichungen führen auf quadratische Gleichungen.

Zur Erinnerung:

Eine Bruchgleichung kannst du so lösen:

1. Bestimme die Definitionsmenge der Gleichung.
2. Bestimme den Hauptnenner, multipliziere die Gleichung mit dem Hauptnenner und kürze.
3. Löse die nun nennerfreie Gleichung und vergleiche die Ergebnisse mit der Definitionsmenge. Nur Ergebnisse, die zur Definitionsmenge gehören, sind auch Lösungen der Gleichung.

---

13. Löse die Gleichung.

a) $x^4 - 5x^2 + 4 = 0$

b) $2x^4 + 4x^2 - 16 = 0$

a) $x^4 - 5x^2 + 4 = 0 \qquad | x^2 = z$

$z^2 - 5z + 4 = 0$

$z_1 = 4; \quad z_2 = 1 \qquad | z = x^2$

$x^2 = 4$ oder $x^2 = 1$

$x_{1/2} = \pm 2; \quad x_{3/4} = \pm 1$

$\mathbf{L = \{-2; -1; 1; 2\}}$

b) $2x^4 + 4x^2 - 16 = 0 \qquad | x^2 = z$

$2z^2 + 4z - 16 = 0$

$z_1 = 2; \quad z_2 = -4 \qquad | z = x^2$

$x^2 = 2$ oder $x^2 = -4$

$x_{1/2} = \pm\sqrt{2}$

$\mathbf{L = \{-\sqrt{2}; \sqrt{2}\}}$

Biquadratische Gleichungen

Gleichungen wie $ax^4 + bx^2 + c = 0$ heißen **biquadratische** Gleichungen. Du kannst sie so lösen:

1. Ersetze x^2 durch z. Du erhältst die quadratische Gleichung: $az^2 + bz + c = 0$.
2. Löse die Gleichung von 1.
3. Sind z_1 und z_2 die Lösungen der quadratischen Gleichung, dann setze: $x^2 = z_1$ und $x^2 = z_2$. Löse nach x auf. Du erhältst maximal 4 Lösungen.

---

14. Löse die Gleichung.

a) $x^5 = 2x^3$

b) $x^3 + 4x^2 = 3x$

a) $x^5 = 2x^3$

$\Leftrightarrow x^5 - 2x^3 = 0$

$\Leftrightarrow x^3(x^2 - 2) = 0$

$\Leftrightarrow x^3(x^2 - (\sqrt{2})^2) = 0$

$\Leftrightarrow x^3(x + \sqrt{2})(x - \sqrt{2}) = 0$

$\Leftrightarrow x = 0 \lor x = -\sqrt{2} \lor x = \sqrt{2}$

$\mathbf{L = \{-\sqrt{2}; 0; \sqrt{2}\}}$

b) $x^3 + 4x^2 = 3x$

$\Leftrightarrow x^3 + 4x^2 - 3x = 0$

$\Leftrightarrow x(x^2 + 4x - 3) = 0$

$\Leftrightarrow x(x + 2 - \sqrt{7})(x + 2 + \sqrt{7}) = 0$

$\Leftrightarrow x = 0 \lor x = -2 - \sqrt{7}$

$\lor\ x = -2 + \sqrt{7}$

$\mathbf{L = \{-2 - \sqrt{7}; 0; -2 + \sqrt{7}\}}$

$\lor$: Abkürzung für „oder"

Gleichungen höheren Grades

Tritt in einer Gleichung die Variable mit größeren Exponenten als 2 auf, dann spricht man von einer Gleichung höheren Grades. Eine solche Gleichung lässt sich häufig durch Faktorisieren lösen. Gehe so vor:

1. Bringe alle Glieder auf dieselbe Seite der Gleichung (= 0).
2. Faktorisiere so weit wie möglich. Das kann z. B. gelingen durch Ausklammern der Variablen, Anwenden einer binomischen Formel oder mithilfe des Satzes von Vieta.
3. Setze alle Faktoren einzeln gleich null und löse die Gleichungen.

AUFGABE

15. Löse die Gleichung.

a) $\sqrt{x+2} = x$

b) $x - \sqrt{x-1} = 1$

c) $2x = 3 - 2\sqrt{3-2x}$

d) $\sqrt{x+2} - \sqrt{x-3} = \sqrt{x-6}$

LÖSUNG

a) $D = \{x \in \mathbb{R} \mid x \geq -2\}$

$\sqrt{x+2} = x \quad |(\ )^2$

$\Rightarrow \quad x + 2 = x^2$

$\Leftrightarrow \quad x^2 - x - 2 = 0 \quad |\text{auflösen}$

$x_1 = 2 \in D;\ x_2 = -1 \in D$

Probe:

$\sqrt{2+2} = 2;\ \sqrt{4} = 2$ (w)

$\sqrt{-1+2} = -1;\ \sqrt{1} = -1$ (f)

also **L = {2}**

b) $D = \{x \in \mathbb{R} \mid x \geq 1\}$

$x - \sqrt{x-1} = 1$

$\Leftrightarrow \quad x - 1 = \sqrt{x-1} \quad |(\ )^2$

$\Rightarrow \quad (x-1)^2 = x - 1$

$\Leftrightarrow \quad x^2 - 3x + 2 = 0 \quad |\text{auflösen}$

$x_1 = 2 \in D;\ x_2 = 1 \in D$

Probe:

$2 - \sqrt{2-1} = 1;\ 2 - \sqrt{1} = 1$ (w)

$1 - \sqrt{1-1} = 1;\ 1 - \sqrt{0} = 1$ (w)

also **L = {1; 2}**

c) $D = \{x \in \mathbb{R} \mid x \leq \frac{3}{2}\}$

$2x = 3 - 2\sqrt{3-2x}$

$\Leftrightarrow \quad 2\sqrt{3-2x} = 3 - 2x \quad |(\ )^2$

$\Rightarrow \quad 4(3-2x) = (3-2x)^2$

$\Leftrightarrow \quad 4x^2 - 4x - 3 = 0 \quad |\text{auflösen}$

$x_1 = \frac{3}{2} \in D;\ x_2 = -\frac{1}{2} \in D$

Probe:

$2 \cdot \frac{3}{2} = 3 - 2\sqrt{3 - 2 \cdot \frac{3}{2}}$

$3 = 3 - 2\sqrt{0}$ (w)

$2 \cdot (-\frac{1}{2}) = 3 - 2\sqrt{3 - 2 \cdot (-\frac{1}{2})}$

$-1 = 3 - 2\sqrt{4}$ (w)

also **L = {$-\frac{1}{2}$; $\frac{3}{2}$}**

d) $D = \{x \in \mathbb{R} \mid x \geq 6\}$

$\sqrt{x+2} - \sqrt{x-3} = \sqrt{x-6} \quad |(\ )^2$

$\Rightarrow \quad (\sqrt{x+2} - \sqrt{x-3})^2 = x - 6$

$\Leftrightarrow \quad x + 2 - 2\sqrt{(x+2)(x-3)} + x - 3 = x - 6$

$\Leftrightarrow \quad x + 5 = 2\sqrt{(x+2)(x-3)} \quad |(\ )^2$

$\Rightarrow \quad (x+5)^2 = 4(x+2)(x-3)$

$\Leftrightarrow \quad 3x^2 - 14x - 49 = 0 \quad |\text{auflösen}$

$x_1 = -\frac{7}{3} \notin D;\ x_2 = 7 \in D$

Probe:

$\sqrt{7+2} - \sqrt{7-3} = \sqrt{7-6}$

$\sqrt{9} - \sqrt{4} = \sqrt{1}$

$1 = 1$ (w)

also **L = {7}**

ERLÄUTERUNG

Wurzelgleichungen

Viele Wurzelgleichungen führen auf quadratische Gleichungen.

Eine Wurzelgleichung kannst du so lösen:

1. Bestimme die Definitionsmenge der Gleichung. Wie das geht, erfährst du auf Seite 21 in Aufgabe 18.
2. Isoliere das Wurzelglied oder eines der Wurzelglieder auf einer Seite der Gleichung.
3. Quadriere beide Seiten der Gleichung.
4. Wiederhole gegebenenfalls die Schritte **2.** und **3.** [Aufgabe d)].
5. Löse die nun wurzelfreie Gleichung.
6. Prüfe, ob die Ergebnisse zur Definitionsmenge gehören ($\in D$).
7. Mache die Probe, indem du die Ergebnisse in die Ausgangsgleichung einsetzt.

Achtung! Wichtig! Merken!

Beim Quadrieren können Ergebnisse hinzukommen, die zwar zur Definitionsmenge gehören, aber keine Lösungen der ursprünglichen Gleichung sind.

Das Quadrieren ist keine Äquivalenzumformung, sondern nur eine Folgerungsumformung.

Die Probe am Ende des Lösungsverfahrens dient also nicht nur der Kontrolle der Rechnung, sondern vor allem dem Ausschluss eventuell hinzugekommener Ergebnisse.

Hinweis:

Beispiele für Wurzelgleichungen, die nicht auf quadratische Gleichungen führen, findest du auf Seite 21 in Aufgabe 19.

AUFGABE

16. Zwei Rechtecke und ein Dreieck haben jeweils einen Flächeninhalt von 720 cm².

a) Die beiden Seiten des ersten Rechtecks unterscheiden sich um 6 cm. Wie lang sind sie?

b) Der Umfang des zweiten Rechtecks beträgt 126 cm. Wie lang sind seine Seiten?

c) Die Grundseite des Dreiecks ist 13 cm länger als die zugehörige Höhe. Wie lang sind die beiden Strecken?

LÖSUNG

a) $A = 720\ cm^2$
$A = x(x + 6)$

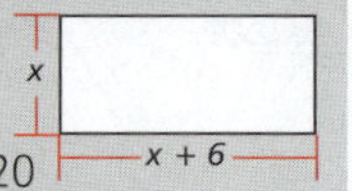

$x(x + 6) = 720$
$\Leftrightarrow\ x^2 + 6x - 720 = 0$
$\Leftrightarrow\ x_1 = 24$ und $x_2 = -30$
$x_1 = 24;\ x_1 + 6 = 30$

Seitenlängen: 24 cm und 30 cm

b) $A = 720\ cm^2$
$U = 126\ cm$
$A = x \cdot (63 - x)$

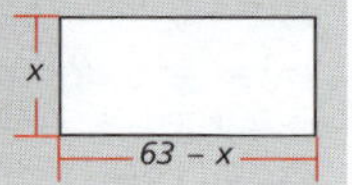

$x(63 - x) = 720$
$\Leftrightarrow\ x^2 - 63x + 720 = 0$
$\Leftrightarrow\ x_1 = 48$ und $x_2 = 15$
$x_1 = 48;\ 63 - x_1 = 15$

Seitenlängen: 48 cm und 15 cm

c) $A = 720\ cm^2$
$A = \frac{1}{2}x(x + 13)$

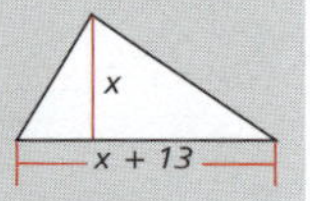

$\frac{1}{2}x(x + 13) = 720$
$\Leftrightarrow\ x^2 + 13x - 1440 = 0$
$\Leftrightarrow\ x_1 = 32$ und $x_2 = -45$
$x_1 = 32;\ x_1 + 13 = 45$

Die Höhe ist 32 cm, die Grundseite ist 45 cm lang.

AUFGABE

17. Ein rechteckiges Wasserbecken soll mit einem überall gleich breiten Kiesrand versehen werden.

Wie breit wird der Rand, wenn

a) das Becken ohne Rand die Maße 6 m mal 9 m hat und Kies für eine Fläche von 34 m² zur Verfügung steht?

b) das Becken mit Rand die Maße 9 m mal 12 m hat und Becken und Rand eine gleich große Fläche einnehmen?

LÖSUNG

Skizzen:

a)

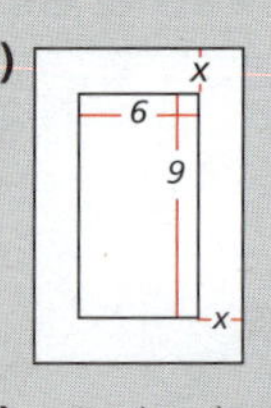

b)

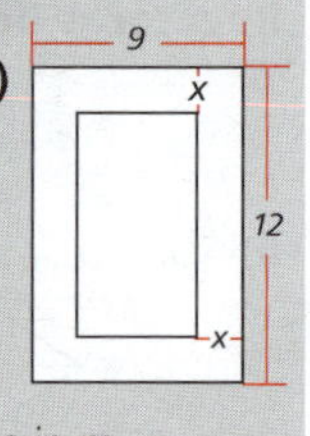

a) x: Breite des Randes in m
Fläche Becken: $6\ m \cdot 9\ m = 54\ m^2$
Fläche Rand: $34\ m^2$
Fläche Rand nach Skizze (in m²):
$(9 + 2x) \cdot (6 + 2x) - 54$

Gleichung:

$(9 + 2x) \cdot (6 + 2x) - 54 = 34$
$\Leftrightarrow\ 4x^2 + 30x - 34 = 0$
$\Leftrightarrow\ x_1 = 1$ und $x_2 = -8{,}5$

Der Rand wird 1 m breit.

b) x: Breite des Randes
Gesamtfläche: $12\ m \cdot 9\ m = 108\ m^2$
Fläche Becken: $54\ m^2$
Fläche Becken nach Skizze (in m²):
$(12 - 2x) \cdot (9 - 2x)$

Gleichung:

$(12 - 2x) \cdot (9 - 2x) = 54$
$\Leftrightarrow\ 4x^2 - 42x + 54 = 0$
$\Leftrightarrow\ x_1 = 9$ und $x_2 = 1{,}5$

Der Rand wird 1,5 m breit.

ERLÄUTERUNG

Anwenden: Flächeninhalte

Die Flächeninhalte von Dreiecken und speziellen Vierecken werden als Produkte der Längen bestimmter Strecken berechnet. Je nachdem kann es sich bei diesen Strecken um Seiten, Höhen oder auch Diagonalen handeln.

Flächenformeln

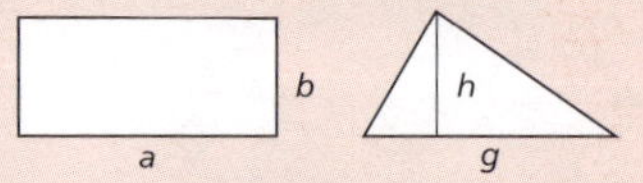

$A = a \cdot b$ **$A = \frac{1}{2}g \cdot h$**

Zu Aufgabe 16

Hier ist die Summe bzw. Differenz zweier Längen bekannt. Dadurch kannst du die eine Länge durch die andere ausdrücken. Da der Flächeninhalt gegeben ist und die beiden Strecken den Flächeninhalt definieren, führt die Berechnung der Strecken auf das Aufstellen einer quadratischen Gleichung.

Zu Aufgabe 17

Hier werden die beiden gegebenen Rechteckseiten um dieselbe Strecke x verlängert oder verkürzt. Da die Flächen beider Rechtecke bekannt sind, lässt sich daraus die Strecke x mithilfe einer quadratischen Gleichung berechnen.

Achtung! Wichtig! Merken!

❶ Bei Anwendungen aus der Geometrie ist es zweckdienlich, zunächst einmal eine Skizze anzulegen und die gegebenen und gesuchten Stücke einzutragen.

❷ Bei Anwendungsaufgaben mit quadratischen Gleichungen erhältst du meistens zwei Lösungen. Oft ist aber nur eine davon sinnvoll. So kommen z. B. für die Längen von Strecken nur positive Maßzahlen infrage. Aufgabe 17 b) hat zwar zwei positive Lösungen, eine davon ($x_1 = 9$) ist aber aus sachlichen Gründen auszuschließen.

Entscheide immer anhand des Sachzusammenhangs, welche errechneten Ergebnisse als Lösungen infrage kommen.

AUFGABE

18. Die Hypotenuse eines rechtwinkligen Dreiecks ist 10 cm lang, die beiden Katheten unterscheiden sich um 2 cm. Wie lang sind die Katheten?

LÖSUNG

Skizze:

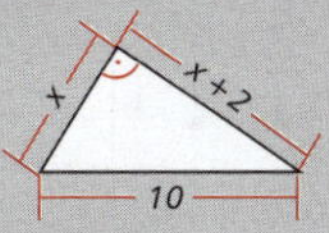

x: Länge der 1. Kathete (in cm)
x + 2: Länge der 2. Kathete (in cm)

Gleichung:

$x^2 + (x + 2)^2 = 10^2$
$\Leftrightarrow\ x^2 + 2x - 48 = 0$
$\Leftrightarrow\ x_1 = 6$ und $x_2 = -8$
$x_1 = 6;\ x_1 + 2 = 8$

Die Katheten sind 6 cm und 8 cm lang.

AUFGABE

19. Die eine Rechteckseite ist 9 cm lang, die andere $\frac{4}{5}$-mal so lang wie die Diagonale. Welchen Umfang hat das Rechteck?

LÖSUNG

Skizze:

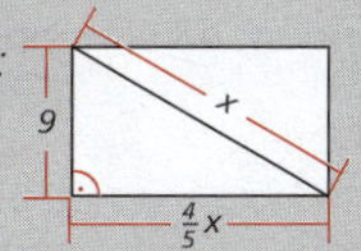

x: Länge der Diagonalen (in cm)
$\frac{4}{5}$x: Länge der 2. Seite (in cm)

Gleichung:

$(\frac{4}{5}x)^2 + 9^2 = x^2$
$\Leftrightarrow\ x^2 - 225 = 0$
$\Leftrightarrow\ x_1 = 15$ und $x_2 = -15$
$x_1 = 15;\ \frac{4}{5}x_1 = 12$

Die zweite Rechteckseite ist 12 cm lang, der Umfang des Rechtecks beträgt also 42 cm.

AUFGABE

20. Die Seite einer Raute ist 13 cm lang, ihre Diagonalen unterscheiden sich um 14 cm.

a) Wie lang sind die Diagonalen?

b) Welchen Flächeninhalt hat die Raute?

LÖSUNG

a) *Skizzen:*

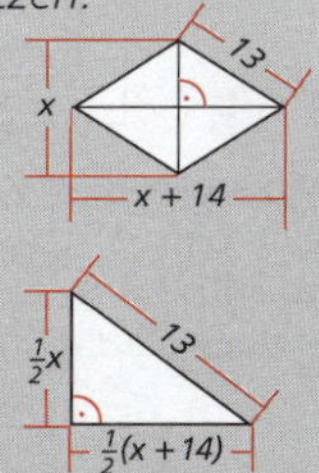

x: Länge der 1. Diagonalen (in cm)
x + 14: Länge der 2. Diagonalen (in cm)

Gleichung:

$(\frac{1}{2}x)^2 + [\frac{1}{2}(x + 14)]^2 = 13^2$
$\Leftrightarrow\ x^2 + 14x - 240 = 0$
$\Leftrightarrow\ x_1 = 10$ und $x_2 = -24$
$x_1 = 10;\ x_1 + 14 = 24$

Die Diagonalen sind 10 cm und 24 cm lang.

b) $A = \frac{1}{2} \cdot e \cdot f$
$= (\frac{1}{2} \cdot 10 \cdot 24)\ cm^2 = 120\ cm^2$

Die Raute hat einen Flächeninhalt von 120 cm².

ERLÄUTERUNG

Anwenden: **Pythagoras**

Sind zwei Seiten eines rechtwinkligen Dreiecks bekannt, lässt sich die dritte Seite mithilfe des Satzes von Pythagoras berechnen.

Satz des Pythagoras

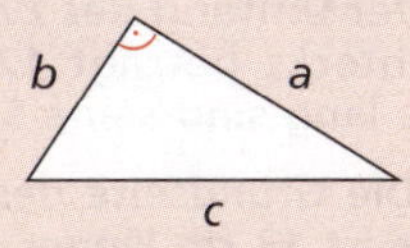

$$a^2 + b^2 = c^2$$

Der Satz des Pythagoras hilft aber auch dann weiter, wenn nur **eine** Seite des rechtwinkligen Dreiecks bekannt ist. Unter der Voraussetzung allerdings, dass zwischen den beiden anderen Seiten ein Zusammenhang besteht, sodass sich die eine Seite durch die andere ausdrücken lässt.

Durch Einsetzen in die Formel des Pythagoras können dann die fehlenden Seiten mithilfe von quadratischen Gleichungen berechnet werden.

Zu Aufgabe 19

Um den Umfang zu ermitteln, muss hier zunächst einmal die fehlende Seite berechnet werden.

Zu Aufgabe 20

Sind e und f die Diagonalen einer Raute, dann gilt für ihren Flächeninhalt A:

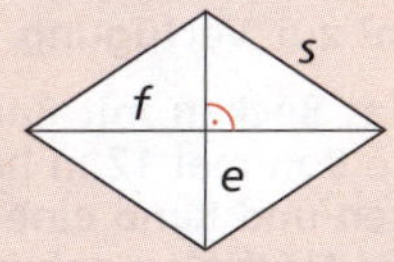

$$A = \frac{1}{2} \cdot e \cdot f$$

Für die Seite s der Raute folgt aus dem Satz des Pythagoras:

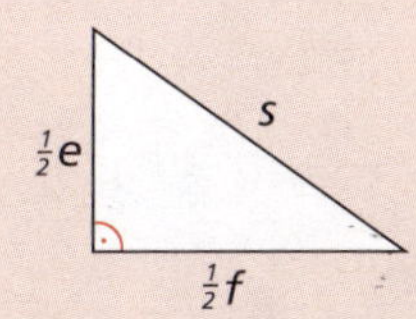

$$s^2 = (\frac{1}{2}e)^2 + (\frac{1}{2}f)^2$$

AUFGABE

21. Die Tippgemeinschaften „TG Max" und „TG Moritz" gewinnen jeweils 600 Euro. In beiden TGs erhält jeder Spieler den gleichen Gewinnanteil. Die TG Max hat acht Spieler mehr als die TG Moritz. Ein Spieler der TG Max bekommt 20 Euro weniger als ein Spieler der TG Moritz.

Wie viele Mitglieder haben die beiden Tippgemeinschaften? Wie viele Euro gewinnt jeweils ein Spieler?

22. Auf einer 120 km langen Strecke fuhr Sara mit ihrem Fahrrad durchschnittlich 4 km/h schneller als Kevin und hat insgesamt eine Stunde weniger gebraucht.

Wie lange und mit welcher Geschwindigkeit sind die beiden gefahren?

23. Für eine bestimmte Arbeit braucht eine kleine Maschine (M_1) acht Stunden länger als eine große Maschine (M_2). Zusammen benötigen sie drei Stunden.

In wie vielen Stunden schafft jede der Maschinen alleine die Arbeit?

LÖSUNG

x: Anzahl Spieler „TG Moritz"
$x + 8$: Anzahl Spieler „TG Max"
$\frac{600}{x}$: Gewinn pro Spieler „Moritz"
$\frac{600}{x+8}$: Gewinn pro Spieler „Max"

Gleichung:

$\frac{600}{x} - 20 = \frac{600}{x+8}$
$\Rightarrow x^2 + 8x - 240 = 0$
$\Leftrightarrow x_1 = 12; \quad x_2 = -20$
$x_1 = 12$ und $\frac{600}{x_1} = 50$

Die 12 Spieler der „TG Moritz" haben jeweils 50 Euro gewonnen, die 20 Spieler der „TG Max" 30 Euro.

x: Fahrzeit von Sara (in h)
$x + 1$: Fahrzeit von Kevin (in h)
$\frac{120}{x}$: Geschw. von Sara (in km/h)
$\frac{120}{x+1}$: Geschw. von Kevin (in km/h)

Gleichung:

$\frac{120}{x} - 4 = \frac{120}{x+1}$
$\Rightarrow x^2 + x - 30 = 0$
$\Leftrightarrow x_1 = 5; \quad x_2 = -6$
$x_1 = 5; x_1 + 1 = 6; \frac{120}{x_1} = 24; \frac{120}{x_1 + 1} = 20$

Sara fuhr mit einer Geschwindigkeit von 24 km/h und brauchte 5 Stunden. Kevin fuhr mit einer Geschwindigkeit von 20 km/h und brauchte 6 Stunden.

x: Zeit, die M_1 alleine für die Arbeit braucht (in h)
$x - 8$: Zeit, die M_2 alleine für die Arbeit braucht (in h)
$\frac{1}{x}$: Teil der Arbeit, die M_1 alleine pro Stunde schafft
$\frac{1}{x-8}$: Teil der Arbeit, die M_2 alleine pro Stunde schafft
$\frac{1}{3}$: Teil der Arbeit, die M_1 und M_2 zusammen pro Stunde schaffen

Gleichung:

$\frac{1}{x} + \frac{1}{x-8} = \frac{1}{3}$
$\Rightarrow x^2 - 14x + 24 = 0$
$\Leftrightarrow x_1 = 12; \quad x_2 = 2$
$x_1 = 12; x_1 - 8 = 4$

Die kleine Maschine braucht alleine 12, die große nur 4 Stunden.

ERLÄUTERUNG

Anwenden: Bruchgleichungen

Bei vielen Anwendungsaufgaben sind Bruchgleichungen aufzustellen, die auf quadratische Gleichungen führen. Die Aufgaben 21, 22 und 23 repräsentieren drei typische Beispiele.

Zu Aufgabe 21

Die Funktion „Anzahl der Spieler → Höhe des Gewinns pro Spieler" ist **antiproprtional**. Die Dreisatzrechnung führt hier aber nicht zum Ziel. Denn weder ist die Anzahl der Spieler noch der Gewinn pro Spieler bekannt. Man hat aber Informationen darüber, wie groß die Unterschiede jeweils sind. Der Gewinn pro Spieler ergibt sich hier über die Terme $\frac{600}{x}$ und $\frac{600}{x+8}$. Da die Differenz bekannt ist (20 €), lässt sich eine Bruchgleichung aufstellen.

Zu Aufgabe 22

Die **Geschwindigkeit** (v) ist als Quotient von Weg (s) durch Zeit (t) definiert: $\mathbf{v = \frac{s}{t}}$. Ist bei Anwendungsaufgaben mit Geschwindigkeiten der Weg bekannt (z. B.: 120 km) und wird nach der Zeit gefragt (z. B.: x h), so ergibt sich für die Geschwindigkeit ein Quotient, bei dem die Variable im Nenner steht (z. B.: $\frac{120}{x}$ km/h). Bei darauf aufbauenden Gleichungen handelt es sich also um Bruchgleichungen.

Zu Aufgabe 23

Hier kommst du zum Ziel, wenn du die **Leistung pro Stunde** betrachtest, die die beiden Maschinen zusammen und die jede einzelne von beiden erbringt.
Braucht die kleine Maschine alleine x Stunden, so hat sie in einer Stunde den x-ten Teil der Arbeit geschafft. Da die große Maschine alleine acht Stunden weniger braucht, hat sie in einer Stunde den (x − 8)-ten Teil der Arbeit erledigt. Zusammen schaffen die beiden Maschinen in einer Stunde ein Drittel der Arbeit. Hieraus ergibt sich die Gleichung.

Tipp:

Wie du Bruchgleichungen lösen kannst, erfährst du in Aufgabe 12 auf Seite 53.

AUFGABEN NACH MUSTER

1. Löse zeichnerisch.
a) $x^2 - 1 = 0$ **b)** $\frac{1}{2}x^2 - x + \frac{1}{2} = 0$ **c)** $x^2 + 4x + 5 = 0$

2. Löse die Gleichungen.
a) $x^2 + 7x = 0$ **b)** $8x = 2x^2$ **c)** $\frac{1}{3}x = \frac{1}{9}x^2$

3. Löse die Gleichungen.
a) $x^2 - 1 = 0$ **b)** $-\frac{1}{3}x^2 = 5\frac{1}{3}$ **c)** $4x^2 = 8$

4. Löse mit quadratischer Ergänzung.
a) $x^2 - 6x + 5 = 0$ **b)** $x^2 + 10x + 22 = 0$
c) $x^2 - \frac{10}{3}x + \frac{25}{9} = 0$ **d)** $x^2 - 8x + 20 = 0$

5. Löse die Gleichungen aus Aufg. 4 mit der Lösungsformel.

6. Löse die Gleichung.
a) $(x + 3)(x - 3) + 9 = -7x$
b) $8x(x + 2) - 4x = x^2 + 12x + 14$
c) $3(x - 2)^2 - 2(x - 1)^2 = -10$

7. Wie viele Lösungen hat die Gleichung? Entscheide mithilfe der Diskriminante.
a) $5(x + 1) = 1 - x^2$ **b)** $\frac{3}{4}x^2 - 9 = 3(x - 4)$
c) $(x + 6)(x - 6) = 12(x - 7)$

8. Für welche Werte von $k \in \mathbb{R}$ hat die Gleichung ❶ keine, ❷ genau eine, ❸ zwei Lösungen?
a) $x^2 + 6x + k = 0$ **b)** $x^2 - 2kx + 9 = 0$

9. Bestimme mithilfe des Satzes von Vieta die quadratische Gleichung in Normalform, die die angegebene Lösungsmenge hat.
a) $L = \{-2; 1\}$ **b)** $L = \{-4\}$ **c)** $L = \{1 - \sqrt{3}\,;\, 1 + \sqrt{3}\}$

10. Bestimme durch systematisches Probieren die ganzzahligen Lösungen mit dem Satz von Vieta.
a) $x^2 + x - 12 = 0$ **b)** $x^2 + 8x + 6 = 0$

11. Zerlege den Term in lineare Faktoren, falls das möglich ist.
a) $x^2 - 6x + 5$ **b)** $x^2 + 10x + 22$
c) $x^2 - \frac{10}{3}x + \frac{25}{9}$ **d)** $x^2 - 8x + 20$

Löse die Gleichungen der Aufgaben 12 bis 15.

12. **a)** $\frac{x}{x - 2} - \frac{5}{x^2 - 4} = 2$ **b)** $\frac{x + 7}{x + 3} + \frac{12}{x^2 + 3x} = 0$

13. **a)** $x^4 - 10x^2 + 9 = 0$ **b)** $3x^4 + 6x^2 - 24 = 0$

14. **a)** $x^5 = 3x^3$ **b)** $x^3 + 6x^2 = 2x$

15. **a)** $\sqrt{x + 6} = x$ **b)** $x - \sqrt{x + 2} = -2$
c) $2x = 3 - 2\sqrt{3 - 4x}$
d) $\sqrt{x - 6} + \sqrt{x + 1} = \sqrt{2x + 19}$

16. Zwei Rechtecke und ein Dreieck haben jeweils einen Flächeninhalt von 240 cm².
a) Die beiden Seiten des ersten Rechtecks unterscheiden sich um 8 cm. Wie lang sind sie?
b) Der Umfang des zweiten Rechtecks beträgt 76 cm. Wie lang sind die Seiten?
c) Die Grundseite des Dreiecks ist 14 cm länger als die zugehörige Höhe. Wie lang sind beide?

17. Ein rechteckiges Wasserbecken soll mit einem gleichmäßig breiten Kiesrand versehen werden. Wie breit wird der Rand, wenn das Becken
a) ohne Rand die Maße 10 m mal 8 m hat und Kies für 40 m² zur Verfügung steht?
b) mit Rand die Maße 8 m mal 15 m hat und Becken und Rand eine gleich große Fläche einnehmen sollen?

18. Die Hypotenuse eines rechtwinkligen Dreiecks ist 13 cm lang, die beiden Katheten unterscheiden sich um 7 cm. Wie lang sind sie?

19. Eine Rechteckseite ist 6 cm lang. Die Diagonale ist $\frac{5}{4}$-mal so lang wie die andere Seite. Welchen Umfang hat das Rechteck?

20. Die Seite einer Raute ist 29 cm lang, die Diagonalen unterscheiden sich um 2 cm. Berechne die Diagonalen und den Flächeninhalt der Raute.

21. Beantworte die Fragen aus Aufgabe 21 auf Seite 57, wenn der Gewinn 960 Euro beträgt, die TG Max 16 Spieler mehr hat als die TG Moritz und ein Spieler der TG Max 30 Euro weniger bekommt als ein Spieler der TG Moritz.

22. Für eine 72 km lange Strecke brauchte Sandra mit dem Fahrrad 1,5 Stunden weniger als Tim. Sie fuhr durchschnittlich 8 km/h schneller als er. Wie lange und mit welcher Geschwindigkeit sind die beiden gefahren?

23. Beantworte die Frage aus Aufgabe 23 auf Seite 57, wenn die kleine Maschine alleine 6 Stunden länger brauchen würde als die große und sie zusammen in 4 Stunden fertig wären.

QUADRATISCHE GLEICHUNGEN

24. Lass deinen Kopf rechnen!

$x^2 = 36$ L = { } $x^2 = 0$ L = { }
$x^2 = 1$ L = { } $x^2 = 196$ L = { }
$x^2 = 0{,}09$ L = { } $x^2 = \frac{1}{49}$ L = { }
$x^2 = \frac{81}{121}$ L = { } $x^2 = 2\frac{1}{4}$ L = { }

25. Vier Funktionen – acht Nullstellen.
Lass bitteschön den Taschenrechner liegen.

$f(x) = x^2 - 144$ $x_1 =$ $x_2 =$
$f(x) = x^2 - 2{,}89$ $x_1 =$ $x_2 =$
$f(x) = x^2 - 0{,}01$ $x_1 =$ $x_2 =$
$f(x) = x^2 - \frac{64}{169}$ $x_1 =$ $x_2 =$

26. Kuckuckseier im Nest!
Nur quadratische Eier ... äh ... Gleichungen darfst du einsammeln. Die anderen streiche durch.

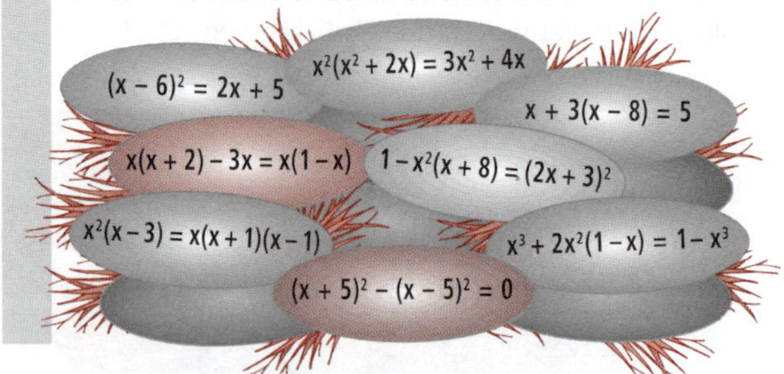

27. Hier fehlt etwas!
Ergänze so, dass die Gleichung eine quadratische wird.

$3x(2 - 4 \;\square\;) = 7x + 2$ $0{,}5x - 3 \;\square\;(1 - 0{,}5x) = x$
$x^2 + 2x + 3 + \;\square\; = 2x^3 - 1$ $2x(4 - x^2) = x^2 - x(\;\square\; + 9)$

28. Ein Himmel voller Lösungen!
Welche gehört zu welcher Gleichung?

a) $2x^2 = 12x$ **b)** $x^2 = 2(3x - 4)$
c) $\frac{3}{5}x^2 + 6x = -15$ **d)** $x(x - 2) + 2 = -2(x - 3)$
e) $x(x - 5) + 3 = 3(2 - x)$ **f)** $(x + \frac{1}{2})^2 + x(x + 9) = (x + \frac{9}{2})^2$

29. Vier Gleichungen – acht Lösungen!
Wie praktisch, dass die Lösungen schon bekannt sind. Streiche sie durch. Welche Zahl bleibt übrig?

1 Multiplizierst du eine Zahl mit ihrem 56fachen, so erhältst du 14.
2 Subtrahierst du vom Quadrat einer Zahl ihr Achtfaches, so erhältst du -15.
3 Verminderst du das Siebenfache einer Zahl um ihr Quadrat, so erhältst du 6.
4 Das Produkt aus einer Zahl und ihrer um 4 vermehrten Gegenzahl beträgt -21.

ZEICHNERISCHES LÖSEN

30. Zwei Parabeln – viele Gleichungen.

a) Lies die Nullstellen von f und g ab.
b) Schreibe die Funktionsgleichungen der Parabeln in Normalform auf.

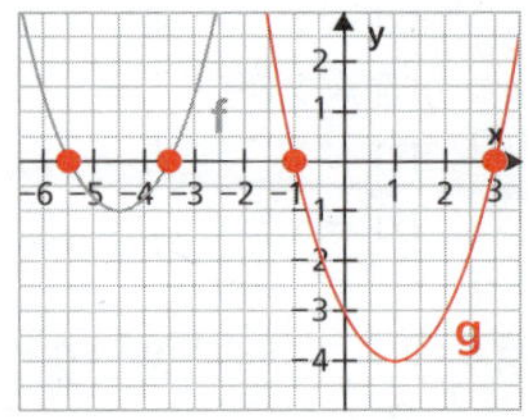

c) Von welchen der acht Gleichungen sind **beide** Nullstellen von **f** Lösungen?
d) Von welchen der acht Gleichungen sind **beide** Nullstellen von **g** Lösungen?

❶ $x^2 - 2x - 3 = 0$ ❷ $x^2 + 9x + 19{,}25 = 0$
❸ $4x^2 + 36x + 77 = 0$ ❹ $2{,}5x^2 - 5x - 7{,}5 = 0$
❺ $x^2 = 2x + 3$ ❻ $-8x^2 = 72x + 154$
❼ $x(6 - x) = 4x - 3$ ❽ $2x^2 - 3\frac{1}{2} = -6(3x + 7)$

31. Zeichenrunde *1*

Löse die Gleichung mithilfe der zugehörigen Parabel.

a) $x^2 - 1 = 0$ **b)** $x^2 + 2x = 0$
c) $x^2 - 6x + 5 = 0$ **d)** $x^2 - 5x + 5\frac{1}{4} = 0$

32. Normalparabel und Gerade

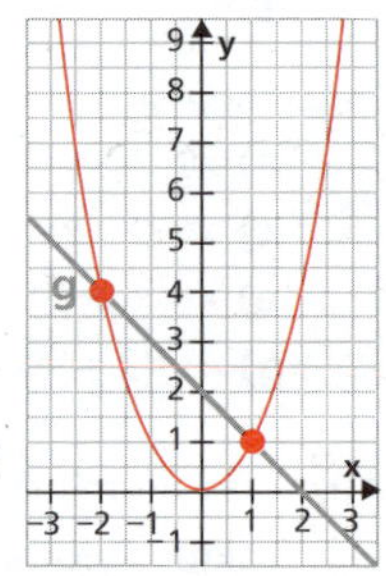

a) Wie heißt die Gleichung der Geraden g?
b) Wie heißen die Schnittpunkte der Parabel und der Geraden?
c) An welchen Stellen schneidet die Parabel die Gerade?
d) Welche quadratische Gleichung der Form $x^2 = -px - q$ wird mithilfe der Zeichnung gelöst?

33. Zeichenrunde *2*

Löse mithilfe der Normalparabel und einer Geraden.

a) $x^2 - 9 = 0$ **b)** $x^2 - \frac{3}{2}x = 0$
c) $x^2 - 3x - 4 = 0$ **d)** $x^2 - x - \frac{3}{4} = 0$

34. Viele Gleichungen ...

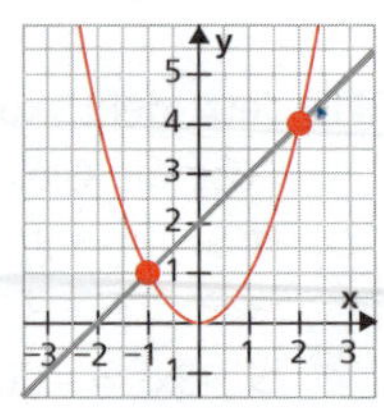

und nur eine Gerade. Welche der sechs Gleichungen können mithilfe der Zeichnung gelöst werden?

❶ $x^2 - x - 2 = 0$ ❷ $x = 2 - x^2$
❸ $x(x - 1) = 2$ ❹ $x(1 - x) = -2$
❺ $x(x - 4) = 3x - 2$ ❻ $(x - 2)^2 = 2 - 3x$

35. Lösungen vorhanden?

Wenn ja: Wie viele und welche? Entscheide mithilfe von Zeichnungen.

a) $x^2 + \frac{3}{2}x - 1 = 0$ **b)** $3 - x^2 = 2x$
c) $3(3 - x)(3 + x) = 0$ **d)** $x(2x - \frac{3}{2}) = -\frac{3}{2}$
e) $4x(x + 8) = 4x - 49$ **f)** $8(x + 1)(x - 1) - 36(2x - 5) = 18$

SPEZIELLE QUADRATISCHE GLEICHUNGEN $ax^2 = bx$

36. Ruck, zuck geschafft ...

sind diese Gleichungen. Trage **beide** Lösungen ein.

$|x| = 6$ L = { ▢ ; ▢ }
$|x| = 2,89$ L = { ▢ ; ▢ }
$|x| = \frac{4}{9}$ L = { ▢ ; ▢ }
$|x| = \sqrt{5}$ L = { ▢ ; ▢ }

37. Neun Gleichungen – achtzehn Lösungen.

❶ $x^2 = 36$ ❷ $x^2 = 2,89$ ❸ $x^2 = \frac{4}{9}$
❹ $x^2 = 5$ ❺ $3x^2 = 48$ ❻ $-\frac{3}{7}x^2 = -\frac{7}{27}$
❼ $-0,5x^2 = -1$ ❽ $\frac{16}{25}x^2 = 1$ ❾ $-2x^2 = -56$

38. Lösungen zum Ablesen

$(x + 3)(x - 3) = 0$ L = { ▢ ; ▢ }
$(0,5 + x)(0,5 - x) = 0$ L = { ▢ ; ▢ }
$(x + \frac{3}{7})(x - \frac{3}{7}) = 0$ L = { ▢ ; ▢ }
$(x + \sqrt{6})(x - \sqrt{6}) = 0$ L = { ▢ ; ▢ }

39. Alle Vögel ... äh ... Lösungen sind schon da!

Fragt sich nur, welche zu welcher Gleichung gehören.

a) $x(x - 4) = 0$ **b)** $(x + 6)^2 = 0$
c) $x^2(1 - x) = 0$ **d)** $(2x - 3)^2 = 0$
e) $x(\frac{1}{3}x + 5) = 0$ **f)** $x(\frac{2}{5}x + \frac{4}{15}) = 0$
g) $4x^2(3 - 4x) = 0$ **h)** $-0,5x(x + \sqrt{3}) = 0$

40. Was du mit diesen Gleichungen machen sollst?

Faktorisiere die linke Seite und löse sie.

$x^2 - x = 0$	$x^2 + x = 0$	$x^2 + \frac{1}{3}x = 0$
$2x^2 - 4x = 0$	$5x^2 - 10x = 0$	$x^2 - x^3 = 0$
$x^2 + 4x + 4 = 0$	$x^2 - 14x + 49 = 0$	$x^2 - x + \frac{1}{4} = 0$

41. Jetzt geht's rund!

Löse die Gleichungen.

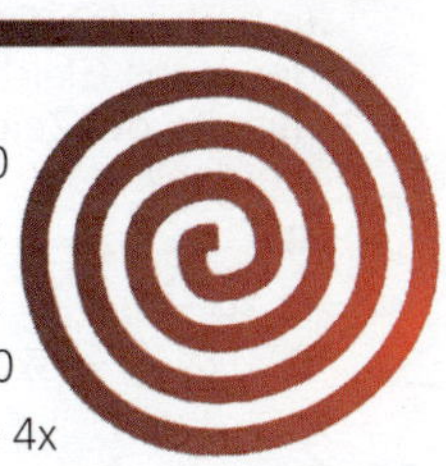

① $x^2 - 1 = 3$ ② $x^2 - x = 0$
③ $x^2 - 3 = 3$ ④ $x^2 = 2x$
⑤ $-3x^2 = -12$ ⑥ $3x^2 - 5x = 7x$
⑦ $2x^2 - 5 = 5$ ⑧ $x^2 - \frac{3}{2}x + \frac{9}{16} = 0$
⑨ $\frac{1}{3}x^2 - \frac{1}{8} = \frac{1}{4} - \frac{1}{3}x^2$ ⑩ $x^2 + 4 = 4x$

42. Nullstellen vorhanden?

Wenn es welche gibt: Berechne sie.

a) $f(x) = x^2 - 25$ **b)** $f(x) = 2x^2 + 8x$
c) $f(x) = x^2 + 18x + 81$ **d)** $f(x) = -3x^2 - 48$
e) $f(x) = \frac{6}{7}x^2 + 3x$ **f)** $f(x) = -4x^2 + 8x - 4$

43. Lösungen vorhanden?

Nur drei Zahlen kommen in Frage. Welche?

a) $x^2 + 1 = 0$ **b)** $x^3 - x = 0$ **c)** $x^3 + x = 0$
d) $x^3 + x^2 = 0$ **e)** $x^4 - 1 = 0$ **f)** $x^4 + 1 = 0$
g) $x^4 - x^3 = 0$ **h)** $x^4 - x^2 = 0$ **i)** $x^4 + x^2 = 0$

Aufgepasst: Eine Gleichung der Form $ax^2 = bx$ kannst du nicht dadurch lösen, dass du beide Seiten durch x dividierst. Dann geht nämlich die Lösung $x = 0$ verloren.

44. Hier darfst du Gleichungen streichen.

Nämlich die, die keine oder nur eine Lösung haben.

$2,56 - a^2 = 0$ $9b = 3b^2$ $\frac{1}{2}c^2 = 50$
$d(d^2 + 6) - 3d(d+2) = 0$ $(e + 1)^2 + (e - 1)^2 = 0$
$6f^2 + 10f = (f + 5)^2 - 5$ $3t^4 = t^2(t - 4)(t + 4)$
$(h + \sqrt{3})^2 - (h - \sqrt{3})^2 = 4\sqrt{3}$
$2(s + 1) = (s + 1)(s + 2)$
$(\frac{3}{7} - k)(\frac{3}{7} + k) + \frac{6}{7}k = (3k + \frac{1}{7})^2$

45. Warum hier jemand die Zahlen verwischt hat?

Damit du welche so ergänzen kannst, dass die Gleichung und die Lösungsmenge zueinander passen.

$x^2 - \square x = 0$	$L = \{\square; 3\}$
$\square x^2 + 8x = 0$	$L = \{-4; \square\}$
$2x^2 = \square x$	$L = \{\square; 0,5\}$
$3x^2 - \square x = 0$	$L = \{\square; 6\}$
$\square x^2 = 5x$	$L = \{-20; \square\}$
$(x + \square)^2 = 0$	$L = \{-7\}$
$(x - \square)^2 = 0$	$L = \{8\}$

46. Hier werden quadratische Gleichungen gebaut!

Vorschrift: a ist so durch eine Zahl zu ersetzen, dass die eine Lösung die Gegenzahl der anderen ist.

❶ $(x - 3)(x + a) = 0$ ❷ $(x + 2a)(x - 4) = 0$
❸ $(x + 1)(2x - a) = 0$ ❹ $(5 - x)(3x + 5a) = 0$
❺ $(2x + a)(x + 6) = 0$ ❻ $(a - 3x)(4 - x) = 0$

47. Und hier entstehen quadratische Funktionen!

Vorschrift: a ist so durch eine Zahl zu ersetzen, dass die Funktion nur eine Nullstelle hat.

❶ $f(x) = (x - 1)(x + a)$ ❷ $f(x) = (x + 3a)(x - 6)$
❸ $f(x) = (x + 12)(3x - a)$ ❹ $f(x) = (2x - 1)(4x + a)$
❺ $f(x) = (14x - a)(7 - x)$ ❻ $f(x) = (a + 5x)(5x + 1)$

GEMISCHT QUADRATISCHE GLEICHUNGEN

48. Quadrate bevorzugt!

Ergänze auf beiden Seiten so, dass du die linke Seite als Quadrat schreiben kannst.

$x^2 + 4x + \square = 12 + \square$
$x^2 - 10x + \square = -9 + \square$
$x^2 - 3x + \square = 4 + \square$
$x^2 + \frac{3}{2}x + \square = 1 + \square$

49. Quadratische Gleichungen ...

kann man auf verschiedene Weisen lösen. Wähle hier das Verfahren der quadratischen Ergänzung.

a) $x^2 + 4x - 12 = 0$ **b)** $x^2 - 10x + 9 = 0$
c) $x^2 - 3x - 4 = 0$ **d)** $x^2 + \frac{3}{2}x - 1 = 0$

50. *Warm up:* Einsetzen in die Lösungsformel

Die Terme haben die Form $x^2 + px + q$. Fülle aus.

$x^2 + 6x + 8$: $\frac{p}{2} = \square$ $-\frac{p}{2} = \square$ $(\frac{p}{2})^2 = \square$
$q = \square$ $-q = \square$
$x^2 - 7x + 12$: $\frac{p}{2} = \square$ $-\frac{p}{2} = \square$ $(\frac{p}{2})^2 = \square$
$q = \square$ $-q = \square$
$x^2 - \frac{4}{5}x - \frac{9}{5}$: $\frac{p}{2} = \square$ $-\frac{p}{2} = \square$ $(\frac{p}{2})^2 = \square$
$q = \square$ $-q = \square$
$x^2 + \frac{3}{4}x + \frac{1}{8}$: $\frac{p}{2} = \square$ $-\frac{p}{2} = \square$ $(\frac{p}{2})^2 = \square$
$q = \square$ $-q = \square$

51. *Round 1:* Einsetzen in die Lösungsformel

Hier wurden die Werte für p und q schon in die Lösungsformel eingesetzt. Notiere die zugehörige quadratische Gleichung der Form $x^2 + px + q = 0$.

$x_{1/2} = \frac{2}{5} \pm \sqrt{\frac{4}{25} + \frac{9}{5}}$ ______
$x_{1/2} = -3 \pm \sqrt{9 - 8}$ ______
$x_{1/2} = \frac{7}{2} \pm \sqrt{\frac{49}{4} - 12}$ ______
$x_{1/2} = -\frac{3}{8} \pm \sqrt{\frac{9}{64} - \frac{1}{8}}$ ______

52. *Round 2:* Einsetzen in die Lösungsformel

Löse die Gleichungen durch Einsetzen in die Lösungsformel.

a) $x^2 + 6x + 8 = 0$ **b)** $x^2 - 7x + 12 = 0$
c) $x^2 - \frac{4}{5}x - \frac{9}{5} = 0$ **d)** $x^2 + \frac{3}{4}x + \frac{1}{8} = 0$

53. *Finish:* Einsetzen in die Lösungsformel

Löse durch Einsetzen in die Lösungsformel.

❶ $x^2 - x - 2 = 0$ ❷ $x^2 + 7x + 12 = 0$
❸ $x^2 - 2x - 4 = 0$ ❹ $x^2 + \frac{1}{4}x - \frac{1}{8} = 0$
❺ $x^2 + \frac{26}{5}x + 1 = 0$ ❻ $x^2 - 4x + 2 = 0$
❼ $x^2 + \frac{4}{9}x + \frac{1}{27} = 0$ ❽ $x^2 - 11{,}8x - 2{,}4 = 0$
❾ $x^2 - 16x + 48 = 0$ ❿ $x^2 + 1\frac{1}{6}x - \frac{5}{6} = 0$

54. Take it easy!

Bringe die Gleichung zunächst auf Normalform. Und dann? Löse sie.

❶ $3x^2 - 18x + 15 = 0$ ❷ $-2x^2 - 3x + 2 = 0$
❸ $0{,}1x^2 + 0{,}8x + 1{,}2 = 0$ ❹ $-\frac{5}{4}x^2 + x + \frac{1}{4} + = 0$

55. Jetzt geht's los!

Löse die Gleichungen.

a) $\frac{1}{2}x(x + 12) = 80$ **b)** $(x + 2)^2 = 2(x - 3)^2 + 1$
c) $(x - 1)^2 - 3(x + 1)(x - 1) = 0$
d) $4(5x + 1)^2 = 5x(4 - 5x) + 100x^2$

56. Hier entstehen drei Funktionen!

Wie? Setze für k die angegebenen Werte ein.

$f(x) = (k + 2)x^2 + x - 6$

❶ $k = -1$ ❷ $k = 0$ ❸ $k = 3$

Berechne die Nullstellen der drei Funktionen.

57.  Endspurt!

Löse die Gleichungen, sofern das möglich ist.

❶ $x(x + 11) = 6(x + 4)$ ❷ $x^2 - 10(x - 4) = 2x$
❸ $4(x + 1)^2 - (x + 2)^2 = 0$ ❹ $1 - \frac{1}{3}x^2 = 2(x + 2)$
❺ $(x - 3)^2 + 8 = 3(3 - x)$ ❻ $6x - (x - 4)^2 = 104 - 3x^2$
❼ $(x - 1)^2 - (x + 2)^2 + (x - 3)^2 = -12$
❽ $10 - (0{,}5x - 1)^2 - x(x - 0{,}5) = 7$

58. Wobei dir die Diskriminante D helfen kann?

Zu entscheiden, ob eine quadratische Gleichung der Form $x^2 + px + q = 0$ keine, genau eine oder zwei Lösungen hat.

	$D = (\frac{p}{2})^2 - q$	Anzahl der Lösungen
$x^2 + 6x + 8 = 0$		
$x^2 - 5x + 6 = 0$		
$x^2 - 4x + 4 = 0$		
$x^2 + 3x + 3 = 0$		

59. Was diese Gleichungen sich wünschen?

Sie verraten es nicht. Gehe auf „Nummer sicher" und bestimme a so, dass die Gleichung

❶ zwei, ❷ genau eine, ❸ keine Lösungen hat.

a) $x^2 - 4x + a = 0$ **b)** $x^2 + 2ax + 9 = 0$

60. Wunschlos glücklich machst du diese Gleichungen, ...

wenn du für a eine Zahl findest, sodass die Gleichung genau eine Lösung hat.

a) $x^2 + ax + 25 = 0$ **b)** $ax^2 - 12x + 4a = 0$
c) $x^2 + (a + 1)x + a = 0$ **d)** $x^2 - 2(a + 2)x + 36 = 0$

61. Willst du Weihnachtsmann spielen?

Die Gleichung $x^2 + 12x = a$ wünscht sich

❶ zwei Lösungen
❷ die Zahl 4 und eine weitere Zahl als Lösung
❸ zwei positive Lösungen
❹ eine positive und eine negative Lösung
❺ zwei negative Lösungen

Versuche, für jede Vorschrift einen passenden Wert für a zu finden. Welcher Wunsch ist nicht erfüllbar?

SATZ VON VIETA

62. Vier Gleichungen - vier Lösungsmengen.

Wer gehört zu wem? Entscheide mit dem Satz von Vieta.

a) L = {3;4} b) L = {−3;4} c) L = {−4;3} d) L = {−4;−3}

❶ $x^2 - x - 12 = 0$ ❷ $x^2 + 7x + 12 = 0$
❸ $x^2 - 7x + 12 = 0$ ❹ $x^2 + x - 12 = 0$

63. Jetzt darfst du Lehrer spielen.

a) Prüfe mit dem Satz von Vieta, ob x_1 ***und*** x_2 Nullstellen der Funktion f sind. Falls dies nicht zutrifft:

b) Prüfe, ob x_1 ***oder*** x_2 eine Nullstelle von f ist.

	x_1	x_2
$f(x) = x^2 + 8x + 15$	−5	−3
$f(x) = x^2 - 20x - 125$	−25	5
$f(x) = x^2 - 3x + 2$	−1	2

Aufgepasst: Mit dem Satz von Vieta kannst du prüfen, ob von 2 Zahlen **beide** Lösungen einer quadratischen Gleichung sind. Ist dies nicht der Fall, dann kann dennoch eine der beiden Zahlen die Gleichung lösen.

64. Hier fehlen zwei Vorzeichen!

Zum Glück sind aber die beiden Lösungen bekannt.

x^2 ▢ 6x ▢ 7 = 0 L = {−1; 7}
x^2 ▢ 6x ▢ 7 = 0 L = {−7; 1}
x^2 ▢ 8x ▢ 7 = 0 L = {1; 7}
x^2 ▢ 8x ▢ 7 = 0 L = {−7; −1}

65. Gesucht: Normalform einer quadratischen Gleichung

Bereits bekannt ist ihre Lösungsmenge.

a) L = {2; 1} **b)** L = {−1; 3} **c)** $L = \{-\frac{9}{10}\}$

66. Gesucht: p oder q und die zweite Lösung

Die eine Lösung (x_1 oder x_2) ist schon bekannt.

p gesucht

$x^2 + px + 6 = 0;\ x_1 = 2$
$x^2 + px + 0{,}4 = 0;\ x_2 = -0{,}2$
$x^2 + px - \frac{16}{25} = 0;\ x_1 = \frac{2}{5}$
$x^2 + px + 1\frac{7}{9} = 0;\ x_2 = 1\frac{1}{3}$

q gesucht

$x^2 - 5x + q = 0;\ x_1 = -6$
$x^2 - 3x + q = 0;\ x_2 = -3{,}5$
$x^2 - \frac{8}{3}x + q = 0;\ x_1 = \frac{4}{3}$
$x^2 + \sqrt{2}x + q = 0;\ x_2 = -\sqrt{2}$

67. Ob du es glaubst oder nicht:

Es gibt eine Gleichung $x^2 + px + q = 0$ mit $p, q \neq 0$ und den beiden Lösungen p und q. Wie heißt sie?

68. Schnell wie ein Pfeil ... NULLSTELLEN

kann man hier die Nullstellen der Funktion bestimmen.

$f(x) = (x + 4)(x + 3)$ $x_1 =$ ▢; $x_2 =$ ▢
$f(x) = (x - 4)(x + 3)$ $x_1 =$ ▢; $x_2 =$ ▢
$f(x) = 3(x - 4)(x - 3)$ $x_1 =$ ▢; $x_2 =$ ▢

69. Hier sind die Lösungen schon bekannt.

Dafür fehlen aber die Gleichungen. Gib sie in der Form $(x - x_1)(x - x_2) = 0$ an.

L = {2; 5} L = {−1; 4} L = {−3; −1}
L = {0; 8} L = {−6; 0} L = {−7; 7}
L = {10} $L = \{2 + \sqrt{3}; 2 - \sqrt{3}\}$ $L = \{\frac{3}{2}; \frac{1}{3}\}$

70. Wunschlos glücklich ...

machst du den Term T, wenn du ihn in lineare Faktoren zerlegst.

a) $T = x^2 + 2x - 35$ **b)** $T = x^2 - 11x + 24$
c) $T = x^2 - x - 2$ **d)** $T = x^2 + 2x - 1$

71. Drei Terme darfst du streichen!

Welche? Diejenigen, die sich nicht in lineare Faktoren zerlegen lassen. $x^2 + 10x + 9$

Und die übrigen? Schreibe sie als Produktterme.

$x^2 + 3x - 4$ $x^2 - 2x + 5$ $x^2 - 1$
$x^2 - 0{,}5x - 0{,}5$ $x^2 + 14x + 49$ $x^2 + 16$
$x^2 + 6x + 4$ $x^2 - 8x + 24$ $x^2 - \frac{3}{2}x - 1$

72. Und jetzt werden Zahlen zerlegt!

Schreibe die vier Zahlen auf alle möglichen Weisen als Produkt aus zwei ganzzahligen Faktoren.

73. Was diese acht Gleichungen gemeinsam haben?

Jede hat zwei ganzzahlige Lösungen. Finden kannst du sie mithilfe des Monsieur Vieta und der Aufgabe 72.

❶ $x^2 - 8x + 15 = 0$ ❷ $x^2 - 9x + 8 = 0$
❸ $x^2 + 8x - 20 = 0$ ❹ $x^2 - 6x - 16 = 0$
❺ $x^2 + 6x + 8 = 0$ ❻ $x^2 - x - 20 = 0$
❼ $x^2 - 16x + 15 = 0$ ❽ $x^2 + 15x - 16 = 0$

74. Fünf quadratische Funktionen gesucht!

Bekannt ist bereits, dass ihre Graphen verschobene Normalparabeln sind.

1 Die beiden Nullstellen von f_1 liegen jeweils um 6 Einheiten weiter rechts als die Nullstellen von $f(x) = x^2 - x - 6$.

2 Die Summe der beiden Nullstellen von f_2 beträgt −8. Die eine Nullstelle ist um 2 größer als die andere.

3 Die beiden Nullstellen von f_3 sind kleiner als 5, die eine ist um 10 größer als die andere. Ihr Produkt beträgt −24.

4 Die Parabel von f_4 schneidet die y-Achse bei 75. Beide Nullstellen liegen rechts von der y-Achse, die eine Nullstelle ist dreimal so groß wie die andere.

5 Die Summe der beiden positiven Nullstellen von f_5 ist gleich ihrem Produkt. Die eine Nullstelle ist doppelt so groß wie die andere.

BRUCHGLEICHUNGEN $\frac{1}{x^2} = 7$

75. Hier ist der Hauptnenner …
das Produkt der einzelnen Nenner.

a) $\frac{x-2}{x+1} = \frac{8}{x+4}$ **b)** $\frac{x+1}{x+2} - \frac{2x-1}{x-2} = 0$

c) $3 - \frac{x}{x+2} = \frac{x+3}{x}$ **d)** $\frac{1}{x-1} - \frac{1}{x+3} = \frac{1}{x}$

76. Und hier ist der Hauptnenner …
einer der Nenner.

a) $\frac{x+2}{x-1} + \frac{x-2}{x+1} = \frac{(x-2)^2}{x^2-1}$ **b)** $\frac{x+3}{x-1} + \frac{x+4}{x+2} = \frac{x^2+12x-1}{(x-1)(x+2)}$

c) $\frac{x-1}{x-2} + \frac{x+2}{x} = \frac{x^2-2}{x(x-2)}$ **d)** $\frac{5}{1+x} = 6 - \frac{1}{(x+1)^2}$

77. Und hier musst du erst faktorisieren, …
um den Hauptnenner zu finden.

a) $\frac{x-4}{x+12} - \frac{2}{x} = \frac{3}{x^2+12x}$ **b)** $\frac{1}{x-1} + \frac{1}{x-3} = \frac{6}{x^2-9}$

c) $\frac{x+2}{x^2+x} - \frac{3}{x+1} = \frac{x-1}{x^2-2x}$ **d)** $\frac{x-10}{x^2-25} = \frac{x-5}{x^2+5x} - \frac{x+5}{x^2-5x}$

BIQUADRATISCHE GLEICHUNGEN

78. Wahlparty Nr. *1*
Wähle für z eine weiße Zahl und löse die Gleichung $x^2 = z$, wenn das möglich ist.

79.

Wahlparty Nr. *2*
Wähle für z jetzt **zwei** weiße Zahlen und bezeichne die eine mit z_1 und die andere mit z_2. Bestimme die Lösungsmenge für $x^2 = z_1$ ***oder*** $x^2 = z_2$.

80. Repetition
Löse die **quadratischen** Gleichungen.

❶ $z^2 - 13z + 36 = 0$ ❷ $z^2 - 3z - 4 = 0$
❸ $z^2 - 14z + 45 = 0$ ❹ $z^2 - 4\frac{1}{4}z + 1 = 0$
❺ $-z^2 - z + 72 = 0$ ❻ $9z^2 - 31z + 12 = 0$
❼ $0{,}1z^2 + z + 0{,}9 = 0$ ❽ $2z^2 = 16z - 30$

81. Klar, die acht Gleichungen möchten natürlich auch gelöst werden.

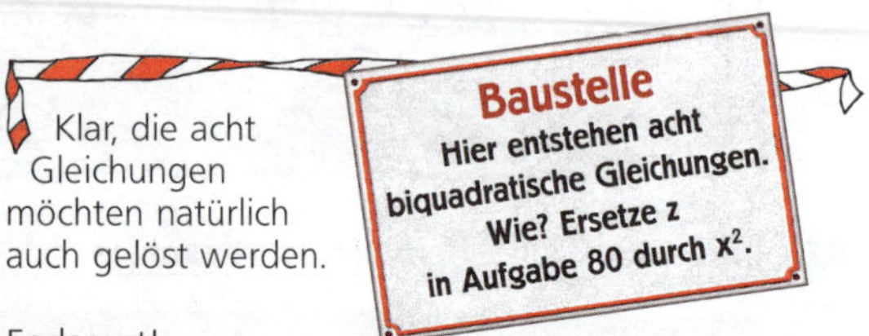

82. Endspurt!

a) $x^4 - 26x^2 + 25 = 0$ **b)** $\frac{1}{4}x^4 + 5x^2 + 16 = 0$
c) $x^4 - 6x^2 = 27$ **d)** $24 - x^4 = 2x^2$
e) $2x(x^3 + x) - 6 = x^2(x^2 + 3)$
f) $6(1 - x^2)(1 + x^2) - 12 = 5(x - 1)(x + 1)$

WURZELGLEICHUNGEN $\sqrt{x-1} = 1$

83. Wurzelterme …
so weit das Auge reicht.

$a = \sqrt{x}$ $b = \sqrt{x+1}$ $c = \sqrt{2-x}$ $d = \sqrt{2+x}$
$e = \sqrt{x-3}$ $f = \sqrt{x-6}$ $g = \sqrt{x-1}$ $h = \sqrt{1-x}$
$i = \sqrt{2x+2}$ $j = \sqrt{5-2x}$ $k = \sqrt{2x-7}$ $l = \sqrt{3x+1}$

Bestimme die Definitionsmenge
a) jedes einzelnen Wurzelterms.
b) von ❶ a + h ❷ d + i ❸ k + l
c) von ❹ a + h + l ❺ a + b + g ❻ d + e + f

84. **Eine** Wurzel in einer Gleichung.
Wie heißen die Lösungen?

a) $\sqrt{2-x} = x - 2$ **b)** $x - \sqrt{1-x} = 1$
c) $\sqrt{2x+2} - x = -11$ **d)** $x + \sqrt{5-2x} = 1$
e) $x - \sqrt{x} + 2 = 0$ **f)** $5 + 2\sqrt{x+1} = 3 - x$

85. **Zwei** Wurzeln in einer Gleichung.
Gib die Lösungen an.

a) $\sqrt{1-x} = 1 + \sqrt{x}$ **b)** $1 + \sqrt{2+x} = \sqrt{2x+2}$
c) $\sqrt{2x-7} - \sqrt{3x+1} = -2$ **d)** $\sqrt{4-x^2} = \sqrt{3x}$

86. Und **drei** Wurzeln in einer Gleichung.
Berechne die Lösungen.

a) $2\sqrt{x} - \sqrt{1-x} = \sqrt{3x+1}$
b) $\sqrt{2x} = \sqrt{x-1} + \sqrt{x+1}$
c) $\sqrt{2+x} + \sqrt{x-3} - \sqrt{x-6} = 0$

87. Erprobtes Mittel gegen schlechte Laune
Was das ist? Kreise die Silben vor den Gleichungen ein, die keine Lösungen haben. Lies diese Silben dann von links oben nach rechts unten.

wer	$x - 6 = \sqrt{6-x}$	*ein*	$\sqrt{x^2-3} = 2x + 3$
hat	$\sqrt{16-x^2} = \sqrt{6x}$	*strah*	$2 + \sqrt{5-12x} = 3x$
der	$\sqrt{4-2x} = 3 - \sqrt{1+4x}$	*er*	$x + 3 = \sqrt{6x+13}$
len	$\sqrt{x+1} - \sqrt{1-2x} = 2$	*des*	$x + \sqrt{5x+4} = -2$
ihm	$\sqrt{4-x} + \sqrt{9+x} = 5$	*la*	$5x - \sqrt{25-40x} = 4$
de	$\sqrt{x-8} + \sqrt{x+4} = \sqrt{2x-4}$	*ma*	$\sqrt{8-x} = x - 2$
chen	$\sqrt{x} - \sqrt{x+5} = \sqrt{2x+5}$	*ist*	$x + \sqrt{2x} = 24$

ANWENDEN: *Schnittpunkte*

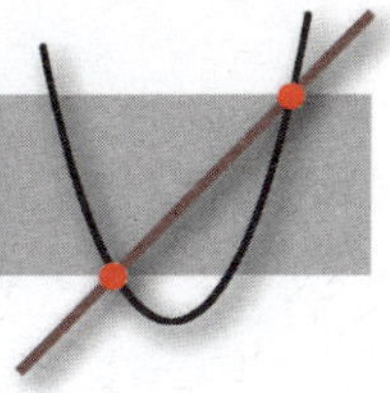

88. Vier Punkte – zwei Schnittpunkte

Zwei Punkte sind Schnittpunkte der Normalparabel und der Geraden von $g(x) = x + 2$. Welche?

$P_1(0|2)$ $P_2(-1|1)$ $P_3(2|4)$ $P_4(1|1)$

89. Verflixt und zugenäht!

Drei der sechs Sätze sind falsch. Welche?

Wenn $P(x_1|y_1)$ ein Schnittpunkt der Normalparabel und der Geraden von $g(x) = mx + n$ ist, dann gilt:

❶ x_1 ist Nullstelle der Funktion: $f(x) = x^2 + mx + n$.
❷ x_1 ist Nullstelle der Funktion: $f(x) = x^2 - mx - n$.
❸ x_1 ist Lösung der Gleichung: $x^2 = mx + n$.
❹ x_1 ist Lösung der Gleichung: $x^2 = -mx - n$.
❺ x_1 ist Lösung der Gleichung: $x^2 + mx + n = 0$.
❻ x_1 ist Lösung der Gleichung: $x^2 - mx - n = 0$.

90. Gemeinsame Punkte gesucht!

Und zwar der Graphen der Funktionen von f und g. Falls welche vorhanden sind: Gib sie alle an.

	a)	b)	c)	d)
f(x)=	x^2	x^2	x^2	x^2+5x+7
g(x)=	$2x-2$	$2x-1$	$2x+3$	x^2+8x+4

	e)	f)	g)	h)
f(x)=	x^2-3x+7	$5x^2-3x-8$	$3x^2-11x-5$	$7x^2+3x+15$
g(x)=	x^2-3x+2	$2x^2+6x+4$	$-2x^2+9x-30$	$4x^2-9x+3$

91. So viel wird schon verraten:

Alle Parabeln lassen sich durch Verschieben oder Spiegeln mit der Normalparabel zur Deckung bringen. Berechne die Schnittpunkte von f und g.

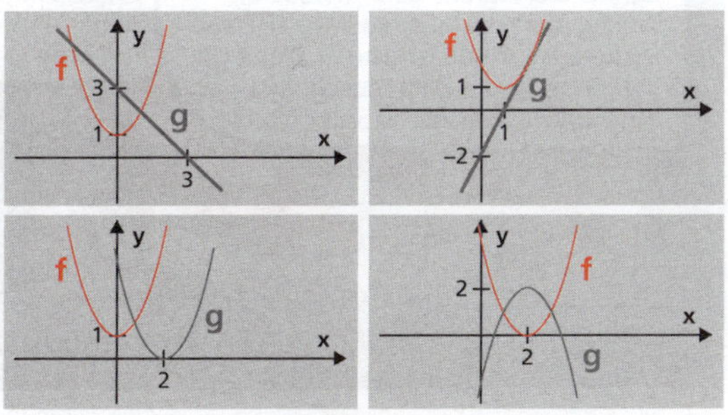

92. **Das große Suchspiel**

Versteckt haben sich drei quadratische Funktionen, deren Graphen verschobene Normalparabeln sind.

1 *Die Parabel von f_1 schneidet die x-Achse in den Punkten $P(-1|0)$ und $Q(2|0)$.*

2 *Die Parabel von f_2 schneidet die y-Achse in $P(0|-10)$ und hat an der Stelle $x = 2$ mit der Geraden zu $g(x) = 0{,}5x - 1$ einen gemeinsamen Punkt.*

3 *Der Scheitel der Parabel von f_3 liegt im einzigen Schnittpunkt der Parabel von $f(x) = x^2 + 2x$ und der Geraden von $g(x) = 4x - 1$.*

ANWENDEN: *Zahlenrätsel* $x^2 = ?$

93. **KONTAKTANZEIGE**

Sind SIE eine humorvolle & natürliche Zahl, auf die eine der Beschreibungen passt? Dann möchte ich Sie kennen lernen.

- Multiplizieren SIE sich mit IHRER um 6 kleineren Zahl, so erhalten Sie 135.
- Die Summe aus IHNEN und IHREM Quadrat ergibt 462.
- Multiplizieren Sie sich mit IHREM Nachfolger und subtrahieren dann IHREN Vorgänger, so erhalten Sie 2501.
- Subtrahieren Sie vom Dreifachen IHRES Quadrats IHR 15-faches, so erhalten Sie 18.

Zuschriften an: earndt@studienkreis.de

94. Gegeben: Summe und Produkt zweier Zahlen.

Wie heißen die beiden Zahlen?

	a)	b)	c)	d)
x + y	40	0	1	–25
x · y	375	–100	–0,75	–84

95. **Puzzle-Corner**

Subject: Fractions

1. Die Differenz der Kehrwerte zweier benachbarter gerader Zahlen ist 1/24.

2. Der Quotient von 392 und einer natürlichen Zahl ist das Achtfache der Zahl.

3. Das Verhältnis zweier natürlicher Zahlen ist 2:3. Die Summe ihrer Quadrate ist 208.

4. Eine positive Zahl ist um 9/20 größer als ihr Kehrwert.

96. Da kommt Freude auf!

Denn das 4. Programm überträgt das WM-Finale zwischen Parasilien und Queruland. Allerdings erst drei Tage nach dem Anpfiff. Wer ist Weltmeister?

97. Zwei Rätsel von Ziffern und Quersummen.

❶ Eine zweistellige Zahl ist größer als 60, ihre Quersumme ist 12 und das Produkt ihrer Ziffern ist 35.

❷ Die Einerziffer einer zweistelligen Zahl ist der Vorgänger ihrer Zehnerziffer. Die Zahl selbst ist um 7 größer als das Quadrat ihrer Quersumme.

ANWENDEN: *Geometrie*

98. Ganz schön viel Maschendrahtzaun ...
wird für drei nebeneinander liegende, rechteckige Grundstücke gebraucht.

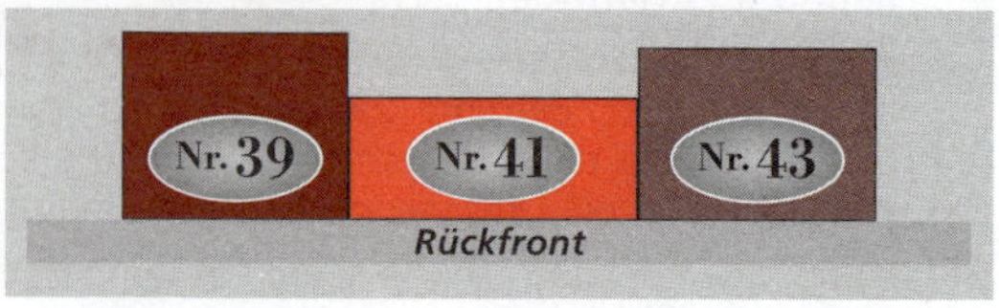

Eingezäunt werden soll nur die an der Rückfront gelegene Grundstücksseite. Dies ist jeweils die längere der beiden Rechteckseiten. Bekannt ist ferner, dass:

❶ jedes Grundstück 840 m² groß ist;
❷ die beiden Seiten von Grundstück Nr. 39 sich um 2 m unterscheiden;
❸ die längere Seite von Grundstück Nr. 41 genau 2 m länger ist als das Doppelte der kürzeren Seite;
❹ Grundstück Nr. 43 einen Umfang von 118 m hat.

Wie viel Meter Zaun wird insgesamt benötigt?

99. Vier Flaggen – viermal Rot – Weiß.

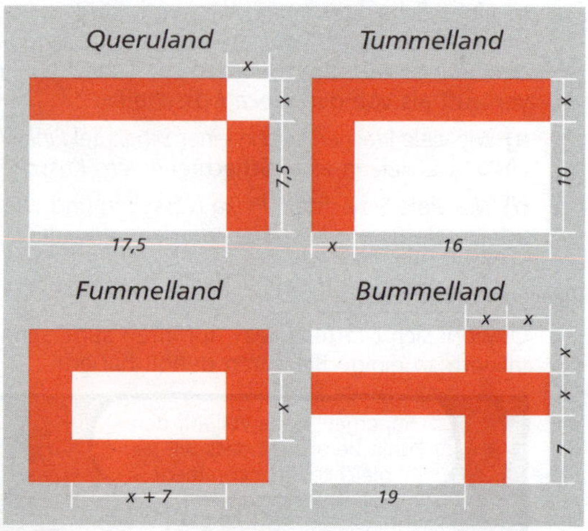

Alle Maße in dm. Bekannt ist ferner, dass

❶ die Flagge von Queruland 2 m² groß ist;
❷ die Flagge von Tummelland 2,16 m² groß ist;
❸ die weiße Fläche in der Flagge von Fummelland 1,2 m² groß und der rote Rand 1 dm breit ist;
❹ die Flagge von Bummelland 2,2 m² groß ist.

Für welche der vier Flaggen wird der meiste rote Stoff gebraucht?

100. Auch so was soll es geben:
Blumenvasen in Form von Quadern. Diese hier hat eine Grundfläche von 54 cm².
Ihre beiden Grundseiten unterscheiden sich um 3 cm. Ihre Höhe ist das Dreifache der kürzeren Grundseite.

Und jetzt kommt die Frage: Passt ein Liter Wasser in die Vase hinein?

101. Hier geht es um zwei ***Dreiecke***.
Und das ist die Frage:
Wie lang sind die Seiten a, b, c sowie die Höhe h_c der beiden Dreiecke?

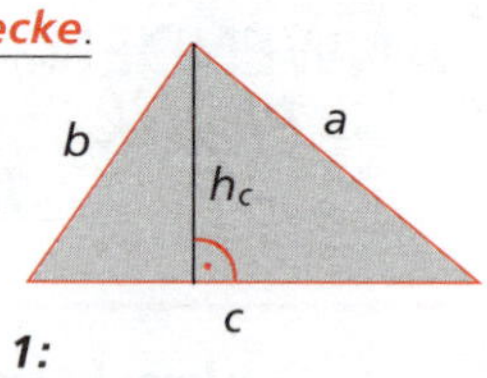

Steckbrief zu Dreieck Nr. 1:

❶ *Die Dreiecksfläche ist 150 cm² groß.*
❷ *Die Seite c ist 1 cm länger als das Doppelte der Höhe h_c.*
❸ *Die Seite a ist 5 cm kürzer als die Seite c und 5 cm länger als die Seite b.*

Steckbrief zu Dreieck Nr. 2:

❶ *Das Dreieck ist gleichschenklig mit der Basis c.*
❷ *Die Dreiecksfläche ist 48 cm² groß.*
❸ *Die Höhe h_c verhält sich zur Seite c wie 2 : 3.*

Aufgepasst: Ist c die Hypotenuse des rechtwinkligen Dreiecks, dann heißt der Satz des Pythagoras: $a^2 + b^2 = c^2$. Ist aber b die Hypotenuse, dann heißt er: $a^2 + c^2 = b^2$. Ist schließlich a die Hypotenuse, dann lautet er: $b^2 + c^2 = a^2$.

102. Und hier sind ***rechtwinklige Dreiecke*** gefragt!
Wie lang sind die beiden Katheten?

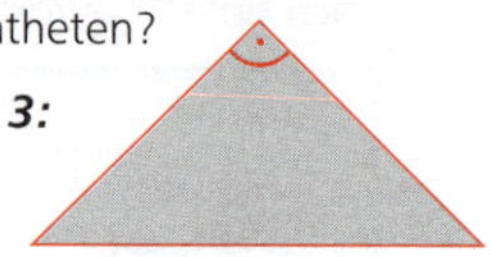

Steckbrief zu Dreieck Nr. 3:

❶ Die Dreiecksfläche ist 1,5 cm² groß.
❷ *Die eine Kathete ist $\frac{3}{4}$-mal so lang wie die andere.*

Steckbrief zu Dreieck Nr. 4:

❶ *Die Dreiecksfläche ist 54 cm² groß.*
❷ *Zusammen sind die beiden Katheten 21 cm lang.*

Steckbrief zu Dreieck Nr. 5:

❶ *Die Hypotenuse ist 13 cm lang.*
❷ *Die beiden Katheten unterscheiden sich um 7 cm.*

103. Jetzt spielen **Rauten** die Hauptrolle!

a) Wie lang sind die Diagonalen von Raute Nr. 1 und Raute Nr. 2?
b) Wie lang ist die Seite von Raute Nr. 1?
c) Wie groß ist die Fläche von Raute Nr. 2?

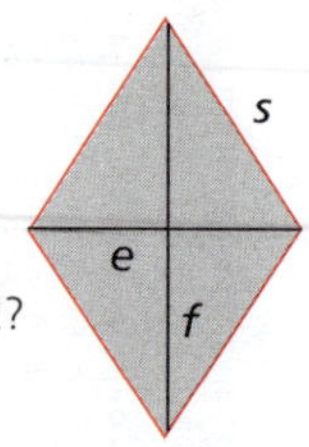

Steckbrief zu Raute Nr. 1:

❶ *Die Fläche der Raute ist 24 cm² groß.*
❷ *Die Diagonale e ist 2 cm länger als die Diagonale f.*

Steckbrief zu Raute Nr. 2:

❶ *Die Seite s ist 20 cm lang.*
❷ *Das von den Diagonalen e und f gebildete Rechteck hat einen Umfang von 112 cm.*
❸ *Die Diagonale e ist länger als die Diagonale f.*

ANWENDEN: *Physik*

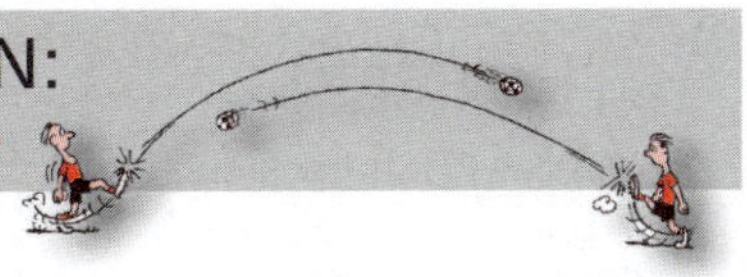

Senkrechter Wurf nach unten

Wird ein Körper mit der Anfangsgeschwindigkeit v_0 senkrecht nach unten geworfen, so besteht zwischen der Fallzeit t und dem Fallweg s(t) der folgende Zusammenhang:

$$s(t) = \frac{1}{2} \cdot g \cdot t^2 + v_0 t$$

Vom Luftwiderstand wird dabei abgesehen.

Einheiten: t in s; s(t) in m; g in m/s^2; v_0 in m/s.
Beim Rechnen ersetzt man oft g durch $10\,m/s^2$ und erhält so:

$$\mathbf{s(t) = 5t^2 + v_0 t}$$

Infos zur Fallbeschleunigung g: siehe Seite 36.

104. Platsch!

Da ist der Stein im Meer, nachdem er von einem Felsen senkrecht nach unten geworfen wurde.

1. Fall: *Anfangsgeschwindigkeit: 10 m/s*
Abwurfhöhe: 175 m

2. Fall: *Anfangsgeschwindigkeit: 20 m/s*
Abwurfhöhe: 225 m

a) Wie viele Meter unter dem Abwurfpunkt befindet sich der Stein 3 s nach dem Abwurf?

b) Wie viel Zeit vergeht zwischen Abwurf und Aufprall?

105. Platsch! Platsch!

Da sind zwei Steine im Meer, nachdem sie von zwei unterschiedlich hohen Felsen **gleichzeitig** senkrecht nach unten geworfen wurden.

Stein ❶ wurde aus 160 m Höhe mit einer Anfangsgeschwindigkeit von 20 m/s geworfen.
Stein ❷ wurde aus 200 m Höhe mit einer Anfangsgeschwindigkeit von 30 m/s geworfen.

Streiche die falschen Sätze:

1. *Die beiden Steine werden gleichzeitig nass.*
2. *2 s nach dem Abwurf befindet sich Stein ❶ genau 60 m über dem Wasser.*
3. *Stein ❶ wird früher nass als Stein ❷.*
4. *Wenn Stein ❶ genau 55 m über dem Wasser ist, ist Stein ❷ weniger als 70 m über dem Wasser.*
5. *2 s nach dem Abwurf befindet sich Stein ❶ genau 100 m über dem Wasser.*
6. *Zwischen der 1. und 2. Sekunde nach dem Abwurf fällt Stein ❷ eine größere Strecke als Stein ❶ zwischen der 2. und 3. Sekunde.*
7. *Stein ❶ wird später nass als Stein ❷.*
8. *Zwischen der 1. und 2. Sekunde nach dem Abwurf fällt Stein ❷ eine kleinere Strecke als Stein ❶ zwischen der 2. und 3. Sekunde.*
9. *Wenn Stein ❶ genau 55 m über dem Wasser ist, ist Stein ❷ mehr als 70 m über dem Wasser.*
10. *Zwischen der 1. und 2. Sekunde nach dem Abwurf fällt Stein ❷ eine genau so große Strecke wie Stein ❶ zwischen der 2. und 3. Sekunde.*

ANWENDEN: *Bruchgleichungen*

106. Clever tanken – aber wie?

Frau Merl bezahlt bei jedem Tanken denselben Betrag und Herr Kerl tankt immer für 42 €.

a) Wenn ein Liter Benzin 1,12 € kostet, tankt Frau Merl 50 Liter. Wie viel tankt sie, wenn ein Liter 1,40 € kostet? Wie viel kostet ein Liter, wenn sie 32 Liter tankt?

b) Bei der teuersten Tankstelle am Ort tankt Herr Kerl 2 Liter weniger als bei der billigsten, weil dort ein Liter 5 Cent mehr kostet.
Wie viele Euro nehmen die beiden Tankstellen für einen Liter Benzin?

107. Da freut sich der Supermarkt!

Warum? Nur an einem Tag wurden 2160 Pralinen *Pinka Nüsschen* und 2160 Pralinen *Bolero Küsschen* verkauft.

In einer Schachtel *Pinka Nüsschen* sind 3 Pralinen mehr als in einer Schachtel *Bolero Küsschen*. Von den *Bolero Küsschen* wurden 10 Schachteln mehr verkauft als von den *Pinka Nüsschen*.

a) Wie viele Pralinen sind in einer Schachtel *Pinka Nüsschen*, wie viele in einer Schachtel *Bolero Küsschen*?

b) Wie viele Schachteln *Pinka Nüsschen* und wie viele Schachteln *Bolero Küsschen* wurden verkauft?

108. Da kommt Freude auf!

Obwohl sich Motte & Lazy auf ihren superschnellen Inlinern so einige Blessuren geholt haben!

a) Motte ist 12 km und Lazy ist 18 km bis zum Treffpunkt gefahren. Lazy ist eine halbe Stunde vor Motte gestartet. Im Schnitt hat er nur drei Viertel der Geschwindigkeit von Motte geschafft. Wie lange waren die beiden unterwegs? Wie schnell sind sie gefahren?

b) Motte ist 10 km und Lazy ist 15 km bis zum Treffpunkt gefahren. Lazy ist 21 Minuten vor Motte gestartet. Motte war im Schnitt 5 km/h schneller als Lazy. Wie lange waren die beiden unterwegs? Wie schnell sind sie gefahren?

KNOBELN & ANWENDEN

Tangente

Hat eine Gerade mit einer Parabel nur **einen** gemeinsamen Punkt P, dann heißt die Gerade „**Tangente**" an die Parabel im Punkt P.

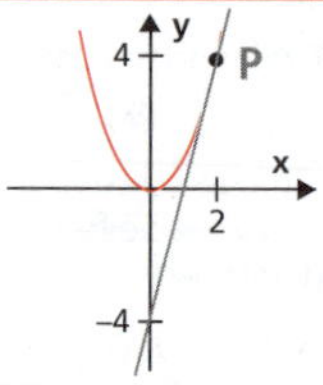

109. Tangenten an der Normalparabel

a) Bestimme anhand der obigen Zeichnung die Gleichung der Tangente an die Normalparabel an der Stelle $x_0 = 2$.

b) Die Gerade mit $g(x) = px + q$ sei die Tangente an die Normalparabel an der Stelle x_0.

Streiche die falschen Sätze!

❶ x_0 ist Lösung der Gleichung $x^2 = px + q$.
❷ x_0 ist Lösung der Gleichung $x^2 = -px - q$.
❸ x_0 ist Nullstelle der Funktion $f(x) = x^2 + px + q$.
❹ x_0 ist Nullstelle der Funktion $f(x) = x^2 - px - q$.
❺ Es gilt: $(x - x_0)^2 = x^2 + px + q$.
❻ Es gilt: $(x - x_0)^2 = x^2 - px - q$.
❼ Es gilt: $p = 2x_0$ und $q = -x_0^2$.
❽ Es gilt: $p = -2x_0$ und $q = x_0^2$.

c) Stelle die Gleichung der Geraden auf, die die Normalparabel an der Stelle x_0 berührt.

❶ $x_0 = 1$ ❷ $x_0 = -1$ ❸ $x_0 = 0$
❹ $x_0 = 5$ ❺ $x_0 = 0{,}5$ ❻ $x_0 = -0{,}5$

110. Felix & Jonathan: ***Die Erste***

Die beiden Schwalben Felix & Jonathan fliegen gleichzeitig von einer Bergspitze ab. Jonathan fliegt strikt nach Osten, Felix strikt nach Süden.

Felix fliegt mit einer Geschwindigkeit von 120 km/h, Jonathan mit 160 km/h.

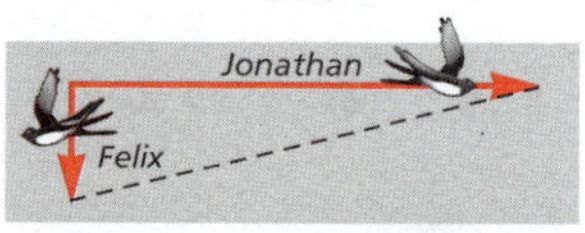

a) Wie weit ist Felix geflogen, wenn Jonathan 240 km geschafft hat?

b) Nach welcher Zeit ist Jonathan 100 km mehr geflogen als Felix?

c) Wie weit sind die beiden 2 Stunden nach dem Abflug voneinander entfernt (Luftlinie)?

d) Wie lange sind die beiden unterwegs, wenn sie 200 km voneinander entfernt sind (Luftlinie)?

111. Felix & Jonathan: ***Die Zweite***

Jetzt fliegen Felix & Jonathan langsamer als in Aufgabe 110, sonst ändert sich aber nichts:

Die beiden sind eine Stunde nach dem Abflug 145 km voneinander entfernt (Luftlinie). Jonathan ist 5 km/h schneller als Felix. Wie weit sind sie geflogen? Mit welchen Geschwindigkeiten fliegen die beiden?

112. Felix & Jonathan: ***Die Dritte***

Jetzt fliegen die beiden in die gleiche Richtung:

Jonathan fliegt eine Stunde später ab und ist 40 km/h schneller als Felix. 240 km vom Start entfernt hat er Felix eingeholt. Wie viele Stunden sind die beiden bis zu diesem Zeitpunkt unterwegs? Wie schnell fliegen sie?

113. Punkte und Verbindungslinien

a) Zeichne die fehlenden Verbindungslinien zwischen den Eckpunkten der n-Ecke ein. Wie viele Linien gibt es dann jeweils?

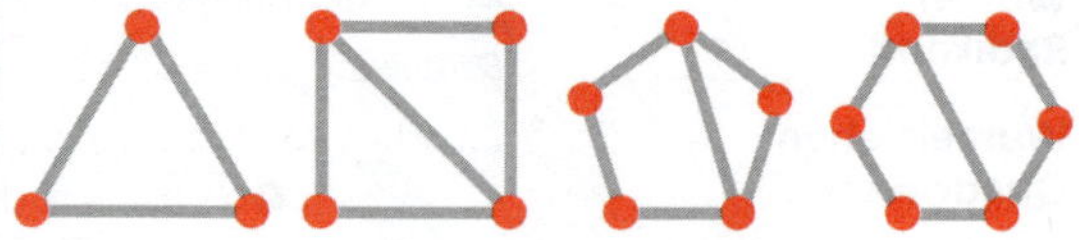

b) Wie viele Linien gibt es zwischen 7 Punkten?

Formel für V(n)

Ist V(n) die Anzahl der Verbindungslinien zwischen n Punkten, dann gilt:

$$V(n) = \frac{1}{2} \cdot (n - 1) \cdot n$$

c) Wie viele Verbindungslinien gibt es zwischen 10 (15; 20; 32) Punkten?

114. Probleme lösen mit der Formel für V(n)

Beantworte zumindest die Fragen, die mithilfe der Formel für V(n) beantwortet werden können.

❶ *Von den 32 Schülern einer Klasse gibt jeder jedem die Hand. Wie oft werden die Hände geschüttelt?*
❷ *Sina hat 8 Hosen und 8 Pullis. Wie viele Möglichkeiten hat sie, eine Hose mit einem Pulli zu kombinieren?*
❸ *Wie viele Teilmengen mit 2 Elementen hat eine Menge aus 5 Elementen?*
❹ *In der 1. Fußball-Bundesliga sind 18 Teams vertreten. Wie viele Spiele gibt es, wenn jeder gegen jeden spielt?*
❺ *Von wie vielen Punkten im Koordinatensystem sind die x- und y-Koordinaten natürliche Zahlen bis 10?*

115. Jetzt ist Händeschütteln  angesagt!

Wie viele Schüler hat jede der drei Klassen?

a) In der 9a begrüßt jeder Schüler jeden mit einem Händedruck. Insgesamt gibt es 406 Händedrücke.

b) In der 9b drückt jeder Schüler jedem anderen und sich selbst die Hand. Es gibt 561 Händedrücke.

c) In der 9c begrüßen sich nur die Mädchen untereinander und nur die Jungen untereinander mit einem Händedruck. In der Klasse sind 4 Mädchen mehr als Jungen. Die weiblichen Händedrücke übertreffen die männlichen um 58.

116. Tanzpaare

Wie viele gemischt-geschlechtliche Tanzpaare können gebildet werden, wenn das Verhältnis Mädchen zu Jungen wie 3 zu 4 ist?

Quadratische Gleichungen und Funktionen

Quadratwurzel

Wurzel
Radikand

Mit $\sqrt{a}$ bezeichnet man diejenige nicht negative Zahl, deren Quadrat a ist: $(\sqrt{a})^2 = a$.

$\sqrt{a}$ heißt „Quadratwurzel aus a" oder kurz „Wurzel aus a". Die Zahl a heißt „Radikand".

Eine negative Zahl kann kein Quadrat einer anderen Zahl sein. Die Quadratwurzel aus einer negativen Zahl ist also nicht definiert. Für jede Zahl, also auch für jede negative Zahl, gilt aber: $\sqrt{a^2} = |a|$.

Beispiele: $\sqrt{9} = 3$; $\sqrt{-9}$ ist nicht definiert; $\sqrt{3^2} = |3| = 3$; $\sqrt{(-3)^2} = |-3| = 3$

Wurzelziehen
Quadrieren

Zwischen Wurzelziehen und Quadrieren besteht folgender Zusammenhang:

❶ $(\sqrt{a})^2 = a$ (für $a \geq 0$) ❷ $\sqrt{a^2} = |a|$

Zahlen wie 6; –2,47; $\sqrt{169}$; 0,5555, die sich als Brüche schreiben lassen, heißen rationale Zahlen. Zahlen wie $\sqrt{2}$ oder $\sqrt{3}$, die sich nicht als Brüche schreiben lassen, heißen „irrationale Zahlen". Sie lassen sich als nicht abbrechende, nicht periodische Dezimalzahlen darstellen.

Beispiele: ❶ $\sqrt{2} = 1{,}4142135...$; ❷ $\sqrt{3} = 1{,}7320508...$; ❸ $\sqrt{5} = 2{,}2360679...$

Die Punkte hinter der letzten Ziffer drücken aus, dass noch unendlich viele weitere Ziffern folgen.

Reelle Zahlen

Rationale und irrationale Zahlen bilden zusammen die Menge $\mathbb{R}$ der reellen Zahlen.

Quadratwurzelterm

Bei Termen wie $\sqrt{2x}$, $\sqrt{x+1}$, $\sqrt{1-x^2}$, $\sqrt{\frac{1}{x-1}}$ stehen Variablen unter der Wurzel.

Quadratwurzeln mit Variablen im Radikanden heißen Quadratwurzelterme.

Beispiele: ❶ $\sqrt{x+1}$; $D = \{x \in \mathbb{R} \mid x \geq -1\}$; ❷ $\sqrt{\frac{1}{x-1}}$; $D = \{x \in \mathbb{R} \mid x > 1\}$

Mithilfe des Distributivgesetzes lassen sich Terme mit Wurzeln manchmal vereinfachen:

Zusammenfassen von Wurzeln mit gleichen Radikanden

In Summen (Differenzen) kann man Wurzeln mit gleichen Radikanden zusammenfassen:

$a\sqrt{c} + b\sqrt{c} = (a + b)\sqrt{c}$ $a\sqrt{c} - b\sqrt{c} = (a - b)\sqrt{c}$

Beispiele: ❶ $-3\sqrt{x} + 7\sqrt{x} = 4\sqrt{x}$; ❷ $2y\sqrt{2} - y\sqrt{2} = y\sqrt{2}$

Multiplikationsregel
Divisionsregel

Es ist $\sqrt{4} \cdot \sqrt{9} = \sqrt{4 \cdot 9}$ und $\sqrt{4} : \sqrt{9} = \sqrt{4 : 9}$. Diese Beziehung gilt allgemein:

Quadratwurzeln werden multipliziert oder dividiert, indem man die Radikanden multipliziert oder dividiert:

$\sqrt{a} \cdot \sqrt{b} = \sqrt{ab}$ für $a \geq 0$; $b \geq 0$ $\sqrt{a} : \sqrt{b} = \sqrt{a : b}$ = für $a \geq 0$; $b > 0$

Beispiele: ❶ $\sqrt{2x} \cdot \sqrt{3} = \sqrt{6x}$ für $x \geq 0$ ❷ $\sqrt{3a^2b} : \sqrt{ab} = \sqrt{3a}$ für $a > 0$; $b > 0$

Nicht immer gelingt es, einen Wurzelterm „wurzelfrei" zu machen. Ist aber ein Faktor des Radikanden ein Quadrat, dann lässt sich der Term mithilfe der Multiplikationsregel einfacher schreiben:

Teilweises Wurzelziehen

Das Umformen einer Wurzel nach der Regel $\sqrt{a^2b} = |a|\sqrt{b}$ heißt „teilweises Wurzelziehen" oder „partielles Radizieren".

Beispiele: ❶ $\sqrt{4y} = 2\sqrt{y}$; ❷ $\sqrt{5x^2} = |x|\sqrt{5}$; ❸ $\sqrt{2a^2 + 4ab + 2b^2} = \sqrt{2(a+b)^2} = |a + b|\sqrt{2}$

Quadratische Funktion

Scheitelpunktform
Allgemeine Form

Funktionsterme wie $f(x) = x^2$ oder $f(x) = 0{,}5x^2 + 2x - 2{,}5$ haben die Form: $f(x) = ax^2 + bx + c$.

Eine Funktion f mit $f(x) = ax^2 + bx + c$ und $a \neq 0$ heißt „quadratische Funktion".

Jeder Term der Form $ax^2 + bx + c$ lässt sich auf die Form $a(x - d)^2 + e$ bringen. Dabei ist $d = -\frac{b}{2a}$ und $e = c - \frac{b^2}{4a}$.

Die Form $f(x) = a(x - d)^2 + e$ heißt „Scheitelpunktform", die Form $f(x) = ax^2 + bx + c$ heißt „allgemeine Form" der quadratischen Funktion f.

Beispiele:

	❶	❷	❸	❹
Allgemeine Form	$f_1(x) = x^2$	$f_2(x) = x^2 - 2x + 2$	$f_3(x) = -2x^2$	$f_4(x) = 0{,}5x^2 + 2x - 2{,}5$
Scheitelpunktform	$f_1(x) = x^2$	$f_2(x) = (x - 1)^2 + 1$	$f_3(x) = -2x^2$	$f_4(x) = 0{,}5(x + 2)^2 - 4{,}5$

Parabel

Den Graphen einer quadratischen Funktion nennt man „Parabel".

Die Parabel einer Funktion f mit **$f(x) = a(x - d)^2 + e$** hat folgende Eigenschaften:

Scheitelpunkt
Scheitel

❶ Sie besitzt einen tiefsten (für $a > 0$) oder höchsten (für $a < 0$) Punkt, den **„Scheitelpunkt"** oder **„Scheitel"**. Seine Koordinaten lassen sich aus der Scheitelpunktform direkt ablesen: **S(d|e).**

Symmetrieachse

❷ Sie ist **symmetrisch** zu der Parallelen der y-Achse, die durch den Scheitel geht.

Nullstellen

❸ Sie besitzt keine, genau einen oder zwei Schnittpunkte mit der x-Achse. Die x-Werte dieser Schnittpunkte heißen **„Nullstellen"**. Für eine Nullstelle x_0 der Funktion f gilt: $f(x_0) = 0$.

Normalparabel

Normalform

Die Parabel zu $f(x) = x^2$ heißt „Normalparabel". Alle Parabeln zu $f(x) = (x - d)^2 + e$ sind verschobene Normalparabeln. Die Darstellung ihrer Funktionsterme in der Form $f(x) = x^2 + px + q$ heißt „Normalform".

Die Parabel einer Funktion f mit **$f(x) = (x - d)^2 + e$** hat folgende Eigenschaften:

Verschiebung

❶ Sie hat die gleiche Form wie die Normalparabel.

❷ Sie geht aus der Normalparabel hervor durch Verschieben um $|d|$ Einheiten in Richtung x-Achse und um $|e|$ Einheiten in Richtung y-Achse, und zwar:

$d > 0$: Verschiebung nach **rechts**; **$d < 0$:** Verschiebung nach **links**;
$e > 0$: Verschiebung nach **oben**; **$e < 0$:** Verschiebung nach **unten**.

Streckung/Stauchung
Spiegelung

Parabeln zu $f(x) = a(x - d)^2 + e$ und $|a| \neq 1$ sind gegenüber der Normalparabel gestreckt oder gestaucht, und zwar: $|a| > 1$: gestreckt; $0 < |a| < 1$: gestaucht.

Parabeln mit $a < 0$ ergeben sich aus der mit $|a|$ durch Spiegeln an der Parallelen zur x-Achse, die durch den Scheitelpunkt verläuft.

Beispiele:

Funktion:	$f_1(x) = x^2$	$f_2(x) = (x - 1)^2 + 1$	$f_3(x) = -2x^2$	$f_4(x) = 0{,}5(x + 2)^2 - 4{,}5$
Graph:	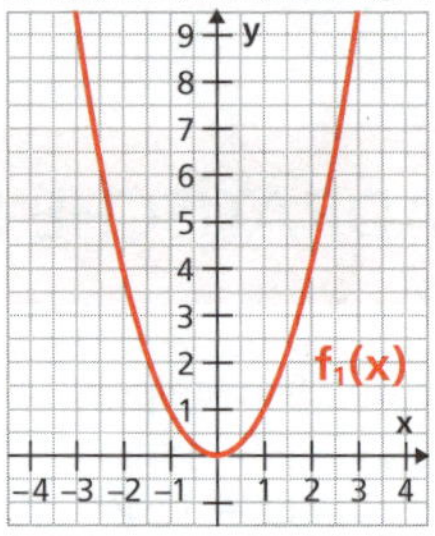	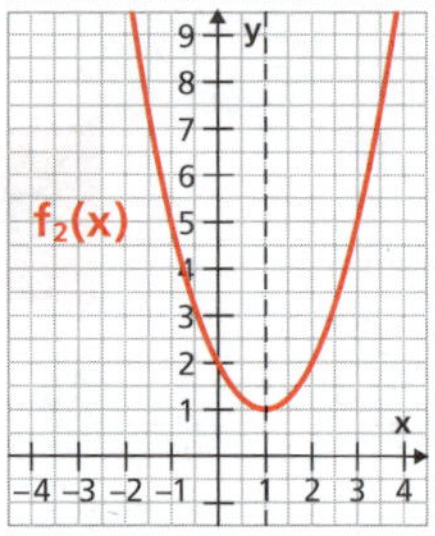	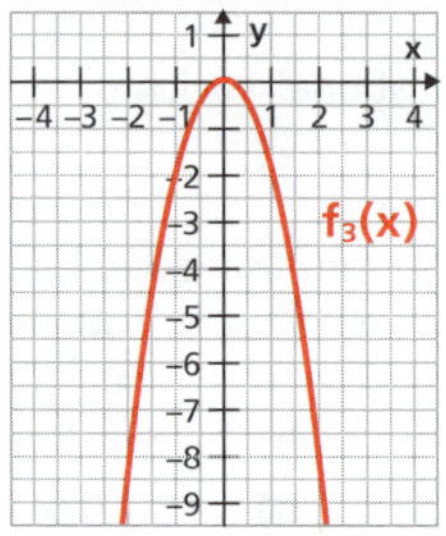	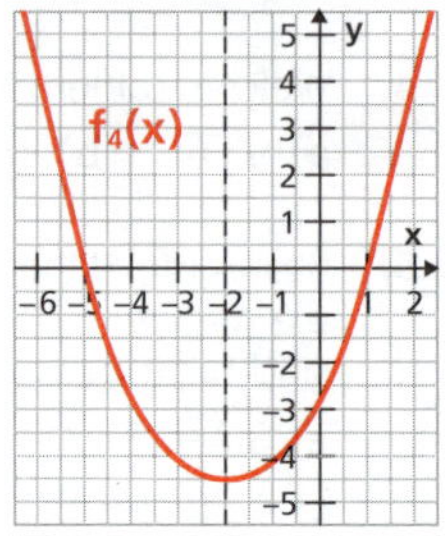
Lage und Form:	Normalparabel	verschobene Normalparabel	gestreckt und gespiegelt gegenüber der Normalparabel	gestaucht und verschoben gegenüber der Normalparabel
Scheitel:	S(0|0); Tiefpunkt	S(1|1); Tiefpunkt	S(0|0); Hochpunkt	S(−2|−4,5); Tiefpunkt
Nullstellen:	$x_0 = 0$	keine	$x_0 = 0$	$x_0 = 1$ und $x_0 = -5$

Quadratische Gleichung

Eine Gleichung, die sich auf die Form $ax^2 + bx + c = 0$ $(a \neq 0)$ bringen lässt, heißt „quadratische Gleichung". Dividiert man beide Seiten einer quadratischen Gleichung durch a, erhält man die Normalform.

Normalform
Allgemeine Form

Die Form $x^2 + px + q = 0$ heißt „Normalform", die Form $ax^2 + bx + c = 0$ heißt „allgemeine Form" der quadratischen Gleichung.

Beispiel: $4x^2 + 8 = 12x \Leftrightarrow 4x^2 - 12x + 8 = 0$ *(allgemeine Form)* $\Leftrightarrow x^2 - 3x + 2 = 0$ *(Normalform)*

Lösungen

Die Gleichung $x^2 + px + q = 0$ hat die Lösungen: $x_{1/2} = -\frac{p}{2} \pm \sqrt{\left(\frac{p}{2}\right)^2 - q}$. Die Lösungen sind die Nullstellen der zugehörigen quadratischen Funktion $f(x) = x^2 + px + q$.

Diskriminante

Der Term $D = \left(\frac{p}{2}\right)^2 - q$ heißt **Diskriminante**. Die Gleichung hat genau:

- zwei Lösungen, falls $D > 0$ ist;
- genau eine Lösung, falls $D = 0$ ist;
- keine Lösung, falls $D < 0$ ist.

Beispiele:

❶ $x^2 + 4x = 0$;	$p = 4$; $q = 0$; $D = 4 > 0$;	zwei Lösungen: $x_1 = 0$ und $x_2 = -4$
❷ $x^2 - x + 0{,}25 = 0$;	$p = -1$; $q = 0{,}25$; $D = 0$	eine Lösung: $x_1 = 0{,}5$
❸ $x^2 - 3x + 2 = 0$;	$p = -3$; $q = 2$; $D = 0{,}25 > 0$;	zwei Lösungen: $x_1 = 1$ und $x_2 = 2$
❹ $x^2 + 2 = 0$;	$p = 0$; $q = 2$; $D = -2 < 0$;	keine Lösung

Satz von Vieta

Lösen x_1 und x_2 die Gleichung $x^2 + px + q = 0$, dann gilt: $x_1 + x_2 = -p$ und $x_1 \cdot x_2 = q$.

Ersetzt man in der Gleichung $x^2 + px + q = 0$ den Faktor p durch $-(x_1 + x_2)$ und den Summanden q durch $x_1 \cdot x_2$, dann erhält man durch Ausmultiplizieren und Zusammenfassen: $x^2 + px + q = (x - x_1)(x - x_2)$.

Linearfaktorzerlegung

Lösen x_1 und x_2 die Gleichung $x^2 + px + q = 0$, dann gilt: $x^2 + px + q = (x - x_1)(x - x_2)$.

Mithilfe ihrer Lösungen lässt sich also der Term der Gleichung $x^2 + px + q = 0$ als Produkt schreiben, in dem nur lineare Faktoren auftreten. Man hat den Term in **„Linearfaktoren"** zerlegt.

❶ $x^2 + 4x = 0$;	Lösungen: $x_1 = 0$ und $x_2 = -4$;	$x^2 + 4x = x(x + 4)$
❷ $x^2 - x + 0{,}25 = 0$;	Lösungen: $x_1 = x_2 = 0{,}5$;	$x^2 - x + 0{,}25 = (x - 0{,}5)(x - 0{,}5)$
❸ $x^2 - 3x + 2 = 0$;	Lösungen: $x_1 = 1$ und $x_2 = 2$;	$x^2 - 3x + 2 = (x - 1)(x - 2)$

QUADRATWURZELN UND REELLE ZAHLEN

1. Ziehe die Wurzeln, wenn möglich.

a) $\sqrt{13^2}$ **b)** $\sqrt{\left(\frac{8}{11}\right)^2}$ **c)** $\sqrt{1{,}1^2}$ **d)** $\sqrt{(-4)^2}$

e) $\sqrt{-8^2}$ **f)** $\sqrt{\left(2\frac{1}{4}\right)^2}$ **g)** $\sqrt{\left(-\frac{4}{9}\right)^2}$ **h)** $\sqrt{\left(-\frac{3}{8}\right)^2}$

2. Ziehe die Wurzeln, wenn möglich.

a) $\sqrt{196}$ **b)** $\sqrt{\frac{169}{81}}$ **c)** $\sqrt{1{,}44}$ **d)** $\sqrt{0{,}0004}$

e) $\sqrt{-49}$ **f)** $\sqrt{14\frac{1}{16}}$ **g)** $\sqrt{1024}$ **h)** $\sqrt{-0{,}09}$

3. Zwischen welchen ganzen Zahlen liegt

a) $\sqrt{7}$ **b)** $-\sqrt{10}$ **c)** $\sqrt{120}$ **d)** $-\sqrt{420}$

4. Welche Zahlen sind rational, welche irrational?

a) $\sqrt{16}$ **b)** $\sqrt{\frac{4}{3}}$ **c)** $1{,}3\overline{15}$ **d)** $-\sqrt{0{,}1}$

5. Bestimme Näherungswerte mit zwei Dezimalen für die Wurzeln und berechne. Die rationalen Zahlen sind nicht gerundet.

a) $3{,}2 + 3\sqrt{7} - \sqrt{3}$ **b)** $2{,}4 \cdot \sqrt{10} + 6{,}375$

c) $4 \cdot (\sqrt{2} + 0{,}1 \cdot \sqrt{5})$ **d)** $\sqrt{15} : 0{,}5 + 5{,}8$

6. Welche Seitenlänge hat ein Quadrat mit dem Flächeninhalt

a) $A = 0{,}16\ m^2$ **b)** $A = 256\ cm^2$ **c)** $A = 1\frac{24}{25}\ dm^2$

7. Welchen Umfang hat ein Quadrat, das den gleichen Flächeninhalt hat wie ein Rechteck mit den Seitenlängen

a) $a = 12$ cm; $b = 3$ cm **b)** $a = 1{,}8$ m; $b = 0{,}8$ m

QUADRATWURZELTERME

8. Ziehe die Wurzeln.

a) $\sqrt{9a^2}$ **b)** $\sqrt{\frac{9a^2}{16}}$ **c)** $\sqrt{\frac{441}{4b^2}}$ **d)** $\sqrt{(4a-b)^2}$

e) $\sqrt{a^6b^4}$ **f)** $\sqrt{16a^2 - 8ab + b^2}$ **g)** $\sqrt{\frac{a^2}{a^2 - 2a + 1}}$

9. Ziehe die Wurzeln so weit wie möglich.

a) $\sqrt{27}$ **b)** $\sqrt{245}$ **c)** $\sqrt{\frac{18}{25}}$ **d)** $\sqrt{\frac{9}{243}}$

10. Ziehe die Wurzeln so weit wie möglich.

a) $\sqrt{25a^2b}$ **b)** $\sqrt{\frac{8a^4}{b^3}}$ **c)** $\sqrt{(a-b)^3}$

d) $\sqrt{2a^2 + 4ab + 2b^2}$ **e)** $\sqrt{\frac{196(a+2b)^3}{a^2 - 4b^2}}$

11. Berechne und vereinfache so weit wie möglich.

a) $\sqrt{16} \cdot \sqrt{36}$ **b)** $\sqrt{8} \cdot \sqrt{32}$ **c)** $\sqrt{216} : \sqrt{36}$

d) $\sqrt{\frac{4}{9}} \cdot \sqrt{\frac{25}{49}}$ **e)** $\sqrt{\frac{1}{4}} : \sqrt{\frac{1}{169}}$ **f)** $\sqrt{\frac{1}{18}} : \sqrt{\frac{2}{125}}$

12. Berechne und vereinfache so weit wie möglich.

a) $\sqrt{2x} \cdot \sqrt{8xy}$ **b)** $\sqrt{\frac{a}{b^2}} \cdot \sqrt{3b^3}$ **c)** $\sqrt{6x^2y} : \sqrt{xy}$

d) $\sqrt{\frac{a+2}{18}} \cdot \sqrt{\frac{a+2}{6}}$ **e)** $\sqrt{\frac{x^2 - xy}{5}} : \sqrt{\frac{x^2 - 2xy + y^2}{125x}}$

13. Vereinfache so weit wie möglich.

a) $2\sqrt{d} - 7\sqrt{d} + \sqrt{d}$

b) $a\sqrt{5} - b^2\sqrt{5} + 2a\sqrt{5}$

c) $4\sqrt{a+1} - (3\sqrt{1-b} - 8\sqrt{1-b} + \sqrt{a+1})$

d) $3x\sqrt{2} + 2(y\sqrt{8} - 2x\sqrt{2}) - y\sqrt{8}$

e) $3(\sqrt{e} - 5\sqrt{f}) - 2(\sqrt{e^3} + \sqrt{f^3})$

14. Schreibe mit rationalen Nennern.

a) $\frac{1}{\sqrt{6}}$ **b)** $\frac{6}{\sqrt{15}}$ **c)** $\frac{10}{\sqrt{10}}$ **d)** $\frac{3}{\sqrt{3a}}$

e) $\frac{\sqrt{5}}{1 + \sqrt{5}}$ **f)** $\frac{\sqrt{b}}{\sqrt{b} - 2}$ **g)** $\frac{\sqrt{3} + \sqrt{6}}{\sqrt{3} - \sqrt{6}}$ **h)** $\frac{\sqrt{x}}{\sqrt{x} - \sqrt{2y}}$

15. Löse die Gleichungen.

a) $\sqrt{x+2} - 5 = 1$ **b)** $4 - \sqrt{3-x} = 6$

c) $\sqrt{x+1} = 1 + \sqrt{x-1}$ **d)** $3 - \sqrt{2x} = 1 + \sqrt{1+2x}$

QUADRATISCHE FUNKTIONEN

16. Gib den Scheitelpunkt an.

a) $f(x) = x^2 - 1$ **b)** $f(x) = (x-5)^2$

c) $f(x) = (x+1{,}5)^2 - 1$ **d)** $f(x) = -2(x+4)^2 + 8$

17. Zeichne die Graphen der Funktionen aus Aufgabe 16 und lies deren Schnittpunkte mit der x-Achse ab.

18. Bestimme die Normalform der Gleichung der verschobenen Normalparabel mit dem Scheitel S. Gib jeweils den Schnittpunkt mit der y-Achse an.

a) S(2|5) **b)** S(4|–6) **c)** S(–3,5|–12)

19. Gib die Gleichungen der Funktionen f und g an.

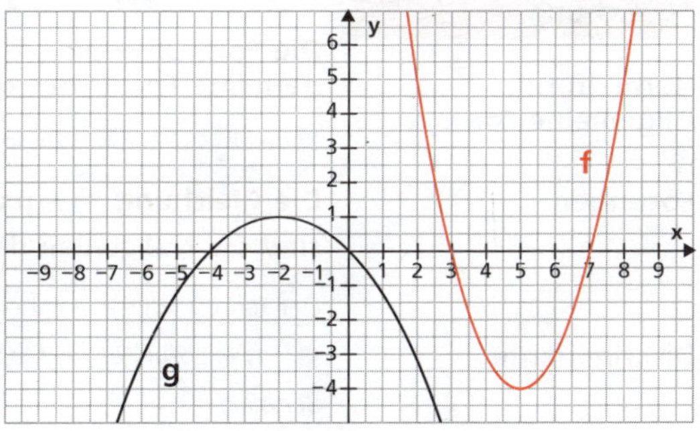

20. Bestimme den Scheitel. Handelt es sich dabei um einen Hoch- oder Tiefpunkt?

a) $f(x) = x^2 - 6x + 9$ **b)** $f(x) = x^2 + 10x$

c) $f(x) = x^2 + 7x + 12$ **d)** $f(x) = -x^2 - 2x + 8$

e) $f(x) = 4x^2 - 20x + 9$ **f)** $f(x) = -\frac{1}{3}x^2 + 2x - \frac{7}{3}$

21. Zeichne die Graphen der Funktionen.

a) $f(x) = x^2 + 5x + \frac{25}{4}$ **b)** $f(x) = \frac{3}{2}x^2$

c) $f(x) = x^2 - 2x - 3$ **d)** $f(x) = -\frac{3}{4}x^2 - 3$

22. Bestimme die Gleichung der verschobenen Normalparabel, die durch die angegebenen Punkte geht.

a) P(1|–20); Q(2|–12) **b)** P(–3|4); Q(–1|–2)

23. Bestimme die Gleichung der Parabel, die

a) ihren Scheitel bei (−5|3) hat und durch den Punkt P(−4|7) geht.

b) durch die Punkte P(−3|−4), Q(−1|0) und R(2|1) geht.

24. Der Bogen der Großdorfer Kleinbahnbrücke hat die Form einer Parabel. Der Brückenbogen ist 60 m hoch und hat eine Spannweite von 120 m. Beschreibe die Parabel durch eine Gleichung der Form $f(x) = ax^2$.

25. Zwei Zahlen unterscheiden sich um 20. Welches der möglichen Zahlenpaare hat das kleinste Produkt? Wie groß ist es?

26. Welches Rechteck mit dem Umfang U = 28 m hat den größten Flächeninhalt? Wie groß ist er?

27. Aus einem dreieckigen Glasrest mit den in der Skizze angegebenen Maßen soll ein Rechteck geschnitten werden. Welches der möglichen Rechtecke hat den größten Flächeninhalt?

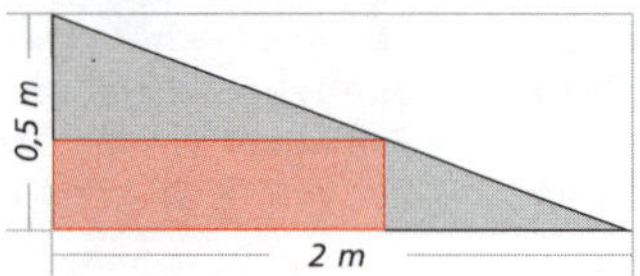

QUADRATISCHE GLEICHUNGEN

28. Löse zeichnerisch.

a) $x^2 - 25 = 0$ **b)** $x^2 - 6x = 0$

c) $x^2 - 6x + 8 = 0$ **d)** $-\frac{1}{2}x^2 - x - \frac{3}{2} = 0$

29. Gib die Lösungsmenge an.

a) $x^2 = 16$ **b)** $x^2 - 36 = 0$ **c)** $x^2 - 7 = 0$

d) $x^2 + 9 = 0$ **e)** $3x^2 = 75$ **f)** $\frac{1}{8} - \frac{1}{4}x^2 = 0$

30. Gib die Lösungsmenge an.

a) $x^2 - 7x = 0$ **b)** $2x^2 + 8x = 0$ **c)** $3x^2 = 45x$

d) $x^2 + 28x + 196 = 0$ **e)** $\frac{1}{3}x^2 = 2x - 3$

31. Löse mit quadratischer Ergänzung.

a) $x^2 - 2x - 120 = 0$ **b)** $x^2 + 7x - 44 = 0$

c) $x^2 + \frac{20}{3}x + 4 = 0$ **d)** $x^2 - \frac{5}{6}x + \frac{1}{6} = 0$

32. Löse die Gleichungen aus Aufgabe 31 mit der Lösungsformel.

33. Bestimme die Nullstellen der Funktionen, falls vorhanden.

a) $f(x) = x^2 + 14x + 48$ **b)** $f(x) = x^2 - 8x + 16$

c) $f(x) = -x^2 + 5x + 14$ **d)** $f(x) = 2x^2 - 4x + 10$

34. Bestimme die Lösungsmenge.

a) $\frac{1}{4}x^2 - 3x + 8 = 0$ **b)** $4x^2 = 12x - 9$

c) $x(x + 2) - x(4 - x) = 8(1 - x)$ **d)** $(x - 6)^2 + (5 - x)^2 = 5$

35. Überprüfe mithilfe des Satzes von Vieta, ob die Gleichung die angegebene Lösungsmenge hat.

a) $x^2 + 5x + 4 = 0$; L = {−4; −1}

b) $x^2 - 9x - 52 = 0$; L = {−13; 4}

36. Bestimme die fehlenden Werte für x_1, x_2, p und q der Gleichung $x^2 + px + q = 0$ mit den Lösungen x_1 und x_2.

a) $x^2 - 6x + q = 0$; $x_2 = 9$

b) $x^2 + px - 10 = 0$; $x_1 = -10$

37. Bestimme die Normalform der quadratischen Gleichung mit der angegebenen Lösungsmenge.

a) L = {1; 8} **b)** L = {0; 3} **c)** L = {−2; −9}

38. Löse die Gleichungen.

a) $\frac{x}{x+4} = \frac{4}{x-2}$ **b)** $\frac{5}{x} + 1 = \frac{8}{6-x}$

c) $\frac{x}{x+1} = 1 - \frac{x}{x+4}$ **d)** $\frac{x}{2-x} + \frac{4}{2x-x^2} = \frac{x+4}{x}$

39. Wie heißen die Zahlen?

a) Zwei Zahlen mit der Differenz 20 haben das Produkt −84.

b) Das Produkt zweier aufeinanderfolgender ganzer Zahlen ist um 89 größer als ihre Summe.

40. Von einer Stahlplatte mit den skizzierten Maßen sollen an allen vier Ecken Dreiecke abgeschnitten werden, die zueinander kongruent sind. Wie lang müssen die Schenkel dieser Dreiecke sein, wenn der Flächeninhalt der Platte sich um 25% verringern soll?

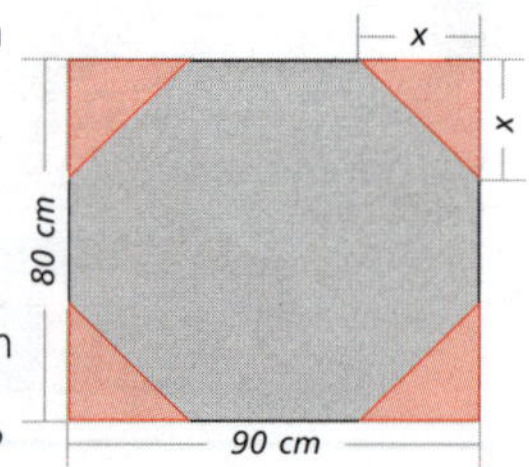

41. In einem gleichschenkligen Dreieck ist die Höhe auf die Basis um 2 cm länger als die Basis. Der Flächeninhalt beträgt 60 cm². Wie lang sind die Schenkel des Dreiecks?

42. Die Handballabteilung des TUS „Rührdich" hat für eine Wochenendfahrt einen Bus gechartert, der 1200 Euro kostet. Der Fahrpreis soll auf alle Mitglieder umgelegt werden. Leider haben sich sechs Mitglieder kurzfristig entschlossen, nicht mitzufahren. Dadurch erhöht sich der Fahrtkostenanteil pro Mitfahrer um 10 Euro.

a) Wie viele Mitglieder hat die Handballabteilung? Wie viele davon fahren mit?

b) Welchen Kostenanteil muss nun jeder Mitfahrer übernehmen?

43. Ein ICE braucht für die ca. 960 km lange Strecke von Hamburg nach München 4 Stunden weniger als ein IC. Der IC ist im Schnitt 64 km pro Stunde langsamer als der ICE. Mit welcher Durchschnittsgeschwindigkeit fahren die beiden Züge?

44. Auf Tinas Geburtstagsfeier stößt jeder mit jedem einmal an. Wie viele Gäste hat Tina eingeladen, wenn es 21 Mal „kling" macht?

Kurioses von irrationalen Zahlen und antiken Weltanschauungskrisen

Warum begnügen sich die Mathematiker nicht mit den rationalen Zahlen, von denen es bekanntlich ja so viele gibt, dass die ganze Zahlengerade damit „dicht" bepackt ist? Ganz einfach: Sie können **beweisen**, dass sich zum Beispiel nicht alle Längenverhältnisse durch rationale Zahlen beschreiben lassen.

Seite und Diagonale eines Quadrats

Ist a die Seitenlänge und d die Diagonalenlänge eines Quadrats, dann ist der Quotient $\frac{d}{a}$ **keine** rationale Zahl.

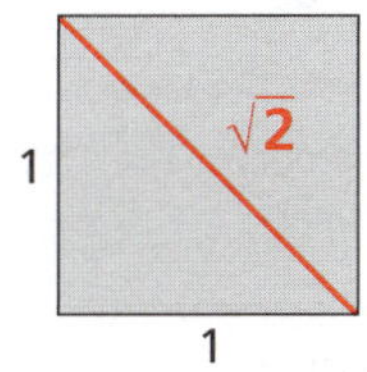

Mit Blick auf das Einheitsquadrat (a = 1 LE) bedeutet dies, dass $\sqrt{2}$ keine rationale Zahl ist, also nicht als Bruch $\frac{p}{q}$ (mit p, q ∈ IN) geschrieben werden kann.

Um also z. B. die Diagonalenlänge im Einheitsquadrat **exakt** auszudrücken, braucht man neue Zahlen. Die Mathematiker nennen diese **„irrationale Zahlen"**.

Mit der Frage, ob man $\sqrt{2}$ als Bruch schreiben kann, haben sich bereits viele Mathematiker der Antike beschäftigt. Der rechts oben stehende Beweis für die Aussage: „$\sqrt{2}$ ist keine rationale Zahl" steht im 10. Buch der „Elemente", der von Euklid verfassten und zweifelsfrei wichtigsten Gesamtdarstellung der Mathematik des antiken Griechenlands.

Beweis: $\sqrt{2}$ ist keine rationale Zahl

❶ Annahme: $\sqrt{2} = \frac{p}{q}$; p und q teilerfremd
❷ $2 = \frac{p^2}{q^2}$
❸ $2q^2 = p^2$
❹ p^2 ist durch 2 teilbar.
❺ p ist durch 2 teilbar. Setze $p = 2r$.
❻ $q^2 = 2r^2$
❼ q^2 ist durch 2 teilbar.
❽ q ist durch 2 teilbar.
❾ ❺ mit ❽ ist ein Widerspruch zu ❶.

Pythagoras von Samos

Griechischer Philosoph (etwa 570 – 497 v. Chr.) und Gründer der nach ihm benannten philosophisch-religiösen Gemeinschaft. Der ihm zugeschriebene Lehrsatz („Satz des Pythagoras") war seinem Inhalt nach schon der vorgriechischen Mathematik geläufig.

Tatsache: Die Pythagoreer vereinte die philosophisch-religiöse Grundüberzeugung, dass sich die Ordnung der Welt in allen Bereichen durch „Zahlen" bzw. durch „Zahlenverhältnisse" erfassen lässt. Unter „Zahlen" verstanden sie dabei das, was wir heute mit „natürlichen Zahlen" bezeichnen. Den Begriff „Zahlenverhältnis" würden wir demnach mit „rationale Zahl" übersetzen.

Der logische Nachweis, dass es **keine** rationale Zahl geben kann, deren Quadrat 2 ist, war für viele Philosophen und Mathematiker der Antike eine ungeheure Katastrophe. Die Pythagoreer haben ihre Entdeckung lange Zeit geheim gehalten. Proklos (412 – 485 n. Chr.) berichtet in einem Kommentar zum Lehrbuch des Euklid, dass derjenige Pythagoreer, der den „Verrat" begangen hatte, brutal von den Göttern betraft wurde. Er soll in einem Sturm auf See ums Leben gekommen sein.

An Lehrkräfte, Eltern und alle Interessierte

Mathematik ist das schulische Problemfach Nr. 1 und damit auch das am häufigsten belegte Nachhilfefach. Eine Konsequenz aus der PISA-Studie liegt auf der Hand: Dem schulischen Mathematikunterricht wird von der ersten bis zur letzten Klasse ein noch größeres Gewicht zukommen.

Der Studienkreis hat sich bereits vor vielen Jahren dazu entschlossen, eigene Lernhilfen für Mathematik zu entwickeln. Dabei herausgekommen ist der

MATHE HELFER:

- Aufbau, Gliederung und Konzeption des MATHE HELFERs basieren auf den langjährigen praktischen Erfahrungen des Studienkreises bei der Durchführung von Nachhilfe- und Förderunterricht. Der erste MATHE HELFER ist anhand eines Musterkapitels bei über 300 Schülerinnen und Schülern mit Erfolg getestet worden.
- Durch die vollständige Trennung seiner einzelnen Teile sind die Verwendungsmöglichkeiten des MATHE HELFERs vielseitig: Es kann nur mit den Seiten MOTTE & LAZY oder nur mit den Seiten ÜBERSICHT oder nur mit den Seiten MUSTERAUFGABEN oder auch nur mit den Seiten AUFGABEN gearbeitet werden. Die verschiedenen Teile sind aber auch beliebig kombinierbar.
- Die Seiten GRUNDWISSEN und TESTAUFGABEN dienen der Prüfungsvorbereitung und der Wiederholung.
- Eine sorgfältige Themenplanung, basierend auf genauen Analysen der Lehrpläne und Mathematikschulbücher aller Bundesländer, gewährleistet, dass der in den öffentlichen Schulen behandelte Unterrichtsstoff mit einer hohen Wahrscheinlichkeit auch im MATHE HELFER zu finden ist.
- Bei den MUSTERAUFGABEN werden zu allen wichtigen Aufgabentypen eindeutige und nachvollziehbare Handlungsanweisungen und Hilfestellungen zur Aufgabenlösung angeboten.
- Das Aufgabenmaterial ist umfang- und abwechslungsreich und nach Schwierigkeitsgrad differenziert. Neben den „Standardaufgaben" und den Übungen zur eher „technischen" Reproduktion des Lernstoffs werden hier viele Aufgaben angeboten, die Verständnis hinterfragen und dazu auffordern, das neu Gelernte mit altem Wissen zu verbinden und in unterschiedlichen Kontexten anzuwenden.
- Das insbesondere durch die Comics auffällig andere „Outfit" sowie die vielen Rahmenthemen aus der Lebenswelt von Kindern und Jugendlichen sprechen nach unseren Erfahrungen die Schüler besser an, als dies bei herkömmlichen Schulbüchern und Lernhilfen der Fall ist.

Wir sind sehr zuversichtlich, dass der MATHE HELFER vielen Schülerinnen und Schülern innerhalb und außerhalb des Studienkreises zu besseren Lernerfolgen in Mathematik verhelfen wird. Über diesbezügliche Hinweise und weitere Anregungen würden wir uns sehr freuen.

Redaktion MATHE HELFER des Studienkreises

PS: Die HELFER des Studienkreises gibt es für die Fächer Mathematik, Deutsch und Englisch. Ausführliche Hinweise für Lehrkräfte und Inhaltsangaben zu allen lieferbaren Titeln sowie zum Konzept der HELFER-Reihe finden Sie unter:

www.lernhelfer.de

Gerne informieren wir Sie auch telefonisch über unsere Angebote: ✆ 02 34/9 76 01 07

studienkreis
> Nachhilfe.de

Der Studienkreis im Überblick

Mit mehr als 1.000 Schulen und über 850.000 geförderten Kindern und Jugendlichen ist der Studienkreis – ein Unternehmen der Cornelsen Verlagsgruppe – die meistbesuchte Nachhilfeschule in Deutschland.

Das Erfolgskonzept seit über 30 Jahren:

- Individuelle Förderung in kleinen, fachbezogenen Lerngruppen
- Fachlich und pädagogisch qualifizierte Lehrkräfte
- Vermittlung effektiver Lerntechniken
- Regelmäßiger Austausch mit den Eltern
- Zusammenarbeit mit Lehrern öffentlicher Schulen
- Eigene schülergerechte Lernmaterialien
- Optimale Dauer der Förderung

Spezielle Angebote in vielen Studienkreisen:

- Gezielte Hilfe bei Lese-Rechtschreibschwäche
- Gezielte Hilfe bei Rechenschwäche
- Hochbegabtenförderung

studienkreis
> Nachhilfe.de
Inhaber: Andreas Kunstmann
Brunnenstr. 6 > 65812 Bad Soden/Ts.
Tel. 0 61 96 / 65 26 251
Fax: 0 61 96 / 65 26 257

www.nachhilfe.de
0800 111 12 35 > gebührenfrei

> Auflage 7 6 5 4 / 2007 2006 2005

Verantwortlich für den Inhalt: Edith Arndt-Adam. Erarbeitet von Edith Arndt-Adam und Suzanne Schmidt unter Mitarbeit von: Elke Cleve, Waltraut Gottwald, Detlef Kailuweit, Dr. Heyke Kübsch, Joachim Müller, Beate Richter, Helmut Weggen, Dr. Uwe Wessels, Hubertus Witkowski und Harald Ziebarth.
Comics: Henning Schöttke, Edith Arndt-Adam und Suzanne Schmidt · Herstellung: Thomas Brink, Mönchengladbach · Druck & Bindung: Lensing Druck, Ahaus

ISBN 3-935723-36-9

D 080 GF

Notizen

Notizen

Notizen

Activité Algo Pro Programmer avec une fonction affine

MES FICHIERS
Scratch - Python
foucherconnect.fr/21mc63

SITUATION . Deux échelles de température

Aina effectue un stage dans une boulangerie en Angleterre où elle utilise un four à affichage en degré Fahrenheit (°F). Afin de ne commettre aucune erreur, elle souhaite déterminer la relation entre les températures en °C et °F. Elle a retenu que 10 °C = 50 °F et 100 °C = 212 °F.

Problématique

À quelle température (en °F) Aina doit-elle régler le four pour cuire des viennoiseries à 180 °C ?

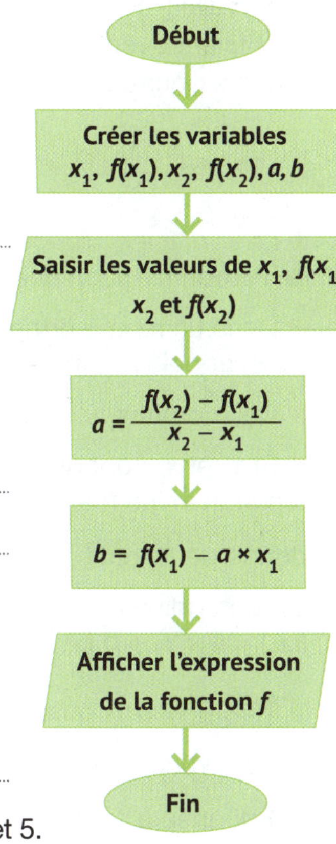

LANGAGE NATUREL

Soit f la fonction affine qui modélise la relation entre les températures en °C et °F.

1 L'algorigramme ci-contre est celui de la fonction f. Que représentent a et b ?

....

LANGAGE SCRATCH

Ouvrez le fichier « **C06_87_temperature.sb3** ».

2 Complétez le programme en plaçant les variables dans les cases vides.

3 Exécutez le programme et notez l'expression de la fonction f. ....

4 Répondez à la problématique. ....

LANGAGE PYTHON

Ouvrez le fichier « **C06_87_temperature.py** ».

5 Expliquez ce qui se passe si on saisit deux fois la même température en °C.

....

6 Expliquez, avant de tester, ce que fera le programme si on ajoute les lignes 4 et 5.

....

....

```
3  x2=float(input("Entrez une deuxième température en °C."))
4  while x2==x1:
5    x2=float(input("Entrez une deuxième température en °C différente de la première !"))
6  y2=float(input("Donnez sa valeur en °F."))
```

7 Ajoutez l'instruction ci-dessus au programme, puis exécutez-le. La réponse à la question 3 est-elle vérifiée ?

....

LEXIQUE python

Instruction	Signification
`x1=float(input("Entrez une température en °C."))`	**Affecter** (=) à la variable x_1 une valeur **décimale** (float) qui doit être **saisie** (input).
`while x2==x1:`	**Exécuter** une boucle non bornée : **tant que** (while) x_2 est **égal** (==) à x_1.

Je fais le point Fonctions affines et systèmes

Représentation graphique d'une fonction affine

- Une fonction affine f est une fonction dont l'expression est de la forme : $f(x) = ax + b$.
- La courbe représentative d'une fonction affine est une droite d'équation réduite $y = ax + b$.
Cette droite passe par le point de coordonnées $(0 ; b)$.
a est le coefficient directeur de la droite et b est l'ordonnée à l'origine de la droite.
- Une fonction affine est croissante si $a > 0$, décroissante si $a < 0$, constante si $a = 0$.

Exemple

Soit la fonction affine f définie par son expression $f(x) = 0{,}5x - 1$ sur l'intervalle $[-1 ; 4]$. La droite représentative de la fonction f a pour coefficient directeur $a = 0{,}5$ et pour ordonnée à l'origine $b = -1$. La droite a pour équation réduite $y = 0{,}5x - 1$. La fonction f est croissante.

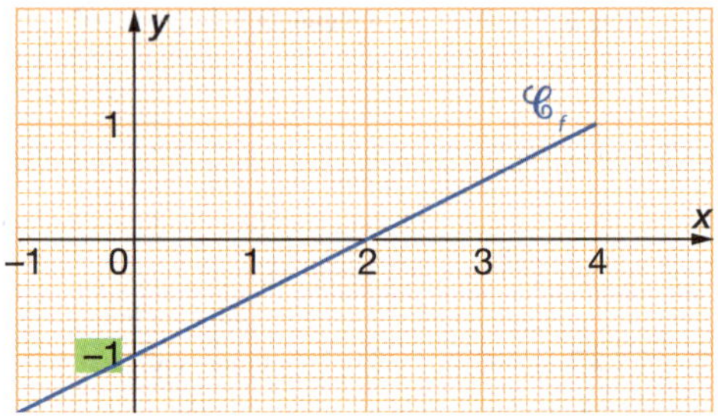

Expression d'une fonction affine

- Le coefficient directeur a d'une droite indique la variation de l'ordonnée y lorsque l'abscisse x augmente d'une unité.
- Dans un repère orthonormé, le coefficient directeur d'une droite est aussi appelé pente de la droite.
- Deux droites parallèles ont des coefficients directeurs égaux.
- Si x_1 et x_2 sont deux nombres, et $f(x_1)$ et $f(x_2)$ leurs images par une fonction affine f, alors le taux d'accroissement a de la fonction f est donné par la relation : $a = \dfrac{f(x_2) - f(x_1)}{x_2 - x_1}$.
On détermine l'ordonnée à l'origine b sachant que x_1 a pour image $f(x_1) = a \times x_1 + b$ par f.

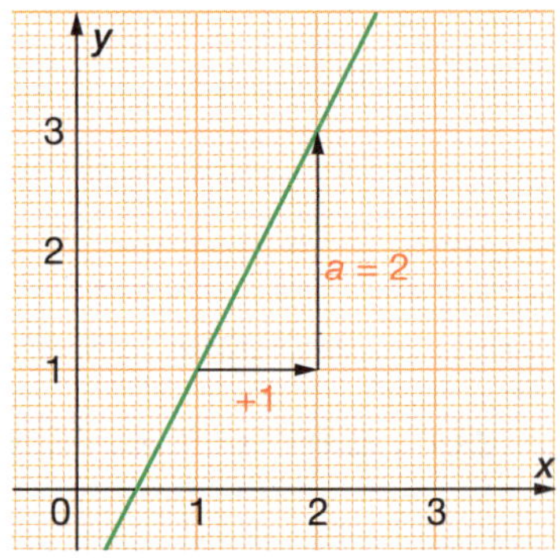

Exemple On considère la fonction affine f telle que $f(1) = 3$ et $f(2) = 0$.

- Taux d'accroissement a : $a = \dfrac{f(2) - f(1)}{2 - 1} = \dfrac{0 - 3}{2 - 1} = -3$, donc $f(x) = -3x + b$.
- Ordonnée à l'origine b : $f(1) = 3$ donc $-3 \times 1 + b = 3$ et $b = 3 + 3 = 6$.

La fonction f a pour expression $f(x) = -3x + 6$.

Résolution graphique d'un système

- $\begin{cases} ax + by = c \\ a'x + b'y = c' \end{cases}$, est un système de deux équations à deux inconnues.
- Résoudre ce système consiste à déterminer, s'il existe, le couple $(x_0 ; y_0)$ qui vérifie simultanément les deux équations.
- Pour résoudre graphiquement un système, on représente chaque équation du système par une droite. Si les deux droites se coupent en un point $\mathrm{I}(x_\mathrm{I} ; y_\mathrm{I})$, alors le système a pour solution le couple $(x_\mathrm{I} ; y_\mathrm{I})$.

Exemple

Soit le système de deux équations à deux inconnues suivant
$\begin{cases} 4x + 3y = 1 \\ x - 2y = -8 \end{cases}$ représenté sur le graphique ci-contre.
Le couple $(-2 ; 3)$ est la solution du système.

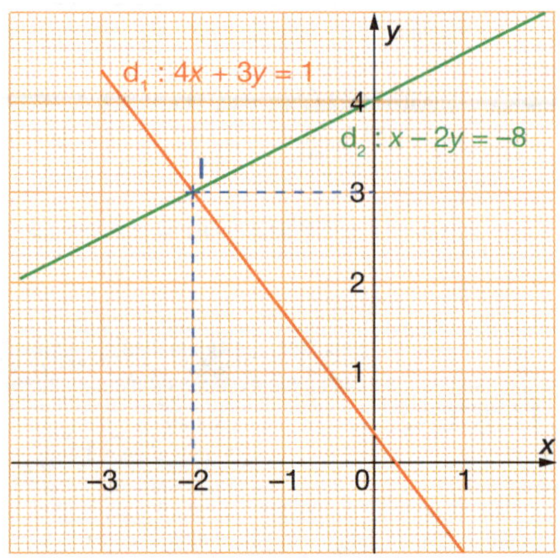

AUTOMATISMES

Sans calculatrice ni brouillon, répondez aux 3 questions du rituel indiqué par votre professeur. Votre réponse est juste ? Bravo ! Cochez la case de l'automatisme correspondant.

Rituel 1 (2')

☐ **A4** Calculez la moyenne des trois températures : −2 °C ; 1 °C ; 7 °C. ....

☐ **A19** La facture d'un client s'élève à 49,185 €. Arrondissez ce montant au centième.

☐ 49,10 € ☐ 49,18 €

☐ 49,19 € ☐ 49,20 €

☐ **A14** D'après la représentation graphique de la fonction *f* ci-contre :

☐ M(0 ; 5) ☐ M(5 ; 0)

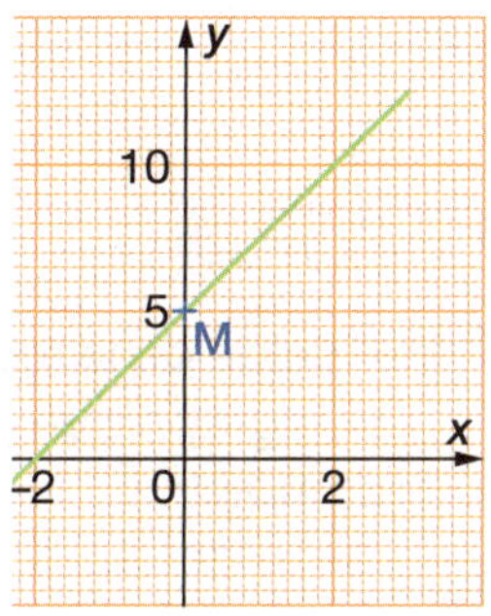

Rituel 3 (2')

Répondez aux automatismes A15 et A16 suivants en vous aidant de la représentation graphique de la fonction *f* ci-contre.

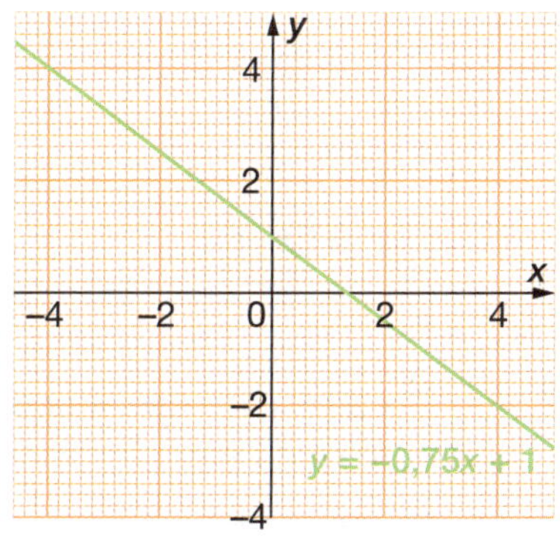

☐ **A15** L'image de 4 par *f* est :

☐ −4 ☐ −2 ☐ 1

☐ **A16** Résolvez graphiquement l'équation $-0{,}75x + 1 = 4$. ....

☐ **A8** $\frac{2}{7} + \frac{4}{3} = \frac{6}{10}$. ☐ Vrai ☐ Faux

Rituel 2 (2')

☐ **A20** Il est tombé 0,003 m de pluie cette nuit sur mon jardin. Exprimez cette quantité dans une unité plus adaptée. ....

☐ **A2** Le salaire de Sandrine a augmenté de 2 %. Sachant qu'elle percevait 1 500 €, quel est le montant de l'augmentation en € ?

....

☐ **A22** L'aire d'un carré de 30 cm de côté est égale à 60 cm². ☐ Vrai ☐ Faux

Rituel 4 (2')

☐ **A1** Calculez la fréquence de victoires si on a 15 victoires sur 20 matchs. ....

☐ **A10** Sachant que $v = \frac{d}{t}$ où *v* est la vitesse (en m) et *t* le temps (en s), cochez la formule permettant de calculer la distance *d* (en m).

☐ $d = v \times t$ ☐ $d = \frac{v}{t}$ ☐ $d = \frac{t}{v}$

☐ **A9** Développez l'expression $5(3 - 2x)$.

....

Identifier et représenter une fonction affine

1 Cochez les fonctions affines. Identifiez les coefficients directeurs *a* et ordonnées à l'origine *b* de leurs courbes représentatives.

☐ $f(x) = -3x - 2$

$a =$ .... ; $b =$ ....

☐ $g(x) = x + 1$

....

☐ $h(n) = 4 + 5n$

....

☐ $j(n) = 6{,}9 - n$

....

☐ $k(t) = 7t^2 + 1$

....

☐ $v(t) = \frac{t}{3} + 8$

....

☐ $A(q) = \frac{8}{q} + 7$

....

☐ $B(q) = \frac{1}{2q + 5}$

....

2 Pour chaque fonction affine suivante dont l'expression est de la forme $ax + b$, complétez les informations manquantes.

Expression de la fonction	*a*	*b*
$f(x) =$	−2	−5
$g(x) = x - 0{,}1$	....	....
$h(x) = 3 + 2{,}6x$	....	....
$j(x) =$	−1	7

3 Associez à chaque fonction sa représentation graphique.

$f(x) = x + 2$ ....

$g(x) = -0,5x$ ....

$h(x) = 4$ ....

$j(x) = 3 - 0,5x$ ....

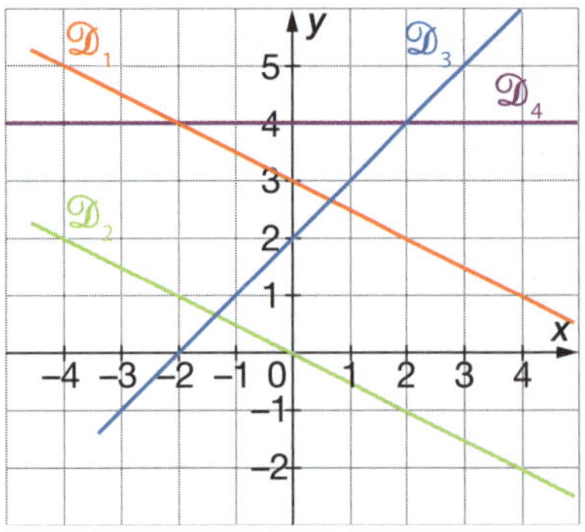

4 La piscine de Léa contient 50 m^3 d'eau. Léa constate que l'eau s'évapore à raison de 9 L/h.

On modélise la situation par la fonction affine f définie par $f(x) = 50\ 000 - 9x$ sur l'intervalle $[0 ; 120]$ où $f(x)$ est la quantité d'eau (en L) dans la piscine au bout du temps x (en h).

a. Donnez les valeurs du coefficient directeur a et de l'ordonnée à l'origine b de la courbe représentative de la fonction f. ....

Complétez le tableau de variations de la fonction f.

x	
Variations de f	

b. Vérifiez le sens de variation de la fonction f en la représentant graphiquement à l'aide de l'outil de votre choix.

TUTO CALCULATRICE
Construire la courbe représentative d'une fonction
foucherconnect.fr/ 21mc64

TUTO LOGICIEL
Tracer la courbe représentative d'une fonction
foucherconnect.fr/ 21mc65

5 **a.** Sans tracer les courbes représentatives des fonctions affines suivantes, indiquez leur sens de variation. Justifiez votre réponse.

Fonction	Sens de variation
$A(x) = 3x - 2$	....
$B(x) = -3x + 2$	....
$C(x) = 3 - 2x$	....

b. Vérifiez le sens de variation des fonctions A, B, C en les représentant graphiquement sur l'intervalle $[-2 ; 3]$ à l'aide de l'outil de votre choix.

Déterminer l'expression d'une fonction affine

6 À l'aide de la représentation graphique ci-contre, complétez le tableau ci-dessous.

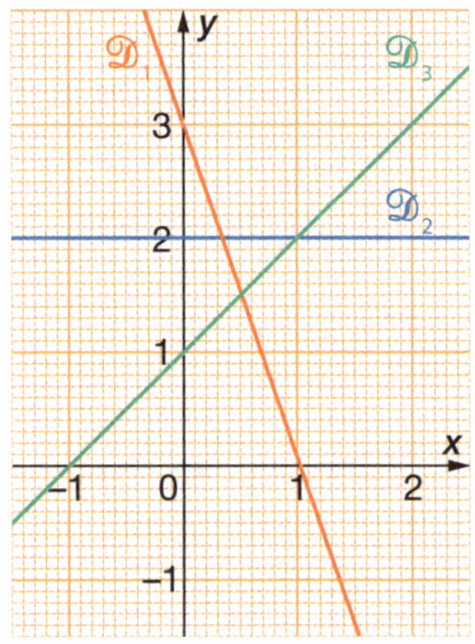

Droite	Coefficient directeur	Ordonnée à l'origine	Équation réduite
$\mathscr{D}_1$	....	....	....
$\mathscr{D}_2$	....	....	....
$\mathscr{D}_3$	....	....	....

7 Soit la fonction affine g définie sur l'intervalle $[3 ; 9]$ telle que $g(5) = 1$ et $g(7) = 2$.

a. Calculez le taux d'accroissement a de la fonction g.

....

b. Donnez le sens de variation de la fonction g.

....

c. Calculez l'ordonnée à l'origine b de la fonction g.

....

....

....

....

d. Déduisez-en l'expression de la fonction g.

....

8 La location journalière d'une trottinette électrique chez TrotLoc comprend le tarif horaire et le montant de l'assurance. Jinna a payé 7,55 € pour 3 h de location et Tristan 11,90 € pour 8 h de location.

On modélise la situation par une fonction affine f définie sur l'intervalle [0 ; 24] où x est la durée (en h) de la location et $f(x)$ le prix payé (en €).

a. Complétez le tableau de valeurs suivant à partir des tarifs proposés à Jinna et Tristan.

x	....	....
$f(x)$	....	....

b. Le taux d'accroissement a de la fonction f correspond au tarif horaire. Calculez a.

....

c. L'ordonnée à l'origine b de la fonction f correspond au montant de l'assurance. Calculez b.

....

....

....

....

....

d. Exprimez le prix $f(x)$ en fonction de la durée x de la location.

....

9 Soient les équations réduites de droites suivantes. Sans les tracer, indiquez les droites parallèles entre elles.

$D_1 : y = 3 - 7x$ $\quad$ $D_2 : y = 3x - 7$

$D_3 : y = -3 - 7x$ $\quad$ $D_4 : y = 3 + 7x$

$D_5 : y = 3x + 7$ $\quad$ $D_6 : y = -3x + 7$

....

Résoudre graphiquement un système

10 Le système de deux équations à deux inconnues

$$\begin{cases} -5x - 2y = 4 \\ x - 2y = -8 \end{cases}$$

est représenté par le graphique ci-contre.

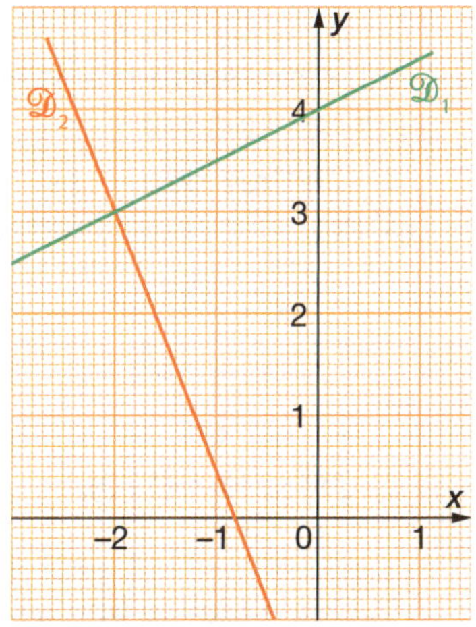

a. Résolvez graphiquement le système.

....

....

b. Vérifiez par le calcul la solution trouvée à la question **a**.

....

....

11 Résolvez graphiquement le système suivant à l'aide du logiciel GeoGebra.

$$\begin{cases} 3x + y = -2 \\ -3x + 2y = 14 \end{cases}$$ ....

TUTO LOGICIEL
Résoudre graphiquement un système de 2 équations à 2 inconnues
foucherconnect.fr/21mc66

12 python foucherconnect.fr/21mc67

Soit l'équation de droite $5x + y = 2$. Ouvrez le fichier « **C06_91_systeme.py** ».

a. Expliquez le rôle du programme à votre professeur.

```
1  for x in range(-10,10):
2    for y in range(-10,10):
3      if 5*x+y==2:
4        print("(",x,";",y,")")
```

....

....

b. Logique ▸ p. 160 Cochez l'instruction à saisir à la ligne 3 du programme pour résoudre le système suivant : $\begin{cases} 5x + y = 2 \\ 4x + 3y = 17 \end{cases}$.

☐ `if 5*x+y==2 or 4*x+3*y==17`

☐ `if 5*x+y==2 and 4*x+3*y==17`

c. Saisissez dans le programme l'instruction choisie à la question **b**, puis exécutez-le. Notez la solution du système. ....

Problèmes

13 Le poids « idéal » d'un homme peut être déterminé à l'aide de la fonction m définie sur l'intervalle $[100 ; 200]$ telle que $m(x) = x - 100 - 0{,}25(x - 150)$ où x représente la taille (en cm) et $m(x)$ le poids « idéal » (en kg).

1. Montrez que m est une fonction affine qui peut s'exprimer sous la forme : $m(x) = 0{,}75x - 62{,}5$.

....

....

....

2. Calculez $m(170)$.

....

3. Quel serait le poids « idéal » de Théo qui mesure 1,70 m ?

....

....

14 Maëlle a souscrit un forfait mobile à 2 € qui limite la durée d'appel à 2 h/mois.

En cas de dépassement, elle devra payer un surplus de 0,05 €/min.

On modélise la situation par la fonction f définie sur l'intervalle $[120 ; 300]$ qui, à la durée d'appel x (en min), associe le montant de la facture $f(x)$ (en €).

1. Cochez l'expression de la fonction f.

☐ $f(x) = 2 + 0{,}05x$ ☐ $f(x) = 2x + 0{,}05$

☐ $f(x) = 2 + 0{,}05(x - 120)$

2. Montrez que f est une fonction affine.

....

....

....

3. Calculez l'image de 180 par f.

....

4. Donnez la signification concrète du résultat obtenu à la question **3**.

....

15 Inès est vendeuse dans un magasin de chaussures pour adultes.

On note p la fonction affine définie sur l'intervalle $[23 ; 30]$ qui, à la longueur x (en cm) du pied, associe la pointure $p(x)$.

1. Une pointure 36 correspond à un pied de longueur 23 cm et une pointure 45 à un pied de 29 cm. Cochez les bonnes égalités.

☐ $p(36) = 23$ ☐ $p(23) = 36$

☐ $p(45) = 29$ ☐ $p(29) = 45$

2. Calculez le taux d'accroissement a de la fonction p.

....

....

3. Calculez l'ordonnée à l'origine b de la fonction p.

....

....

....

....

....

4. Déduisez-en l'expression de la fonction p.

....

5. Représentez graphiquement la fonction p à l'aide de l'outil de votre choix.

6. Déterminez la pointure d'une cliente dont le pied mesure 24 cm.

....

7. Déterminez la longueur de vos pieds connaissant votre pointure. Arrondissez à l'unité.

....

....

....

....

....

....

16 La consommation maximale d'oxygène ou VO_2 max (volume maximal d'oxygène) est un indicateur de la condition physique d'une personne.

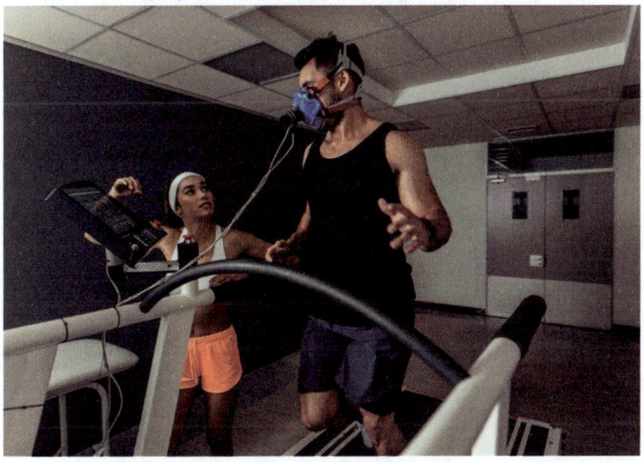

Pour estimer la consommation en oxygène de Ryan en fonction de sa fréquence cardiaque, son coach sportif réalise une mesure au repos et une mesure à l'effort. Les résultats figurent dans le tableau suivant.

	Repos	Effort
Fréquence cardiaque (battement/min)	70	140
$V0_2$ (L/min)	0,24	1,5

Problématique : Quelle est la $V0_2$ max de Ryan ?

1. On modélise la situation par la fonction affine *f* qui, à la fréquence cardiaque *x* (en battement/min) associe le volume d'oxygène consommé *f*(*x*) (en L/min).

a. Calculez le taux d'accroissement a_1 de la fonction *f*.

....

....

b. Calculez l'ordonnée à l'origine b_1 de la fonction *f*.

....

....

....

....

....

c. Déduisez-en l'expression de la fonction *f*.

....

2. Soit *g* la fonction définie par $g(x) = 207 - 0{,}7x$ sur l'intervalle [0 ; 100] où *x* est l'âge de la personne et *g*(*x*) la fréquence cardiaque maximale (FCM) en battement par minute.

a. Donnez le taux d'accroissement a_2 et l'ordonnée à l'origine b_2 de la fonction *g*.

....

b. Indiquez le sens de variation de la fonction *g*. Justifiez.

....

c. Ryan a 40 ans. Déterminez sa FCM.

....

3. Répondez à la problématique. Justifiez votre réponse.

....

....

17 Julien est chauffeur de taxi. Le tarif d'une course est composé d'un prix au kilomètre et d'une prise en charge fixe. Julien a démarré sa journée en réalisant une course de 10 km à 18,20 € et une course de 34 km à 56,60 €. Nirina qui dispose d'un billet de 50 € pour régler sa course lui demande le coût d'un trajet de 28 km.

Soit *x* le tarif au kilomètre (en €/km) et *y* le montant (en €) de la prise en charge.

1. Traduisez cet énoncé par un système de deux équations à deux inconnues.

....

....

2. Écrivez les deux équations du système sous la forme $y = ax + b$.

....

....

3. Résolvez graphiquement le système à l'aide de l'outil de votre choix.

....

....

4. Nirina pourra-t-elle régler la course avec son billet de 50 € ? Justifiez votre réponse.

....

....

....

18 python foucherconnect.fr/21mc68

David part en vacances à 500 km de son domicile avec le plein d'essence. Le réservoir de sa voiture a une contenance maximale de 45 L. Arrivé à destination, la jauge de son réservoir indique 15 L.

Problématique : Quelle distance, en km, David peut-il parcourir avec un plein d'essence ?

On modélise la situation par la fonction affine V qui, à la distance x parcourue (en km) associe la quantité $V(x)$ d'essence contenue dans le réservoir (en L).

1. Déterminez $V(0)$ et $V(500)$.

2. Ouvrez le fichier « **C06_94_affine.py** ». Déterminez l'expression de la fonction V en exécutant le programme.

3. Résolvez l'équation $V(x) = 0$.

4. Répondez à la problématique.

19 À la terrasse d'un café, un groupe d'amis commande 5 jus de fruit et 4 cafés pour 18,80 €. À la table voisine, le serveur encaisse 9,20 € pour 3 cafés et 2 jus de fruit.

On note x le prix (en €) d'un café et y le prix (en €) d'un jus de fruit.

1. Cochez le système qui traduit la situation.

☐ $\begin{cases} 5x + 4y = 18{,}80 \\ 3x + 2y = 9{,}20 \end{cases}$ ☐ $\begin{cases} 4x + 5y = 18{,}80 \\ 3x + 2y = 9{,}20 \end{cases}$

2. Résolvez graphiquement le système à l'aide du logiciel GeoGebra.

3. Déduisez-en les prix d'un café et d'un jus de fruit.

20 Pour augmenter les performances énergétiques de son habitation, M. Gaby décide de remplacer ses fenêtres par du double vitrage. Il compare les tarifs proposés par deux entreprises.

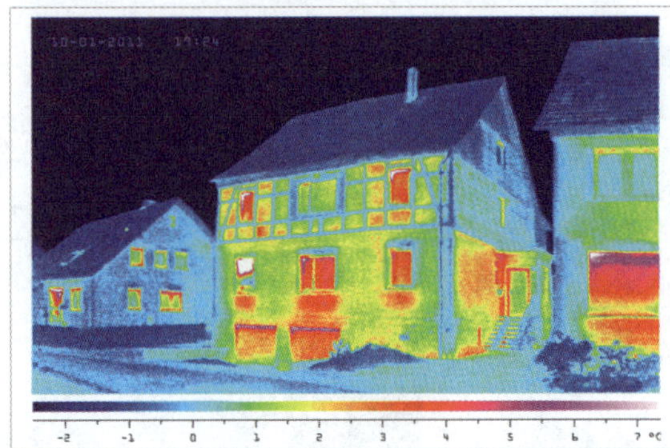

Doc. 1. Entreprise Renov
36 € l'heure
10 € le déplacement

Doc. 2. Entreprise Avenir

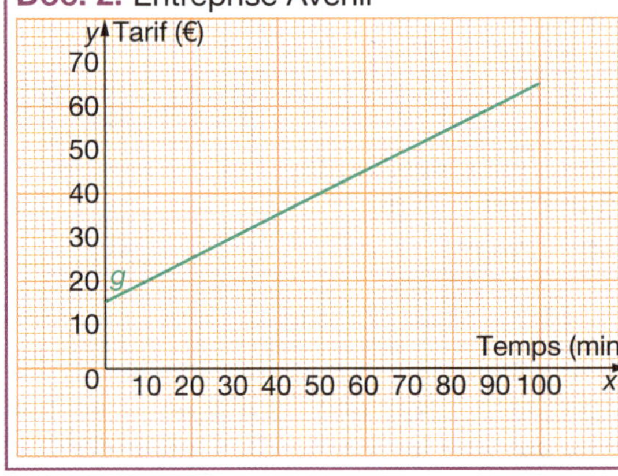

Problématique : Pour quelle durée d'intervention le coût est-il identique avec les deux entreprises ?

On modélise le prix à payer (en €) par une fonction définie sur l'intervalle [0 ; 100] : la fonction f pour l'entreprise Renov et la fonction g pour l'entreprise Avenir, où x représente le temps de travail (en min).

1. Proposez une méthode permettant de répondre à la problématique.

2. Mettez en œuvre votre méthode.

3. Répondez à la problématique.

Consolidation Cycle 4

Je passe d'un mode de représentation d'une fonction à un autre

1 On considère trois fonctions affines A, B et C dont les expressions sont les suivantes :

$A(x) = x - 2$	$B(x) = 1 - 2x$	$C(x) = -2x$
Fonction A	Fonction B	Fonction C

a. **Associez**, lorsque cela est possible, les cartes ci-dessous aux fonctions A, B et/ou C en cochant la (ou les) bonne(s) case(s).

b. **Justifiez** les choix faits pour la fonction A. Vous pouvez par exemple réaliser un enregistrement audio depuis votre tablette ou smartphone.

1

x	-2	3
y	4	-6

Fonction □ A □ B □ C

2

x	-2	3
y	-4	1

Fonction □ A □ B □ C

3

x	-2	3
y	5	7

Fonction □ A □ B □ C

4

x	-2	3
y	5	-5

Fonction □ A □ B □ C

5

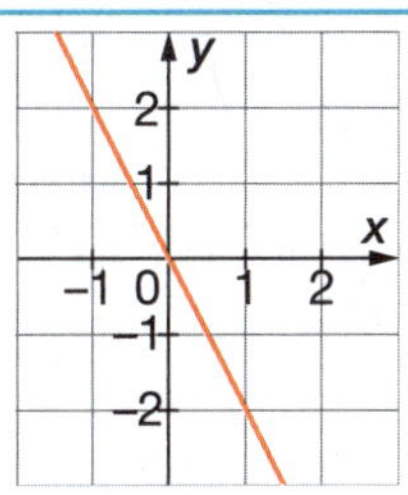

Fonction □ A □ B □ C

6

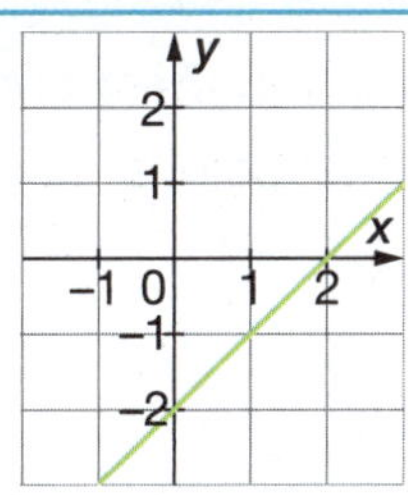

Fonction □ A □ B □ C

7

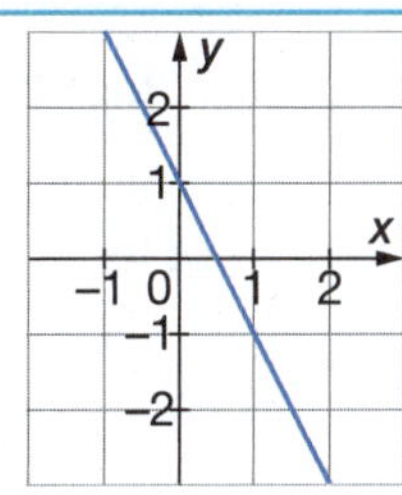

Fonction □ A □ B □ C

8

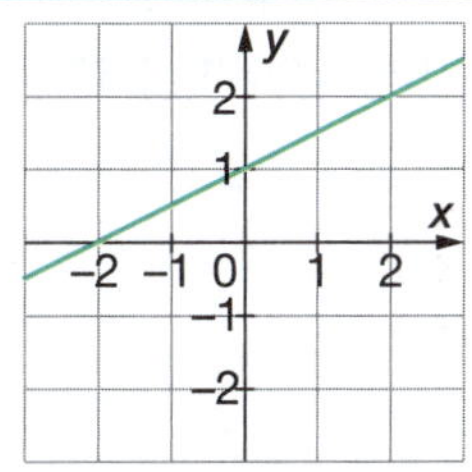

Fonction □ A □ B □ C

9 $b = -2$

Fonction □ A □ B □ C

10 $b = 0$

Fonction □ A □ B □ C

11 $b = 1$

Fonction □ A □ B □ C

12 $b = 2$

Fonction □ A □ B □ C

13 $a > 0$

Fonction □ A □ B □ C

14 $a < 0$

Fonction □ A □ B □ C

15 La droite « monte »

Fonction □ A □ B □ C

16 La droite « descend »

Fonction □ A □ B □ C

Je comprends et j'utilise la notion de fonction affine

2 **a.** Vrai ou Faux ? **Cochez** la bonne réponse.

b. **Justifiez** à l'oral.

La courbe représentative d'une fonction affine est toujours une droite.	□ Vrai	□ Faux
Une fonction linéaire est un cas particulier de fonction affine.	□ Vrai	□ Faux
La fonction f telle que $f(x) = x + 5$ est une fonction linéaire.	□ Vrai	□ Faux
Si $f(x) = x + 5$, alors $f(-6) = 1$.	□ Vrai	□ Faux
La fonction g telle que $g(x) = 1 + 2x$ est associée au programme « Prendre un nombre x, ajouter 1 puis multiplier le résultat par 2 ».	□ Vrai	□ Faux
La représentation graphique de la fonction g précédente passe par le point P(5 ; 11).	□ Vrai	□ Faux

J'utilise le vocabulaire approprié

3 **Complétez** les phrases en utilisant les propositions suivantes :

couple • ordonnée à l'origine • système • affine • y = ax + b • droite • abscisse • coordonnées • intervalle • coefficient directeur • ordonnée • intersection.

Vous pouvez vous aider du graphique.

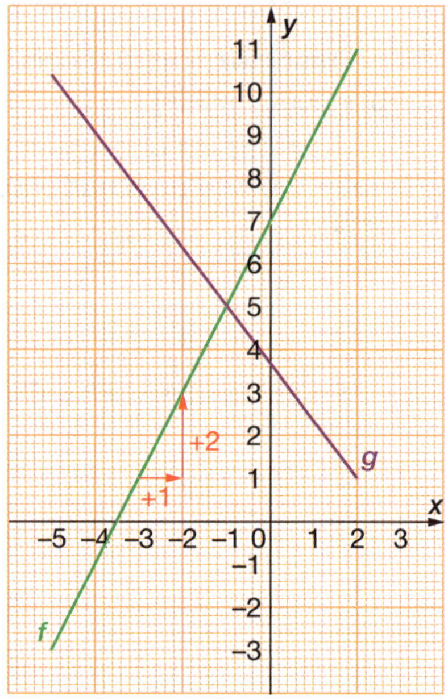

- Soit la fonction .... *f* définie par $f(x) = 2x + 7$ sur l' .... [−5 ; 2].

Sa représentation graphique est une .... dont l'équation réduite est de la forme ....

2 est le .... et 7 est l' .... de la droite.

Lorsque l' .... *x* augmente d'une unité, l' .... *y* augmente de deux unités.

- $\begin{cases} -2x + y = 7 \\ 4x + 3y = 11 \end{cases}$ est un .... de deux équations à deux inconnues représenté par le graphique ci-contre. La solution du système correspond aux .... du point d' .... des droites associées aux deux équations. La solution du système est le .... (−1 ; 5).

Je revois des points importants

4 **Trouvez** le mot secret en répondant correctement aux trois questions « mystère ».

Soit $\mathcal{D}_1$ et $\mathcal{D}_2$ les droites représentées dans le graphique ci-contre. $\mathcal{D}_1$ a pour équation réduite $y = a_1x + b_1$ ❶ et $\mathcal{D}_2$ a pour équation réduite $y = a_2x + b_2$ ❷.

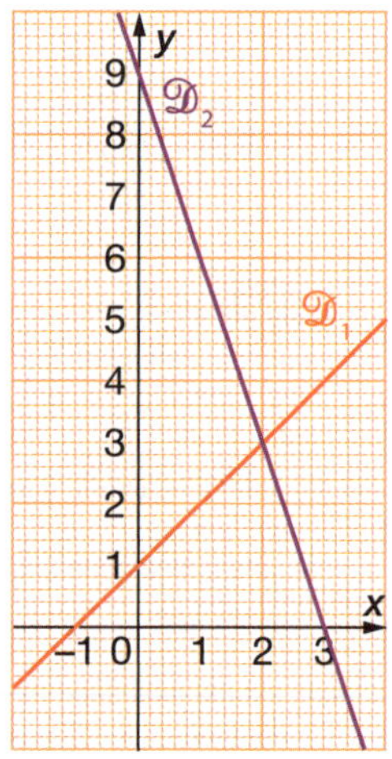

a. **Déterminez** les valeurs de a_1 et b_1. Déduisez-en l'équation ❶ de $\mathcal{D}_1$.

☐ $a_1 = -1$ ☐ $a_1 = 1$ ☐ $a_1 = 2$ ☐ $b_1 = -1$ ☐ $b_1 = 1$ ☐ $b_1 = 2$

....

b. **Déterminez** les valeurs de a_2 et b_2. Déduisez-en l'équation ❷ de $\mathcal{D}_2$.

☐ $a_2 = -3$ ☐ $a_2 = 3$ ☐ $a_2 = 6$ ☐ $b_2 = 2$ ☐ $b_2 = 3$ ☐ $b_2 = 9$

....

c. **Déterminez** la solution (*c* ; *d*) du système constitué des deux équations ❶ et ❷. ....

d. À l'aide du tableau de correspondance suivant, **reconstituez** le mot secret.

−3	−1	1	2	3	6	9
A	L	F	E	I	U	N

a_2	b_1	a_1	d	b_2	c
....	....	....	....	....	....

Je mémorise

5 **Réalisez** une carte mentale qui reprend le vocabulaire lié aux fonctions affines, les calculs associés aux fonctions affines, ainsi que la résolution graphique d'un système de deux équations du 1er degré à deux inconnues.

> Je fais le point page 88

J'acquiers une méthode

6 Déterminer l'expression d'une fonction affine

Observez la résolution de l'exercice ci-dessous, puis **appliquez** la méthode.

Exercice corrigé

On modélise la température moyenne de l'atmosphère par la fonction affine f définie sur l'intervalle [0 ; 3 000] qui, à l'altitude x (en m) associe la température $f(x)$ (en °C).

Un tableau de valeurs de la fonction f est donné ci-contre.

1. Déterminez l'expression de la fonction f.

2. Déterminez la température moyenne de l'atmosphère à 2 000 m d'altitude.

	x_1	x_2
x	200	1 000
$f(x)$	13,7	8,5
	$f(x_1)$	$f(x_2)$

» RÉSOLUTION

1. f a pour expression $f(x) = ax + b$.

$f(200) = 13{,}7$ et $f(1\,000) = 8{,}5$

$a = \dfrac{f(1\,000) - f(200)}{1\,000 - 200} = \dfrac{8{,}5 - 13{,}7}{1\,000 - 200} = -0{,}006\,5$

Donc $f(x) = -0{,}006\,5x + b$.

Soit $f(200) = 13{,}7$.

$-0{,}006\,5 \times 200 + b = 13{,}7$

$-1{,}3 + b = 13{,}7$

$b = 13{,}7 + 1{,}3$

$b = 15$

Donc $f(x) = -0{,}006\,5x + 15$.

2. $f(2\,000) = -0{,}006\,5 \times 2\,000 + 15 = 2$.

Il fait 2 °C en moyenne à 2 000 m d'altitude.

» MÉTHODE

La fonction affine f a pour expression $f(x) = ax + b$.

- Prendre deux nombres x_1 et x_2 et leurs images $f(x_1)$ et $f(x_2)$.
- Calculer a en utilisant la formule $a = \dfrac{f(x_2) - f(x_1)}{x_2 - x_1}$.

Remplacer a dans l'expression de f.

- Calculer b à partir de l'une des deux images données par l'énoncé. Résoudre l'équation $f(x_1) = y_1$ d'inconnue b.
- En déduire l'expression $f(x) = ax + b$ de la fonction f en remplaçant b par sa valeur.
- Utiliser l'expression $f(x) = ax + b$ pour calculer l'image $f(x_0)$ de x_0 par f.

Application

On modélise la longueur d'un ressort par la fonction affine f définie sur l'intervalle [0 ; 100] qui, à la masse suspendue x (en g) associe la longueur $f(x)$ du ressort (en cm). Un tableau de valeurs de la fonction f est donné ci-contre.

x	40	80
$f(x)$	9	12

1. Déterminez l'expression de la fonction f.

2. Déterminez la longueur du ressort sans masse suspendue.

Évaluation

Situation

Tahina passe les vacances d'été chez ses grands-parents à l'étranger. Elle veut acheter une carte SIM du pays pour téléphoner à sa famille et ses amis restés en France. L'opérateur lui propose deux offres.

Doc. 1. Offre 1
Prix de la carte SIM : 6 €
Tarif par minute : 0,07 €

On note f pour l'offre 1 et g pour l'offre 2, les fonction définies sur l'intervalle [0 ; 300] qui, à une durée de communication x (en min) associent le coût (en €).

Problématique

Pour quelle durée de communication le coût est-il identique avec les deux offres ?

Doc. 2 : Offre 2

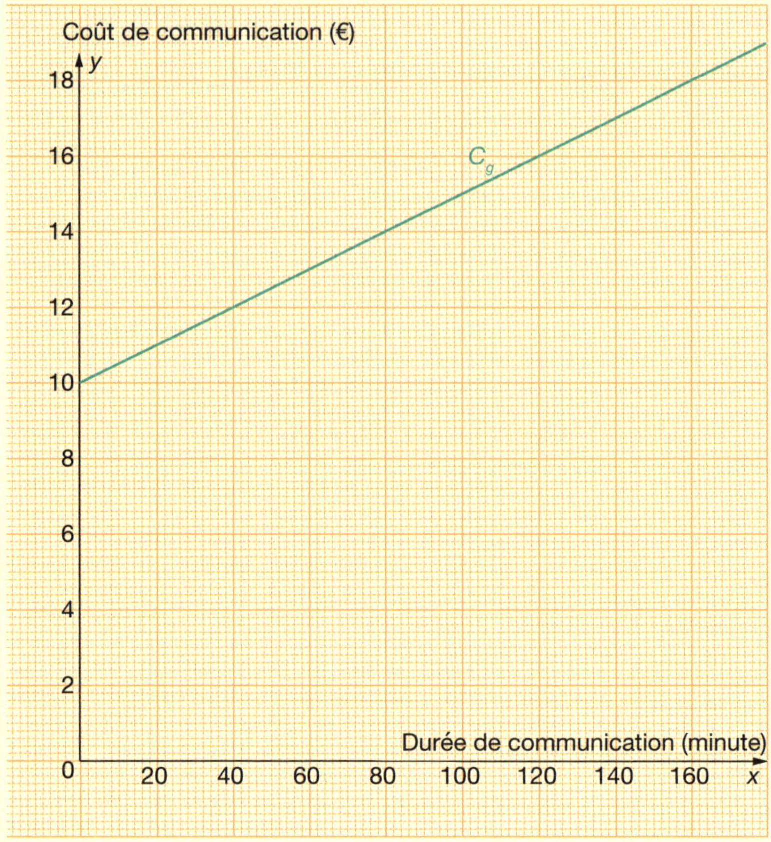

1. S'approprier Valider Déterminez l'expression de la fonction f et montrez que f est une fonction affine.

....

2. Analyser/Raisonner Montrez que la fonction g est une fonction affine.

....

3. S'approprier Complétez à l'aide du graphique : $g(0)$ = ... ; $g($..........$) = 16$.

4. Réaliser Déterminez l'expression de la fonction g.

....

....

....

5. Analyser/Raisonner Proposez une méthode permettant de répondre à la problématique.

....

Appelez le professeur pour lui présenter la méthode.

6. Réaliser Valider Communiquer Mettez en œuvre cette méthode et répondez à la problématique.

....

....

Fonction carré et opérations sur les fonctions

07

Capacités	Activités
• Construire la parabole représentant la fonction carré et donner son tableau de variations.	Activité 1
• Déduire de la courbe représentative d'une fonction *f* celle de la fonction qui à *x* associe $f(x) + k$, où *k* est un nombre réel donné. • Déduire de la courbe représentative de la fonction carré, l'allure de celle de la fonction définie par $f(x) = kx^2$, où *k* est un nombre réel donné. • Déduire des variations d'une fonction *f* celles de la fonction *kf*, où *k* est un nombre réel donné.	Activité 2
• Résoudre par une méthode algébrique ou graphique une équation du type $f(x) = c$ ou une inéquation du type $f(x) < c$, où *c* est un réel donné et *f* une fonction affine ou une fonction du type $x \mapsto kx^2$.	Activité 3

Je m'échauffe !

Activité 1 p. 100

Soit la fonction *f* telle que $f(x) = -2x + 1$. Cochez les affirmations exactes.

- ☐ L'image de 2 par la fonction *f* est égale à –3.
- ☐ L'image de –3 par la fonction *f* est égale à 2.
- ☐ Un antécédent de –7 par la fonction *f* est égal à 4.
- ☐ L'ordonnée à l'origine de la fonction *f* est égale à –2.

Activité 2 p. 101

Cochez les affirmations exactes.

- ☐ si $x = 2$ alors $-3x^2 = -9$
- ☐ si $x = -2$ alors $-3x^2 = -12$
- ☐ si $x > 2$ alors $3x^2 > 12$
- ☐ si $x > 2$ alors $-3x^2 < 12$

Activité 3 p. 102

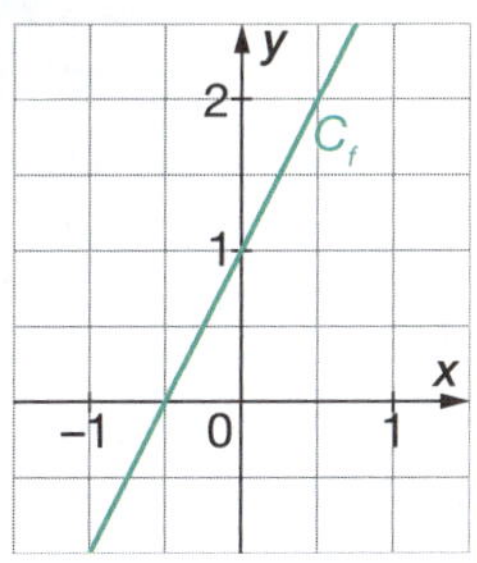

a. On considère la courbe représentative de la fonction *f* telle que $f(x) = 2x + 1$. L'abscisse du point d'intersection de C_f avec l'axe des abscisses vaut :

☐ 0 ☐ 1 ☐ $\frac{-1}{2}$

b. L'abscisse du point d'intersection de la courbe représentative de la fonction *f* telle que $f(x) = -2x - 4$ avec l'axe des abscisses vaut :

☐ 2 ☐ –2 ☐ il n'y en a pas

Activité 1 Représenter et étudier la fonction carré

SITUATION. Le nomogramme de Matiyasevitch

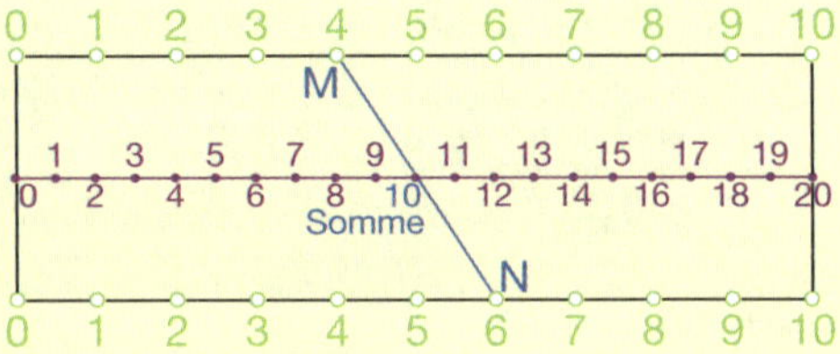

Un nomogramme est un outil graphique de calcul constitué de courbes graduées. Par exemple, le nomogramme ci-contre permet de faire des additions. Le résultat de l'opération se lit à l'intersection du segment [MN] et de la droite représentée en violet.

On peut lire 4 + 6 = 10.

Le nomogramme de Matiyasevitch, appelé nomogramme parabolique, est basé sur les propriétés de la fonction carré ; il permet de réaliser des opérations mais aussi de trouver des nombres bien particuliers.

Problématique

Que permet de faire le nomogramme de Matiyasevitch ?

1 S'approprier Réaliser On considère la fonction f telle que $f(x) = x^2$, aussi appelée fonction carré, définie sur l'intervalle [–6 ; 6]. Calculez les images de 0, –6 et 6.

....

2 S'approprier Réaliser foucherconnect.fr/21mc70 Ouvrez le fichier « **C07_100_nomogramme.ggb** » dans lequel est représentée la fonction carré. Cette courbe est appelée parabole.

Complétez le tableau de variations de la fonction f sur l'intervalle [–6 ; 6] à l'aide des réponses à la question **1** et de la représentation graphique.

x	–6 6
Variations de f	

3 Réaliser À l'écran, tracez la droite (AB) puis affichez son équation.

4 Réaliser En modifiant la position des points A et B, complétez le tableau ci-dessous.

Abscisse du point A : x_A	1	2	2	4	4	3	–5
Abscisse du point B : x_B	–3	–2	–3	1	–2	–3	–1
Ordonnée à l'origine de la droite (AB) : b	....	....	....	....	....	....	....

5 Analyser/Raisonner Quelle conjecture pouvez vous émettre entre les abscisses des points A et B et l'ordonnée à l'origine de la droite (AB) ? Attention : ne tenez pas compte du signe de l'ordonnée.

....

6 Analyser/Raisonner Sur le nomogramme de Matiyasevitch ci-contre, les points verts correspondent au produit de deux nombres entiers. Les nombres restants sont des nombres particuliers. Ces nombres sont des nombres :

☐ paraboliques ☐ premiers ☐ magiques ☐ aléatoires

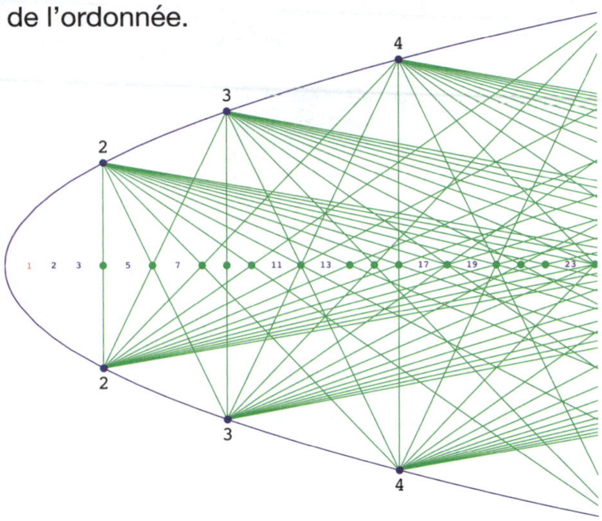

7 Analyser/Raisonner Répondez à la problématique.

....

....

....

Activité 2 Ajouter et multiplier fonction et constante

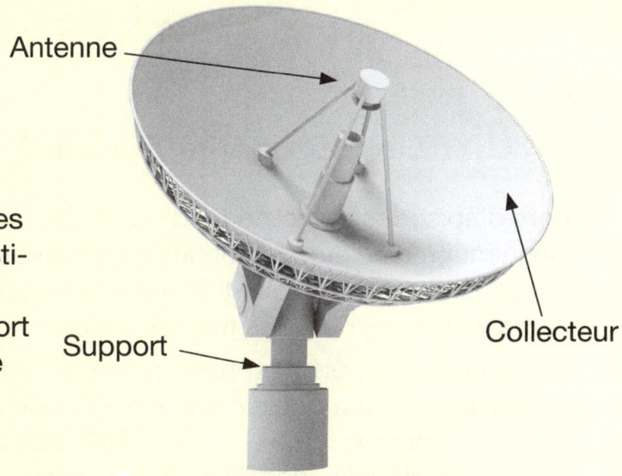

SITUATION . La tête dans les étoiles

Un radiotélescope est utilisé en astronomie pour capter les ondes radioélectriques émises par les astres dans l'Univers. Il est constitué d'une antenne, d'un collecteur de forme parabolique et d'un support permettant son orientation. Il est important que le support soit suffisamment haut pour que le collecteur puisse être orienté dans toutes les directions.

Problématique

À quelle hauteur, en mètre, doit être placé le collecteur et par quelle fonction peut-on modéliser sa forme ?

foucherconnect.fr/21mc71 Ouvrez le fichier « **C07_101_radiotelescope.ggb** » dans lequel sont représentés un schéma du radiotélescope ainsi qu'une fonction g telle que $g(x) = ax^2 + b$ avec a ($a \neq 0$) et b deux nombres réels. La hauteur minimale à laquelle doit être posé le collecteur est représentée par le segment [LQ]. L'arc rouge représente la partie parabolique du collecteur.

1 Réaliser | Analyser/Raisonner Déplacez le curseur b. Observez et faites une hypothèse sur l'influence du nombre b sur la courbe représentative de la fonction g.

2 Analyser/Raisonner | Valider Comparez pour différentes valeurs de b les variations de la fonction g avec les variations de la fonction carré vue dans l'activité 1.

3 Réaliser | Analyser/Raisonner Placez le curseur b à 0 et déplacez le curseur a. Observez et faites une hypothèse sur l'influence du nombre a sur la courbe représentative de la fonction g.

4 Analyser/Raisonner | Valider Complétez les deux tableaux de variations de la fonction g ci-dessous.

Cas où $a > 0$ et $b = 0$			
x	-20	....	20
Variations de g			

Cas où $a < 0$ et $b = 0$			
x	-20	....	20
Variations de g			

5 Analyser/Raisonner | Valider Comparez pour différentes valeurs de a les variations de la fonction g avec les variations de la fonction carré vue dans l'activité 1.

6 Réaliser Déplacez les curseurs a et b jusqu'à ce que la courbe représentative de la fonction g se superpose à l'arc rouge qui schématise le collecteur.

7 Valider | Communiquer Répondez à la problématique.

Activité 3 Résoudre une équation $f(x) = c$ ou une inéquation $f(x) < c$

SITUATION . Solidarité, fraternité

Lors d'épisodes de grand froid ou de canicule, des associations viennent en aide aux personnes les plus fragiles (SDF, personnes âgées...). En fonction des températures extérieures, les besoins humains auprès des plus fragiles varient.

Le nombre d'appels journaliers aux associations, en fonction de la température, est modélisé par une fonction f, définie sur l'intervalle [–20 ; 50], par $f(x) = 2{,}5x^2 - 70x + 800$, où x représente la température en °C. Les effectifs mobilisés dans les associations doivent être augmentés lorsque le nombre d'appels journaliers dépasse 1 200.

Problématique

Pour quelle(s) température(s) les associations vont-elles devoir augmenter leurs effectifs ?

1 Analyser/Raisonner Réaliser Vérifiez que les points de coordonnées (0 ; 800) et (40 ; 2 000) appartiennent à la courbe représentative de la fonction f.

....

....

2 Réaliser À l'aide de la calculatrice, tracez la courbe représentative de la fonction f sur l'intervalle [–20 ; 50].

TUTO CALCULATRICE
Construire la courbe représentative d'une fonction
foucherconnect.fr/21mc72

3 Valider Communiquer Est-il exact de dire que plus les températures augmentent, plus le nombre d'appels augmente ? Justifiez.

....

4 S'approprier Réaliser Complétez le tableau de variations de la fonction f sur l'intervalle [–20 ; 50].

x	–20	....	50
Variations de f			

5 S'approprier Précisez si la fonction f présente un maximum ou un minimum sur l'intervalle [–20 ; 50].

....

6 Réaliser Dans le même repère de la calculatrice, tracez la droite d'équation $y = 1\,200$ et résolvez graphiquement l'équation $f(x) = 1\,200$.

....

TUTO CALCULATRICE
Résoudre graphiquement une équation du type $f(x) = c$
foucherconnect.fr/21mc73

7 S'approprier Communiquer Traduisez les résultats précédents par une phrase. Arrondissez les valeurs au degré.

....

8 Analyser/Raisonner Réaliser Résolvez graphiquement l'inéquation $f(x) > 1\,200$ sur l'intervalle [–20 ; 50].

....

9 Valider Communiquer Répondez à la problématique.

....

Activité Algo Pro — Représenter graphiquement une fonction

MES FICHIERS
Scratch - Python
foucherconnect.fr/21mc74

SITUATION. Courbe pas à pas

Pauline et Zoéline ont appris à construire les représentations graphiques de fonctions sur Scratch et sur Python. Zoéline dit que le choix du pas a une influence sur l'écriture du script sur Scratch mais pas sur Python. Pauline n'est pas d'accord.

Problématique

Qui de Pauline ou Zoéline a raison ?

LANGAGE NATUREL

1 L'algorithme ci-contre est celui de la construction de la représentation graphique de la fonction f telle que $f(x) = x^2$ sur l'intervalle [–20 ; 20], avec un pas de 0,05. Complétez-le sachant que les valeurs a et b correspondent respectivement à la borne inférieure et à la borne supérieure de l'intervalle d'étude.

```
pas ← ..........
a ← ..........
b ← ..........
x ← a
Tant que x ⩽ b
    y ← x*x
    Dessiner point (x ; y)
    x ← x + pas
Fin tant que
```

2 Expliquez ce qu'il se passe lorsque l'on écrit « x ← x + pas ».

....

LANGAGE SCRATCH

3 Ouvrez le fichier « **C07_103_pasapas.sb3** ». Mettez les blocs dans le bon ordre et complétez-les afin que le programme affiche la représentation graphique de la fonction f telle que $f(x) = 0{,}3x^2$ sur l'intervalle [–20 ; 20] par pas de 0,5.

4 Dans le bloc « répéter ( ) fois », la valeur 80 a été choisie. En modifiant cette valeur, expliquez ce qui se passe et pourquoi il est nécessaire de choisir 80.

....

....

5 Modifiez le programme afin d'afficher la représentation de f sur l'intervalle [–25 ; 25] par pas de 0,05.

LANGAGE PYTHON

6 Ouvrez le fichier « **C07_103_pasapas.py** » et exécutez-le.

7 Complétez la phrase : L'exécution du script permet de représenter la fonction f telle que .... avec une fenêtre graphique allant de .... à .... pour les abscisses et de .... à .... pour les ordonnées par pas de ....

8 Modifiez le script pour obtenir un pas de 0,1.

9 Répondez à la problématique.

```
import matplotlib.pyplot as plt
def courbes():
  x=-25
  k=1000
  for i in range (1,k+1):
    x=x+50/k
    plt.plot(x,0.3*x**2,"r+")
  plt.axis([-25,25,0,200])
  plt.grid()
  plt.show()
courbes()
```

....

LEXIQUE python

Instruction	Signification
`for i in range (1,1001):`	i prend successivement les valeurs entières de 1 à 1 000.
`plt.plot(x,0.3*x**2,"r+")`	**Place des points** avec les arguments (abscisse, ordonnée, couleur et type de points).
`plt.axis([0,1,0,1])`	Définit la **fenêtre graphique**.

Fonction carré

- La fonction carré est définie pour tout nombre réel x par $f(x) = x^2$.
- Sa courbe représentative est appelée parabole. La fonction carré est décroissante pour $x \leqslant 0$ et croissante pour $x \geqslant 0$. Le minimum de cette fonction vaut 0 et est atteint en $x = 0$.

Ajouter et multiplier fonction et constante

- Lorsqu'on ajoute une constante k à une fonction f, on obtient une fonction g qui a le même sens de variation que f. On la note $f + k$.

Exemple Dans le repère ci-contre sont tracées sur l'intervalle [–2 ; 2] les courbes C, C_1 et C_2 représentatives des fonctions f, g_1 et g_2 telles que $f(x) = x^2$, $g_1(x) = x^2 + 1{,}5$ et $g_2(x) = x^2 - 1$.
La fonction g_1 est de la forme $f + k$ avec $k_1 = 1{,}5$; la fonction g_2 est de la forme $f + k$ avec $k_2 = -1$. Donc g_1 et g_2 ont le même sens de variation que f.

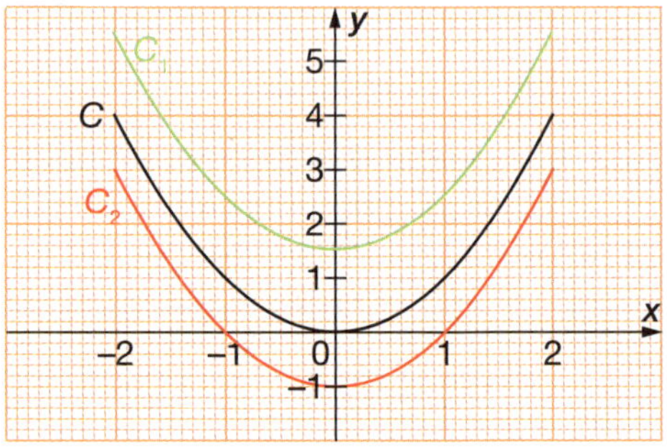

- Lorsqu'on multiplie une fonction f par une constante k positive, on obtient une fonction g qui a le même sens de variation que f.
- Lorsqu'on multiplie une fonction f par une constante k négative, on obtient une fonction g qui varie en sens contraire de f.

Exemple
Dans le repère ci-contre sont tracées sur l'intervalle [–2 ; 2] les courbes représentatives des fonctions $f(x) = x^2$, $g_1(x) = 1{,}5x^2$ et $g_2(x) = -0{,}5x^2$.
Les fonctions g_1 et g_2 sont de la forme kf :
- $k_1 = 1{,}5$, donc g_1 a le même sens de variation que f ;
- $k_2 = -0{,}5$, donc g_2 varie en sens contraire de f.

Les courbes représentatives C_1 et C_2 sont des paraboles.

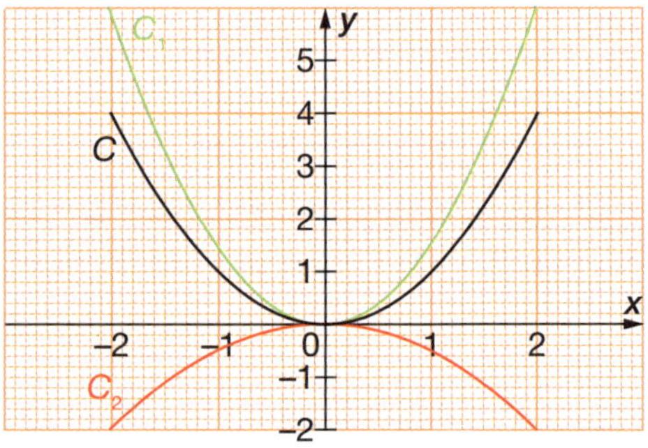

Résoudre une équation $f(x) = c$ ou une inéquation $f(x) < c$

- Les solutions, si elles existent, de l'équation $f(x) = c$ (où c est un nombre réel donné) sont les abscisses des points d'intersection de la courbe représentative C_f de la fonction f et de la droite D d'équation $y = c$.
- Les solutions, si elles existent, de l'inéquation $f(x) < c$ (où c est un nombre réel donné) sont les abscisses des points de la courbe représentative C_f situés en dessous de la droite D d'équation $y = c$, abscisses des points d'intersection exclues.

Exemple
Dans le repère ci-contre est tracée sur l'intervalle [–2 ; 2] la courbe représentative C_f de la fonction f définie par $f(x) = x^2$.
Les solutions de l'équation $f(x) = 2$ sont les abscisses des points d'intersection A et B de C_f et de la droite D d'équation $y = 2$; soient les nombres $-1{,}4$ et $1{,}4$.
Les solutions de l'inéquation $f(x) < 2$ sont toutes les abscisses des points compris entre les points d'intersection A et B de C_f et de la droite D d'équation $y = 2$; abscisses de A et B exclues. Les solutions sont donc les valeurs de x appartenant à l'intervalle $]-1{,}4 ; 1{,}4[$.

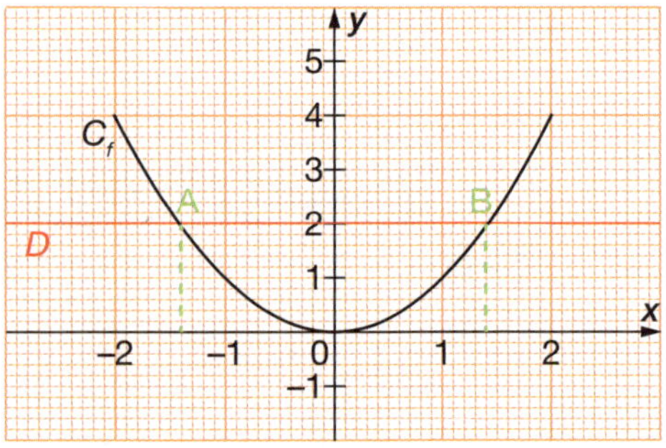

AUTOMATISMES

Sans calculatrice ni brouillon, répondez aux 3 questions du rituel indiqué par votre professeur.
Votre réponse est juste ? Bravo ! Cochez la case de l'automatisme correspondant.

Rituel 1 (2')

☐ **A3** Donnez une écriture fractionnaire de 75 %.

....

☐ **A11** Résolvez l'équation $2x = -5$.

....

☐ **A20** Fatou dit qu'elle pèse 425 000 dg.
Donnez cette masse dans l'unité utilisée habituellement. ....

Rituel 2 (2')

☐ **A16** Voici la représentation graphique d'une fonction f définie sur $[-2 ; 2]$.

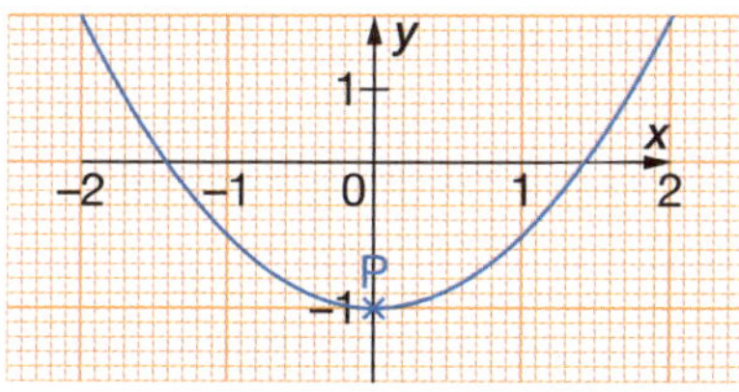

Résolvez graphiquement l'équation $f(x) = 0$.

....

☐ **A14** Donnez les coordonnées du point P placé sur le graphique précédent. ....

☐ **A21** L'aire d'un carré est 64 cm². Mathieu écrit que la mesure du côté du carré est égale à 80. Précisez dans quelle unité de mesure est donné ce résultat. ....

Rituel 3 (2')

☐ **A10** On donne la formule $P = 2\pi \times R$.
Exprimez R en fonction de P.

....

☐ **A6** Donnez l'écriture décimale de $2{,}14 \times 10^{-2}$.

....

☐ **A13** Lors d'une élection, sur 1 000 électeurs inscrits, seuls 700 ont voté. Calculez le pourcentage de votants.

....

Rituel 4 (2')

☐ **A7** Rangez par ordre décroissant (du plus grand au plus petit) : $\frac{7}{4}$; $\frac{8}{5}$; 1,7.

....

....

☐ **A9** Réduisez l'expression $3x^2 - 2x + 5 - x^2 - x$.

....

☐ **A5** Exprimez sous la forme d'une seule puissance de 10 l'expression A.

$A = (10^2)^3 \times 10^{-7} =$ ....

Représenter et étudier la fonction carré

1 Soit f la fonction carré définie pour tout réel x par $f(x) = x^2$.

a. Calculez :

$f(-8) =$ .... $f(10) =$ ....

$f(0{,}1) =$ .... $f(-0{,}5) =$ ....

b. Calculez :

$f(\sqrt{3}) =$ .... $f\left(\frac{2}{3}\right) =$ ....

$f(-\sqrt{9}) =$ ....

2 Soit f la fonction carré définie pour tout réel x par $f(x) = x^2$.

a. Calculez l'image de 7 et l'image de –3 par f.

....

....

b. Donnez les deux antécédents de 9 par f.

....

c. Indiquez le nombre qui n'a qu'un antécédent par f. ☐ 1 ☐ –4 ☐ 0

d. Citez un nombre qui n'a pas d'antécédent par f.

....

3 Complétez le tableau de variations de la fonction carré f sur chacun des intervalles I suivants. Indiquez dans chaque cas le minimum et le maximum.

a. $I = [2 ; 5]$

x	
Variations de f	

Minimum : .... Maximum : ....

b. I = [–4 ; –1]

x	
Variations de f	

Minimum : .... Maximum : ....

4 Soit f la fonction carré définie pour tout réel x par $f(x) = x^2$ et $\mathscr{C}_f$ sa courbe représentative.

a. Le point B d'ordonnée 16 appartient à $\mathscr{C}_f$. Calculez son abscisse. ....

Y a-t-il une autre réponse possible ? Si oui, donnez-la. ....

b. Les points D(–2,1 ; –4,41) et E(–4,8 ; 23,04) appartiennent-ils à $\mathscr{C}_f$? Justifiez.

....

....

Ajouter et multiplier fonction et constante

5 Soit les fonctions f, g, h, j définies sur [–2 ; 2] par $f(x) = x$; $g(x) = 0{,}5x$; $h(x) = 0{,}5 + x$; $j(x) = -x - 1$.

Associez chaque fonction à sa courbe représentative.

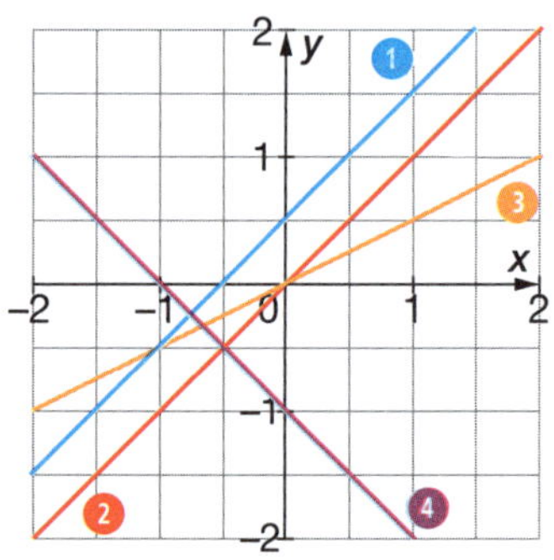

f : courbe ....

g : courbe ....

h : courbe ....

j : courbe ....

6 Soit les fonctions f, g, h, j définies sur [–2 ; 2] par $f(x) = x^2$; $g(x) = x^2 + 1{,}5$; $h(x) = 0{,}5 + x^2$; $j(x) = x^2 - 1{,}2$.

Associez chaque fonction à sa courbe représentative.

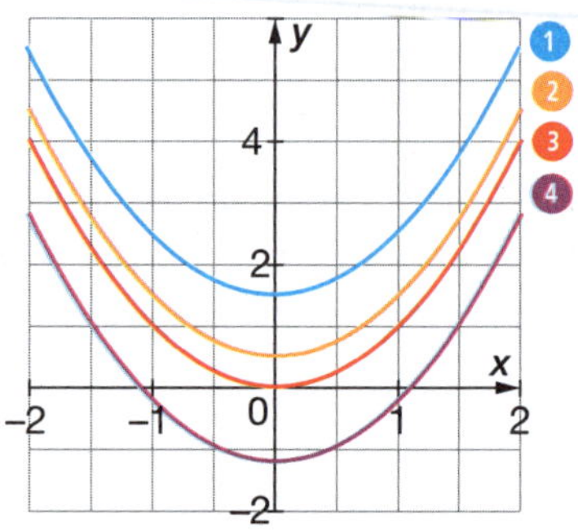

f : courbe .... g : courbe ....

h : courbe .... j : courbe ....

7 Soit les fonctions f, g, h, j définies sur [–2 ; 2] par $f(x) = -0{,}8x^2$; $g(x) = 1{,}2x^2$; $h(x) = 0{,}5x^2$; $j(x) = -0{,}3x^2$.

Associez chaque fonction à sa courbe représentative.

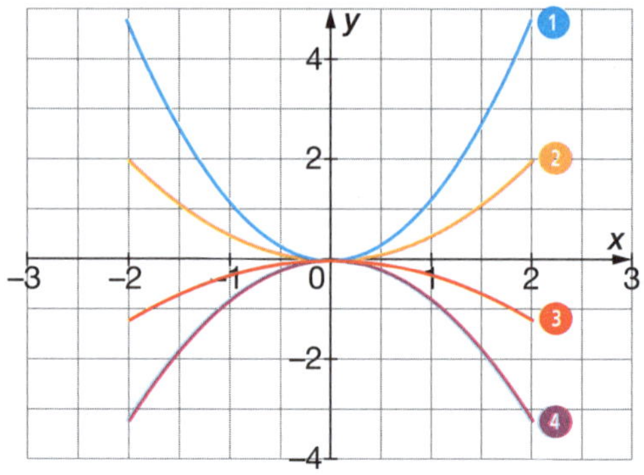

f : courbe .... g : courbe ....

h : courbe .... j : courbe ....

8 Soit les fonctions f et g définies par $f(x) = x^2 - 2$ et $g(x) = -2x^2$ sur l'intervalle [–1 ; 3].

Établissez le tableau de variations des fonctions f et g à partir des variations de la fonction carré.

x	–1	0	3
Variations de f			

x	–1	0	3
Variations de g			

9 On considère la fonction f dont la courbe représentative $\mathscr{C}_f$ est donnée ci-dessous.

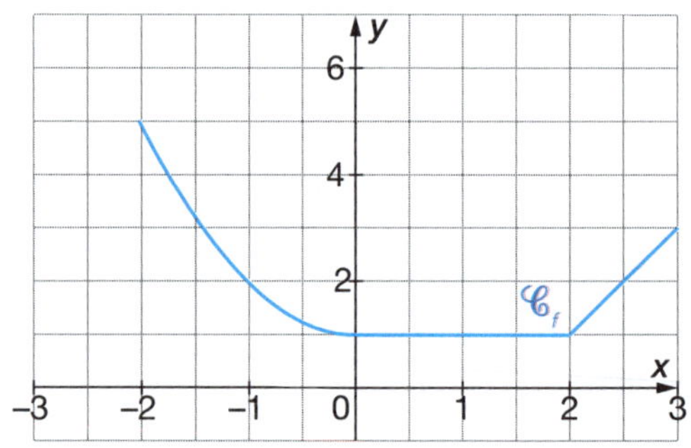

Tracez sur ce graphique la courbe représentative de la fonction g telle que $g(x) = f(x) + 2$.

10 Tracez la courbe représentative de la fonction h définie sur [–2 ; 1] par $h(x) = -1{,}4x^2 - 0{,}5$.

TUTO LOGICIEL
Tracer la courbe représentative d'une fonction
foucherconnect.fr/21mc75

11 On donne les fonctions f, g, h définies sur $[-2 ; 1]$ par $f(x) = x^2$, $g(x) = -1{,}4x^2$ et $h(x) = -1{,}4x^2 - 0{,}5$.

a. Rappelez les variations de la fonction carré sur $[-2 ; 1]$.

....

....

....

b. Donnez la propriété qui permet d'obtenir les variations de la fonction g à partir de celles de f.

....

....

c. Complétez le tableau de variations de la fonction g.

x	-2	0	1
Variations de la fonction g			

d. Donnez la propriété qui permet d'obtenir les variations de la fonction h à partir de celles de g.

....

....

....

e. Complétez le tableau de variations de la fonction h.

x	-2	0	1
Variations de la fonction h			

f. Vérifiez le tableau de la question **e** à l'aide de la courbe obtenue à l'exercice **10**.

Résoudre une équation $f(x) = c$ ou une inéquation $f(x) < c$

12 Le graphique ci-contre permet de résoudre l'équation $-2x + 5 = 3$.

Donnez la solution lue sur le graphique.

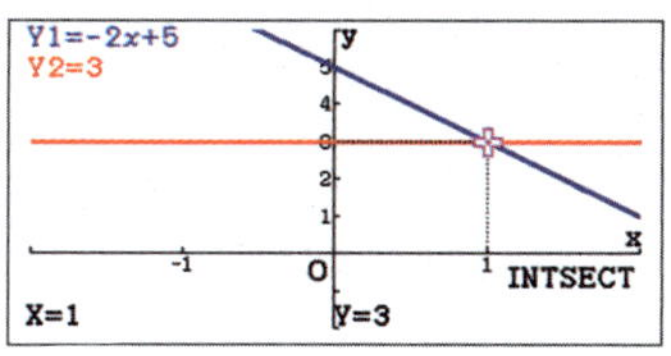

....

....

13 On donne les fonctions f et g définies sur $\mathbb{R}$ par $f(x) = 3x - 5$ et $g(x) = 3x^2$. Résolvez par le calcul les deux équations suivantes.

a. $f(x) = 1$ ....

b. $g(x) = 27$ ....

14 Résolvez graphiquement les deux équations de l'exercice **13**.

Comparez avec les résultats obtenus à l'exercice **13**.

....

15 **a.** Indiquez quelle équation la copie d'écran ci-dessous permet de résoudre.

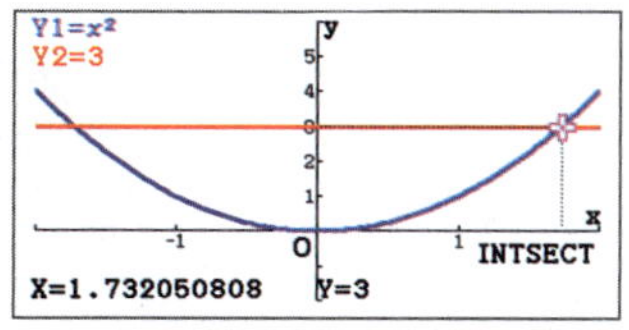

....

b. Utilisez cette copie d'écran pour donner les valeurs approchées à 10^{-3} des solutions de l'équation indiquée au **a**.

....

....

....

16 Soit la fonction f définie sur $\mathbb{R}$ par $f(x) = 3x - 8$.

a. Résolvez algébriquement l'inéquation $f(x) > 1$.

....

b. Résolvez graphiquement cette inéquation.

TUTO LOGICIEL
Résoudre graphiquement une inéquation du type $f(x) < c$
foucherconnect.fr/21mc76

c. Comparez les résultats obtenus aux questions **a** et **b**.

....

Les solutions de l'inéquation sont :

....

....

17 Soit la fonction g définie sur $\mathbb{R}$ par $g(x) = -3x + 2$.

a. Résolvez algébriquement l'inéquation $g(x) > -4$.

....

b. Résolvez graphiquement cette inéquation.

c. Comparez les résultats obtenus aux questions **a** et **b**.

....

Les solutions de l'inéquation sont :

....

....

Problèmes

18 python™ foucherconnect.fr/21mc77

Les documents constructeur d'une voiture permettent d'estimer le volume d'essence *C* consommée pour parcourir une distance de 100 km, en fonction de la vitesse moyenne *v*.

Pour une vitesse comprise entre 80 km/h et 140 km/h, la formule reliant ces deux grandeurs est : $C = 0{,}000\,4v^2 + 2{,}5$ avec *C* en litre et *v* en km/h.

1. Calculez la consommation *C* d'un véhicule roulant à une vitesse moyenne de 90 km/h. Arrondissez le résultat au dixième de litre.

2. La fonction *f* est définie pour *x* appartenant à l'intervalle [80 ; 140] par l'expression $f(x) = 0{,}000\,4x^2 + 2{,}5$.
Tracez la courbe représentative de la fonction *f* sur la calculatrice.

3. Résolvez graphiquement l'équation $f(x) = 7$.

4. Résolvez algébriquement l'équation $f(x) = 7$.
Arrondissez les solutions à l'unité.

5. Ouvrez le fichier « **C07_108_consommation.py** ».
Exécutez ce programme pour vérifier les résultats obtenus aux questions **3** et **4**.

6. Expliquez ce que représente dans cette situation la solution obtenue.

19 Pedro est responsable de la gestion des déchets sur une petite île. Pour transporter les déchets sur le continent, l'île doit acquérir un caisson.

Le volume des déchets une fois compactés est de 15 m^3 par jour.

Une entreprise spécialisée lui propose des caissons de compactage de différents volumes. Ils ont tous une base carrée et une hauteur de 5 m.

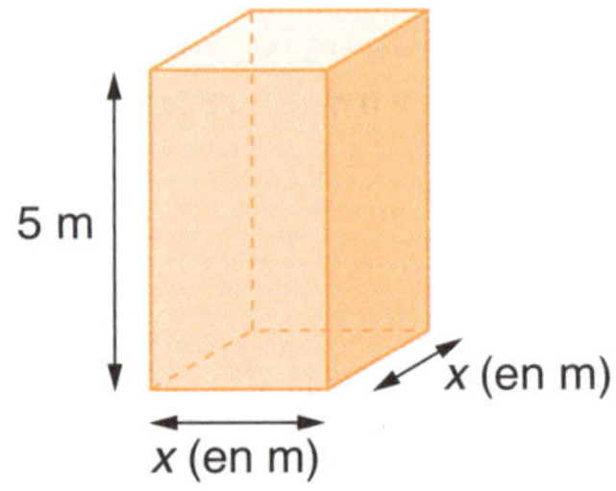

On modélise le volume du caisson de compactage en fonction de la mesure *x* du côté de la base carrée par la fonction *V* telle que $V(x) = 5x^2$ sur l'intervalle [1 ; 4].

1. Sans calcul, ni graphique, donnez le sens de variation de la fonction *V* sur cet intervalle. Justifiez.

2. Vérifiez la réponse donnée à la question **1** en traçant sur la calculatrice la courbe représentative de la fonction *V* sur l'intervalle [1 ; 4].

3. Pedro souhaite pouvoir stocker 3 jours de déchets dans le caisson. Cochez l'équation qui permet d'obtenir la valeur de *x* correspondant à cette condition.

☐ $45x^2 = 15$ ☐ $5x^2 = 45$ ☐ $25x = 45$

4. Résolvez algébriquement cette équation.

5. Retrouvez le résultat de la question précédente par une résolution graphique.

6. Donnez les dimensions du caisson qui permet de stocker jusqu'à 3 jours de déchets.

20 Ensembles ▸ p. 157

1. a. On considère l'inéquation $x \leqslant 3$.

Cochez l'intervalle I des solutions strictement supérieures à –5 de cette inéquation.

☐ I = [–5 ; 3] ☐ I =]–5 ; 3] ☐ I =]–5 ; 3[

b. Complétez par ∈ ou ∉ les phrases suivantes :

–2 .... I ; –5,1 .... I ; 5 .... I ; 0 I

2. On considère l'inéquation $x > -7$.

Écrivez l'intervalle K des solutions strictement négatives de cette inéquation.

K = ...

3. a. Sur l'axe ci-dessous, représentez en rouge l'intervalle I et en bleu l'intervalle K.

b. Écrivez, sous la forme d'un intervalle, l'intersection I ∩ K des intervalles I et K.

I ∩ K = ...

c. Écrivez la réunion I ∪ K des intervalles I et K.

I ∪ K = ...

21 On étudie la puissance délivrée par une éolienne par un vent constant de 12 m/s en fonction du diamètre de son rotor.

On note P la fonction définie sur l'intervalle [0 ; 40] qui, à un diamètre D (en m), associe la puissance délivrée par l'éolienne (en kW).

1. Pour chaque colonne du tableau, calculez le rapport $\frac{P}{D^2}$ et complétez le tableau.

Diamètre du rotor (en m)	6	10	16	30	36
Puissance (en kW)	9	25	64	225	324
$\frac{P}{D^2}$	....	....	....	....	....

2. Utilisez la question **1** pour compléter l'égalité suivante : $P(D) =$ .... $\times D^2$.

3. Sans calcul, ni graphique, donnez le sens de variation de la fonction P. Justifiez.

....

....

4. Calculez la puissance produite si le diamètre du rotor mesure 18 m.

....

5. Si le vent souffle à la vitesse de 18 m/s, la puissance délivrée par l'éolienne (en kW) est modélisée par la fonction R définie sur l'intervalle [0 ; 40] telle que $R(D) = 0{,}25D^2 + 130$. Déduisez de la question **3** le sens de variation de la fonction R. Justifiez.

....

....

22 Une chaîne d'hôtels acquiert un terrain rectangulaire de 147 m par 100 m pour construire un bâtiment de base carrée, de côté $x \geqslant 20$ (en mètre).

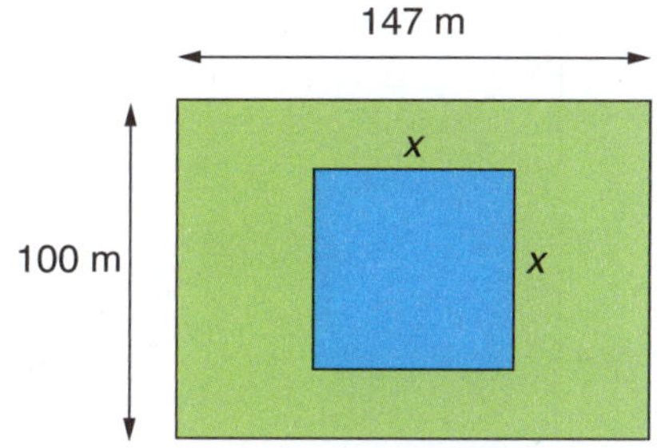

L'aire A de la surface non construite doit être supérieure aux deux tiers de l'aire totale du terrain.

Problématique

Quelles sont les valeurs possibles pour x ?

1. Montrez que l'aire non construite est donnée, en fonction de x, par la relation $A(x) = 14\,700 - x^2$ pour $0 \leqslant x \leqslant 100$.

....

....

....

2. Proposez une méthode qui permet de répondre à la problématique.

....

....

....

3. Mettez en œuvre votre méthode.

....

....

....

4. Répondez à la problématique. Pensez à tenir compte de la condition sur x donnée au début de l'énoncé.

....

....

....

23 On a représenté sur le graphique ci-dessous le profil de la piste d'envol d'un tremplin de saut à ski.

Cette piste est constituée de deux parties :

- une partie représentée par le segment [AB] ;
- une partie représentée par l'arc de parabole $\overset{\frown}{BC}$.

Les dimensions sont en mètre.

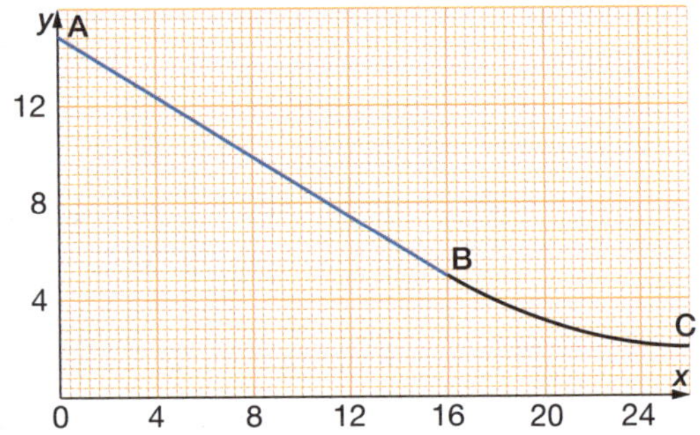

1. On note f la fonction définie sur [0 ; 16] dont la représentation graphique est le segment [AB].

a. Donnez la nature de la fonction f :

☐ linéaire ☐ affine ☐ du 2nd degré

Justifiez.

b. L'expression algébrique de la fonction f est de la forme :

☐ $f(x) = ax$ ☐ $f(x) = ax^2$ ☐ $f(x) = ax + b$

c. Donnez les coordonnées des points A et B.

☐ A(0 ; 15) ☐ A(15 ; 0) ☐ A(0 ; 13)

☐ B(16 ; 0) ☐ B(16 ; 5) ☐ B(16 ; 4)

d. Calculez le taux d'accroissement de la fonction f.

Coup de pouce Revoir si nécessaire chapitre 6 page 88.

e. Lisez sur le graphique l'ordonnée à l'origine.

f. Donnez l'expression de la fonction f.

$f(x) =$

g. Résolvez par la méthode de votre choix l'inéquation $f(x) > 8$.

Faites une phrase pour dire ce que signifie dans cette situation le résultat trouvé.

2. La courbe $\overset{\frown}{BC}$ peut être modélisée par la fonction g définie sur l'intervalle [16 ; 26] par :

$g(x) = 0{,}03x^2 - 1{,}56x + 22{,}28$.

a. Calculez $g(16)$ et $g(26)$. Vérifiez graphiquement.

b. Vérifiez que $f(16) = g(16)$.

24 La distance de freinage sur route sèche d'une voiture dont les pneus sont en bon état est donnée par la fonction d telle que $d(v) = 0{,}006v^2$ où $d(v)$ est la distance de freinage en mètre et v la vitesse en km/h.

Dans une zone où la vitesse est limitée à 30 km/h, Anita traverse à pied une rue sur un passage protégé. Sami arrive en voiture et freine sur une distance de 10 m pour s'arrêter et laisser passer Anita.

Problématique

Sami respectait-il la limitation de vitesse de 30 km/h ?

1. Proposez une méthode de résolution permettant de répondre à la problématique.

2. Mettez en œuvre votre méthode et répondez à la problématique.

J'utilise des notions élémentaires sur les fonctions

1 **Cochez** la ou les affirmations exactes.

a. La fonction définie sur $\mathbb{R}$ par $f(x) = -3x + 2$ est :

☐ affine ☐ croissante ☐ linéaire

Justifiez.

....

....

b. La représentation graphique de la fonction f définie sur $\mathbb{R}$ par $f(x) = -3x + 2$ est :

☐ une droite horizontale

☐ une droite qui passe par l'origine du repère

☐ une droite qui ne passe pas par l'origine du repère

2 **Cochez** la ou les affirmations exactes.

La représentation graphique de la fonction g définie sur $\mathbb{R}$ par $g(x) = -2x$ est :

☐ une droite horizontale ☐ une droite qui passe par l'origine du repère

☐ une droite qui ne passe pas par l'origine du repère.

3 On considère la fonction h telle que $h(x) = -x + 7$ pour tout réel x.

Cochez la ou les affirmations exactes.

L'image par h de -7 est : ☐ 0 ☐ 14 ☐ 49

L'antécédent par h de -10 est : ☐ -3 ☐ 17 ☐ 0

Je trace la courbe représentative d'une fonction

4 On considère la fonction f définie sur $[-1 ; 2]$ par $f(x) = -x^2 + 1$. On va tracer la représentation graphique $\mathscr{C}_f$ de la fonction f de 3 façons différentes.

- **À la main**

a. **Complétez** le tableau de valeurs ci-dessous.

x	-1	$-0,5$	0	$0,5$	1	2
$y = f(x)$	....	....	....	....	....	....

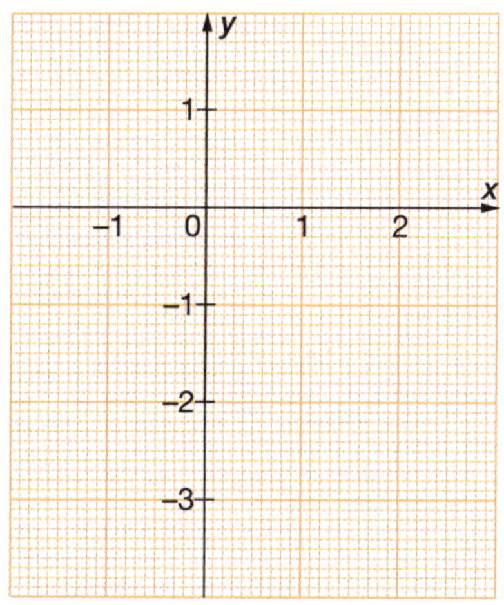

b. **Placez** les points de coordonnées $(x ; y)$ du tableau dans le repère ci-contre.

c. **Joignez** ces points sans utiliser de règle pour obtenir $\mathscr{C}_f$.

- **Avec la calculatrice**

d. **Tracez** la représentation graphique de la fonction f.

Fenêtre : Xmin -1 ; Xmax 2 ; pas 0.5

Ymin -3 ; Ymax 1 ; pas 1

e. **Comparez** ce graphique avec la courbe obtenue à la main.

....

....

TUTO CALCULATRICE
Construire la courbe représentative d'une fonction
foucherconnect.fr/21mc78

- **Avec un logiciel de géométrie dynamique**

f. **Tracez** la représentation graphique de la fonction f.

TUTO LOGICIEL
Tracer la courbe représentative d'une fonction
foucherconnect.fr/21mc79

Accompagnement personnalisé

J'utilise le vocabulaire approprié

5 Complétez le texte avec les mots et expressions proposés. Certains ne servent pas.

parabole • croissante • dans le même sens • l'origine • admet une solution • carré • en sens contraire • admet deux solutions • n'a pas de solution • décroissante

La fonction f définie pour tout réel par $f(x) = x^2$ est la fonction .... Sa courbe représentative est une .... qui passe par .... du repère.

La fonction carré est .... si $x \geqslant 0$ et .... si $x \leqslant 0$.

L'équation $x^2 = 10$ ....

L'équation $x^2 = -4$ ....

La fonction g telle que $g(x) = -0{,}5x^2$ varie .... de la fonction carré.

La fonction h telle que $h(x) = x^2 - 0{,}5$ varie .... que la fonction carré.

Je revois des points importants

6 Soit la fonction h définie sur $[-5 ; 3]$ par $h(x) = -0{,}8x^2 + 2$. On veut déterminer les variations de la fonction h connaissant celles de la fonction carré (notée f) et cela sans tracer sa représentation graphique.

a. **Complétez** le tableau de variations de la fonction carré f sur l'intervalle $[-5 ; 3]$.

x	-5	0	3
Variations de f			

b. **Cochez** la réponse exacte.

Si une fonction f est multipliée par un nombre négatif, la fonction obtenue et f :

☐ ont le même sens de variation

☐ varient en sens contraire

c. On note g la fonction telle que $g(x) = -0{,}8x^2$ sur $[-5 ; 3]$.

Complétez le tableau de variations de la fonction g.

x	-5	0	3
Variations de g			

d. **Cochez** la réponse exacte. ☐ $h(x) = g(x) \times 2$ ☐ $h(x) = g(x) + 2$ ☐ $h(x) = g(x) - 0{,}8$

e. **Cochez** la réponse exacte.

Si on ajoute un nombre à une fonction g, la fonction h obtenue et g :

☐ ont le même sens de variation ☐ varient en sens contraire

f. **Complétez** le tableau de variations de la fonction h.

x	-5	0	3
Variations de h			

Je mémorise

7 **Réalisez** une carte mentale qui reprend les propriétés des opérations sur les fonctions.

> Je fais le point **page 104**

J'acquiers une méthode

8 Résoudre graphiquement une équation $f(x) = c$ et une inéquation $f(x) < c$

Observez la résolution de l'exercice ci-dessous, puis **appliquez** la méthode.

Exercice corrigé

Durant la phase d'accélération du véhicule solaire Solar Power, la distance d parcourue en fonction du temps t est : $d = 2t^2$ avec d en mètre et t en seconde.

Soit la fonction f définie sur [0 ; 6] par $f(x) = 2x^2$. On note $\mathscr{C}_f$ sa courbe représentative.

1. Déterminez graphiquement la durée nécessaire pour parcourir 40 m, départ arrêté.

2. Déterminez graphiquement pour quelle(s) durée(s) la distance d est inférieure à 60 m.

» RÉSOLUTION

1. On résout l'équation $f(x) = 40$.

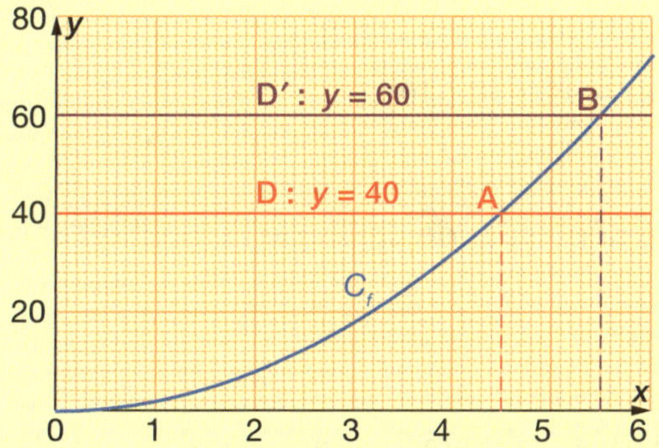

La droite D coupe $\mathscr{C}_f$ au point A d'abscisse 4,5.
L'équation $f(x) = 40$ a pour solution 4,5.
Le véhicule met 4,5 s pour parcourir 40 m.

2. On résout l'inéquation $f(x) < 60$.

La droite D' coupe $\mathscr{C}_f$ au point B d'abscisse 5,5.
Pour une durée inférieure à 5,5 s, la distance parcourue est inférieure à 60 m.

» MÉTHODE

Pour résoudre graphiquement sur un intervalle I une équation de la forme $f(x) = c$ où c est un nombre donné

- Construire sur I la représentation graphique $\mathscr{C}_f$ de la fonction f.
- Tracer sur I la droite D d'équation $y = c$.
- Lire les coordonnées du(des) point(s) d'intersection des deux représentations graphiques, s'il(s) existe(nt).
- L'abscisse de ce(s) point(s) est solution de l'équation $f(x) = c$ sur I.

Pour résoudre graphiquement sur un intervalle I une inéquation du type $f(x) < c$ (ou $> c$) où c est un nombre donné

- Les 3 premières étapes sont les mêmes que pour la résolution d'une équation.
- Les solutions de l'inéquation $f(x) < c$ sont les abscisses des points de $\mathscr{C}_f$ situés en dessous de la droite D.

Application

La masse m d'un objet cylindrique de rayon R peut être calculée en utilisant la relation suivante : $m = 0{,}5 \times R^2$, avec m masse en kilogramme et R rayon en mètre.
Soit la fonction f définie sur l'intervalle [0 ; 30] par $f(x) = 0{,}5x^2$ où x représente la mesure du rayon et $f(x)$ la masse de l'objet.

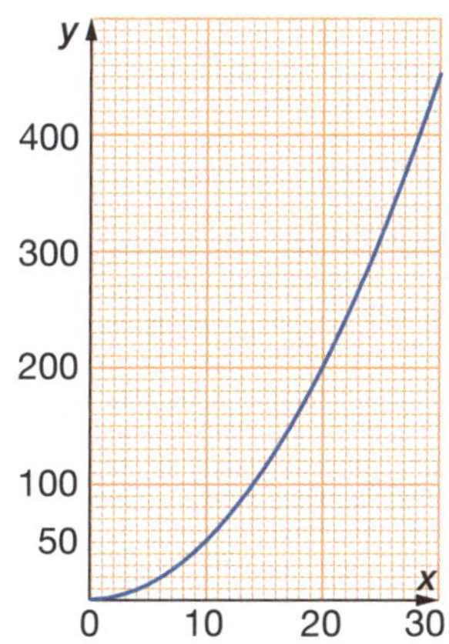

1. Déterminez graphiquement le rayon de l'objet cylindrique dont la masse est 50 kg.

....

2. La masse de l'objet cylindrique ne doit pas dépasser 200 kg. Déterminez graphiquement la valeur maximale de son rayon. ....

Évaluation

Situation

Pour échapper à ses poursuivants, James, agent secret, court sur une falaise pour prendre son élan et saute dans l'eau. Un bateau l'attend à 24,9 m du pied de la falaise. Pour des raisons de sécurité, James ne doit pas avoir à nager plus de 20 m pour rejoindre le bateau après son point d'impact dans l'eau.

On considère la fonction f définie sur l'intervalle [0 ; 10] par $f(x) = 0{,}1x^2$.

x représente la vitesse de James (en m/s) au moment du saut et $f(x)$ la distance d (en m) séparant la falaise du point d'impact dans l'eau.

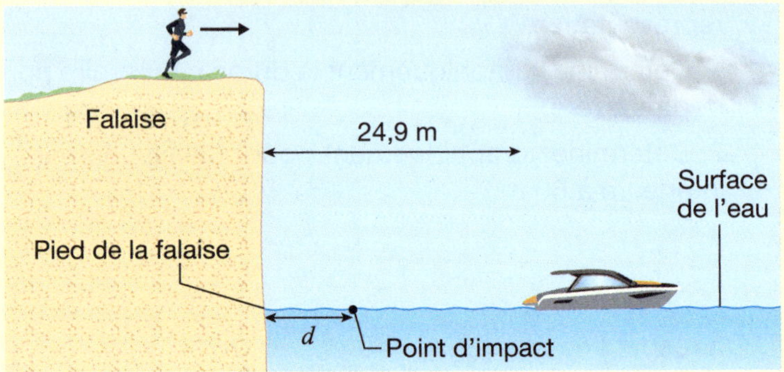

Problématique

Quelle(s) vitesse(s) de course, en m/s, de James permet(tent) de respecter la distance de sécurité de 20 m ?

1 **a.** S'approprier Donnez le sens de variation de la fonction carré sur l'intervalle [0 ; 10].

....

b. Analyser/Raisonner Expliquez comment les variations de la fonction f se déduisent de celles de la fonction carré.

....

....

2 **a.** Réaliser Si James saute avec une vitesse v de 4 m/s, calculez en m la distance d.

....

b. Réaliser Construisez avec l'outil de votre choix la représentation graphique C_f de la fonction f.

c. Communiquer Réaliser Si la distance d est égale à 8,1 m, déterminez graphiquement la vitesse v.

....

3 **a.** S'approprier Complétez : la distance du point d'impact au bateau doit être .... ou égale à 20 m.

b. Valider Montrez que la phrase précédente peut se traduire par l'inéquation $24{,}9 - 0{,}1x^2 \leqslant 20$.

....

....

c. Réaliser Complétez ci-dessous le début de la résolution de cette inéquation.

$24{,}9 - 0{,}1x^2 \leqslant 20$ $\quad -0{,}1x^2 \leqslant 20 -$ .... $\quad -0{,}1x^2 \leqslant$ ....

$0{,}1x^2 \geqslant 4{,}9$

d. Réaliser Utilisez la représentation graphique de la question 2.b pour résoudre graphiquement l'inéquation $0{,}1x^2 \geqslant 4{,}9$.

Les solutions sont les valeurs de x telles que ....

4 Valider Communiquer Répondez à la problématique.

....

....

Calculs commerciaux et financiers

08

Capacités	Activités
• Utiliser des pourcentages et des coefficients multiplicateurs.	Activité 1
• Compléter une facture, un bon de commande, réaliser un devis en déterminant dans le cadre de situations professionnelles : un prix ; un coût ; une marge ; une taxe ; une réduction commerciale ; un taux.	Activité 2
• Calculer le montant : d'un intérêt simple ; d'une valeur acquise. • Déterminer graphiquement ou par le calcul : un taux annuel de placement ; la durée de placement (exprimée en jours, quinzaines, mois ou années) ; le montant du capital placé.	Activité 3

Je m'échauffe !

Activité 1 p. 116

a. L'écriture décimale de 5,5 % est :

☐ 0,55 ☐ 0,055 ☐ 0,005 5

b. Si je multiplie un nombre donné par 0,85, alors le nombre obtenu est :

☐ plus grand que le nombre de départ

☐ plus petit que le nombre de départ

☐ égal à 0

Activité 2 p. 117

Une jupe qui coûtait 25 € est soldée 20 €.

a. Calculez la valeur de la remise, en €.

....

b. Par quel nombre faut-il multiplier 25 € pour obtenir 20 € ?

....

c. Le pourcentage de réduction de 25 € à 20 € est de : ☐ 5 % ☐ 20 % ☐ 25 %

Activité 3 p. 118

Si je place une somme égale à 200 € et que les intérêts s'élèvent à 1,5 % de cette somme, alors cette somme va me rapporter :

☐ 1,5 € ☐ 2 € ☐ 3 € ☐ 15 € ☐ 30 €

Activité 1 Utiliser des pourcentages dans la vie courante

SITUATION . Des taux de TVA différents

Dans une boulangerie, les clients peuvent acheter des produits de consommation à emporter. Maël a pris un sandwich, un soda et une part de flan. Sur le ticket apparaissent les prix hors taxes et les montants de la TVA.

Canette de soda
Prix HT : 2 €
TVA : 0,11 €

Part de flan
Prix HT : 1,65 €
TVA : 0,09 €

Sandwich
Prix HT : 4,40 €
TVA : 0,44 €

Maël achète également une pizza pour le soir à 12,65 € TTC qui est soumise au même taux de TVA que le sandwich.

Problématique

Quel est le prix HT de la pizza de Maël ?

La taxe sur la valeur ajoutée ou TVA est un impôt général sur la consommation qui est directement facturé aux clients sur les biens qu'ils achètent. Son taux, souvent exprimé en pourcentage, varie d'un produit à l'autre et est fixé par l'État.

1 S'approprier Réaliser Complétez les colonnes du tableau avec les données de l'énoncé.

	Canette de soda	Part de flan	Sandwich
Prix HT (en €)	....	....	....
TVA (en €)	....	....	....
Prix TTC (en €)	....	....	....

Coup de pouce Le prix taxes comprises ou TTC s'obtient en ajoutant le prix HT et la TVA.

2 Réaliser Calculez le taux de TVA pour la canette de soda en appliquant la formule suivante :

$$\text{taux de TVA} = \frac{\text{montant de la TVA}}{\text{prix HT}} = \frac{\ldots}{\ldots} = \ldots$$

Exprimez ce taux en pourcentage. ....

3 Réaliser Calculez le taux de TVA pour le sandwich puis exprimez-le en pourcentage.

....

4 Réaliser Calculez le coefficient multiplicateur qui permet de trouver le prix TTC de la canette à partir de son prix HT.

....

5 Analyser/Raisonner Valider Déduisez-en la bonne formule (t étant le taux de TVA, en %).

☐ $\text{Prix TTC} = \text{Prix HT} \times \frac{t}{100}$ ☐ $\text{Prix TTC} = \text{Prix HT} \times \left(1 + \frac{t}{100}\right)$ ☐ $\text{Prix TTC} = \text{Prix HT} \times \left(1 - \frac{t}{100}\right)$

6 S'approprier Réaliser En utilisant la formule de la question précédente, calculez le coefficient multiplicateur qui permet de trouver le prix TTC de la pizza à partir de son prix HT.

....

7 Réaliser Communiquer Répondez à la problématique en justifiant.

....

....

Activité 2 Compléter un document commercial

SITUATION . Un stagiaire plus malin ?

Marie, responsable du rayon escalade dans le magasin Sport Montagne 76, passe commande à son grossiste de 20 baudriers et 10 paires de chaussons.

Chez ce grossiste, les chaussons coûtent 45 € la paire et les baudriers 56 €. Le grossiste accorde une remise de 5 % sur le prix total.

Marie a l'habitude de créer un tableau avec un tableur pour déterminer le prix de vente HT de son matériel, ainsi que le prix TTC.

Le taux de TVA est le même sur tous les articles achetés.

Pierre, son stagiaire, préfère faire les calculs à la main et il trouve que, pour cette commande, le coefficient qui permet de passer du prix d'achat net HT au prix de vente TTC est égal à 1,526 46.

Problématique

Les calculs de Pierre sont-ils corrects ? Quelle méthode vous paraît la plus pertinente ?

1 Ouvrez le fichier « **C08_117_facture.xlsx** ». **foucherconnect.fr/21mc80**

S'approprier Complétez les cellules C4, D4, C5 et D5 avec les données de l'énoncé.

2 **Réaliser** **Valider** Vérifiez par le calcul les résultats obtenus en E7, E8 et E9.

....

....

3 **Analyser/Raisonner** **Valider** En analysant la construction du tableau, cochez les formules utilisées par Marie :

a. ☐ Prix d'Achat Net = Prix d'Achat Brut + Remise ☐ Prix d'Achat Net = Prix d'Achat Brut – Remise

b. ☐ Coût d'Achat = Prix d'Achat Net + Frais d'Achat ☐ Coût d'Achat = Prix d'Achat Net – Frais d'Achat

c. ☐ Prix de Vente HT = Coût d'Achat – Marge ☐ Prix de Vente HT = Coût d'Achat + Marge

4 **Analyser/Raisonner** **Réaliser** Avec les réponses du tableau de Marie, calculez le coefficient multiplicateur qui permet de passer du Prix d'Achat brut HT au Prix de Vente TTC (garder 5 chiffres après la virgule).

....

....

5 **Valider** Comparez votre résultat avec celui obtenu par Pierre.

....

6 Le prix des chaussons d'escalade passe de 45 € à 49 €.

Réaliser Calculez le nouveau prix de vente TTC de l'ensemble du matériel.

....

7 **Valider** **Communiquer** Répondez à la problématique.

....

....

Activité 3 Calculer les éléments d'un placement à intérêts simples

SITUATION . Un meilleur placement ?

Paul dispose de 9 600 €. Il souhaite placer ce capital pendant 10 mois sur un livret A au taux annuel de 0,5 % pour produire des intérêts.

Claire lui conseille plutôt le livret Plus où il n'aura besoin que de 4 mois pour obtenir les mêmes intérêts.

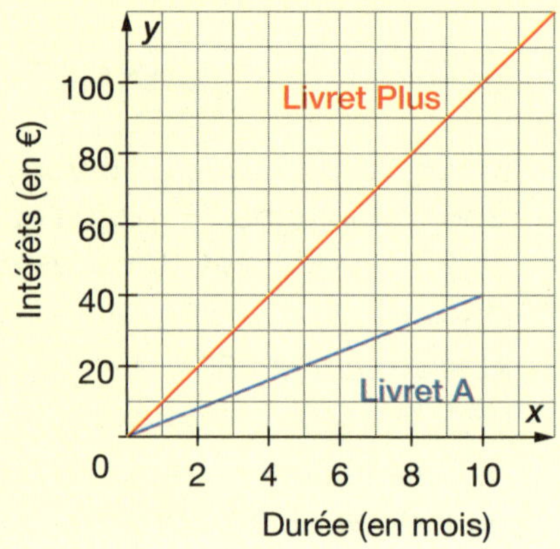

Problématique

Claire a-t-elle raison ? Quel est le taux d'intérêt annuel du livret Plus ?

1 S'approprier Cochez la bonne réponse.

a. Le capital de Paul est de : ☐ 9 600 € ☐ 10 mois ☐ 0,5 %

b. Les intérêts sont : ☐ versés par Paul à la banque ☐ versés par la banque à Paul

2 Réaliser Calculez les intérêts produits par le capital de Paul s'il laisse son argent 1 an sur le livret A.

....

3 S'approprier En utilisant le graphique, déterminez les intérêts gagnés par Paul au bout de 10 mois avec le livret A.

....

4 Valider Communiquer Peut-on dire que les intérêts du livret A sont proportionnels à la durée de placement ? Cochez la bonne réponse et justifiez. ☐ oui ☐ non

....

5 S'approprier Déterminez graphiquement la durée de placement nécessaire avec le livret Plus pour que Paul obtienne également 40 € d'intérêts. ....

6 S'approprier Complétez le tableau de proportionnalité ci-dessous avec les réponses à la question précédente.

Durée de placement (en mois)	....	12
Intérêts (en euro)	....	?

7 Réaliser Calculez la valeur manquante. Que représente-t-elle ?

....

....

Coup de pouce Le **taux d'intérêt** est le rapport, exprimé en pourcentage, entre l'intérêt produit et le capital placé.

8 Analyser/Raisonner Réaliser Proposez une méthode et mettez-la en œuvre pour calculer le taux d'intérêt annuel du livret Plus.

....	....	....
....	....	....

....

....

La valeur acquise par un capital est la somme de ce capital et de l'intérêt qu'il a produit.

9 Réaliser Calculez la valeur acquise par le capital de Paul sur le livret A au bout de 10 mois.

....

10 Valider Communiquer Répondez à la problématique.

....

Activité Algo Pro Calculer une durée de placement

MES FICHIERS
Scratch - Python
foucherconnect.fr/21mc81

SITUATION . Un minimum d'intérêt

Leïla a reçu une prime de son employeur pour ses bons résultats. Elle place un capital de 6 000 € sur un compte épargne au taux annuel de 2,4 %. Elle souhaite obtenir des intérêts supérieurs à 50 €.

Problématique

Quel est le nombre minimum de mois de placement pour que Leïla obtienne plus de 50 euros d'intérêt ?

LANGAGE NATUREL

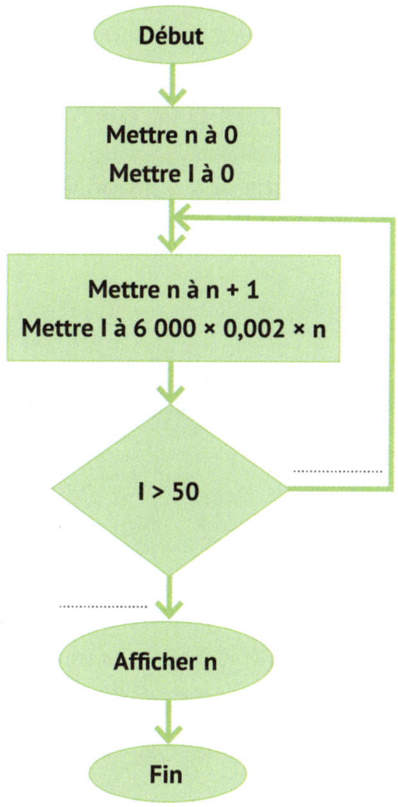

1 Dans l'algorigramme ci-contre, expliquez comment a été obtenue l'expression « 6 000 × 0,002 × n ».

....

2 Complétez les deux pointillés par OUI ou NON.

LANGAGE SCRATCH

3 Ouvrez le fichier « **C08_119_mois.sb3** ».
Les blocs nécessaires à la construction du programme sont à l'écran, mais en désordre. Reconstituez le programme pour pouvoir répondre à la problématique.

4 Exécutez le programme et donnez le nombre minimum de mois de placement.

....

LANGAGE PYTHON

5 Ouvrez le fichier « **C08_119_mois.py** ».
Dans ce programme, on lit « I ⩽ 50 », alors que dans l'algorigramme on a « I > 50 ». Est-ce une erreur ? ....
Expliquez.

....

....

....

```
n=0
I=0
while I<= 50:
  n=n+1
  I=6000*0.002*n
print("Le nombre minimum de mois"
"de placement est :",n, ".")
print("L'intérêt produit est"
"alors égal à",I, "euros.")
```

6 Exécutez le programme et confirmez (ou non) le nombre minimum de mois de placement trouvé à la question **4**.

....

7 Modifiez le programme afin de généraliser la situation : le capital initial doit être demandé ainsi que l'intérêt minimum souhaité.

LEXIQUE python

Instruction	Signification
`while I<= 50:`	Exécuter une boucle non bornée : **tant que** (while) x_2 est **inférieur ou égal** (<=) à x_1.
`n=n+1`	**Ajouter 1** à la variable n.

Pourcentages d'augmentation et de réduction

- Le **taux de pourcentage p %** peut s'écrire sous la forme de la fraction $\frac{p}{100}$ ou sous la forme d'un nombre décimal obtenu en divisant p par 100.
- **Augmenter une quantité de p %** revient à multiplier cette quantité par $\left(1 + \frac{p}{100}\right)$.
- **Diminuer une quantité de p %** revient à multiplier cette quantité par $\left(1 - \frac{p}{100}\right)$.

Exemple Hervé gagne 2 550 € par mois et son salaire augmente de 3 %.

$3\ \% = \frac{3}{100} = 0{,}03$. Alors $2\,550 \times \left(1 + \frac{3}{100}\right) = 2\,550 \times 1{,}03 = 2\,626{,}5$.

Le nouveau salaire d'Hervé est de 2 626,50 euros.

Du prix d'achat au prix de vente

- Dans une entreprise commerciale, le commerçant achète un produit à un fournisseur (le prix d'achat) et le revend au consommateur (le prix de vente toutes taxes comprises).

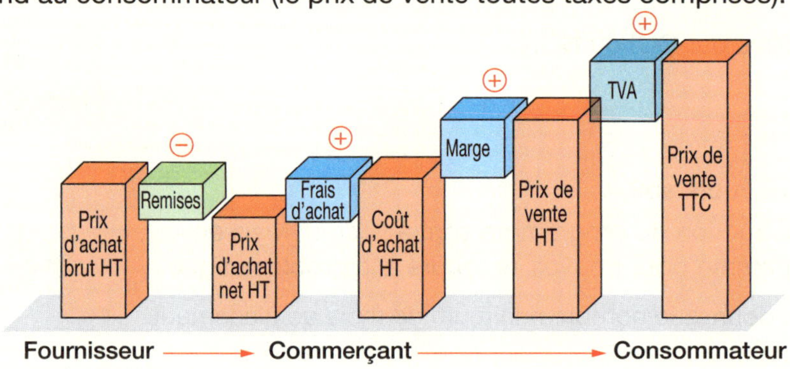

Exemple Un commerçant achète chez un grossiste un téléviseur au prix d'achat brut de 450 €. Il a obtenu une remise de 5 %, les frais d'achat s'élèvent à 8 %, la marge est de 120 € et le taux de TVA est de 20 %.

Prix d'achat net : $450 \times \left(1 - \frac{5}{100}\right) = 450 \times 0{,}95 = 427{,}5$, soit 427,50 €.

Coût d'achat : $427{,}5 \times \left(1 + \frac{8}{100}\right) = 427{,}5 \times 1{,}08 = 461{,}7$, soit 461,70 €.

Prix de vente hors taxe : $461{,}7 + 120 = 581{,}7$, soit 581,70 €.

Prix de vente taxes comprises : $581{,}7 \times \left(1 + \frac{20}{100}\right) = 581{,}7 \times 1{,}2 = 698{,}04$, soit 698,04 €.

Calculs des éléments d'un placement à intérêts simples

- **L'intérêt simple** I est proportionnel au capital placé ou emprunté C, au taux périodique t et à la durée n du placement ou de l'emprunt.

On peut le calculer en appliquant la formule : $I = C \times t \times n$ ou en utilisant la proportionnalité.

- Une **année commerciale** compte 12 mois, 24 quinzaines et 360 jours.
- On appelle **valeur acquise** par un capital la somme de ce capital placé et des intérêts qu'il a produits pendant la durée du placement : **valeur acquise = capital + intérêts**.

Exemple On place un capital de 3 600 € pendant 200 jours au taux annuel de 1,5 %.

$I = C \times t \times n = 3\,600 \times \frac{0{,}015}{360} \times 200 = 30$, et $3\,600 + 30 = 3\,630$.

Ce placement a produit 30 € d'intérêts et la valeur acquise est de 3 630 €.

AUTOMATISMES

Sans calculatrice ni brouillon, répondez aux 3 questions du rituel indiqué par votre professeur.
Votre réponse est juste ? Bravo ! Cochez la case de l'automatisme correspondant.

Rituel 1 (2')

☐ A2 Un tee-shirt à 20 € est soldé à –20 %. Calculez son prix après remise.

....

☐ A7 Rangez par ordre croissant : $\frac{31}{100}$; 0,3 ; $\frac{3}{100}$ et 0,031.

....

☐ A17 Convertissez 0,045 kg en grammes.

....

Rituel 2 (2')

☐ A9 Écrivez le plus simplement possible l'expression $x^2 + x(3x - 8)$.

....

☐ A4 Calculez la moyenne des 4 notes suivantes : 12 ; 4 ; 8 ; 16.

....

☐ A22 Calculez l'aire, en dm², d'un carré de côté 5 cm.

....

Rituel 3 (2')

☐ A15 $f(x) = 2x^2 - 3$. Calculez l'image de 1 par la fonction f.

....

☐ A1 Abraham lance 15 fois une pièce de monnaie et obtient 6 fois « Pile ». Calculez la fréquence de sortie de « Pile ».

....

☐ A12 6 bouteilles de lait coûtent 4,80 €. Combien coûtent 18 bouteilles de lait ?

....

Rituel 4 (2')

☐ A5 Donnez le résultat du calcul ci-dessous à l'aide d'une seule puissance.

$\frac{2^4}{2^8 \times 2^5}$ = ...

☐ A11 Si $8x = 40$, que vaut x ? ....

☐ A19 Donnez la valeur arrondie à 0,01 près du nombre 496,937.

....

Utiliser des pourcentages dans la vie courante

1 Cette année, Élise paye 1 150 € de taxe d'habitation. Le montant de la redevance audiovisuelle représente 12 % de cette taxe d'habitation.
Calculez le montant de cette redevance audiovisuelle.

....

....

2 Mehdi achète une tablette de chocolat de 120 g à 70 % de cacao.

Calculez la masse de cacao dans cette tablette de chocolat.

....

....

3 Léonie veut acheter un pull qui coûte 39,90 €.
Ce pull est soldé –40 %.

a. Calculez la remise effectuée sur ce pull.

....

....

b. Déduisez-en le prix du pull soldé.

....

....

4 Les Français consomment aujourd'hui en moyenne 8 g de sel par jour et par personne.

Les États membres de l'OMS préconisent de réduire cette consommation de 30 %.

Calculez la masse de sel préconisée par jour et par personne par l'OMS.

....

....

5 Pour sa confiture de fruits, Lysiane respecte les proportions suivantes : 150 g de fruits pour 250 g de produit total avant cuisson.

Calculez le pourcentage de fruits dans la confiture de Lysiane (arrondissez à l'unité).

....

....

6 Une voiture coûte 13 500 € hors taxe et le taux de TVA est de 20 %.

Calculez le prix TTC de cette voiture.

....

....

Compléter un document commercial

7 Le prix d'achat brut d'un lave-vaisselle est de 350 €. Le grossiste propose 3,5 % de remise au détaillant. Les frais d'achat sont de 20 €.

a. Calculez le prix d'achat net.

....

....

b. Calculez le coût d'achat.

....

....

8 Un commerçant calcule le prix de vente taxe comprise d'un smartphone.

a. Complétez l'extrait de facture suivant.

Prix d'achat brut HT	590,00 €
Remise (3 %)	....
Prix d'achat net HT	....
Frais d'achat (8 %)	....
Coût d'achat	....
Marge	195,00 €
Prix de vente HT	....
TVA (20 %)	....
Prix de vente taxe comprise	....

b. À partir de cette facture, calculez le coefficient multiplicateur que le commerçant peut appliquer au prix d'achat brut HT pour obtenir directement le prix de ventes taxes comprises (arrondissez à 5 chiffres après la virgule).

....

9 Le coût d'achat d'un article est 598 €.

Son prix de vente hors taxe est 807 €.

a. Calculez la marge du commerçant.

....

....

b. Calculez le pourcentage de cette marge par rapport au prix de vente hors taxe.

....

....

....

10 Le montant de la TVA sur un DVD s'élève à 1,70 €. Le taux de TVA est de 20 %.

Calculez le prix HT de ce DVD.

....

....

Calculer les éléments d'un placement à intérêts simples

11 Chaînese a placé un capital de 3 500 € pendant 10 mois au taux annuel de 1,80 %.

a. Calculez les intérêts produits par ce placement.

....

....

b. Calculez la valeur acquise par le capital.

....

12 Un capital placé à un taux annuel de 1,5 % a rapporté 69 € d'intérêts au bout d'un an.

Calculez le montant de ce capital.

....	....	....
....	....	....

....

13 Enzo place un capital de 12 000 € pendant 261 jours. Il reçoit 174 € d'intérêts.

a. Calculez le taux annuel de ce placement.

....	....	....
....	....	....

....

....

b. Calculez la valeur acquise par le capital.

....

14 Cinq associés dans une entreprise se partagent les bénéfices de la façon suivante : la part du premier est 32 %, celle du second 15 %, celle du troisième 18 %, celle du quatrième 22 % et la part du cinquième s'élève à 1 157 €.
Calculez le montant touché par chaque associé.

15 Robin souhaite une tablette numérique pour Noël. Ses parents se renseignent dans deux magasins différents qui proposent des offres promotionnelles.

Magasin A :	359 €	Offre de – 79 €
Magasin B :	369 €	Soldé à – 25 %

Quel magasin propose la meilleure offre promotionnelle ?

16 Un jean soldé à –30 % est affiché 31,50 €.

Calculez le prix de ce jean avant les soldes.

17 Assia veut acheter un lave-linge. Elle a repéré le mois dernier un modèle qui lui convient à 429 €.
Au moment de l'achat, le prix du lave-linge a augmenté de 5 %. Mais comme Assia prend la carte de fidélité, le commerçant lui offre une remise de 5 % sur le nouveau prix.

Problématique
Assia va-t-elle payer plus cher, moins cher ou exactement 429 € ?

18 Bruno possède un magasin de chaussures.
Il commande à son fournisseur 20 paires au prix unitaire brut hors taxe de 78,00 €.

1. Calculez le prix d'achat brut hors taxe total des 20 paires de chaussures.

2. Le fournisseur lui fait une remise de 8 % sur le prix d'achat brut du lot et les frais d'achat s'élèvent à 64,80 €.

a. Calculez le montant de la remise, en euros.

b. Déduisez-en le prix d'achat net hors taxe du lot de chaussures.

c. Calculez le coût d'achat hors taxe de ce lot de chaussures.

3. Bruno souhaite réaliser une marge de 20 € par paire de chaussures.
La TVA appliquée est de 20 %.

a. Calculez le montant de la marge pour le lot de chaussures.

b. Déduisez-en le prix de vente hors taxe du lot de chaussures.

c. Calculez le prix de vente taxes comprises du lot de chaussures.

d. Déduisez-en le prix de vente taxes comprises d'une paire de chaussures.

19 Chloé s'occupe de l'achat de boissons pour une soirée avec ses amis.

1. Complétez le document ci-dessous.

Désignation	Quantité	Prix unitaire HT	Prix total HT
Soda au cola	6	1,25 €	....
Limonade	....	1,15 €	4,60 €
Jus d'orange	5	....	4,90 €
Eau gazeuse	8	....	....
		Total HT	....
		TVA 20 %	4,12 €
		Total TTC	....

2. Chloé dispose de 25 €. Cela sera-t-il suffisant pour régler ses achats ?

20 Les agios sont des frais perçus par la banque lorsqu'il y a un découvert sur un compte.

Ils se composent d'intérêts débiteurs et de frais divers (commissions bancaires…).

Jules a eu un découvert de 1 200 € pendant 10 jours.

Dans sa banque, le taux d'intérêt débiteur annuel s'élève à 15,90 % et les frais supplémentaires sont de 8 €.

1. Calculez le montant des intérêts débiteurs pour le découvert de Jules.

2. Déduisez-en le montant total des agios pour le découvert de Jules.

21 Sur sa facture d'électricité annuelle, Abraham relève le montant de son abonnement qui est de 127,92 €.

Cet abonnement représente 9,5 % de sa facture annuelle totale.

Calculez le montant de la facture d'électricité annuelle d'Abraham.

22 Pauline a placé toutes ses économies pendant 280 jours sur un livret au taux annuel de 2,7 %. Ce placement lui a rapporté 94,5 euros d'intérêts.

Calculez le montant des économies de Pauline.

23 python™ foucherconnect.fr/21mc82

Mounia a placé un capital de 12 600 € au taux annuel de 2,1 %. Elle a obtenu 183,75 € d'intérêts.

1. Mounia a-t-elle placé son argent pendant 1 an ?

2. Calculez le nombre de jours pendant lesquels Mounia a placé son argent.

3. Ouvrez le fichier « **C08_124_interets.py** ».

En utilisant la fonction nombre_de_jours (C,t,l), vérifiez le résultat obtenu à la question précédente.

Consolidation

Cycle 4

Je résous des problèmes de proportionnalité

1 Dans chacun des cas, **trouvez** le coefficient multiplicateur qui permet de passer du nombre A au nombre B.

a. A : 3,5 → .... → B : 14

b. A : 12,4 → .... → B : 6,2

c. A : 4 → .... → B : 10

d. A : 12 → .... → B : 67,2

e. A : 89 → .... → B : 26,7

2 Un de ces tableaux est-il un tableau de proportionnalité ?

☐

5	2,6	0,8
3,25	1,69	0,48

☐

2,4	–1,5	0,6
7,68	–4,8	1,92

☐

9	–27	–15
–12	36	–20

3 On donne le tableau suivant :

Volume jus d'orange (en L)	2	3
Prix (en €)	2,50	3,75

Cochez les affirmations qui sont vraies.

☐ 1 L de jus d'orange coûte 1,25 €.

☐ 1 L de jus d'orange coûte 0,80 €.

☐ Avec 1 € on a 1,25 L de jus d'orange.

☐ Avec 1 € on a 0,80 L de jus d'orange.

Je calcule des pourcentages dans des cas simples

4 Pour chaque pourcentage à appliquer, **proposez**, comme dans les deux exemples ci-dessous, une méthode de calcul rapide.

10 % → Diviser la valeur par 10

20 % → Diviser la valeur par 10 puis multiplier par 2

50 % → ....

25 % → ....

5 % → ....

200 % → ....

J'utilise le vocabulaire approprié

5 **Classez** les termes suivants en fonction de leur catégorie :

taxe • rabais • frais • marge • remise • escompte • ristourne

Augmentation	....
Réduction	....

6 **Reliez** chaque mot de vocabulaire à la définition qui lui correspond.

Intérêts	☐	☐	Somme du capital placé et des intérêts qu'il génère.
Valeur acquise	☐	☐	Somme d'argent placée auprès d'un organisme financier.
Taux d'intérêt annuel	☐	☐	Somme versée par la banque qui est un pourcentage du capital.
Capital	☐	☐	Pourcentage qui s'applique sur le capital.

7 **Cochez** la réponse exacte pour chaque phrase.

a. Le prix d'achat net HT est	☐ inférieur	☐ supérieur	au prix d'achat brut HT
b. Le prix de vente HT est	☐ inférieur	☐ supérieur	au coût d'achat
c. Le coût d'achat est	☐ inférieur	☐ supérieur	au prix d'achat net HT
d. Le prix de vente TTC est	☐ inférieur	☐ supérieur	au prix de vente HT

Je revois des points importants

8 Pour chaque proposition, **exprimez** le taux périodique sous la forme d'une fraction puis d'un pourcentage.

a. Le taux mensuel correspondant à un taux annuel de 1,2 %.

t = ... soit .... %

b. Le taux quotidien correspondant à un taux annuel de 2,61 %.

t = ... soit .... %

c. Le taux par quinzaine correspondant à un taux annuel de 0,9 %.

t = ... soit .... %

Je mémorise

9 Pour mémoriser l'enchaînement de la formation des prix, entraînez-vous à remettre dans l'ordre chronologique les mots et expressions suivants liés au vocabulaire des calculs commerciaux.

Coût d'achat	Prix de vente HT	TVA
Prix d'achat brut HT	Marge	Frais d'achat
Prix d'achat net HT	Remise	Prix de vente TTC

J'acquiers une méthode

10 Calculer un intérêt et une durée de placement

Observez la résolution de l'exercice ci-dessous, puis **appliquez** la méthode.

Exercice corrigé

Karim a placé un capital de 2 400 € pendant 150 jours au taux annuel de 3 %.

1. Calculez les intérêts produits par ce placement.
2. Calculez la valeur acquise par ce placement.
3. Calculez le nombre de jours nécessaires pour obtenir les mêmes intérêts avec un taux annuel de 2 %.

» RÉSOLUTION

1. Une année commerciale compte 360 jours.

$C = 2\ 400$ € $t = \dfrac{0{,}03}{360}$ $n = 150$ jours

$I = C \times t \times n = 2\ 400 \times \dfrac{0{,}03}{360} \times 150 = 30$

Ce placement a produit 30 euros d'intérêts.

2. $A = C + I = 2\ 400 + 30 = 2\ 430$

La valeur acquise est de 2 430 €.

3. **1re étape :** je calcule les intérêts correspondant à une durée de 1 an.

$I = C \times t \times n = 2\ 400 \times \dfrac{2}{100} = 48$

Donc pour un placement d'une durée de 1 an le capital de Karim aurait rapporté 48 €.

2e étape : je calcule la durée correspondant à des intérêts de 30 € avec un tableau de proportionnalité.

Durée de placement (en jour)	360	?
Intérêts (en euro)	48	30

$? = \dfrac{30 \times 360}{48} = 225$. Il faudra donc 225 jours.

» MÉTHODE

Pour calculer des intérêts simples

- Repérer les éléments connus dans l'énoncé : C, t et n.
- Transformer le taux annuel en taux périodique.
- Appliquer la formule du cours en remplaçant C, t et n par leur valeur.

Pour calculer une valeur acquise

- Additionner les intérêts produits et le capital.

Pour calculer une durée de placement

- Calculer les intérêts obtenus avec un placement de 1 an en appliquant la formule $I = C \times t \times n$.
- Placer les valeurs connues dans un tableau de proportionnalité.
- Calculer la valeur manquante avec l'égalité des produits en croix.
- Conclure.

Application

Vos parents ont placé 4 800 € pour vous sur un livret d'épargne au taux annuel de 2,4 %.
Au bout d'un certain temps, cet argent a généré 40 € d'intérêts.

1. Calculez la durée du placement, en jours.

....

....	....	....
....	....	....

....

....

2. Calculez la valeur acquise par le placement de vos parents.

....

Évaluation

Situation

Gilles est professionnel dans le bâtiment.
Il sait qu'il va devoir acheter à la fin du mois de novembre du matériel facturé 6 345 € TTC.
En tant que professionnel, il ne payera que le prix HT et sa carte de fidélité lui donne droit à une remise de 8 % sur le prix HT. La TVA est de 20 %.
Sa camionnette étant trop petite, il devra ajouter 145,90 € pour la livraison de son matériel.
Pour payer ce matériel, il compte sur un placement qu'il va faire à la banque.
Il placera 4 950 € le 4 avril sur un compte rémunéré au taux annuel de 2,75 % et il retirera son capital augmenté des intérêts acquis le 20 novembre de la même année.

Mois	01	02	03	04	05	06	07	08	09	10	11	12
Nombre de jours	31	28	31	30	31	30	31	31	30	31	30	31

Problématique

Le placement de Gilles sera-t-il suffisant pour payer son matériel ?

1 S'approprier | Réaliser Calculez la durée du placement en jour de Gilles. Le premier jour de placement n'est pas compté, le dernier l'est.

………

………

2 Analyser/Raisonner | Réaliser | (A) Proposez une méthode et mettez-la en œuvre pour calculer le montant des intérêts générés par le placement de Gilles.

………

………

………

………

3 Réaliser Déduisez-en la valeur acquise par le capital de Gilles à la fin de son placement.

………

………

4 Analyser/Raisonner | Réaliser Calculez le prix HT du matériel acheté par Gilles.

………

………

5 Analyser/Raisonner | Réaliser Calculez le prix total du matériel pour Gilles, après la remise et les frais de livraison.

………

………

………

6 Valider | Communiquer Répondez à la problématique en justifiant.

………

………

Calculs de longueurs : Pythagore et Thalès

09

Capacités	Activités
Calculer des longueurs : • Utiliser le théorème de Pythagore.	Activité 1
• Utiliser la réciproque du théorème de Pythagore.	Activité 2
• Appliquer le théorème de Thalès dans le triangle.	Activité 3

Je m'échauffe !

Activité 1 p. 130

a. Donnez la valeur arrondie au centième de $\sqrt{34}$.

....

b. L'équation $x^2 = 36$ admet deux solutions. Lesquelles ?

....

....

Activité 2 p. 131

Si $A = 2 \times \sqrt{2\,500} - 2 \times \sqrt{49}$

$B = 9^2 + (\sqrt{2})^2$

$C = \sqrt{8\,100} - 2^2$

Alors :

☐ A = B ☐ A = C

☐ A ≠ B ☐ A ≠ C

Activité 3 p. 132

a. Si (BC) // (DE) alors :

☐ les droites (BC) et (DE) sont sécantes

☐ les droites (BC) et (DE) n'ont pas de point d'intersection

b. En observant la configuration ci-contre, citez :

– une droite parallèle à (AB) : (AB) // ....

– la droite parallèle à (BC) passant par D : ....

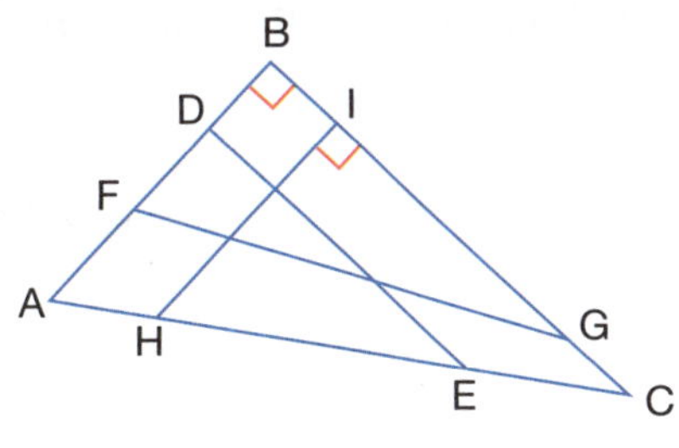

Activité 1 Utiliser le théorème de Pythagore

SITUATION . Entraînement pour la compétition !

Lila se prépare pour sa première compétition de course à pied, un « 10 km ». Autour de chez elle, elle a deux parcours favoris. Chacun a la forme d'un triangle rectangle.

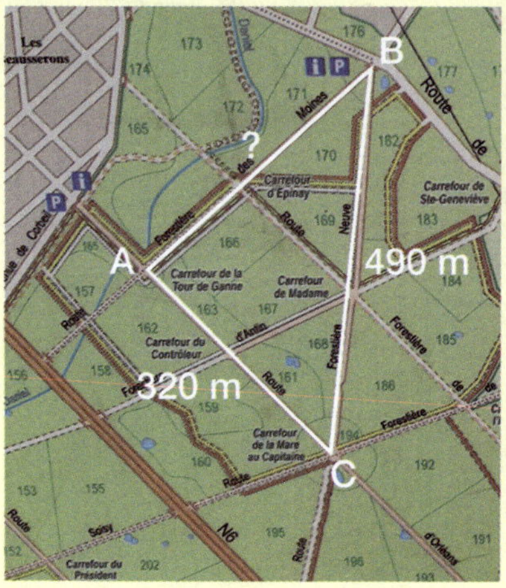

Parcours 1

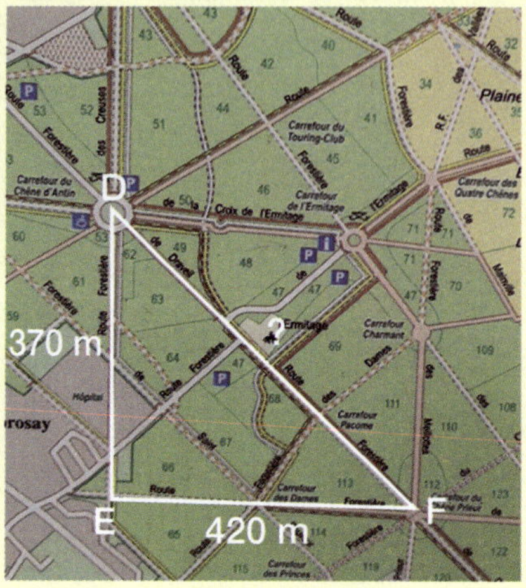

Parcours 2

Problématique

Pour chaque parcours, combien de tours Lila doit-elle effectuer si elle veut parcourir au moins dix kilomètres ?

1 S'approprier Indiquez pourquoi il est possible d'utiliser le théorème de Pythagore pour calculer les longueurs AB et DF.

....

Calcul de la longueur AB

Dans le triangle ABC rectangle en A, le théorème de Pythagore s'écrit :

$BC^2 = AB^2 + AC^2$. La longueur AB est alors donnée par la formule : $AB = \sqrt{BC^2 - AC^2}$.

2 S'approprier Remplacez BC et AC par leur valeur dans cette formule. $AB = \sqrt{\dots^2 - \dots^2}$

3 Réaliser Effectuez ce calcul à l'aide de la calculatrice. Arrondissez le résultat à l'unité. AB ≈ ....

Calcul de la longueur DF

4 S'approprier Complétez l'expression du théorème de Pythagore dans le triangle DEF rectangle en E.

$DF^2 =$ ....

5 Réaliser Remplacez DE et EF par leur valeur dans cette formule, puis calculez DF. Arrondissez le résultat à l'unité.

....

6 Valider Communiquer Répondez à la problématique.

....

....

....

....

Activité 2 Utiliser la réciproque du théorème de Pythagore

SITUATION . Rendez-vous à Samos !

Antoine, en vacances à Samos, donne rendez-vous à ses amis au pied de la statue de Pythagore (mathématicien natif de cette île grecque). Pour trouver le lieu de rendez-vous, il propose à ses amis de résoudre l'énigme suivante : « La statue se trouve à l'intersection des hypoténuses de deux triangles rectangles tracés à partir de positions situées le long du port de Pythagorion. »

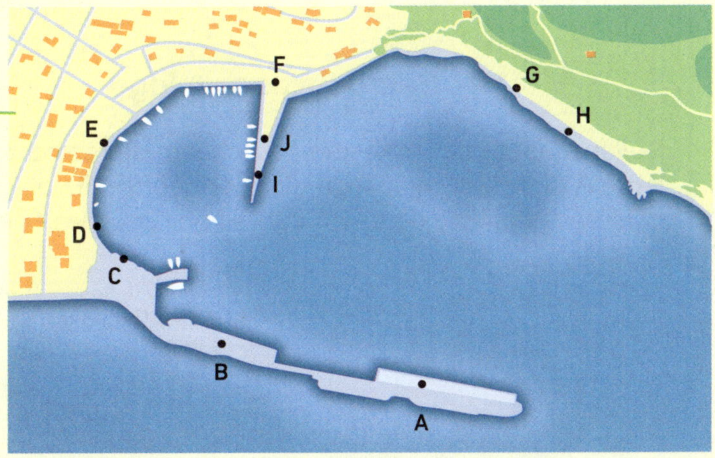

Antoine leur fournit également le plan ci-contre et les distances suivantes, en mètre :

Triangle FCB	FC = 320	CB = $\sqrt{30\,825}$	FB = 365
Triangle AGD	AG = $20{,}4^2$	GD = 600	AD = 490
Triangle EHB	HB = 545	EH = 25^2	EB = $\sqrt{93\,600}$

Problématique **Où se trouve la statue de Pythagore ?**

Étude du triangle FCB

1 Réaliser Le côté le plus long de ce triangle étant FB, calculez FB^2. FB^2 = ...

2 Réaliser Calculez $CB^2 + FC^2$. $CB^2 + FC^2$ = ...

3 Valider Comparez les résultats puis cochez la réponse correcte.

☐ $FB^2 = CB^2 + FC^2$ ☐ $FB^2 \neq CB^2 + FC^2$

Coup de pouce $(\sqrt{a})^2 = a$ pour $a > 0$.

4 Valider En utilisant la réciproque du théorème de Pythagore, cochez la réponse correcte :

☐ FBC est un triangle rectangle ☐ FBC n'est pas un triangle rectangle

Coup de pouce **Réciproque du théorème de Pythagore :** dans un triangle ABC, si $AB^2 = AC^2 + BC^2$, alors le triangle ABC est rectangle en C.

Étude du triangle AGD

5 Réaliser Calculez : GD^2 = ... et $AG^2 + AD^2$ = ...

6 Valider Comparez les résultats et indiquez si le triangle AGD est un triangle rectangle.

....

Étude du triangle EHB

7 Réaliser Valider Indiquez si le triangle EHB est un triangle rectangle. Justifiez votre réponse.

....

....

....

8 Valider Communiquer Répondez à la problématique. Justifiez la réponse.

....

Activité 3 Utiliser le théorème de Thalès

SITUATION . Reproduction de logo

Sofiane, apprenti en peinture, est chargé de reproduire sur un mur la lettre A représentant le logo d'une entreprise. Il doit peindre les zones colorées et utiliser du ruban adhésif noir pour les contours de la lettre.

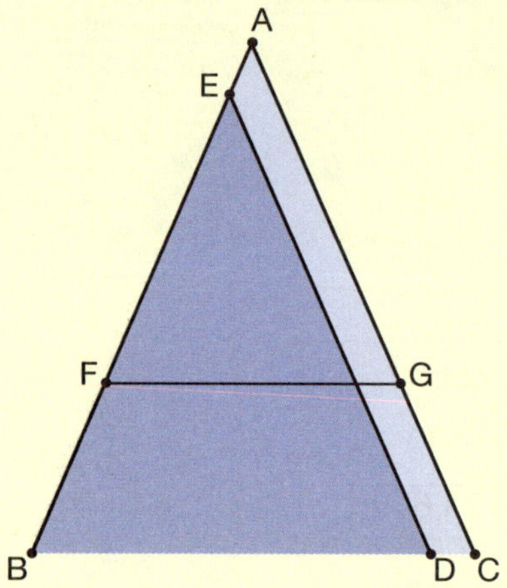

Données :
AB = 2,7 m
BC = 2,2 m
AF = 1,62 m
BD = 1,65 m

ABC est un triangle isocèle en A
(AC) // (ED)
(FG) // (BC)

Problématique

Sachant que le ruban adhésif est vendu par rouleau de 5 m de longueur, combien Sofiane doit-il en prévoir ?

1 a. S'approprier Indiquez les distances qu'il faut connaître pour calculer la longueur de ruban adhésif nécessaire.

....

b. S'approprier Parmi ces longueurs, citez celles dont la mesure n'est pas connue.

....

2 S'approprier Les droites (BC) et (FG) étant parallèles, le **théorème de Thalès** permet d'écrire l'égalité ❶. Dans l'égalité ❷, remplacez les longueurs connues par leur valeur.

Égalité ❶ $\frac{AF}{AB} = \frac{FG}{BC}$ Égalité ❷ $\frac{\ldots}{\ldots} = \frac{FG}{\ldots}$

3 Réaliser Calculez la longueur FG en utilisant l'égalité des produits en croix.

....

....

4 S'approprier Les droites (AC) et (ED) étant parallèles, utilisez le théorème de Thalès pour compléter l'égalité ❸. Remplacez les longueurs connues par leur valeur dans l'égalité ❹.

Égalité ❸ $\frac{\ldots}{BC} = \frac{DE}{\ldots}$ Égalité ❹ $\frac{\ldots}{\ldots} = \frac{DE}{\ldots}$

5 Réaliser Calculez la longueur DE en utilisant l'égalité des produits en croix.

....

....

6 Valider Communiquer Répondez à la problématique. Justifiez la réponse.

....

....

....

Activité Algo Pro Rechercher des triplets pythagoriciens

MES FICHIERS
Python
foucherconnect.fr/21mc90

SITUATION . Triangle rectangle ou pas

Un triplet pythagoricien est composé de trois nombres entiers naturels non nuls vérifiant la relation de Pythagore. À tout triplet pythagoricien est associé un triangle rectangle de côtés entiers a, b, c et d'hypoténuse c.

Problématique

Combien existe-t-il de triangles rectangles dont les mesures des côtés sont des nombres entiers et dont l'un des côtés mesure 15 ?

LANGAGE NATUREL

1 L'algorigramme ci-contre permet de vérifier si un triplet (a, b, c) est pythagoricien, les nombres a, b et c étant rangés dans l'ordre croissant (avec a ≠ b ≠ c). Complétez-le.

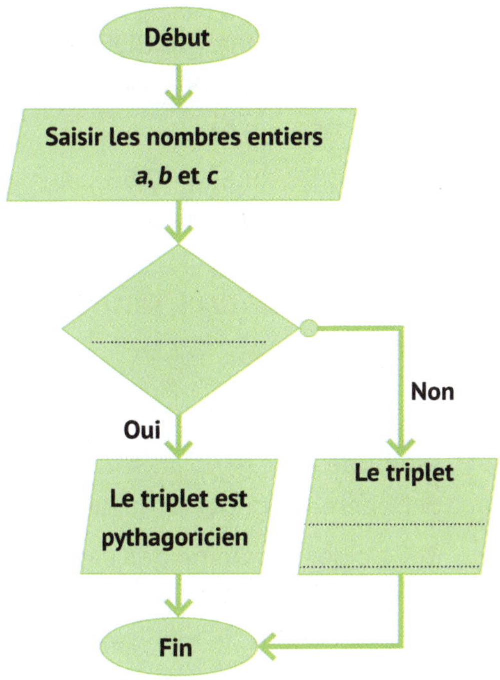

LANGAGE PYTHON python

```
def pythagoricien(a,b,c):
    return a**2+b**2==c**2
```

2 Ouvrez un éditeur Python et recopiez le programme ci-dessus.

3 Exécutez le programme afin de vérifier que le triplet (3, 4, 5) est pythagoricien. Quel résultat s'affiche alors ?

....

Ouvrez le fichier « **C09_133_triplets.py** ».

4 Le programme précédent a été complété avec des instructions qui permettent d'obtenir tous les triplets pythagoriciens dont le plus grand entier est inférieur ou égal à un nombre seuil.

a. Si le nombre seuil est 50, indiquez :

– l'intervalle de valeurs prises par a : ....

– l'intervalle de valeurs prises par b : ....

– l'intervalle de valeurs prises par c : ....

b. Exécutez le programme pour la valeur seuil 50. Combien de triplets pythagoriciens s'affichent ?

....

5 Répondez à la problématique. Justifiez la réponse.

....

....

....

LEXIQUE python

Instruction	Signification
`a**2+b**2==c**2`	**Tester** si a**2 + b**2 est égal à c**2. Envoyer True si c'est vrai, False sinon.
`for a in range(1,seuil+1):`	*a* parcourt l'intervalle [1 ; seuil + 1[avec un **pas** de 1.

Théorème de Pythagore

Si un triangle est rectangle, alors le carré de l'hypoténuse est égal à la somme des carrés des côtés de l'angle droit.

Méthode

- Vérifier que le triangle est un triangle rectangle (codage, information de l'énoncé).
- Identifier l'hypoténuse du triangle.
- Écrire le théorème de Pythagore.
- Remplacer les longueurs connues par leur valeur.
- Calculer la longueur inconnue.

Exemple Le triangle BDF est rectangle en D. L'hypoténuse est [BF].

Le théorème de Pythagore permet d'écrire : $BF^2 = BD^2 + DF^2$.

$10{,}5^2 = BD^2 + 6{,}3^2$

$BD^2 = 10{,}5^2 - 6{,}3^2 = 70{,}56$

$BD = \sqrt{70{,}56} = 8{,}4$. La longueur BD est 8,4 cm.

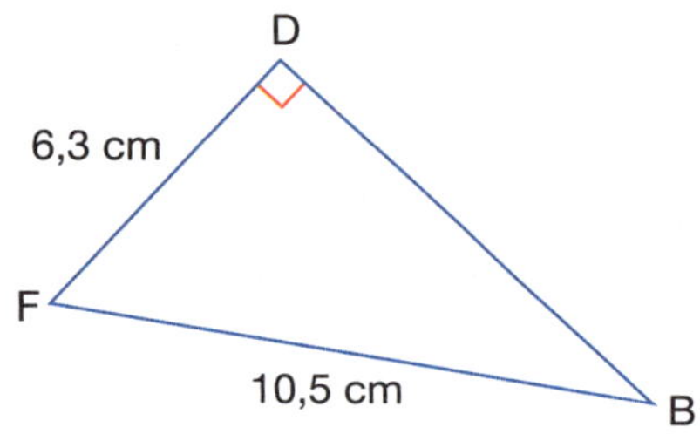

Réciproque du théorème de Pythagore

Si dans un triangle, le carré du plus grand côté est égal à la somme des carrés des deux autres côtés, alors ce triangle est rectangle.

Méthode

- Repérer la longueur du plus grand côté, calculer son carré.
- Calculer la somme des carrés des longueurs des deux autres côtés.
- Comparer les résultats. S'ils sont égaux, alors le triangle étudié est un triangle rectangle ; s'ils ne sont pas égaux, le triangle étudié n'est pas un triangle rectangle.

Exemple

Le triangle BHL est tel que BH = 9 cm, HL = 12 cm et BL = 15 cm. Est-il rectangle ?

Le plus grand côté est [BL]. $BL^2 = 15^2 = 225$; $BH^2 + HL^2 = 9^2 + 12^2 = 81 + 144 = 225$.

Donc $BL^2 = BH^2 + HL^2$. La relation de Pythagore est vérifiée.

On en conclut que le triangle BHL est rectangle en H.

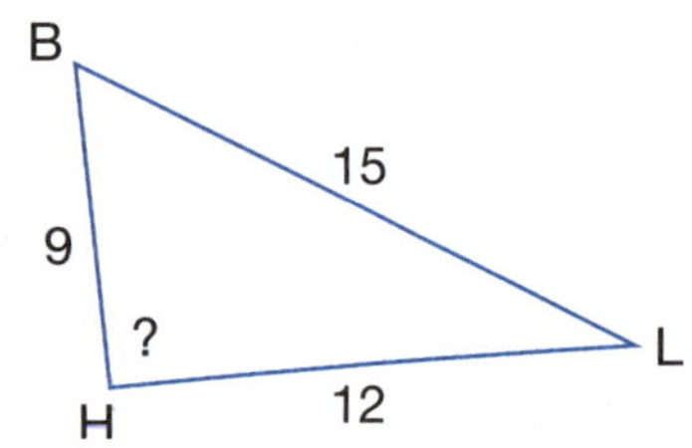

Théorème de Thalès

- Soit un triangle MNP, N′ un point du côté [NP] et M′ le point du côté [MP] tel que la droite (M′N′) soit parallèle à la droite (MN).

Alors $\dfrac{PN'}{PN} = \dfrac{PM'}{PM} = \dfrac{N'M'}{NM}$.

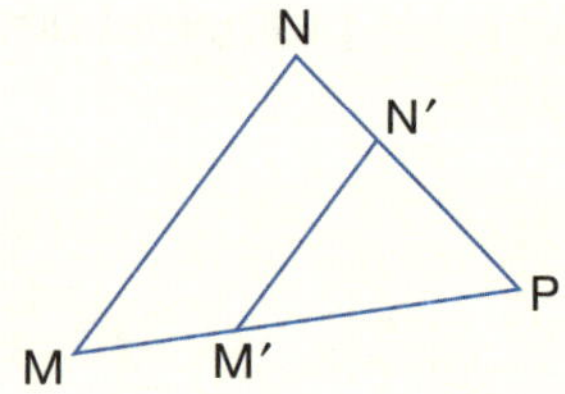

Exemple

Dans le triangle CDR, R′ est le milieu de [DR] et (R′C′) est parallèle à (RC).

Alors $\dfrac{DR'}{DR} = \dfrac{DC'}{DC} = \dfrac{R'C'}{RC} = \dfrac{1}{2}$.

Les longueurs des côtés des triangles CDR et C′DR′ sont proportionnelles.

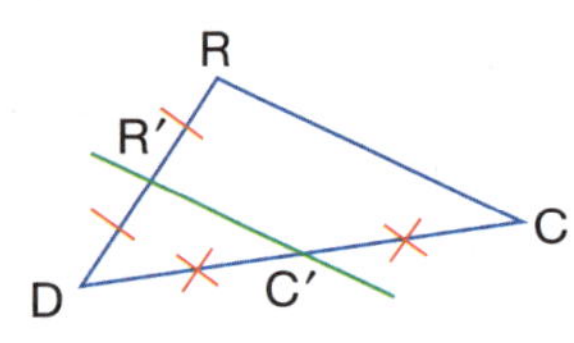

AUTOMATISMES

Sans calculatrice ni brouillon, répondez aux 3 questions du rituel indiqué par votre professeur.
Votre réponse est juste ? Bravo ! Cochez la case de l'automatisme correspondant.

Rituel 1 (2')

☐ A3 Donnez l'écriture fractionnaire et l'écriture décimale de 23 %.

....

☐ A17 Convertissez 200 cm^2 en m^2.

....

☐ A7 Classez ces nombres dans l'ordre croissant : $\frac{1}{3}$; $\frac{1}{4}$; 0,35 ; 0,20.

....

Rituel 3 (2')

☐ A6 Donnez la notation scientifique de 31 745.

....

☐ A9 Développez :

$3(x + 3)$: ....

$4(x - 2)$: ....

☐ A20 Le volume d'une cuve est :

☐ 5 m ☐ 5 m^2 ☐ 5 m^3

Rituel 2 (2')

☐ A19 Arrondissez 84,7543 au dixième.

....

☐ A4 Calculez la moyenne des notes suivantes : 12, 9, 16 et 11.

....

☐ A22 L'aire d'un carré de 5 cm de côté est :

☐ 20 cm ☐ 20 cm^2 ☐ 25 cm ☐ 25 cm^2

Rituel 4 (2')

☐ A6 Retrouvez les deux autres écritures de $3{,}5 \times 10^2$.

☐ 35 ☐ 350 ☐ $0{,}35 \times 10^3$ ☐ 35×10^0

☐ A10 Pour un carré de côté c, l'expression du périmètre est $p = 4c$. Exprimez c en fonction de p.

....

☐ A2 Calculez 30 % de 1 200 personnes.

....

Utiliser le théorème de Pythagore

1 Soit le carré ABCD. Les cotes sont en cm.

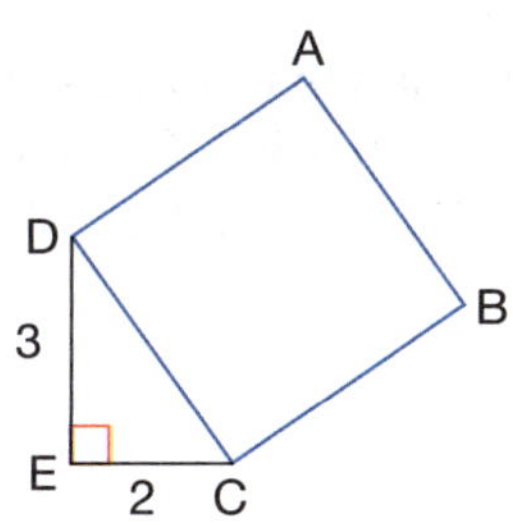

a. Calculez la longueur DC. Arrondissez au centième.

....

....

....

b. Déduisez-en l'aire du carré ABCD.

....

2 Calculez la longueur du côté [MN] du triangle MNP rectangle en N. Arrondissez au dixième.

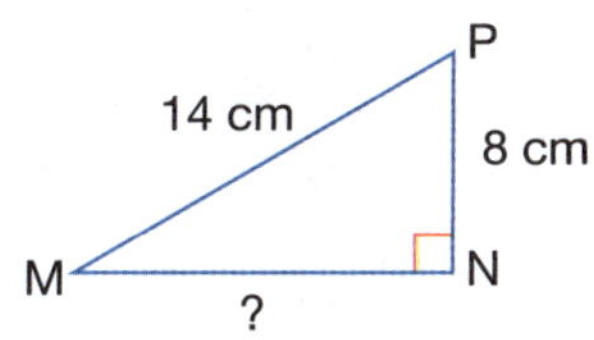

....

....

....

3 Soit le triangle rectangle isocèle CRI tel que CI = RI = 3 cm. Calculez la longueur de l'hypoténuse CR. Arrondissez au centième.

....

....

....

4 Calculez la hauteur AH du triangle ADE.

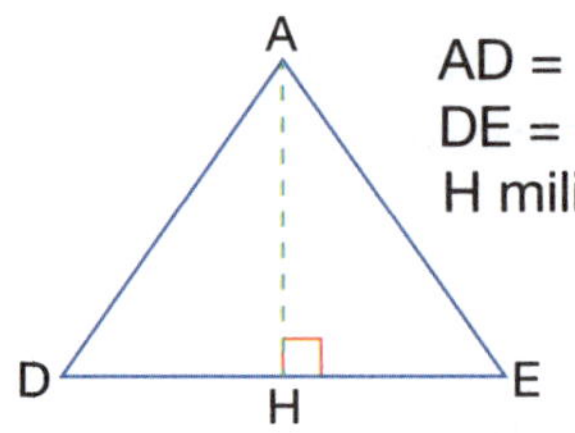

AD = AE = 5 cm
DE = 6 cm
H milieu de [DE]

5 Soit le triangle TOC rectangle en O tel que TO = 20,2 cm et TC = 0,504 m. Calculez la longueur du côté OC. Exprimez le résultat en mètre, arrondi au centième.

6 Un rouleau à pâtisserie en bois de longueur 44,5 cm et de diamètre 6,5 cm peut-il être rangé à plat dans ce tiroir ?

Dimensions du tiroir : 40 cm × 25 cm × 10 cm

Utiliser la réciproque du théorème de Pythagore

7 Montrez que le triangle CAR est rectangle en C. On donne CA = 3,75 cm ; AR = 6,25 cm ; CR = 5 cm.

8 **a.** Le triangle GLU tel que GU = 5,1 m, LU = 6,8 m et LG = 8,3 m est-il rectangle ?

b. SCRATCH Vérifiez votre réponse à l'aide du fichier « **C09_136_ex8.sb3** ». **foucherconnect.fr/21mc91**

Utiliser le théorème de Thalès

9 Soit le triangle ADC. La droite (MN) est parallèle à la droite (AC). On donne DN = 36 cm, DC = 105 cm et DA = 84 cm. Calculez DM.

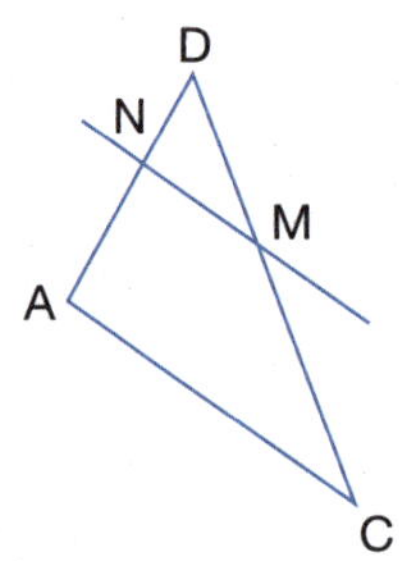

10 Dans le triangle ABC, la droite (EF) est parallèle à la droite (BC). On donne : AB = 15 cm ; EF = 13,5 cm ; AE = 9 cm. Calculez BC.

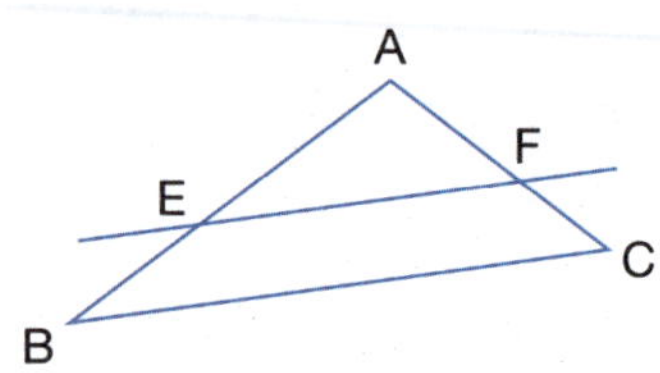

11 Le funiculaire de Montmartre, situé à Paris, permet d'accéder à la basilique du Sacré-Cœur sans devoir emprunter l'escalier de plus de deux-cent-vingt marches.

Problématique : quelle est la distance *d* qui sépare les deux stations ?

1 : station basse, 81,02 m d'altitude
2 : station haute, 118,35 m d'altitude

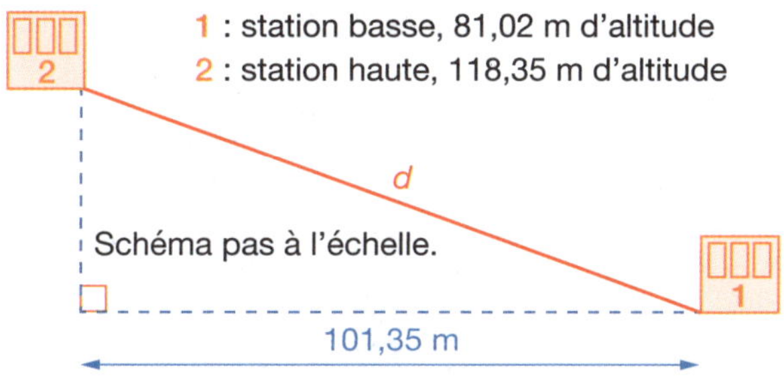

1. Proposez une méthode permettant de répondre à la problématique.

2. Mettez en œuvre votre méthode et répondez à la problématique.

12 Pour réaliser des économies, Nadia souhaite faire installer des panneaux photovoltaïques sur son toit.

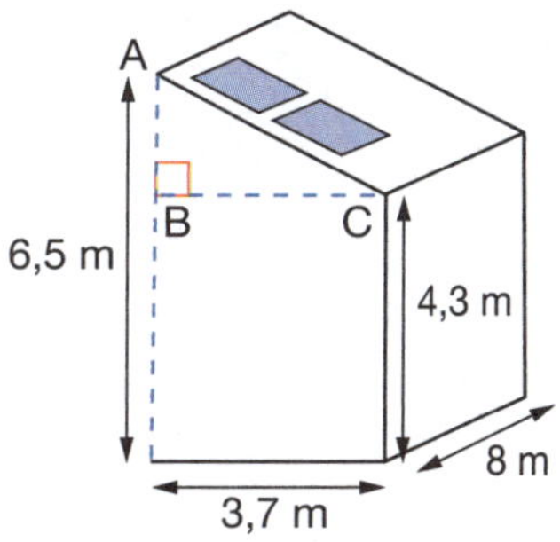

Dimensions des panneaux : 100 × 165 × 4 cm

Les panneaux photovoltaïques sont disposés dans le sens vertical et accolés les uns aux autres.

Problématique : combien de panneaux au maximum Nadia peut-elle installer sur ce toit ?

1. Calculez les longueurs AB et AC. Arrondissez au dixième.

2. Répondez à la problématique. Justifiez la réponse.

13 Mickaël est en stage dans un cabinet d'architectes. On lui demande de mesurer la hauteur d'un bâtiment en construction à l'aide d'un télémètre laser. Pour cela, il effectue deux mesures, l'une en visant le point S (situé au sommet de l'immeuble), l'autre en visant le point H (point situé sur le bâtiment à la même hauteur que le télémètre T).
Le télémètre est positionné à une hauteur de 1,6 m du sol.

Dessin pas à l'échelle.

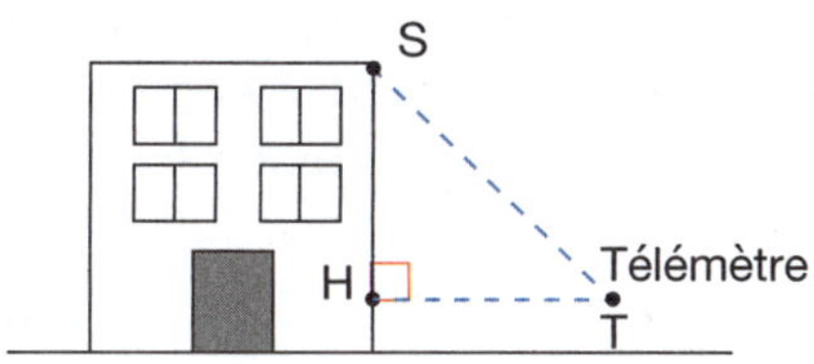

Voici les résultats obtenus :

1re visée : TS = 63 m ; 2e visée : TH = 55 m.

1. Calculez la distance SH. Arrondissez au centième.

2. Déduisez-en la hauteur du bâtiment.

14 python foucherconnect.fr/21mc92

Quentin travaille dans une entreprise de menuiserie qui fabrique des escaliers. Pour conseiller les clients, il doit pouvoir calculer rapidement l'encombrement de l'escalier, c'est-à-dire la hauteur totale *H*, la profondeur *P* et la longueur *L*.

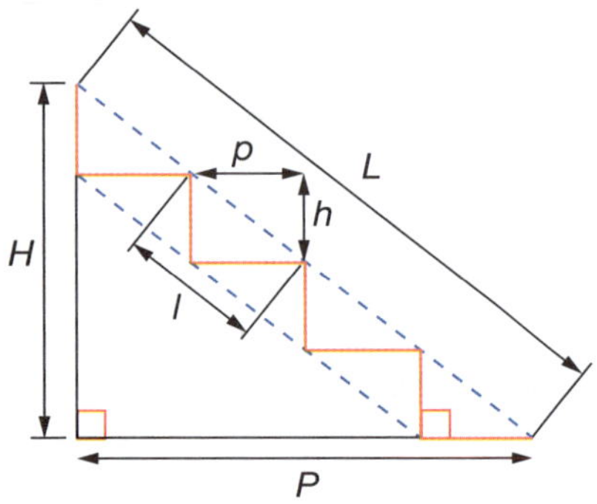

Étude d'un cas particulier

Un client souhaite faire fabriquer un escalier de 12 marches de 17 cm de hauteur *h* et 25 cm de profondeur *p*.

1. Calculez la longueur *l* d'une marche. Arrondissez au mm.

2. Indiquez les dimensions totales de l'escalier : *L*, *H* et *P* en mètre.

Étude du cas général

Pour gagner du temps, Quentin veut écrire un programme en langage Python qui permettra de calculer *L*, *P* et *H*, en mètre, connaissant *h* et *p*, en centimètre.

Ouvrez le fichier « **C09_138_escalier.py** ».

3. Complétez le programme afin d'obtenir les informations souhaitées (arrondies au cm).

```
H=(h*nbe)/100
P=............
L=sqrt(H*H+......)
L=round(L,2)
```

4. Testez le programme afin de valider les réponses données à la question **2.**

15 Evan assiste à une compétition de voile.

Lorsque les voiliers franchissent la ligne de départ, il les voit alignés avec le phare P. Quelques minutes plus tard, il aperçoit deux voiliers alignés avec la balise B.

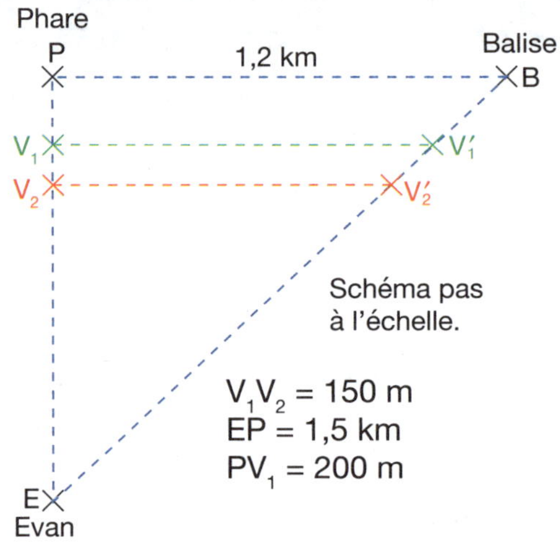

Problématique : quelle est la distance parcourue par chacun des bateaux, si l'on suppose qu'ils ont navigué en ligne droite ?

1. Proposez une méthode permettant de répondre à la problématique.

2. Mettez en œuvre votre méthode.

Consolidation Cycle 4

Je mobilise mes connaissances de géométrie plane

1 Le pavage carré ci-dessous a été obtenu à partir de la reproduction d'un motif élémentaire.

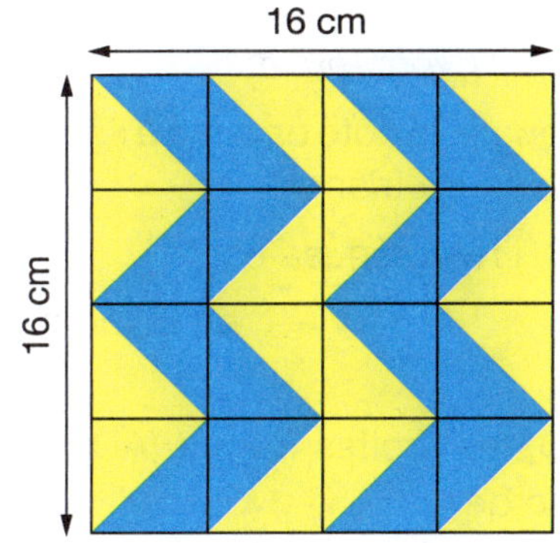

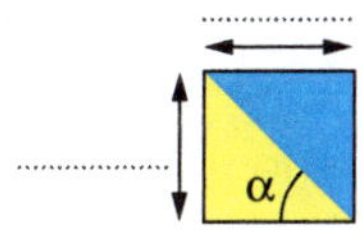

Motif élémentaire

a. **Indiquez** la nature de ce motif. ....

Justifiez. ....

....

b. **Indiquez** ci-dessus les longueurs des côtés du motif.

Justifiez. ....

Ce motif peut se décomposer en deux triangles.

c. **Donnez** leur nature en cochant la réponse qui convient.

☐ triangle équilatéral ☐ triangle isocèle ☐ triangle rectangle ☐ triangle rectangle isocèle

Justifiez votre choix. ....

....

d. **Donnez** la valeur de l'angle α. $\alpha =$ ....

Justifiez la réponse. ....

....

e. Parmi les propositions suivantes, **indiquez** celle qui peut correspondre à la mesure de la longueur de la diagonale qui traverse le motif.

☐ 4 cm ☐ 5,66 cm ☐ 7 cm ☐ 8 cm

f. Comment pourriez-vous calculer la valeur exacte de la longueur de la diagonale ?

☐ en utilisant le théorème de Pythagore ☐ en utilisant le théorème de Thalès

Je me repère dans l'espace

2 On considère deux cônes de révolution de sommet S.

Cochez les réponses correctes :

a. La hauteur du grand cône est : ☐ 5 cm ☐ 10 cm ☐ 15 cm

b. Le diamètre du grand cône est : ☐ 5 cm ☐ 10 cm ☐ 15 cm

c. La base du grand cône est :

☐ un triangle rectangle ☐ un disque ☐ une sphère

d. Le théorème de Pythagore dans le triangle SAH rectangle en H s'écrit :

☐ $SH^2 = SA^2 + AH^2$ ☐ $SA^2 = SH^2 + AH^2$ ☐ $AH^2 = SH^2 + SA^2$

e. Le théorème de Thalès dans le triangle SAH, s'écrit :

☐ $\frac{SC}{SH} = \frac{SA}{SB}$ ☐ $\frac{SC}{SH} = \frac{SB}{SA}$

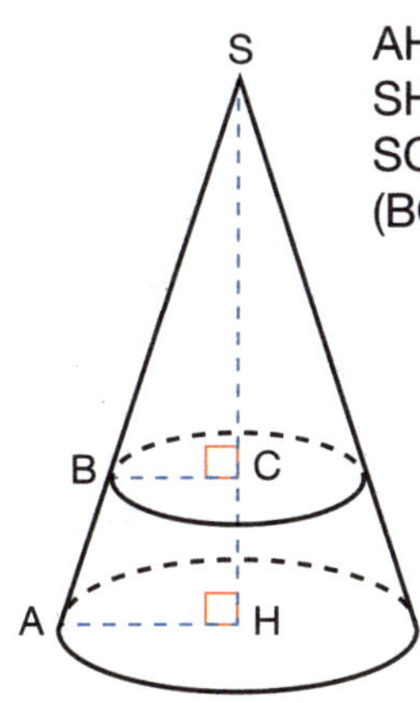

AH = 5 cm
SH = 15 cm
SC = 10 cm
(BC) // (AH)

J'utilise le vocabulaire approprié

3 **Complétez** les phrases suivantes avec les mots proposés :

rectangle • *parallèles* • *Pythagore* • *côté* • *Thalès* • *l'hypoténuse*.

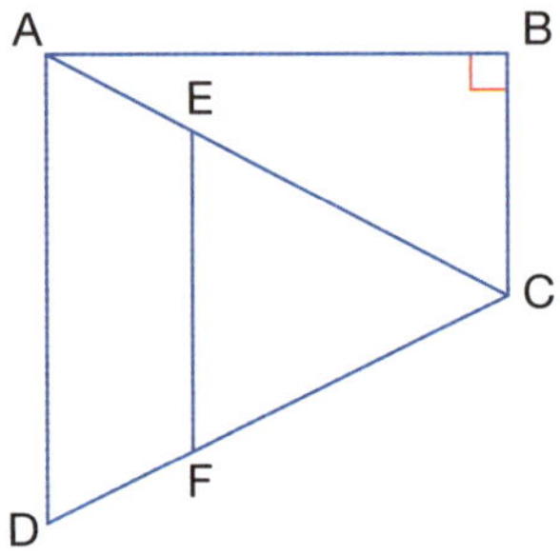

Dans un triangle rectangle, le côté opposé à l'angle droit se nomme .... ; c'est le côté le plus long du triangle.

Dans le triangle ABC, l'hypoténuse est le .... AC.

Le triangle ABC est .... en B, on peut donc appliquer le théorème de ....

Dans le triangle ACD, les droites (EF) et (AD) sont ...., on peut donc appliquer le théorème de ....

Je revois des points importants

4 Pour chacun des triangles rectangles ci-dessous :

a. **Nommez** l'hypoténuse.

b. **Complétez** les égalités afin d'écrire le théorème de Pythagore dans chaque triangle.

c. **Remplacez** les longueurs connues par leur valeur dans l'égalité.

d. **Calculez** la longueur inconnue, arrondissez au centième.

	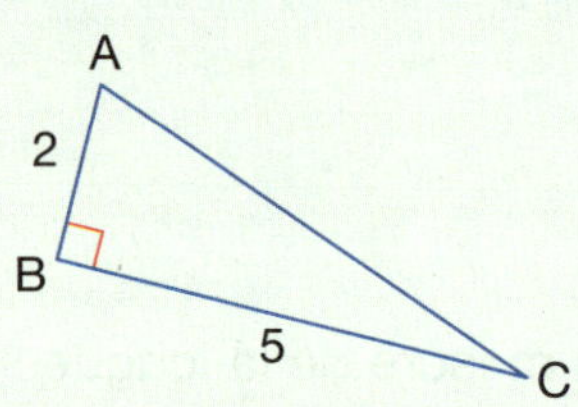	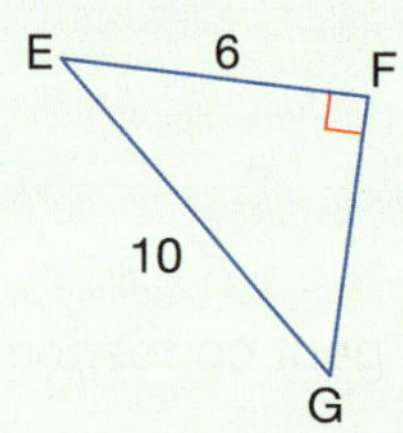	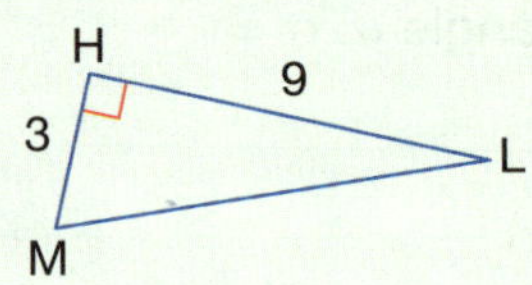	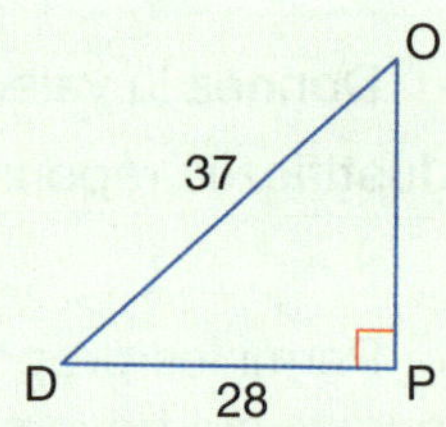
a.	Hypoténuse : [AC]	Hypoténuse : [EG]	Hypoténuse :	Hypoténuse : ....
b.	AC^2 = ...^{2} + ...^{2}	.... = FG^2 + ...	ML^2 = ...	.... = ... + ...
c.	AC^2 = ... + ...	.... = FG^2 + ...	ML^2 = ...	.... = ... + ...
d.	AC^2 = ... AC = ... AC ≈	FG^2 = ... − .... FG^2 = ... FG = ... FG = ...	ML^2 = ... ML = ... ≈	.... = ... − .... = ... = ... ≈ ....

5 Soit le triangle TRI dont on connaît la mesure des côtés : TR = 6,5 cm, RI = 3,75 cm et TI = 8 cm.
On veut savoir si le triangle TRI est un triangle rectangle.

a. **Calculez** TI^2. TI^2 = ...

b. **Calculez** $TR^2 + RI^2$. $TR^2 + RI^2$ = ...

c. **Comparez** les résultats des questions a et b.

....

d. **Indiquez** si le triangle TRI est un triangle rectangle.

....

....

Je mémorise

6 **Complétez** la carte mentale qui reprend les connaissances liées au théorème de Pythagore.

> Je fais le point **page 134**

Théorème de Pythagore

- Réciproque du théorème de Pythagore : Si pour un triangle ABC, on a $AB^2 = AC^2 + BC^2$, alors le triangle ABC est …………………… en C.

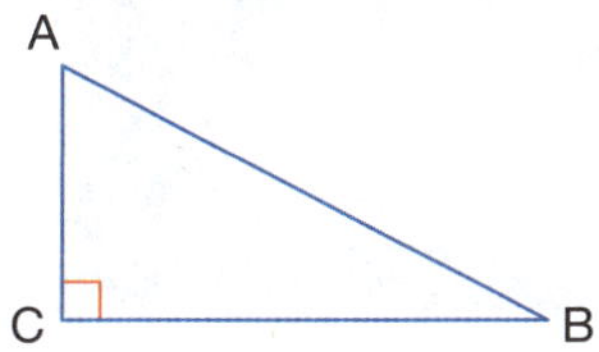

- S'applique uniquement dans un triangle ……………………
- …………………… : Côté le plus long ; Côté opposé à l'angle droit
- $AB^2 = AC^2 + BC^2$
- Méthode :
  - Chercher l'hypoténuse
  - Écrire la relation entre les ……………………
  - Remplacer les longueurs par les valeurs connues
  - Calculer la longueur manquante

J'acquiers une méthode

7 **Utiliser le théorème de Thalès**

Observez la résolution de l'exercice ci-dessous, puis **appliquez** la méthode.

Exercice corrigé

Maxime a cassé l'une des baguettes de son cerf-volant. Pour la remplacer, il doit calculer la longueur exacte de baguette nécessaire.

On donne : AF = 12 cm ; AH = 41,4 cm ; BF = 10 cm. Les droites (BF) et (CH) sont parallèles.

Calculez la longueur CE de la baguette à remplacer.

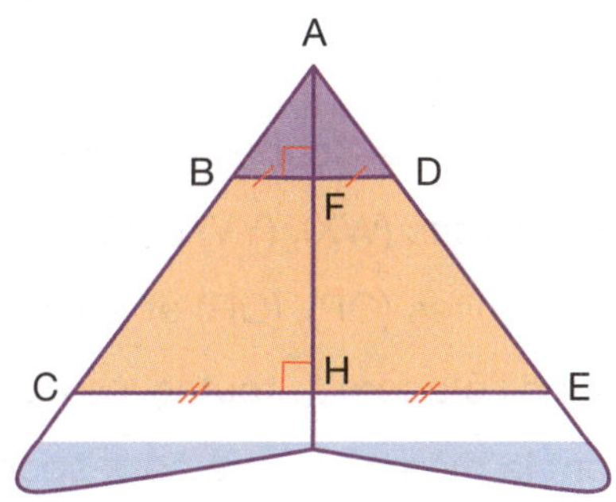

» RÉSOLUTION

On calcule la distance CH.

Dans le triangle ACH, les droites (BF) et (CH) sont parallèles. D'après le théorème de Thalès :

$\frac{BF}{CH} = \frac{AF}{AH}$ donc $\frac{10}{CH} = \frac{12}{41,4}$

$CH \times 12 = 10 \times 41,4$

$CH = 414 \div 12 = 34,5$

De plus, $CE = 2 \times CH$.

La baguette CE a une longueur de 69 cm.

» MÉTHODE

- Repérer les droites parallèles dans un triangle.
- D'après le théorème de Thalès, écrire les rapports liant les longueurs.
- Remplacer dans les rapports les valeurs qui sont connues.
- Utiliser l'égalité des produits en croix afin de calculer la longueur inconnue.

Application

Soit le triangle POK. La droite (RM) est parallèle à la droite (OP). On donne OP = 12 cm, KM = 7,2 cm et KP = 18 cm. **Calculez** RM.

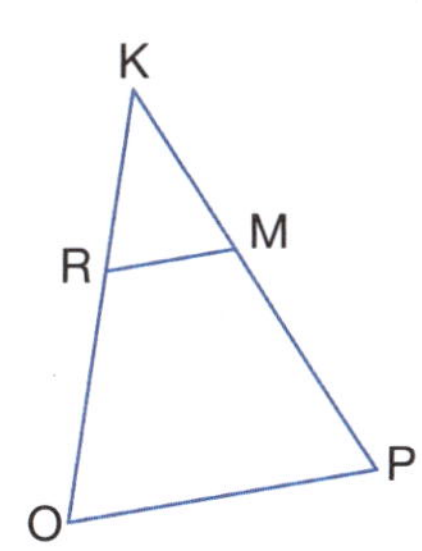

……………………………………………………

……………………………………………………

……………………………………………………

……………………………………………………

Évaluation

Situation

Cindy, passionnée de décoration et bricoleuse hors pair, veut fabriquer pour son salon deux étagères murales. Elle a réalisé les plans des deux étagères : l'une a la forme d'un hexagone régulier, l'autre a la forme d'un triangle équilatéral. Les deux étagères ont la même hauteur.

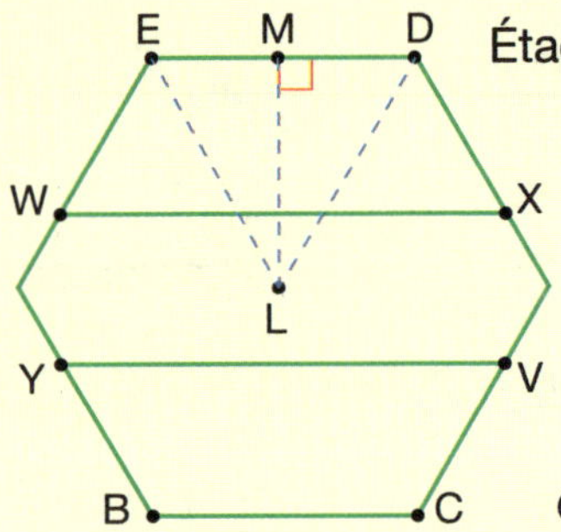

Étagère 1

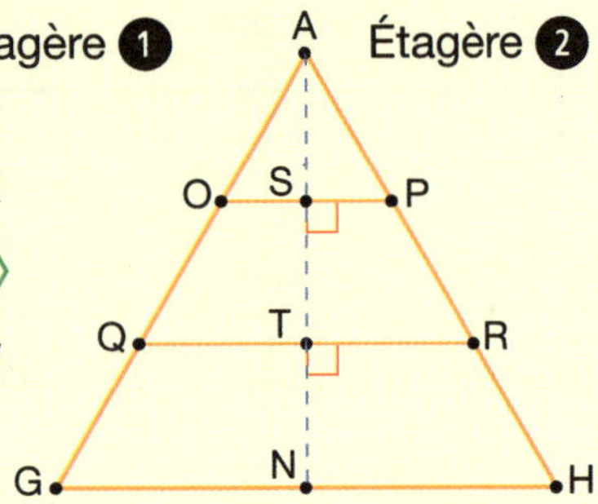

Étagère 2

ML = 30,3 cm
DL = 35 cm
WX = YV = 58,9 cm

AN = 60,6 cm AS = 20,2 cm
NH = 35 cm AT = 40,4 cm

Les tablettes (ED), (WX), (YV), (BC), (OP), (QR) et (GH) sont fixées horizontalement.

Problématique **Quelle est la longueur totale de planche nécessaire pour réaliser les deux étagères ?**

1 S'approprier Cochez les réponses correctes :

- Les droites (WX), (YV) et (ED) sont : □ parallèles □ perpendiculaires
- Les droites (OP), (QR) et (GH) sont : □ parallèles □ perpendiculaires
- Dans l'étagère 1, toutes les planches constituant l'hexagone :

□ ont la même mesure correspondant à la longueur ED □ ont la même mesure correspondant à la longueur WX

□ ont la même mesure correspondant à la longueur MD

2 Analyser/Raisonner Proposez une méthode permettant de répondre à la problématique.

....

....

....

....

....

3 Valider Mettez en œuvre votre méthode.

....

....

....

....

....

....

....

....

4 Communiquer Répondez à la problématique.

....

Calculs de périmètres, d'aires et de volumes

10

Capacités	Activités
• Reconnaître, nommer un solide usuel. • Nommer les solides usuels constituant d'autres solides.	Activité 2
• Calculer des longueurs, des mesures d'angles, des aires et des volumes dans les figures ou solides.	Activités 1 et 2
• Déterminer les effets d'un agrandissement ou d'une réduction sur les longueurs, les aires et les volumes.	Activité 3

Je m'échauffe !

Activité 1 p. 144

a. Nommez la figure ❶ ci-contre. ....

b. La figure ❷ représente un triangle TRI rectangle en R. Nommez une base de ce triangle et la hauteur correspondante.

....

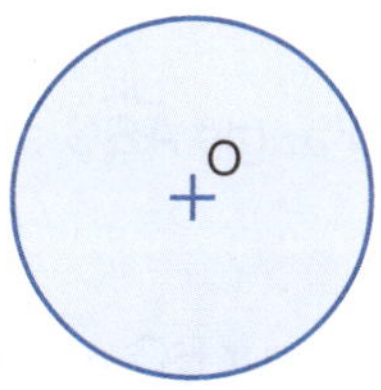

Figure ❶

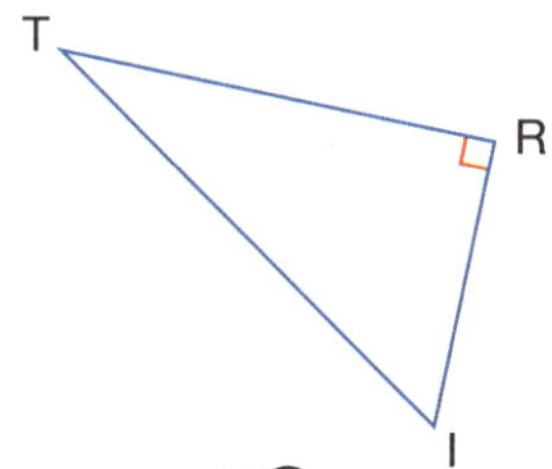

Figure ❷

Activité 2 p. 145

a. Quel est le nom du solide ci-contre ?

....

b. Donnez sa hauteur h et le rayon R de sa base.

....

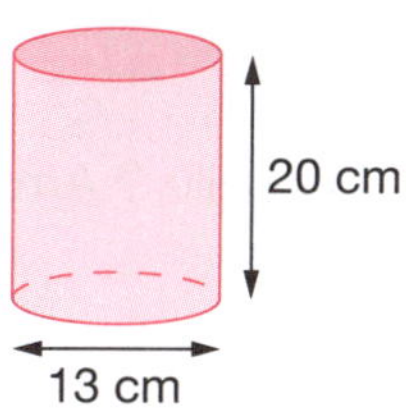

Activité 3 p. 146

a. Si on a l'égalité $\frac{a}{b} = \frac{3}{8}$, alors :

☐ $b = \frac{3}{8} \times a$ ☐ $b = \frac{8}{3} \times a$ ☐ $b = \frac{8}{3 \times a}$

b. Par quel nombre faut-il multiplier une longueur $L_1 = 9$ cm pour obtenir une longueur $L_2 = 2{,}7$ cm ? ....

Activité 1 Calculer des périmètres et des aires

SITUATION. Un jardin bien entretenu

Tom est chargé de tondre la pelouse et de tailler la haie du jardin de M. Cébo schématisé ci-contre. Les cotes sont en mètres. $\overset{\frown}{CD}$ est un quart de cercle de centre A. La pelouse est représentée en vert clair et la haie en vert foncé.

Tom met en moyenne 15 min pour tondre une surface de 100 m² et 20 min pour tailler une haie de 5 m de long. Il facture 36 € l'heure de travail et 12 € le déplacement.

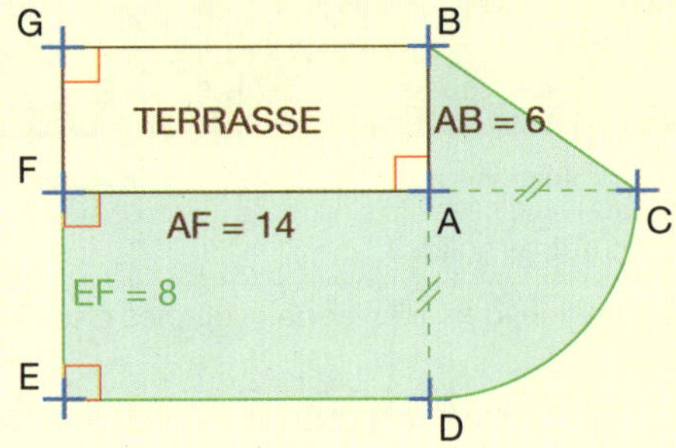

Problématique

Quel sera le montant de la facture de Tom ?

1 S'approprier Nommez les formes géométriques qui composent le jardin.

2 Réaliser Donnez la mesure de l'angle $\widehat{ABC}$ sachant que l'angle $\widehat{ACB}$ mesure 37°.

> **Coup de pouce** La somme des angles d'un triangle est égale à 180°.

3 Réaliser Calculez, en m, la longueur BC en appliquant le théorème de Pythagore à la figure ABC.

4 Réaliser Calculez, en m, la longueur de l'arc $\overset{\frown}{CD}$. Arrondissez à 0,1.

> **Coup de pouce** Périmètre d'un cercle de rayon R : $\mathscr{P} = 2\pi R$.

5 Réaliser Déduisez-en, en m, la longueur totale L de la haie.

6 Valider Vérifiez que le périmètre de la pelouse est égal à 6 460 cm.

7 Réaliser Calculez, en m², l'aire des figures suivantes. Arrondissez à l'unité.

a. ABC.

b. ACD.

c. ADEF.

> **Coup de pouce** Aire d'un triangle de base b et de hauteur h : $\mathscr{A} = \frac{b \times h}{2}$.
> Aire d'un disque de rayon R : $\mathscr{A} = \pi R^2$.

8 Valider Vérifiez que l'aire de la pelouse est égale à 186 m².

9 Réaliser Combien de temps, en minute, vont durer la tonte et la taille ? Arrondissez à la dizaine.

10 Valider Communiquer Répondez à la problématique. Justifiez.

Activité 2 Calculer des volumes

SITUATION. Une coupe glacée en dessert

Manon profite de l'arrivée des fraises sur les étals pour proposer à ses sept invités une coupe Romanoff en dessert. Dans une coupe, elle dispose plusieurs morceaux de fraises et 3 boules de glace de 4,5 cm de diamètre.
Les glaces sont conditionnées dans des pots pleins, représentés ci-dessous. Les dimensions sont données en cm. Manon a acheté un pot de glace à la vanille et un pot de glace à la fraise.

Problématique

Manon a-t-elle acheté suffisamment de glace pour mettre deux boules de glace à la vanille et une boule de glace à la fraise dans chaque coupe ?

1 S'approprier Indiquez les noms des solides usuels suivants.

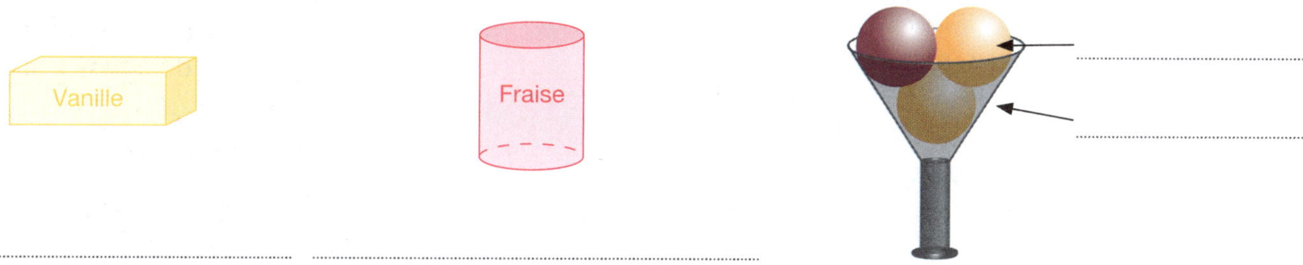

....

2 S'approprier Donnez, en cm, le rayon R d'une boule de glace.

....

3 Réaliser Calculez, en cm³, le volume d'un pot de glace à la vanille.

....

4 Réaliser Calculez, en cm³, le volume d'un pot de glace à la fraise. Arrondissez à l'unité.

....

> **Coup de pouce**
> Volume d'un cylindre droit de rayon R et de hauteur h :
> $V = \pi R^2 \times h$.
> Volume d'une boule de rayon R :
> $V = \frac{4}{3}\pi R^3$.

5 Valider Vérifiez que le volume d'une boule de glace est 48 cm³ arrondi à l'unité.

....

6 S'approprier Quels volumes V_1 de glace à la vanille et V_2 de glace à la fraise Manon doit-elle prélever, en cm³, pour garnir 8 coupes ?

....

....

7 Valider Communiquer Répondez à la problématique. Justifiez.

....

Activité 3 Déterminer les effets d'un agrandissement ou d'une réduction

SITUATION . Flacons de parfum

Pour l'achat de son nouveau parfum de 52 cm³ de forme pyramidale, une enseigne offre un modèle réduit de celui-ci, dont les dimensions sont deux fois plus petites.

Le flacon original, représenté ci-contre et noté pyramide ❶, a une base carrée de 6 cm de côté et une hauteur de 4,5 cm. Pour fabriquer le bouchon de hauteur 1,5 cm, les concepteurs ont coupé la pyramide ❶ par un plan parallèle à sa base. Le bouchon de forme pyramidale noté pyramide ❷, a une base carrée de côté 2 cm.

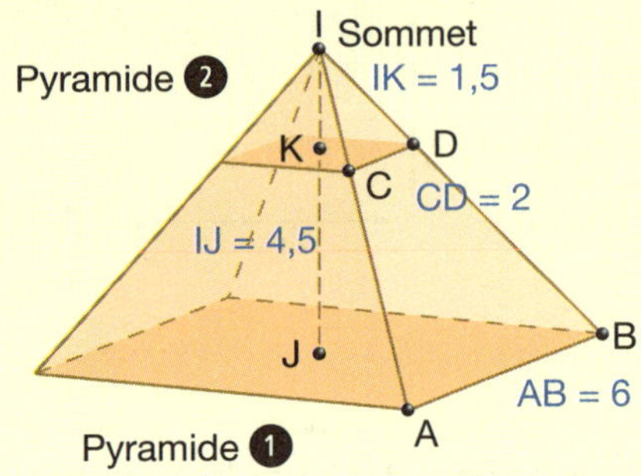

Problématique

Le modèle réduit, offert aux clients, contient-il deux fois moins de parfum que le flacon original proposé à la vente ?

1 S'approprier Réaliser Complétez le tableau suivant.

	Flacon : pyramide ❶	Bouchon : pyramide ❷
Hauteur (en cm)	IJ = ...	IK = ...
Côté de la base (en cm)	AB = ...	CD = ...
Aire de la base (en cm²)	A_1 = ...	A_2 = ...
Volume (en cm³)	V_1 = ...	V_2 = ...

Coup de pouce

Volume d'une pyramide :

$V = \frac{\text{aire de la base} \times \text{hauteur}}{3}$.

Coup de pouce

Lorsqu'on multiplie les dimensions d'un solide par un même nombre k, alors :
- on agrandit ce solide si $k > 1$;
- on le réduit si $k < 1$.

2 Valider Montrez que la pyramide ❶ est un agrandissement de la pyramide ❷. Donnez le coefficient d'agrandissement k.

....

3 Valider Vérifiez que $\frac{A_1}{A_2} = k^2$ et $\frac{V_1}{V_2} = k^3$. ....

4 Valider Déduisez-en la bonne réponse. Le volume V_1 de la pyramide ❶ s'obtient en multipliant le volume V_2 de la pyramide ❷ par : ☐ k ☐ k^2 ☐ k^3

5 S'approprier Donnez le coefficient de réduction k' du flacon miniature offert aux clients.

....

6 Analyser/Raisonner Complétez la phrase suivante.

Le volume, en cm³, du flacon miniature s'obtient en .... le volume, en cm³, du flacon original par ....

7 Valider Communiquer Répondez à la problématique. Justifiez.

....

....

Activité Algo Pro Déterminer la hauteur et l'aire d'un cylindre

MES FICHIERS
Scratch - Python
foucherconnect.fr/21mc01

SITUATION . Les dimensions d'une canette

Un industriel envisage de commercialiser une canette de 33 cL dont la base est un disque de diamètre 5,8 cm. On considère que la canette est un cylindre droit.

Problématique

Quelles doivent être la hauteur et l'aire de la canette ?

LANGAGE NATUREL

1 Cochez la bonne réponse.

☐ 33 cL = 0,33 cm³ ☐ 33 cL = 33 cm³ ☐ 33 cL = 330 cm³

2 L'algorigramme ci-contre est celui du calcul de la hauteur minimale h_{min} d'une canette de diamètre 5,8 cm pouvant contenir au moins 33 cL. Complétez-le.

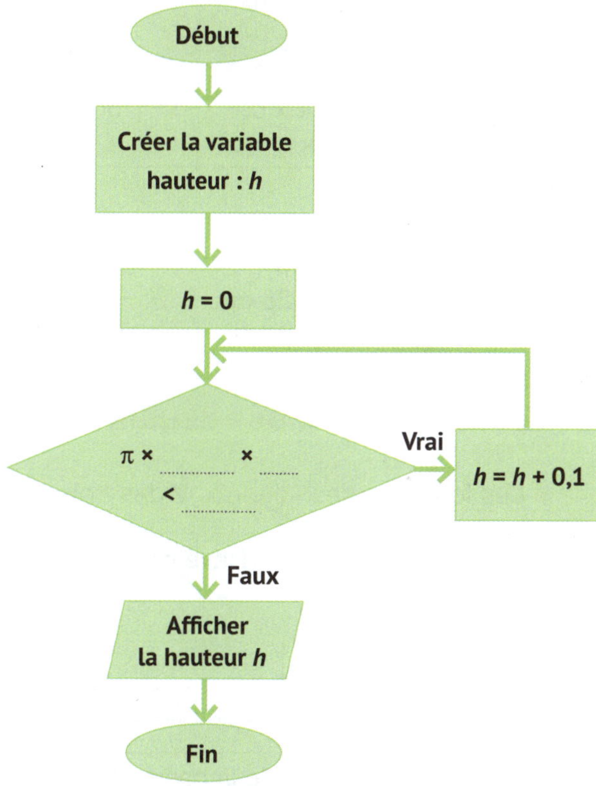

LANGAGE SCRATCH

Ouvrez le fichier « **C10_147_canette.sb3** ».

3 Placez, dans la boucle, l'instruction qui répond à l'algorigramme.

4 Exécutez le programme. Donnez, au millimètre près, la valeur de h_{min}. ....

LANGAGE PYTHON

5 Expliquez ce que réalisent les deux programmes ci-dessous. Entourez celui qui correspond à l'algorigramme.

```
from math import*
h=0
if pi*2.9**2*h<330:
   h=h+0.1
print("h =",h,"cm.")
```

```
from math import*
h=0
while pi*2.9**2*h<330:
   h=h+0.1
print("h =",h,"cm.")
```

6 La suite du programme est donnée ci-dessous. Que va afficher la console ?

```
A=int(2*pi*2.9**2+2*pi*2.9*h)
print("A =",A,"cm².")
```

....

....

7 Ouvrez le fichier « **C10_147_canette.py** » et exécutez le programme. Répondez à la problématique.

....

LEXIQUE python

Instruction	Signification
`if`	Tester la condition et exécuter l'instruction **si** (if) la réponse est oui.
`while`	Exécuter la boucle **tant que** (while) la condition est remplie.
`int`	Valeur entière.

Je fais le point Calculs de périmètres, d'aires et de volumes

Périmètres et aires de figures planes usuelles

- Le périmètre d'une figure plane est la longueur de son contour.
L'aire d'une figure est la mesure de sa surface.
- Les formules des périmètres $\mathcal{P}$ et des aires $\mathcal{A}$ des figures suivantes doivent être connues.

	Carré de côté *c*	Rectangle de longueur *L* et largeur ℓ	Triangle de base *b* et de hauteur *h*	Disque de rayon *R*
Figure	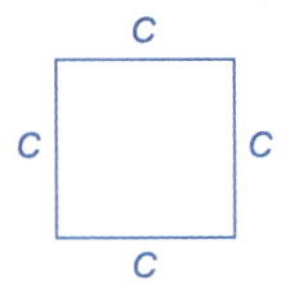	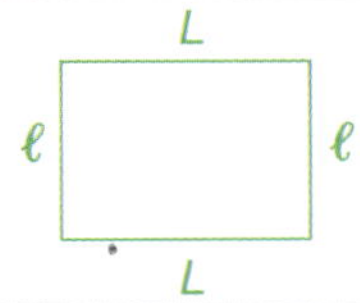	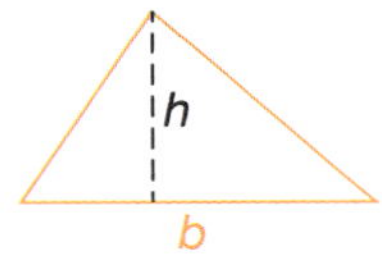	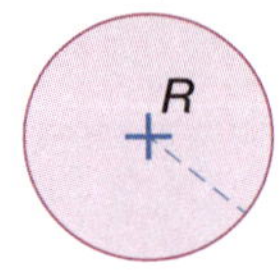
Formule	$\mathcal{P} = 4 \times c$ $\mathcal{A} = c \times c = c^2$	$\mathcal{P} = 2 \times (L + \ell)$ $\mathcal{A} = L \times \ell$	$\mathcal{A} = \dfrac{b \times h}{2}$	$\mathcal{P} = 2\pi R$ $\mathcal{A} = \pi R^2$

Exemple

$c = 7$ cm
$\mathcal{P} = 4 \times 7 = 28$ cm
$\mathcal{A} = 7^2 = 49$ cm²

$L = 5$ m ; $\ell = 4$ m
$\mathcal{P} = 2 \times (5 + 4) = 18$ m
$\mathcal{A} = 5 \times 4 = 20$ m²

$b = 9$ mm ; $h = 8$ mm
$\mathcal{A} = \dfrac{9 \times 8}{2} = 36$ mm²

$R = 3$ km
$\mathcal{P} = 2\pi \times 3 \approx 19$ km
$\mathcal{A} = \pi \times 3^2 \approx 28$ km²

Volumes de solides usuels

- Les formules des volumes *V* des trois premiers solides usuels suivants doivent être connues.

Cube	Pavé droit	Cylindre droit	Boule	Cône	Pyramide
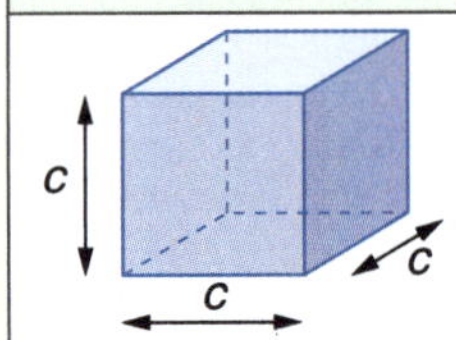	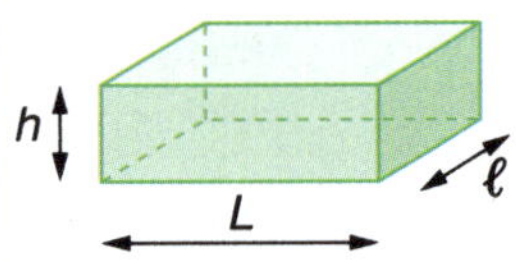	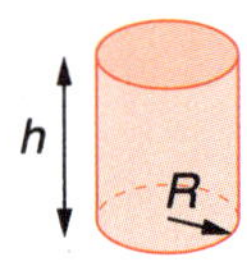	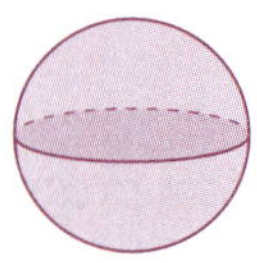	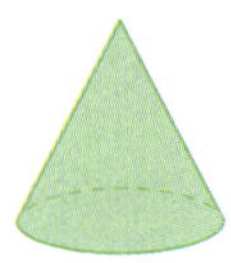	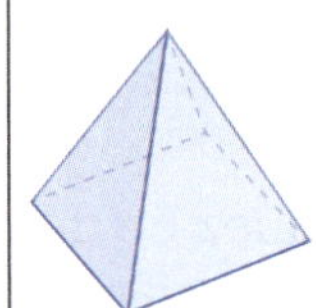
V = aire de la base × hauteur					
$V = c \times c \times c = c^3$	$V = L \times \ell \times h$	$V = \pi R^2 \times h$			

Exemple La canette dite *slim* peut être modélisée par un cylindre droit de hauteur $h = 8{,}8$ cm dont la base a un diamètre $D = 5{,}3$ cm. La canette *slim* a un volume $V = \pi \times \left(\dfrac{5{,}3}{2}\right)^2 \times 8{,}8 \approx 194$ cm³.

Effet d'un agrandissement ou d'une réduction

- Lors d'un agrandissement ou d'une réduction de rapport *k* d'une figure :
  - les longueurs sont multipliées par k ;
  - les aires sont multipliées par k^2 ;
  - les volumes sont multipliés par k^3.
- Le nombre *k* est appelé coefficient (ou rapport ou facteur) d'agrandissement ou de réduction.
On a un agrandissement si $k > 1$ et une réduction si $k < 1$.

Exemple Le cube ❷ est un agrandissement de coefficient $k = 2$ du cube ❶.
Le cube ❶ est une réduction de coefficient $k = \dfrac{1}{2} = 0{,}5$ du cube ❷.
Si le volume du cube ❶ est 27 cm³, alors le volume du cube ❷ est $27 \times 2^3 = 216$ cm³.

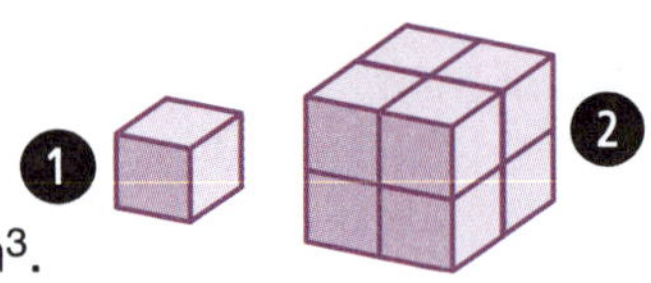

AUTOMATISMES

Sans calculatrice ni brouillon, répondez aux 3 questions du rituel indiqué par votre professeur. Votre réponse est juste ? Bravo ! Cochez la case de l'automatisme correspondant.

Rituel 1 (2')

☐ **A1** Dans une classe de 25 élèves, 20 ont obtenu leur baccalauréat. Calculez la fréquence de bacheliers de la classe.

....

☐ **A7** Complétez par < ou > : $\frac{4}{9}$ .... $\frac{4}{27}$; $\frac{14}{22}$ .... $\frac{9}{11}$

☐ **A13** 3,5 cm sur un plan à l'échelle $\frac{1}{100}$ correspond à une longueur réelle de :

☐ 0,035 cm ☐ 350 cm ☐ 3 500 cm

Rituel 2 (2')

☐ **A17** Convertissez 0,459 m² en cm². ....

☐ **A14** Placez dans le repère ci-contre le point P(–2 ; 4).

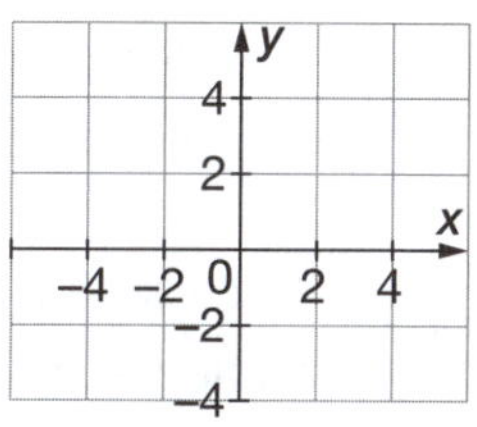

☐ **A3** Exprimez $\frac{5}{4}$ sous la forme d'un pourcentage.

....

Rituel 3 (2')

☐ **A12** $\frac{2,7}{x} = \frac{9}{5}$. Calculez x.

....

☐ **A21** Le diamètre de la Terre est égal à 1 691 km. ☐ Vrai ☐ Faux

☐ **A5** Un globule rouge est assimilé à un disque de diamètre 7×10^{-3} mm. Exprimez ce nombre sous forme décimale. ....

Rituel 4 (2')

☐ **A18** Sur la figure ci-contre (BD) // (CE). Complétez l'égalité :

$\frac{AC}{AB} = \frac{AE}{\dots\dots}$.

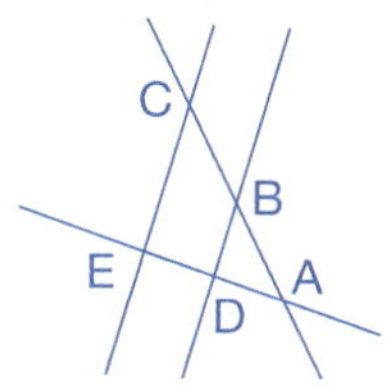

☐ **A9** Développez l'expression $2x(1 - 5x)$.

$2x(1 - 5x) =$ ....

☐ **A20** Une piscine a pour volume 34 500 dm³. Exprimez ce volume dans une unité plus adaptée.

34 500 dm³ = 34,5 ....

Calculer des périmètres et des aires

1 Le plancher d'un ring de boxe forme un carré de 6 m de côté. L'espace carré à l'intérieur duquel ont lieu les combats est délimité par des cordes. Il a fallu 88 m de corde pour installer quatre rangées de corde.

a. Calculez, en m², l'aire du plancher de ce ring de boxe. ....

b. Calculez, en m, le côté c du carré intérieur délimité par les cordes.

....

2 Le London Eye est une grande roue située à Londres. Son diamètre mesure 120 m.
Calculez, en m, la distance d parcourue par une nacelle en un tour. Arrondissez à l'unité.

....

3 Demba restaure une table en marqueterie. Il doit remplacer une pièce de forme triangulaire. Calculez, en cm², l'aire $\mathscr{A}$ du triangle ROS ci-contre.

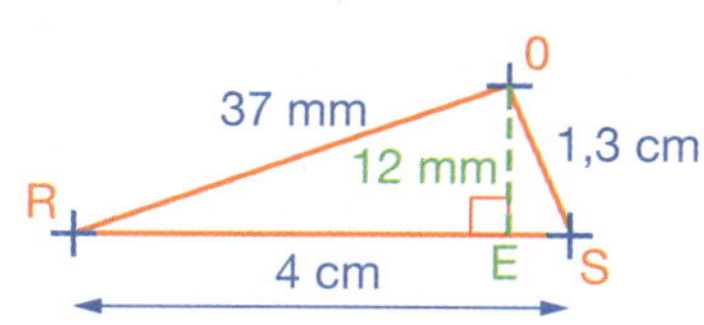

....

....

4 Tina souhaite coudre un tablier pour pâtisser. Elle a réalisé le patron ci-contre et noté les dimensions suivantes :

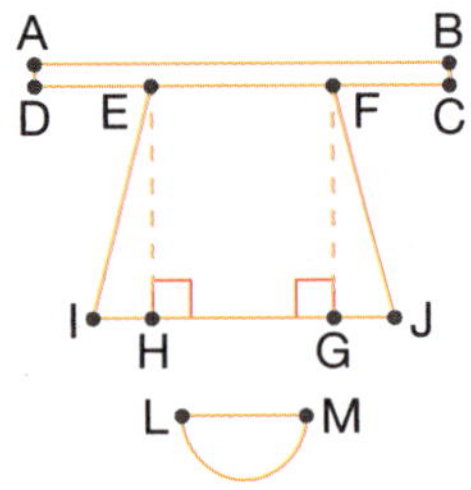

AB = 1,10 m ; BC = 5 cm ;

DE = FC = 30 cm ;

EH = 60 cm ;

IH = GJ = 15 cm ; LM = 32 cm.

a. Calculez, en cm², les aires des rectangles ABCD et EFGH.

b. Calculez, en cm², l'aire du triangle FGJ rectangle en G.

c. Calculez, en cm², l'aire du demi-disque de diamètre LM qui servira de poche. Arrondissez à l'unité.

d. Vérifiez que l'aire totale de tissu nécessaire à la confection du tablier est 4 852 cm².

e. Reproduisez le patron du tablier sur GeoGebra. Vérifiez vos résultats à l'aide des fonctionnalités du logiciel.

Calculer des volumes

5 Grâce aux nombreux trous d'air qu'il contient, le béton cellulaire est plus léger que le béton traditionnel.

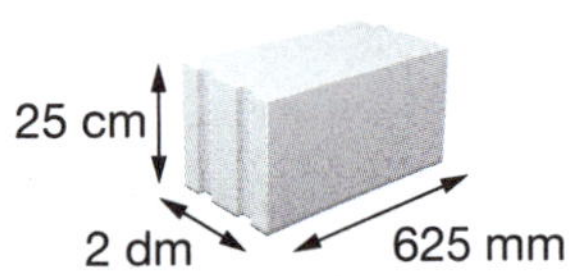

a. Calculez, en cm³, le volume du parpaing ci-dessus.

b. Ce parpaing est en béton cellulaire de masse volumique 0,4 g/cm³. Cela signifie que 1 cm³ de parpaing pèse 0,4 g. Calculez, en g, la masse m du parpaing. Exprimez le résultat en kg.

6 La baignoire d'angle de Mia représente un quart de cylindre droit. Le rayon de la base mesure 1,35 m. Une règlementation encadre la réalisation d'installations électriques dans la salle de bain.

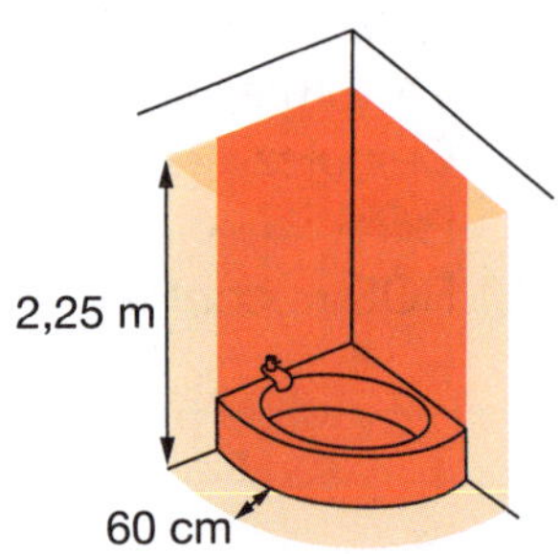

Le volume protégé s'étend sur 60 cm autour de la baignoire jusqu'à une hauteur de 2,25 m. Quel est, en m³, le volume à sécuriser ? Arrondissez au dixième.

7 python foucherconnect.fr/21mc02

Un client souhaite un devis pour l'usinage d'un cône plein en aluminium. Il joint à sa demande le croquis ci-contre.

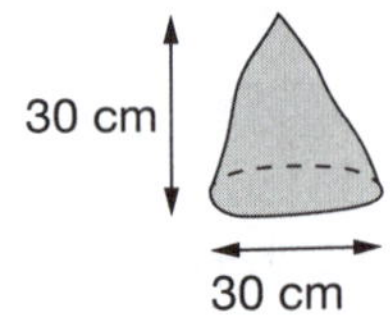

Pour déterminer le volume d'aluminium nécessaire à la fabrication du cône, Matéo doit modifier le programme en langage python qu'il avait conçu pour calculer le volume d'une boule.

```
1  from math import*
2  R=float(input("Donnez, en cm, le rayon."))
3  V=4*pi*R**3/3
4  print("Volume = ",V,"cm\u00b3.")
```

Volume V d'un cône de rayon R et de hauteur h :

$$V = \frac{\pi R^2 \times h}{3}$$

a. Quelle variable supplémentaire faut-il créer à la ligne 3 du programme pour calculer le volume d'un cône ?

b. Ouvrez le fichier « **C10_150_volume.py** ».

Modifiez le programme et exécutez-le. Quel est, en cm³, le volume d'aluminium nécessaire à la réalisation du cône ? Arrondissez à l'unité.

Déterminer les effets d'un agrandissement ou d'une réduction

8 La taille des panneaux de signalisation peut varier en fonction du type de voie. Les panneaux ❶ et ❷ de formes carrée et triangulaire ci-dessous sont de tailles dites normales.

❶ 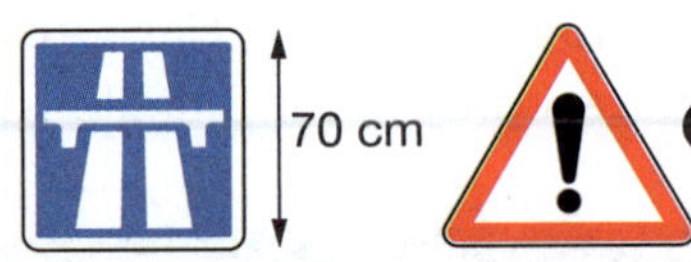 ❷

a. Un panneau carré de très grande taille est un agrandissement du panneau ❶. Ses côtés mesurent 105 cm. Calculez le coefficient k d'agrandissement.

b. Un panneau triangulaire de petite taille est une réduction du panneau ❷ de rapport $k' = 0,7$. Sachant que le panneau ❷ a une aire $A = 43,3$ dm², déterminez, en dm², l'aire A' du panneau triangulaire de petite taille.

9 Dylan relève sur le flanc du pneu de sa voiture les informations suivantes.

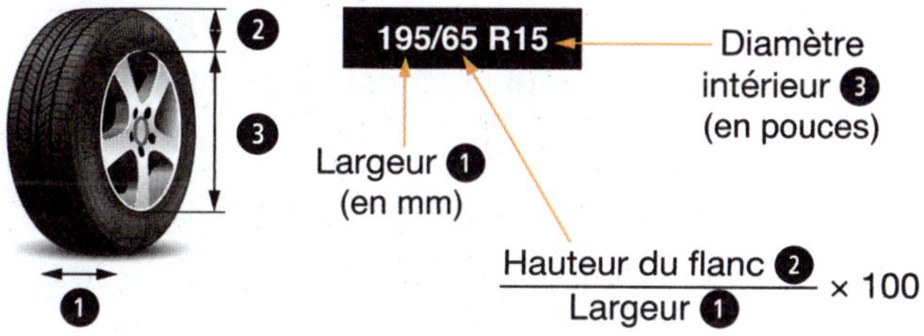

Un pouce = 2,54 cm

1. Complétez le tableau suivant. Les valeurs seront données en cm.

Largeur ❶	Hauteur du flanc ❷	Diamètre intérieur ❸
....	....	....

2. Vérifiez que le diamètre extérieur du pneu est 63,45 cm.

....

3. Calculez, en cm, le périmètre P d'un cercle de diamètre 63,45 cm. Arrondissez à 10^{-1}.

....

4. Combien de tours fera le pneu si Dylan parcourt 1 km avec sa voiture ? Arrondissez à l'unité.

....

10 M. Rado a sécurisé sa piscine en plaçant une clôture autour du bassin et a installé une voile d'ombrage triangulaire. La situation est schématisée ci-dessous. Les cotes sont en mètre. EC = EF = ED.

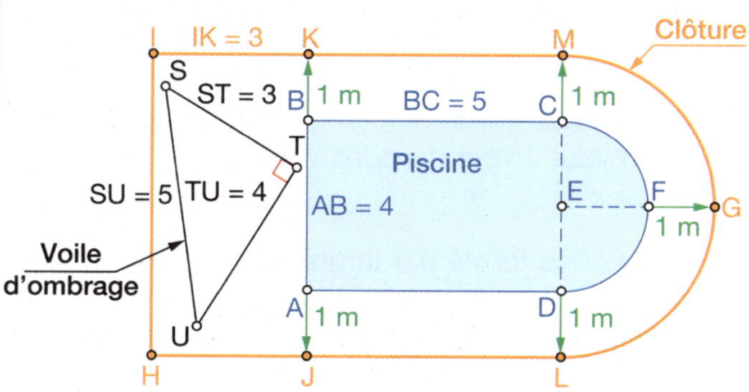

1. Calculez, en m², l'aire de la surface au sol occupée par la piscine. Arrondissez à 0,1.

....

2. Calculez, en m², l'aire de la voile d'ombrage représentée par le triangle STU rectangle en T.

....

3. Calculez, en m, la longueur du demi-cercle de centre E et de diamètre ML. Arrondissez à 0,1.

....

4. Quel est, en m, le périmètre de la clôture ?

....

11 Le sablier représenté ci-contre est composé de deux cônes de même sommet et de même hauteur « exactement » contenus dans un cylindre droit de hauteur 9 cm. Le rayon de la base du sablier mesure 2 cm. Le sablier contient 15 cm³ de sable.

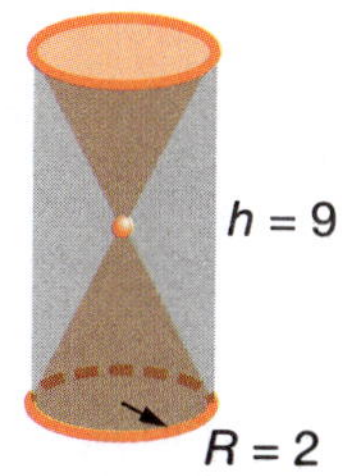

1. Calculez, en cm³, le volume V_1 du cylindre droit. Arrondissez à l'unité.

....

2. Calculez, en cm³, le volume V_2 d'un cône. Arrondissez à l'unité.
Volume d'un cône = $\frac{1}{3} \times \pi \times \text{rayon}^2 \times \text{hauteur}$.

....

3. Le sable s'écoule avec un débit de 300 cm³/h. Cela signifie que 300 cm³ de sable s'écoulent en 1 h. Calculez, en min, le temps donné par ce sablier.

....

4. Reproduisez le sablier sur GeoGebra 3D. Vérifiez les résultats des questions **1** et **2** à l'aide des fonctionnalités du logiciel.

12 Une feuille de papier A4 a pour dimensions l = 21 cm et L = 29,7 cm. Mia roule la feuille afin de réaliser un cylindre droit de hauteur h.

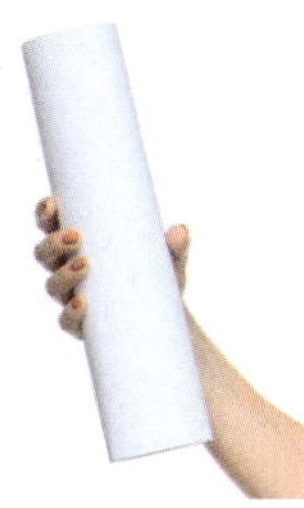

Dans quel sens, largeur (cas ❶ où $h = L$) ou longueur (cas ❷ où $h = l$) Mia doit-elle rouler la feuille A4 pour obtenir un cylindre droit de volume maximal ? Répondez à la question en présentant votre démarche.

....

13 Corentin a imprimé au format 11 cm × 15 cm une photo de l'Atomium. Ce monument belge est composé de 9 boules de 18 m de diamètre.

1. Un poster de dimensions 57,2 cm × 78 cm est-il un agrandissement de la photo de Corentin ? Justifiez.

2. Calculez, en m^3, le volume d'une boule. Arrondissez à l'unité. Volume d'une boule $= \frac{4}{3} \times \pi \times \text{rayon}^3$.

3. Corentin a acheté un modèle réduit de l'Atomium. Quel est, en cm^3, le volume d'une boule sachant que le coefficient de réduction est 0,001.

14 Une éponge sèche a la forme d'un pavé droit de volume 230 cm^3. Plongée dans l'eau, ses dimensions augmentent de 20 %.

1. Donnez le coefficient k d'agrandissement.

2. Quel est, en cm^3, le volume V de l'éponge dans l'eau ?

15 python foucherconnect.fr/21mc03

Le programme en langage python suivant fait appel au module de dessin turtle.

```
from turtle import*
i=50
def figure(dimension):
  for cotes in range(4):
    forward(dimension)
    right(90)
for dessin in range (2):
  figure(i)
  up()
  forward(20+i)
  down()
  i=i*1.5
```

Instruction	Signification
forward(100)	Avancer de 100 pixels
right(60)	Pivoter de 60° vers la droite
up	Relever le pointeur
down	Reposer le pointeur

1. Cochez les bonnes réponses.
– Le programme permet de tracer des :
☐ carrés ☐ rectangles ☐ triangles
– La 1re figure a pour dimensions, en pixel :
☐ 2 ☐ 4 ☐ 20 ☐ 50
– La 2e figure est un agrandissement de la 1re de rapport :
☐ 1,5 ☐ 4 ☐ 20

2. Ouvrez le fichier « **C10_152_figures.py** ». Exécutez le programme et vérifiez vos réponses.

3. Modifiez le programme pour tracer 3 figures.

16 Cléa observe une cellule au microscope. L'aire de la surface réelle de la cellule est 0,005 mm^2. L'aire de la surface agrandie au microscope est 8 cm^2. Quel est le coefficient d'agrandissement k de l'objectif du microscope utilisé par Cléa ?

17 Enzo sert à ses invités un cocktail dans des verres de forme conique. La hauteur du cône mesure 10 cm. Le bord du verre est un cercle de rayon 4 cm. Enzo veut remplir le verre jusqu'à la moitié de son volume.

Volume V d'un cône de rayon R et de hauteur h : $V = \frac{1}{3} \times \pi R^2 \times h$.

Problématique

Enzo doit-il verser le cocktail à mi-hauteur du verre ?

1. Calculez, en cm^3, le volume V_1 du verre. Arrondissez au dixième.

2. Donnez, en cm^3, le volume V_2 de cocktail que Enzo veut verser dans les verres.

3. Le cône formé par la boisson est une réduction de coefficient k du cône formé par le verre. Déterminez la valeur de k^3.

4. Quel serait le coefficient de réduction k' si Enzo versait la boisson à mi-hauteur ?

5. Répondez à la problématique. Justifiez.

Consolidation Cycle 4

Je mobilise mes connaissances de géométrie dans le plan et dans l'espace

1 **Donnez** le nom des solides représentant les objets ci-dessous. **Indiquez** les valeurs des rayons et des diamètres associés à ces solides.

Nom du solide usuel	....	....	....
Rayon	....	....	3 dm
Diamètre	....	....	....

2 **Nommez** et **donnez**, en cm, les dimensions des bases et des hauteurs représentées dans les triangles ci-dessous. **Calculez**, en cm², les aires des trois triangles.

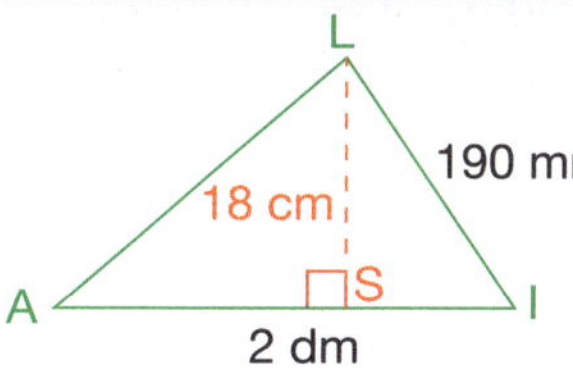	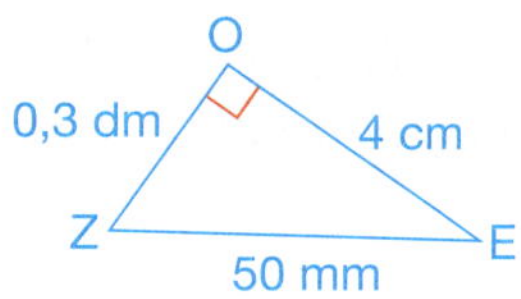	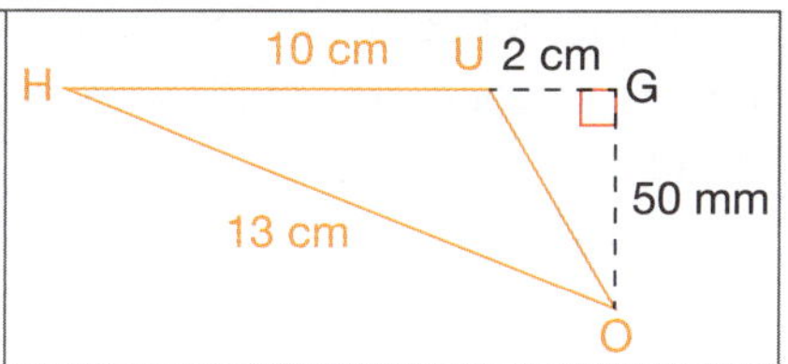
Base : .... = ... cm Hauteur : .... = ... cm Aire = ... cm²	Base : OE = ... cm Hauteur : .... = ... cm Aire = ... cm²	Base : .... = ... cm Hauteur : .... = 5 cm Aire = ... cm²

3 Le tambour de la machine à laver de Marc est un cylindre droit de hauteur 5 dm dont la base est un disque de diamètre 72 cm.

a. **Indiquez**, en cm, les dimensions du tambour sur la figure ci-contre.

b. **Calculez**, en cm³, le volume *V* du tambour. **Arrondissez** au dixième.

....

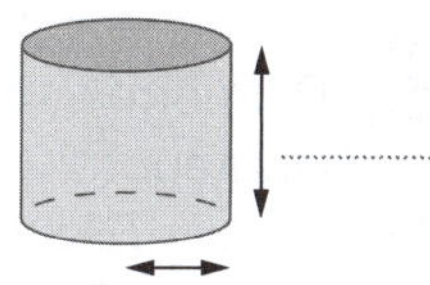

c. **Complétez** le tableau de conversion ci-dessous puis **indiquez** la contenance du tambour en litre. Arrondissez à 0,1. ....

....			dm³			....			....		
....	....	....	....	....	L	....	....	....	....	....	....
....	....	....	....	....	....	....	....	....	....	....	....

Je comprends et j'utilise les notions de longueur, d'aire et de volume

4 Vrai ou Faux ? **Cochez** la bonne réponse. **Justifiez** à l'oral.

Une carte est à l'échelle $\frac{1}{2\,000}$. Donc 1 cm représente 2 km.	☐ Vrai	☐ Faux
Une figure qui a pour aire 28 cm² est un carré de côté 7 cm.	☐ Vrai	☐ Faux
L'aire d'un disque de diamètre 10 cm est $\pi \times 25$ cm².	☐ Vrai	☐ Faux
Une bouteille de 1,5 L d'eau contient 1 500 cm³ d'eau.	☐ Vrai	☐ Faux
Si on multiplie par 2 les côtés d'un carré, alors son aire est multipliée par 2.	☐ Vrai	☐ Faux

J'utilise le vocabulaire approprié

5 **Complétez** les phrases en choisissant parmi les propositions suivantes :

hauteur • diamètre • rayon • aire • surface • volume • contenance • agrandissement • réduction • cône • cylindre droit • disque • cercle • base • cm • mm • cm² • cm³ • mm³

• Une boîte de conserve de type 4/4, représentée ci-contre, a la forme d'un …………… .

La ………… du solide est un ………… de ………… 9,9 ……… .

• L' ………… *A* de la ………… de la base est :

$A = \pi \times$ ………… $^2 = \pi \times 4{,}95^2$ ………… .

Le ………… *V* du solide est :

$V = A \times$ ………… $= \pi \times 4{,}95^2 \times 11{,}8 = 908$ ………… à l'unité près.

Une boîte de conserve 4/4 a une ………… maximale de 908 mL.

• Un industriel souhaite fabriquer une grande boîte de conserve pour les collectivités, dont les dimensions sont celles de la boîte 4/4 multipliées par 1,55. On dit que cette boîte est un …………… de la boîte 4/4 ou que la boîte 4/4 est une …………… de la grande boîte de conserve.

Je revois des points importants

6 **Trouvez** les erreurs réalisées par Flora, Yanis et Laure et **proposez** une correction.

a. Flora calcule, en cm³, le volume d'un cylindre droit de hauteur 20 cm dont la base a un diamètre de 15 cm. Elle arrondit le résultat à l'unité.

Diamètre : 15 cm
Hauteur : 20 cm
$V = \pi \times R^2 \times h$
$V = \pi \times 15^2 \times 20$
$V = 14\,137$ cm³

……………………………………………
……………………………………………
……………………………………………
……………………………………………
……………………………………………

b. Yanis achète une carte postale, de dimensions 148 mm × 105 mm, d'un tableau qu'il apprécie. Le tableau a une longueur de 118,4 dm et une largeur de 84 dm. Yanis effectue les calculs ci-dessous sur sa calculatrice. Il en déduit que sa carte postale est une réduction du tableau de rapport 0,8.

```
118.4/148
                 0.8
84/105
                 0.8
```

……………………………………………
……………………………………………
……………………………………………
……………………………………………

c. Un ballon de forme sphérique a un volume de 4 dm³. Laure le gonfle davantage et constate que son diamètre a été multiplié par 1,1. Elle multiplie 4 par 1,1 et trouve 4,4. Laure conclut que le ballon, après gonflage, a un volume de 4,4 dm³.

……………………………………………
……………………………………………
……………………………………………

Je mémorise

7 **Réalisez** une carte mentale qui reprend le vocabulaire lié aux figures géométriques usuelles, les formules des périmètres, aires et volumes à connaître, les effets d'un agrandissement ou d'une réduction sur les longueurs, les aires et les volumes. > Je fais le point **page 148**

J'acquiers une méthode

8 **Observer les effets d'un agrandissement ou d'une réduction**

Observez la résolution de l'exercice ci-dessous, puis **appliquez** la méthode.

Exercice corrigé

Un promoteur immobilier présente aux futurs propriétaires la maquette de leur immeuble. Le bâtiment aura une hauteur h_1 de 15 m et un volume V_1 de 3 600 m³. L'aire A_1 de sa surface au sol sera égale à 240 m². La maquette de hauteur h_2 = 22,5 cm est une réduction de l'immeuble.

1. Déterminez le coefficient de réduction k.
2. Calculez, en cm², l'aire A_2 de la surface au sol de la maquette et, en dm³, son volume V_2.

» RÉSOLUTION

1. $h_1 = 15$ m $= 1\,500$ cm

$h_2 = 22{,}5$ cm

$k = \dfrac{h_2}{h_1} = \dfrac{22{,}5}{1\,500} = 0{,}015$

$k < 1$: il s'agit bien d'une réduction.

2.

• $A_2 = 240 \times 0{,}015^2 = 0{,}054$ m²

$A_2 = 540$ cm²

• $V_2 = 3\,600 \times 0{,}015^3 = 0{,}012\,15$ m³

$V_2 = 12{,}15$ dm³

» MÉTHODE

Soient la figure $\mathcal{F}_1$ et sa réduction (ou son agrandissement) $\mathcal{F}_2$. On note :

– d_1 une dimension de $\mathcal{F}_1$, A_1 l'aire de sa surface et V_1 son volume ;

– d_2 une dimension de $\mathcal{F}_2$, A_2 l'aire de sa surface et V_2 son volume.

- Mettre d_1 et d_2 dans la même unité.
- Calculer le rapport $k = \dfrac{d_2}{d_1}$.

Vérifier que $k < 1$ pour une réduction.

Vérifier que $k > 1$ pour un agrandissement.

- Multiplier l'aire A_1 par k^2 pour obtenir A_2 : $A_2 = A_1 \times k^2$.
- Multiplier le volume V_1 par k^3 pour obtenir V_2 : $V_2 = V_1 \times k^3$.

Application

Martine vend des glaces sur les marchés. Elle remplit de crème glacée des petits cornets et des grands cornets.
Le petit cornet de hauteur 10 cm contient 94 cm³ de crème glacée.

Le grand cornet de hauteur 1,2 dm est un agrandissement du petit cornet.

1. Déterminez le coefficient d'agrandissement k.

....

2. Calculez, en cm³, le volume V de crème glacée contenu dans le grand cornet.

....

Évaluation

Situation

Une entreprise d'astronautique doit fabriquer un module spatial. Le cahier des charges impose les trois contraintes suivantes :
- longueur du module égale à 7,2 m ;
- aire de la surface extérieure du module égale à 130 m² ;
- volume du module supérieur à 100 m³.

Les ingénieurs étudient deux formes géométriques différentes. Ils réaliseront ensuite une maquette du module qu'ils auront retenu.

Doc. 1 : Formes géométriques des modules

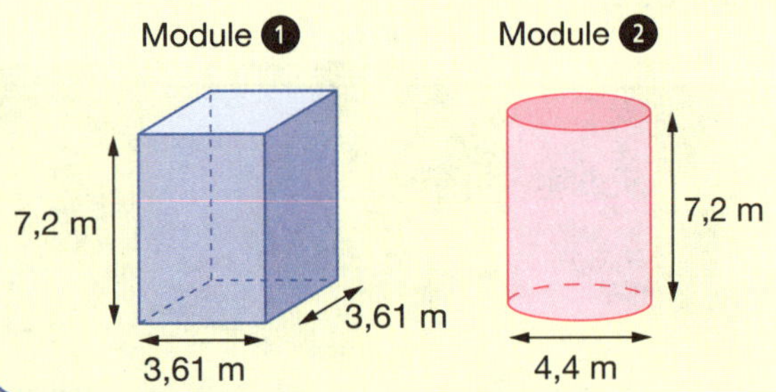

Doc. 2 : Patrons des modules

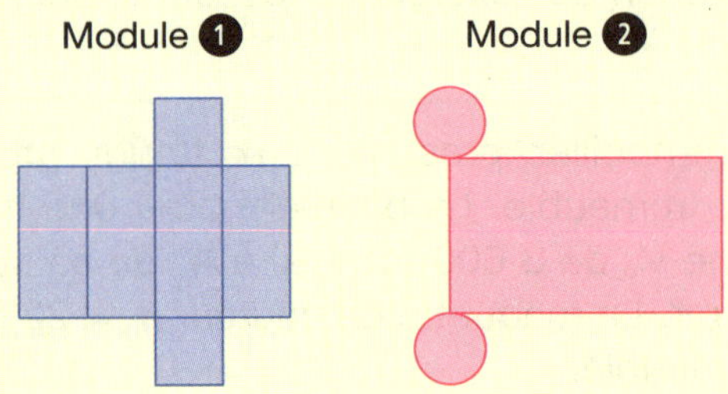

Problématique **Quelle sera la forme géométrique du module spatial ?**

1 S'approprier À quels solides usuels correspondent les formes géométriques représentées dans le document 1 ?

Module ❶ : .... Module ❷ : ....

2 Réaliser En vous aidant du document 2, calculez, en m², l'aire A_1 de la surface extérieure du module ❶. Arrondissez à l'unité.

....

3 Analyser/Raisonner Réaliser En vous aidant du document 2, proposez une méthode de calcul de l'aire A_2 de la surface extérieure du module ❷. Calculez, en m², l'aire A_2. Arrondissez à l'unité.

....

....

....

Appelez le professeur pour lui présenter la méthode.

4 Réaliser Calculez, en m³, les volumes V_1 et V_2 des deux modules. Arrondissez au millième.

....

....

5 Valider Communiquer Répondez à la problématique. Justifiez votre réponse.

....

....

....

6 Réaliser La maquette fabriquée par les ingénieurs est une réduction du module de coefficient $k = 0,12$. Calculez, en dm³, le volume V de la maquette. Arrondissez à l'unité.

....

....

Vocabulaire relatif aux ensembles

Notions sur les ensembles

Définition d'un ensemble

- En mathématiques, un ensemble est un regroupement d'objets, de nombres… suivant certaines caractéristiques. Ces objets, nombres… sont les éléments de l'ensemble.
- On met souvent une étiquette aux ensembles pour les nommer et on peut les représenter par un diagramme.

- On peut parler de l'**ensemble** de tous les élèves du lycée. Les élèves sont alors les éléments de cet ensemble.
- Sur le **diagramme** ci-dessous, L est l'ensemble des élèves du lycée et D l'ensemble des élèves demi-pensionnaires.

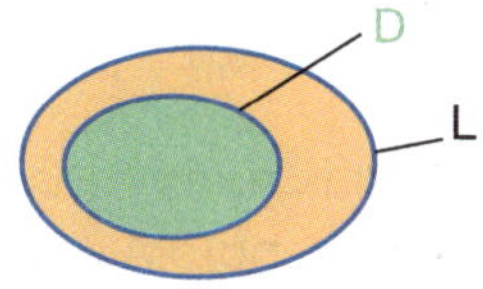

Écriture d'un ensemble

- Si le nombre d'éléments de l'ensemble est limité, on peut écrire ses éléments sous la forme d'une liste entre accolades, sans ordre, sans répétition. Les éléments sont séparés par des points-virgules.

V est l'ensemble des voyelles de l'alphabet.
On écrit : V = {a ; e ; i ; o ; u ; y}.

Symboles d'appartenance et de non-appartenance

- Pour indiquer qu'un élément appartient à un ensemble, on utilise le symbole $\in$ qui se lit « appartient à ».
- Pour indiquer qu'un élément n'appartient pas à un ensemble, on utilise le symbole $\notin$ qui se lit « n'appartient pas à ».

$E = \{5 ; -0{,}185 ; \frac{2}{3} ; \sqrt{15} ; 0\}$

élément → $5 \in E$ ← ensemble
élément → $2 \notin E$ ← ensemble

Ensembles de nombres

Certains ensembles de nombres ont des étiquettes particulières

- $\mathbb{N}$ est l'ensemble des entiers naturels (entiers positifs).
- $\mathbb{Z}$ est l'ensemble des entiers relatifs (entiers positifs ou négatifs).
- $\mathbb{R}$ est l'ensemble des nombres réels (tous les nombres que vous connaissez).

- 8 ; 1 429 ; 0 sont des entiers naturels.
  $5 \in \mathbb{N}$; $2{,}7 \notin \mathbb{N}$; $-7 \notin \mathbb{N}$.
- 5 ; –23 ; 0 ; 4 000 ; –129 sont des entiers relatifs.
  $-4 \in \mathbb{Z}$; $5{,}2 \notin \mathbb{Z}$; $48 \in \mathbb{Z}$.
- 18 ; –30 ; 0 ; 4,18 ; $\frac{-7}{3}$; $\sqrt{51}$ sont des réels.
  $10 \in \mathbb{R}$; $-8 \in \mathbb{R}$; $\frac{13}{4} \in \mathbb{R}$.

Intervalles de $\mathbb{R}$

Intervalle	Ensemble des réels x tels que	Représentation graphique	Exemple
$[a ; b]$	$a \leqslant x \leqslant b$	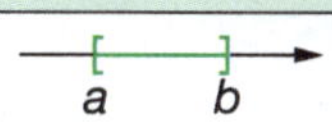	Si I = [–2 ; 3], alors $-2 \in I$ et $3 \in I$.
$[a ; b[$	$a \leqslant x < b$	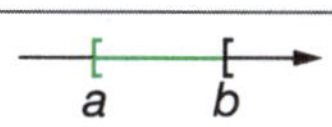	Si I = [–2 ; 3[, alors $-2 \in I$ et $3 \notin I$.
$]a ; b]$	$a < x \leqslant b$	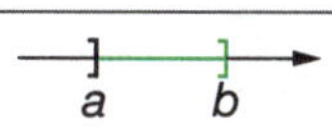	Si I =]–2 ; 3], alors $-2 \notin I$ et $3 \in I$.
$]a ; b[$	$a < x < b$	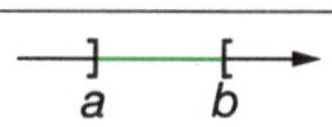	Si I =]–2 ; 3[, alors $-2 \notin I$ et $3 \notin I$.

Inclusion d'un ensemble dans un autre

- Un ensemble A est **inclus** dans un ensemble E (ou est une partie de E) lorsque chaque élément de A est aussi un élément de E. On dit aussi que A est un **sous-ensemble** de E.

  On écrit : A ⊂ E qui se lit « A est inclus dans E ».

- Si E = {18 ; 5 ; –1,3 ; 4 ; 12,7 ; 15} et A = {5 ; –1,3 ; 15}, alors A ⊂ E.

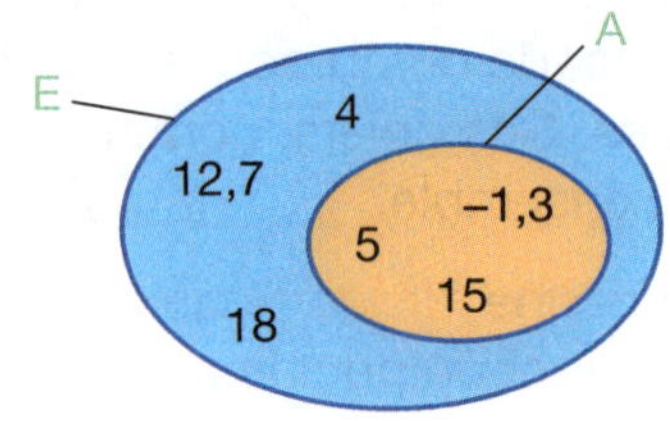

ensemble ⟶ A ⊂ E ⟵ ensemble

- Si l'ensemble A est inclus dans l'ensemble E, le **complémentaire** de A dans E, noté $\overline{A}$, est l'ensemble des éléments de E qui n'appartiennent pas à A.

- Si E = {18 ; 5 ; –1,3 ; 4 ; 12,7 ; 15} et A = {5 ; –1,3 ; 15}, alors $\overline{A}$ = {12,7 ; 4 ; 18}.

Intersection et réunion d'ensembles

- **L'intersection de deux ensembles** A et B est l'ensemble des éléments qui appartiennent à A **et** à B.

  Cet ensemble s'écrit A ∩ B qui se lit « A **inter** B ».

- Si A = {–2 ; 0 ; 1,2 ; 6 ; 2,5} et B = {–1 ; 6 ; 1,2 ; 4}, alors A ∩ B = {1,2 ; 6}

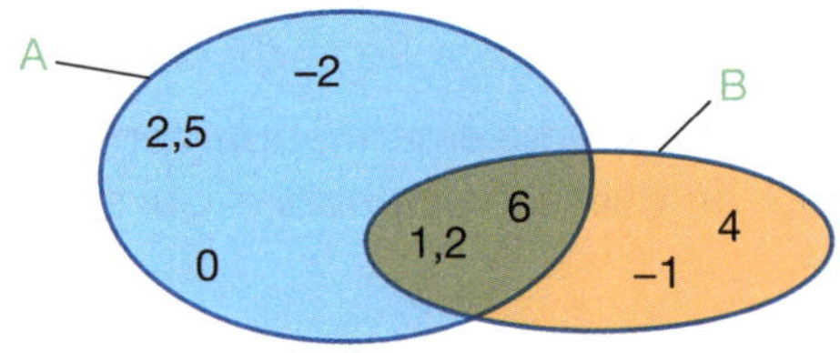

- **La réunion de deux ensembles** A et B est l'ensemble des éléments qui appartiennent à A **ou** à B, c'est-à-dire soit seulement à A, soit seulement à B, soit aux deux.

  Cet ensemble s'écrit A ∪ B qui se lit « A **union** B ».

- Si A = {–2 ; 0 ; 1,2 ; 6 ; 2,5} et B = {–1 ; 6 ; 1,2 ; 4}, alors A ∪ B = {–2 ; 0 ; 1,2 ; 6 ; 2,5 ; –1 ; 4}

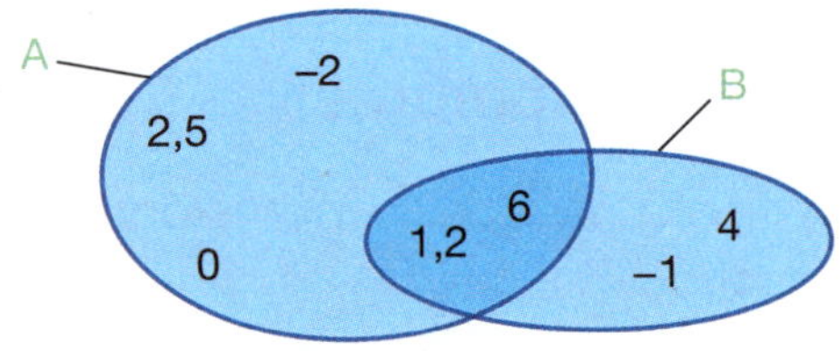

J'applique

1 **1.** À l'aide du diagramme, complétez les phrases ci-dessous.

Si plusieurs réponses sont possibles, vous n'en donnez qu'une.

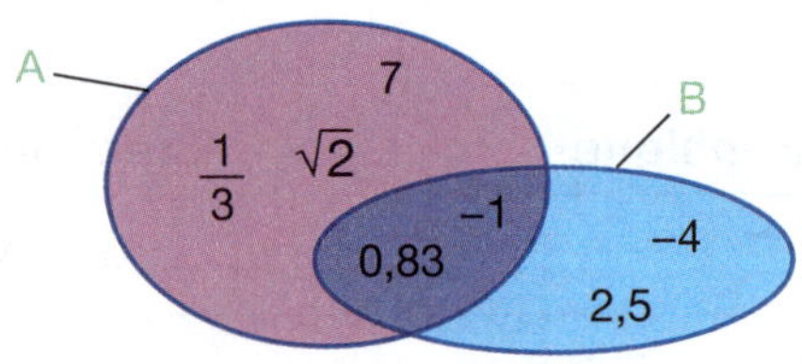

a. Le nombre 2,5 appartient à l'ensemble ....

b. Le nombre .... n'appartient pas à l'ensemble A.

c. Les nombres .... et .... appartiennent aux ensembles A et B.

d. Le nombre $\frac{1}{3}$ n'appartient pas à l'ensemble ....

e. Le nombre .... appartient à l'ensemble A.

2 **a.** F est l'ensemble des lettres du mot « cercle ».

Cochez la ou les écritures correctes de l'ensemble F.

☐ F = (c ; e ; r ; c ; l ; e) ☐ F = {c ; e ; r ; c ; l ; e}

☐ F = {c ; e ; r ; l} ☐ F = {c ; r ; l ; e}

b. G est l'ensemble des lettres du mot « statistiques ».

Donnez le nombre d'éléments de l'ensemble G : ....

3 H est l'ensemble des lettres du mot « fonction ». Cochez Vrai ou Faux.

a. $c \in H$ ☐ Vrai ☐ Faux
b. $n \notin H$ ☐ Vrai ☐ Faux
c. $b \in H$ ☐ Vrai ☐ Faux
d. $t \in H$ ☐ Vrai ☐ Faux
e. $e \notin H$ ☐ Vrai ☐ Faux

4 $\mathbb{N}$ est l'ensemble des entiers naturels, $\mathbb{Z}$ est l'ensemble des entiers relatifs, $\mathbb{R}$ est l'ensemble des réels.

Placez sur le diagramme ci-contre les nombres suivants : 3,7 ; $\frac{7}{3}$; 12 ; –5 ; 8 ; $\sqrt{3}$; 0 ; –81.

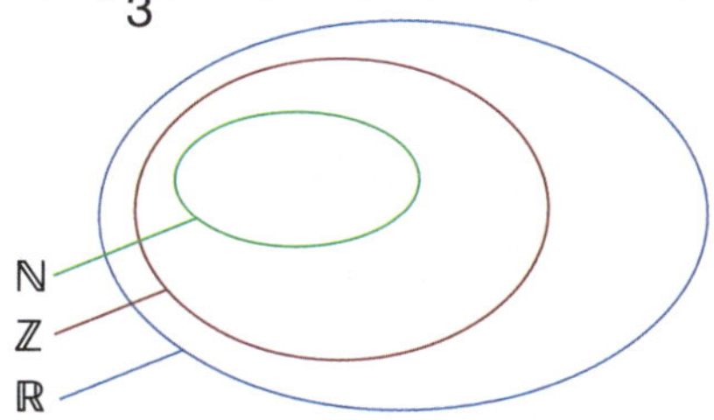

5 Donnez l'écriture mathématique des phrases « en français » en utilisant un ou plusieurs des symboles suivants : $\in$, $\subset$, $\cap$, $\cup$, $\notin$, =.

En français	Écriture mathématique
Le nombre 8 appartient à l'ensemble G.	$8 \in G$
Le nombre 3,4 n'appartient pas à l'ensemble E.	....
L'ensemble B est inclus dans l'ensemble H.	....
L'intersection des ensembles F et C est égale à {1 ; 3}.	....
La réunion des ensembles A et D est égale à {–2 ; 5 ; 0}.	....

6 À l'aide du diagramme, cochez les écritures exactes.

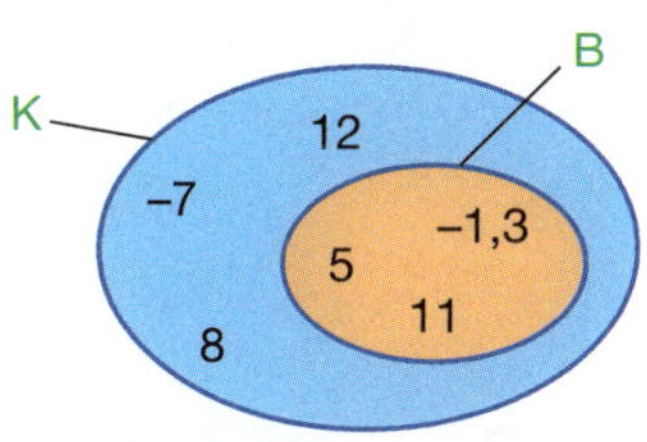

☐ $12 \in B$ ☐ $8 \in K$ ☐ $B \in K$
☐ $B \subset K$ ☐ $11 \in B \cap K$ ☐ $5 \in K$
☐ $K \subset B$ ☐ $-7 \notin B$

7 On considère les intervalles I = [–1 ; 5[et K =]–2 ; 6[.

a. Donnez deux éléments de I : ....
b. Donnez deux éléments de K : ....
c. Complétez par $\in$ ou $\notin$.

0,2 .... K   5 I   –1,9 .... K
–1,1 I   5,99 .... K   5,99 I
–1 I   –2 .... K

8 On considère les intervalles I = [–1 ; 5[et K =]–2 ; 6[.

a. Représentez les intervalles I et K sur le même axe gradué.

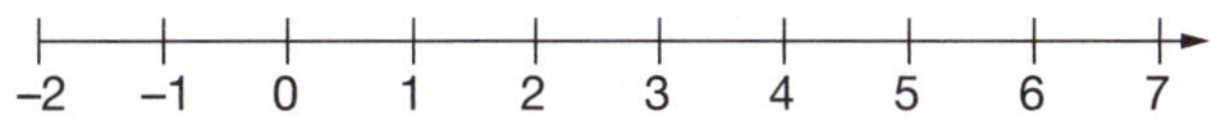

b. Expliquez pourquoi l'inclusion $I \subset K$ est vraie.

....

c. Écrivez l'ensemble $\overline{I}$, le complémentaire de I dans K, sous la forme d'une réunion de deux intervalles.

....

9 a. On donne A = {–4 ; 5 ; 0 ; 1} et B = {–3 ; 0 ; 5 ; 8}.

Déterminez $A \cap B$: ....
Déterminez $A \cup B$: ....

b. On donne J = [–2 ; 2] et L = [–0,5 ; 3[.

Déterminez $J \cap L$: ....
Déterminez $J \cup L$: ....

10 Cochez les écritures exactes.

☐ $12{,}3 \in \mathbb{N}$ ☐ $-8 \in \mathbb{Z}$ ☐ $\sqrt{10} \in \mathbb{N}$ ☐ $-1 \subset \mathbb{Z}$
☐ $11 \in \mathbb{Z}$ ☐ $5 \in \mathbb{R}$ ☐ $\mathbb{N} \subset \mathbb{R}$ ☐ $-7 \notin \mathbb{N}$

11 A est l'ensemble des lettres du mot « statistique », B est l'ensemble des lettres du mot « quitte », C est l'ensemble des lettres du mot « taxi ».

a. Écrivez les ensembles A, B, C.

A = {s ; t ....} B = ...

C = ...

b. Donnez la liste des éléments des intersections suivantes.

$A \cap B$ = ... $A \cap C$ = ...

$B \cap C$ = ...

c. Placez les éléments des ensembles A, B, C sur le diagramme ci-dessous.

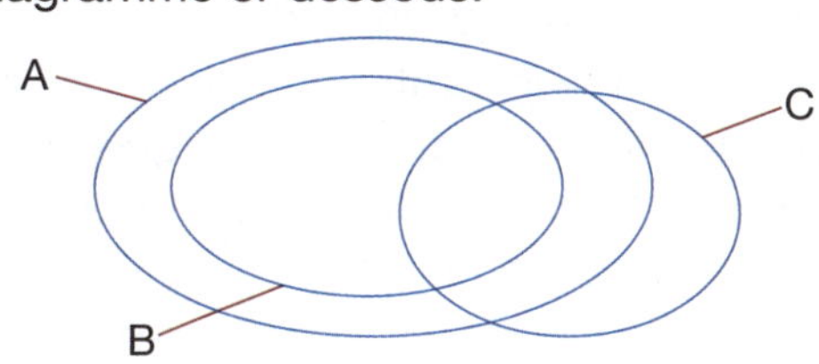

Raisonnement logique

Deux mots importants : « et », « ou »

« et », « ou » sont deux mots du langage courant (plusieurs sens possibles). Ils sont aussi utilisés en mathématiques (un seul sens possible).

Le mot « et » signifie « à la fois ».

Le mot « ou » signifie « soit l'un, soit l'autre, soit les deux à la fois ».

6 est un nombre pair **et** un multiple de 3.

0 ; 3 ; 6 ; 8 sont des nombres pairs **ou** des multiples de 3.

Les expressions « quel que soit » et « il existe »

Le sens des expressions « quel que soit » et « il existe » est le même dans le langage courant et en mathématiques.

« Le carré d'un réel est positif **quel que soit** ce réel. ».

Cela signifie que la phrase « Le carré d'un réel est positif. » est vraie pour n'importe quel nombre réel.

« **Il existe** des réels x tels que $x^2 = 9$. » Cela signifie que la phrase « $x^2 = 9$ » est vraie seulement pour certaines valeurs de x, ici 3 et –3.

Implication et équivalence entre deux propositions

En logique, une proposition est une phrase dont on peut affirmer sans ambiguïté si elle est vraie ou fausse.

Implication

- En mathématiques, on utilise souvent des phrases construites sur le modèle :
  « Si **proposition 1**, alors **proposition 2** ».
  La proposition 2 est la conséquence de la proposition 1.
  On écrit : **proposition 1 ⇒ proposition 2**.
  On appelle cette écriture une implication.
- Le symbole ⇒ est le symbole d'implication. Il remplace un verbe. Il se lit « entraîne », « implique », « a pour conséquence ».

Dans la phrase « **Si** un nombre x est supérieur à 8, **alors** x est supérieur à 5 », la proposition « x est supérieur à 5 » est la conséquence de « x est supérieur à 8 ».

On peut écrire $(x > 8) \Rightarrow (x > 5)$.

Cette implication est vraie.

Réciproque

Lorsqu'on inverse les propositions situées de part et d'autre du symbole ⇒, on obtient une nouvelle implication appelée **réciproque**. Elle n'est pas toujours vraie.

La réciproque de $(x > 8) \Rightarrow (x > 5)$ est : $(x > 5) \Rightarrow (x > 8)$.

Ici, la réciproque est fausse.

Propositions équivalentes

Lorsqu'une implication entre deux propositions est vraie ainsi que sa réciproque, on dit que les propositions sont équivalentes. On utilise alors le symbole ⇔ entre ces deux propositions.

L'implication (le triangle ABC est rectangle en A) ⇒ $(AB^2 + AC^2 = BC^2)$ est vraie, sa réciproque aussi : $(AB^2 + AC^2 = BC^2)$ ⇒ (le triangle ABC est rectangle en A).

On a donc : (le triangle ABC est rectangle en A) ⇔ $(AB^2 + AC^2 = BC^2)$.

Utilisation d'un contre-exemple

Un contre-exemple est un exemple qui contredit une affirmation, un énoncé, une implication ou qui montre qu'une phrase est fausse.

Pour montrer qu'une phrase est fausse, il suffit de donner un seul contre-exemple.

L'implication $(x > 5) \Rightarrow (x > 8)$ vue précédemment est fausse car si on prend par exemple $x = 7$, on a bien 7 supérieur à 5, mais 7 n'est pas supérieur à 8.

7 est un contre-exemple

J'applique

1 Complétez soit par « et », soit par « ou ».

a. Un multiple de 5 se termine par 0 .... par 5.

b. 0,3 est inférieur à 1 .... supérieur à 0.

c. 15 est égal à 3 × 5 .... à (–3) × (–5).

d. Une lettre de l'alphabet est une voyelle .... une consonne.

2 Vrai ou Faux ?

a. Quel que soit n entier naturel, $2n$ est un nombre pair. ☐ Vrai ☐ Faux

b. Il existe un nombre x tel que $2x = -8$.
☐ Vrai ☐ Faux

c. Quel que soit x, $x^2 > x$.
☐ Vrai ☐ Faux

d. Il existe un réel x tel que $(x + 1)^2 < -1$.
☐ Vrai ☐ Faux

e. Quel que soit x, $(x - 1)(x + 1) = x^2 - 1$.
☐ Vrai ☐ Faux

3 Justifiez chacune des réponses « Faux » de l'exercice **2**. Donnez un contre-exemple si c'est possible.

....

....

....

4 On considère la phrase suivante où n est un entier naturel :

Si n se termine par 6, alors n est pair.

a. Écrivez cette phrase en utilisant le symbole d'implication $\Rightarrow$.

....

b. Cette implication est-elle vraie ? .... Si non, donnez un contre-exemple.

....

....

c. Écrivez la réciproque de cette implication.

....

d. Est-elle vraie ? .... Si non, donnez un contre-exemple.

....

....

e. L'équivalence : (n se termine par 6) $\Leftrightarrow$ (n est pair) est-elle vraie ? .... Expliquez.

....

....

5 Voici deux implications :

❶ $(-1 < x < 2) \Rightarrow (0 < x < 1)$ et

❷ $(0 < x < 1) \Rightarrow (-1 < x < 2)$

a. L'une des implications est exacte. L'autre est fausse.

Dites quelle est celle qui est fausse.

....

b. Justifiez votre réponse à la question **a** par un contre-exemple.

....

....

A1 Calcul d'une fréquence

- Pour calculer la fréquence *f* d'une valeur, on divise l'effectif *n* de cette valeur par l'effectif total N : $f = \frac{n}{N}$.
- Pour exprimer la fréquence en pourcentage, on multiplie la fréquence *f* par 100.

Après enquête auprès des 420 élèves d'un lycée, on relève la durée, en minute, du trajet domicile-établissement.

Durée du trajet	[0 ; 15[	[15 ; 30[	[30 ; 45[	[45 ; 60[	⩾ 60
Nombre d'élèves	45	176	78	39	82

Répondez par « vrai » ou « faux » aux affirmations suivantes et justifiez votre choix.

a. Il y a environ 45 % des élèves qui mettent moins de 15 minutes pour arriver au lycée.

....

b. Il y a environ 41,9 % d'élèves qui mettent entre 15 et 30 minutes pour arriver au lycée.

....

c. La fréquence d'élèves qui mettent entre 30 et 45 minutes est d'environ 0,186.

....

d. La fréquence d'élèves qui mettent entre 45 et 60 minutes est d'environ 0,39.

....

A2 Utilisation des pourcentages

- Calculer p % d'une quantité, c'est multiplier cette quantité par $\frac{p}{100}$.
- Pour retrouver la quantité sur laquelle s'applique un pourcentage, on divise la quantité finale par le pourcentage.

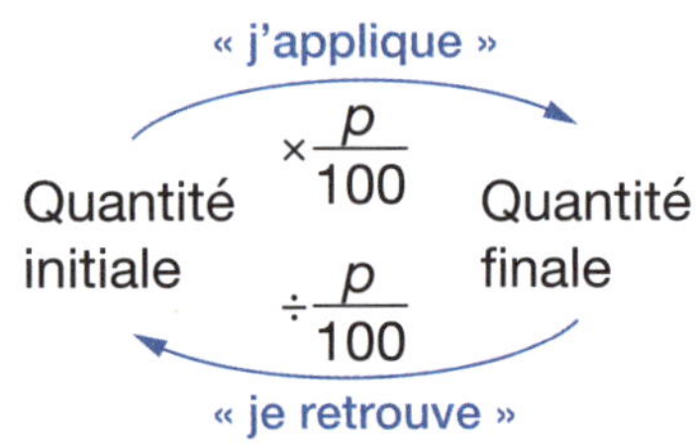

1 Myriam a un salaire net de 1 425 €. Son supérieur lui annonce une augmentation de 2 %. Calculez le montant de l'augmentation du salaire de Myriam.

....

2 Lors d'une élection, 35 % des électeurs inscrits se sont abstenus. Ce qui représente 490 électeurs. Calculez le nombre d'électeurs inscrits.

....

3 Il y a 45 % de matière grasse dans le gruyère. Calculez la quantité de matière grasse dans une part de 25 g.

....

....

4 Dans un lycée, 65 % des élèves déjeunent à la demi-pension. Ce qui représente 273 élèves. Calculez le nombre d'élèves dans ce lycée.

....

A3 Expression d'un nombre donné en écriture décimale ou fractionnaire sous forme d'un pourcentage et réciproquement

Un pourcentage est une fraction de dénominateur 100.

Passer d'un nombre à son écriture en pourcentage

– Multiplier un nombre décimal par 100 pour obtenir ce nombre en pourcentage.
– Pour un nombre fractionnaire, déterminer son écriture décimale, puis la mettre sous la forme d'un pourcentage.

Passer d'un pourcentage à un nombre décimal ou fractionnaire

– Diviser le taux de pourcentage par 100 pour obtenir son écriture décimale.
– Écrire le taux de pourcentage sous la forme d'une fraction de dénominateur 100 et simplifier la fraction obtenue.

1 Exprimez les nombres décimaux suivants sous forme d'un pourcentage.

0,172 = ... 0,670 2 = ... 1,4 = ... 0,19 = ...

2 Exprimez les nombres fractionnaires suivants sous forme d'un pourcentage.

$\frac{8}{12} \approx$ .... $\frac{7}{10} =$ .... $\frac{192}{4\,800} =$ .... $\frac{68}{850} =$ ....

3 Exprimez les pourcentages suivants sous la forme d'un nombre décimal.

25,5 % = ... 70 % = ... 187,5 % = ... 3 % = ...

4 Exprimez les pourcentages suivants sous la forme d'un nombre fractionnaire.

50 % = ... 10 % = ... 75 % = ... 60 % = ...

A4 Calcul d'une moyenne

La moyenne d'une série de valeurs (x_1 ; x_2 ; …) est notée $\overline{x}$.

Pour calculer la moyenne de cette série statistique, diviser la somme des valeurs par le nombre de valeurs :

$$\overline{x} = \frac{\text{somme des valeurs}}{\text{nombre de valeurs}}.$$

Voici la taille de six joueurs de basket : 1,98 m ; 1,80 m ; 1,99 m ; 2,03 m ; 1,82 m ; 1,93 m. Cochez la bonne réponse parmi les trois propositions.

a. La taille moyenne des six joueurs de basket est égale à :

☐ 1,925 m ☐ 1,902 m ☐ on ne peut pas savoir

b. On prend en compte la taille d'un septième joueur. Il mesure 2,03 m.
La taille moyenne de l'équipe passe à :

☐ 2,03 m ☐ 1,955 m ☐ 1,94 m

c. Après une erreur de mesure, on constate que toutes les tailles doivent être augmentées de 2 cm. La taille moyenne de l'équipe :

☐ diminue de 2 cm ☐ augmente de 2 cm ☐ on ne peut pas savoir

A5 Calculs avec les puissances de 10

- Identifier les exposants des puissances de 10.
- Effectuer ensuite le calcul des puissances de 10 à partir des propriétés suivantes :

$10^m \times 10^n = 10^{m+n}$ $\qquad \dfrac{10^m}{10^n} = 10^{m-n}$ $\qquad$ (*m* et *n* sont des entiers relatifs)

1 Reliez chaque puissance de 10 à son écriture décimale, puis à son nom.

10^{-3} •	• 0,1 •	• Un dixième
10^{-2} •	• 0,001 •	• Un million
10^{3} •	• 1 000 •	• Un centième
10^{6} •	• 1 000 000 •	• Un millier
10^{-1} •	• 0,01 •	• Un millième

2 Cochez la bonne réponse parmi les propositions suivantes.

a. $10^3 \times 10^5$ est égal à : ☐ 10^{-2} ☐ 10^8 ☐ 10^{15}

b. $10^{-2} \times 10^9$ est égal à : ☐ 10^{-29} ☐ 10^{-11} ☐ 10^7

c. $\dfrac{10^8}{10^3}$ est égal à : ☐ 10^{-5} ☐ 10^5 ☐ 10^{24}

d. $\dfrac{10^5}{10^{-3}}$ est égal à : ☐ 10^2 ☐ 10^8 ☐ 10^{-15}

3 Simplifiez les expressions A et B.

$A = \dfrac{24 \times 10^7 \times 5 \times 10^{-2}}{6 \times 10^3} =$ ……………………………………

$B = \dfrac{6 \times 10^5 \times 35 \times 10^{-7}}{35 \times 10^{-3}} =$ ……………………………………

A6 Écriture d'un nombre en notation scientifique

La notation scientifique d'un nombre décimal est l'écriture de ce nombre sous la forme $a \times 10^n$ où *a* est un décimal tel que $1 \leqslant a < 10$ et *n* un entier relatif.

- Déplacer la virgule juste après le premier chiffre autre que 0.
- Indiquer la valeur de l'exposant *n* ; il correspond au déplacement de la virgule :

– il prend une valeur positive si le déplacement de la virgule est de *n* rangs vers la gauche ;

– il prend une valeur négative si le déplacement de la virgule est de *n* rangs vers la droite.

1 Cochez la bonne réponse parmi les propositions suivantes :

a. 0,000 1 s'écrit aussi : ☐ 10^{-5} ☐ 10^{-4} ☐ 10^4

b. $3{,}15 \times 10^4$ s'écrit aussi : ☐ 3 150 ☐ 31 500 ☐ 315 000

c. La notation scientifique de 635 est : ☐ $6{,}35 \times 10^2$ ☐ $6{,}35 \times 10$ ☐ $6{,}35 \times 10^{-2}$

d. La notation scientifique de 0,002 74 est : ☐ $2{,}74 \times 10^2$ ☐ $2{,}74 \times 10^{-6}$ ☐ $2{,}74 \times 10^{-3}$

2 La distance moyenne de la Terre au Soleil est $1{,}5 \times 10^8$ km, de la Terre à la Lune de $3{,}8 \times 10^5$ km, de la Terre à Mars de $7{,}6 \times 10^6$ km et de la Terre à Neptune de $4{,}5 \times 10^9$ km.

Rangez ces astres du plus éloigné au plus proche de la Terre.

………

A7 Comparaison des fractions simples entre elles ou avec des nombres décimaux

- Pour comparer des nombres donnés en écriture fractionnaire :

– les réduire au même dénominateur, puis comparer les numérateurs : la plus grande fraction est celle qui a le plus grand numérateur ;

– sinon, comparer leur écriture décimale.

1 Complétez avec les signes <, = ou >.

$\frac{13}{8}$ .... $\frac{11}{8}$ $\frac{12}{8}$ .... $\frac{9}{4}$ $\frac{1}{3}$ .... $\frac{2}{6}$ $\frac{8}{9}$ .... $\frac{10}{11}$

2 Complétez avec les signes <, = ou >.

$\frac{17}{6}$ .... 0,86 2,65 .... $\frac{135}{63}$ $\frac{1}{3}$ .... 0,36 $\frac{3}{12}$ 0,25

3 Les fractions suivantes font partie des fractions dites culinaires : $\frac{1}{3}$; $\frac{3}{4}$; $\frac{1}{2}$; $\frac{1}{6}$; $\frac{1}{5}$; $\frac{3}{8}$.

Rangez-les dans l'ordre croissant.

....

A8 Additions de fractions, multiplications de fractions

- Pour additionner deux fractions, on les réduit au même dénominateur.

Puis, on garde le dénominateur commun et on additionne les numérateurs.

- Pour multiplier plusieurs fractions entre elles, on multiplie les numérateurs entre eux et les dénominateurs entre eux : $\frac{a}{b} \times \frac{c}{d} = \frac{a \times c}{b \times d}$ ($b \neq 0$, $d \neq 0$).

1 Effectuez les calculs suivants avec ou sans calculatrice.

$\frac{2}{7} + \frac{3}{7} =$ .... $\frac{4}{3} + \frac{5}{3} =$ ....

$\frac{1}{4} + \frac{3}{4} =$ .... $\frac{2}{5} + \frac{3}{10} =$ ....

$\frac{1}{6} + \frac{3}{4} =$ .... $\frac{1}{4} + \frac{5}{8} =$ ....

2 Effectuez les calculs suivants et donnez le résultat sous forme d'une fraction irréductible.

$\frac{7}{4} \times \frac{3}{2} =$ .... $\frac{5}{4} \times \frac{16}{25} =$ ....

$\frac{7}{18} \times \frac{5}{9} =$ .... $\frac{3}{10} \times \frac{10}{11} =$ ....

$\frac{3}{7} \times 5 =$ .... $\frac{2}{33} \times \frac{12}{18} =$ ....

3 On a additionné deux à deux ces trois fractions de toutes les façons possibles.

$\frac{-3}{4}$ $\frac{11}{20}$ $\frac{3}{5}$

Retrouvez l'intrus parmi les quatre résultats suivants :

$\frac{23}{20}$ $\frac{-4}{20}$ $\frac{1}{20}$ $\frac{-3}{20}$

A9 Développement, factorisation, réduction d'expressions littérales

- Développer un produit,

c'est le transformer en une somme. $(a + b)(c + d) = ac + ad + bc + bd$

- Factoriser une somme, c'est la transformer en produit.

Une méthode possible est la mise en facteur commun. $\underline{a}b + \underline{a}c + \underline{a}d = \underline{a}(b + c + d)$

1 Cochez la bonne réponse parmi les trois propositions.

a. La forme développée de $3(x + 2)$ est :

☐ $3x + 5$ ☐ $6x + 6$ ☐ $3x + 6$

b. La forme développée de $2(y - 5)$ est :

☐ $2x - 10$ ☐ $2y - 25$ ☐ $2y - 10$

c. La forme factorisée de $10x^2 - 5x$ est :

☐ $5x(2x - 1)$ ☐ $-5x(x + 1)$ ☐ $10x(x + 1)$

2 Développez et réduisez si nécessaire les expressions suivantes.

$A = -6(x + 3) =$ ....

$B = (x + 1)(2x - 3) =$ ....

3 Factorisez les expressions suivantes.

$C = -3x(2x - 5) + 3x(x - 3) =$ ....

$D = (3x - 2)(x - 7) + (3x - 2)(2x + 5) =$ ....

A10 Transformation de formules, expression d'une variable en fonction des autres

On transforme une formule pour exprimer une grandeur en fonction des autres.

- Repérer la grandeur à exprimer.
- L'isoler par des transformations successives de la formule de départ à l'aide des propriétés algébriques.

1 L'aire d'un rectangle est donnée par la formule : $A = L \times \ell$. Donnez la formule permettant de calculer la largeur connaissant son aire et sa longueur.

....

2 La formule $P = m \times g$ donne l'intensité du poids d'un solide en fonction de sa masse m. Donnez la formule permettant de calculer m connaissant P.

....

3 L'aire d'un disque est donnée par la formule : $A = \pi R^2$. Donnez la formule permettant de calculer le rayon du disque connaissant son aire.

....

4 La formule donnant la fréquence f d'un signal est $f = \frac{1}{T}$ avec T la période de ce signal. Donnez la formule permettant de calculer la période T connaissant la fréquence f.

....

A11 Résolutions d'équations du type $ax = b$ et $a + x = b$ avec a et b entiers relatifs

- Isoler l'inconnue x en transformant l'équation à l'aide des propriétés algébriques suivantes :

– si $a \times x = b$, alors $x = \frac{b}{a}$ avec a non nul ;

– si $a + x = b$, alors $x = b - a$.

1 Résolvez les équations suivantes.

$6x = 18$

$5x = 24$

$4x = -9$

$-2x = 16$

$3x = 16$

$-80x = 880$

2 Résolvez les équations suivantes.

$3 + x = 12$

$-35 + x = 24$

$9 + x = 18$

$x + 5 = 16$

$7{,}5 + x = 13$

$x + 4{,}5 = 1$

$x - 4 = 12$

$3 - x = 21$

A12 Utilisation des procédures de calcul d'une quatrième proportionnelle

Pour résoudre un problème de proportionnalité :

- Construire un tableau à 2 lignes et 2 colonnes après avoir identifié les grandeurs proportionnelles.
- Utiliser le tableau selon l'une des deux méthodes :

– calculer le coefficient de proportionnalité et utiliser ce coefficient pour calculer la quatrième proportionnelle ;

– calculer la quatrième proportionnelle en utilisant l'égalité des « produits en croix ».

1 On peut lire sur un pot de peinture l'information suivante : « 2,5 L couvre 30 m² ».

a. Calculez la quantité de peinture nécessaire pour couvrir 54 m².

b. Déterminez la surface que l'on peut couvrir avec 12 L de peinture.

2 Pour faire de la confiture, il faut mélanger 1,1 kg de sucre avec 1,5 kg de fruits.

a. Calculez la quantité de sucre à mélanger avec 2,7 kg de fruits.

b. Calculez la quantité de fruits que l'on peut mélanger à 3,85 kg de sucre.

A13 Application et calcul d'un pourcentage ou d'une échelle

- Pour calculer la proportion p d'une valeur A par rapport à une valeur B :

– calculer le rapport $\frac{A}{B}$;

– indiquer le résultat sous la forme d'un pourcentage (p %) en multipliant le résultat par 100.

- Pour calculer une échelle, notée $\frac{1}{r}$, reliant une distance réduite et une distance réelle :

– déterminer la valeur de r qui correspond à la distance réelle représentée par 1 sur le plan (la carte, le modèle réduit…) dans la même unité ;

– donner la valeur de l'échelle sous la forme $\frac{1}{r}$.

1 Avec 200 g de chocolat noir, on peut réaliser une mousse au chocolat de 350 g. Calculez le pourcentage de chocolat noir dans cette mousse au chocolat.

....

2 Karima dépense 620 € pour son loyer. Elle gagne 1 780 € net par mois. Calculez le pourcentage que représente le loyer sur les revenus de Karima.

....

3 Calculez l'échelle pour chacune des cartes suivantes.

Mesure réelle : D en km	20		Mesure réelle : D en dam	20		Mesure réelle : D en m	20
Mesure sur la carte : d en cm	1		Mesure sur la carte : d en cm	8		Mesure sur la carte : d en cm	2
Échelle	....		Échelle	....		Échelle	....

A14 Repérage dans un plan rapporté à un repère orthogonal

Dans le plan, un point P est repéré par son abscisse x_P et son ordonnée y_P. Ce sont les coordonnées du point P, notées P(x_P ; y_P). Pour lire les coordonnées du point P :

- Tracer les pointillés parallèlement aux axes en partant de P.
- Lire les coordonnées à l'aide des graduations de chaque axe en respectant l'ordre (abscisse ; ordonnée).

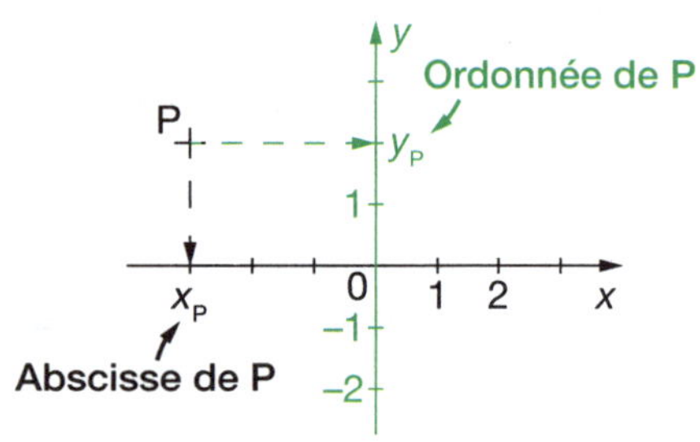

1 Complétez les pointillés.

Le point A a pour ordonnée .... et pour abscisse ....

Les coordonnées du point B sont : x_B = ... et y_B = ...

A(.......... ; ....) B(.......... ; ....)

C(.......... ; ....) D(.......... ; ....)

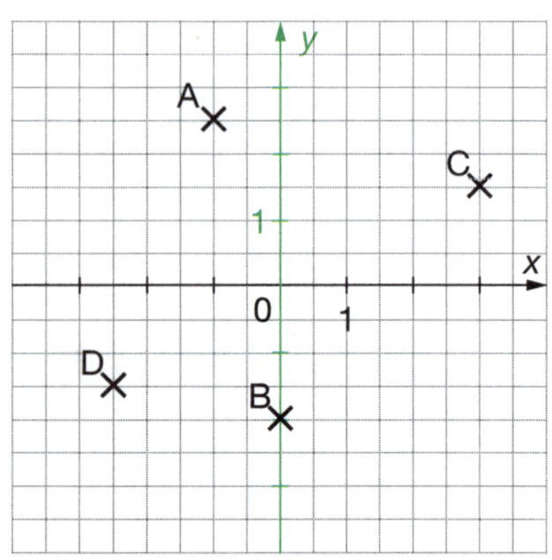

2 Placez les points E(3,5 ; –0,5), F(–2 ; –3) et G(1 ; 0).

A15 Recherche d'image et d'antécédents d'un nombre par une fonction

- Pour déterminer graphiquement l'image d'un nombre par une fonction, on lit l'ordonnée du point d'intersection de la droite verticale passant par ce nombre et la courbe représentative de cette fonction.
- Pour déterminer graphiquement les antécédents d'un nombre par une fonction, on lit les abscisses des points d'intersection de la droite horizontale passant par ce nombre et la courbe représentative de cette fonction.

Les représentations graphiques des fonctions S et M ci-après représentent les distances de freinage d (en m) parcourues par un véhicule en fonction de sa vitesse v (en km/h) sur route sèche, courbe C_S et sur route mouillée, courbe C_M.

1 Détermination des images de 80 et 110 par la fonction S

Donnez :

– la distance de freinage, pour une vitesse de 80 km/h, sur route sèche : ....

– la distance de freinage, pour une vitesse de 110 km/h, sur route sèche : ....

2 Détermination des antécédents de 100 et 250 par la fonction M

Donnez :

– la vitesse, sur route mouillée, nécessitant une distance de freinage de 100 m : ....

– la vitesse, sur route mouillée, nécessitant une distance de freinage de 250 m : ....

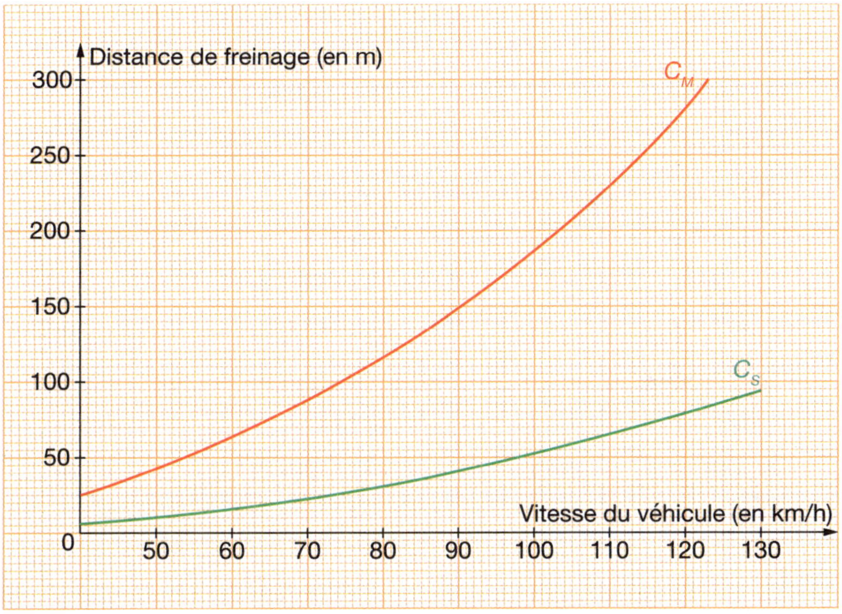

A16 Utilisation des procédures de résolution graphique d'équations

f est une fonction de courbe représentative C_f.

Pour résoudre graphiquement une équation du type $f(x)$ = constante :

- Tracer la droite $\mathcal{D}$ d'équation $y = c$.
- Lire les abscisses des points d'intersection, s'ils existent, de la droite $\mathcal{D}$ et de la courbe représentative C_f. Elles correspondent aux solutions de l'équation.
- Donner les solutions de l'équation.

Cette courbe est la représentation graphique de la fonction f qui, à chaque instant t, associe sa température $f(t)$. Elle est définie sur l'intervalle [8 ; 18]. Elle a été obtenue par un enregistreur de température installé dans une salle de classe.

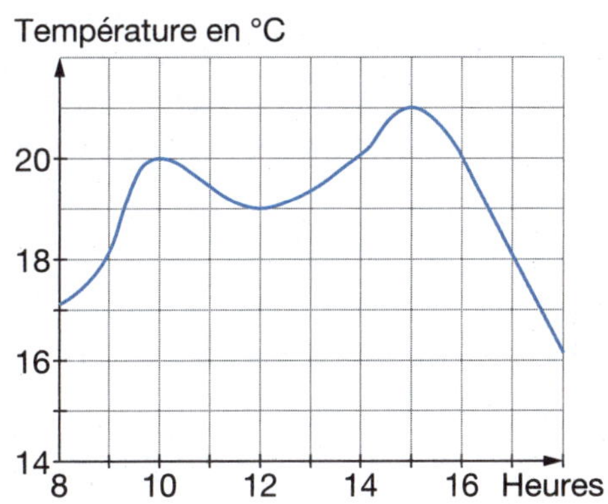

1 Lisez graphiquement la (ou les) heure(s) pour lesquelles il fait 18 °C.

....

2 Résolvez graphiquement l'équation $f(t) = 18$. ....

3 Résolvez graphiquement l'équation $f(t) = 21$. ....

4 Traduisez par une phrase le résultat de la question 3.

....

A17 Conversions d'unités de longueur, d'aire et de volume

Il faut connaître les tableaux de conversion de longueurs, d'aires et de volumes. Vous pouvez utiliser ceux de la page 175.

- Construire le tableau de conversion adapté à l'unité donnée.
- Repérer le chiffre des unités et le placer dans la colonne de l'unité de mesure.

Puis, compléter avec les autres chiffres (un seul par colonne).

- Ajouter la virgule dans la colonne de la nouvelle unité de mesure demandée.

Si nécessaire, compléter les colonnes vides par des 0.

1 Convertissez les longueurs suivantes.

1 km = ………… m 1 m = ………… mm 1 mm = ………… cm = ………… m

97,1 m = ………… km 0,064 hm = ………… cm 2 500 mm = ………… m

656 cm = ………… m 1 453 dam = ………… m 0,087 m = ………… mm

2 Convertissez les aires suivantes.

1 dam^2 = ………… m^2 1 m^2 = ………… dam^2 1 km^2 = ………… hm^2

57,135 m^2 = ………… dam^2 0,064 hm^2 = ………… m^2 54 cm^2 = ………… dm^2

7 651 cm^2 = ………… m^2 1,454 m^2 = ………… dm^2 0,087 1 hm^2 = ………… dm^2

3 Convertissez les volumes suivants en choisissant le tableau de conversion correct.

1 dam^3 = ………… m^3 1 hm^3 = ………… km^3 1 cm^3 = ………… dm^3

57 cm^3 = ………… m^3 0,64 hm^3 = ………… m^3 45 cm^3 = ………… dm^3

25 cL = ………… L 45 mL = ………… L 0,871 hL = ………… L

A18 Reconnaissance des configurations de Pythagore et de Thalès

- Pour utiliser la configuration de Pythagore, il faut identifier dans la figure géométrique un triangle rectangle.
- Pour utiliser la configuration de Thalès, il faut identifier dans la figure géométrique un triangle et une droite parallèle à un des côtés du triangle.

Sur la figure ci-contre,
ABCD est un rectangle.
(EG) // (AB)

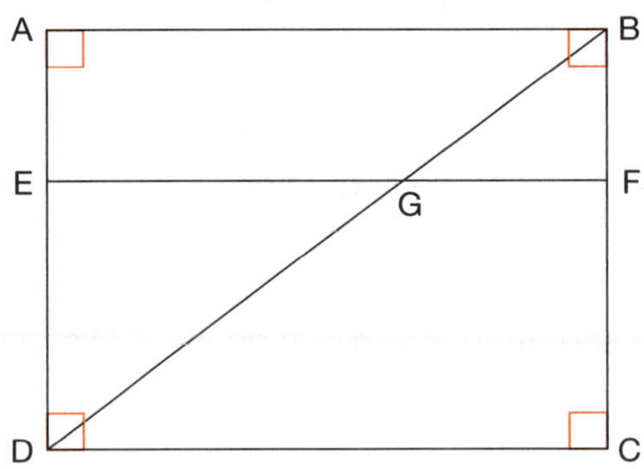

1 Identifiez les triangles pour lesquels le théorème de Pythagore peut s'appliquer.

…………………………………………………………

…………………………………………………………

2 Identifiez les triangles pour lesquels le théorème de Thalès peut s'appliquer et citez les droites parallèles.

…………………………………………………………

…………………………………………………………

A19 Détermination d'un arrondi, d'une valeur approchée

● Identifier le chiffre où se fait l'arrondi :

– arrondi au dixième (ou à 0,1) : indique que l'arrondi se fait sur le premier chiffre après la virgule ;

– arrondi au centième (ou à 0,01) : indique que l'arrondi se fait sur le deuxième chiffre après la virgule.

● Procéder à l'arrondi à l'aide de la règle suivante :

– si le chiffre de l'arrondi est suivi d'un 5, 6, 7, 8 ou 9, alors on ajoute 1 au chiffre de l'arrondi et on supprime tous les suivants ;

– si le chiffre de l'arrondi est suivi d'un 0, 1, 2, 3 ou 4, alors on conserve le chiffre de l'arrondi et on supprime tous les suivants.

1 Surlignez le chiffre où se fait l'arrondi et complétez les pointillés.

L'arrondi de 57,379 au dixième est ....

L'arrondi de 2,709 9 au centième est ....

L'arrondi de 7,909 à l'unité est ....

2 À l'aide de la calculatrice :

a. Calculez $\frac{1}{7}$ et arrondissez le résultat au centième. $\frac{1}{7} \approx$ ....

b. Affichez π et arrondissez sa valeur au millième. $\pi \approx$ ....

c. Calculez $\sqrt{35}$ et arrondissez le résultat au dixième. $\sqrt{35} \approx$ ....

A20 Expression d'un résultat dans une unité adaptée

Pour mesurer une grandeur, on se sert d'une unité de mesure.

● Pour déterminer l'unité la plus adaptée, il faut :

– tenir compte du type de grandeur (longueur, masse, aire, volume, etc.) ;

– choisir le préfixe qui caractérise au mieux la mesure de la grandeur (petite, moyenne ou grande).

Pour chaque phrase, cochez l'unité adaptée, puis convertissez la grandeur dans cette unité.

a. L'unité adaptée pour la masse d'un marteau de 0,378 kg est : ☐ dg ☐ g ☐ t

Soit 0,378 kg = ...

b. L'unité adaptée pour l'aire d'un champ de 7 250 000 dm² est : ☐ m² ☐ hm² ☐ km²

Soit 7 250 000 dm² = ...

c. L'unité adaptée pour la taille d'un nourrisson de 0,63 m est : ☐ dam ☐ cm ☐ mm

Soit 0,63 m = ...

d. L'unité adaptée pour la durée d'un match de handball de 3 600 s est : ☐ min ☐ h ☐ j

Soit 3 600 s = ...

e. L'unité adaptée pour la masse volumique du cuivre de 8 920 g/L est : ☐ g/m³ ☐ kg/m³ ☐ kg/L

Soit 8 920 g/L = ...

A21 Vérification de la cohérence grandeur - unité d'une mesure

Pour vérifier la cohérence grandeur - unité d'une mesure, il peut être nécessaire de :

– vérifier si l'unité de mesure correspond au type de la mesure (une masse ne s'exprime pas en litre) ;

– modifier l'unité de mesure pour rendre l'écriture de la mesure la plus simple possible (l'écriture 0,000 03 m n'est pas pratique à utiliser).

Pour chaque affirmation, choisissez l'unité cohérente avec la nature de la grandeur et indiquez si le résultat semble plausible ou non.

a. La vitesse d'un avion grand courrier est de 850 :

☐ N/s ☐ km/h ☐ m/s L'affirmation est : ☐ vraie ☐ fausse

b. Une fourmi mesure 0,23 :

☐ s ☐ m ☐ dB L'affirmation est : ☐ vraie ☐ fausse

c. La surface d'un terrain de football est de 70,5 :

☐ m^3 ☐ km ☐ m^2 L'affirmation est : ☐ vraie ☐ fausse

d. Un tonneau de vin contient 12 :

☐ hL ☐ hm^3 ☐ g L'affirmation est : ☐ vraie ☐ fausse

e. Une baignoire remplie d'eau contient 55 :

☐ Hz ☐ dB ☐ L L'affirmation est : ☐ vraie ☐ fausse

A22 Calcul de l'aire d'un carré, d'un rectangle, d'un disque

- Déterminer dans le tableau ci-après la figure pour laquelle on cherche à calculer l'aire.
- Calculer l'aire de la figure à l'aide des formules. Faire attention à l'homogénéité des unités de mesure.

	Carré de côté *c*	Rectangle de longueur *L* et de largeur *ℓ*	Disque de rayon *R*
Figure usuelle	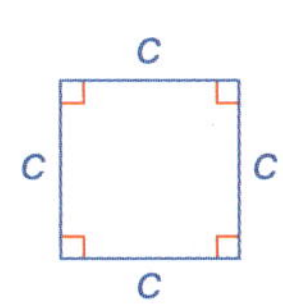	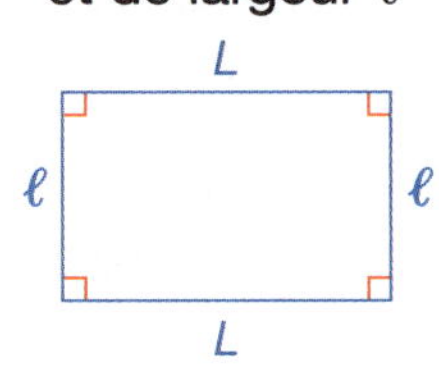	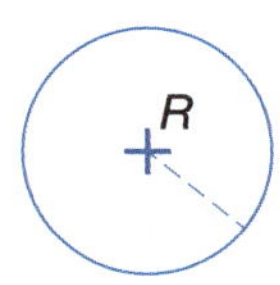
Formule	$\mathcal{A} = c \times c = c^2$	$\mathcal{A} = L \times \ell$	$\mathcal{A} = \pi \times R^2$

1 Le « diamant » est le champ intérieur d'un terrain de baseball. C'est un carré de 27,43 m de côté (les sommets sont les points blancs du dessin, les 4 bases). Calculez l'aire du champ intérieur.

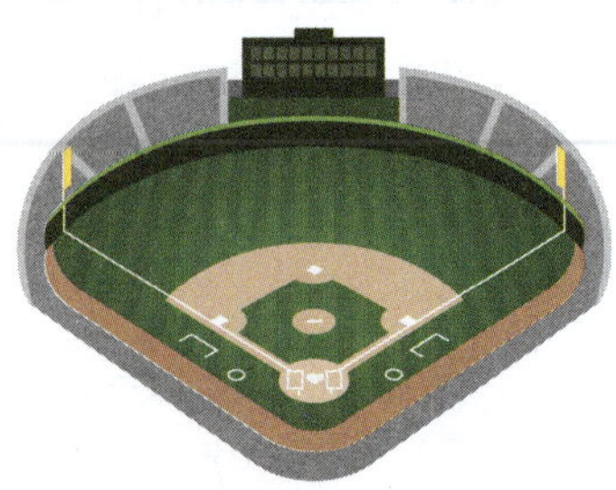

....

....

2 Calculez, en m^2, l'aire d'un terrain rectangulaire de quidditch tel que la longueur mesure 15,2 dam et la largeur 5,5 dam.

....

3 Une pizza pour 4 personnes a un rayon de 14,5 cm. Calculez l'aire de cette pizza.

....

....

Programmer en langage Python

Saisir un texte et définir des variables

Syntaxe	Effet
`input (" texte ")`	Permet de saisir au clavier un texte ou un nombre.
`print (" texte ")`	Affiche dans la console le texte entre " ".
`int(x)`	La variable est un nombre entier.
`float(x)`	La variable est un nombre décimal.
`str(x)`	La variable est une chaîne de caractères.

Donner une valeur à une variable

Syntaxe	Effet
`x = 14`	Stocke la valeur 14 dans la variable *x*.
`x = x + 1`	Ajoute 1 à (ou incrémente de 1) la variable *x*.
`x = y`	Stocke la valeur de la variable *y* dans la variable *x*.

Tester et comparer

Syntaxe	Effet
`if condition :` `    instructions`	Teste la condition. Si (if) la condition est vérifiée, exécute les instructions.

`if condition :`
`    instructions 1`
`else :`
`    instructions 2`
	Teste la condition.
	Si (if) la condition est vérifiée, exécute les instructions 1. Sinon (else), exécute les instructions 2.

`x == y`	Teste si *x* est égal à *y*.
`x != y`	Teste si *x* est différent de *y*.
`x <= y`	Teste si *x* est inférieur ou égal à *y*.

Répéter des instructions à l'aide de boucles

Syntaxe	Effet
`while condition :` `    instructions`	Exécute en boucle les instructions tant que (while) la condition est vérifiée. Le nombre de répétitions n'est pas connu au départ.
`for i in range (n) :` `    instructions`	Exécute en boucle les instructions pour *i* variant de 0 à n – 1 avec un pas de 1. Le nombre de répétitions est connu au départ.
`for i in range (m, n) :` `    instructions`	Exécute en boucle les instructions pour *i* variant de m à n – 1 avec un pas de 1.
`for i in range (m, n, k) :` `    instructions`	Exécute en boucle les instructions pour *i* variant de m à n – 1 avec un pas de k.

Dessiner avec le module turtle

Syntaxe	Effet
`from turtle import*`	Importe les commandes qui servent à déplacer « la tortue » (turtle).
`forward(d)`	Avance le stylo d'une longueur *d* (en pixel) en traçant un trait.
`up()`	Lève le stylo pour ne pas laisser de trace.
`down()`	Baisse le stylo pour laisser à nouveau une trace.
`left(a)`	Tourne à gauche d'un angle *a* (en degrés).
`right(a)`	Tourne à droite d'un angle *a* (en degrés).
`home()`	Revient à son point de départ avec son orientation de départ.

Tracer un graphique

Syntaxe	Effet
`import matplotlib.pyplot as plt`	Importe les commandes nécessaires au tracé d'un graphique.
`plt.axis ([xmin, xmax, ymin, ymax])`	Règle la fenêtre d'affichage.
`plt.xlabel (" texte1 ")` `plt.ylabel (" texte2 ")`	Ajoute une légende sur les axes.
`plt.plot(x, y, " couleur ")`	Trace la courbe représentant *y* en fonction de *x*. On peut choisir différents paramètres dont la couleur.
`plt.grid()`	Trace une grille.
`plt.show()`	Affiche le graphique.

Utiliser des fonctions et des instructions mathématiques

Syntaxe	Effet
`x**n`	Calcule x^n.
`round (x , 2)`	Donne la valeur de *x* arrondie au centième.

`from math import*`	Permet l'application des fonctions mathématiques usuelles.
`sqrt(x)`	Calcule la racine carrée de *x*.
`pi`	Donne une valeur approchée de π.

`from random import*`	Permet l'obtention de différents nombres aléatoires.
`randint (a , b)`	Renvoie un nombre entier aléatoire compris entre deux entiers *a* et *b* inclus.
`random ()`	Renvoie un nombre décimal aléatoire appartenant à l'intervalle [0 ; 1[.

Créer une fonction

Syntaxe	Effet

`def nom_fonction (paramètre 1, paramètre 2) :`
`    instructions`
`    return résultat`
	Crée un sous-programme que l'on peut appeler dans le programme principal.
	Renvoie au programme un résultat.

Tableaux de conversion

Unités de longueur

Chaque unité est égale à 10 fois l'unité immédiatement inférieure.

km	hm	dam	m	dm	cm	mm
		7	2	9	4	

72,94 m = 7 294 cm = 7,294 dam

Unités de masse

Chaque unité est égale à 10 fois l'unité immédiatement inférieure.

t	q		kg	hg	dag	g	dg	cg	mg
	3	2	6	7	0	0			

326,7 kg = 326 700 g = 3,267 q

Unités d'aires

Chaque unité est égale à 100 fois l'unité immédiatement inférieure.

km²		hm²		dam²		m²		dm²		cm²		mm²	
			0	0	5	6	2	8					

5,628 dam² = 562,8 m² = 0,056 28 hm²

Unités de volume (m^3) et de contenance (L)

Chaque unité de volume est égale à 1 000 fois l'unité immédiatement inférieure.

Correspondance volume-contenance : 1 dm^3 = 1 L ; 1cm^3 = 1 mL.

km³			hm³			dam³			m³			dm³			cm³			mm³		
												hL	daL	L	dL	cL	mL			
											0	0	7	3	0	4	0			
														0	5	2	0			

73,04 dm^3 = 73 040 cm^3 = 0,073 04 m^3 ; 52 cL = 0,52 L = 0,52 dm^3 = 520 cm^3

Pour vous entraîner

foucherconnect.fr/ 21mc04

km	hm	dam	m	dm	cm	mm

t	q		kg	hg	dag	g	dg	cg	mg

km²		hm²		dam²		m²		dm²		cm²		mm²	

km³			hm³			dam³			m³			dm³			cm³			mm³		
												hL	daL	L	dL	cL	mL			

Crédits iconographiques

p. 7 ph © kinwun / stock.adobe.com (h)
p. 7 ph © Antonioguillem / stock.adobe.com (m)
p. 7 ph © phaisarnwong2517 / stock.adobe.com (b)
p. 8 ph © Monkey Business / stock.adobe.com
p. 9 ph © Sergey Nivens / stock.adobe.com
p. 10 ph © Gorodenkoff / stock.adobe.com
p. 11 ph © altitude drone / stock.adobe.com
p. 12 ph © Tarnero / stock.adobe.com
p. 14 ph © luciernaga_azul / stock.adobe.com
p. 15 ph © rnl / stock.adobe.com
p. 16 ph © deagreez / stock.adobe.com
p. 17 ph © Andrey Burmakin / stock.adobe.com
p. 20 ph © Ekaterina Pokrovsky / stock.adobe.com
p. 21 ph © Yakobchuk Olena / stock.adobe.com
p. 22 ph © Monkey Business / stock.adobe.com
p. 23 ph © Chlorophylle / stock.adobe.com
p. 24 ph © Drobot Dean / stock.adobe.com
p. 25 ph © fotohansel / stock.adobe.com
p. 26 ph © Tim Clayton - Corbis / Getty-images
p. 27 ph © Prostock-studio / stock.adobe.com
p. 28 ph © goodluz / stock.adobe.com
p. 31 ph © JeanLouis / stock.adobe.com
p. 32 ph © Koonsiri / stock.adobe.com
p. 33 ph © rh2010 / stock.adobe.com
p. 34 ph © hedgehog94 / stock.adobe.com
p. 35 ph © Molostock / stock.adobe.com
p. 36 ph © goodluz / stock.adobe.com
p. 37 ph © morane / stock.adobe.com
p. 38 ph © Dominique Luzy / stock.adobe.com
p. 40 ph © Mihail Rudenko / iStock Editorial / Getty Images Plus
p. 41 ph © Drobot Dean / stock.adobe.com
p. 42 ph © Syda Productions / stock.adobe.com
p. 43 ph © mas0380 / stock.adobe.com
p. 46 ph © Al Right / stock.adobe.com (h)
p. 46 ph © Africa Studio / stock.adobe.com (b)
p. 47 ph © moodboard / stock.adobe.com (g)
p. 47 ph © Pongsak / stock.adobe.com (d)
p. 48 ph © JackF / stock.adobe.com
p. 49 ph © undrey / stock.adobe.com
p. 50 ph © Patricia W / stock.adobe.com
p. 51 ph © New Africa / stock.adobe.com
p. 52 ph © sonoya / stock.adobe.com
p. 53 ph © 1STunningART / stock.adobe.com
p. 54 ph © leungchopan / stock.adobe.com
p. 55 ph © matiasdelcarmine / stock.adobe.com
p. 56 ph © Kadmy / stock.adobe.com
p. 57 ph © zinkevych / stock.adobe.com
p. 60 ph © contrastwerkstatt / stock.adobe.com
p. 61 ph © WavebreakMediaMicro / stock.adobe.com
p. 62 ph © goodluz / stock.adobe.com (g)
p. 62 ph © micromonkey / stock.adobe.com (d)
p. 63 ph © lil_22 / stock.adobe.com
p. 64 ph © TheHut35 / stock.adobe.com
p. 66 ph © Pau Novell / stock.adobe.com
p. 67 ph © One Dragon / stock.adobe.com
p. 68 ph © aki / stock.adobe.com
p. 69 ph © adisa / stock.adobe.com
p. 70 ph © Lightfields Studios / stock.adobe.com
p. 71 ph © Alexander Raths / stock.adobe.com
p. 72 ph © Drobot Dean / stock.adobe.com
p. 76 ph © sitthiphong / stock.adobe.com
p. 77 ph © orestligetka / stock.adobe.com (g)
p. 77 ph © susse_n / stock.adobe.com (d)
p. 78 ph © auremar / stock.adobe.com (g)
p. 78 ph © andyparker72 / iStock Editorial / Getty Images Plus (d)
p. 79 ph © gt29 / stock.adobe.com
p. 81 ph © Kadmy / stock.adobe.com
p. 82 ph © artinspiring / stock.adobe.com
p. 83 ph © Eleonore H / stock.adobe.com
p. 84 ph © Destina / stock.adobe.com
p. 85 ph © Wellnhofer Designs / stock.adobe.com
p. 86 ph © be free / stock.adobe.com
p. 87 ph © metamorworks / stock.adobe.com
p. 90 ph © Rido / stock.adobe.com
p. 91 ph © Mirko / stock.adobe.com
p. 92 ph © feuerpferd1111 / stock.adobe.com (g)
p. 92 ph © Odua images / stock.adobe.com (d)
p. 93 ph © Jacob Lund / stock.adobe.com (g)
p. 93 ph © Snapic.PhotoProduct / stock.adobe.com (d)
p. 94 ph © NLPhotos / stock.adobe.com (g)
p. 94 ph © Ingo Bartussek / stock.adobe.com (d)
p. 97 ph © perfectmatch / stock.adobe.com
p. 98 ph © Michael Nivelet / stock.adobe.com
p. 99 ph © Overburn / stock.adobe.com
p. 100 ph © Yuri Matiyasevich
p. 101 ph © Fox_Dsign / stock.adobe.com
p. 102 ph © Pixel-Shot / stock.adobe.com
p. 103 ph © Rawpixel.com / stock.adobe.com
p. 108 ph © Maksym Povozniuk / stock.adobe.com (g)
p. 108 ph © Rolf / stock.adobe.com (d)
p. 109 ph © contrastwerkstatt / stock.adobe.com
p. 110 ph © Andrey Shevchenko / stock.adobe.com (g)
p. 110 ph © Werner / stock.adobe.com (d)
p. 112 ph © Irina Schmidt / stock.adobe.com
p. 113 ph © minicel73 / stock.adobe.com
p. 114 ph © UMB-O / stock.adobe.com
p. 115 ph © Monkey Business / stock.adobe.com
p. 116 ph © Nestor / stock.adobe.com
p. 117 ph © JackF / stock.adobe.com
p. 119 ph © focusandblur / stock.adobe.com
p. 121 ph © Walid / stock.adobe.com
p. 122 ph © aamulya / stock.adobe.com (h)
p. 122 ph © Scanrail / stock.adobe.com (b)
p. 123 ph © Scanrail / stock.adobe.com (h)
p. 123 ph © irishasel / stock.adobe.com (b)
p. 124 ph © AS Photo Project / stock.adobe.com (g)
p. 124 ph © PV / stock.adobe.com (d)
p. 125 ph © nenetus / stock.adobe.com
p. 127 ph © memyjo / stock.adobe.com
p. 128 ph © Сергей Лабутин / stock.adobe.com
p. 129 ph © Stefania / stock.adobe.com
p. 130 ph © Isabelle Baudet (g)
p. 130 ph © milanmarkovic78 / stock.adobe.com (d)
p. 132 ph © Polat Alp / stock.adobe.com
p. 133 ph © Bits and Splits / stock.adobe.com
p. 136 ph © auris / stock.adobe.com
p. 137 ph © Stefano Gasparotto / stock.adobe.com (h)
p. 137 ph © anatoliy_gleb / stock.adobe.com (b)
p. 138 ph © De Visu / stock.adobe.com
p. 142 ph © axynia / stock.adobe.com
p. 143 ph © Claude Coquilleau / stock.adobe.com
p. 144 ph © W PRODUCTION / stock.adobe.com
p. 145 ph © M.studio / stock.adobe.com
p. 146 ph © Boggy / stock.adobe.com
p. 147 ph © Андрей Котомин / stock.adobe.com
p. 149 ph © Praiwan Wasanruk / stock.adobe.com
p. 150 ph © Onidji / stock.adobe.com (g)
p. 150 ph © iMAGINE / stock.adobe.com (d)
p. 151 ph © Neyriss / stock.adobe.com (h)
p. 151 ph © master1305 / stock.adobe.com (b)
p. 152 ph © ChristopheL (h)
p. 152 ph © tritrid / stock.adobe.com (m)
p. 153 ph © alter_photo / stock.adobe.com (g)
p. 153 ph © Szasz-Fabian Jozsef / stock.adobe.com (m)
p. 153 ph © Richard Villalon / stock.adobe.com (d)
p. 154 ph © PUNTOSTUDIOFOTO Lda / stock.adobe.com (h)
p. 154 ph © deagreez / stock.adobe.com (b)
p. 155 ph © Jacob Lund / stock.adobe.com (h)
p. 155 ph © Yay Images / stock.adobe.com (b)
p. 156 ph © alejomiranda / stock.adobe.com
p. 162 ph © Odua Images / stock.adobe.com
p. 163 ph © haizon / stock.adobe.com
p. 165 ph © Nelea Reazanteva / stock.adobe.com
p. 167 ph © Scanrail / stock.adobe.com
p. 171 ph © Konstantin / stock.adobe.com
p. 172 ph © kintomo / stock.adobe.com

NB/VO